Das Dunkle Universum

Adalbert W. A. Pauldrach

Das Dunkle Universum

Der Wettstreit Dunkler Materie und Dunkler Energie: Ist das Universum zum Sterben geboren?

Springer Spektrum

Prof. Dr. Adalbert W. A. Pauldrach
Ludwig-Maximilians-Universität München
München
Deutschland

ISBN 978-3-642-55372-1 ISBN 978-3-642-55373-8 (eBook)
DOI 10.1007/978-3-642-55373-8

Die Deutsche Nationalbibliothek verzeichnet diese Publikation in der Deutschen Nationalbibliografie; detaillierte bibliografische Daten sind im Internet über http://dnb.d-nb.de abrufbar.

Springer Spektrum

Planung und Lektorat: Dr. Vera Spillner, Stefanie Adam
Einbandentwurf: deblik Berlin. Einbandentwurf: deblik Berlin
Umschlagbild: Hauptbild: Karte der Verteilung der Dunklen Materie innerhalb der inneren Region von 2 Mio. Lichtjahren des 2.2 Mrd. Lichtjahre entfernten Galaxienclusters Abell 1689, der mehr als 1000 Galaxien enthält (die Konzentration der Dunklen Materie ist im Kernbereich des Galaxienclusters erheblich größer als erwartet und übersteigt in seiner Gesamtmasse die sichtbare Masse des Clusters um mehr als einen Faktor 10; die Karte der Verteilung der Dunklen Materie resultiert aus einer Analyse von Daten, die man aus Messungen des **Gravitationslinseneffekts** erhalten hat und die man wie ein gigantisches Puzzle zusammensetzen musste; diese Karte wurde der Hubble-Space-Teleskop-Beobachtung von Abell 1689 in blauer Farbe überlagert). (©: NASA, ESA, E. Jullo (Jet Propulsion Laboratory), P. Natarajan (Yale University), and J.-P. Kneib (Laboratoire d'Astrophysique de Marseille, CNRS, France). *Grafik:* A. W. A. Pauldrach.)

Gedruckt auf säurefreiem und chlorfrei gebleichtem Papier.

Springer Spektrum ist eine Marke von Springer DE. Springer DE ist Teil der Fachverlagsgruppe Springer Science+Business Media
www.springer-spektrum.de

Nigrescunt omnia circum.
„Et lux in tenebris lucet,
et tenebrae eam non comprehenderunt."
Carpe horas dum lux clarescit.

(Im Umfeld wird alles Dunkel.
„Und das Licht scheint in der Dunkelheit,
und die Dunkelheit hat es nicht erfasst."
Nütze die Zeit, solange das Licht leuchtet.)

Für Isolde

Prolog

Postulieren statt kapieren? Die Autorität subjektiven Urteils vor objektiver Erkenntnis

Wissen schaffende Disziplinen werden zumeist von einem subjektiven Charakter geprägt, dessen Ursprung im menschlichen Denken und Handeln liegt und der mit der realen Welt oftmals nur schwer vereinbar ist.

Auch die Naturwissenschaften sind in dieser Welt verankert und finden sich in einem historisch gewachsenen Rahmen wieder, allerdings unterscheiden sie sich von den übrigen Wissen schaffenden Disziplinen dadurch, dass sie das Experiment in den Mittelpunkt des Geschehens rücken. Als Experiment[1] bezeichnet man dabei eine Fragestellung an die Natur, wobei dieser Frage zumeist bereits eine bestimmte Annahme zugrunde liegt, die man durch das Experiment überprüft haben will. Das Experiment selbst benötigt eine Versuchsanordnung für den Ablauf der Durchführung der Beobachtungen, wobei die Ansammlung von Beobachtungsfakten das Fundament für die Naturwissenschaft darstellt. Die Beobachtungen kennzeichnen dabei feststellbare Veränderungen an einem System, die grundsätzlich wiederholt wahrgenommen und prinzipiell von jedem nachgeprüft werden können, auch wenn der Aufwand für so manche Nachprüfung in finanzieller Hinsicht nationenübergreifende Solidarität erfordern kann.

Was die Durchführung der Experimente betrifft, wurde eine Vielzahl von Instrumenten als Hilfsmittel entwickelt, zu denen zum Beispiel Teleskope, Mikroskope und Oszilloskope oder aber Spektrometer, Thermometer, Manometer und Pyrometer sowie Satelliten, Teilchenbeschleuniger und Neutrinodetektoren zählen. Auf der Grundlage der mit solchen Instrumenten gewonnenen Beobachtungsfakten kann eine Form von Wissen aufgebaut werden, die im Prinzip das Prädikat „objektiv" verdient.

[1] Der Begriff Experiment leitet sich von dem lateinischen Wort „experimentum", das „Versuch" oder „Prüfung" bedeutet, ab. In der Regel sind Zählungen, Messungen oder die visuelle beziehungsweise akustische Wahrnehmung des Verhaltens des Untersuchungsobjekts der wesentlichste Aspekt des Experiments. Ein Experiment stellt damit eine methodisch angelegte Untersuchung zur systematischen Gewinnung von Information und Daten dar, die Grundlage für alle weitergehenden Überlegungen sind.

Die Verwendung des Begriffes „im Prinzip" macht allerdings deutlich, dass der Tatsache, dass sich zum Beispiel die Physik als objektive Wissenschaft präsentiert, etwas entgegenzuhalten ist. Entgegenzuhalten ist, *dass die Welt sich nicht verändert, obgleich die Physik bisweilen einem dramatischen Wandel unterworfen ist.* Diese Umbrüche gehen zum Teil sogar so weit, dass die physikalische Gemeinschaft selbst vor dem Begriff „Paradigmenwechsel" nicht zurückschreckt, wobei sie damit eine radikale Änderung des Blickwinkels auf ihr wissenschaftliches Gebiet meint und auch eine grundlegende Umwälzung und Zurechtrückung der rahmengebenden Bestandsstücke nicht ausschließt – man meint dies so, wie Politiker grundsätzlich an solche Probleme herangehen: Man poliert vorsichtig und behutsam an der Oberfläche eines Steins herum, anstatt diesen komplett zu zertrümmern und daraufhin haltbarer zusammenzukleben. Objektive Fakten führen somit nicht zwangsläufig auch zu objektiven Bewertungskriterien!

Dies bedeutet aber, dass auch eine experimentelle Wissenschaft, wie der Physik, von subjektivem Gedankengut unterwandert wird.

Aber wie kann das sein?

Die Beobachtungsbefunde sind doch mit dem Prädikat des objektiven Realen ausgezeichnet, denn sie wurden ja aus dem Experiment gewonnen. Und dieses steht für Erfahrung: nicht die verfälschende des Naturwissenschaftlers, sondern die des Messvorgangs, die die Natur objektiv erfassen soll, und zwar durch den Schluss vom Einzelbefund auf den allgemeingültigen Regelfall des Gesetzmäßigen. Aber es fehlt etwas. Es fehlt der objektive Analytiker. Ohne ihn täuscht das Experiment nur Objektivität vor. Zum einen weil die erforderliche Apparatur von Naturwissenschaftlern ersonnen, konstruiert und bedient wird, und zum anderen weil die Beobachtungsbefunde nicht für sich sprechen – sie müssen eingeordnet, gedeutet und weitergehend interpretiert werden. Der Naturwissenschaftler nimmt im Experiment also nicht die Natur an sich wahr, sondern nur das, was seine Apparatur ihm an Messgrößen liefert und was er als Einordnender und Deutender seiner Zeit erkennen kann.

Die Interpretationen dessen, was wahrgenommen wird, sind damit nicht nur einer zeitlichen Epoche, sondern auch der subjektiven und möglicherweise variablen Haltung einzelner Wissenschaftler unterworfen (so hat Edwin Hubble die Interpretation seiner Beobachtungsbefunde, die die Expansion des Universums belegen, stets abgelehnt).

Die Naturwissenschaftler sehen die Natur also nicht mit anderen Augen, sie sehen sie gar nicht!

Was sie sehen, ist eine bildliche Vorstellung, die das Abgebildete ersetzt; dabei bleibt der Teil der Natur, der nicht abgebildet wurde, verborgen. Der Umgang mit der Naturwissenschaft erfordert daher eine fortwährende Infragestellung der Tragfähigkeit der verwendeten Apparaturen und Methoden, die ein möglichst korrektes Abbild der Natur mit möglichst wenig Spielraum für die Interpretation der Befunde hervorzubringen haben. Und das heißt, dass die Naturwissenschaft auch gegenwärtig mit ihrem Glauben an die vermeintliche Objektivität auf tönernen Füßen steht, zumindest bisweilen.

Das Experiment zum grundlegenden Prinzip der Physik zu erklären, geht auf das 16. Jahrhundert zurück; und man hat dieses Prinzip – wohl eher intuitiv – aus der Handlungsweise der Kinder übertragen, die im Zuge ihrer Entwicklung Erfahrungen durch das Spiel und das Ausprobieren ansammeln. Bereits die Kinder stellen bei diesem Vorgehen fest, dass es Erfahrungen von unterschiedlicher Güte gibt. So wird beispielsweise „warm" von ihnen als neutral eingestuft, wohingegen „heiß" das Prädikat schmerzhaft bekommt. Letzteres signalisiert ihnen also, dass Erkenntnisse gewichtet werden müssen und dass man dabei auch nicht davor zurückschrecken darf, emotionale Aspekte miteinzubeziehen.

Auch die Physik hat für ihre Beobachtungen ein Wertigkeitssystem eingeführt. So bezeichnet sie ein hervorstechendes Beobachtungsfakt als Phänomen und eine allgemeingültige übergreifende Beobachtung als physikalisches Prinzip.

Eines dieser physikalischen Prinzipien geht zum Beispiel auf Isaac Newton zurück. Es beinhaltet dessen klassische Definition der absoluten Zeit: „*Die absolute Zeit fließt aufgrund ihrer eigenen Natur und aus sich selbst heraus ohne Beziehung zu etwas Äußerem gleichmäßig dahin*".

Bei diesem Postulat[2] fällt auf, dass sich der Inhalt nicht so ohne Weiteres erschließen lässt, da die Ausdrucksweise – wie wir heute sagen würden – nicht von „coolem" Charakter geprägt ist. Sie ist nicht cool, weil sie erheblich von unserer gewohnten Umgangssprache abweicht.

Die Umgangssprache kann allerdings nicht als Sprache der Physik dienen, denn es mangelt ihr, in erheblichem Maße, an Klarheit und Eindeutigkeit – ein Umstand, von dem beispielsweise die Politik über ihre undurchsichtige, alles versprechende und nichts haltende Begriffsstruktur gerne Gebrauch macht: Vielleicht weicht gerade deswegen das Berufsbild des Politikers so deutlich von dem des Physikers ab – obwohl, Ausnahmen bestätigen natürlich auch hier die Regel (oder doch nicht?).

Die Naturwissenschaft braucht jedenfalls eine eigene Sprache, da die Besonderheit naturwissenschaftlichen Ausdrucks die Exaktheit sein muss. Dies wird nicht zuletzt durch mathematische Formeln realisiert und durch sprachliche Formulierungen, in denen die Bestimmtheit und Eindeutigkeit der Begriffe im Vordergrund steht.

Speziell die Eindeutigkeit ist ein wesentliches Merkmal dieser Sprache, da ohne sie, vor allem bei logischen Schlüssen großer Tragweite, alle Anzeichen von Mehrdeutigkeit permanent ausgeräumt werden müssten – die Ausdrucksweise wäre dann

[2] Als Postulat (lateinisch „postulatus" – „Gefordertes", „Behauptetes") bezeichnet man unbewiesene beziehungsweise scheinbar unbeweisbare grundlegende Aussagen, auf die daraufhin zahlreiche Folgerungen gestützt werden. Das Postulat stellt damit einen Grundsatz, zum Beispiel für eine Theorie dar, kann aber aus den bekannten Fakten nicht tiefergehend abgeleitet werden.
Ein Postulat steht also grundsätzlich auf tönernen Füßen!
Die Gültigkeit eines Postulats kann dementsprechend angegriffen oder bestritten werden, insbesondere wenn an seiner Stelle eine andere Aussage zu treffen ist, der mindestens die gleiche Gültigkeitskraft zukommt, oder aber, was noch besser ist, die sich beweisen lässt.

zwar weniger „uncool", allerdings würde dieser Eindruck durch Nebensätze zu Nebensätzen gleich wieder zerstört werden.

Der richtige Weg scheint also doch der etablierte Weg zu sein, und auf ihm kommt man nun mit dem korrekten naturwissenschaftlichen Ausdruck vom Postulat über die physikalischen Prinzipien und unter Berücksichtigung der physikalischen Phänomene zur physikalischen Theorie.

Die Besonderheit der physikalischen Theorie besteht dabei darin, dass sie – so sie auf den richtigen logischen Schlüssen basiert – nicht erklärt werden muss. Sie ist es vielmehr, die eine Erklärung für die Beobachtungsbefunde darstellt!

Theorien sind also nachhaltig „cool"; und je breiter ihr Fundament und je abstrakter[3] ihr Inhalt ist, umso mehr rätselhafte Beobachtungsbefunde können sie auch erklären; und davon gibt es nach wie vor nicht nur hinreichend genug, sondern sie mehren sich auch, speziell in jüngster Zeit.

Nun aber zum Inhalt des von Isaac Newton formulierten physikalischen Prinzips. Der Inhalt ist falsch!

Er ist falsch, obwohl scheinbar alles richtig gemacht wurde: Es wurde die von Eindeutigkeit geprägte – nervtötend großspurige – wissenschaftliche Sprache verwendet, und es wurde eine scheinbare allgemeingültige übergreifende Beobachtung zum zentralen Mittelpunkt der Definition gemacht; eine Beobachtung, die unser aller Erfahrung entspricht, und die dementsprechend von uns allen als richtig empfunden wird: Die Zeit ist absolut und vergeht überall in gleicher Form. Subjektiv gesehen empfinden wir das tatsächlich so, aber objektiv gesehen ist es komplett falsch. Worin besteht der Fehler?

Der für die Einschätzung einer absoluten Zeit erforderliche allgemeingültige Beobachtungsbefund wurde durch eine von allen empfundene scheinbare Tatsache ersetzt, und diese wurde zum allgemeingültigen Beobachtungsbefund erklärt!

Dass die Zeit absolut ist und überall gleich vergeht, beruht also nur auf einer subjektiven Wahrnehmung und nicht auf einer tatsächlich durchgeführten allgemeingültigen Beobachtung. Die tatsächlich durchgeführte Beobachtung zeigt nämlich, dass es eine Grenzgeschwindigkeit gibt, die für alle Inertialsysteme[4] den gleichen Wert hat. Macht man diesen Beobachtungsbefund zum zentralen Mittelpunkt der Definition der Zeit – so, wie Albert Einstein das getan hat –, so sieht man anhand der daraus resultierenden Speziellen Relativitätstheorie, dass die Zeit nicht absolut, sondern relativ ist. Die Relativität der Zeit bezieht sich dabei auf Zeitmessungen

[3] Der Begriff abstrakt leitet sich aus dem lateinischen Wort „abstractus", das „abziehen" oder „entfernen" bedeutet, ab. Damit ist das Weglassen von Einzelheiten oder das Überführen auf etwas Allgemeineres beziehungsweise Einfacheres gemeint.

[4] Ein Inertialsystem (lateinisch „iners" – „untätig", „träge") stellt ein speziell ausgewähltes Koordinatensystem dar, in dem nicht nur die Positionen zu bestimmten Zeiten – also die Koordinaten – von Körpern verzeichnet werden, sondern die Materieansammlungen, falls sie keinen Kräften ausgesetzt sind, sich auch geradlinig und gleichförmig bewegen.

von Bezugssystemen verschiedener Geschwindigkeit untereinander. Als Ergebnis vergeht die Zeit in Bezugssystemen mit höherer Geschwindigkeit relativ zu Bezugssystemen mit niederer Geschwindigkeit langsamer, und daraus folgt, dass es keine universelle Gleichzeitigkeit gibt (Näheres dazu im Textkörper des Buches).

Man könnte nun annehmen, dass die allgemeingültige, übergreifende Beobachtung hinsichtlich einer Grenzgeschwindigkeit zu Newtons Zeit nicht existierte und damit der subjektive Charakter der Definition der Zeit zu rechtfertigen war, doch dem war nicht so.

Dass dem nicht so war, lag an Olaf Römer – einem dänischen Astronom[5] –, der im Jahre 1676 anhand der beobachteten Verfinsterungszeiten des drittgrößten Jupitermondes – Io – den Nachweis erbringen konnte, dass die Lichtgeschwindigkeit endlich ist. Die jeweilige Stellung von Jupiter zur Erde berücksichtigend gelang es ihm ferner, eine Anleitung zur Berechnung der Lichtgeschwindigkeit zu verfassen. Dieser Anleitung folgend berechnete Christiaan Huygens im Jahre 1678 erstmals die Lichtgeschwindigkeit und gab einen Wert von 212 000 km/s an (der heutige Wert liegt verblüffenderweise um 41.41 % darüber). Ein Wert, der von Isaac Newton nicht nur zur Kenntnis genommen, sondern von diesem auch akzeptiert wurde. Nicht so von der physikalischen Gemeinschaft: Diese folgte lange noch der subjektiven Einschätzung von Descartes[6], gemäß der das Licht sich instantan auszubreiten hat – per Dekret! Zu der weitergehenden Untersuchung, die gezeigt hätte, ob die endliche Lichtgeschwindigkeit auch als generelle Grenzgeschwindigkeit angesehen werden kann, was die Vorstellung einer absoluten Zeit zumindest auf Schlingerkurs gebracht hätte, kam es also gar nicht mehr.

Die aus unserer Sicht sich zwangsläufig ergebende Feststellung, dass man sich über Jahrhunderte hinweg die geliebte subjektive Wahrnehmung einer absoluten Zeit nicht durch objektive Beobachtungsbefunde kaputt machen lassen wollte, könnte man auch als leicht sarkastisches Resümee werten.

---

[5] Begrifflich beinhaltet Astronomie (griechisch, von „ástron“ – „Stern“ und „nómos“ – „Gesetz“) die Beobachtung der Sterne und deren Untersuchung mit naturwissenschaftlichen Mitteln. In Erweiterung dessen beschäftigt sich die Astrophysik (griechisch, von „physis“ – „Natur“) bei der Erforschung der Eigenschaften von Sternen, Planeten, Galaxien, Galaxienhaufen, der Interstellaren Materie und der mit dem Kosmos verbundenen Strahlung mit den diesbezüglichen physikalischen Grundlagen. Dabei strebt sie danach, ein Verständnis über das Universum als Ganzes, seine Entstehung und seine Entwicklung zu erlangen.

[6] Rene Descartes (1596–1650) war der Begründer einer philosophischen Strömung, die rationales Denken bei der Begründung von Wissen für alleinig hinreichend hält. Erkenntnisquellen wie Erfahrung (Empirie) oder Überlieferung sind demgegenüber von untergeordneter Bedeutung.
Von ihm stammt auch der berühmte Ausspruch „cogito ergo sum“ („ich denke, also bin ich“), der die Grundlage der von ihm begründeten Metaphysik darstellt.
Die Metaphysik (lateinisch. „metaphysica“ – jenseits der natürlichen Beschaffenheit) versucht, als Grunddisziplin der Philosophie, „letzte Fragen“ zu beantworten, wie beispielsweise: Warum existiert die Welt? Oder warum stellt sie sich gerade so dar? Sie behandelt also die zentralen Probleme der theoretischen Philosophie und stützt sich bei ihrer Beschreibung lediglich auf die vermeintlichen Fundamente, Voraussetzungen und Ursachen der allgemeinsten Strukturen und Prinzipien, um auf dieser Grundlage den Sinn und Zweck der gesamten Wirklichkeit zu erfassen.

Eines der Verdienste von Albert Einstein bestand darin, diese zurechtgeschneiderte Verkrustung aufzubrechen; dagegen hat sich die damalige Gemeinschaft allerdings nachhaltig gewehrt.[7]

Ein anderes physikalisches Prinzip nahm sich Johannes Kepler im 17. Jahrhundert vor. Sein physikalisches Prinzip betraf die „*fundamentalen Naturkonstanten*", denen die Bahnen und die Zahl der Planeten des Sonnensystems zugrunde liegen.

Johannes Kepler schrieb ein ganzes Buch, um zu erklären, weshalb es sechs Planeten in ganz bestimmten Abständen voneinander gibt. Natürlich ging er aus heutiger Sicht von völlig falschen Voraussetzungen aus. Die Bahnen und die Zahl der Planeten des Sonnensystems sind zufällig entstanden – zufällig in dem Sinne, dass ihre Entstehung unserem Wetter vergleichbar von physikalischen Feinheiten und bestimmten Bedingungen abhängig war, wie von dem berühmten an irgendeinem Ort umgefallenen Fahrrad – und basieren nicht auf der Grundlage von *fundamentalen Naturkonstanten*. Auch hier liegt der Fehler in einer subjektiven Einschätzung – diesmal von Johannes Kepler –, die durch fehlende oder nicht in Betracht gezogene weitere Beobachtungen begünstigt wurde. Es wurden schlichtweg nicht genügend Beobachtungsfakten berücksichtigt, um eine objektive Einschätzung der Sachlage vornehmen zu können. Die Gefahr der Entgleisung besteht also nicht nur, wenn Beobachtungsbefunde ignoriert werden, sondern auch, wenn man versucht, eine Theorie vorurteilsgeprägt auf zu wenig Beobachtungsbefunde zu stützen.

Es ist aber nicht nur die falsche Pflege von Beobachtungsbefunden, die dem Fortschritt der objektiven Wissenschaft bisweilen im Wege steht. Auch personenbezogene, subjektive Einschätzungen vermögen – zumindest für eine bestimmte Zeit – erheblichen Schaden anzurichten.

Ein spektakuläres Beispiel in dieser Richtung betrifft eine bemerkenswerte Entdeckung von Subrahmanyan Chandrasekhar und die Reaktion Arthur Eddingtons auf diese Entdeckung.

Bei der Studie eines Artikels von Ralph Fowler, der sich mit der Stabilität von Weißen Zwergen aufgrund des Fermidrucks der Elektronen befasste, fiel Chandrasekhar bereits 1930 auf, dass die hohen Dichten im Innern der Weißen Zwerge eigentlich eine relativistische Behandlung der Elektronen erforderlich machten (Näheres dazu im Textkörper des Buches). Zu seiner eigenen Verwunderung zeigte die von ihm durchgeführte Rechnung, dass es eine kritische Masse gibt, oberhalb der ein Weißer

[7] Für seine überragende Leistung – den Aufbau der Speziellen und der Allgemeinen Relativitätstheorie – bekam Albert Einstein keinen Nobelpreis, obwohl er sehr alt wurde.
Dieser Sachverhalt veranschaulicht sehr deutlich das System Nobelpreis. Obwohl bis zum heutigen Tag fast jedem Erdbewohner klar ist, dass Albert Einstein für diese grandiosen Theorien, die die Messlatte für herausragende Leistungen menschlicher Findigkeit und Vorstellungskraft so hoch gelegt haben, dass bis heute die meisten Nobelpreisträger locker unten durch spazieren können, und die zu Recht seine sagenhafte Berühmtheit begründeten, diesen Preis verdient hätte, wollten Akademie und Komitee ihn trotz zehnfacher Nominierung dafür nicht auszeichnen.

Zwerg dem Gravitationsdruck nicht mehr standhalten kann. Diese Masse kennen wir heute unter dem Namen Chandrasekharmasse, und sie ist nicht sehr viel größer als die Masse der Sonne. Sicherlich war Chandrasekhar alles andere als ruhig und gelassen, als er seine Überlegungen den damals „führenden" Astrophysikern Ralph Fowler, Edward Milne und Arthur Eddington mitteilte. Der von der Ignoranz der Fakten geprägte Nackenschlag traf ihn allerdings hart, und zwar durch eine öffentliche Erklärung von Arthur Eddington: „Ich denke, dass die Naturgesetze ein derart absurdes Verhalten der Sterne zu verhindern wissen". Der die damalige Astrophysik dominierende Wissenschaftler Eddington forderte also auf diesem Weg, dass die Sterne sich gemäß seiner subjektiven Einschätzung zu verhalten haben. Er verlangte ferner, dass der Beobachtungsbefund des Pauli-Prinzips für relativistische Systeme in Sternen keine Gültigkeit haben dürfe – darauf basierten letztlich Chandrasekhars Überlegungen und Rechnungen. Und er konnte sich, zumindest den letzten Punkt betreffend, durchsetzen. Selbst herausragende Physiker wie Pauli und Dirac, die Chandrasekhars Ergebnis als absolut korrekt einstuften, vertraten ihre Meinung nicht öffentlich, sondern nur im übersichtlichen kleinen Kreis.

Mit seiner Theorie der Weißen Zwerge konnte Chandrasekhar letztlich nicht einmal promovieren, dafür bekam er für diese bahnbrechende Arbeit 1983 den Nobelpreis. Allerdings erst 50 Jahre nach seiner bemerkenswerten Entdeckung und nach dem Ableben von Arthur Eddington.

Die Grenze zwischen der Naturwissenschaft und den anderen Wissen schaffenden Disziplinen verläuft also nicht so klar, wie die Naturwissenschaftler das gerne hätten.

Auch die Naturwissenschaften müssen also einräumen, dass ihr jeweiliger Untersuchungsgegenstand zwar von Natur aus, aber nicht objektiv gegeben ist, und ihre experimentell erzeugten Beobachtungsfakten der subjektiven Einordnung, Deutung und weitergehender Interpretation bedürfen.

Wenn die Naturwissenschaftler sich darüber nicht im Klaren sind, werden nicht sie sich der Natur bemächtigen, sondern letztlich das Experiment sich ihrer.

Die bewusste Wahrnehmung unserer Welt wird somit auch zukünftig mit subjektiver Interpretation verbunden sein, und wir müssen zur Kenntnis nehmen, dass auch das Thema dieses Buches uns an verschiedenen Stellen in Versuchung führen wird, subjektive Einschätzungen vorzunehmen. Im Verständnis darum, dass objektive Wahrnehmung sich nur durch das Wissen um die eigene Subjektivität gewinnen lässt, werden wir allerdings versuchen, in die diesbezüglichen Fallen nicht zu tappen.

Adalbert W. A. Pauldrach

Vorwort des Verlags

Der Verlag weist darauf hin, dass einige Schlussfolgerungen des Autors in Kap. 13 bisher nicht in Fachzeitschriften veröffentlicht worden sind und somit noch keinen Peer-Review Prozess durchlaufen haben.

Inhaltsverzeichnis

1 Das Universum wird von Dunklen Elementen dominiert!

Nachdem sie einsehen mussten, dass „**Dunkle Materie**“[1] und nicht etwa der fast zur Belanglosigkeit degradierte Bruchteil an sichtbarer Materie den Dreh- und Angelpunkt in unserem Universum[2] darstellt, stehen Einsteins Erben nunmehr staunend vor der Tatsache, dass das Universum von „**Dunkler Energie**“ dominiert wird.

Wussten wir es nicht schon immer, dass diese Physiker – und speziell diese Astrophysiker – nichts als Dunkles im Schilde führen um der Verwirrung freien Lauf zu lassen?

Dunkel ist der Rede Sinn. Das galt für sie doch von jeher. Nun müssen sie es am eigenen Leib erfahren, wie es ist, von einer eiskalten Dusche überrascht zu werden.

Das Universum expandiert beschleunigt! Das Universum wird von „Dunkler Energie“ dominiert!

Das klingt spannender als die Speisekarte im nächsten Schnellimbiss, und zwar nicht nur für diese abgedrehten Formelfreaks der Astrophysik, sondern auch für uns; und das scheint auch nicht nur sie zu betreffen, das scheint eine Sache zu sein, die uns alle zu Recht verstören könnte.

Die Spannung, die uns hier vom Universum offenbart und von dessen Lakaien – den Astrophysikern – vermittelt wird, mündet also in Nachdenklichkeit. Einer Nachdenklichkeit, von der wir uns nicht abschütteln, sondern der wir nachgehen sollten, denn „Dunkle Elemente“ haben auf verschiedene Weise nachhaltig unser Weltbild zerstört!

[1] Im **Fettdruck** hervorgehobene Begriffe werden im Anhang A „*Fundamente der Astrophysik im Streiflicht eines Glossariums*“ näher beleuchtet. Die Erklärungen werden dabei stets in den physikalischen Kontext eingebettet, sind zum Teil sehr ausführlich und beinhalten, falls erforderlich, auch eine kritische Sicht auf die dargestellten Punkte.

[2] Der Begriff Universum leitet sich aus dem lateinischen Wort „universus“, das „gesamt“ bedeutet, ab. Gemeint ist damit die auf physikalischen Gesetzmäßigkeiten beruhende zeitliche Veränderung der großräumigen Anordnung und Struktur von Materie und Energie; und dies schließt sowohl die Elementarteilchen als auch die Planeten, Sterne, Galaxien und Galaxienhaufen mit ein.

A. W. A. Pauldrach, *Das Dunkle Universum,* DOI 10.1007/978-3-642-55373-8_1

Wenn wir von einem Weltbild reden, dann meinen wir damit natürlich nicht die von Menschenhand geschaffenen Bestände und deren in einzelnen Bereichen durchaus komplex verflochtenen Zusammenhänge. Und mit zerstörtem Weltbild meinen wir auch nicht den entsetzten Blick, mit dem wir eine Einschätzung vornehmen, wie sich die Weltwirtschaft in naher und ferner Zukunft entwickeln wird. Es geht also nicht um die möglichen verheerenden Folgen, die wir in unserem fehlgeleiteten Überschwang den Auswirkungen einer aufkommenden leichten Brise zuschreiben würden. Es geht vielmehr um etwas wirklich Wichtiges: um das Verständnis der Welt, alles, was sie enthält, und vor allem um das weitere sorgenfreie Bestehen unseres Universums!

Alles das, was wir herkömmlicherweise als Katastrophe betrachten, wobei die gravierendsten derartigen Eingriffe sich noch nicht einmal auf unserem Planeten ereignen, sondern in Form von **Gammastrahlenblitzen**, **Supernovaexplosionen** und akkretierenden sowie kollidierenden massiven **Schwarzen Löchern** im Kosmos stattfinden, ist verglichen damit reine Makulatur.

Erschüttert wurde aber nicht nur unser derzeitiges Weltbild, sondern auch unsere Vorstellung, die wir vom Ablauf des Gesamtgeschehens im Universum haben.

Es geht also auch um die elementarsten Grundlagen und Voraussetzungen, die unsere eigene Existenz und den Werdegang des Lebens betreffen.

Wir könnten jetzt natürlich pragmatisch dagegenhalten: Es gibt uns doch, und demnach hat sich der Einfluss des unbekannten Dominierenden doch nicht negativ ausgewirkt. Eine solche Haltung hat zwar etwas für sich, andererseits hat es den Dinosaurier genau mit dieser Haltung kalt erwischt, und demzufolge kam diese Haltung weder seinem Wohlergehen noch der Erhaltung seiner Art zugute.

Das bedeutet, dass wir schon wissen wollen, weshalb und wie es gut gegangen ist und vor allem, ob es auch dabei bleibt. Aber gerade im Verständnis dieser Punkte liegt jetzt vieles im Argen.

Wenn wir das Pferd von hinten aufzäumen, dann wissen wir, dass unsere Existenz auf der Evolution beruht. Also auf der Veränderung vererbbarer Merkmale, die in einer Population von Lebensformen sich von einer Generation auf die andere überträgt. Dabei unterliegen die Merkmale einer komplizierten Codierung, die in Genen abgespeichert, kopiert und weitergereicht werden. Einen wesentlichen Punkt in diesem Vorgehen stellen Mutationen dar, die unterschiedliche Varianten der Gene, die auch neue Merkmale hervorbringen können, entstehen lassen. Diese Varianten führen nun zu erblich bedingten Unterschieden bei den einzelnen Exemplaren, wobei die Evolution erst dann ins Spiel kommt, wenn die Häufigkeit einer bestimmten Erscheinungsform anfängt die Population zu verändern. Der Motor dafür ist die Selektion oder der Zufall, den man in diesem Fall Gendrift nennt.

Die Evolution stellt also eine fein abgestimmte Mischung aus biologischen und chemischen Vorgängen dar, die allesamt auf physikalischen Gesetzmäßigkeiten beruhen. Und dies sind die gleichen physikalischen Regeln, die Gammastrahlenblitze und Supernovaexplosionen generieren und das gesamte Geschehen im Universum festlegen. Themenkreise wie Chemie und Biologie sind für die Beschreibung des

Universums prinzipiell ohne Belang. Zwar findet man Ansätze von einfachen anorganischen sowie organischen Verbindungen im All, aber für deren Beschreibung bräuchte man keine derart komplexen Gebäude, wie sie die Chemie und die Biologie darstellen. Diese Gebäude sind allerdings hier, auf unserem Planeten, von entscheidender Bedeutung. Denn niemand käme auf die Idee, so etwas Kompliziertes wie die Evolution, der wir in einem letzten Schritt unsere Existenz verdanken, allein auf der Grundlage von physikalischen Regeln zu beschreiben.

Komplexe organische Verbindungen und insbesondere biologische Abläufe treten also nur unter ganz bestimmten Bedingungen überhaupt in Erscheinung. Und es wird ein sehr spezieller Rahmen benötigt, um den dazugehörigen wissenschaftlichen Disziplinen ein Fundament zu geben, aus dem heraus in natura etwas Ausbaufähiges entstehen kann, das als Grundlage für denkprozessgesteuerte Lebewesen geeignet ist.

Unser Planet ist ganz offensichtlich solch ein besonderer rahmengebender Ort, den unser Universum unter Einsatz all seiner physikalisch motivierten Facetten und vermutlich unter Ausreizung des gesamten sich daraus ergebenden Spielraums hervorgebracht hat.

Es wäre nun nicht verwunderlich, wenn etwas, das dominiert, bei der Festlegung der erforderlichen Rahmenbedingungen für die Existenz und den Werdegang des Lebens seine Spuren hinterlassen hat. Es könnte sogar sein, dass das Dominante auf die eine oder andere Art, direkt oder indirekt, sogar dabei mitgewirkt hat, diese Rahmenbedingungen in Zement zu gießen. Es könnte aber auch sein, dass dies, falls es der Fall war, sich nur vorübergehend so ergeben hat, und dass für die Zukunft ganz andere Pläne vorgesehen sind.

Im Rahmen dieser Möglichkeiten mutet nun die Tatsache, dass wir den dominanten Ingredienzien unseres Universums den Titel „Dunkel“ verleihen mussten, bedenklich an, denn dieser Titel bringt klar zum Ausdruck, dass wir, vorsichtig ausgedrückt, gegenwärtig nicht genau wissen, worum es sich bei den angesprochenen „Dunklen Elementen“ eigentlich handelt. Und damit ist für uns die Natur der „Dunklen Materie“ und der „Dunklen Energie“ maßgeblich genauso unklaren Ursprungs, wie es für die Dinosaurier der Blitz war, der sie aus heiterem Himmel traf.

Das Geschehen im Universum ist es, und die Evolution ist ein Teil davon, dem wir unsere Existenz zu verdanken haben. Wir alle wissen das, auch wenn wir in der Regel nicht tiefer darüber nachdenken. Das Entscheidende dabei ist, dass es keine Grenzlinie zwischen der Erde und dem Weltraum gibt, auch wenn der Mensch in seiner Einfältigkeit gerade eine solche wohldefiniert hat.[3] Der aus politischem Streben entstandene Beschluss, sich vor dem Unbekannten abgrenzen zu wollen, kann aber nur im Kopf stattfinden, auf die Realität kann er natürlich nicht übertragen werden.

[3] Obwohl der Übergang von der Erdatmosphäre in den Weltraum, für jeden nachvollziehbar, fließend ist, gibt es eine international gebräuchliche Definition der Grenze zwischen Weltraum und Erde. Diese wurde in einer Höhe von 100 km festgelegt und wird als Kármán-Linie bezeichnet. Immerhin gibt es keine völkerrechtlich verbindliche Höhengrenze, die dann vermutlich auch noch juristisch relevant wäre.

Die Realität zeigt uns vielmehr, dass auch das Universum sich nicht leicht damit tut, die Rahmenbedingungen für den Werdegang eines Planeten, wie unseren, herzustellen. Und dementsprechend sind viele von uns auch der Ansicht, dass unser Planet und alles, was sich auf ihm ereignet hat, etwas Einzigartiges im Universum darstellen. Und demgemäß sind die meisten von uns auch nicht überrascht, dass wir trotz großer Anstrengungen und Mühen uns schwer damit tun, etwas Vergleichbaren zu unserem Planeten im Weltall zu finden.

Letztlich glauben wir zu wissen, dass mit uns eine zentrale Rolle im „Werdegang Universum" besetzt wurde. Und dieses tief in uns verwurzelte Wissen ist letztlich auch der Grund, weshalb wir uns alle für das Universum, den Kosmos oder das All interessieren. Dies ist der Grund, weshalb sich alle interessiert angesprochen fühlen, wenn, in welcher Runde auch immer, das Stichwort „Weltraum" fällt. Man wird bedächtiger bei diesem Thema, und vorangegangene hitzige Diskussionen treten in den Hintergrund, denn allen ist klar, dass es jetzt um mehr geht.

Jetzt geht es um die essenziellsten Fragen, die uns unser ganzes Leben über schon beschäftigen und die uns brennend auf der Zunge liegen. Fragen wie „Ist das Universum unendlich alt?" oder „Ist es unendlich groß?" oder „Was bedeutet unendlich?" oder „Ist das Universum entstanden und wenn ja, wie?" oder „Auf welchen Gesetzmäßigkeiten beruht das Universum?" oder „Was wird letztendlich aus dem Universum, und wie geht es vorübergehend weiter?" oder „Woher kommen wir?" oder „Weshalb sind wir da?" oder „Sind wir nur ein Zwischenschritt eines größeren Plans?" oder „Wie konnten wir uns entwickeln?" oder „Wie kam es zu den Bedingungen, die uns werden ließen?" oder „Warum und wie hat das Universum gerade diese Voraussetzungen geschaffen?" oder „Warum hat das Universum es sich angetan, durch eine Vielzahl von Nadelöhren zu schlüpfen, um das, was wir brauchen, zu realisieren?" oder „Wie war es möglich, dass das Universum durch diese Nadelöhre schlüpfen konnte?" oder „Warum wurden diese Nadelöhre als Hindernisse aufgebaut?" oder „Wie kam es zu den Regeln, die der Entstehung und Entwicklung des Universum zugrunde liegen und denen es bedingungslos folgt?" oder „Werden diese Regeln manchmal gebrochen?" oder „Wird in Einzelfällen eingegriffen, und werden die Regeln damit zumindest gebeugt, um unser Wohlergehen im Kleinen oder im Großen sicherzustellen oder aufrechtzuerhalten?" oder „Gibt es weitere Regeln, die über unsere überschaubare Existenz hinaus Gültigkeit haben und für unser weitergehendes Wohlergehen sorgen, und können wir bereits jetzt Einfluss auf deren Auswahl nehmen?".

Speziell die letzten Fragen beschäftigen uns von jeher so nachhaltig, dass wir uns eine Vielzahl von Religionen in der Hoffnung zusammengeschneidert haben, manches, vieles oder gar alles für unser jetziges oder ein anderes Wohlergehen möglichst positiv zu beeinflussen. Wir haben die Hoffnung, auf diesem Weg auf uns aufmerksam zu machen, zu zeigen, dass wir gewillt sind, die von uns selbst aufgestellten Regeln zu befolgen, wobei wir so tun, als kämen diese Regeln von anderer Stelle.

Dem Weg, Antworten auf solche Fragen zu finden, werden wir im Weiteren nicht folgen, da dieser nicht der Weg der Naturwissenschaften ist.

Was die mögliche Richtigkeit des Beschreitens eines solchen Wegs betrifft, ergeben sich seitens der Naturwissenschaften nur dann Einschränkungen, wenn im Verlauf dieses Wegs Annahmen gemacht werden, die den Erkenntnissen der Naturwissenschaften eindeutig widersprechen – zum Beispiel sollte nicht angezweifelt werden, dass die Erde rund ist.

Mit diesem, die Naturwissenschaften ergänzenden Komplex, sehen wir uns aber auch in einem Punkt verbunden, und der besagt, dass wir als Teil des Universums auch aus ihm heraus entstanden sind.

Darum wissend oder dies zumindest ahnend, versucht jeder von uns bedächtig und nachdenklich seinen persönlichen Beitrag zur Beantwortung der verbliebenen Fragen zu liefern, wenn diese Themen zur Sprache kommen. Natürlich tut dies jeder aus seiner Sicht und dabei wohl wissend, dass dieser Beitrag eher bescheiden ausfallen, und nicht alles erklärend sein wird. Dass wir dies dennoch versuchen, liegt an der Ernsthaftigkeit, mit der wir diesen Fragen begegnen, und entsprechend vorsichtig versuchen wir uns auch möglichen Antworten zu nähern.

Genau das werden wir auch hier versuchen. Wir werden auf lockere Art, aber stets mit dem nötigen Respekt dem Thema und den Fragen gegenüber, versuchen, uns manchen Antworten etwas tiefer zu nähern, als dies bei den meisten üblichen Gesprächen der Fall ist. Dabei werden wir jedoch merken, dass an einigen Stellen auch ein gewisses Maß an professionellem Denken und Vorgehen erforderlich ist, um nicht zu früh in bedächtiges Schweigen zu verfallen. Wir werden uns aber davon nicht abschrecken lassen, denn wir wollen versuchen, zumindest einige Fragen so einzukreisen, zu zerlegen und zu ordnen, dass sie uns am Ende auf kapitulierende Weise freiwillig die Antworten selbst liefern.

Die Kunst besteht also nicht zuletzt darin, die Fragen richtig portioniert, formuliert und strukturiert bei der Entwicklung des Erkenntnisstands zum richtigen Zeitpunkt zu stellen.

Natürlich wird uns das nicht bei allen Fragen gelingen. Dies betrifft insbesondere Fragen, die jenseits dessen liegen, was die Naturwissenschaften an sich beantworten können. Wir werden aber nach Abschluss unserer Überlegungen feststellen, dass auch für manche dieser Fragen zumindest Beantwortungstendenzen aufgezeigt werden können, die vieles von dem, was wir uns naiverweise vorstellen, ausschließen.

Nicht zuletzt werden wir dem Fragenkatalog, der förmlich aus uns herausgesprudelt ist, noch einige weitere Fragen, die zwar bereits in ihm enthalten sind, aber nicht konkret formuliert wurden, hinzufügen.

Diese Fragen lauten: „Woher wissen wir, dass es Dunkle Elemente gibt?“ und „Wie wirken sich die Dunklen Elemente in direkter Art auf unser Universum aus?“ und „Welchen Einfluss hatten, und haben die Dunklen Elemente auf die Entstehung und den Werdegang unseres Universums?“ und „Was ist die Natur der Dunklen Elemente?“ und „Ziehen die Dunklen Elemente an einem Strang?“ und „Stellen die Dunklen Elemente für den weiteren Werdegang unseres Universums eine Bedrohung dar, und falls ja, können sie das Universum zerstören?".

Diese nunmehr konkret formulierten Fragen stellen nicht nur eine Ergänzung zu unserem Katalog dar, sondern wir werden sie auch zum Leitfaden für unser weiteres Vorgehen machen. Und der Versuch, Antworten auf diese Fragen zu finden, wird uns an manchen Stellen so tief graben lassen, dass der dadurch vermittelte gründliche Einblick in die physikalischen Zusammenhänge den Verdacht schüren wird, dass das Universum generalstabsmäßig geplant sein könnte.

1.1 Das Universum präsentiert sich in einem verheerenden Zustand

In den letzten Jahren hat sich die Vorstellung von den grundlegenden Zusammenhängen des Geschehens im Universum auf so drastische Weise geändert, dass die Beantwortung der Frage, wie das Universum in seinen gegenwärtigen Zustand kam und was die Natur seines Inhalts ist, nicht leicht zu beantworten ist, da es so richtig niemand weiß.

Natürlich gibt es stetig neue Denkansätze, und auch um neue physikalische Konzepte ist man nicht verlegen, aber etwas wirklich Tragfähiges, das ein Modell des Universums darstellen würde, das uns mit traumwandlerischer Sicherheit all unsere Fragen beantworten könnte, hat sich noch nicht gezeigt. Gleichwohl wird um den Aufbau von genauso einem Modell mit verschiedenen Ansätzen, die im Prinzip aus allen Richtungen astrophysikalischen Tuns hervortreten, hart gerungen.

Und in dieser Hinsicht hat die neue Einsicht, dass das Universum beschleunigt expandiert, die Astrophysiker in die Gänge gebracht. Denn nun gilt es, die bestens eingefahrenen Modellvorstellungen zum Geschehen im Universum und zu seiner Entstehung und Entwicklung zum Teil zu revidieren, aber auf jeden Fall zu erweitern, wobei der Schuldige für diese Unannehmlichkeit, der sozusagen als Buhmann herzuhalten hat, schnell ausgemacht war: Dunkle Energie!

Es muss Dunkle Energie sein, die da in Erscheinung tritt, denn schließlich kann man mit einer solch tief greifenden Erkenntnis einem bewährten Muster folgen, das darin besteht, grundsätzlich „Dunkles" für alle Freveltaten, die im Universum begangen werden, verantwortlich zu machen.

Die eiskalte Dusche hat in dieser Hinsicht allerdings ihren Zweck verfehlt, denn wirklich Erfrischendes ist an einer solchen Erkenntnis nicht zu entdecken!

Sie sind jedenfalls von jeglicher Lethargie befreit, die Astrophysiker, seit diese Erkenntnis vor einigen Jahren zur klaren Gewissheit wurde, wobei auch ihre Aktivitäten nunmehr einen gewissen beschleunigten Charakter erkennen lassen.

Der Grund ist klar, die Vorstellungen, die sie von den grundlegenden physikalischen Abläufen im Universum hatten, mussten weitgehend begraben werden, und das bedeutet, dass die Astrophysik nach langer Zeit wieder einmal einen Paradigmenwechsel[4] vollziehen muss.

Und dies, obwohl die bisherigen Wechsel dieser Art noch gar nicht richtig verdaut wurden. Denn die Erkenntnisse, dass die Erde nicht flach ist, die Sonne sich nicht um die Erde dreht und vor allem die Sonne nicht das Zentrum des Weltalls darstellt, haben immer noch Verwirrungspotenzial.

Gleichwohl geht es Schlag auf Schlag, denn der nächste Trugschluss, dem sie aufgesessen sind, hat sich gezeigt: Es ist nicht so, wie jahrzehntelang ohne die geringsten Zweifel angenommen wurde, dass die Materie in ihrer sichtbaren und vor allem auch hier bereits „Dunklen" Form durch gravitative Wechselwirkung die Entwicklung des Universums fest im Griff hat, sondern so, dass eine bislang unbekannte Form von Energie, die sich bis vor Kurzem gut versteckt hielt, das Ruder, das dem Universum durch seine Steuermanöver den Weg weist, übernommen hat.

Der darauf beruhende und sich im Vollzug befindliche Paradigmenwechsel ist allerdings ohne eine gewisse Einsicht in die Zusammenhänge nicht direkt nachvollziehbar. Wir werden es also nicht so einfach wie Galileo Galilei haben, der den auf seinen Taten beruhenden Paradigmenwechsel mit den Worten „Eppur si muove"[5] einläutete und damit auf allgemeines Verständnis stieß. Andererseits stieß er zwar auf Verständnis aber auch auf Nackenschläge, die ihm durchaus zugesetzt haben.

Nachdem sich vieles seit damals gravierend verändert hat, möchte man meinen, dass es in der heutigen Zeit nicht mehr üblich ist, Nackenschläge für herausragende Erkenntnisse zu verteilen, was in sozialpolitischer Hinsicht wohl auch der Fall ist. Gleichwohl mag es die Gesellschaft der Astronomen bis heute nicht, wenn auch nur im Kleinen die ausgetrampelten Pfade verlassen werden, und dementsprechend werden denjenigen, die mit ihren Forschungsansätzen derartige Missetaten in die Wege leiten, nach wie vor schubkarrenweise Steine in den Weg gekarrt, da die immer noch lebendigen Falschversteher in solchen Fällen der Meinung sind, dass äußerste Gefahr im Verzug ist.

Dennoch müssen wir, im Gegensatz zu Galileo Galilei, in der heutigen Zeit zumindest mit keinerlei weitergehendem konsequentem Vorgehen der Verirrten für unsere Einsichten rechnen.

Dafür werden wir es aber auch erheblich schwerer haben, eine Reaktion von vergleichbarer Güte für unsere Einsicht, dass das Universum von Dunkler Energie, die möglicherweise nichts Gutes im Schilde führt, dominiert wird, zu erzielen, wie sie Galileo Galilei aufgrund seiner Erkenntnis zuteilwurde, die „so muss es sein, denn jetzt passt alles zusammen" zum Ausdruck brachte. Denn wir müssen, wie wir sehen werden, für die Erlangung dieser Einsicht einen weiten Weg gehen, und dieser wird so manchen Stein offenbaren, der, jeder für sich, nur mit etwas Anstrengung zu beseitigen sein wird.

---

[4] Als Paradigmenwechsel bezeichnet man eine radikale Änderung des Blickwinkels auf ein wissenschaftliches Feld. Die Änderung des Paradigmas (griechisch, von „parádeigma" – „begreiflich machen" oder allgemeiner „Weltanschauung") stellt somit die Grundlage für jegliche Weiterentwicklung der Forschung in dem entsprechenden Bereich dar.

[5] „Und sie bewegt sich doch!"

Am Ziel dieses Weges wird das Verständnis stehen, das uns sagen wird, welche grundlegenden Vorstellungen über die Entstehung und die Entwicklung unseres Universums sich durch den Auftritt des „Dunklen" geändert haben.

Um dieses Ziel zu erreichen, müssen wir allerdings als Erstes das Bild, das wir vom Universum haben, zumindest im Groben und mit einer bestimmten Schwerpunktsetzung versehen, nachvollziehen. Das heißt, wir müssen bei dem Puzzle, hinter dem sich das Universum versteckt, entscheidende Bausteine erkennen und richtig setzen, sodass die Struktur des Gesamtbildes für uns durchschaubar wird.

An der Zusammensetzung eines solchen Puzzles wurde allerdings schon einmal gearbeitet, doch gerade als man dachte, dass nur noch ein paar Steine fehlen, hat man erkannt, dass dieses Puzzle nur einen kleinen zweidimensionalen Ausschnitt einer großen dreidimensionalen Version eines solchen Gebildes darstellt. Und diese Erkenntnis haben uns die „Großen Zwei", die sich selbst „Dunkle Materie" und „Dunkle Energie" nennen, vermittelt.

Darauf basierend stellt sich nun für uns eine erste grundlegende Frage: Auf welchen Wegen haben wir eigentlich von der Existenz dieser undurchsichtig agierenden „Zwei" erfahren? Und warum ist man grob gesehen der Meinung, dass alles, was man sich vorher überlegt hat, wegen deren Existenz jetzt aus dem Ruder läuft?

Die Wege, auf denen wir von der Existenz sowohl der Dunklen Materie als auch der Dunklen Energie erfahren haben, haben ein breites und in der Astronomie seit Langem wohlbekanntes Fundament. Und der Name dieses Fundaments ist: Zufall.

Das heißt, keine dieser Entdeckungen war auch nur im Geringsten geplant, und wie bereits angemerkt, wurde auch keiner der Entdecker – Missetäter – der unerwünschten Fundstücke in einem engen zeitlichen Rahmen zu den Entdeckungen gefeiert, sie wurden vielmehr zunächst ins Abseits gestellt. Denn obwohl die Astronomie um die Schlagkraft des Fundaments „Zufall" weiß, hat sie kein Vertrauen dazu, wenn sich auf diesem Weg bahnbrechende Entdeckungen ergeben, denn mit solchen werden ja die ausgetrampelten Pfade verlassen.

Das geht sogar so weit, dass man, wie im Falle Fritz Zwicky, eher den Geisteszustand des Entdeckers anzweifelt, als dass man die Entdeckung ernst nimmt.

In diesem Zusammenhang stellte Fritz Zwicky bereits im Jahr 1933 fest, dass ein großer Galaxienhaufen, der mehr als 1000 Galaxien umfasst (es handelte sich dabei um den Coma-Haufen), eine sehr große Streuung in den Geschwindigkeiten seiner Einzelgalaxien zeigt. Mit einer einfachen Rechnung konnte er dabei nachweisen, dass diese Galaxien aus dem Galaxienhaufen wie ein Wurfhammer aus dem Ring hinausgeschleudert werden müssten, und der Galaxienhaufen somit nie und nimmer zusammenhalten könnte. Der kruziale Punkt dabei ist, dass die Gravitationswirkung der leuchtenden Bestandteile des Haufens viel zu gering ist, als dass ein solches System als gebunden betrachtet werden könnte. Zwicky stellte ferner fest, dass grob geschätzt das 50-Fache[6] der leuchtenden Materie des Haufens notwendig wäre, um diese Galaxienansammlung gravitativ zusammenzuhalten.

Seine Entdeckung, dass diese fehlende Masse in Form von Dunkler Materie vorliege, wurde bis in die 1960er-Jahre gleichwohl als wirre Hypothese abgetan.

Fritz Zwicky stieß zufällig auf diese Entdeckung, aber das heißt nicht, dass sie auch ausschließlich dem Zufall zu verdanken ist, da sich der „wissenschaftliche Zufall" von einem „Aus-Versehen-über-eine-Entdeckung-Stolpern" deutlich unterscheidet.

Mit wissenschaftlichem Zufall ist vielmehr gemeint, dass eine Entdeckung nicht geplant und nicht zu erwarten war. Auf Entdeckungen zu stoßen, die in diese Kategorie des Zufalls fallen, ist allerdings Teil eines übergeordneten Plans, der darin besteht, dass immer weitreichendere Beobachtungsinstrumente entwickelt und gebaut werden, und das durchaus mit dem Ziel, den Zufall durch den Einsatz dieser Instrumente für die Zwecke der Astronomie einzuspannen.

Aus diesem Grund ist die Entdeckung Zwickys maßgeblich dem geplanten Zufall, realisiert durch den Einsatz der damals modernsten astronomischen Instrumente, zu verdanken. Und dies wäre der entscheidende Schlüssel gewesen, um damals schon einen „Dunklen" Raum zu öffnen. Das Problem war nur, Zwicky war nicht auf dem Kurs der damals schon bedeutenden Wissenschaftspolitiker.

Wir nehmen damit zur Kenntnis, dass der Zufall in einem wissenschaftlichen Rahmen so gesteuert werden kann, dass man ihn darauf basierend fast schon erzwingen kann. Dieses Erzwingen von nicht zu erwartenden Entdeckungen ist damit allerdings vom entwicklungstechnischen Fortschritt abhängig. Das heißt, dass jede Entdeckung auch ihren eigenen zeitlichen Rahmen hat.

Der zeitliche Rahmen der zweifelsfreien Entdeckung der Dunklen Materie ging nun einher mit der Möglichkeit, Großteleskope bauen zu können, die es gestatteten, in weit entfernten Galaxien Umlaufgeschwindigkeiten der dort vorhandenen Sterne beobachten zu können.

Und diese von Vera Rubin 1960 beobachteten und analysierten Rotationsgeschwindigkeiten[7] von Sternen in Galaxien machten deutlich, dass Zwicky recht und die Gesellschaft der Astronomen unrecht hatte.

Bei den von Rubin durchgeführten Beobachtungen und Analysen stellte sich heraus, dass die gemessenen Umlaufgeschwindigkeiten der Sterne im Hinblick auf die ebenfalls aus der Beobachtung resultierende Massenverteilung, die die Galaxie vorzuweisen hat, viel zu groß sind!

Dass sie in der Tat viel zu groß sind, zeigte dabei eine einfache Rechnung, mit der auf der Grundlage der vorhandenen Gravitationswirkung der sichtbaren Masse

[6] Die angegebene Größe bezieht sich auf den derzeitigen Wert der Hubble-Konstante.

[7] Die Rotationsgeschwindigkeiten der Sterne einer Galaxie können über die Linienspektren der Sterne gemessen werden. Dabei werden die Linien im Spektrum gemäß des **Dopplereffekts** zu größeren Wellenlängen hin verschoben, wenn sich die Sterne vom Beobachter entfernen, und zu kleineren hin, wenn sich die Sterne dem Beobachter nähern. Der Betrag dieser Verschiebung zeigt auf direktem Weg die Geschwindigkeit an.

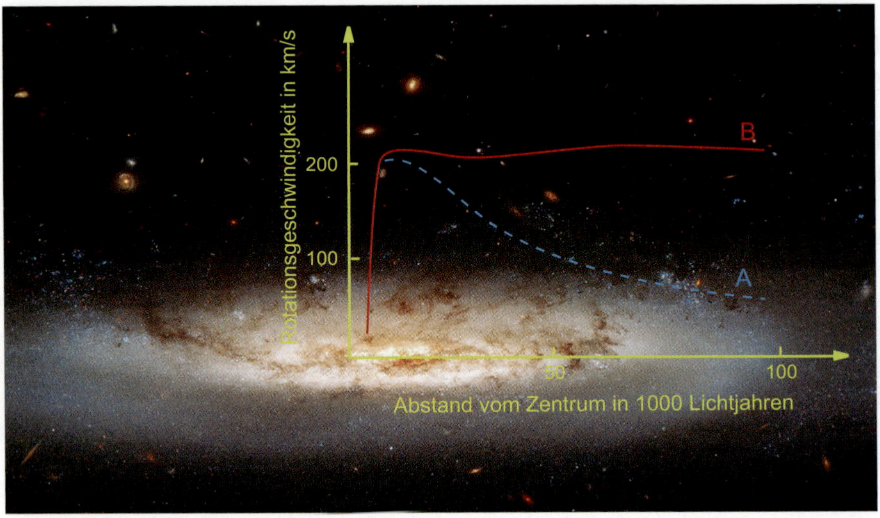

Abb. 1.1 Die in Abhängigkeit des Abstands zum galaktischen Zentrum gemessenen *Rotationsgeschwindigkeiten der Sterne* einer Galaxie stehen in krassem Widerspruch zu den theoretisch berechneten Werten! (Die Grafik zeigt die Verläufe der Rotationsgeschwindigkeiten der Sterne, angegeben in Kilometer pro Sekunde, gegen deren Abstand vom galaktischen Zentrum in Einheiten von 1000 Lichtjahren. ©(eingebettetes Bild): NASA/ESA.)

Der Unterschied, der sich zwischen den gemessenen Rotationsgeschwindigkeiten der Sterne, die durch Kurve B repräsentiert werden, und den theoretisch berechneten Werten, die anhand von Kurve A wiedergegeben werden, ergibt, ist so deutlich, dass man sofort sieht, dass bei der Rechnung etwas schiefgelaufen sein muss.

Dem ist aber nicht so, da man bei den theoretischen Berechnungen die Gravitationswirkung der gesamten sichtbaren Materie der Galaxie, die akribisch analysiert wurde, miteinbezogen hat. Damit müssten die Sterne aufgrund ihrer beobachteten Geschwindigkeiten, speziell in den äußeren Bereichen der Galaxie, eigentlich aus ihren Bahnen geschleudert werden, da die Kraft, die sie auf diesen Bahnen halten könnte, fehlt.

Aber auch dem ist nicht so; und folglich bleibt nur der Ausweg, dass eine gewaltige zusätzliche Masse, die um ein Vielfaches größer als die direkt beobachtete Masse sein muss, aufgrund ihrer Gravitationskraft die Sterne auf ihren Bahnen hält.

Damit wurde klar, dass sich Dunkle Materie nicht nur um diese Galaxie, sondern auch um alle anderen bekannten Galaxien, angesammelt hat, und zwar in beträchtlichem Ausmaß (siehe Abb. 1.2 „Dunkle Materie").

die Rotationsgeschwindigkeiten der Sterne bestimmt wurden, wobei diese mit zunehmendem Abstand vom Galaxiezentrum viel niedrigere Werte lieferten als die Beobachtung (s. Abb. 1.1 „*Rotationsgeschwindigkeiten der Sterne*").

Damit war klar, dass die Schwerkraft der beobachteten Masse nicht ausreicht, um die Beobachtung zu erklären. Und da sowohl das Resultat der Beobachtungen als auch die Rechnungen, für deren Durchführung lediglich die Zentrifugalkraft und die Gravitationskraft gleichgesetzt werden mussten, einfach nachzuvollziehen sind und alle anderen bekannten Galaxien das gleiche Phänomen zeigen, wird die Existenz der Dunklen Materie seitdem auch ernst genommen.

Das hartnäckige Nachhaken von Vera Rubin hat damit zu einer neuen Erkenntnis geführt, die von niemandem, außer Fritz Zwicky, erwartet worden wäre und die uns dennoch bis zum heutigen Tag in Atem hält. Das Vorgehen von Vera Rubin offenbarte dabei zwei Punkte, die so bemerkenswert sind, dass wir nicht einfach darüber hinweggehen sollten.

Der erste Punkt betrifft das Erkennen von etwas Besonderem bei einer eintönigen und wenig aufregenden Tätigkeit, wie es das Betrachten von Linienspektren eher langweiliger Galaxien darstellt (vermutlich war es das „Könnten Sie sich das mal anschauen"-Motto, das sie zwangsläufig dazu bewog, eine Neigung für die Sache zu entwickeln). Um unter diesen Voraussetzungen etwas zu erkennen, was die Natur versteckt, müssen allerdings nicht nur aus einer Vielzahl von oberflächlich betrachtet unzusammenhängend erscheinenden beobachteten Phänomenen die grundlegenden Gesetzmäßigkeiten, die die gleichbleibenden Züge im Zusammenhang beschreiben, herausgefunden werden, sondern man muss auch hellwach sein, da es in der Regel speziell dann extrem schwierig zu beurteilen ist, ob überhaupt eine Gesetzmäßigkeit hinter dem Auftreten bestimmter Eigenarten verborgen liegt.

Zwar wird man beim Aufspüren von Eigenarten auch gelegentlich durch den bereits erwähnten Zufall unterstützt, es ist aber vor allem das hartnäckige Durchleuchten von vordergründig unscheinbarem Verhalten, das letztlich zum Ziel führt. So auch im Falle der Entdeckung der Dunklen Materie.

Der zweite bemerkenswerte Punkt war: Vera Rubin wusste um die bevorzugte Behandlung, die man Fritz Zwicky angedeihen ließ, und dennoch hat sie mit Nachdruck auf die Masse hingewiesen, an der es den einzelnen Galaxien ganz offensichtlich mangelt.

Der entscheidende Durchbruch, der keinen Zweifel an der Existenz der Dunklen Materie mehr aufkommen ließ, erfolgte allerdings erst gegen Ende des letzten Jahrhunderts, als man auf einen weiteren Anhaltspunkt stieß. Und dieser Anhaltspunkt ergab sich aus der Beobachtung und Analyse von **Gravitationslinseneffekten**.

Gemäß dieser Effekte wird auch das Licht in einem Gravitationsfeld abgelenkt, und aus diesem Grund registriert man bei der Beobachtung bestimmter Galaxien Lichtbögen, die sich aus der Projektion der gekrümmten Lichtstrahlen ergeben, wobei das Zentrum, an dem es zur Lichtstrahlenkrümmung kommt, in der Regel kaum sichtbare Materie enthält.

Der Grund, weshalb es dennoch zur Lichtstrahlenkrümmung kommt, überrascht uns natürlich nicht mehr, denn wir ahnen bereits, dass es Dunkle Materie ist, die durch ihr Gravitationsfeld für eine heftigere Krümmung der Lichtstrahlen sorgt, als es dies ohne sie zu erwarten wäre.

Auf diesem Weg kann man nun die Verteilung dieser merkwürdigen Substanz präzise bestimmen und in eingefärbter Form sichtbar machen.[8] Und dabei stellt man

[8] Bei einer Gravitationslinse wirkt die Masse wie eine Sammellinse, und deshalb werden die Lichtstrahlen, die in unterschiedlichem Abstand an dem massereichen Objekt vorbeilaufen, unterschiedlich stark abgelenkt. Das Bild der Lichtquelle hinter der Gravitationslinse wird also verzerrt oder vervielfältigt, wobei die Linse extrem astigmatisch agiert. Anhand von theoretischen Rech-

Abb. 1.2 *Dunkle Materie* umhüllt schemenhaft unsere Galaxie. (Blau eingefärbte Darstellung der mysteriösen Dunklen Materie. © ESO/L. Calçada.)

In der Mitte des Bildes ist unser Wohnort, die Spiralgalaxie Milchstraße, zu sehen. Die hauptsächlich aus Baryonen bestehende leuchtende Materie unserer Galaxie ist von einem eigentlich dunklen, aber hier blau eingefärbten mysteriösen Halo aus Dunkler Materie umgeben. Offensichtlich hat sich diese Dunkle Materie locker verteilt wie ein nebelförmiges Gebilde zu unserer Galaxie gesellt. Das einzig Gespenstische an der Sache ist die Menge und die Dimension, mit der dies geschieht. Das nebelförmige Gebilde hat ungefähr 5-mal mehr Masse als unsere Galaxie, und seine Ausdehnung liegt bei einigen 100 000 Lichtjahren. Beruhigend hingegen ist, dass neuesten Messungen zufolge es in der unmittelbaren Nachbarschaft von der Sonne keine signifikanten Spuren von diesem undefinierbaren dunklen Substrat gibt.

Obwohl diese geschmeidig wirkende Ansammlung von Dunkler Materie 5-mal so viel Masse wie die leuchtende baryonische Materie liefert, wird selbst dieses gewaltige energetische Äquivalent von der allgegenwärtigen und alles durchdringenden Dunklen Energie vollkommen in den Schatten gestellt. Davon gibt es nochmals einen wohlbekannten Faktor mehr.

Was tut sich da?

fest, dass sich diese Materie um die Galaxien angesammelt hat, so, als hätte sie sich locker verteilt, einem nebelförmigen Gebilde gleich, zu den Galaxien gesellt (siehe Abb. 1.2 „*Dunkle Materie*").

Umfangreiche Analysen dieser Art haben gezeigt, dass lediglich ein knappes Fünftel der Materie von der Natur ist, wie wir sie in unserem Umfeld als **baryonische**

---

nungen kann man nun den Grad der messbaren Verzerrungen mit der Verteilung der Masse in der Gravitationslinse in Verbindung bringen. Das sich daraus ergebende Bild stellt Karten der tatsächlichen Materieverteilung dar, die somit auch die Dunkle Materie enthalten.

Materie, deren Hauptbestandteil Protonen und Neutronen und damit alle uns bekannten atomaren Elemente sind, wahrnehmen können.

Hinsichtlich des restlichen und überwiegenden Anteils der Materie müssen wir feststellen, dass dieser für uns nur indirekt greifbar ist; und das heißt, dass wir ihn, ohne spezielle Interpretationen von Beobachtungen, wie zum Beispiel den gemessenen Umlaufgeschwindigkeiten der Sterne in den Galaxien und dem Vergleich dieser Werte mit theoretischen Vorhersagen, nicht wahrgenommen hätten.

Dieser Anteil der Materie ist für uns damit von „Dunkler" Natur; und das heißt, dass wir die elementaren Teilchen, aus denen sich diese Materie zusammensetzt, noch nicht ausmachen und nachweisen konnten.

Diese Teilchen definieren sich lediglich über ihre gravitative Wechselwirkung zueinander und zur baryonischen Materie hin, und sie definieren sich nicht über die Wechselwirkung mit Licht, und deshalb bezeichnen wir den sich aus diesen Teilchen zusammensetzenden Materieanteil als „Dunkle Materie".

Obwohl diese Ansammlungen von Dunkler Materie, die die Galaxien so geschmeidig, aber auch unaufdringlich umhüllen, 5-mal mehr Masse als die leuchtende baryonische Materie in die Waagschale werfen, wird selbst deren gewaltiges energetisches Äquivalent[9] von der derzeit allgegenwärtigen Dunklen Energie noch in den Schatten gestellt, denn davon gibt es einen nicht unbedeutenden, aber noch zu bestimmenden Faktor mehr.

Woher wissen wir das? Auf welchem Weg haben wir von der Existenz der Dunklen Energie erfahren?

Die Existenz der Dunklen Energie hat sich uns am Ende eines verschlungenen Pfades offenbart, dem auch wir nach und nach folgen werden.

Dabei stellt sich aber vorab das grundsätzliche Problem, dass man einem Pfad nur dann folgen kann, wenn man auch weiß, wo man ihn findet.

Für die Suche nach einem Pfad wird nun wiederum ein adäquates Werkzeug benötigt, das zum Beispiel einen Kompass darstellt.

Nachdem der Astrophysik ein großes Sortiment von vielschichtigen Werkzeugen zur Verfügung steht, geht es in unserem ersten Schritt also darum, das Werkzeug, das einen Kompass darstellen soll, der uns zur Dunklen Energie führen kann, zu be-

[9] Seit Albert Einstein wissen wir, dass Masse und Energie äquivalent sind. Das heißt, einerseits entspricht die Masse eines Teilchens einer ganz bestimmten Energiemenge, und andererseits repräsentiert eine ganz bestimmte Energieportion auch das Verhalten einer dieser Energie entsprechenden Teilchenmasse. Masse ist aus diesem Blickwinkel betrachtet also lediglich eine andere Zustandsform der Energie. Nachdem, wie wir sehen werden, vor allem die Masse eine abstrakte Größe darstellt, können wir diese, rein prinzipiell, auch als kondensierte und damit gespeicherte Energie interpretieren. Die Einsicht, dass Masse und Energie in einem abgeschlossenen System nicht unabhängig voneinander erhalten bleiben, führt zu einem erweiterten Energieerhaltungssatz, der der möglichen Umwandlung von Masse in Energie Rechnung trägt. Dieser erweiterte Energieerhaltungssatz steht in direktem Zusammenhang mit der von Albert Einstein formulierten Speziellen Relativitätstheorie.

nennen. Und der Name dieses Werkzeugs ist: Entfernungsbestimmung auf großen Skalen.

Wie wir sehen werden, wird die konsequente Anwendung dieses Werkzeugs uns zu der Erkenntnis führen, dass das Universum beschleunigt expandiert.

Um das einsehen zu können, müssen wir natürlich auch die Funktionsweise dieses Werkzeugs verstehen, wobei es primär wichtig ist zu erfahren, worauf das Werkzeug angewendet werden soll.

Es soll auf Objekte angewendet werden, die sich als explosive **kosmische Leuchttürme** bereits einen so großen Namen im Kosmos gemacht haben, dass für alles und jeden im Universum das wichtigste Gebot ist, Abstand zu ihnen zu halten.

Bei den kosmischen Leuchttürmen handelt es sich präzise ausgedrückt um **Supernovae vom Typ Ia**, deren Sprengkraft 10^{27} Wasserstoffbomben entspricht, was 1000 Yotta-Wasserstoffbomben oder eine Mio. Mrd. Tera-Wasserstoffbomben beziehungsweise 10^{44} J darstellt.

Was sollen wir uns unter dieser Zahl vorstellen?

Nehmen wir an, es gibt eine Mio. Planeten, die identisch mit dem unsrigen sind, und nehmen wir ferner an, dass jede Familie auf diesen Planeten über einen modernen Computer verfügt, der eine Terabyte Festplatte vorzuweisen hat, dann wäre jedes Byte auf all diesen Festplatten eine Wasserstoffbombe.[10]

Dieses Beispiel vermittelt uns nun zwar eine Idee von der Größe dieser Zahl, aber dass, was dahintersteht, wird dennoch nicht wirklich greifbar.

Greifbarer wird es hingegen, wenn wir uns nach dem Abstand erkundigen, den ein solches Ereignis, falls es in unserem näheren Umfeld stattfinden sollte, für unser Wohlergehen nicht unterschreiten sollte. Und da ist die zu nennende Zahl von 100 Mrd. Erdradien doch sehr ernüchternd.

Angesichts dieser Zahl überrascht es dann auch nicht, dass ein solches Ereignis auch von einer **Galaxie** zur Kenntnis genommen wird und so, wie diese im Universum, weithin sichtbar ist.

Es handelt sich bei diesen Objekten also um beeindruckende Erscheinungen, wobei noch zu klären bleibt, weshalb sie kosmische Leuchttürme genannt werden und was man sich darunter vorzustellen hat (siehe Abb. 1.3 „*Ein Werkzeug der Astrophysik*“).

Was diese Erscheinungen mit dem erwähnten Paradigmenwechsel zu tun haben, ist ebenfalls eine Sache, die noch zu klären sein wird.

Grundlegend sei dazu zumindest so viel gesagt, dass die physikalischen Abläufe, die zur **Explosion** eines Sterns als Supernova vom Typ Ia führen, zur spektakulärsten Entdeckung der letzten Jahrzehnte geführt hat, der Entdeckung der Dunklen Energie.

Der zeitliche Rahmen der Entdeckung der Dunklen Energie geht dabei mit der Möglichkeit, Supernovae vom Typ Ia in sehr großer Entfernung beobachten zu kön-

[10] Für diese exemplarischen Wasserstoffbomben wurde eine Sprengkraft von 20 Mt TNT pro Stück angesetzt.

Abb. 1.3 Kosmische Leuchttürme können nahezu im gesamten sichtbaren Universum beobachtet werden, und diese Tatsache macht sich *ein Werkzeug der Astrophysik* zunutze. (Das Bild verdeutlicht den explosiven Charakter einer Supernova vom Typ Ia. © ESA/Hubble.)

nen, einher, und dies geht einher mit der Möglichkeit, adäquate und ausgetüftelte Großteleskope bauen zu können.

So, wie im Falle der Dunklen Materie, war es auch in diesem Fall also kein Zufall, dass wir gerade jetzt auf die Dunkle Energie gestoßen sind: Ihre Entdeckung war, unserem technologischen Stand entsprechend, einfach fällig.

Da im Moment noch offen bleibt, was genau beobachtet wurde und welche Schlussfolgerungen daraus zu ziehen waren, impliziert unsere Aussage natürlich eine Reihe von Fragen.

Wie zum Beispiel die Frage: Weshalb ist es wichtig, einzelne Typ-Ia-Supernovaereignisse in großer Entfernung zu beobachten? Oder die Frage: Was sind große Entfernungen, und worin liegt ihre Bedeutung? Und schließlich die Frage: Wie ist es möglich, von der Beobachtung weit entfernter Supernovae vom Typ Ia auf die Existenz von Dunkler Energie zu schließen?

Die kosmologischen Zusammenhänge im Hinblick auf die Beantwortung dieser Fragen darzustellen, setzt nun einige physikalische Einblicke und ein gewisses Verständnis von physikalischen Abläufen und Prozessen voraus, mit denen wir uns im Weiteren erst noch beschäftigen müssen.

Auch die Auseinandersetzung mit den Grundlagen des Verständnisses der Supernovae vom Typ Ia wird in diesem Zusammenhang eine Spezialdisziplin von uns werden.

Diese Punkte zeigen auf, dass es etwas dauern wird, bis wir Antworten auf diese Fragen bekommen, diese werden wir dann allerdings, sozusagen als Belohnung, aus unserem eigenen Verständnis heraus erhalten.

Mit dem hier erfolgten Schritt haben wir dennoch zumindest eine Grundlage für die Beantwortung der Frage, auf welchem Weg wir von der Existenz der Dunklen Energie erfahren haben, geschaffen.

Abb. 1.4 *Dunkle Energie weist auf einen neuen Weg hin!* (Auf objektiven Fakten beruhende Darstellung der Dunklen Energie.)

Den gegenwärtigen theoretischen Überlegungen zufolge wird die Dunkle Energie als Quintessenz, also die „fünfte Essenz" oder das „fünfte Element" betrachtet. Sie würde damit die anderen, seit Langem bekannten vier Elemente „Feuer, Wasser, Luft und Erde" ergänzen. Auch für die moderne Physik, die diese vier Elemente schon lange durch vier grundlegendere Naturkräfte ersetzt hat, stellt dies allerdings einen schwerwiegenden Schritt dar, der wohlüberlegt sein will, denn schließlich kam man ja mehr als 2000 Jahre – und davor sowieso – auch ohne dieses „Unbekannte Dunkle" zurecht.

Es gibt jedoch auch durchaus einsichtige Überlegungen, auf deren Grundlage die Dunkle Energie auch ohne die Hilfe eines, wie hier dargestellt, im „Dunklen" liegenden Wechselwirkungsprozesses in unser bestehendes Weltbild eingeordnet werden kann. Dies würde allerdings bedeuten, dass ein wichtiger Punkt des bestehenden Konzepts sich uns bislang nicht offenbart hat und wir entsprechend tief nach ihm graben müssen.

Was im Moment verbleibt, ist eine grobe Einschätzung vorzunehmen, mit der wir in einem weiteren Schritt eine Vorstellung davon bekommen, weshalb der Auftritt der Dunklen Energie zu einem Verständnisproblem führt. Oder anders formuliert, weshalb man der Meinung ist, dass der kosmologische Rahmen, den man vor dem Auftritt der Dunklen Energie aufgestellt hat, jetzt nur noch bedingt Gültigkeit hat.

Den gegenwärtigen theoretisch motivierten Einschätzungen zufolge, kann die Dunkle Energie, speziell in Verbindung mit der auf ihr beruhenden Eigenschaft das Universum beschleunigt expandieren zu lassen, nicht mit den vier grundlegenden Naturkräfte in Einklang gebracht werden. Sie wird derzeit demgemäß als eigenständige „fünfte Essenz" betrachtet, der man den Namen **Quintessenz** angedeihen ließ.

Sie würde damit als „fünftes Element" die anderen, seit Längerem bekannten, vier grundlegenden Naturkräfte ergänzen.

Dies stellt natürlich einen schwerwiegenden Schritt dar, der wohlüberlegt sein will, denn schließlich kam man ja bislang auch ohne diese „Energie des Schreckens" zurecht (siehe Abb. 1.4 „*Dunkle Energie weist auf einen neuen Weg hin!*").

Um einen ersten Eindruck davon zu bekommen, was mit einer möglicherweise erforderlichen Erweiterung der vier grundlegenden Naturkräfte überhaupt gemeint ist, sollten wir uns über diese vorab einen kurzen Überblick verschaffen.

Was wir für unser Wohlergehen brauchen, ist die starke und die schwache sowie die elektromagnetische und die gravitative **Wechselwirkung**, denn diese vier Naturkräfte sind es, die dem Universum mit einem kleinen, aber wesentlichen Zusatz – dem **Higgs-Feld** – den grundlegenden Klebstoff vermitteln, der es zusammenhält. Sie tun dies, indem sie wechselwirkende Beziehungen zwischen den **Elementarteilchen** herstellen, und das ist es, was wir bestellt haben!

Bestellt haben wir die wegen ihrer Schlagkräftigkeit – zumindest auf kurze Reichweite – allseits beliebte starke Wechselwirkung, denn sie ist es, die zwischen den **Quarks** – den elementaren Bausteinen der Protonen und Neutronen – wirkt und diese zusammenhält (der Wirkungsbereich der starken Wechselwirkung liegt dabei gerade einmal in einem Bereich von 10^{-15} m).

Und um über den Winter zu kommen, haben wir die schwache Wechselwirkung bestellt, denn sie bewirkt die Umwandlung von Elementarteilchen und kann auf diesem Weg zum Beispiel aus Protonen Neutronen werden lassen, sie ermöglicht dadurch erst die lebenswichtigen Prozesse des radioaktiven Zerfalls und der Kernfusion[11] – den einfachsten dieser Prozesse stellt die Fusion der Kerne von Wasserstoffatomen dar, die bekanntermaßen ja nur aus jeweils einem Proton bestehen, wobei für den Fusionsprozess sowohl Protonen wie auch Neutronen benötigt werden; und damit ist dieser Prozess von essenzieller Bedeutung, da nur über ihn die solare Energie, die unsere Politiker als sogenannte „erneuerbare Energie" abgreifen wollen, vorübergehend und nicht erneuerbar bereitgestellt wird.

Weitreichender als die starke und die schwache Kraft ist die Wirkung der elektromagnetischen Wechselwirkung, denn deren Einfluss verdünnt sich lediglich mit dem Quadrat der Entfernung. Sie ist es, die die **Photonen** des Strahlungsfeldes an die elektrischen **Ladungen** der Materie koppelt, und sie bindet auf diesem Weg die negativ geladenen Elektronen an die positiv geladenen Atomkerne, wodurch Atome ausgebildet werden. Ihrem Zweck entsprechend kann sie sowohl eine anziehende als auch eine abstoßende Wirkung haben; je nachdem, wie sich die elektrische Ladung der beteiligten Teilchen darstellt (positive und negative Ladung wirkt anziehend, 2-mal positive oder negative dagegen abstoßend). Vergleichbares gilt für die magnetischen Eigenschaften (gleichartige Pole wirken abstoßend, verschiedenartige Pole ziehen sich an). Da dieses Gesamtverhalten die absolute Grundlage für die Vorgänge in der Chemie und der Biologie darstellt, stand auch sie – die elektromagnetische Wechselwirkung – auf unserer Einkaufsliste.

Dies gilt auch für die gravitative Wechselwirkung, mit der wir am besten vertraut sind, da sie uns am Boden der Tatsachen hält. Dass die gravitative Wechselwirkung aber überhaupt von Belang ist, liegt an einer weiteren wichtigen Eigenschaft der elektromagnetischen Wechselwirkung: ihrer Neutralität, die sich bei gleicher

[11] Das Wort Fusion bedeutet so viel wie verschmelzen.

Anzahl von positiver und negativer Ladung bereits in geringer Entfernung zu den Teilchen einstellt. Erst diese Eigenschaft lässt die um ein Vielfaches schwächere gravitative Wechselwirkung zur Entfaltung kommen.[12]

Zusätzlich zu diesen vier bekannten Wechselwirkungsprozessen hat sich nun eine fünfte Kraft, die Quintessenz, ins Gespräch gebracht.

Aber die hat niemand bestellt, und so, wie es aussieht, will sie auch keiner haben. Sie scheint lediglich nötig, um die offensichtlich zum Selbstzweck erschaffene Dunkle Energie zu beschreiben.

Es gibt jedoch auch durchaus einsichtige beziehungsweise schlüssige Überlegungen, auf deren Grundlage die Dunkle Energie auch ohne die Hilfe eines, wie in der Abb. 1.4 „*Dunkle Energie weist auf einen neuen Weg hin!*" dargestellt, im „Dunklen" liegenden Wechselwirkungsprozesses in unser bestehendes Weltbild eingeordnet werden kann.

Dies würde allerdings bedeuten, dass ein wichtiger Punkt des bestehenden Konzepts sich uns bislang nicht offenbart hat und wir entsprechend tief nach ihm graben müssen, und genau das werden wir zum gegebenen Zeitpunkt hier auch tun.

So, wie die Astronomie, ist auch die Kosmologie eine beobachtende Wissenschaft!

Das heißt, wir können keine **Experimente** am Universum vornehmen. Und wir können auch die Ausgangsbedingungen nicht verändern, um zu sehen, welche Auswirkungen das hätte. Ein solcher Weg, der uns schneller ein tief greifenderes Verständnis ermöglichen würde, ist uns also verschlossen.

Aber wir können beobachten, wie sich das Universum in der Vergangenheit verhalten hat und wie es sich in der Gegenwart verhält. Und auf diesem Weg ist es möglich, unsere Vorstellungen und theoretischen Überlegungen hinsichtlich der Entwicklung des Universums zu überprüfen.

Ein auf diesem Weg gewonnenes Ergebnis ist in Abb. 1.5 „*Das Dunkle hat sich durchgesetzt!*" dargestellt. Es zeigt in der unteren Grafik die energetische Zusammensetzung des Universums zur heutigen Zeit.

Wenn wir den in der Grafik angegebenen Materieanteil betrachten, der, wie wir sehen werden, von ausschlaggebender Bedeutung für die Entwicklung des Universums ist, so stellen wir fest, dass im heutigen Universum lediglich ein knappes Fünftel davon auf **baryonischer Materie** beruht, wohingegen der überwiegende Anteil der Materie sich für uns nicht direkt erschließt.

Wie wir gesehen haben, ist dieser maßgebliche Anteil an gravitativ wirkender Materie nur indirekt verifizierbar, und zwar über die Interpretation von Beobachtun-

[12] Die Wechselwirkungen werden bezüglich der Grundkräfte durch Austauschteilchen vermittelt, wobei die Stärke der Kräfte durch die **Kopplungskonstanten** festgelegt wird (hinsichtlich des relativen Verhaltens dieser Wechselwirkungsgrößen siehe Anhang C „*Zahlenwerte*").

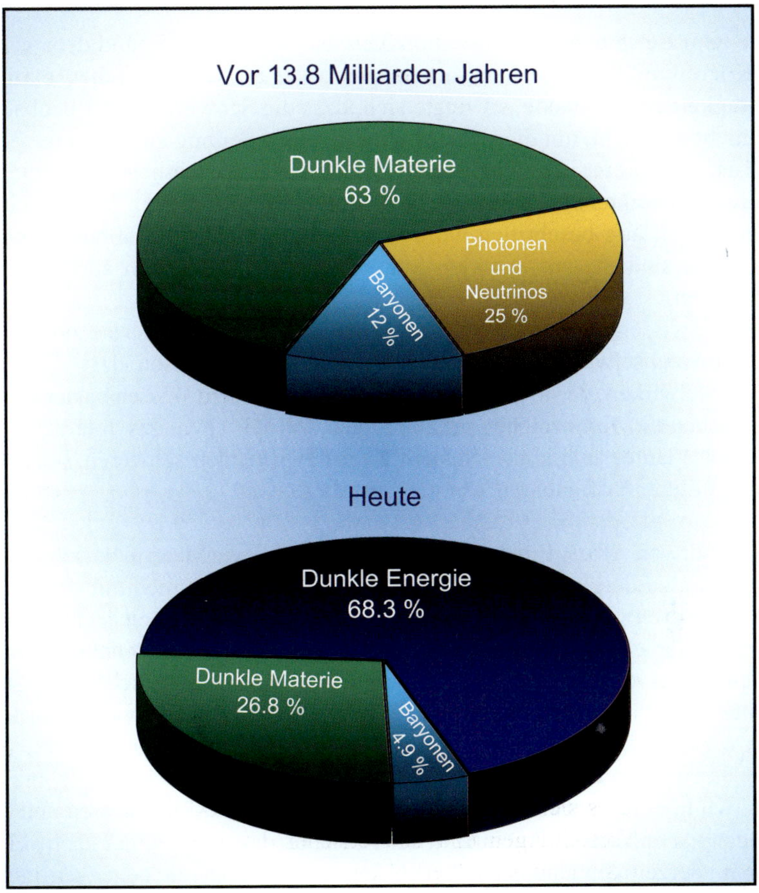

Abb. 1.5 *Das Dunkle hat sich durchgesetzt!* (Grafische Darstellung der energetischen Inhaltsstoffe unseres Universums zu einem frühen und einem späten Zeitpunkt. Die hier dargelegten Werte beziehen sich auf die Analysen der von WMAP und PLANCK beobachteten Daten.)

Wir kön\nen beobachten, wie sich das Universum in der Vergangenheit verhalten hat und wie es sich in der Gegenwart verhält. Auf diesem Weg ist es möglich, unsere Vorstellungen und theoretischen Überlegungen hinsichtlich der Entwicklung des Universums zu überprüfen.

Ein so gewonnenes Ergebnis ist hier dargestellt. Es zeigt in der unteren Grafik die energetische Zusammensetzung des Universums zur heutigen Zeit. Wie zu sehen ist, liegt der Anteil von dem, was wir kennen, der sichtbaren baryonischen Materie, bei lediglich 5 %, wohingegen der Löwenanteil von 95 % für uns nicht auf direktem Weg greifbar und auch nur bedingt verstanden ist. Wir müssen somit entsetzt zur Kenntnis nehmen, dass unser Universum deutlich fremdartiger ist, als wir jemals angenommen hätten.

Wie die obere Grafik zeigt, war vor 13.8 Mrd. Jahren, als das Universum noch unternehmungslustiger und frischer war, die Welt noch eher in Ordnung. Zwar spukte da auch schon die Dunkle Materie in penetranter Form herum und kämpfte um Dominanz, aber die Dunkle Energie war da noch nicht entfesselt, da war sie unscheinbar, und ihre Stimme hatte noch kein Gewicht.

Was also ist in dieser nicht sehr langen Zeitspanne von gerade einmal 13.8 Mrd. Jahren passiert, das die Dunkle Energie nicht nur ins Spiel brachte, sondern sie auch sogleich zum Spielmacher werden ließ? Und woher wissen wir das alles eigentlich so präzise? Und welche Konsequenzen hat und hatte das Dunkle für unser Universum? Um das herauszufinden, werden wir uns vieles genauer ansehen müssen. Manches sogar so genau, dass wir es nicht auf Anhieb verstehen werden. Dabei werden wir jedoch feststellen, dass das Dunkle sich nicht nur ins Spiel brachte, um von uns bespaßt zu werden, sondern dass es auch bereits einiges für uns getan hat – sogar manches Entscheidende.

gen, die zum Beispiel auf den Rotationskurven[13] von Galaxien und dem Vergleich dieser Kurven mit theoretischen Vorhersagen basieren. Misst man die Rotationsgeschwindigkeit einer Galaxie, so zeigte sich, dass die Schwerkraft der beobachteten Masse nicht ausreicht, um diese Geschwindigkeitsverteilung zu erklären.

Woraus sich dieser „Dunkle“ Anteil der Materie hinsichtlich seines elementaren Teilchencharakters zusammensetzt, konnten wir auf diesem Weg sowie allen anderen, die bislang beschritten wurden, allerdings nicht herausfinden, und dementsprechend sind die zur Dunklen Materie gehörigen Teilchen auch noch nicht nachgewiesen.

Aber wir wissen einiges über diese Teilchen. Wir wissen, dass sie sich über ihre gravitative Wechselwirkung bemerkbar machen, und wir wissen, dass sie mit Licht nicht wechselwirken, da sie ja dunkel sind. Und auf diesem Wissen basierend haben diese Teilchen ein Kennzeichen erhalten, das „**WIMP**“ (Weakly Interacting Massive Particle) lautet, und allen schwach wechselwirkenden schweren Teilchen, die sich uns in Zukunft offenbaren könnten, anzuheften ist.

Nachdem wir von Albert Einstein gelernt haben, dass wir Materie beziehungsweise Masse auch als Energie ansehen können, ergibt sich, zusammen mit dem gänzlich unklaren Ursprung der Dunklen Energie – hier wissen wir noch nicht einmal, ob überhaupt Teilchen im Spiel sind –, dass wir gegenwärtig nur etwa ein Zwanzigstel, also nur 5 %, der nachweisbaren Energie im Universum mit dem Begriff „von bekannter Natur“ belegen können. Die restlichen 95 % der nachweisbaren Energie müssen wir derzeit mit dem Begriff „Dunkler geht es nicht“ belegen.

Obwohl wir über die Entwicklung des Universums bereits vieles wissen und einiges verstanden haben, sieht in Anbetracht der Tatsache, dass nur 5 % der nachweisbaren Energie im derzeitigen Universum von bekannter Natur ist, die gegenwärtige Situation hinsichtlich unseres Verständnisses der zeitlichen, räumlichen und inhaltlichen Entwicklung des Universums derart katastrophal aus, dass wir feststellen müssen, dass sich das Universum in einem verheerenden Zustand präsentiert.

Wir müssen also eingestehen, dass eine detaillierte Beschreibung der Entwicklung des Universums sich als zukünftige Aufgabe darstellt.

Gelegentliche Ankündigungen, die das baldige Ende der Entwicklung der Kosmologie vorhersagten, scheinen somit etwas verfrüht gewesen zu sein. Und die überwiegende Mehrheit der Astronomen, die nicht ohne eine gewisse Spur von Selbstzufriedenheit noch vor Kurzem der Ansicht war, dass unser von dunkler und leuchtender Materie dominiertes Universum in seinen Grundzügen verstanden ist und dass das diesbezüglich entwickelte kosmologische Standardmodell lediglich durch Lösung verbliebener Detailprobleme präzisiert werden muss, lagen alles andere als richtig.

[13] Als Rotationskurve bezeichnet man die Darstellung der gemessenen Rotationsgeschwindigkeit der sichtbaren Materie in einer Galaxie an verschiedenen Orten der Galaxie.

Wir haben im Universum fast alles Wichtige übersehen und dachten, wir könnten das Universum auf einige einfache Vorstellungen und Erklärungen reduzieren. Aber das Universum hat sich gewehrt und lautstark deutlich gemacht, dass es bei Weitem mehr zu bieten hat und sich damit das Geschehen um uns herum entschieden komplexer darstellt.

Die Abb. 1.5 „*Das Dunkle hat sich durchgesetzt!*" zeigt in der oberen Grafik aber auch die energetische Zusammensetzung des Universums zu einer vergangenen Zeit, die 13.8 Mrd. Jahre zurückliegt.

Wie wir sehen, war vor diesen 13.8 Mrd. Jahren, zumindest im Hinblick auf die Dunkle Energie, das Universum noch nicht in einem solch verheerenden Zustand, da schien die Welt noch eher in Ordnung zu sein. Damals irritierte nur die Dunkle Materie, sozusagen im Alleingang, das Universum mit seinem anschmiegenden Charakter. Wir wissen zwar noch nicht, warum, aber von der Dunklen Energie war damals noch nicht die Rede, damals wurde sie aufgrund ihrer Geringfügigkeit von allen noch unterschätzt.

Was aber ist in den paar Milliarden Jahren geschehen, und was hat sich so gravierend verändert, dass die Dunkle Energie das Steuerruder übernehmen konnte?

Das werden wir versuchen herauszufinden!

So, wie wir auch versuchen werden herauszufinden, was die Dunkle Materie, die sich grundsätzlich nur auf leisen Sohlen zu bewegen scheint, in unserem Universum zu suchen hat.

Und dabei könnte uns in einem ersten Schritt eine Erkenntnis weiterhelfen, die wir zwar registriert, aber die sich aus ihr ergebenden Konsequenzen wir bislang nicht erwähnt haben.

Gemeint ist eine Erkenntnis, die aus dem Zeitsprung resultiert, den uns die Abb. 1.5 „*Das Dunkle hat sich durchgesetzt!*" offeriert.

Gemäß dieses Zeitsprungs waren sie separiert vor 13.8 Mrd. Jahren:

Das ist eine wichtige Erkenntnis, denn zu jenem Zeitpunkt konnten sie uns noch nicht, nach einem möglicherweise abgestimmten Plan, gemeinsam in die Zange nehmen, und das gibt uns die Chance, sie getrennt voneinander zu analysieren und zu untersuchen, die Dunkle Materie und die Dunkle Energie.

Sie haben also einen Fehler gemacht!

Und aus diesem Fehler werden wir versuchen, die richtigen Schlüsse zu ziehen, wobei sich ein Schluss förmlich aufdrängt: Dunkle Materie und Dunkle Energie müssen in einer Beziehung zueinander stehen, da der Anteil der einen Größe genau in dem Maße steigt, wie der Anteil der anderen Größe sinkt, und zwar in einer Weise, dass sich die jeweiligen Anteile auch voneinander abgrenzen lassen.[14]

Demnach hätten sie aber gar keinen Fehler gemacht, sondern einer von ihnen musste zwangsläufig als Erster die Lage erkunden, wohingegen der andere erst auftreten konnte, nachdem der Erste sich etabliert hatte, woraufhin er diesem dann sofort, ebenfalls zwangsläufig, die Pfründe streitig machen musste.

[14] Dieser Sachverhalt wird gelegentlich auch unter dem Begriff Konkordanzproblem diskutiert.

Angesichts eines solchen, im Detail nur schwer zu durchschauenden Verhaltens ist es von großem Vorteil, dass uns die Möglichkeit geboten wird, die Dunklen Gesellen einzeln unter die Lupe zu nehmen. Und mit der Dunklen Materie fangen wir an, denn schließlich war sie es, die sich als Erste aus der Deckung wagte.

Um unseren Plan in die Tat umzusetzen, müssen wir also zurückblicken; wir müssen, um präzise zu sein, 13.8 Mrd. Jahre in der Zeit zurückblicken, denn auf jene Zeit bezieht sich die Information, die wir haben, und die besagt, dass wir es nach diesem Zeitsprung nur mit dem einen der „Großen Zwei" zu tun haben werden.

Interessanterweise wird uns dieser Zeitsprung in ein derart fremdartiges Universum geraten lassen, dass es uns schwerfallen wird zu glauben, dass es sich dabei um das Unsrige handelt.

Denn die Bilder, die wir sehen werden, werden uns die frühen Strukturen im Universum zeigen, die die Saatkörner für das Wachstum der Sterne und Galaxien waren. Dieser Anblick eines nur von Schlieren und zartem Flaum durchzogenen Universums wird befremdlich sein, aber auch unvermeidbar, wenn wir dem anderen Dunklen Gesellen, der Dunklen Energie, vorerst aus dem Weg gehen wollen.

2 Das Universum aus Sicht der Mikrowelle

Sterne und **Galaxien** kann es nicht schon immer gegeben haben, denn Sterne und Galaxien produzieren Energie, und alles, was Energie produziert, wird letztlich zu Asche, wobei Asche sich dadurch auszeichnet, dass sie energetisch verbraucht ist, sich nach geraumer Weile brach im All ansammelt und bestenfalls, in einem letzten Schritt, noch einmal sinnvoll weiterverarbeitet werden kann. Zum Beispiel durch die Ausbildung von Planeten, die für das Universum jedoch reines Spielzeug sind.

Sterne und Galaxien sind also einem Werdegang unterworfen, und ein solcher hat einen Anfang und ein Ende.

Die Energie, die von Sternen und Galaxien produziert wird, nehmen wir wahr, denn dadurch zeigen sie sich uns. Sie zeigen sich uns durch ihr Licht, in dem maßgeblich die Energie steckt, die sie aus den Rohstoffen, die das Universum noch zu bieten hat, extrahiert haben (siehe Abb. 2.1 „*Sombrero*").

Es ist genau dieses Licht, das uns über seine Beobachtung die Möglichkeit bietet, zurückzuverfolgen, wie sich der Werdegang dieser bemerkenswerten und wichtigen stellaren und galaktischen Ingredienzien unseres Universums darstellt.

Dieses Zurückverfolgen ist möglich, weil das Licht in unserem Universum nicht wirklich schnell unterwegs ist. Genau genommen schleicht es eher behäbig durchs All und ist damit bisweilen Milliarden von Jahren unterwegs, bis es bei uns aufschlägt. Alles, was wir also brauchen, um dieses Licht einsammeln zu können, sind fein durchdachte, aber vor allem gewaltige Teleskope, die auch die schwächsten Lichtquellen, die in fast allen Fällen auch die am weitest entfernten sind, noch aufspüren können.

Wenn diese schwachen Lichtquellen aber sehr weit entfernt sind, dann war der personifizierte Sonntagsfahrer, das Licht, auch höllisch lange unterwegs, und deshalb blicken wir auf diesem Weg auch weit in der Zeit zurück!

Und was wir demzufolge sehen können, ist der Werdegang von Sterngenerationen und sind Strukturveränderungen der Galaxien mit der Zeit.

A. W. A. Pauldrach, *Das Dunkle Universum,* DOI 10.1007/978-3-642-55373-8_2

Abb. 2.1 Das Licht scheint in der Dunkelheit! (Das Bild zeigt Messier 104 – die *Sombrero*-Galaxie – im Infrarotlicht. Die Aufnahme entstand aus zusammengefügten Beobachtungen des Hubble-Space-Teleskops und des NASA-Spitzer-Space-Teleskops. © NASA/JPL-Caltech and The Hubble Heritage Team (STScI/AURA).)

Die 50 000 Lichtjahre breite und 28 Mio. Lichtjahre entfernte Sombrero-Galaxie bietet uns nicht nur ein fantastisches Schauspiel in diesem sonst dunklen Nachthimmelbereich, sondern sie beherbergt auch ein Supermassives Schwarzes Loch in ihrem Zentrum, das eine Milliarde Mal mehr Masse als unsere Sonne vorzuweisen hat. Ein solches Schwarzes Loch sucht seinesgleichen im Universum, und es hat dementsprechend die Sombrero-Galaxie in der Rangliste der Galaxien des Schreckens weit nach vorne katapultiert.

Für die Galaxie selbst ist dieser fragwürdige Ruhm natürlich ohne Belang, was für den Einfluss des Supermassiven Schwarzen Lochs auf seine Entwicklung jedoch nicht gilt. Obwohl die Entstehung dieser zentralen Objekte noch weitgehend der Klärung bedarf, ist bekannt, dass sie das im Zentralbereich befindliche Gas so weit aufheizen und verdichten, dass regelrechte Sternentstehungsausbrüche erfolgen können. Das bläuliche Licht um den Zentralbereich gibt uns einen Hinweis darauf. Was auch für die klumpige Struktur der Scheibe in seinen äußeren Bereichen gilt. Denn dort sind Entstehungsgebiete junger Sterne klar erkennbar.

Um mehr darüber zu erfahren, was „war“ und wo das, was „ist“, herkam, müssen wir uns also mit der Kunst, die darin besteht, auch die schwächsten Lichtquellen noch aufzuspüren, vertraut machen.

Ganz überflüssig sind sie nicht, die Astronomen, denn die haben genau das für uns bereits getan.

Und das, was diese Kunst zutage gebracht hat, ist außerordentlich bemerkenswert und nachhaltig beeindruckend. Denn die Resultate dieser Kunst sind Bilder, die Objekte im frühen Stadium nach ihrer Entstehung zeigen. Wobei in manchen Fällen schon viel Fantasie erforderlich ist, um zu sehen, dass aus diesen Objekten auch die Galaxien werden können, an deren Anblick wir uns mittlerweile so gewöhnt haben, dass wir vom bloßen Hinschauen kein Kribbeln mehr verspüren (siehe Abb. 2.2 „*Die Dunkelheit beginnt zu leuchten!*“).

Andererseits zeigen uns diese Bilder nicht das, was wir eigentlich sehen wollten und was uns vor allem interessiert. Sie zeigen uns nicht die frühen Strukturen im

Abb. 2.2 *Die Dunkelheit beginnt zu leuchten!* (Das Bild zeigt den tiefsten Blick, der hinsichtlich der Entstehung von Galaxien bislang in das Universum geworfen wurde. Die Aufnahme beruht auf Beobachtungen des Hubble-Space-Teleskops und wurde Ende August 2009 vom HUDF09-Team erstellt, wobei mit einer Gesamtbelichtungszeit von 48 Stunden über 4 Tage hinweg beobachtet wurde. Die beobachtete Region liegt im Sternbild Chemischer Ofen, auch Fornax genannt. © NASA, ESA, G. Illingworth (UCO/Lick Observatory and the University of California, Santa Cruz), R. Bouwens (UCO/Lick Observatory and Leiden University), and the HUDF09 Team.)

Das Bild vermittelt uns die Entwicklungsgeschichte der Galaxien seit der Anfangsphase ihrer Entstehung.

Auf dem Bild sind mehr als 5 000 Galaxien zu erkennen, wobei die lichtschwächsten Objekte nur ein Milliardstel der Helligkeit aufweisen, die wir mit bloßem Auge noch erkennen können.

Unter diesen Galaxien befinden sich sowohl Spiralgalaxien, die unserer eigenen sehr ähnlich sind, als auch große rötliche Galaxien, die elliptischen Ursprungs sind und in denen keine neuen Sterne mehr entstehen. Nach unserem Bild sind diese Galaxien das Endprodukt von vielen Galaxienverschmelzungsprozessen, die speziell zu Beginn der Galaxienentstehung sehr häufig auftraten.

Das Bild zeigt zudem winzige lichtschwache Galaxien, die aufgrund ihres weißlichen Lichts einen frisch entstandenen Eindruck vermitteln und höchstwahrscheinlich die Grundbausteine der Galaxien darstellen, die wir prinzipiell heute in unserem Umfeld beobachten können.

Die schwächsten und rötesten Objekte im Bild stellen hingegen Galaxien dar, die soweit von uns entfernt sind, dass ihr Licht rund 13.2 Mrd. Jahre unterwegs war, um uns zu erreichen. Nach dem, was wir wissen, sind dies die ersten Galaxien, die unser Universum hervorgebracht hat.

Universum, die zu den Wurzeln der Entstehung der Sterne und Galaxien geführt haben, und zwar in einer Zeit, als die Welt noch in Ordnung war, in der die Dunkle Energie noch nicht ihr Unwesen trieb.

Wir sind also in der Zeit noch nicht weit genug zurückgegangen! Ganz offensichtlich fehlt uns in dieser Richtung noch ein gehöriger Schritt.

Wir haben aber die Kunst, derer die Astronomen sich derzeit bedienen, ausgeschöpft. Wenn wir jetzt nicht selbst aktiv werden wollen, um den Kollegen so unter die Arme zu greifen, dass sie sehen, was Fortschritt wirklich bedeutet, dann brauchen wir nun eine gute Idee.

Und siehe da, die erforderliche Idee liegt auf der Hand, denn die hatte schon jemand.

Die Idee basiert darauf, nicht nach dem Einzelnen, das in der Entfernung immer kleiner und lichtschwächer wird, zu suchen, sondern nach dem großen Gesamten, das überall seine Spuren hinterlassen hat.

Obwohl das etwas kryptisch klingt, ist es eine geniale Idee, denn sie gründet sich auf einem einfachen Ansatz: Bevor die Materie sich zuerst zu Sternen und dann zu Galaxien auf kleinstem Raum und mit großen Abständen zueinander durch den Einfluss der Gravitation zusammenzog, muss sie großflächig und raumfüllend, aber mit kleinen Unterschieden in der Dichte, verteilt gewesen sein, da auf diesem Weg und in dieser Form auch von uns beobachtete Sternentstehung im heutigen Universum abläuft.

Und bei diesem Ablauf wird speziell im Anfangsstadium großflächig Strahlung freigesetzt, die wir auch im heutigen Universum großflächig messen können, und zwar im *Mikrowellenbereich*[1].

2.1 Die frühen Strukturen und das sterbende Universum

Nachdem man auf Satelliten montierte Wärmebildkameras ins All geschickt hatte, wurde man fündig!

So, wie vermutet, konnte im Mikrowellenbereich eine kosmische Strahlung gemessen werden, die sich nicht nur als großflächig und raumfüllend erweist, sondern sogar einen allgegenwärtigen Hintergrund darstellt. Und diese **Mikrowellenhintergrundstrahlung** zeigt in der Tat kleine Unterschiede in ihrer Stärke.

Man stellte fest, dass diese Strahlung nicht mit gleicher Intensität aus allen Himmelsrichtungen kommt, sie differiert vielmehr in Abhängigkeit von der Richtung, in die man blickt, um geringe Bruchteile von ihrem mittleren Verhalten.

Nachdem wir alle im Umgang mit Mikrowellengeräten geübt sind, ist uns natürlich auch bekannt, dass mit dieser Strahlung eine Temperatur verbunden ist, und selbst-

[1] Weshalb der Wellenlängenbereich von einigen Millimetern in diesem Zusammenhang wichtig ist, werden wir später noch sehen.

verständlich kann man diese messen. Das hat man auch bei der kosmischen Mikrowellenhintergrundstrahlung getan, und man kam dabei auf einen mittleren Wert von 2.725 K, was circa −270 °C entspricht.

Dies stellt nun nicht gerade einen Wert dar, bei dem wir auf die Idee kämen, uns eine warme Suppe zuzubereiten, dies stellt eher einen Temperaturwert dar, den wir aufgrund seines frostigen Charakters so nie erleben möchten.

Und so wird dies auch von den Sternentstehungsgebieten gesehen: Eine derartig niedrige Temperatur hat mit dem frühen Anfangsstadium der Sternentstehung, in dem dichtere Regionen großflächig Strahlung freisetzen, um sich abzukühlen und daraufhin auf der Grundlage ihrer Eigengravitation weiter kontrahieren, nichts zu tun.

Ein derartiger Temperaturwert stellt vielmehr das Fossile eines solchen Ablaufs dar!

Nachdem das Verhalten von Sternentstehungsgebieten seit vielen Jahrzehnten präzise analysiert wird und gut verstanden ist, kennen wir natürlich den Temperaturbereich, dem das frühe Anfangsstadium der Sternentstehung bei gegebener Dichteverteilung und chemischer Zusammensetzung unterliegt.

Und aus diesem Verständnis heraus wissen wir, dass dem erforderlichen starken Abkühlungsprozess eine sogenannte Rekombinationsphase vorangehen muss, in der die vorhergehend freien Elektronen maßgeblich von Wasserstoffkernen eingefangen werden und sich neutrale Atome ausbilden, bei denen weitergehende Kühlungsmechanismen greifen können.

Dieser grundlegende Prozess, der bei einer Temperatur von circa 3 000 K stattfindet, beschreibt genau das Rekombinationsverhalten, das wir anhand der Mikrowellenhintergrundstrahlung beobachten.

Damit ist klar, was wir mit der Aussage, „der beobachtete Temperaturwert von 2.725 K stellt ein Fossil dar", gemeint haben. Wir haben damit gemeint, dass der ursprüngliche Temperaturwert, einer vor geraumer Zeit emittierten Strahlung, sich von damaligen 3 000 K bis heute auf einen Wert von 2.725 K abgekühlt hat.

Eine derart starke Abkühlung beansprucht natürlich sehr viel Zeit, und dementsprechend sollten wir auch nicht verwundert sein, dass es 13.8 Mrd. Jahre gedauert hat, bis diese Strahlung ihren frostigen Charakter entwickeln konnte, wobei sie sich parallel zu diesem Abkühlungsprozess auf dem Weg zu uns befand und uns nach eben dieser Zeit als Mikrowellenhintergrundstrahlung erreicht.[2]

Damit haben wir unseren Plan, 13.8 Mrd. Jahre in der Zeit zurückzublicken, in die Tat umgesetzt. Und das, was wir bei diesem Zeitsprung sehen, ist, wie befürchtet

[2] Nachdem die Rekombinationsphase bei einer Temperatur von circa 3 000 K stattfand, und nachdem sich Temperaturen so wie Photonenfrequenzen mit der Rotverschiebung skalieren, erhält man aus der heutigen Temperatur von nicht ganz 3 K eine **Rotverschiebung** von $z = 1100$. Diesen Wert, der die Epoche der Rekombination festlegt, erreichte das Universum 380 000 Jahre nach seiner Entstehung, also vor 13.8 Mrd. Jahren.

und in der Abb. 2.3 „*PLANCK*" gezeigt, ein äußerst fremdartig wirkendes Universum.

Gleichwohl ist das Bild beeindruckend, denn es zeigt uns die frühen Strukturen im Universum, die die Saatkörner für das Wachstum der Sterne und Galaxien darstellen, die wir in Abb. 2.2 „*Die Dunkelheit beginnt zu leuchten!*" bereits im Frühstadium nach deren Entstehung gesehen haben.

Die Saatkörner stellen sich dabei als farbige Schlieren und flaumartige Strukturen dar, wobei diese, der Beobachtungsart entsprechend, lediglich auf Temperaturschwankungen hinweisen, die, wie im Bild gezeigt, in der Größenordnung von 10^{-5} K liegen.

Aber da steckt natürlich mehr dahinter, denn diese Temperaturschwankungen ($T-\overline{T}$ wobei $\overline{T}$ die mittlere Größe der Temperatur darstellt) können nahezu auf direktem Weg in Dichteschwankungen ($\rho-\overline{\rho}$ wobei $\overline{\rho}$ die mittlere Größe der kosmischen Materiedichte darstellt) übertragen werden, wobei der dafür erforderliche physikalische Grundmechanismus einfach zu verstehen ist: Anfänglich dichtere Regionen haben die Tendenz zur weiteren Komprimierung, wodurch sie sich etwas aufheizen und damit großflächig Strahlung von ebenfalls geringfügig höherer Temperatur, als ihr Umfeld dies tut, freisetzen (dies geschieht zumindest in einem ersten Schritt).

Das heißt, die Bereiche höherer Temperatur sind auch die Bereiche höherer Dichte.

Auf der Grundlage dieser Einsicht können die beobachteten Temperaturschwankungen mit wenig Aufwand in ein Dichtekontrastschema übertragen werden, wobei eine einfache analytische Rechnung zeigt, dass der Dichtekontrast nahezu exakt 3-mal so groß wie die relativen Temperaturschwankungen ist:[3]

$$\delta = \frac{\rho-\overline{\rho}}{\rho} = 3\frac{T-\overline{T}}{T}$$

Eigentlich wollten wir durch unseren Zeitsprung der Dunklen Materie und ihrem vorerst undurchschaubaren Spiel auf die Schliche kommen, aber von der ist hier nichts zu sehen!

Nicht, dass wir dachten, dass das Dunkle zu früheren Zeiten das Helle war, aber wir dachten schon, dass der, der sich in dieser Zeit selbst eine dominante Rolle zugewiesen hat, zumindest so prägnante Spuren hinterließ, dass wir sie durch unsere Beobachtungen erkennen können. Stattdessen ist alles, was wir sehen, ein lausiger Dichtekontrast, wobei man auch noch eine Lupe braucht, um diesen überhaupt wahrnehmen zu können.

[3] Der Aufwand für die Umrechnung der Temperaturschwankungen in ein Dichtekontrastschema ist vor allem aufgrund der Tatsache, dass sich die Strahlung bei ihrer Entkopplung von der Materie mit dieser im thermodynamischen Gleichgewicht befand, sehr überschaubar, und aus demselben Grund hat die gefundene Beziehung auch eine so einfache Struktur. (Da die Strahlung zudem außerordentlich homogen ist, entspricht ihr Spektrum nahezu einer idealen Planckkurve – siehe **Mikrowellenhintergrundstrahlung**.)

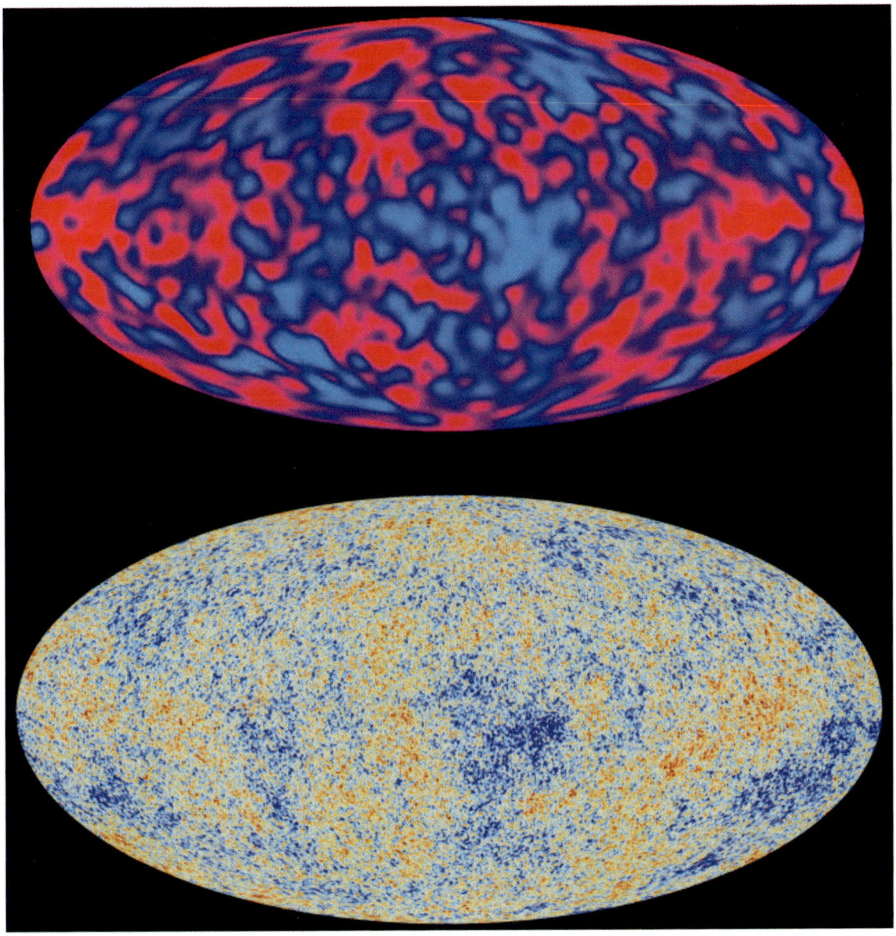

Abb. 2.3 *PLANCK* zeigt mit einem Fingerabdruck des frühen Universums, wie alles begann! (Das Bild zeigt die Temperaturschwankungen in der kosmischen Mikrowellenhintergrundstrahlung so, wie sie vom 1989 gestarteten COBE-Satelliten (*Cosmic Background Explorer*) in der Größe von 10^{-4} K gemessen wurden (*oberes Bild*), und so, wie sie vom 2009 gestarteten PLANCK-Satelliten in der Größe von 10^{-6} K bei einer Winkelauflösung von 10 Bogenminuten, was um einen Faktor 50 besser war als das, was der COBE-Satellit zuwege brachte, gemessen wurden (*unteres Bild*). Die im Bild gezeigten blauen Bereiche liegen den Messungen zufolge um circa 10 Mikrokelvin unterhalb der mittleren Temperatur von 2.725 K und die roten/orangen Bereiche um circa 10 Mikrokelvin darüber. © COBE Project, DMR, NASA (*oberes Bild*), PLANCK-Kollaboration, ESA (*unteres Bild*).)

Obwohl mit dem Start des COBE-Satelliten ein Meilenstein bei der Analyse der kosmischen Mikrowellenhintergrundstrahlung gesetzt wurde, zeigen erst die Messdaten des PLANCK-Satelliten, wie sich die Temperaturschwankungen hinsichtlich ihrer Stärke und räumlichen Verteilung präzise verhalten.

Dabei hat sich herausgestellt, dass die Regionen mit den größten Temperaturunterschieden, die im unteren Bild in einem kräftigen Orange zu erkennen sind, jeweils einen Bereich von ziemlich genau einem Winkelgrad am Himmel abdecken, was ungefähr doppelt so viel ist wie der Bereich, den der Mond abdeckt.

Durch die Messung der extrem geringen Stärke der Temperaturschwankungen wurde ferner deutlich, dass die Materie zu dem Zeitpunkt, als die Rekombination einsetzte, insgesamt derart homogen verteilt war, dass die Rekombination sich nicht auf einzelne Gebiete beschränkte, sondern ein generelles Phänomen darstellte.

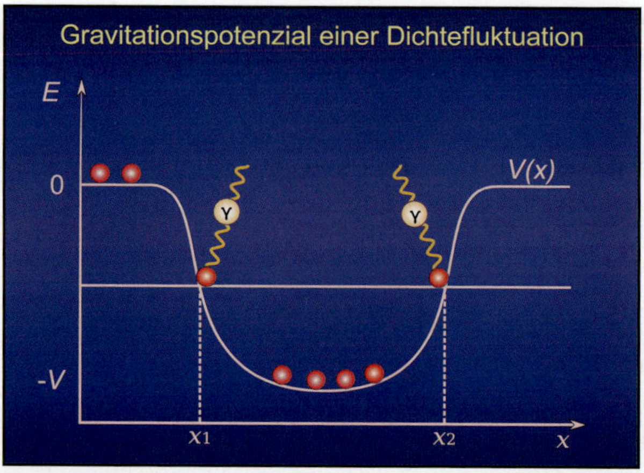

Abb. 2.4 Dargestellt ist das *Gravitationspotenzial* (*V(x)*) einer Dichtefluktuation, das stets im negativen energetischen Bereich bezüglich seines weit entfernten Umfelds liegt (dies entspricht sehr großen Werten des Ortes *x*).

Das Gravitationspotenzial einer Dichtefluktuation kann sich in einem statischen Raum nur dann verstärken, wenn die durch das Potenzial angezogene Materie (dargestellt durch rote Kugeln) durch zum Beispiel Strahlungsverluste (hier durch gelbe Spiralen symbolisiert, wobei die gelben Kugeln Photonen darstellen sollen) so viel Energie (E) verliert, dass es seinen Platz im tiefsten Bereich des Potenzials findet und es dadurch weiter absenkt.

Anscheinend war dies auch der Dunklen Materie zu wenig, um sich, wie es sonst so ihre Eigenart ist, dazuzugesellen.

Gleichwohl müssen wir die Dinge nehmen, wie sie sind. Alles, was wir im Moment haben, ist dieser Dichtekontrast. Wir müssen demgemäß versuchen, das Bestmögliche daraus zu machen und dabei darauf hoffen, dass das Dunkle sich dann schon zu erkennen geben wird, wenn wir die Situation erst einmal durchschaut haben, und darauf beruhend den lausigen Dichtekontrast zu etwas Stattlichem aufblühen lassen.

Es gab also einen Dichtekontrast, der in der Größenordnung von $5 \cdot 10^{-5}$ lag, aber was fangen wir mit dieser Zahl an?

Um aus dieser Zahl schlau zu werden, müssen wir uns genau anschauen, wie Materieverdichtungen, die gerade einmal um ein Hunderttausendstel stärker ausgeprägt sind als ihr Umfeld, sich mit der Zeit entwickeln und was letztendlich aus solchen minimalistischen Strukturen werden kann.

Alles fing offensichtlich damit an, dass in jener Zeit die Verteilung der Materie im Universum inhomogen war und es somit an vielen Stellen kleine Verdichtungen gab, die zu Gravitationstöpfen – beziehungsweise Gravitationspotenzialen – führten, die in ihrem Bodenbereich energetisch tiefer als die Umgebung lagen (siehe Abb. 2.4 „*Gravitationspotenzial*"). Bedingt durch die Masse einer Verdichtung drückt ein Potenzial damit also eine Vertiefung in einer energetisch sonst ebenen Fläche aus, die die Umgebung darstellt, wobei sich die Größe des Potenzials mit steigender Masse verstärkt, was einer sinkenden Tiefe des Gravitationstopfs entspricht.

Nachdem Materie stets den kleinstmöglichen energetischen Zustand einzunehmen versucht, bedeutet dies, dass eine extrem geringe Anfangsgröße eines Potenzials sich stetig steigert, da die gesamte im energetisch Flachen zwischengelagerte Materie in die Töpfe fällt, wodurch diese immer tiefer werden und somit immer mehr Materie, auch aus dem weiteren Umfeld, dazu bewogen wird, ebenfalls in die Töpfe zu fallen.[4]

Wenn es wirklich so einfach wäre, dann hätte dies ein katastrophales Verhalten zur Folge, denn dann würden einige kleine Schwankungen zu schwach ausgeprägten Verdichtungen führen, die über kurz oder lang sämtliche Materie in ihrem Umfeld einsaugen würden, sodass nur noch wenige große Materieansammlungen übrig blieben, die sich dann, nach demselben Prinzip, zu einem gigantischen **Supermassiven Schwarzen Loch** vereinigen würden; dabei würde die Ausbildung von Sternen, Galaxien und allem, was unser Universum inhaltlich sonst noch so vorzuweisen hat, großzügig übersprungen werden.

Nachdem es nicht so ist, kann das geschilderte Verhalten also nur ein Teil der wahren Geschichte sein.

Und in der wahren Geschichte gibt es einen Effekt, der die Potenzialtöpfe auch wieder flacher werden lässt, indem er dem Bestreben der Gravitation, alles zu akkumulieren und zu kontrahieren, entgegenwirkt.

Wir reden also von einem Effekt, der die Materiekondensationen bei kleinen Schwankungen dämpft, sodass deren Eigengravitation nicht ausreicht, um eine richtige Materieansammlung auszubilden; wohingegen er im Falle von größeren Schwankungen letztendlich Materieansammlungen zulässt, aber auch diesen, durch einen dämpfenden Charakter, das Leben so schwer macht, dass sie selbst aufgrund hoher Eigengravitation nur schleichend kollabieren können.

Dieser Effekt nennt sich Silk-Dämpfung!

Im Groben beruht die Wirkungsweise dieses Effekts auf der **Wechselwirkung** der Teilchen der Strahlung, die man **Photonen** nennt (siehe Abb. 2.4 „*Gravitationspotenzial*“), mit der Materie, die im Anfangsstadium des zu betrachtenden Dichtekontrasts aus Elektronen und **Baryonen** besteht, wobei Letztere hauptsächlich Wasserstoffkerne darstellen.

Den prozesseinleitenden Schritt stellen dabei die Photonen dar, die ihrem Naturell entsprechend sich von Orten höherer Materiedichte auch zu Orten geringerer Dichte bewegen. Das können sie, da sie zum einen an einzelne Mitglieder der Kon-

[4] Aufgrund der Energieerhaltung kann die Materie den energetisch niedrigeren Zustand in einem Gravitationstopf nur dann einnehmen, wenn die mit dieser Materie verbundene dichtere Region durch Kühlungsprozesse auch Energie verliert, indem sie, wie bereits erwähnt, zum Beispiel Strahlung freisetzt.

trastparteien gravitativ nicht gebunden sind, und zum anderen selbst die höchsten unter diesen Verhältnissen auftretenden Dichtewerte nicht groß genug sind, um die Photonen durch permanente Wechselwirkungen an das Gebiet einer bestimmten Dichtefluktuation räumlich zu binden.[5]

Bedingt durch die Wechselwirkung mit den Teilchen reißen die Photonen auf ihrem Weg nun einen Teil der Baryonen mit sich. Dies geschieht durch den Effekt des Strahlungsdrucks. Dieser Effekt ist auf der Grundlage, dass Photonen einen Teilchencharakter haben und über die elektromagnetische Wechselwirkung an Materieteilchen, die über eine elektromagnetische **Ladung** verfügen, **koppeln**, leicht zu verstehen, denn damit stellt dieser **Druck** nichts Spezielles dar, sondern entspricht vielmehr der handelsüblichen physikalischen Größe gleichen Namens.

Über diesen Druck wird letztlich Masse aus einem Bereich höherer Materiedichte wegtransportiert, was bedeutet, dass eine Materieansammlung wieder auseinandergetrieben wird.

Die Silk-Dämpfung führt also zu einer Homogenisierung der Materie und wäscht dabei weniger stark ausgeprägte Dichtekontraste wieder aus.

Damit haben wir zwar jetzt einen grundlegenden Einblick in das Verhalten von Dichtefluktuationen bekommen, aber was fangen wir mit diesem Einblick hinsichtlich einer erforderlichen Einschätzung der vom PLANCK-Satelliten so großspurig vermittelten armseligen Zahl des Dichtekontrasts nun an?

Ob Materieverdichtungen, die gerade einmal ein Hunderttausendstel stärker ausgeprägt sind als ihr Umfeld, sich mit der Zeit entwickeln können oder aber von diesem Silk-Effekt, den der PLANCK-Satellit bei seiner freudigen Verkündigung der Messwerte offensichtlich nicht auf der Rechnung hatte, ausgewaschen werden, können wir trotzdem nicht sagen.

Um uns in dieser Hinsicht letztendlich schlau zu machen, müssen wir uns Ergebnisse, die fachkundige Kollegen aus präzisen Analysen und numerischen Simulationen derartiger Dichtekontrastverhältnisse gewonnen haben, ansehen. Und hinsichtlich der Sternentstehung zeigen diese Ergebnisse, dass sich bei größeren Dichteschwankungen, trotz des dämpfenden Charakters des Silk-Effekts, der Dichtekontrast aufgrund der Eigengravitation schleichend verstärkt, sodass bei einer Größe von $\delta = 1$ der Punkt zum Kollaps erreicht wird. Ein Teil der beim Kollaps freigesetzten Energie heizt daraufhin die Materie auf, wobei der darauf beruhende thermische Druck zunächst den fortschreitenden Kollaps verhindert. Es stellt sich vorübergehend ein stabiler Zustand ein, bei dem die zeitlichen Mittelwerte der potenziellen und der kinetischen Energie der Materieteilchen, wobei die letztere Größe die thermischen Verhältnisse widerspiegelt, konstant sind.

[5] Das heißt, die mittlere freie Weglänge der Photonen ist nicht um ein Vielfaches kleiner, als die Ausdehnung einer Dichtefluktuation ist. (Ein gegenteiliges Verhalten liegt zum Beispiel im Inneren von Sternen vor.)

Der Wert, den der Dichtekontrast in diesem Zustand erreicht hat, liegt dann bei circa 100.

Der weitere Ablauf sieht so aus, dass durch Strahlungsfreisetzung von Kühlungsprozessen das System Energie und damit Druck verliert, sodass die Kontraktion schrittweise voranschreitet und sich schließlich ein Stern ausbildet.

Voilà, damit haben wir die Ausgangssituation auf zufriedenstellende Weise verstanden!

Bevor wir uns selbst zu früh loben, sollten wir allerdings zuerst überprüfen, ob auch unser armseliger Dichtekontrast von der Größe $5 \cdot 10^{-5}$ zu einem Dichtekontrast von der Größe 1 führen kann.

Und da sieht es nicht gut aus, denn es zeigt sich, dass die Entwicklung eines derartigen Dichtekontrasts auf der Grundlage von baryonischer Materie völlig unzureichend ist.

Selbst die einfachsten numerischen Rechnungen, die für die Überprüfung eines solch grundlegenden Sachverhaltes vollkommen hinreichend sind, zeigen sofort, dass sich ein solcher Dichtekontrast zu dem Zeitpunkt,[6] als wir lustig sich vor sich hin entwickelnde Sterne und Galaxien in Hülle und Fülle gesichtet haben (siehe Abb. 2.2 „*Die Dunkelheit beginnt zu leuchten!*“), bestenfalls auf ein immer noch lausiges Niveau von 10^{-3} hochgearbeitet haben konnte. Und selbst zum jetzigen Zeitpunkt sieht es nicht besser aus, der Wert dieses Dichtekontrasts würde in der Gegenwart auch nur 10^{-2} betragen!

Benötigt wird aber ein Wert von 1, damit ein Gravitationskollaps eine Gaswolke in einen Stern verwandeln kann. Das heißt, Sterne konnten auf dieser Grundlage bis zum heutigen Tag noch gar nicht entstehen, und damit hat das Universum ganz offensichtlich eines der Ziele, die wir für wesentlich erachten, verfehlt, wenn auch nur knapp (siehe Abb. 2.5 „*Dark Ages*“).

2.2 Gibt es noch Hoffnung für das Licht?

Die Idee mit dem Zeitsprung war ein klassisches Eigentor!

Eigentlich wollten wir in dem Wissen, dass die Dunkle Materie mit ihrem anhänglichen Wesen zur Zeit der Strukturbildung allein als Dunkle Macht im Universum unterwegs war, diese genauer unter die Lupe nehmen, stattdessen sind wir mit dem Universum in einen Zustand geraten, der die Dunkle Materie fast zur Nebensache werden lässt.

Von wegen prägnante Spuren hinterlassen, unsichtbar hat sie sich gemacht, die Dunkle Materie!

[6] Für die Zeit, in der sich die ersten Galaxien bildeten, wurde hier eine Rotverschiebung von $z = 10$ angesetzt.

Abb. 2.5 Die Strukturbildung im frühen Universum konnte sich, auf der baryonischen Materie basierend, nicht behaupten! (Das Bild weist auf die *„Dark Ages"* des Universums hin, die bis heute andauern könnten.)

Den physikalischen Gegebenheiten der baryonischen Materie zufolge konnten sich die eisblumengleichen, zarten, gebrechlichen Strukturen, die das frühe Universum als Dichtekontrast hervorgebracht hat, auf der Eigengravitation dieser Materie beruhend nicht stark genug entwickeln, und sie würden demgemäß den Bedingungen, die für die Sternentstehung entscheidend sind, bis zum heutigen Tag hinterherlaufen.

Dieser Umstand besiegelt den fehlgeschlagenen Versuch, ein gutes Drehbuch zu verfilmen. Obwohl das Drehbuch „Strukturbildung auf der Grundlage baryonischer Materie" einen goldenen Cesar verdient und das Potenzial für einen Kassenschlager gehabt hätte, ist der Film schon im Vorfeld gefloppt. Es ist auch nicht zu erwarten, dass er sich in späterer Zeit zu einem Kultfilm entwickeln könnte, denn wer sollte sich jemals für ein Universum interessieren, das keine Sterne, keine Galaxien und damit auch kein Licht hervorbrachte?

Ein Universum, das auf dieser Grundlage nie enden wollende „Dark Ages" vor sich hätte, wäre damit einfach nur zum Sterben geboren.

Andererseits gehört auch sie zu der Leidtragenden, denn wen soll sie nunmehr efeugleich umklammern?

Die mickrigen, sich nicht richtig entwickeln wollenden Strukturschwankungen können es wohl nicht sein, die einem wie ihr Rückhalt geben.

Um die Lösung dieses Problems wird sie sich im Moment allerdings selbst kümmern müssen, denn primär sind im Augenblick wir es, die auf ein wirklich ernsthaftes Problem verweisen können, und dieses zu lösen hat absolute Priorität.

Das Universum hat die Chance, etwas Vernünftiges aus sich werden zu lassen, vergeigt!

Nichts ist es mit globaler Sternentstehung und darauffolgender hierarchisch schön geordneter Ausbildung von Galaxien, dann von Galaxienhaufen und letztlich im finalen Schritt von Superclustern. Als wäre nichts gewesen, verabschiedet sich das Universum, indem es seine Strukturbildung den Bedingungen, die für das Entstehen von Sternen erforderlich sind, scheinbar auf ewig hinterherlaufen lässt.

Das Universum hat es vergeigt, aber es hat es nicht verpfuscht, denn das haben wir in unserer Einfältigkeit natürlich getan!

Und dementsprechend müssen wir jetzt auch zusehen, ob und wie noch etwas zu retten ist.

Im Prinzip sollte das der Fall sein, denn wir haben die sich entwickelnden Sterne und Galaxien ja bereits gesehen, wir können sie mit dem, was wir verstanden haben, nur nicht produzieren.

Wie in der Sache „verstorbenes Universum" vorzugehen ist, um zu sehen, ob noch etwas zu retten ist, ist für uns im Moment ebenso schwer zu erkennen, denn wir wissen nicht, auf welchem Weg das Universum den Zustand der ersten Strukturbildung erreicht hat und welche physikalischen Abläufe und Mechanismen vorangegangen sind. Und demzufolge können wir im Augenblick gar nicht einschätzen, an welcher Stelle und auf welche Weise ein weiterer Mechanismus zum Tragen kommen kann, der sozusagen „den Karren aus dem Dreck zieht".

Offensichtlich ist, dass das Universum einen Trick gefunden hat, die Stunde der Krise zu überwinden, die entweder durch die zu schwach ausgeprägten Dichteschwankungen oder durch die Silk-Dämpfung, die der Strukturbildung kräftig in die Suppe gespuckt hat und die es demgemäß zumindest zum Teil auszuhebeln gilt, eingeläutet wurde.

Noch kennen wir diesen Trick nicht, aber wir werden uns die größte Mühe geben, ihn aufzudecken. Dazu wird es allerdings nötig sein, die grundlegenden Zusammenhänge zu verstehen, die das Universum zu dem Punkt geführt haben, an dem die Strukturbildung versagt hat.

Bis auf Weiteres wird unser Hauptziel also darin bestehen, dem gegenwärtig etwas kränkelnden Universum auf die Sprünge zu helfen.

Um präzise zu sehen, was falsch gelaufen ist, müssen wir als Erstes das grundlegende Bild, das das frühe Universum vor der vermeintlichen Strukturbildung von sich erstellt hat, betrachten. Um das tun zu können, müssen wir jedoch vorab einige physikalische Zusammenhänge, die insbesondere die Mikrophysik und die Makrophysik betreffen und diese miteinander verbinden, zumindest auf grob-feinkörnige Art nachvollziehen und durchleuchten.

Das heißt, wir müssen durch unser Verständnis das Universum so aus der Reserve locken, dass es sich uns geschlagen gibt und uns seinen großen Trick offenbart.

Danach sollte es für uns ein Einfaches sein, die Struktur des Gesamtbildes so zu erkennen, dass auch Feinheiten durchschaubar werden. Feinheiten, die am Ende aufzeigen sollen, wie die „Großen Zwei" in dieses Gesamtbild hineinpassen.

Für uns heißt das konkret, dass wir im Weiteren ein gewisses Maß an Verständnis, auch hinsichtlich bestimmter Details, aufbauen müssen.

Es sieht also so aus, als wären wir wieder einmal für die grobe Arbeit zuständig, denn Freiwillige sind an dieser Front, an der die alles entscheidende und möglicherweise sogar die letzte Schlacht zu schlagen ist, nicht zu erkennen. Die halten sich – so, wie es auch die Eigenart der Dunklen Elemente ist –, dezent im Hintergrund.

Um diese grobe Arbeit erledigen zu können, brauchen wir allerdings Werkzeug.

Das heißt, wir müssen dabei auf die vielschichtigen Werkzeuge der Physik und der Astrophysik zugreifen, wobei diese auf Methoden beruhen, deren konsequente Anwendung und Umsetzung uns zu den entscheidenden Erkenntnisse führen werden.

Um diese Vorabbetrachtungen richtig einordnen zu können, bedarf es also einer Verständnisgrundlage hinsichtlich der Entwicklung des Universums, und die müssen wir uns verschaffen. Der Begriff „Entwicklung" beinhaltet dabei Veränderung, und Veränderung hat stets einen zeitlichen und räumlichen Rahmen. Bevor wir uns also mit den physikalischen Grundzügen der Entwicklung des Universums näher befassen, müssen wir zunächst einiges über Zeit und Raum erfahren.

Das grundlegende Inventar: Zeit und Raum

3

Dass Zeit und Raum das grundlegende Inventar unseres Universums sind, ist fraglos unstrittig. Aber wie viel Raum benötigt das Universum eigentlich, und wie viel Zeit ist dem Universum gegeben?

Das sind zwei Fragen, auf die wir uns schrittweise Antworten erarbeiten werden, wobei, wie sich alsbald herausstellen wird, es nicht nur eine Sichtweise auf diese beiden Größen gibt, sondern derer mehrere.

So zum Beispiel die Sichtweise der Raumzeit, die eine griffige Beschreibung für etwas darstellt, was keiner so richtig versteht und das zudem aus anderer Sichtweise falsch ist. Denn der Begriff Raumzeit macht natürlich nur Sinn, wenn für beide Größen auch eine Existenzberechtigung erteilt wurde.

Während das für den Raum, zumindest im heutigen Universum, zweifellos der Fall ist, könnte es mit der Zeit auch ganz schnell vorbei sein, oder aber auch sie hätte nie in die Gänge kommen können. Schlimmer noch: Ein gigantisches Wachstum des Raums könnte der Zeit in Windeseile den Garaus machen.

Das klingt nicht gerade nach selbsterklärenden Zusammenhängen, aber wir sind auch erst am Anfang unserer Überlegungen und stellen dennoch fest, dass wir das Aufgeworfene nicht auf sich beruhen lassen können, denn die Relevanz, die diese Punkte für unser Universum haben, ist klar erkennbar.

Die Sichtweisen auf die Frage, wie viel Raum das Universum benötigt, sind ebenfalls vielschichtig, wobei eine Sichtweise von vordergründiger Wichtigkeit zu sein scheint, und zwar die, die auf der Messung des Raums beruht.

Eine solche Messung macht natürlich nur in Einheiten von elementaren Dingen Sinn, also in Einheiten der Größe von elementaren Teilchen. Und das Minimum, dass das Universum an Raum benötigt, orientiert sich dann an dem Raum, den diese Teilchen in dichter Packungsform einfordern.

A. W. A. Pauldrach, *Das Dunkle Universum,* DOI 10.1007/978-3-642-55373-8_3

Aber auch in diesem Punkt besteht Mangel an Klarheit, denn die Natur ist extrem flexibel und kann Teilchen entweder wirr ineinander umwandeln, oder sie kann aber auch unter Komprimierungsdruck leicht einmal einen Faktor Hunderttausend und, falls nötig, daraufhin noch einmal einen Faktor Zehntausend wettmachen, indem sie zunächst von Atomgrößen auf Atomkerngrößen und danach auf die Größen der echten **Elementarteilchen** zurückschaltet.

Es sind also nicht die Teilchen selbst, die das erforderliche Raummaß festlegen, sondern vielmehr deren Abstände. Wenn die zu gering werden, dann fährt die Natur einen Gang zurück, definiert das Erscheinungsbild seiner an die ablaufenden Prozesse angepassten Teilchenstrukturen neu, sodass das Abstandsverhältnis der „neuen Teilchen" wieder in einem Rahmen liegt, der möglichst der vorangegangenen Situation entspricht.

Das heißt, wenn wir versuchen würden, alle Atome in ein möglichst kleines Raummaß zu packen, um auf diesem Weg die Abstände der Teilchen zu dezimieren, dann sähen wir uns auf einmal mit Atomkernen konfrontiert, deren Abstände gegenüber ihrer eigenen Größe um den Faktor Hunderttausend größer wären, als die vergleichbaren Abstände der Atome waren. Und das ist noch nicht das Ende der Fahnenstange, denn die Natur hat einen weiteren Faktor Zehntausend in petto.

Danach wird es zwar eng, aber wir haben schon eingesehen, dass das Minimum, das das Universum an Raum benötigt, nicht so einfach auszumachen ist, wie wir dachten; und wir haben eingesehen, dass dieses Minimum gegenüber unserer ursprünglich angesetzten Messskala extrem klein werden kann.

Wir haben aber noch mehr gelernt!

Wir haben gelernt, dass relative Abstände von Strukturen letztlich das entscheidende räumliche Maß darstellen. Solange diese Abstände hinreichend groß sind, steht dem Universum auch genügend Raum zur Verfügung, auch wenn sich dann nicht alles so entwickeln kann, wie wir das gewohnt sind und wie wir das aus egoistischen Gründen auch gerne so hätten.

Als weiteren Punkt haben wir erkannt, dass es speziell im Zustand hoher Komprimierung nötig ist, die Abstände der Teilchen zueinander zu vergrößern, denn nur auf diesem Weg können Veränderungen herbeigeführt werden, durch die mehr Spielraum zur Gestaltung entsteht. Geschieht dies nicht, dann verändert sich offensichtlich auch nichts an der bestehenden Situation. Und falls die Situation sich nur an den Abständen der Elementarteilchen und Atomkerne orientiert, dann können sich diese auch nur ineinander umwandeln.

Wenn allerdings die Abstände von Atomen maßgeblich werden, dann kann eine Vielfalt entstehen, mit der wir bestens vertraut sind, denn die ist es, die unser tägliches Leben prägt.

Wir werden ferner sehen, dass auch aus anderem Grund ein bestimmtes Maß an Raum zwingend erforderlich ist, und zwar um der Zeit einen Rahmen zu geben.

Es darf dann auch ein bisschen mehr Raum sein, aber zu viel davon wird die Zeit dann schon wieder in Schwierigkeiten bringen.

In denen steckt das Universum im Moment zwar ohnehin, denn wie wir vor Kurzem gesehen haben, ist es wegen eines kleinen Details, einem geringfügigen Schnupfen, gerade eben vorzeitig verstorben.

Mit dem Raum sollten wir also, insofern es in unserer Macht steht, etwas geschickter umgehen, denn einem solchen Dilemma wollen wir das Universum nicht noch einmal aussetzen. Wir sollten uns also davor hüten, einen weiteren schwerwiegenden Fehler zu begehen.

3.1 Was ist, wenn sich nichts verändert?

Fast alles, was um uns herum geschieht, ist nur sehr schwer zu verstehen, und damit ist nicht das Treiben und undurchsichtige Vorgehen der Banker und Politiker gemeint, sondern zum Beispiel das Wetter.

Das Wetter ergibt sich aus hochdynamischen Prozessen, die von vielen Veränderungen abhängig und geprägt sind, wobei auch Rückkopplungen stattfinden, die daraufhin die Zustände, die zurückgekoppelt haben, wiederum verändern. Das Wetter ist also von vielen Nichtgleichgewichtskomponenten beseelt, die jeden am Rad drehen lassen, der den Fehler macht, diese im Detail verstehen zu wollen und dabei das Wetter, am besten auch noch vom Gelände abhängig, für eine lange Zeit im voraus treffsicher vorhersagen zu wollen.

Da halten wir uns doch lieber an Gleichgewichte, denn bei denen ist der Zugang zum Verständnis bei Weitem einfacher.

Wie zum Beispiel im Falle einer hervorragend isolierten Badewanne, die mit warmem Wasser gefüllt ist, das mit sich selbst im Gleichgewicht ist. Es ist im Gleichgewicht, da die Temperatur an keiner Stelle Unterschiede aufweist, die Dichte überall gleich ist und grundsätzlich nichts Ungleiches festgestellt werden kann. Da fällt uns selbst auf lange Sicht eine zutreffende Vorhersage, wie sich die Zukunft des Wassers in der Wanne gestalten wird, doch schon erheblich leichter.

Es wird sich nichts verändern!

Die Wanne ist perfekt isoliert, und somit kann sich gar nichts verändern!

Die Schlussfolgerung aus diesem **Experiment** ist leicht zu ziehen: Gleichgewichte sind beliebt, weil sie in der Regel leicht zu durchschauen sind.

Dafür tut sich aber auch nicht viel, und gerade deshalb ist das Verhalten von Gleichgewichten leicht zu überblicken, denn sie sind von der Zeit nicht abhängig, sie sind vielmehr „zeitlos"!

Das Gleichgewicht ist also ein zeitloser Geselle, und das gilt für jeden Teil von ihm.

Aus keinem Teil eines Gleichgewichts lässt sich etwas Nutzbringendes konstruieren, wie zum Beispiel eine noch so einfach geartete Uhr. Denn durch jeden Eingriff in einen Teilbereich des Gleichgewichts wäre dieser Teil nicht mehr im

Gleichgewicht mit dem Gleichgewicht, und damit wäre das Gleichgewicht kein Gleichgewicht mehr.

Eine Zeitmessung aus einem Gleichgewicht heraus ist also nicht möglich, und damit hat ein Gleichgewicht auch keine messbare Zeit, wobei der nicht messbare Bereich sowohl die Zahl Null als auch die Größe Unendlich mit einschließt.

Damit hat uns unser Experiment der Beantwortung einer oft gestellten Frage, die sich daran orientiert, was wohl vor dem Universum gewesen sein mag, einen deutlichen Schritt nähergebracht: Vor dem Universum war möglicherweise ein Gleichgewicht, ein zeitloses Gleichgewicht.

Natürlich ist das keine befriedigende Antwort, sondern nur ein Schritt zum Verständnis, denn aus einem Gleichgewicht heraus kann unser Universum genauso wenig entstanden sein, wie eine Uhr sich in einem Gleichgewicht konstruieren lässt.

In beiden Fällen bedarf es erst einer Störung, einer möglicherweise kleinen und scheinbar unbedeutenden Störung, aber es bedarf einer Störung. Und das Verständnis um das Zustandekommen dieser Störung ist natürlich das Salz in der Suppe bei der Beantwortung der Frage, wie das Universum aus einem „Fast-Gleichgewicht" heraus entstehen konnte.

Was wir nun grundlegend aus diesen Überlegungen gelernt haben, ist, dass wir nun wissen, was Zeit nicht ist.

Des Weiteren wissen wir nun aber auch, dass Zeit nicht einfach so vergeht. Vielmehr hat Zeit etwas mit Veränderung zu tun, und wir vermuten im Umkehrschluss, dass Zeit ganz offensichtlich ein Maß für Veränderung ist.

Um dieser Vermutung nachzugehen, müssen wir uns allerdings zunächst klar machen, was wir mit „Veränderung" genau meinen und wie sich daraus ein Rückschluss auf die Zeit ergibt oder umgekehrt.

Nachdem jedes Beispiel, das wir in einem ersten Schritt für die Ergründung dieses Zusammenhangs wählen könnten, auf seine Art von eigenwilliger Natur ist, nähern wir uns an die ausstehende, aber erforderliche Erkenntnis an, indem wir ein besonders schräges Beispiel wählen, das mit einem Film zu tun hat – vorzugsweise einem guten –, den wir in jüngster Zeit gesehen haben und an den wir uns erinnern.

Weshalb erinnern wir uns an diesen Film?

Im Wesentlichen aus zwei Gründen: Die Filmszenen waren so geschickt aneinandergereiht, dass sie eine spannende oder aber tiefsinnige Geschichte wiedergegeben haben; und die Reihenfolge der Bildsequenzen, die im Zusammenschluss die Filmszenen ergeben, hatte eine Ordnung und eine Richtung.

Ganz offensichtlich ist der letztere Punkt der Wichtigere – obwohl dieser Punkt alleine noch keinen guten Film ausmacht –, denn, ist er nicht gewährleistet, gibt es gar keine Geschichte.

Dies erkennen wir am einfachsten, wenn wir die Reihenfolge der Bilder vollständig durcheinandergeraten lassen.

Selbst den Hartnäckigsten unter uns würde der Spaß bei dem hoffnungslosen Unterfangen, die ursprüngliche Geschichte durch die richtige Reihenfolge der Bilder rein durch logisches Denken zu rekonstruieren, schnell vergehen. Gleichwohl ist es möglich, wenn man den Film schon gesehen hat. Daraus erkennen wir, dass eine Menge von Bildern in vielen Fällen nicht einfach nur eine Menge von Bildern ist, sondern, dass diese Eigenschaften haben kann, aufgrund derer sie sich eindeutig zu einer fortlaufenden Geschichte ordnen lässt.

Was sind das für Eigenschaften?

Wenn wir bei unserem Filmbeispiel bleiben, besteht eine Eigenschaft darin, dass die Bilder nicht zu verschieden sein dürfen. Einzelne Bilder aus unterschiedlichen Filmszenen mit unterschiedlichen Schauspielern werden sich kaum eindeutig zu einer runden fortlaufenden Geschichte ordnen lassen. Die Bilder dürfen aber auch nicht zu ähnlich sein. 1000 Bilder einer hochauflösenden Zeitlupenstudie des rahmengebenden Umfelds einer Szene erzählen keine Geschichte – in diesem Beispiel wirkt sich zudem der Mangel an Information negativ aus. Wie bereits erwähnt, ist auch das Vorwissen des Ordnenden für die erfolgreiche Sortierung entscheidend. Eine Serie von Urlaubsbildern kann sicherlich von dem geordnet werden, der bei der Reise dabei war, jeder andere würde an dieser Aufgabe jedoch verzweifeln.

Physikalisch gesehen werden diese ordnenden Eigenschaften durch die beiden Kernaspekte der topologischen Zeit auf den Punkt gebracht.

Diese Kernaspekte sind durch die Reihenfolge von Augenblicken und einen Zeitpfeil, also das, was man herkömmlicherweise mit der Richtung meint, gekennzeichnet.

Das klingt banal, aber da steckt etwas von Format dahinter!

So wird der Zeitpfeil beispielsweise auf das Gesetz der stetigen **Entropiezunahme**[1] zurückgeführt.

An diese Aussage sollten wir uns allerdings langsam und mit Bedacht herantasten.

Das tun wir, indem wir uns erst einmal mit dem Begriff des Zeitpfeils vertraut machen und uns seine Definition zu Gemüte führen: Systeme beliebiger Art – wir stellen uns eine Ansammlung von Teilchen vor – haben einen Zeitpfeil, wenn die Möglichkeit besteht, dass sie eine gerichtete Entwicklung durchlaufen können.

Das sollte doch immer möglich sein, möchte man denken.

Doch dem ist nicht so.

Ein einfaches Beispiel kann uns davon überzeugen. Dazu betrachten wir einen Billardtisch, auf dem die Kugeln willkürlich verteilt sind. Wenn wir mit dem Queue blindwütig auf die Kugeln einwirken, verändern wir zwar den Zustand – die Anordnung der Kugeln –, aber diese Veränderung führt zu keiner gerichteten Entwicklung und hat somit auch keinen Zeitpfeil.

[1] Der Begriff Entropie bedeutet so viel wie „innere Umkehr“, er entstammt als Kunstwort dem Griechischen.

Der Grund dafür ist, dass, objektiv betrachtet, die Unordnung am Tisch, vor und nach unserem Einwirken, von gleicher Qualität ist und sich somit auch nichts entwickelt hat.

Anders sieht es aus, wenn wir die Kugeln zuerst in einer Anfangsposition, zum Beispiel in der Mitte des Tisches, zusammengruppieren. Jetzt können wir, von diesem geordneten Zustand ausgehend, einige Stöße durchführen, bis die anfängliche Ordnung sich wieder in vollständige Unordnung verwandelt hat.

Für genau diese Anzahl von Stößen wird eine gerichtete Entwicklung durchlaufen, der wir auch einen Zeitpfeil zuordnen können.

Gemäß diesem Beispiel haben Systeme so lange einen Zeitpfeil, so lange ein wie auch immer geordneter Zustand in einen immer ungeordneteren überführt werden kann.

Die gerichtete Entwicklung selbst führt zu makroskopischen Veränderungen.

Das heißt, die Skala, auf der die Veränderungen zu erkennen sind, ist groß im Vergleich zur Skala, auf der die für die Entwicklung ursächlichen Prozesse ablaufen – blicken wir auf unser Beispiel zurück, so bedeutet das einfach, dass der Billardtisch im Vergleich zu den Billardkugeln groß ist.

Entsprechend nehmen wir den zeitlichen Ablauf der Entwicklung als sogenannte „Makrozeit" wahr.

Der entscheidende Punkt, der das Fortschreiten der Makrozeit erst gewährleistet, ist jedoch die Unordnung, die muss sich mit der Entwicklung stetig vergrößern können – wenn wir an unseren Schreibtisch denken, überrascht uns die Aussage nicht.

Die zeitliche Entwicklung bedingt also eine Entropieerhöhung, wobei die Entropie ein Maß für die Unordnung des Systems darstellt.

Je größer die Entropie ist, desto größer ist auch die Unordnung im System.

Hat die Entropie ihren größtmöglichen Wert erreicht, das heißt, ist die Unordnung im System nicht mehr zu überbieten, so findet auch keine weitere zeitliche Entwicklung mehr statt, und wir nehmen auch keinen Zeitablauf und damit keine Makrozeit mehr wahr.

In makroskopischer Hinsicht vergeht bei Erreichen dieses Zustands keine Zeit mehr.

Wie durch die Abb. 3.1 „*Unordnung*" verdeutlicht wird, gibt es in diesem Fall keine Reihenfolge von Augenblicken mehr, und auch ein Zeitpfeil ist nicht mehr vorhanden. Wir haben die pure Langeweile neu definiert, die zum Beispiel von einen Gleichgewichtszustand in hohem Maße geschätzt wird.

Diese Analyse der Makrozeit führt bei uns zu der Einsicht, dass Prozesse nicht einfach in der Zeit ablaufen. Es ist vielmehr so, dass der Ablauf von Prozessen erst die Zeit definiert – zumindest die Makrozeit.

Die Zeit wird also erst dann zur beobachtbaren und damit bestimmbaren Größe, wenn eine Veränderung eines Zustands erfolgt.

Die Veränderung eines Zustands ist aber nur möglich, wenn noch Spielraum für weitere Unordnung besteht.

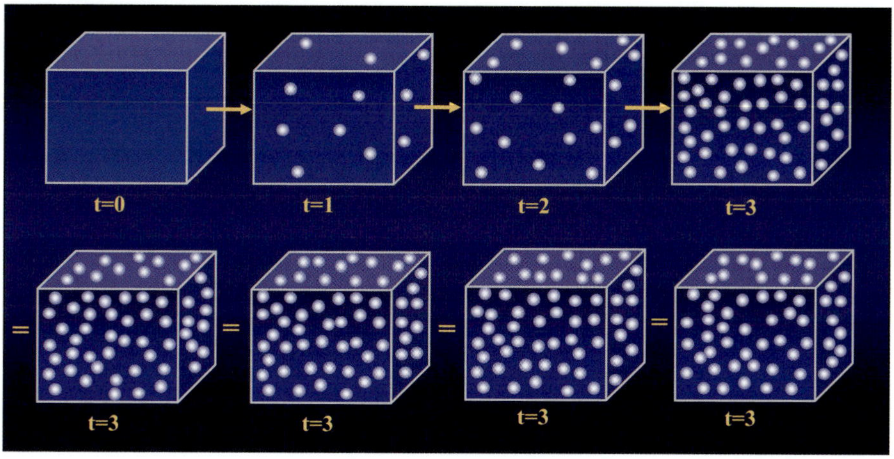

Abb. 3.1 Zeit ist nicht nur vergänglich, sie braucht auch einen speziellen Rahmen, um überhaupt vergehen zu können. (Darstellung des Zusammenhangs von *Unordnung* (Entropie), Gleichgewicht, Zeitpfeil und Zeitlosigkeit.)

Systeme beliebiger Art haben genau dann einen Zeitpfeil, wenn sie eine gerichtete Entwicklung durchlaufen! Diese Entwicklung können wir auf einer makroskopischen Ebene beobachten und nehmen dadurch den Zeitablauf als „Makrozeit“ wahr. Entscheidend bei diesem Vorgang ist, dass durch die zeitliche Entwicklung die „Entropie“ erhöht wird, wobei die Entropie ein Maß für die Unordnung des Systems darstellt – je größer die Entropie ist, desto größer ist auch die Unordnung im System. Wenn die Entropie ihren größtmöglichen Wert erreicht hat, ist die Unordnung im System nicht mehr zu überbieten. Nachdem die Unordnung in diesem Zustand nicht mehr vergrößert werden kann und Ordnung sich niemals von selbst einstellt, kann sich ein solches System zeitlich nicht mehr weiterentwickeln, und dementsprechend nimmt man auch keinen Zeitablauf und damit keine „Makrozeit“ mehr wahr.

Das System befindet sich dann in einem zeitlosen Zustand, der weder eine sinnvolle Reihenfolge von Augenblicken noch einen Zeitpfeil vorzuweisen hat.

Die Abbildung veranschaulicht diesen Sachverhalt.

Die Box auf der rechten Seite der oberen Reihe steht für einen Volumenbereich, der sich mit schnell bewegenden Teilchen – dargestellt durch die grauen Kugeln – gefüllt hat. Es hat sich in diesem Fall ein Gleichgewichtszustand eingestellt, der keine gerichtete Entwicklung und somit keine Makrozeit mehr aufzuweisen hat. Die nachfolgenden Momentaufnahmen in der zweiten Reihe lassen aus der Distanz keinen qualitativen Unterschied in der Verteilung der Kugeln erkennen, und dementsprechend können die Boxen in keiner Sinn ergebenden Art geordnet werden.

Dies trifft auf die Boxen in der ersten Reihe nicht zu.

Hier wurde das ursprünglich leere Volumen mit einem großen mit beweglichen Kugeln gefüllten Kasten verbunden, und wie die Reihe zeigt, strömen nach und nach Teilchen in die Box, bis diese schließlich den gesamten neuen Raum ausfüllen. Es gibt also kurzfristig eine gerichtete Entwicklung, und somit steht dem System auch ein Makrozeitintervall mit Zeitpfeil zur Verfügung, der durch die Zeitschritte $t=0$ bis $t=3$ gekennzeichnet ist. Bei dem sich daraus ergebenden Gleichgewichtszustand muss hingegen jeder weiteren Box immer die gleiche Zeit, die sich aus dem letzten Zeitschritt ergab, zugeordnet werden. Der tiefere Grund dafür ist, dass die Unordnung – Entropie– in diesem Zustand ihr größtmögliches Maß erreicht hat; und damit kann die Zeit in keiner erkennbaren Weise mehr vergehen.

Jeder Gleichgewichtszustand ist also zeitlos!

Menschlich wird dieser Spielraum zu weiterer Unordnung sehr unterschiedlich gesehen – insbesondere von Kindern und Eltern –, physikalisch ist er hingegen eindeutig definiert. Physikalisch besteht dieser Spielraum, solange die Entropie noch nicht ihren größtmöglichen Wert erreicht hat.

Damit kommen wir zu der wichtigen Erkenntnis, dass nur Vorgänge, die zu erkennbaren Veränderungen führen, auch einen zeitlichen Verlauf aufweisen. Und nur einen solchen zeitlichen Verlauf können wir durch Vergleich mit anderen Vorgängen, die sich zum Beispiel nach einem bestimmten wiederkehrenden Muster verändern, wie das bei einer Uhr der Fall ist, bestimmen beziehungsweise messen.

Der Name Zeitpfeil hat sich natürlich nicht zufällig ergeben. Er wurde gewählt, weil das wesentliche Merkmal eines Pfeils darin besteht, dass seine Spitze in eine bestimmte Richtung weist.

Das heißt, es gibt eine ausgezeichnete Richtung, und die wird von der sich stetig vergrößernden Entropie vorgegeben.

Die Zeit kann also weder rückwärts laufen noch sich umkehren oder gar springen.

Ein Beispiel hilft, dies einzusehen.

Dazu betrachten wir erneut die Startformation der Billardkugeln in der Mitte des Tisches und beginnen, mit verbundenen Augen zu spielen. Die Frage, wie lange wir spielen müssen, um die Startformation erneut zu erreichen, erübrigt sich. Uns allen ist klar, dass das nie geschehen wird. Die einzige Möglichkeit, einen solchen Vorgang zu sehen, wird durch einen aufgezeichneten Film, den man rückwärts laufen lässt, realisiert; und jeder merkt es, da jeder weiß, dass so etwas nicht möglich ist.

Als Beispiel noch überzeugender ist ein Stein, der zu Boden fällt und durch seinen Aufprall den umliegenden Bereich erwärmt. Lassen wir die Zeit rückwärts laufen: Ein Bereich des Bodens erwärmt sich, indem er anderen Teilen des Bodens Wärme entzieht; daraufhin überträgt dieser Bereich des Bodens diese angesammelte Wärmeenergie auf einen Stein, der auf ihm ruht; und dieser schnellt nach oben. Bevor wir auf ein solches Ereignis warten, warten wir doch lieber auf Godot.

Das bedeutet, dass sich Ordnung niemals von selbst einstellt![2]

Nachdem also die Veränderung eines Zustands nur möglich ist, wenn noch Spielraum für weitere Unordnung besteht, was nur der Fall ist, solange die Entropie noch nicht ihren größtmöglichen Wert erreicht hat, beschleicht uns das durchaus richtige Gefühl, dass es auch sehr schnell gehen kann, dass die Entropie mit ihrem größtmöglichen Wert befriedet wird.

Und da ist es wichtig festzustellen, dass dieser Spielraum durch die Zuführung von Energie in einem gewissen Rahmen verlängert werden kann, allerdings nur auf die Art, dass die mit dem zeitlichen Verlauf einhergehende Unordnung nur teilweise wieder geordnet werden kann und zum Ausgleich an anderer Stelle mehr Unordnung entsteht.

[2] Diese Aussage charakterisiert den 2. Hauptsatz der Thermodynamik.

Als Beispiel dazu können wir das System Mensch betrachten, das mit der Geburt als bestmöglich geordnet erscheint, wobei die diesem System zur Verfügung stehende Makrozeitspanne sich an dem Ablauf der Prozesse orientiert, die nötig sind, um es so unordentlich zu gestalten, dass es nicht mehr funktioniert. Wie wir wissen, dauert dies höchstens 40 Tage, außer man führt dem System Energie zu, wodurch es dazu in der Lage ist, den in den Zellen entstandenen unordentlichen Zustand größtenteils wieder in den ursprünglich geordneten Zustand zu überführen.

In diesem Fall führt der Verzögerungseffekt, den die Energiezufuhr bewirkt hat, dazu, dass die zugebilligte Makrozeitspanne sich höchstens über 150 Jahre erstreckt, bis das System Mensch einen derart unordentlichen Zustand erreicht hat, dass es seiner Funktionsfähigkeit gänzlich beraubt wird.[3]

Dieser Prozess kann natürlich aufgehalten werden, zum Beispiel durch die Maßnahme des Einfrierens, dann bleibt allerdings die Makrozeit für dieses System stehen, was bedeutet, dass die Zeitspanne an sich auch durch diesen Schritt nicht verlängert werden kann!

Dieses Beispiel zeigt uns, dass die einem System zugebilligte Makrozeitspanne durch die Zufuhr von Energie zwar nicht aufgehalten, aber dennoch deutlich verlängert werden kann.

Allerdings verursacht die Generierung dieser Energie vermehrt Unordnung an deren Produktionsstätten. In dem auf unser Beispiel bezogenen Fall betrifft das also die Sonne, die ausgehend von einem geordneten System, das aus Wasserstoff besteht, in ein ungeordnetes System, das aus verbranntem Material besteht, überführt wird, wobei ihre vom Übergang zugebilligte Makrozeitspanne bei circa 10 Mrd. Jahren liegt.

Es ist also diese Unordnungsgenerierung in der Sonne, die auf indirektem Weg dafür verantwortlich ist, dass unsere persönliche Makrozeitscheibe um circa den Faktor 1600 vergrößert wird, wobei sie nur deshalb auf indirektem Weg dafür verantwortlich ist, weil sie ja auf direktem Weg die Pflanzen, die unsere Lebensmittel darstellen, mit Energie versorgt – deren natürliche Makrozeitspanne ist übrigens in der Regel auch nicht erheblich länger, was durch die schnell verwelkenden Blumen in unseren Vasen klar angezeigt wird.

Somit steht jedem System, das eine Entwicklung durchläuft, nur die beschränkte Zeit zur Verfügung, die den Übergang von der anfänglichen Ordnung zur maximal möglichen Unordnung fixiert; wobei dieser Übergang durch die Entwicklung selbst erzwungen wird.

[3] Der Ablauf der chemischen Prozesse, die die zunehmende Unordnung und damit den Verfall unserer von Wasser durchspülten Zellen bewirken, orientiert sich an der auf der Quantenmechanik basierenden Lebensdauer von angeregten atomaren Zuständen. Diese liegt bei 10^{-8} s und legt generell die Mikrozeitskala für chemische Veränderungen fest. Umgesetzt werden diese Veränderungen durch das Zusammentreffen und den Austausch einzelner chemischer Komponenten und die bekannte Anzahl dieser Austauschprozesse, die zum Verfall der Zellen führt, legt die maximale Makrozeitspanne für das System Mensch fest.

Und wie wir gesehen haben, stellen auch wir selbst ein solches System dar, und deshalb ist auch die uns zur Verfügung stehende Zeitscheibe, trotz jeglicher Findigkeit, mit der wir die Natur zu überlisten versuchen, beschränkt – „brevis nobis a natura vita data est“[4].

Und das gilt natürlich auch für unser Universum!

Nachdem der sukzessive Ablauf der Makrozeit zwangsläufig zur größtmöglichen Entropie führt, stellt sich für uns die klare Frage, wie uns das Universum hervorbringen konnte.

Die einfachste Antwort auf diese Frage ist natürlich: weil die Entropie im Universum weiter erhöht werden kann.

Das ist zwar richtig, aber es ist noch viel mehr verwunderlich, denn das Universum wird von keiner Energiequelle, wie sie die Sonne darstellt, am Leben erhalten, sondern es nimmt sich in seiner Großkotzigkeit sogar noch die Freiheit heraus solche Energiequellen am laufenden Band zu produzieren.

Weshalb hat die Entropie im Universum ihr Maximum noch nicht erreicht?

Dieser Frage werden wir im Weiteren mit einer gewissen Hartnäckigkeit nachgehen, und dabei müssen wir in einem ersten Schritt erst einmal herausfinden, wie alt das Universum eigentlich ist.

3.2 Die Dunkelheit leuchtet im Unendlichen, aber wir sehen es nicht

Wenn wir etwas nicht sehen, dann ist es Dunkelheit!

Wenn die Dunkelheit im Unendlichen dennoch leuchtet, wir es aber nicht sehen, dann ist das Unendliche nicht unendlich!

Obwohl es gelegentlich befremdlich anmutet, selten bedrohlich wirkt und manchmal von sanfter Euphorie begleitet wird, dass der Himmel in der Nacht dunkel ist, nehmen wir diese Tatsache zumeist gleichgültig zur Kenntnis.

Die Frage, warum der Himmel in der Nacht dunkel ist, haben sich demnach die wenigsten von uns schon einmal gestellt.

Stutzig sollten wir allerdings werden, wenn wir erfahren, dass helle Köpfe wie Isaac Newton, Edmund Halley oder Johannes Kepler mit allen ihnen in ihrer Zeit zur Verfügung stehenden Mitteln versucht haben diese Frage zu beantworten, es aber nicht konnten.

Sie hatten offensichtlich großes Interesse an einer Antwort auf diese Frage – warum nur?

---

[4] Das Sprichwort kommt aus dem Lateinischen und bedeutet „Uns ist von der Natur ein kurzes Leben gegeben“.

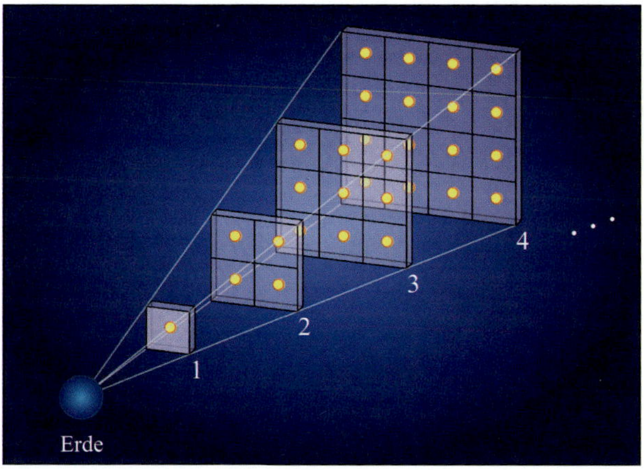

Abb. 3.2 Skizze: Die *Dunkelheit* leuchtet! Bei einer gleichmäßigen Verteilung sonnenähnlicher Sterne wäre in einem unendlich alten und unendlich großen Universum kein Unterschied zwischen Tag und Nacht.

Nachdem die Oberfläche einer um einen Stern gelegten Kugel mit dem Quadrat der Entfernung wächst, muss sich die Strahlung des Sterns mit dem Quadrat der Entfernung verdünnen, da die Gesamtstrahlung des Sterns sich auf ihrem Weg nicht vermehren kann.

Damit sind Sterne in doppelter Entfernung nur ein viertel so hell wie die in einfacher Entfernung. Andererseits wächst auch die Fläche eines Kugelsegments, das einem bestimmten Blickwinkel entspricht, ebenfalls mit dem Quadrat der Entfernung, sodass bei gleichmäßiger Verteilung der Sterne viermal so viel Sterne in doppelter Entfernung als in einfacher vorzufinden sind.

Nachdem ein viertel × vier eins ergibt, sollte es überall und immer gleich hell sein.

Das werden wir jetzt versuchen herauszufinden, indem wir uns auf das Problem, das mit dieser Frage verbunden ist, schrittweise zu bewegen.

Und in einem ersten Schritt tun wir dies durch die Betrachtung eines Waldes, wobei wir uns nach längerem Hinsehen die Frage stellen: Warum können wir da eigentlich nicht hindurchsehen?

Erstaunlicherweise berühren beide Fragestellungen, die warum ein Wald nicht durchsichtig ist und die warum der Himmel in der Nacht dunkel ist, dasselbe physikalische Verhalten. Nur, dass das, was uns jeweils sinnvoll erscheint, gegensätzlich ist.

Um dasselbe physikalische Verhalten in beiden Fällen zu sehen, lassen wir die Bäume im Wald leuchten, wie mit LED-Lampen vollkommen überladene Weihnachtsbäume. Hinter dem Wald sei es hingegen dunkel.

Unter diesen Bedingungen würde niemand von uns erwarten, etwas von der hinter dem Wald herrschenden Dunkelheit zu erkennen, da unser Blick in alle Richtungen stets auf einen Baum treffen würde. Und auch die Helligkeit würde in größerer Entfernung nicht schwächer werden, da die entfernungsbedingte Lichtschwächung einzelner Bäume exakt durch die größere Zahl von Bäumen, die in der entsprechenden Entfernung in unserem Sichtbereich liegen, kompensiert werden würde (siehe Abb. 3.2 „*Dunkelheit*“).

Für uns wäre es in jeder Richtung und jeder Entfernung also gleich hell.

Wenn wir von der hinter dem Wald herrschenden Dunkelheit etwas wahrnehmen wollen, müssen wir den Wald gehörig auslichten und ihn in seiner Größe beschränken. Doch selbst wenn wir einen Hochwald, in dem nur alle 10 m ein leuchtender Baum steht, betrachten, wäre bereits bei einer Tiefe des Waldes von nur wenigen 100 m von der Dunkelheit hinter den Bäumen nichts mehr zu erkennen.

Wenn wir diese Betrachtung auf unser Universum übertragen, dann ist natürlich klar, dass die Sterne einen größeren Abstand voneinander haben als die Bäume im Wald.

Es ist aber auch klar, dass das Universum größer ist als jeder vorstellbare Wald.

In einem unendlich ausgedehnten, unendlich alten statischen Universum würde somit ebenfalls jede Sichtlinie in irgendeinem Abstand auf die Oberfläche eines Sterns treffen, und wir würden von der Dunkelheit zwischen den Sternen nichts erkennen.

Es wäre somit auch in der Nacht in jeder Richtung hell, wie durch die Abb. 3.3 „*Verschieden große Universen*“ verdeutlicht wird.

Der Nachthimmel würde so hell wie die Sonne leuchten, als wären wir von der Sonne umgeben – das könnte für manchen von uns dann allerdings auch etwas zu viel des Guten sein.

Unsere Vorhersage, dass der Nachthimmel so hell wie die Sonne leuchtet, stimmt aber nicht exakt mit der Beobachtung überein.

Gemäß einer einfachen Beobachtung, die wir jeden Abend durchführen können, stellt sich das Universum vielmehr als dunkler Ort dar.

Irgendetwas ist also bei unserer Betrachtung falsch gelaufen!

Dass das Universum nicht sehr groß sein kann, würde zwar eine Erklärung für diesen Widerspruch liefern, wir würden mit dieser Aussage aber auch eine voreilige Schlussfolgerung ziehen.

Bevor wir uns allerdings zu schwerwiegenden Aussagen, die möglicherweise auch noch falsch sein könnten, hinreißen lassen, sollten wir ein umsichtiges Verhalten an den Tag legen und alle Annahmen – auch die versteckten –, auf denen unsere Vorhersage beruht, möglichst objektiv durchleuchten und auf den Prüfstand stellen.

Und dabei stellt sich für uns die Frage, von welchen Hypothesen wir eigentlich ausgegangen sind.

Offen ausgesprochen hatten wir die Annahmen, dass das Universum unendlich alt und unendlich ausgedehnt ist (erster und zweiter Punkt), wobei die Ausdehnung gleichförmig verlaufen und sich nicht ändern, also statisch sein soll.

Die versteckten Annahmen bezogen sich hingegen auf das Verhalten der Sterne.

Hier gingen wir davon aus, dass die Sterndichte eine zeitlich und räumlich konstante Größe darstellt, wobei die Sterne im Mittel als sonnenähnlich betrachtet werden können (dritter Punkt), und dass der Raum zwischen den Sternen nichts enthält (vierter Punkt).

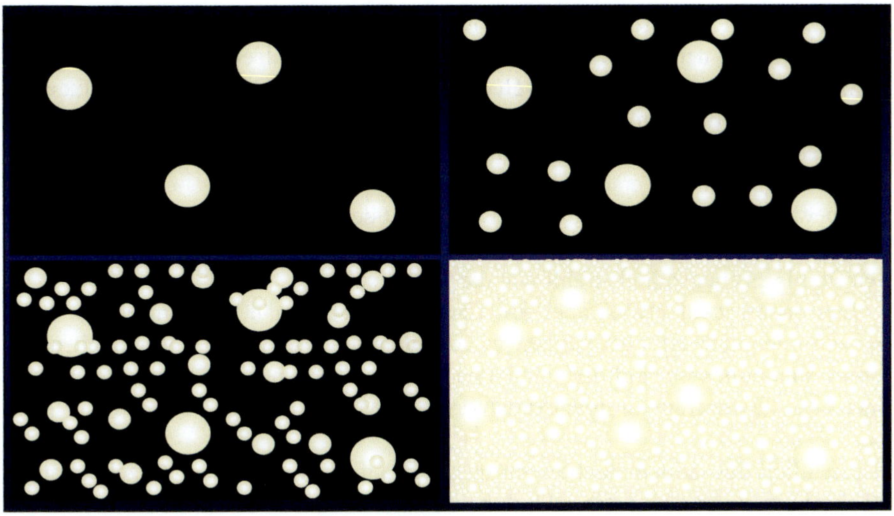

Abb. 3.3 Und Einstein bemerkte nicht, dass es dunkel wird in der Nacht. (Darstellung des nächtlichen Helligkeitsgrads für *verschieden große Universen.*)

Dass, wie oben links dargestellt, der Himmel in der Nacht dunkel ist und bei genauerem Hinsehen nur einige wenige Sterne zu sehen sind, ist eine Tatsache, um die wir alle wissen.

In einem unendlich ausgedehnten und unendlich alten statischen Universum würde jedoch jede unserer Sichtlinien in irgendeinem Abstand auf die Oberfläche eines Sterns treffen, und wir würden von der Dunkelheit zwischen den Sternen nichts mehr erkennen. Es wäre somit auch in der Nacht in jeder gewählten Richtung hell, so, wie es im Bild unten rechts vermittelt wird.

Diese Prognose weicht jedoch erheblich von der tatsächlichen Beobachtung ab.

Eine mögliche Erklärung für diesen Widerspruch könnte darin bestehen, dass das Universum in Wirklichkeit sehr klein ist – sehr klein verglichen mit einem unendlich ausgedehnten Universum.

In diesem Fall gäbe es nur eine beschränkte Anzahl von Sternen, und wir könnten zwischen diesen hindurch auf das räumliche Ende des Universums blicken. Die Bilder oben rechts und unten links stellen, dieser Erklärung entsprechend, größere Universen dar, die entsprechend auch eine größere Anzahl von Sternen enthalten würden.

Ist das wirklich die richtige Erklärung für den gefundenen Widerspruch, oder haben wir zu vordergründig gedacht und damit komplett daneben gegriffen?

Dies wäre verzeihlich, denn über die Klärung dieses Widerspruchs wird mittlerweile seit mehreren 100 Jahren nachgedacht. Und viele helle Köpfe, wie Isaac Newton, Edmund Halley oder Johannes Kepler, sind daran gescheitert, eine Antwort zu finden, die eine objektive gründliche Prüfung überstand. Und Albert Einstein war sich über die Wichtigkeit, eine Antwort auf diese Frage zu finden, noch nicht einmal im Klaren.

Nachdem wir uns darüber im Klaren sind, werden wir mit der Auflösung dieses Widerspruchs und den richtigen Schlussfolgerungen uns schön warmlaufen und dabei auf eine interessante Aussage stoßen.

Fangen wir nun bei unserer kritischen Betrachtung zuerst mit dem letzten Punkt an.

Natürlich ist der Raum zwischen den Sternen nicht leer. Zwischen den Sternen befindet sich Gas, oder präziser, das Interstellare Medium. Und diese Tatsache brachte den Hobbyastronom Heinrich Wilhelm Olbers bereits 1823 auf die Idee, dass dieses Gas das Licht der Sterne absorbiert und so die Dunkelheit auch in einem unendlich großen Universum um sich greifen könnte.

Aber das ist natürlich Unfug, denn das Licht der Sterne besteht aus Energie, und die kann nicht einfach so verschwinden, sie würde das Gas vielmehr so lange aufheizen, bis es ebenso hell strahlt wie die Sterne selbst.

Das dauert zwar etwas, aber das Universum ist gemäß unserem ersten Punkt ja auch unendlich alt, also können wir das gemütlich abwarten und streichen den letzten Punkt, der sich auf den Inhalt des Raums zwischen den Sternen bezieht, von unserer Liste der fragwürdigen Annahmen.

Hinsichtlich des dritten Punktes müssen wir auf die Ergebnisse jahrzehntelanger Beobachtungen zurückgreifen. Und diese zeigen, dass unsere Umgebung, im Kleinen wie im Großen, keine Sonderstellung im Universum einnimmt.

Das heißt, über unsere **Galaxie** gemittelt ist die Sonne als Stern durchaus repräsentativ. Und über große Skalen gemittelt ist unsere Galaxie, die Gruppe, zu der unsere Galaxie gehört, wie auch der Galaxienhaufen, zu dem unsere Gruppe zählt ebenfalls repräsentativ.

Wir leben also in einer vollkommen durchschnittlichen Wohngemeinschaft und über große Skalen gemittelt stellt sich damit auch die Sterndichte als zeitlich und räumlich konstant dar, und damit können wir auch diesen Punkt von unserer Liste der Fragwürdigkeit streichen.

Es bleiben also nur noch zwei Annahmen übrig, und von diesen muss mindestens eine falsch sein. Aber welche?

Um das zu ergründen, brauchen wir eine Zusatzinformation; und diese bezieht sich auf die Lichtgeschwindigkeit, und die ist endlich.

Das weiß man seit dem Jahre 1676, seitdem der dänische Astronom Olaf Römer anhand der beobachteten Verfinsterungszeiten des drittgrößten Jupitermondes Io diesen Nachweis erbringen konnte. Das bedeutet, dass sich das Licht der Sterne zwar mit extrem hoher, aber dennoch endlicher Geschwindigkeit ausbreitet – die Vakuumlichtgeschwindigkeit c liegt bei nahezu 300 000 km/s.

Das Licht benötigt also eine messbare Zeitspanne, um eine bestimmte Strecke zu durchlaufen. Ein Lichtjahr definiert somit die Strecke, die das Licht in einem Jahr zurücklegt.

Diese Tatsache hat erhebliche Konsequenzen.

Eine der Konsequenzen ist, dass das Licht der Sterne lange unterwegs sein kann, bevor es die Erde erreicht.

Und dieses Verhalten der Strahlung stellt die Lösung für unser Paradoxon[5] dar, das kurz zusammengefasst darin besteht, dass etwas dunkel ist, was eigentlich hell sein sollte.

Der physikalische Inhalt dieser kryptischen Aussage ist: Das Licht aller Sterne im Universum hat uns auf der Erde noch nicht erreicht.

Das heißt, die Strahlung der meisten Sterne ist noch unterwegs und irrt durch das All.

Von uns aus gesehen bedeutet das, dass wir bis jetzt nur in eine gewisse Tiefe des Universums sehen können, und dort liegt unser gegenwärtiger Horizont. Und als Konsequenz dessen können wir nur einen begrenzten Teil des Universums beobachten, und deshalb bleibt der Nachthimmel schwarz.

Die Tatsache, dass wir auf einen Horizont sehen, bedeutet allerdings auch, dass das Universum nicht unendlich alt sein kann. Denn in diesem Fall verging seit der Entstehung der ersten Sterne schlichtweg nicht genügend Zeit, um den gesamten Raum mit dem Licht dieser Sterne zu füllen.

Und damit haben wir unsere falsche Annahme auch schon am Wickel. Es ist die erste Annahme, gemäß der wir davon ausgegangen sind, dass das Universum unendlich alt ist.

Und das war falsch!

Der richtige Schluss muss stattdessen lauten, dass das Universum ein bestimmtes Alter hat, und damit gab es für das Universum auch einen Anfang.

Eine auf der Resthelligkeit basierende Abschätzung des Alters ist zwar nicht sehr präzise, liegt aber erstaunlicherweise gar nicht so absurd neben dem gegenwärtig favorisierten Wert des Alters des Universums, der auf circa 13.8 Mrd. Jahre veranschlagt wird.

Damit ist klar, dass wir selbst mit den teuersten und größten Teleskopen nur die Sterne sehen können, die höchstens 13.8 Mrd. Lichtjahre von uns entfernt sind, unabhängig davon, wie groß das Universum wirklich ist.

Selbst wenn das Universum unendlich ausgedehnt ist, hat das Licht von weiter entfernten Sternen auf den statischen Fall bezogen nicht genügend Zeit gehabt, bis zu uns zu gelangen.

Die Tatsache, dass der Nachthimmel schwarz ist, beinhaltet somit die fundamentale Information, dass das Universum einen zeitlichen Anfang gehabt haben muss.

Mit dieser Lösung des Paradoxons kann allerdings der zweite Punkt, bei dem wir davon ausgingen, dass das Universum unendlich ausgedehnt ist, wobei die Ausdehnung gleichförmig verlaufen und sich nicht ändern, also statisch sein soll, nicht automatisch mit gestrichen werden.

Nur auf der Tatsache beruhend, dass der Nachthimmel dunkel ist, kann eine Schlussfolgerung hinsichtlich der Größe des Universums also nicht erfolgen.

[5] Als Paradoxon bezeichnet man Widersprüche, die sich zwischen scheinbar überzeugenden Argumenten und der Realität ergeben.

Die tatsächliche Schlussfolgerung, die sich aus unserer Studie ergibt, lautet also: Das Universum ist nicht unendlich alt, kann aber unendlich ausgedehnt sein.

Diese Konsequenzen, die sich aus dem finsteren Universum ergeben, hat Albert Einstein bei der Anwendung seiner Allgemeinen Relativitätstheorie zur Beschreibung des Universums nicht bedacht. Er war sich noch nicht einmal über die Wichtigkeit dieses Punktes im Klaren und geriet deshalb auf einen Holzweg.

Der Holzweg bestand in dem Versuch, mit aller Macht ein statisches, unendlich großes und unendlich altes Universum zu begründen, denn in dieser Zeit – den ersten Dekaden des 20. Jahrhunderts – war man von der Richtigkeit solcher subjektiver Annahmen restlos überzeugt.

Die Tatsache, dass der Himmel in der Nacht dunkel ist, führte damals nicht zu der grübelnden Haltung, die sich der Hobbyastronom Heinrich Wilhelm Olbers bereits 100 Jahre vorher zu eigen gemacht hatte. In dessen Spuren einen beiläufig fragenden Blick zum Himmel zu werfen, wäre hilfreich gewesen, um sich bereits damals Klarheit über das Alter des Universums zu verschaffen.

3.3 Das Universum: Von Zeitlosigkeit befreit

Das Universum hatte also einen zeitlichen Anfang, und das erklärt, weshalb nicht von jeher der zeitlose Zustand der seine war.

Wie wir gesehen haben, stellt sich Ordnung niemals von selbst ein, und dennoch muss sich am Anfang Ordnung etabliert haben. Nachdem das Universum einen Anfang hatte, war dies grundsätzlich auch möglich, selbst wenn wir noch nicht genau wissen, auf welche Weise das geschehen ist. Nur auf einem derartigen Weg konnte sich das Universum jedenfalls aus der Zeitlosigkeit befreien, in der es mit einem Gleichgewichtszustand, in dem die Unordnung ihr Maximum bereits erreicht hat, gefangen gewesen wäre.

Nachdem der sukzessive Ablauf der **Makrozeit** zwangsläufig zu einer Erhöhung der Unordnung führt, sollte sich für uns allerdings jetzt die Frage stellen, weshalb das Universum noch dazu in der Lage ist, Unordnung zu produzieren.

Weshalb hat die Unordnung im Universum nach circa 14 Mrd. Jahren ihr Maximum noch nicht erreicht?

Ganz offensichtlich kann die **Entropie** im Universum noch weiter erhöht werden, aber das ist mehr als verwunderlich, denn obwohl das Universum nicht unendlich alt ist, ist es hinreichend alt, um *im statischen Fall, als abgeschlossenes System*, einen Gleichgewichtszustand erreicht zu haben, der zwangsläufig vom Maximalwert der Entropie begleitet worden wäre.[6]

[6] Zum besseren Verständnis ist als kleiner Vorgriff anzumerken, dass das Universum in einem solchen Zustand beispielsweise bereits vor der Inflationsphase war; es wäre ohne diese auch in diesem Zustand verblieben.

Abb. 3.4 Skizze: Diesen strukturlosen *Gleichgewichtszustand*, in dem der Ablauf der Makrozeit gestoppt wurde und der somit zeitlos ist, musste das Universum primär vermeiden.

Unser Universum hätte sich also niemals so entwickeln können, wie es sich entwickelt hat, und dementsprechend hätte es sich von einem weiteren Verlauf der Makrozeit schon längst verabschieden müssen.

Dieser wäre, den günstigsten Fall unterstellt[7], bereits weit vor der Entstehung der **Galaxien**, Sterne und Planeten beendet worden. Das Universum wäre damit bereits in einem sehr frühen Stadium quasi regungslos in sich verharrt.

So geschah es aber nicht, denn wir blicken in keinen Gleichgewichtszustand, sondern in ein Universum, das sich prächtig entwickelt und für uns so aussieht, als wäre es in seinem besten Alter.

Diese offensichtliche Erkenntnis bringt uns zu der Einsicht, dass *das Universum keineswegs statisch sein kann* und auch kein abgeschlossenes System darstellt.

Es kann nicht statisch in dem Sinne sein, dass es sich großräumig dynamisch verändern muss, um dem Gleichgewichtszustand aus dem Weg zu gehen, und damit den Entropietod möglichst weit hinauszuschieben; und es kann nicht abgeschlossen in dem Sinne sein, dass es für seine Dynamik Raum zum Ausweichen gibt, sodass der Inhalt des Universums nicht wie in einem Kochtopf gefangen ist, was unweigerlich die rasche Einstellung eines Gleichgewichtszustands zur Folge hätte (siehe Abb. 3.4 „*Gleichgewichtszustand*").

Dem Ablauf der Makrozeit einen möglichst langfristigen Rahmen zu geben, war der grundlegendste Schritt, den das Universum zu vollziehen hatte, um eine gezielte Entwicklung seines Inhalts zu ermöglichen.

Dazu war eine Anfangsordnung erforderlich, die so gepflegt werden musste, dass ihr Abbau möglichst langsam verläuft.

---

[7] Als günstigster Fall wäre in diesem Sinne die Phase nach der Inflation anzusehen, die ohne Weiteres in einen statischen Zustand hätte münden können.

Um dies zu gewährleisten, waren zwar, wie wir sehen werden, viele Schritte erforderlich, wie wir uns aber gerade klar gemacht haben, bestand die Grundvoraussetzung für diese Schritte darin, dass das Universum ein offenes und dynamisches System im dreidimensionalen Raum darstellt, denn in einem solchen System kann die Einstellung eines globalen Gleichgewichts stark hinausgezögert werden.

Diesen wesentlichen Schritt hat das Universum vollzogen, auch wenn wir noch nicht wissen, wie es das getan hat. Und dementsprechend haben wir diesbezügliche Fragen.

Fragen, die sich nicht zuletzt auf den Anfangszustand des Universums beziehen – diesen Anfangszustand muss es gegeben haben, da das Universum ja nicht unendlich alt ist.

Wie hat es das Universum geschafft, sich eine niedrige Entropie anzueignen und damit in den Besitz eines Zeitpfeils zu kommen?

Ist das Universum aus einem makrozeitlosen Zustand gestartet?

Wie konnte das an sich unüberwindliche Maximum der Anfangsentropie, das sich aus einem solchen Zustand ergibt, überwunden werden; was für ein Knopf war das also, auf den gezielt gedrückt wurde, um die Anfangsentropie drastisch zu reduzieren?

Wie sieht der „nicht statische" Vorgang konkret aus, der der Entropie Spielraum gegeben hat, der also Unordnung verhindert und so, wie es aussieht, Ordnung geschaffen hat und damit eine gerichtete Entwicklung erst ermöglichte?

Wir werden uns wirklich große Mühe geben, um Antworten auf diese Fragen zu finden. Denn ohne entsprechende Antworten bekommen wir keinen Zugang zu der grundlegenden Idee, die unser Universum möglich gemacht hat.

Nachdem die von uns aufgeworfenen Fragen nicht von einfacher Natur sind, ist natürlich nicht zu erwarten, dass die Antworten sich aus nur einem unserer durchzuführenden Schritte ergeben werden. Wir erwarten vielmehr zu Recht, dass mehrere kleine Schritte erforderlich sein werden, um zumindest Teilantworten zu erhalten.

Einen solchen kleinen Schritt können wir allerdings sogleich vollziehen, denn wir haben hinsichtlich der Karten, die wir bereits in der Hand halten, noch nicht alle Trümpfe ausgespielt.

Der Trumpf, der gemeint ist, stellt dabei das Gegenstück zur Makrozeit dar, und das ist die Mikrozeit.

Das Ende der Makrozeit wurde in unserem momentanen Bild, das den vom Universum gefundenen Trick, der einen frühen Gleichgewichtszustand verhindert hat, noch nicht enthält, dadurch eingeläutet, dass im Gleichgewichtszustand alle aus einer gewissen Distanz betrachteten Momentaufnahmen ununterscheidbar wurden und eine gerichtete Entwicklung nicht mehr stattfinden konnte, da sich die Momentaufnahmen auf keine sinnvolle Art mehr ordnen ließen (siehe Abb. 3.4 „*Gleichgewichtszustand*").

Aus makroskopischer Sicht geschah also nichts mehr.

Sieht man sich das Geschehen jedoch aus der Nähe an, so, als wäre man mittendrin, dann zeigen sich sehr wohl Unterschiede zwischen den Momentaufnahmen, und zwar auf mikroskopischer Ebene.

Statistisch gesehen halten sich in jedem mikroskopischen Teilvolumen ungefähr gleich viele Teilchen auf, und deren Bewegung folgt völlig ungerichtet ungeordneten Willkürbahnen. Es gibt also noch eine an sich nicht nutzbare Mikrozeit, die sich auf individuelle Teilchenbewegungen bezieht und unaufhörlich im Kleinen scheinbare Veränderungen herbeiführt.

Diese Veränderungen haben zur Folge, dass durch Zufall auch größere Fluktuationen, beziehungsweise Schwankungen, auftreten können, die auf statistischer Grundlage auch in einem Gleichgewichtszustand möglich sind. Dadurch können sich also lokale Strukturen ausbilden, die einen kurz- bis mittelfristigen Zeitpfeil haben und die Makrozeit vorübergehend wieder in Schwung bringen.

Sich selbst überlassen lösen sich diese Strukturen natürlich sofort wieder auf und ereignen sich an verschiedenen Stellen nur kurzzeitig.

Wenn allerdings zu einem bestimmten Zeitpunkt etwas Gravierendes passieren würde, das verhindert, dass diese Quasi-Strukturbildung sich wieder auflöst, könnte sie sich zu einer richtigen Strukturbildung ausbilden und erhalten bleiben.

Struktur ist Ordnung, und Ordnung erniedrigt die Entropie. Und damit wäre eine gerichtete Entwicklung wieder möglich, die sowohl einen Zeitpfeil als auch Makrozeit vorzuweisen hat – die Momentaufnahmen wären also nicht mehr belanglos, sondern könnten sich wieder zu einer unterhaltsamen Geschichte entwickeln.

Welcher Prozess einen derart gravierenden Einfluss nehmen könnte, dass genau dies geschieht, werden wir später beleuchten, denn im Moment fehlt uns da noch eine Einsicht.

Unsere grundlegenden Überlegungen haben uns aber dennoch bereits jetzt weitergebracht, denn es ist uns fast mühelos gelungen, die Vorstellung von einem statischen und unveränderlichen Universum, von dessen Existenz sogar Albert Einstein im letzten Jahrhundert noch überzeugt war, ad acta zu legen.

Unsere Überlegungen haben ferner offenbart, dass der Fahrplan für eine aus einem Anfangszustand sich ergebende Entwicklung des Universums wenig Spielraum hat.

Es muss vielmehr alles präzise zusammenpassen, um selbst das Elementarste zu gewährleisten: die Makrozeit und ihren Verlauf.

Was vom Universum grundsätzlich und mit aller Kraft vermieden werden muss, ist ein übergreifendes thermodynamisches Gleichgewicht, denn das stellt einen zeitlosen Zustand dar, in dem makroskopisch betrachtet alles unveränderlich gleich bleibt.

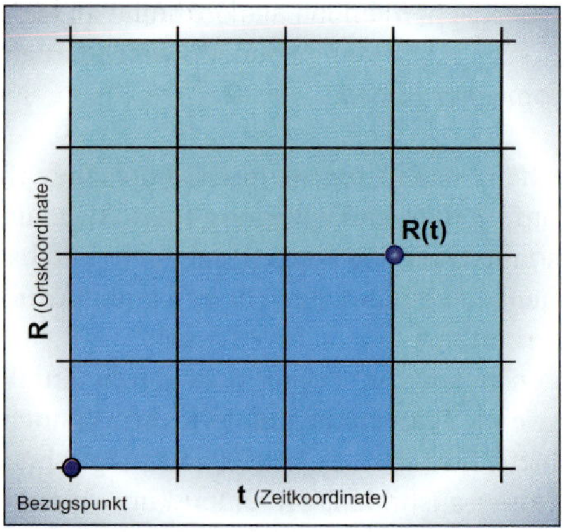

Abb. 3.5 Skizze: *Bezugssystem*, das anhand von Zeitkoordinaten t und Ortskoordinaten R Entwicklungsschritte messbar macht.

3.4 In Zeitlupe zum Stillstand

Nachdem uns jetzt klar geworden ist, dass das Universum nicht statisch sein kann, sondern einer stetigen Veränderung unterworfen sein muss, wollen wir als Nächstes versuchen zu verstehen, welche der grundlegenden Größen sich überhaupt verändern können.

Grundsätzlich ist es so, dass mit Veränderungen auch eine Entwicklung einhergeht. Eine Entwicklung, die irgendwann begann und irgendwohin führt, wobei wir nicht wissen, ob das Universum, im Zuge dieser Entwicklung, seine beste Zeit nicht schon hinter sich hat.

Um diese Entwicklung nachvollziehen zu können, brauchen wir jedenfalls ein Standbein, das uns die Grundlage für eine Beschreibung liefert.

Gemeint ist damit ein Bezugssystem, das, wie der Name schon sagt, ein strukturiertes Muster beinhaltet, auf das wir die veränderlichen Größen beziehen können.

Das einfachste aller möglichen Bezugssysteme stellt dabei ein Koordinatensystem dar.

Ein solches System basiert auf Orts- und Zeitkoordinaten, die zahlenmäßig angeben, zu welchem Zeitpunkt und an welcher Position Ereignisse stattfinden. Haben dabei verschiedene Ereignisse verschiedene Zeit- und Ortskoordinaten und gehören umgekehrt zu verschiedenen Koordinaten verschiedene mögliche Ereignisse, so stellt der betreffende Bereich an Orten und Zeiten das Bezugssystem dar (siehe Abb. 3.5 „*Bezugssystem*“).

Diese Definition wirkt weniger abstrakt, wenn man an ein Schachbrett denkt, dessen Felder die Ortskoordinaten repräsentieren.

Die Angabe dieser Koordinaten allein ist allerdings nur bedingt hilfreich, da über die Zeit hinweg verschiedene Figuren dieselben Koordinaten belegen können. Die zusätzliche Zeitkoordinate macht somit aus den Angaben erst ein Bezugssystem.

Auf der Grundlage dieser Idee müssen wir uns also als Nächstes auf die Suche begeben, auf die Suche nach einem absoluten Bezugssystem, auf das wir die Größen, die sich stetig verändern, beziehen können.

Unter einem absoluten Bezugssystem verstehen wir dabei ein allumfassendes ruhendes System, das von sämtlichen Bewegungen, die sich irgendwo ereignen, selbst unberührt bleibt.

Wir suchen also nach der absoluten Ruhe!

Bei der Suche nach einem solchen System erwies sich bereits Galileo Galilei 1632 als ausgesprochen findig. Er überlegte sich unter Deck eines gemächlich dahintreibenden Schiffs ein **Experiment**, das es ihm ermöglichte, herauszufinden, ob das Schiff sich bewegt oder ruht. Das Resultat war, dass alle Experimente, die ihm in den Sinn kamen, fehlschlugen. Anhand der Vorgänge um ihn herum konnte er nicht herausfinden, ob sich das Schiff in Bewegung befand oder nicht.

Statt die absolute Ruhe zu finden, begründete er mit dieser Erkenntnis vielmehr eines der wichtigsten Prinzipien der Physik, das Relativitätsprinzip.

Dieses Relativitätsprinzip widerstand auch allen Erkenntnissen der modernen Physik. Und dies führte zu Beginn des 20. Jahrhunderts zu einer klaren Begriffsdefinition, die auf Henri Poincaré aus dem Jahre 1904 zurückgeht: „Die Gesetze, nach denen sich die Zustände der physikalischen Systeme ändern, sind unabhängig davon, auf welches gleichförmig bewegte Koordinatensystem diese Zustandsänderungen bezogen werden."

Die Physik bietet uns also kein Mittel zu unterscheiden, ob wir in einer derartigen Bewegung begriffen sind oder nicht.

Mit dieser Feststellung wurde das Relativitätsprinzip der unbeschleunigten Bewegung zu einem Grundpfeiler der modernen Physik.

Für uns beinhaltet diese Erkenntnis, dass unabhängig von der Geschwindigkeit eines geradlinigen Bewegungszustands die Naturgesetze dieselbe Form haben.

Sie beinhaltet ferner, dass es keinen bevorzugten oder absoluten Bewegungszustand und damit keine absolute Ruhe gibt.

Es können also nur relative Bewegungen, nicht aber Bewegungen relativ zu einem bevorzugten Bezugssystem festgestellt werden, da kein Bezugssystem auf eine solche Weise ausgezeichnet wurde und ein solches Bezugssystem letztlich auch nicht in unsere Welt passen würde.

Nach diesen Aussagen sind Naturgesetze also Beziehungen, die sich in allen Inertialsystemen gleich verhalten, und nachdem diese völlig äquivalent sind, kann jedes beliebige Inertialsystem auch als das Ruhende betrachtet werden.

Können wir damit sämtliche veränderliche Größen auf jedes beliebige Inertialsystem beziehen?

Global gesehen ist es nicht ganz so einfach, und auch lokal gesehen ist das prinzipielle Problem des Standbeins noch nicht gelöst. Denn wir müssen die Schar der gleichberechtigten Inertialsysteme, die sich alle relativ zueinander bewegen, natürlich miteinander verbinden können. Und dazu benötigen wir eine Absolutgröße, die in allen Bezugssystemen gleich ist, und diese Größe wäre dann unser Standbein.

Man könnte nun meinen, dass die Zeit die gesuchte Absolutgröße darstellt. Die fließt doch immer und überall gleichmäßig dahin. Aber, wie wir gleich sehen werden, lässt das Relativitätsprinzip ein solches Verhalten nicht zu. Wir brauchen also ein anderes grundlegendes Prinzip, das das Koordinatensystem der absoluten Ruhe und die Zeit als Absolutgröße ersetzt.

Fassen wir also kurz zusammen, was wir bereits herausgefunden haben: Wir haben das Prinzip der Relativität und die Endlichkeit der Lichtgeschwindigkeit erkannt. Was wir in diesem Zusammenhang allerdings noch nicht hinterfragt haben, ist, ob die Lichtgeschwindigkeit selbst auch eine relative Größe darstellt.

Ein Blick in den Himmel klärt das. Hier nehmen wir die Bewegung von Sternen und Galaxien wahr.

Bei solchen Objekten, die sich auf uns zubewegen, sollte man eigentlich eine höhere Geschwindigkeit des ankommenden Lichts erwarten, da sich Geschwindigkeiten ja einfach addieren.

Allerdings könnten wir dann aus den unterschiedlichen Lichtgeschwindigkeiten Rückschlüsse auf unseren eigenen Bewegungszustand ziehen. Wir wären auf diesem Weg also dazu in der Lage, ein absolut ruhendes Bezugssystem zu bestimmen.

Die Erkenntnis des Relativitätsprinzips hat aber gerade gezeigt, dass es kein physikalisches Gesetz gibt, das dies ermöglicht.

Nachdem die Lichtgeschwindigkeit in die physikalischen Gesetze eingebettet ist, kann auch sie keine Rückschlüsse auf unseren Bewegungszustand zulassen.

Es gibt nur einen Ausweg aus diesem Dilemma: Der Ausweg besteht darin, dass die Lichtgeschwindigkeit in allen Bezugssystemen gleich sein muss. Die Lichtgeschwindigkeit muss also stets einen festen, konstanten Wert haben. Und genau das wird durch die Beobachtung auch bestätigt. Die Lichtgeschwindigkeit ist also die gesuchte Absolutgröße und hat damit die Bedeutung eines Fundaments!

Dem Relativitätsprinzip und seinen bedeutsamen Konsequenzen hat Albert Einstein 1905 nun noch ein wichtiges Fakt hinzugefügt. Er hat festgestellt, dass die Lichtgeschwindigkeit auch eine unüberschreitbare Grenzgeschwindigkeit darstellt. Und auch das wird „nicht beobachtet".

Das heißt, es wird keine Geschwindigkeit beobachtet, die größer als die Lichtgeschwindigkeit ist und die zugleich Energie oder Masse transportiert.

Die Lichtgeschwindigkeit c ist also auch eine Grenzgeschwindigkeit für die Physik und stellt somit eine Absolutgröße von übergreifender Tragfähigkeit dar, wobei

Albert Einstein im Rahmen seiner Speziellen Relativitätstheorie die Tragfähigkeit dieses Konzepts überzeugend dargelegt hat.

Damit ist für gleichförmige Bewegungen das Relativitätsprinzip komplett.

Und dieses Prinzip hat, wie wir sehen werden, drastische Folgen für unser gesamtes Weltbild.

Das erkennen wir am einfachsten, wenn wir eine alltägliche Situation betrachten. Wir fahren auf der Autobahn und geben Gas. Je schneller wir fahren, umso schneller kommen uns die Fahrzeuge aus der anderen Richtung entgegen. Das gilt jedoch nicht für das Licht, das kommt uns immer mit der Grenzgeschwindigkeit c entgegen, egal, wie schnell wir fahren. Das ist in der Tat überraschend und gewöhnungsbedürftig, aber als welterschütternd würden es wohl nur die wenigsten bezeichnen.

Und dennoch ist es das.

Zum Beispiel wird als Konsequenz dieses Verhaltens die Zeit zu einer relativen Größe.

Dass die Zeit nicht absolut sein kann, haben wir bereits zur Kenntnis genommen, und das Gegenteil von absolut scheint relativ zu sein. Aber was genau ist damit gemeint?

Damit ist gemeint, dass jedem Inertialsystem ein eigener Zeitablauf zugeordnet werden muss.

Auch diese Aussage sollten wir etwas durchsichtiger gestalten, und das tun wir, indem wir zwei Inertialsysteme auf der Autobahn betrachten.

Im ersten sitzen wir, und das zweite stellt einen Reisebus dar, der uns mit einer konstanten Relativgeschwindigkeit v überholt – der Bus fährt also um v schneller als wir.

Wenn wir nun als ruhender Beobachter, als den wir uns betrachten können, die Zeit auf einer Uhr im Bus ablesen, ist bei uns die Zeit schneller vergangen, und wir lesen auf unserer eigenen Uhr ein größeres Zeitintervall ab, als eine baugleiche Uhr im Reisebus anzeigt.

Diesen Effekt, der dazu führt, dass Geschwindigkeit Uhren langsamer gehen lässt, nennt man Zeitdilatation. Und die Zeit wird dabei umso stärker gedehnt, je größer die Relativgeschwindigkeit v ist (Exkurs 1 „Die Zeitdilatation").

Noch überraschender ist, dass selbst die Masse vom Relativitätsprinzip erfasst wird.

Auch sie stellt sich in einem Inertialsystem, das sich mit der Relativgeschwindigkeit v bewegt, als größer dar.

Das geht sogar so weit, dass sie kurz vor Erreichen der Grenzgeschwindigkeit c auch nahezu unendlich große Massenwerte vermitteln kann (Exkurs 2 „Die relativistische Masse").

Darüber hinaus führt die relativistische Masse auch zu einem relativistischen Impuls, der wiederum die Grundlage für die Äquivalenz von Masse und Energie darstellt (Exkurs 3 „Der Stellvertreter der Masse ist Energie").

Exkurs 1 – Die Zeitdilatation

Die von Albert Einstein formulierte Spezielle Relativitätstheorie basiert auf folgenden durch die Beobachtung bestätigten Aussagen:

Die Naturgesetze gelten in jedem unbeschleunigt bewegten System (Inertialsystem) gleichermaßen.

Die Lichtgeschwindigkeit c ist eine Grenzgeschwindigkeit und hat stets einen festen, konstanten Wert.

Während die erste Aussage wenig Überraschendes enthält, empfinden wir die letzte Aussage zumindest oberflächlich betrachtet als etwas verwirrend, da sie im Widerspruch zu unserer Erfahrung von Geschwindigkeitsmessungen steht.

Noch verwirrender ist, dass die Existenz einer solchen absoluten Grenzgeschwindigkeit dazu führt, dass die Größen von Raum und Zeit, die wir aus unserer Erfahrung heraus als absolut angesehen haben, nun hinsichtlich mehrerer zueinander bewegter Bezugssysteme als relative Größen betrachtet werden müssen.

Als Konsequenz dieses Verhaltens werden alle Größen, die Bezug zu Raum und Zeit haben, ebenfalls zu relativen Größen, und das betrifft auch die Zeit selbst.

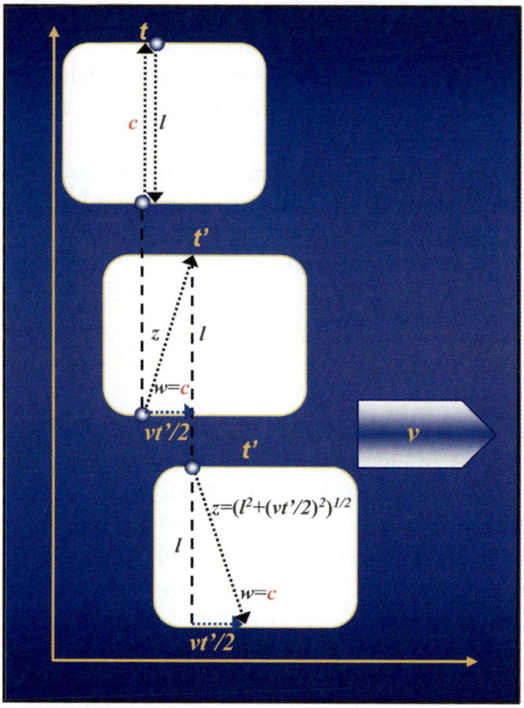

Es gibt also eine Grenzgeschwindigkeit, die nicht überschritten werden kann, die stets einen festen, konstanten Wert hat und die genau der Geschwindigkeit des Lichts entspricht.

Nachdem Geschwindigkeiten das Verhältnis einer durchlaufenen Raumstrecke zur dafür benötigten Zeit darstellen, muss diese Aussage tief greifende Konsequenzen für die Größen des Raums und der Zeit selbst haben. Dies können wir unmittelbar einsehen, wenn wir ein wohlbekanntes Verhalten von Geschwindigkeiten betrachten.

Dieses Verhalten besteht darin, dass sich Geschwindigkeiten einfach addieren. Mit diesem Prinzip könnten wir allerdings jede Grenzgeschwindigkeit grundsätzlich durchbrechen, was nicht zulässig wäre und damit auch nicht richtig sein kann.

Die Natur hat also vorgesorgt, um das zu verhindern. Und die Vorsorge besteht darin, dass die Raumstrecken und Zeitintervalle, die Geschwindigkeiten festlegen, nicht unabhängig von diesen Geschwindigkeiten sein können. In einem ersten Schritt werden wir die sich daraus ergebenden Zusammenhänge hinsichtlich der Zeit nun näher untersuchen.

Auf der Suche nach einem griffigen Beispiel tummeln wir uns auf der Autobahn. Und dort greifen wir den allseits beliebten Fall eines Reisebusses auf, der uns mit 82 km/h überholt. Wir fahren 80 km/h – natürlich auf der mittleren Spur –, und die 2 km/h, um die der Reisebus schneller ist als wir, stellen die Relativgeschwindigkeit v dar.

Quer zu unserer Fahrtrichtung richtet nun jemand im Reisebus einen Laserpointer auf einen Spiegel. Der Laserstrahl, der sich mit der Grenzgeschwindigkeit c fortbewegt, durchquert also den Bus, der die Breite l hat, 2-mal, und dafür wird die Zeit t benötigt (oberste Darstellung in der Skizze). Im überholenden Bus gilt also die einfache Beziehung:

$$c = \frac{2l}{t}.$$

Wie stellt sich dieser Vorgang nun für uns dar?

Da der Bus uns überholt, bewegt er sich während der Laufzeit des Laserstrahls um die Strecke vt' nach rechts (t' stellt dabei die Zeit dar, die wir auf unserer Uhr ablesen; wir gehen objektiverweise nicht davon aus, dass diese gleich der Zeit t ist, die auf einer Uhr im Bus abgelesen wird).

Durch diese zusätzliche Bewegung wird der Lichtweg des Laserstrahls zu den schräg verlaufenden Linien z aufgespreizt (mittlere und untere Darstellung in der Skizze).

Für uns ändert sich also sowohl der Lichtweg, der $2z$ statt $2l$ lang ist, als auch die Geschwindigkeit, die w statt c beträgt (w setzt sich dabei, nach dem Satz von Pythagoras, aus c in vertikaler und v in horizontaler Richtung zusammen; gemäß der unteren Darstellung gilt für z Vergleichbares). Damit erhalten wir:

$$w = \frac{2z}{t'} = \frac{2\sqrt{l^2 + (vt'/2)^2}}{t'} = \frac{\sqrt{c^2t^2 + v^2t'^2}}{t'} = \sqrt{c^2 + v^2}$$
$$\Rightarrow t' = t$$

Wir sehen damit sofort, dass die letzte Gleichung nur dann zu erfüllen ist, wenn die Zeiten gleich sind.

Obwohl wir dieses Ergebnis unserer Erfahrung nach erwartet haben, widerspricht es unserer qualitativen Erkenntnis, dass die Zeit wegen der Konstanz von c nicht absolut sein kann.

Die Konstanz von c, die haben wir auf der rechten Seite obiger Gleichung komplett ignoriert. Wir haben vielmehr, so, wie wir es gewohnt sind, die Geschwindigkeiten einfach addiert. Wir haben nicht berücksichtigt, dass die Grenzgeschwindigkeit c nicht überschritten werden kann, und das war natürlich falsch!

Nachdem die Grenzgeschwindigkeit c stets einen festen, konstanten Wert hat, muss also auch für uns $w = c$ sein. Obige Gleichung stellt sich also in korrekter Form folgendermaßen dar:

$$w = \frac{\sqrt{c^2t^2 + v^2t'^2}}{t'} = c.$$

Gegenüber der Ausgangsgleichung im Bus ist damit allerdings der Wert im Zähler größer, und somit muss sich auch die Zeit t' im Nenner von t unterscheiden. Die verstrichene Zeit t' auf unserer Uhr muss also, im Vergleich mit der Zeit t im überholenden Bus, größer sein.

Quantitativ sehen wir diesen Effekt der Zeitdilatation, wenn wir die letzte Gleichung nach t' auflösen:

$$\Rightarrow t' = \frac{1}{\sqrt{1 - \frac{v^2}{c^2}}} \cdot t.$$

Die von uns gemessene Zeit t' wird also gegenüber der Zeit t im relativ zu uns bewegten System gedehnt. Während diesem und jeglichem Vorgang im Bus vergeht bei uns also mehr Zeit. Und dieser Effekt der Zeitdilatation ist umso stärker, je größer die Relativgeschwindigkeit v ist.

Exkurs 2 – Die relativistische Masse

Von obigem Beispiel ausgehend betrachten wir nun den Fall, dass der Laserpointer statt Photonen auszusenden kleine Kugeln mit geringer Geschwindigkeit verschießt, wobei der Impuls dieser Kugeln von einem Messgerät auf der gegenüberliegenden Seite vollständig aufgenommen wird. Der gemessene Impuls ist damit gleich:

$$p = m_0 \frac{l}{t}.$$

Dieser Wert des Impulses wird auch aus unserer Sicht gemessen, da wir uns ja lediglich senkrecht zur Flugrichtung der Kugeln bewegen. Allerdings stellt sich für uns, wegen der Zeitdilatation, die rechte Seite der Gleichung anders dar:

$$p = m \frac{l}{t'}.$$

Da sich die Zeiten im Nenner der Gleichungen unterscheiden, wohingegen der Impuls und die Länge in beiden Fällen gleich sind, müssen die Massen die Unterschiede in den Zeiten kompensieren.

Aus unserer Sicht kann die Masse also nicht gleich der Ruhemasse m_0 sein, sie muss sich vielmehr wie folgt darstellen:

$$m = \frac{m_0 t'}{t}.$$

Um das Verhalten der Masse konkret zu erkennen, müssen wir noch die Beziehung von t und t' gemäß der Zeitdilatation einsetzen:

$$m(v) = \frac{m_0}{\sqrt{1 - \frac{v^2}{c^2}}}.$$

Damit ist auch die Masse zu einer relativen Größe geworden.

Sie stellt sich in einem Bezugssystem, das sich mit der Relativgeschwindigkeit v bewegt, als größer dar, wobei sie kurz vor Erreichen der Grenzgeschwindigkeit c auch nahezu unendlich große Werte erreichen kann.

Als konstante, invariante Größe, die in allen Inertialsystemen denselben Wert hat, verbleibt lediglich die Ruhemasse m_0. Und die ist grundsätzlich von der geschwindigkeitsabhängigen Masse eines Teilchens zu unterscheiden, die eben nicht mehr als feste Größe angesehen werden kann.

Exkurs 3 – Der Stellvertreter der Masse ist Energie

Als Konsequenz des Verhaltens der Masse wird für Bewegungen, die nicht senkrecht zur Flugrichtung erfolgen, vor allem – und das in ursächlicherer Hinsicht – der Impuls[8] zur relativen Größe!

Der Impuls p eines Teilchens stellt sich in diesem Fall nicht mehr einfach als Produkt der Geschwindigkeit v und der Ruhemasse m_0 dar, wobei die Ruhemasse als Proportionalitätskonstante zu interpretieren ist, sondern die Proportionalitätsgröße – die Masse m – hängt ja, wie wir gesehen haben, selbst von der Geschwindigkeit ab:

$$p = m(v)v = \frac{m_0}{\sqrt{1-\frac{v^2}{c^2}}}v$$

Nun wird bei der Beschleunigung eines Teilchens seine Geschwindigkeit und damit auch seine Bewegungsenergie verändert, wobei diese exakt gleich der Arbeit ist, die für diesen Vorgang aufgebracht werden muss.

Die geleistete Arbeit stellt sich dabei als Integral über die in Bewegungsrichtung wirkende Kraft $F \times$ dem Weg s, auf dem diese Kraft wirkt, dar.

Die Kraft F entspricht somit der Änderung des Impulses nach der Zeit t.

Wenn wir dies alles berücksichtigen, erhalten wir für die Bewegungsenergie E_{kin} eines Teilchens:

$$E_{kin} = \int_0^s F ds = \int_0^s \frac{dp}{dt} ds = \int_0^p v dp = \int_0^p \frac{p}{\sqrt{m_0^2 + p^2/c^2}} dp$$
$$= \sqrt{m_0^2c^4 + p^2c^2} - m_0c^2 = \frac{c^2p}{v} - m_0c^2 = m(v)c^2 - m_0c^2 = E - E_0$$

[8] Auf direktem Weg kann der relativistische Impuls zum Beispiel über den Stoß zweier Teilchen abgeleitet werden.

(Für die Berechnung des Integrals wurde der relativistische Impuls nach v aufgelöst; die sich daraus ergebende Beziehung wurde auch für den Übergang zur wieder geschwindigkeitsabhängigen Lösung verwendet.)[9]

Diese Gleichung beinhaltet nun eine Fülle an Information.

Zunächst ergibt sich mit der Ruheenergie $E_0 = m_0 c^2$ Einsteins berühmte Formel!

Ferner sieht man, dass die relativistische Gesamtenergie E auf der relativistischen Masse beruht und als Grenzfall – für $v = 0$ und damit $E_{kin} = 0$ – die Ruheenergie beinhaltet.

Schließlich zeigt sich, dass die Differenz der Quadrate von E und E_0 proportional zum Quadrat des relativistischen Impulses ist. Diese Beziehung ist vor allem für Teilchen wie **Photonen** wichtig, da diese ja keine Ruhemasse ($E_0 = 0$) besitzen:

$$E_0 = m_0 c^2$$

$$E = \frac{m_0 c^2}{\sqrt{1 - \frac{v^2}{c^2}}}$$

$$E^2 - E_0^2 = (pc)^2$$

Masse ist damit in der Tat nur eine andere Zustandsform der Energie!

Diese Aussage zeigt bereits jetzt einen interessanten Umkehrschluss: Wenn Masse letztlich Energie ist, dann kann auch der Energie eine Masse zugeordnet werden, und die unterliegt der gravitativen Wechselwirkung und ist somit von anziehendem Charakter.

Im Hinblick auf die grundlegende Aussage, dass das Universum beschleunigt expandiert, stellt sich damit allerdings die Frage, wie Dunkle Energie für ein beschleunigt expandierendes Universum überhaupt ursächlich verantwortlich sein kann. Denn für eine beschleunigte **Expansion** bräuchte man dann ja wohl den gegenteiligen Effekt einer abstoßenden, oder antigravitativen Kraft(?).

Dieser Punkt, der uns im Moment durchaus etwas verwirrt, weil wir nicht sofort etwas dagegenhalten können, wird uns noch nachhaltig beschäftigen, wobei wir uns an eine plausible Erklärung sehr bedächtig herantasten müssen!

---

[9] Im nicht relativistischen Fall erhält man auf diesem Weg die bekannte Größe der kinetischen Energie:

$$E_{kin} = \int_0^s F ds = \int_0^s \frac{dp}{dt} ds = \int_0^v mv dv = \frac{1}{2} mv^2$$

Dank Albert Einstein wissen wir also jetzt, dass Masse und Energie äquivalent sind. Und das bedeutet, dass die Masse zum Beispiel eines Teilchens einerseits einer ganz bestimmten Energiemenge entspricht, und andererseits repräsentiert eine ganz bestimmte Energieportion auch das Verhalten einer dieser Energie entsprechenden Teilchenmasse. Masse ist aus diesem Blickwinkel betrachtet also lediglich eine andere Zustandsform der Energie.

Nachdem, wie wir noch sehen werden, vor allem aber die Masse eine abstrakte Größe darstellt, können wir diese, rein prinzipiell, auch als kondensierte und damit gespeicherte Energie auf dieser Grundlage interpretieren.

Die Einsicht, dass Masse und Energie in einem abgeschlossenen System nicht unabhängig voneinander erhalten bleiben, führt aber auch zu einem erweiterten Energieerhaltungssatz, der der möglichen Umwandlung von Masse in Energie, oder umgekehrt, Rechnung trägt.

Und diese Erweiterung des Energieerhaltungssatz ist eine direkte Konsequenz der von Albert Einstein formulierten Speziellen Relativitätstheorie!

Noch skurriler ist aber das Verhalten der Masse selbst, denn die nimmt kurz vor Erreichen der Grenzgeschwindigkeit c nahezu unendlich große Werte an, und das gilt dementsprechend natürlich auch für den Impuls.

Nachdem wir wissen, dass für die Veränderung des Impulses eine Kraft erforderlich ist, ist damit auch klar, dass materielle Teilchen – oder Materie an sich – die Grenzgeschwindigkeit c, wegen ihrer Ruhemasse m_0, niemals erreichen können. Denn wir bräuchten wegen dieser Zusammenhänge auch eine unendlich große Kraft, um den Impuls und damit die Masse zusammen mit der Geschwindigkeit weiter zu erhöhen.

Das gilt allerdings nicht für Photonen, da diese Teilchen keine Ruhemasse besitzen ($m_0 = 0$ *für sie*). Für solche Teilchen ist es sogar der Normalzustand, sich mit der Grenzgeschwindigkeit c fortzubewegen.

Was sind eigentlich Photonen?

Die einfachste Antwort ist: Photonen repräsentieren das, was wir Licht nennen.

Und sie repräsentieren Radiowellen, Mikrowellen, Infrarotstrahlen, Lichtstrahlen, Röntgenstrahlen und Gammastrahlen, sortiert nach der wachsenden Energie der Photonen.

Eine korrektere Antwort ist: Photonen werden durch die **Quantenelektrodynamik** beschrieben, und durch ihren Austausch wird die **elektromagnetische Wechselwirkung**, eine der vier **Naturkräfte**, vermittelt.

Nachdem wir die letztere Antwort als unangemessen kompliziert ansehen, sind für uns Photonen einfach rastlose energetische Teilchen, die sich grundsätzlich mit der Grenzgeschwindigkeit c durch den Raum bewegen und deren Energie gleich ihrer Frequenz (ν – die Frequenz spiegelt die Farbe des Lichts wider, die wir zum Beispiel in einem Regenbogen als rot (energiearm) bis blau (energiereich) wahrnehmen) multipliziert mit einer Konstanten (dem Planck'schen Wirkungsquantum h) ist: $E=hv$.

Auf diese Beziehung, die mit einem gewaltigen Schritt das Zeitalter der Quantenphysik einläutete, stieß man bereits zu Beginn des letzten Jahrhunderts.

Der 1. Schritt bestand dabei in der vereinigten Beschreibung des elektrischen und des magnetischen Feldes, die zum Elektromagnetismus führte, auf dessen Grundlage frei entstehende elektromagnetische Wellen zu verstehen waren.

In einem 2. Schritt erkannte Max Planck, dass die Übertragung thermodynamischer Regeln auf diese Wellen zu einer Quantisierung führt.

Diese Quantisierung griff Albert Einstein im Jahr 1905 auf und erklärte damit, weshalb Atome elektromagnetische Wellen in diskreten Portionen absorbieren und emittieren können. Und ein solches Quant, stellt ein Photon dar, und das trägt die Energie $E=hv$ mit sich.

Wegen der maximal möglichen Relativgeschwindigkeit, die mit der Grenzgeschwindigkeit c identisch ist und die die übliche Reisegeschwindigkeit der Photonen darstellt, wird von diesen Teilchen damit auch der Extremfall der relativistischen Zeitdilatation realisiert. Denn bei $v=c$ würde für jeden Wert von t immer $t'=unendlich$ gemessen werden!

Das heißt, ein beliebig kleines Zeitintervall t, das für ein Photon aus dessen Sicht vergeht, stellt für uns ein so extrem großes Zeitintervall t' dar, dass wir es nur mit dem Begriff „unendlich" belegen können.

Aus unserer Sicht bleibt die Zeit für ein Photon also stehen!

3.5 Die Reinkarnation des Absoluten der Zeit

Aus unserer Sicht bleibt die Zeit für ein Photon stehen. Aus Sicht eines Photons natürlich nicht.

Für ein Photon vergeht die Zeit vielmehr, zumindest prinzipiell, als dessen Eigenzeit exakt auf die gleiche Art und Weise, wie die Eigenzeit in jedem anderen Inertialsystem vergeht.[10]

Ausgangspunkt für die Einsicht, dass die Eigenzeiten, die symbolisch durch die eigene mitgeführte Uhr bestimmt werden,[11] in allen Inertialsystemen gleich ablaufen, ist unser alltägliches Leben, in dem keine großen Geschwindigkeiten auftreten und dementsprechend auch nur ein als absolut anzusehendes Zeitmaß existiert.

[10] Diesen Punkt werden wir alsbald tiefer gehend beleuchten.

[11] Die Uhr ist hier als symbolisch anzusehen, da eigentlich die physikalischen Gesetze und in diesem Rahmen insbesondere die Regeln, denen die **Elementarteilchen** als kleinste Strukturen auf der Grundlage eines festgelegten *Takts* folgen, gemeint sind.

Nachdem aber alle existierenden und erdenklichen Uhren genau auf diesen Prinzipien beruhen, können wir sie allerdings als Stellvertreter für den wahren Sachverhalt betrachten.

Würde man nun in unserer alltäglichen Welt die vorhandenen Relativgeschwindigkeiten gegen die Grenzgeschwindigkeit c erhöhen, so gäbe es keinen physikalischen Grund, weshalb die jeweiligen, bis dahin gleich ablaufenden Eigenzeiten, die auf Gesetzmäßigkeiten beruhen, die ihren Ursprung im Verhalten der kleinsten Teilchen haben, sich verschieden verhalten sollten.

Obwohl es keinen ersichtlichen Grund dafür gibt, wissen die von ihrem Naturell her misstrauischen Physiker um die Stärke des Experiments und die Aussagekraft von Beobachtungsbefunden, mit denen eine solche Einsicht untermauert werden muss.

Die Beobachtungsbefunde, auf die in diesem Fall zurückgegriffen wird, beruhen auf der exakten Kenntnis der Lebensdauer verschiedener Materieteilchen, wobei für uns ein bestimmtes dieser Teilchen, das Myon, von besonderer Bedeutung sein wird.

Die Lebensdauer dieser Teilchen ist nun entscheidend für ihre Bewegungsbahnen, die in Abhängigkeit ihrer jeweiligen Geschwindigkeit ganz verschieden aussehen können. Laut der durchgeführten Analysen ergeben diese Bewegungsbahnen nur dann ein sinnvolles Bild, wenn die Eigenzeit der Teilchen in allen Inertialsystemen gleich abläuft.

Das heißt, wenn die Lebensdauer der Teilchen in allen Inertialsystemen feststehenden, auf quantenmechanischen Regeln basierenden, Zeitintervallen entspricht.

Noch präziser formuliert bedeutet diese Aussage, dass ein Eigenzeitintervall, das durch die Lebensdauer eines Materieteilchens vorgegeben ist, sich als beobachtungsunabhängige, also invariante, Größe darstellt.

Um das genau einzusehen, verbinden wir mit einem dieser Teilchen eine Uhr, die mit seiner Entstehung zu laufen beginnt. Dies stellt ein Ereignis dar, das von niemandem anders gesehen werden kann, da sowohl das Teilchen als auch die Uhr plötzlich aus dem Nichts aufgetaucht sind.

Nachdem die Lebensdauer des Teilchens abgelaufen ist, wird es naturgemäß vernichtet, und der Zustand der Uhr soll an dieses zweite Ereignis gekoppelt einfrieren. Damit zeigt die Uhr ein Eigenzeitintervall an, das die Lebensdauer des Teilchens exakt widerspiegelt. Auch dieses Ereignis kann von keinem Beobachter anders gesehen werden.

Letztendlich stellen beide Ereignisse, die Entstehung und die Vernichtung des Teilchens, unwiderruflich geschehene Raumzeit-Koinzidenzen dar, die das dazugehörige Eigenzeitintervall für alle Inertialbeobachter zu einer verbindlichen Größe machen, die keinen Spielraum für andere Interpretationen lässt.

Wo bleibt bei dieser Feststellung aber die Zeitdilatation? Haben wir viel Wind um nichts gemacht?

Keineswegs, die Zeitdilatation kommt beim Vergleich der Eigenzeit, die die eingefrorene Uhr anzeigt, mit anderen Uhren zum Tragen.

Wenn das Teilchen zum Beispiel sehr schnell unterwegs ist und wir als ruhender Beobachter die Eigenzeit auf der eingefrorenen Uhr ablesen, ist bei uns, wegen der Zeitdilatation, die Zeit natürlich schneller vergangen, und wir lesen auf unserer eigenen Uhr ein größeres Zeitintervall ab, als die eingefrorene Uhr anzeigt.

Zu einer falschen Schlussfolgerung kämen wir also nur, wenn wir von der Relativitätstheorie nichts wüssten und unsere eigene Uhr als Maßstab für die Lebensdauer des Teilchens verwenden würden.

Denn dann kämen wir zu dem trügerischen Schluss, dass die Lebensdauer des Teilchens erheblich größer ist, als sie in einem gänzlich ruhenden System sein dürfte.

Was in beiden Systemen, dem gänzlich ruhenden System, in dem sowohl der Beobachter als auch das Teilchen relativ zueinander ruhen, und dem System, in dem das Teilchen sich relativ zum Beobachter schnell bewegt, jedoch absolut gleich ist, ist die Eigenzeit, die stets exakt der physikalisch vorgegebenen Lebensdauer des Teilchens entspricht.

Die Aussage „alles ist relativ" ist damit falsch. Es ist vielmehr so, dass alles absolut ist, bis auf das, was nach den Naturgesetzen nicht absolut sein kann.

Die Eigenzeit ist absolut, denn in ihr laufen die Veränderungen ab, die eine vorübergehend bestehende Ordnung zur Unordnung werden lassen, und der Takt, der den Ablauf der Veränderungen regelt, wird von physikalischen Gesetzen vorgegeben, die vom jeweiligen Inertialsystem nicht abhängig sind!

Dieser die Veränderungen regelnde Takt ist es, der letztlich die Zeit definiert,[12] und auf dessen Grundlage wird neben der Grenzgeschwindigkeit auch die Eigenzeit zur wichtigen und unverrückbaren Größe!

3.6 Zeit und Raum im Gleichschritt

Wie passt nun aber die Feststellung von absoluten Eigenzeiten mit dem Extremfall zusammen, den die für Photonen stehengebliebene Uhr repräsentiert?

Diesem Extremfall gemäß bleibt aus unserer Sicht die Zeit für ein Photon stehen, wohingegen seine Eigenzeit im Prinzip auf die gleiche Art weiterläuft wie unsere Eigenzeit.[13]

[12] Auf diesen Zusammenhang werden wir am Ende unserer Überlegungen, im Epilog, noch genauer eingehen.

[13] Bisweilen wird bezweifelt, dass auch Photonen eine Eigenzeit haben. Infolge dieser Sichtweise ist jedes Eigenzeitintervall der Photonen grundsätzlich mit der Zahl Null zu belegen, da aus jeder anderen Sicht die Zeit für ein Photon stehen bleibt.
Aus der Längenkontraktion folgt nun aber, dass für Photonen die Strecken eines relativ zu ihnen bewegten Systems in Flugrichtung verschwinden. Das heißt, dass sich die Flugstrecken für ein Photon auf „null" verkürzen, und zwar unabhängig davon, wie groß sich die Strecken im ruhenden

Aus unserer Sicht müsste das Photon in einem beliebig kleinen Zeitintervall seiner Zeit, das für uns allerdings ein extrem großes Zeitintervall darstellt – es geht gegen unendlich –, auch eine extrem große Strecke zurücklegen.

Aus Sicht des Photons legt es jedoch in einem sehr kleinen, gegen null gehenden, Zeitintervall seiner Zeit, trotzdem es sich mit Lichtgeschwindigkeit bewegt, eine vergleichsweise extrem kurze Strecke zurück, die dem Produkt aus der Lichtgeschwindigkeit und dem kleinen Zeitintervall entspricht.

Für sich gesehen passen diese beiden Aussagen augenscheinlich nicht zusammen!

Denn eine sehr kleine Strecke kann grundsätzlich nicht gleich einer extrem großen Strecke sein!

Wir haben folglich noch nicht alle für das Gesamtverständnis erforderlichen Effekte durchschaut und dementsprechend berücksichtigt.

Auf den ersten Blick erscheint es nun durchaus schwierig, die dargelegten Zusammenhänge richtig einzuordnen und daraus die korrekten Schlussfolgerungen zu ziehen, außer wir sind gewillt, eine weitere Größe, die wir bislang als absolut angesehen haben, dem „Relativitätsgott" zu opfern, und das müsste dann der Raum sein.

Wir mutmaßen also, dass die Maßeinheit des Raums genauso wenig absolut ist wie die der Zeit, und diese Einschätzung könnte sich als der Rettungsanker erweisen, der uns aus dem Dilemma führt, in das uns unsere eigenen vorschnellen Überlegungen gebracht haben.

Zunächst müssen wir aber feststellen, dass wir schlecht eingekauft haben.

Bekommen haben wir den Absolutwert der Grenzgeschwindigkeit der Relativitätstheorie. Doch der war sehr teuer erkauft, denn wir müssen eine lieb gewonnene

---

System selbst darstellen (Exkurs 4 „Längenkontraktion"). *Das bedeutet, Photonen benötigen die Eigenzeit 0, um Strecken der Länge 0 zurückzulegen.*

Daraus folgt nun aber, dass die Lichtgeschwindigkeit zur unbestimmten Größe wird, denn die stellt sich in diesem Fall als $c = 0/0$ *dar*!

Ein Rückschluss auf die Eigenzeit der Photonen kann also nicht durch ausschließliche Betrachtung der Zeitdilatation durchgeführt werden!

Es muss vielmehr ein Grenzübergang im mathematischen Sinne so vollzogen werden, dass die Lichtgeschwindigkeit nicht zur unbestimmten Größe wird, also $v = c$ ist.

Und nachdem die zu betrachtenden Funktionen der Relativitätstheorie stetig und monoton sind, ergibt sich für ein Photon die gleiche Eigenzeit, die auch jedem anderen Inertialsystem zugebilligt wird.

Um ein klares Bild zu erhalten, muss also die Zeitdilatation gleichzeitig mit der Längenkontraktion betrachtet werden, und zwar so, dass das $v = c$ System auch ein Inertialsystem darstellt!

Der einzige kleine und unmaßgebliche Zusatz, der vermutlich aber als Ursache für die bestehende Verwirrung zu werten ist, betrifft das Vergehen eines nennenswerten Eigenzeitintervalls für Photonen, das im Falle eines statischen Universums ein denkbares unendliches Alter des Universums voraussetzt – es sei denn, die Photonen können am Ende doch eine winzig kleine Ruhemasse vorweisen, was eine Lichtgeschwindigkeit, die minimal kleiner als die tatsächliche Grenzgeschwindigkeit der speziellen Relativitätstheorie ist, zur Folge hätte (vielleicht macht dies die String-Theorie ja möglich).

Absolutgröße nach der anderen dafür hinblättern, und der Zugang zum neuen Verständnis stellt sich mehr und mehr als Bankrotterklärung dar.

Wieso kann nun die Maßeinheit des Raums genauso wenig absolut sein wie die der Zeit?

Wie wir gesehen haben, muss, Photonen betreffend, das Verhältnis einer zurückgelegten räumlichen Wegstrecke, die zwei Ereignisse verbindet, zum entsprechend vergangenen Zeitintervall zwischen den beiden Ereignissen immer exakt gleich der absoluten Grenzgeschwindigkeit c sein, und zwar von jedem Inertialsystem aus betrachtet, solange man in jedem System nur eine Uhr verwendet (diese Aussage stellt aus einer anderen Betrachtungsweise den Grundpfeiler des Relativitätsprinzips dar).

Nachdem sich nun das verstrichene Zeitintervall zwischen zwei Ereignissen als relativ erwiesen hat, relativ dahingehend, dass es von verschiedenen Bezugssystemen mit verschiedenen Relativgeschwindigkeiten auch verschieden beurteilt wird, muss sich auch die Beurteilung der räumlichen Länge ändern. Andernfalls kann die Grenzgeschwindigkeit c nicht in allen Inertialsystemen die gleiche absolute Größe haben.

Das heißt, eine Änderung im Nenner des Quotienten, der sich durch Division von Raum- und Zeiteinheiten ergibt und die Grenzgeschwindigkeit darstellt, muss auch eine Änderung im Zähler nach sich ziehen:

$$c = \frac{x}{t} \neq \frac{x}{t'}$$

Dementsprechend muss sich also auch die räumliche Maßeinheit, für Mitglieder verschiedener Bezugssysteme, die sich relativ zueinander bewegen und die Kontakt zueinander haben, verschieden darstellen[14]:

$$c = \frac{x}{t} = \frac{x'}{t'}$$

Analog zur gedanklichen Grundlage der relativen Zeit meinen wir mit „Kontakt zueinander haben“, dass Längen zum Beispiel von uns in einem relativ zu uns bewegten Bezugssystem gemessen werden können.

Unsere Aussage impliziert also, dass sich diese Längen als Ergebnis unserer Messung für uns anders darstellen, als sich Längen für uns in unserem eigenen Bezugssystem darstellen:

$$x' \neq x$$

Wie diese „neuen Längen“ sich nun konkret darstellen, wird im folgenden Exkurs 4 „Längenkontraktion“ gezeigt.

---

[14] Die Relativität der Gleichzeitigkeit muss an dieser Stelle nicht berücksichtigt werden, da das Problem durch Hin- und Rücklauf von Photonen grundsätzlich vermieden werden kann (Exkurs 4 „Längenkontraktion“).

Exkurs 4 – Die Längenkontraktion

Wie wir gesehen haben, führt kein Weg daran vorbei, dass sich in einem relativ zu uns bewegten Bezugssystem gemessene Längen l' für uns anders darzustellen haben, als sich gemessene Längen l für uns in unserem eigenen Bezugssystem darstellen. Aber bevor wir nicht gesehen haben, wie sich die zu messenden Längen zueinander tatsächlich verhalten, bleibt ein kleiner Restzweifel bestehen, da wir ja oft genug gemessen haben, aber auf ein solches Verhalten noch nie gestoßen sind.

Um zu sehen, wie sich diese von uns in verschiedenen Systemen gemessenen Längen zueinander verhalten, betrachten wir erneut den Reisebus, der uns auf der Autobahn mit einer angemessenen Relativgeschwindigkeit v überholt.

Im Zuge dessen richtet nun jemand am hinteren Ende des Reisebusses – zur Freude des Fahrers – einen Laserpointer auf den Rückspiegel, und zwar so ungeschickt, dass der Spaßvogel selbst, statt des Fahrers, durch den zurückkommenden Strahl geblendet wird.

Diese Art der Selbstbestrafung folgt auf stetem Fuß, denn der Bus hat nur eine geringe Länge l, wohingegen der Laserstrahl, der mit der Grenzgeschwindigkeit c voranschreitet, nach der kurzen Zeit t wieder zurück ist:

$$c = \frac{2l}{t}$$

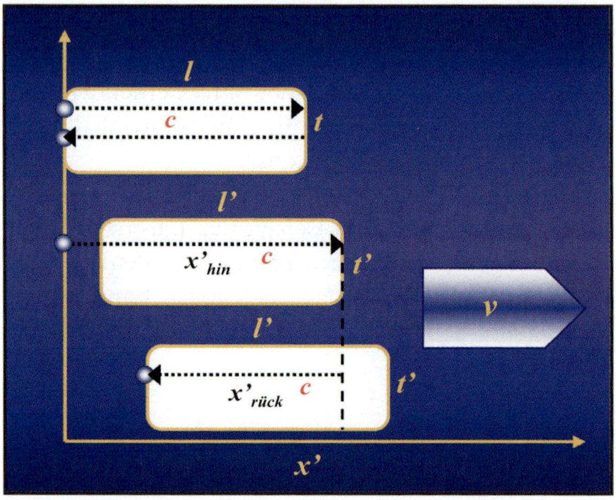

So stellt sich das Geschehen also für den Betroffenen dar (oberste Darstellung in der Skizze).

Wie stellt es sich aber für uns dar?

Was die Ausbreitungsgeschwindigkeit des Laserstrahls betrifft, ist diese auch für uns gleich der Grenzgeschwindigkeit c. Und wenn wir die verstrichene Zeit t' auf unserer Uhr mit der des Spaßvogels vergleichen, so erkennen wir, dass hier die Zeitdilatation ihre Spuren hinterlassen hat.

Bei uns ist also mehr Zeit vergangen. Dementsprechend müssen sich auch die räumlichen Wegstrecken x, wie sie im Bus gemessen werden, von unserer Messung x' unterscheiden, da ja c in beiden Systemen exakt den gleichen Wert hat:

$$c = \frac{x}{t} = \frac{x'}{t'}$$

Konkret beinhaltet diese Aussage, dass:

$$c = \frac{2l}{t} = \frac{x'_{hin} + x'_{rück}}{t'}$$

Wobei wir anhand der mittleren Darstellung in der Skizze sofort erkennen, dass x'_{hin} nicht nur die neue Länge l' des Busses beinhaltet, sondern auch die Strecke, die der Bus aus unserer Sicht mit der Relativgeschwindigkeit v während der Laufzeit des Laserstrahls bis zum Spiegel zurückgelegt hat:

$$x'_{hin} = t'_{hin} v + l' \quad \text{wobei} \quad t'_{hin} = \frac{x'_{hin}}{c} \quad \text{darausfolgt} \quad x'_{hin} = \frac{l'c}{c - v}$$

Anhand der unteren Darstellung in der Skizze erkennen wir hingegen, dass $x'_{rück}$ weniger als die neue Länge l' des Busses beinhaltet, da das Ende des Busses dem Laserstrahl entgegenkommt.

Aus unserer Sicht muss die Strecke, die der Bus mit der Relativgeschwindigkeit v während der Laufzeit des Laserstrahls vom Spiegel bis zum Ziel zurückgelegt hat, also abgezogen werden:

$$x'_{rück} = l' - t'_{rück} v \quad \text{wobei} \quad t'_{rück} = \frac{x'_{rück}}{c} \quad \text{daraus folgt} \quad x'_{rück} = \frac{l'c}{c + v}$$

Einsetzen von x'_{hin} und $x'_{rück}$ in obige Gleichung ergibt:

$$c = \frac{2l}{t} = \frac{2l'}{t'} \frac{1}{1 - \frac{v^2}{c^2}}$$

Setzen wir nun noch die Beziehung von t und t' gemäß der Zeitdilatation ein und lösen nach l' auf, so sehen wir, dass sich aus

$$l' = \sqrt{1 - \frac{v^2}{c^2}} \cdot l$$

die „neuen Längen“, die den Effekt der Längenkontraktion beinhalten, ergeben.

Die „neuen Längen“ stellen sich damit so dar, dass aus dem Blickwinkel eines Beobachters, der sich mit der Geschwindigkeit v gegenüber einem anderen Inertialsystem bewegt, Strecken in Bewegungsrichtung im anderen Inertialsystem verkürzt beziehungsweise kontrahiert sind.

Der Längenverkürzungsfaktor ist dabei der Kehrwert des Zeitdehnungsfaktors.

Wie dieses Verhalten die räumliche Wahrnehmung unserer Welt und damit das Erscheinungsbild des Raums verändern kann, werden wir alsbald erfahren. Bereits jetzt ist allerdings festzuhalten, dass der Längenverkürzungsfaktor bei wachsender Relativgeschwindigkeit ruhende Strecken und damit den gesamten umgebenden Raum über diese Dimension kleiner und kleiner werden lässt.

3.7 Der Raum wird zum Nichts, aber ein regelnder Takt hat Bestand

Strecken verkürzen sich relativ zum ruhenden Beobachter in einem bewegten System in dessen Flugrichtung.

Diese Aussage, die das Phänomen der Raumkontraktion aufgreift, konnten wir im letzten Exkurs zwar einsehen, aber die Konsequenzen dieses Verhaltens sind uns nachhaltig noch nicht bewusst geworden.

Was fehlt, ist ein handfester Beobachtungsbefund, der den Schrecken, von dem diese Aussage beseelt ist, offenbart, der uns also deutlich macht, dass sich bei unserer Sicht auf die Dinge etwas Gravierendes verändert hat.

Exakte Kenntnis haben wir von der Lebensdauer bestimmter Materieteilchen, und wir wissen, dass diese auf der Grundlage der Eigenzeit zu absoluten Größen führt.

Kann uns diese Kenntnis nebst Einsicht weiterhelfen?

De facto kann uns das durchaus populäre, von charismatischer Elégance geprägte Myon[15] weiterhelfen!

[15] Das Myon ist ein **Elementarteilchen**, das bis auf seine Masse dem Elektron zum Verwechseln ähnlich sieht (die Masse des Myons ist etwas mehr als 200-mal so groß wie die des Elektrons),

Dieses Teilchen entsteht in der oberen Erdatmosphäre durch den Aufprall der hochenergetischen kosmischen Strahlung[16] auf die Moleküle der oberen Luftschichten in einer Höhe von ungefähr 10 km.

Als Sekundärteilchen der kosmischen Strahlung hat es eine mittlere Lebensdauer von 2.2 Mikrosekunden ($t=2.2\cdot 10^{-6}$ s) und ist wegen der hohen Energien, die bei seiner Entstehung im Spiel sind, mit rasantem Tempo unterwegs.

Es erreicht eine Geschwindigkeit, die bei 99.9 % der Lichtgeschwindigkeit liegt.

Das heißt, von seinem Entstehungsort ausgehend kann das Teilchen trotz seiner geringen Lebensdauer mehr als 0.5 km in die Erdatmosphäre eindringen (die Eindringtiefe $s = \mathrm{c}\ t = 300\,000$ km/s $\times\, 2.2\cdot 10^{-6}$ ergibt also $s = 0.66$ km – siehe linke Darstellung in der Abb. 3.6 „*Der Raum zieht sich zusammen*").

Das Myon wird jedoch von Detektoren auf der Erdoberfläche nachgewiesen, und das bedeutet, dass es einen fast 20-mal so weiten Weg zurückgelegt hat.

An der charismatischen Elégance des Teilchens alleine kann es nicht liegen – auf welchen Trick ist das Myon also gekommen?

Es sieht so aus, als müssten wir neidlos anerkennen, dass das Myon etwas von der Zeitdilatation und der Raumkontraktion versteht, also genau den Punkten, mit denen wir uns gerade besser vertraut machen wollen.

Die Tatsache, dass das Myon die Erdoberfläche erreicht, stellt, bei genauerem Hinsehen, einen tatsächlichen Nachweis für diese Effekte dar. Wir sollten also unsere obige Rechnung, die, wie wir peinlicherweise einräumen müssen, rein auf der Newton'schen Mechanik basiert, schleunigst korrigieren, um zum einen dem Nachweis der Zeitdilatation und der Raumkontraktion nicht im Wege zu stehen und zum anderen uns von dem Myon nicht vorführen zu lassen.

Verfolgen wir also das Myon beim Flug durch unsere Erdatmosphäre.

Wenn wir genau aufpassen und im entscheidenden Moment auf unsere Uhr sehen, dann stellen wir fest, dass das Myon problemlos den Boden erreichen kann. Denn aus seinen 2.2 Mikrosekunden mittlerer Lebensdauer sind wegen der Zeitdilatation gewaltige 48 Mikrosekunden in unserem ruhenden System geworden.

Für uns wird das Myon also 22-mal so alt, und in 48 Mikrosekunden kommt ein solches geschmeidiges Teilchen 14.5 km weit[17].

---

ebenfalls eine negative elektrische **Ladung** besitzt und gleichfalls zur Familie der Leptonen gehört, also der Teilchensorte, die alle **Wechselwirkungen** mitmacht, nur die starke nicht.

[16] Bei der kosmischen Strahlung handelt es sich um eine hochenergetische Teilchenstrahlung (die Energien einzelner Teilchen liegen im Giga- und Tera-**Elektronenvoltbereich**), die sowohl von der Sonne als auch unserer Galaxie und entfernter Galaxien stammt.
Die Strahlung besteht maßgeblich aus Protonen und Atomkernen und schlägt auf die äußere Erdatmosphäre auf, wobei stetig mit circa 1000 Teilchen pro Quadratmeter und Sekunde zu rechnen ist. Die Wechselwirkung mit den Molekülen der Erdatmosphäre führt dabei zu Teilchenschauern mit einer gewaltigen Anzahl von Sekundärteilchen, zu denen auch das Myon zu zählen ist.

[17] Rossi und Hall gelang im Jahr 1940 der erste quantitative Nachweis der Zeitdilatation anhand der Myonen. Sie verglichen mit einem Detektor die Myonenintensität in einer Höhe von 1910 m – auf dem Gipfel des Mt. Washington – mit der Myonenintensität auf Meereshöhe.

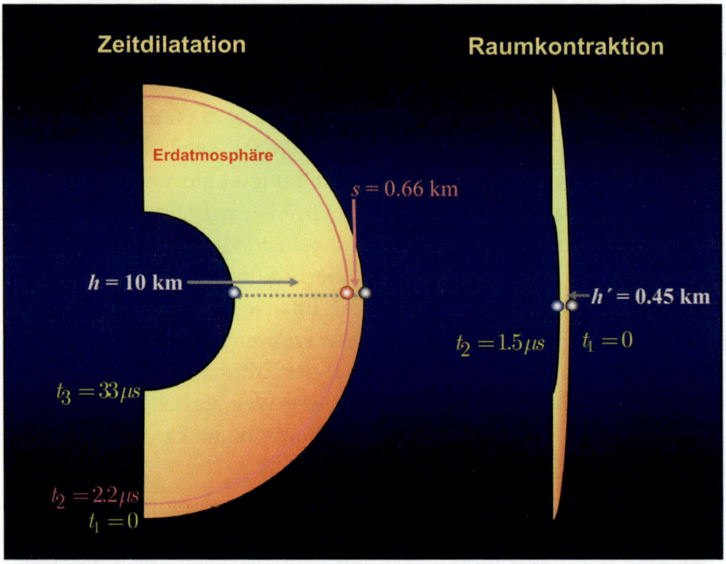

Abb. 3.6 *Der Raum zieht sich zusammen.* (Das Bild verdeutlicht, dass es sich bei der Zeitdilatation und der Raumkontraktion um reale Effekte handelt.)

Beide Bilder zeigen die Erdatmosphäre so, wie sie sich für verschiedene Bezugssysteme real darstellt.

Im linken Bild wird die Erdatmosphäre bis zu einer Höhe von 10 km aus ruhender Position in Bodennähe betrachtet, wohingegen für die Darstellung des rechten Bildes Myonen Maß genommen haben.

Durch kosmische Strahlung entstehen am Rand der Erdatmosphäre Myonen – gekennzeichnet durch die grauen Kugeln.

Myonen sind negativ geladene Teilchen, die eine mittlere Lebensdauer von 2.2 Mikrosekunden vorzuweisen haben und mit nahezu Lichtgeschwindigkeit auf die Erde zu rasen. Wegen dieser fast nicht mehr zu überbietenden Geschwindigkeit können die Myonen von ihrem Entstehungsort 0.66 km in die Erdatmosphäre eindringen (dies wurde durch den roten Halbkreis im linken Bild gekennzeichnet).

Die Beobachtung zeigt aber, dass die Myonen viel weiter kommen.

Sie kommen fast 20-mal so weit, denn das Myon wird von Detektoren auf der Erdoberfläche nachgewiesen. Dazu müssten die Myonen allerdings ein Greisenalter von 33 Mikrosekunden erreichen. Das können die Myonen allerdings auch nach unserer Uhr. Unsere Uhr zeigt wegen der Zeitdilatation um den Faktor 22 mehr Zeiteinheiten an, als die Myonen alt werden können.

Das heißt, für die Myonen sind gerade einmal 1.5 Mikrosekunden Eigenzeit vergangen, wenn unsere Uhr 33 Mikrosekunden misst – diese Eigenzeit wird ihnen gemäß ihrer mittleren Lebenserwartung selbstverständlich auch zugebilligt (siehe linkes Bild).

Aber wie schaffen es die Myonen, in gerade einmal 1.5 Mikrosekunden Eigenzeit die Erdoberfläche zu erreichen?

Einstein, oder präziser die Raumkontraktion, macht es möglich. Denn für die Myonen ist unsere 10 km dicke Erdatmosphärenschicht um eben diesen Faktor 22 gestaucht. Die Myonen messen also lediglich eine Dicke von 0.45 km für unsere Erdatmosphärenschicht. Und diese Strecke überbrücken sie mühelos in ihrer Eigenzeit-Lebensspanne von 2.2 Mikrosekunden (siehe rechtes Bild).

Die Raumkontraktion und die Zeitdilatation sind somit nicht nur messbare, sondern für die Betroffenen auch reale Effekte!

Und das Myon selbst, wie stellt sich die Welt aus seiner Sicht dar?

Das Myon selbst sieht sich gelassen unsere Atmosphäre an und stellt dabei fest, dass die Raumkontraktion unterstützend auf seiner Seite steht.

Aus der 10 km dicken Erdatmosphärenschicht, gemessen in unserem System, sind, nach dem Messvorgang des Myons, gerade mal 0.45 km geworden. Und diese Strecke überbrückt das Myon auf der Grundlage seiner hohen Geschwindigkeit spielend während seiner Eigenzeit-Lebensspanne von 2.2 Mikrosekunden (siehe rechte Darstellung in der Abb. 3.6 „*Der Raum zieht sich zusammen*").

Als entscheidenden Punkt unseres Experiments müssen wir uns nun klarmachen, dass sowohl die Raumkontraktion als auch die Zeitdilatation reale, durch die Beobachtung bestätigte Effekte sind. Denn wir messen 48 Mikrosekunden Lebenserwartung für das Myon, und wir schwören darauf, dass dies die einzig wahre Lebensdauer dieser Teilchensorte ist, solange wir kein tiefer gehendes Verständnis über die tatsächlichen Vorgänge haben.

Und das Myon schwört darauf, dass unsere Erdatmosphärenschicht gerade mal eine Schichtdicke von 0.45 km hat und von zylinderförmigem Charakter ist. Es ist sich dessen absolut sicher, denn es hat unsere Erdatmosphäre ja soeben durchflogen, und realer geht es wohl nicht.

Ein tiefer gehendes Verständnis über die tatsächlichen Vorgänge sollten wir vom Myon trotz seines eloquenten Auftretens zwar eher nicht erwarten, aber wenn es sich auf seinem Flug die Abstände und Durchmesser der Atome und Moleküle, die unsere Luft ausmachen, genau ansieht, dann stellt es fest, dass diese Teilchen keineswegs von nahezu sphärischer, sondern ebenfalls wie unsere Atmosphäre von extrem gestreckter zylindrischer Struktur sind. Wir würden sagen, dass sie in Flugrichtung verkürzt aussehen, aber das Myon schwört darauf, dass diese Teilchen grundsätzlich von zylindrischer Struktur sind, denn es hat sie noch nie anders gesehen.

Wir hingegen wissen, und das ist sehr beruhigend, dass diese Teilchen grundsätzlich von sphärischer Struktur sind, denn anders haben sie sich uns noch nie dargestellt!

Moment mal, wer hat nun aber eigentlich recht?

Das, was das Myon auf seinem Weg realisiert, stellt eine reale Stauchung von allem dar beziehungsweise ist von einer solchen nicht zu unterscheiden. Unsere Atmosphäre ist in seiner Flugrichtung de facto gestaucht, denn ansonsten könnte das Teilchen sie in seiner kurzen Eigenzeit von 2.2 Mikrosekunden gar nicht durchdringen!

Als Gegenargument fällt uns nur ein, dass unsere Uhr für die Lebenserwartung des Myons 48 Mikrosekunden misst, und zwar de facto!

Die Relativitätstheorie beziehungsweise die sich überall gleich darstellende Grenzgeschwindigkeit macht es möglich, dass sowohl unsere reale Sicht, wie auch die des Myons, richtig ist.

Jetzt sind wir gewappnet, und zwar für etwas Besonderes; und dieses Besondere stellt einen Extremfall der Raumkontraktion dar, und der tritt bei Erreichen der

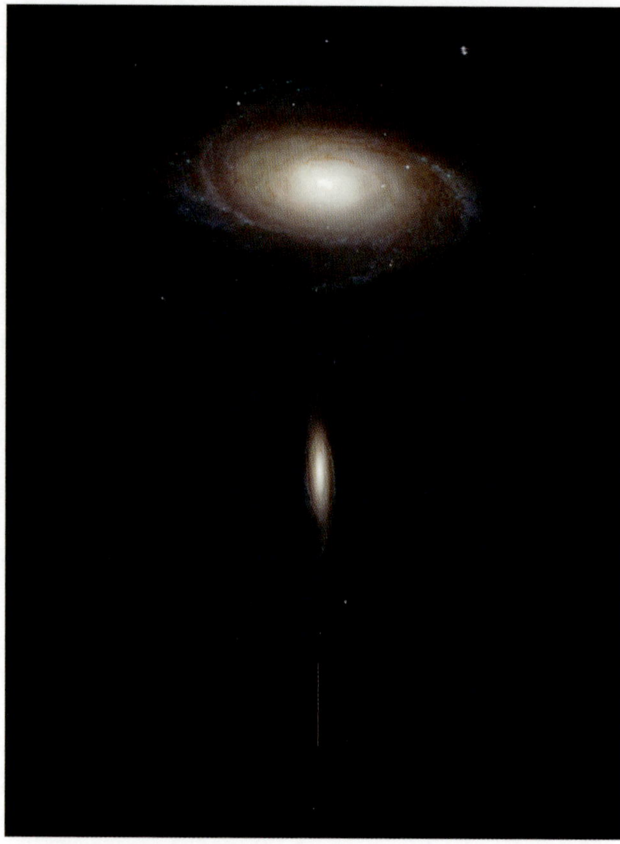

Abb. 3.7 Der Raum kann auch mit allem, was er enthält, zu einem Nichts werden. (Dargestellt wird das *Extremverhalten der Raumkontraktion*. © (oberes Bild): NASA, ESA, and The Hubble Heritage Team (STScI/AURA).)

Das obere Bild zeigt eine Galaxie und ihr Umfeld aus der Sicht eines ruhenden Beobachters, wohingegen das mittlere Bild die gleiche Galaxie aus der Sicht eines Teilchens der kosmischen Strahlung zeigt, das sich mit einer Geschwindigkeit knapp unter der Grenzgeschwindigkeit c horizontal vorbeibewegt.

Wegen der Raumkontraktion schrumpfen die Galaxien zusammen mit allen Strecken, die in Flugrichtung liegen. Auch ein komplettes ruhendes – statisches – Universum, das sich für uns nahezu unendlich groß darstellt, wird aus Sicht eines Photons, das sich exakt mit der Grenzgeschwindigkeit c horizontal bewegt, zu einem zwar sehr langen, aber dennoch hauchdünnen Strich zusammengestaucht.

Für das Photon verschwindet also der Raum!

Die Durchquerung eines solchen Universums wäre also theoretisch möglich, wenn man eine Reisegeschwindigkeit ganz knapp unter der Grenzgeschwindigkeit erreichen könnte.

Die Durchquerung wäre allerdings nicht wegen der hohen Geschwindigkeit möglich, sondern wegen der Raumkontraktion, die alle Strecken extrem stark verkürzt.

Die Reise würde noch nicht einmal lange dauern, sie könnte in einem sehr kurzen Eigenzeitintervall durchgeführt werden.

Auch aus unserer relativ dazu ruhenden Sicht würde kaum Zeit im Raumschiff vergehen, sie käme nach unserer Messung wegen der Zeitdilatation sogar fast zum Stillstand. Bei uns würde jedoch um den gleichen Faktor mehr Zeit vergehen, wie für das Raumschiff die Strecken verkürzt sind.

Grenzgeschwindigkeit c auf. Für Photonen, oder präziser masselose Teilchen, die sich mit der Geschwindigkeit $v = c$ bewegen, verschwinden in Flugrichtung die Strecken x' eines relativ zu ihnen bewegten Systems. In diesem Fall ist also $x' = 0$, unabhängig davon, wie groß sich x im ruhenden System selbst darstellt.

Damit lösen sich die Widersprüche, die wir anhand der absoluten Eigenzeit und dem Extremfall der stehenden Photonenuhr aufgedeckt haben, in Wohlgefallen auf: Aus unserer Sicht legt das Photon in einem gegen null gehenden Zeitintervall seiner Eigenzeit, das für uns allerdings ein gegen unendlich gehendes Zeitintervall darstellt, eine gegen unendlich gehende Strecke zurück, wobei das Photon dies aus seiner Sicht realisieren kann, da die Strecke, die es in seinem Eigenzeitintervall zurücklegen muss, unendlich klein ist (siehe Abb. 3.7 „*Extremverhalten der Raumkontraktion*").

Zeitdilatation und Raumkontraktion sind im Zusammenspiel für dieses Verhalten verantwortlich.

Ein ruhendes Universum, das sich für uns nahezu unendlich groß darstellt, ist aus Sicht eines Photons also nur so groß wie ein sehr langer, hauchdünner Strich.

Die Frage nach der Größe eines solchen Universums hat also eine – im wahrsten Sinne des Wortes – relative Antwort: Es ist „*relativ groß*".

Das heißt, seine Größe ist von der Betrachtungsweise, der Blickrichtung und dem Bezugssystem abhängig, aber das in jeweils realer Weise.

Was passiert eigentlich mit dem Raum aus der Sicht eines Photons?

Er muss natürlich verschwinden, da auf der Reise eines Photons der Startpunkt, unabhängig davon, wo er liegt, gleich dem Zielpunkt ist, unabhängig davon, wo dieser liegt. Und für diese Reise benötigt das Photon selbstverständlich auch keine Zeit, selbst wenn es dabei ein komplettes, ruhendes Universum „durchquert".

Für uns sieht das natürlich anders aus. Aus unserer Sicht benötigt das Photon für eine solche Reise ein unendlich großes Zeitintervall t', und das passt auch dazu, dass aus unserer Sicht das Photon dabei eine unendlich große Strecke zurücklegt.

Diese Fakten sind so schwer nachzuvollziehen, dass die Frage, wie real der Raum wirklich ist, durchaus eine gewisse Berechtigung hat.

Aber wir haben in diesem Zusammenhang ja schon gesehen, dass die Natur Abstandverhältnisse durch mehrfaches Zurückschalten von Atomen zu deren Kernen und dann sogar zu Elementarteilchen so verändern kann, dass am Ende weniger Raum mehr ist.

Letzteres ist möglich, weil das Raummaß sich vor allem auf die relativen Abstände der jeweils vorhandenen Strukturen bezieht. Und jetzt sehen wir, dass der Raum auf eine derart reale Weise permanent und fortwährend gestaucht wird, dass wir selbst nicht mehr wissen, ob wir die ungestauchte Version wahrnehmen und in einer solchen leben, oder nicht.

Aber auch in diesen Stauchungsfällen gilt, dass die Abstandverhältnisse gewahrt bleiben, sodass der Raum auch in diesen Formen nutzbar ist und seinen realen Charakter nicht verliert.

Worauf der Raum allerdings etwas allergisch zu reagieren scheint, ist grenzwertig schnelle Bewegung. Die will er offensichtlich nicht zulassen.

In einem solchen Fall wird, bildlich gesprochen, dem Photon wegen des Vergehens, sich mit der Grenzgeschwindigkeit c zu bewegen, auf eine subtile Art der Raum entzogen.

Auch diese Sicht ist gewöhnungsbedürftig. Verwirrend wird sie aber, wenn man weiterdenkt: Obwohl das Photon in einem statischen Universum selbst keinen Raum hat und wahrnimmt und seine Eigenzeit aus unserer Sicht nicht wirklich vergeht, verhält es sich dennoch in unserem realen Raum sehr zielgerichtet und nach den physikalischen Gesetzmäßigkeiten der Quantenmechanik berechenbar. Durch dieses Verhalten sorgt das Photon auch noch dafür, dass die Welt für uns sichtbar wird, denn *Photonen sind das Licht*!

Gemessen am Verlauf seiner Eigenzeit, die ja prinzipiell auch unserer entspricht, scheint das Photon, das von uns real gemessene Alter des Universums, nur über die Zeitspanne eines kurzen, aber ebenfalls realen Blitzes wahrzunehmen.

Bei dieser vermeintlichen Einsicht machen wir aber vermutlich schon wieder einen Fehler, denn wir gehen davon aus, dass der Takt[18], der für den Verlauf des Gesamtgeschehens, wie wir ihn in kleinen Bruchteilen von Sekunden wahrnehmen, maßgeblich ist und den auch das Photon in vergleichbarer Weise wahrnimmt, auch für es, das Photon, eine entscheidende Rolle spielt.

Unter Umständen orientiert sich aber das Photon an einem anderen Takt, der für uns nicht direkt maßgeblich und ohne Weiteres erkennbar ist, und gemäß dieses Takts erfolgt eine Vielzahl oder sogar Unzahl von Herzschlägen in dem Eigenzeitintervall eines „Universumblitzes". Und möglicherweise ist genau dieser Takt, der nur für das Photon und seine Artgenossen von entscheidender Bedeutung ist, dafür verantwortlich, weshalb die Quantenmechanik uns so fremdartig erscheint.

In diesem Sinne wäre das Eigenzeitintervall eines „Universumblitzes", das wir als fast nicht existentes Zeitintervall betrachten, für das Photon ein unsäglich langes Zeitintervall, das sich, wie von einer hochauflösenden Extremzeitlupenkamera aufgenommen, über eine große Zahl von Herzschlägen hinzieht, die allerdings nur vom Photon als zeitlicher Regelmechanismus betrachtet wird.

Wir sind bei unseren Überlegungen hier auf einen entscheidenden Punkt gestoßen, der uns zu einer wichtigen Frage führt: Von welcher Art sind die Taktgeber, die die zeitlichen Verläufe im Rahmen der Eigenzeit regeln, und wo verstecken sie sich?

[18] Die Natur dieses regelwütigen Takts und seines Ursprungs werden wir im Abschluss unserer Überlegungen, im Epilog, noch genauer betrachten.

Und dieser Führung folgend, ergeben sich aus dieser sofort weitere Fragen: Wie viele maßgebliche Taktgeber gab oder gibt es? Waren oder sind verschiedene Taktgeber für verschiedene Epochen des Universums zuständig?

Wir werden uns natürlich mit diesen Fragen beschäftigen, aber das hat „Zeit".

Es muss Zeit haben, denn es gibt noch einige Details, die wir näher betrachten und verstehen müssen, bevor wir auf ein Grundgerüst verweisen können, das es uns gestattet, Antworten auf diese Fragen zu finden.

3.8 Keine nutzbare Zeit ohne Vergrößerung des Raums!

Wenn wir jetzt zum Fenster hinausschauen, sollten wir eigentlich überrascht sein, denn von dem, was wir hier zur Kenntnis nehmen mussten, können wir da draußen nichts erkennen.

Und dennoch sollte kein Zweifel daran bestehen, dass sowohl der Raum als auch der zeitliche Ablauf in unserem Universum nicht so einfach und klar strukturiert ist, wie wir dies offenbar nur scheinbar wahrzunehmen glauben.

In diesem Zusammenhang haben unsere Überlegungen bereits gezeigt, dass physikalische Prozesse nicht einfach so in der Zeit ablaufen. Richtiger ist vielmehr, dass Systemen erst dann ein **Zeitpfeil** zuzuordnen ist, wenn sie auch eine gerichtete Entwicklung vor sich haben.

Dieser Zeitpfeil ist aus makroskopischer Sicht jedoch nur dann vorhanden, wenn das System seine maximale **Entropie** noch nicht erreicht hat. Das heißt, dass das System noch über einen gewissen Ordnungsgrad verfügen muss und es demzufolge grundsätzlich noch unordentlicher gestaltet werden kann.

Der Ablauf der **Makrozeit** bedingt also zwangsläufig eine Erniedrigung der Ordnung, was mit einer Erhöhung der Entropie einhergeht, und durch den Ablauf der vom System beanspruchten Prozesse wird die Zeit erst definiert. Die Zeit wird also erst dann zur signifikanten und damit bestimmbaren Größe, wenn auch eine Veränderung des Zustands erfolgt. Oder anders formuliert: wenn Vorgänge auch zu qualitativ oder quantitativ voneinander unterscheidbaren Veränderungen führen. Die Veränderungen sind damit erkennbar und bewertbar, und nur solche haben damit auch einen zeitlichen Verlauf, den man durch einen Vergleich mit anderen Vorgängen, die sich nach einem bestimmten wiederkehrenden Muster verändern, wie dies beispielsweise bei einem Pendel der Fall ist, bestimmen kann.

Diese Aussage definiert den möglichen Messvorgang der Zeit unter Zuhilfenahme einer Uhr, und sie definiert auch die mögliche Existenz einer Uhr.

Das heißt, wenn mit einer Uhr gemessen werden kann, dann gibt es auch einen Zeitpfeil.

Wir haben damit etwas durchleuchtet, was wir allerdings ohnehin wissen: Wenn man sich mit verbundenen Augen ziel- und planlos wirr im Kreis dreht, verliert man jegliches Zeitgefühl. Dementsprechend gilt es dies zu vermeiden, insbesondere

Abb. 3.8 Skizze: Durch Expansion, die Aufblähung des Raums, kann ein Gleichgewichtszustand und damit die Zeitlosigkeit vermieden werden.
Zudem kann dieser Vorgang zur *Strukturerhaltung* führen.

dann, wenn man komplizierte Tätigkeiten nach einem geregelten Ablauf noch zu verrichten hat.

Obwohl wir das alle wissen, war es dennoch nötig, diesen Punkt etwas präziser zu fassen, da erst diese Einsicht uns in einem ersten Schritt zu der Erkenntnis führte, dass unser Universum nicht grundsätzlich statisch sein kann. Denn ein statisches, gleichbleibendes Universum stünde bereits nach kürzester Zeit, mangels der Möglichkeit großräumiger Veränderungen, ordnungslos und damit makrozeitlos da.

Nachdem wir nicht zuletzt durch unseren eigenen persönlichen Alterungsprozess, der ebenfalls von der Entropie gesteuert wird und mit einer Entropieerhöhung einhergeht, sehr wohl den Ablauf der Makrozeit zur Kenntnis nehmen, verfügt unser Universum also noch über dieses von allen geschätzte Gut; und das bedeutet, dass sich in unserem Universum etwas bewegt haben muss!

Das Universum hatte einen Anfang, und wie jedes von allen guten Geistern losgelassene System versuchte es, einen Gleichgewichtszustand zu erreichen, wobei der Plan, das vollständige Durcheinander, in dem sich die Materie bereits befand, zu ordnen und zu strukturieren, in diesem Rahmen nicht vorkam.

Strukturierung findet allerdings im Raum statt, und der ist, wie wir gesehen haben, durchaus flexibel. So kann er zum Beispiel auf real messbarer Grundlage so zusammengestaucht werden, dass nichts übrig bleibt.

In solch einem Raum erübrigt sich die Frage nach jedweder Strukturierung.

Wenn ein solcher Raumverlust nun möglich ist, dann sollte doch aber auch das Gegenteil realisierbar sein. Und das würde bedeuten, dass der Raum sich auch aufblähen können sollte, wobei er die in ihm befindlichen Strukturen mit sich reißen würde.

Das Universum sollte also, zumindest in einer bestimmten Anfangsphase, zur Expansion in der Lage gewesen sein, und zwar zu so einer gewaltigen, dass die zufällige Strukturbildung, die sich, wie wir gesehen haben, auf der Grundlage der Mikrozeit einstellen kann, gewissermaßen eingefroren worden wäre (siehe Abb. 3.8 „*Strukturerhaltung*“).

Nachdem Struktur Ordnung ist und Ordnung die Entropie erniedrigt, wäre auf diesem Weg eine gerichtete Entwicklung möglich gewesen, der sowohl ein Zeitpfeil als auch eine „Makrozeitscheibe" zugebilligt worden wäre.

Damit wäre die Möglichkeit auf eine gerichtete Entwicklung dem Zusammenwirken zweier Punkte zu verdanken: der zufälligen Strukturbildung gepaart mit einer extremen Expansion, wobei diese beiden aufeinander abgestimmten Vorgänge dann zu der erforderlichen Entropieerniedrigung der Materie im Universum geführt haben würden.

Diesen beiden Punkten, denen bei der tatsächlichen Realisierung ihres Vorhabens Dank geschuldet wird, können wir sogleich zwei weitere hinzufügen. Denn, wie wir bereits eingesehen haben, verbraucht sich kaum etwas schneller als Entropie; und das heißt, dass der Entropieverbrauch möglichst zügig ausgebremst werden muss, um den ganzen Aufwand, den wir bei der Aufzucht des Universums bislang betrieben haben, nicht der Sinnlosigkeit preisgeben zu müssen.

Und dazu ist Energie erforderlich, denn nur durch deren Wirken können auch reversible, also wieder umkehrbare Prozesse zum Tragen kommen. Damit wäre also die Energiequelle, die die unaufhaltsam fortschreitende Erhöhung der Entropie für einen bestimmten zeitlichen Rahmen aufhalten würde, der dritte Punkt.

Und der vierte Punkt wäre dann die Pumpanlage, die das energiespendende Öl zutage bringt, sodass dessen Heizwert auch genutzt werden kann – natürlich im übertragenen Sinne. Nachdem dies vorläufig der letzte Punkt ist, der uns mit einer verwirrenden Überraschung konfrontiert, nehmen wir das, worauf er sich bezieht, vorweg: Die erforderliche Pumpanlage stellt die Gravitation dar!

Wir haben bis hierhin viel verstanden, aber wir dürfen dabei nicht übersehen, dass vieles davon als lückenhaft, stark vereinfacht und qualitativ anzusehen ist.

Das heißt, wir müssen uns ein noch erheblich besseres Grundgerüst an Kenntnissen zurechtlegen, um die tatsächlichen physikalischen Abläufe, auf die das Universum bei seinem trickreichen Vorgehen zurückgegriffen hat, besser zu durchschauen.

Und genau das werden wir im Folgenden nun auch tun.

Die wichtigsten Klebstoffsorten: „Negativ", „Stark", „Bernstein", „Schwach" und „Schwer"

4

Das Photon ist uns bereits über den Weg gelaufen, obwohl wir es gar nicht treffen wollten, es hat sich uns einfach aufgedrängt.

Wie wir sehen werden, wird uns das mit seinen Artgenossen auch noch passieren. Sie tauchen auf und bringen sich ins Spiel.

Überraschen sollte uns das aber nicht, denn wir haben ja bereits zur Kenntnis genommen, dass das Universum sich als das „Gesamte" versteht. Und das schließt nicht nur die zeitliche Veränderung der großräumigen Anordnung und Struktur von Materie und Energie in Form von Planeten, Sternen, Galaxien und Galaxienhaufen mit ein, das schließt vor allem auch die **Elementarteilchen** und die physikalischen Gesetzmäßigkeiten, auf denen ihr Verhalten beruht, mit ein.

Bevor also noch mehr Überraschungsgäste auftauchen, und üblicherweise tun sie dies ja mit einem außerordentlich schlechten Gefühl für den richtigen Zeitpunkt, sollten wir uns also einen Überblick über die wichtigsten Freunde und Nachbarn des Photons verschaffen.

Die Erkenntnis, dass Atome nicht die kleinsten Bausteine sind, aus denen unsere Welt aufgebaut ist, beinhaltet wenig Neues, und das gilt in gleicher Weise auch für Protonen und Neutronen, die zwar die Bestandteile der Atomkerne sind, aber elementar sind sie eben auch nicht.

Was also sind derzeit die kleinsten Bausteine im Bereich der Elementarteilchenphysik?

Die Beantwortung dieser Frage ist im Moment nicht wichtig. Wichtig ist hingegen die Feststellung, dass die Eigenschaften der Elementarteilchen und die zwischen ihnen wirkenden Kräfte untrennbar miteinander verknüpft sind.

Dabei gliedern sich die elementaren Bausteine in Materieteilchen (zum Beispiel Elektronen) und Austauschteilchen (zum Beispiel Photonen), wobei Letztere die auf den Kräften beruhenden **Wechselwirkungen** auf grundlegende Art vermitteln.

Sie tun dies anhand von **Kopplungskonstanten**, die die Stärke, mit der die Austauschteilchen an die **Ladungen** (zum Beispiel die elektrische Ladung) der Materieteilchen koppeln, festlegen, und die Festlegung dieser Stärken ist die Grundlage für die durch die moderne Physik beschriebenen Wechselwirkungsprozesse.

A. W. A. Pauldrach, *Das Dunkle Universum,* DOI 10.1007/978-3-642-55373-8_4

Bei den Austauschteilchen handelt es sich also um die Vermittler der drei vom Standardmodell der Elementarteilchenphysik erfassten Wechselwirkungen zwischen den Materieteilchen, wobei Photonen für die *elektromagnetische*, W- und Z-Bosonen für die *schwache* und Gluonen für die *starke Wechselwirkung* zuständig sind.

Wenn man die Austauschprozesse zum Beispiel mit dem Ablauf des Zuwerfens von Bällen vergleicht, wobei die Werfer und Fänger die Teilchen darstellen sollen und die Bälle die Austauschteilchen, dann vermitteln die Kopplungskonstanten die Fähigkeit zu werfen und zu fangen.

Wenn diese Fähigkeit für eine bestimmte Sorte von Bällen nicht gegeben ist, weil die Teilchen nicht Träger der entsprechenden Ladung sind beziehungsweise – auf unser Beispiel bezogen – die Fänger nicht im Besitz der richtigen Paar Handschuhe sind (sie tragen Boxhandschuhe, es gilt aber, mit einer Hand Tischtennisbälle zu fangen), dann ist die Kopplungskonstante gleich null.

Diese Teilchen unterliegen somit nicht dem betrachteten Wechselwirkungsprozess – sie würden noch nicht einmal einen Sturm, der aus solchen „Bällen" besteht, zur Kenntnis nehmen und könnten problemlos selbst in einem Orkan derartiger „Bälle" ebenfalls wechselwirkungsfreies Laub zusammenrechen.

Im Falle der Krafteinwirkung, zum Beispiel zwischen zwei Elementarteilchen, bewirken die Wechselwirkungsmechanismen, dass Austauschteilchen, die nur von den betroffenen Elementarteilchen wahrgenommen werden, und die damit virtuelle Teilchen sind, Impuls und Energie von einem Elementarteilchen auf das andere übertragen.

Dieses Verhalten hat beispielsweise Änderungen der Flugrichtungen der Teilchen zur Folge, oder es leitet die Vernichtung eines Teilchens und die Erzeugung eines anderen Teilchens ein.

Als wesentliche Eigenschaft der Wechselwirkungen können Elementarteilchen also auch erzeugt und vernichtet werden, wobei die Art und Weise, wie das geschieht, von den Ausgangszuständen und dem jeweiligen Charakter der einbezogenen Wechselwirkungen geregelt wird (siehe Abb. 4.1 „*Wechselwirkung*").

Grundsätzlich kann ein Elementarteilchen auch verschiedenartige Ladungen besitzen – Farbladung für die starke Wechselwirkung, elektrische Ladung für die elektromagnetische Wechselwirkung, schwache Ladung für die schwache Wechselwirkung und Masse für die Gravitation – und somit auch an verschiedene Austauschteilchen – Gluonen als Vermittler der starken Wechselwirkung, Photonen als Vermittler der elektromagnetischen Wechselwirkung, W- und Z-Bosonen als Vermittler der schwachen Wechselwirkung und „Gravitonen" als Vermittler der Gravitationswechselwirkung – koppeln. Dabei ist zu beachten, dass die Wirkungsbereiche, die die elektromagnetische, die schwache und die starke Wechselwirkung jeweils vorzuweisen haben, vor allem im Hinblick auf Teilchenabstände unterschiedlich sind, wobei diese dennoch ähnlichen Prinzipien unterliegen, und zwar dahingehend, dass geladene Teilchen sich sowohl anziehen als auch abstoßen können.

Diese Vorgänge stellen letztendlich die beobachtbare Wirkung, die in der klassischen Physik als Kraft bezeichnet wird, dar, wobei in realita die Kraftfelder, die zwischen den Teilchen wirken, selbst die Funktion von Teilchen haben.

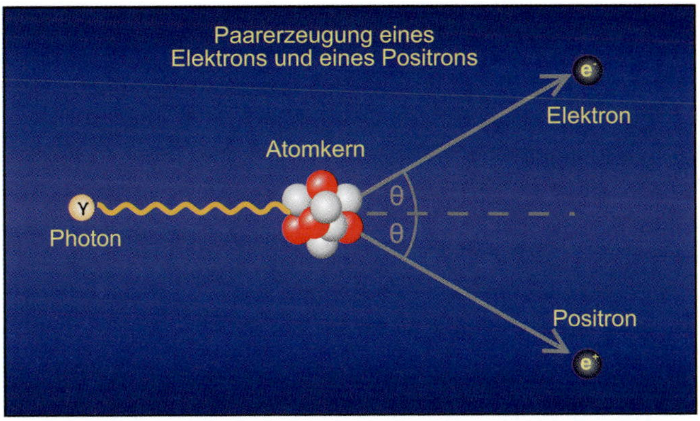

Abb. 4.1 Skizze: Zwei Elementarteilchen, die hier ein Elektron und als dessen **Antiteilchen** ein Positron repräsentieren, werden durch die *Wechselwirkung* eines reellen Austauschteilchens – hier eines Photons – mit anderen Elementarteilchen, die hier einen Atomkern darstellen, paarerzeugt.

Diese zwar überblicksmäßig, aber dennoch im Zusammenhang dargestellten Punkte werden wir im Weiteren in pointierter Form unter die Lupe nehmen, wobei unser Augenmerk speziell auf die Merkmale der Teilchen und ihrer Wechselwirkungen gerichtet sein wird, die für die Weiterverfolgung unsere Ziele essenziell sind.

Wir sollten auch zur Kenntnis nehmen, dass das „Graviton" bislang nur ein hypothetisches Austauschteilchen darstellt, da die im Rahmen unserer Betrachtungen nahezu unerwähnt gebliebene Gravitationswechselwirkung noch nicht in ein Quantenkonzept eingebunden werden kann.[1]

Aus diesem Grund werden wir auf die Gravitationskraft auch als letzten Punkt eingehen, wobei wir sehen werden, dass sie auch im klassischen Gewand erheblich mehr zu bieten hat, als man vom Letzten, der durchs Ziel geht, erwarten würde.

4.1 Das „Higgs-Vakuum" enthält alles

Das Vakuum ist im Kleinen wie im Großen, gemäß unserer erfahrungsfreien, aber von gewissen Vorstellungen geprägten Haltung, nichts.

Natürlich ist es Raum, aber egal wie viel davon auch da ist, unsere Meinung, dass das Vakuum nichts ist, ist unerschütterlich.

Andererseits haben wir uns bereits davon überzeugt, dass der Raum nicht so leicht zu durchschauen ist, wie man das naiverweise erwarten würde. Der Raum verändert seine Form, wenn die Relativgeschwindigkeiten, oder, wie wir alsbald sehen werden, die Massen sehr groß werden. Der Raum verkürzt sich dann, wird gekrümmt oder verschwindet sogar vollständig.

[1] Eine Begründung, weshalb man bislang bei dem Versuch, eine **Quantengravitationstheorie** zu etablieren, im Nirwana landete, wird bei der Darlegung des Punktes **Kopplungskonstanten** gegeben.

Wie sieht es nun aber im Kleinen aus? Was hat der Raum im Kleinen zu bieten?

Im Kleinen ist der Raum angefüllt mit Teilchen und Kraftfeldern, deren Quanten (zum Beispiel Photonen) sich ähnlich wie Teilchen bewegen, und alles zusammen wechselwirkt miteinander nach bestimmten und wohldefinierten Regeln.

Der Raum an sich sollte aber leer sein!

Der reine Raum sollte durch die Abwesenheit von solchen Objekten zu verstehen sein.

Dann wäre Raum, von seinen auf wechselhaften Skalen beruhenden Dimensionen abgesehen, tatsächlich nichts, und dieses Nichts sollte unser Vakuum darstellen.

Oder?

Wir haben den Begriff der Quanten allerdings bereits selbst fallen gelassen und sind damit gewarnt.

Denn wir hatten bereits das Vergnügen, das uns erkennen ließ, dass es in Bezug zu diesen kleinen Unholden auch dann problematisch werden kann, wenn die Skalen sehr klein werden.

In solchen Fällen müssen die Gesetzmäßigkeiten, wie wir sie wahrnehmen, durch ihre Gesetze, die Gesetze der Quantenmechanik, ersetzt werden. Und diese sind, und das ist nicht zuletzt das Fürchterliche an ihnen, nicht sehr präzise und lassen nur in bestimmten Fällen konkrete Aussagen zu.

Stattdessen bevorzugen sie Wahrscheinlichkeitsangaben für die Beschreibung der Teilchen.

Aber diese wollen sich hinsichtlich ihres Aufenthaltsorts, ihres Impulses oder ihrer Energie, über die sie zu einem bestimmten Zeitpunkt verfügen, ganz offensichtlich nicht gleichzeitig präzise festlegen (siehe Abb. 4.2 „*Unschärferelation*").

Dieses Verhalten der Teilchen prägt nun auch den Raum selbst in entscheidendem Maße, denn damit wird das Vakuum nicht zu einem Nichts!

Der Ursprung dieser Aussage liegt in genau diesem unpräzisen Verhalten der mikroskopischen Teilchen, und dieses Verhalten beschreiben wir durch die Quantenphysik.

Eine der grundlegenden Aussagen der Quantenphysik geht dabei auf Werner Heisenberg zurück, der im Jahre 1927 die mit seinem Namen untrennbar verbundene **Unschärferelation** durchschaute.

Gemäß dieser Relation kann die Energie eines Teilchens und das Zeitintervall, in dem diese Energie auftritt, nicht gleichzeitig präzise festgelegt werden. Innerhalb eines sehr kurzen Zeitintervalls kann ein Teilchen sogar eine extrem hohe Energie besitzen, die ihm nach herkömmlichen Regeln gar nicht zustehen würde. Die Ungenauigkeit in diesen beiden Größen wird dabei durch das Planck'sche Wirkungsquantum h festgelegt[2]:

$$\triangle E \triangle t \geq h/4\pi$$

[2] Der in der Ungleichung auftretende Zahlenwert 4π stellt den vollen Raumwinkel dar, der mit der Oberfläche einer Einheitskugel identisch ist.

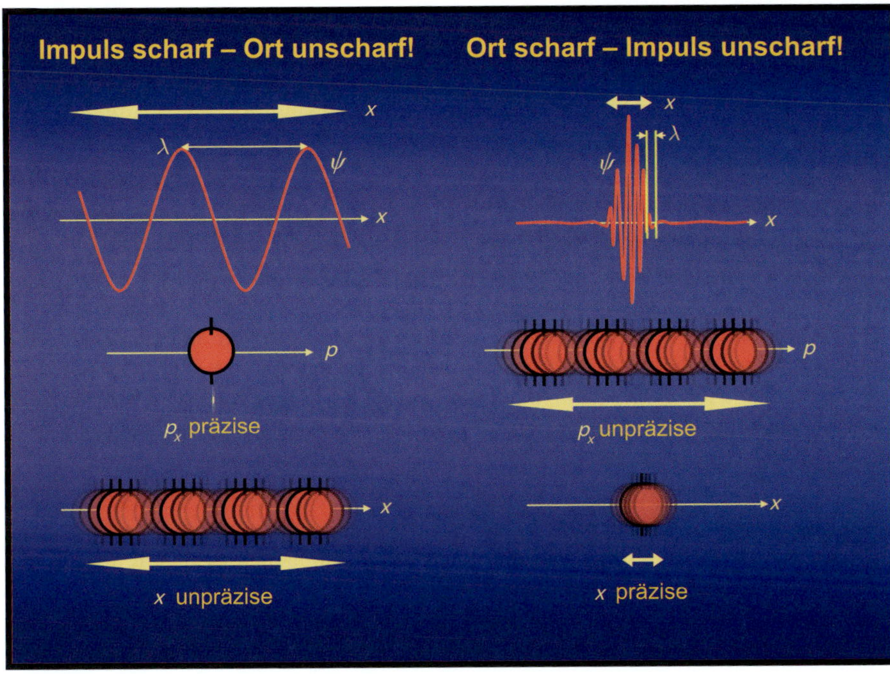

Abb. 4.2 Quantenmechanische Teilchen verhalten sich präzise! Sie tun dies entweder hinsichtlich ihres Aufenthaltsortes oder hinsichtlich ihres Impulses; sie sind aber auch gerne in beidem ziemlich unpräzise. (Das Bild verdeutlicht Heisenbergs *Unschärferelation.*).

Bei der Darstellung auf der linken Seite hat das Teilchen eine scharfe Wellenlänge λ und damit einen präzisen Wert für seinen Impuls p, der indirekt proportional zur Wellenlänge ist.

Zum Ausgleich ist der Ort des Teilchens x vollkommen unbestimmt, da es sich überall im Bereich der unendlich ausgedehnten Welle befinden kann.

Bei der Darstellung auf der rechten Seite wird das Teilchen durch ein Wellenpaket beschrieben und kann sich damit sehr präzise an einem bestimmten Ort befinden.

Zum Ausgleich ist der Impuls des Teilchens in erheblichem Maße unbestimmt, da das Wellenpaket durch einen großen Bereich von Wellenlängen beschrieben wird, die alle verschiedene Impulse beinhalten (Teilchen durch Wellenpakete zu beschreiben, wie dies hier durch die Wellenfunktion ψ angedeutet wird, stellt eine wesentliche Grundlage der Quantenmechanik dar).

Das heißt, an jedem Ort und zu jeder Zeit gibt es für das Auftreten eines Teilchens, selbst in einem perfekten Vakuum, eine Unbestimmtheit in der Energie $\triangle E$ und eine Unbestimmtheit in der Zeit $\triangle t$, und diese beiden komplementären Unbestimmtheiten können nicht gleichzeitig null werden.

Je kleiner eine der beiden Größen wird, umso größer muss die andere werden.

Dies hat mit der klassischen Vorstellung eines Vakuums nichts zu tun: Im klassischen Sinne wäre das Vakuum einfach ein Raumbereich, in dem sich keine Teilchen aufhalten und dessen Energie somit gleich null ist.

Ein solches Verhalten gestattet die Quantenphysik aber nicht!

Im mikroskopisch Kleinen müssen alle Größen von null verschieden sein, und dies betrifft auch die Größe der Null selbst:

Die Null wird in der Quantenphysik durch das Planck'sche Wirkungsquantum ersetzt, und mit dieser neuen Null wird eine Mindestanforderung festgelegt, die nicht unterschritten werden darf.[3]

Nachdem Masse gleich Energie ist, folgt aus der Unschärferelation, dass selbst massebehaftete Teilchen innerhalb eines sehr kurzen Zeitintervalls, das von ihrer Energie abhängig ist, quasi aus dem Nichts auftauchen müssen, wobei das Nichts das ist, was wir Vakuum nennen.

Das Vakuum ist also dazu in der Lage, wirklich komplexe Dinge zu tun, und der Raumbereich, den es einnimmt, kann grundsätzlich nicht leer geräumt werden.

Das Nichts wird damit als quantenmechanisches Feld, als Vakuumfeld, entlarvt, und das muss natürlich bestimmten Regeln folgen und hat damit auch bestimmte Eigenschaften.

Eine dieser Regeln wird von der Unschärferelation selbst aufgestellt, und die besagt, dass im Vakuum permanent Teilchen erzeugt und nach kurzer Zeit wieder vernichtet werden müssen, um der neuen Null gerecht zu werden.

Im Vakuum muss es also sogenannte Fluktuationen geben. Wobei diese Fluktuationen immer als Paare von Teilchen und **Antiteilchen** auftreten, da sie beispielsweise wegen der Ladungserhaltung entgegengesetzte Ladung tragen müssen (ein Beispiel dafür ist die **Paarerzeugung** eines Elektrons und eines Positrons).

Aus diesem Grund können und müssen sie sich gegenseitig auch wieder vernichten, wobei ihre Energie an das Vakuum, das sie kurzfristig für die reale Welt produziert hat, wieder zurückgegeben werden muss.

Zu jedem Zeitpunkt ist das Vakuum von solchen sogenannten „virtuellen Paaren" erfüllt. Die Vakuumfluktuationen, oder auch **Quantenfluktuationen**, erzeugen somit ein permanentes Brodeln aller erdenklichen Teilchensorten, und das hinterlässt auch für uns erkennbare Spuren.

So werden beispielsweise Energieniveaus von Atomen beeinflusst – durch Laborexperimente konnten zum Beispiel feine Verschiebungen der Spektrallinien von tief liegenden Niveaus wasserstoffähnlicher Atome nachgewiesen werden[4].

---

[3] Anzumerken ist, dass für freie Quantenfelder (theoretisch denkbare Felder, die einfach für sich sind und ihr Umfeld nicht wahrnehmen) der Vakuumerwartungswert für die Fluktuationen tatsächlich verschwinden würde.

Real existierende Felder haben jedoch die Eigenschaft von Wechselwirkungen, primär mit einem überall präsenten konstanten **Higgs-Feld**, das als skalares Hintergrundfeld einen deutlich von null abweichenden Vakuumerwartungswert aufweist.

In der **Quantenfeldtheorie** erhält das Vakuum mit diesen „Vakuumfluktuationen" eine Struktur und nimmt damit Eigenschaften an, die weder von der Quantenmechanik noch von der Relativitätstheorie her voraussehbar waren. Die hier anzuwendende (relativistische) Quantenfeldtheorie stellt damit nicht einfach nur eine Symbiose der Quantenmechanik und der speziellen Relativitätstheorie dar, sie muss vielmehr als etwas Eigenständiges mit unabhängigem Beschreibungscharakter betrachtet werden.

[4] Für den Nachweis der durch Vakuumfluktuationen verursachten sogenannten „Lamb-shift" erhielt Willis Eugene Lamb 1955 den Nobelpreis.

Dem Vakuumfeld werden also durch die Fluktuationen „virtueller Teilchenpaare", die sich nur kurzzeitig manifestieren und sich für diesen winzigen Augenblick vom Vakuumfeld Energie leihen, um dann sofort wieder zu verschwinden und die geliehene Energie an das Vakuumfeld zurückzugeben[5], Energieportionen entzogen.

Dies setzt allerdings voraus, dass das Vakuumfeld über ein Energiereservoir verfügt, dem man auch Energie entziehen kann.

Nachdem das Vakuum ohne Quantenfluktuationen die Nullenergie hätte und die Fluktuationen selbst eine positive Energie besitzen, muss das Vakuumfeld folglich auch eine entsprechende negative Energiekomponente aufweisen.

Wie kann man sich das genauer vorzustellen?

Bei dieser Vorstellung verfügt das Vakuumfeld über einen Potenzialtopf!

Demgemäß enthält das Vakuumfeld eine große Menge an Energie, wobei der Pegelstand der vorhandenen Energie die Nullenergie festlegt, die wir wahrnehmen und die einen stabilen Zustand des Vakuumfeldes darstellt (siehe Abb. 4.3 „*Vakuum*").

Diese Betrachtungsweise können wir mit dem Wasserpegel hinter einem Staudamm vergleichen.

Auch hier kann eine Nulllinie markiert werden, und dennoch kann auf der anderen Seite des Staudamms an dessen Fuß Energie entzogen werden, wobei der Pegelstand sinkt und damit negativ wird.

Um den Pegelstand von der Stelle aus, wo wir die Energie entzogen haben, wieder auszugleichen, müssen wir das Wasser wieder in den Stausee pumpen und dadurch die gewonnene Energie wieder vollständig aufbrauchen – im besten Fall stellt dies also ein kostenneutrales Nullgeschäft dar.

Durch die Existenz der Quantenfluktuationen sinkt der Pegelstand des Vakuumfeldes in gleicher Weise in den negativen Bereich ab, wobei die Summe der positiven Fluktuationsenergie und der negativen Energie des Vakuumfeldes ebenfalls exakt null ergibt!

Wenn wir das Beispiel des Stausees noch einmal aufgreifen, dann ist für uns unmittelbar ersichtlich, dass die potenzielle Energie des aufgestauten Wassers von anderer Qualität ist als die auf der Gegenseite der Mauer mithilfe eines Aufbaus daraus erzeugte elektrische Energie.

Dass diese unterschiedliche Qualität auch unterschiedliche Auswirkungen hat, ist ebenfalls einsichtig, da ein heftiger Stromschlag andere Blessuren produziert als etwas Wasser, das vom Himmel fällt und das gleiche Ziel trifft.

Auch diese Sichtweise können wir auf das Vakuum übertragen.

---

[5] Die Paare virtueller Teilchen können im Sinne der **Paarerzeugung** auch zu reellen Teilchen werden. Dazu muss lediglich das vom Vakuumfeld entliehene Energiequantum auf anderem Weg zurückbezahlt werden. Dies geschieht zum Beispiel durch das Anlegen starker elektromagnetischer Felder.

Um ein Teilchen-Paar zu erzeugen, ist allerdings ein elektromagnetisches Feld erforderlich, dessen Energiedichte die Energie, die für die Erzeugung der Masse der Teilchen nötig ist, übersteigt – die Energieportion zur Erzeugung eines Elektron-Positron-Paares liegt beispielsweise knapp über einem Mega**elektronenvolt** (MeV – siehe Anhang C „*Zahlenwerte*").

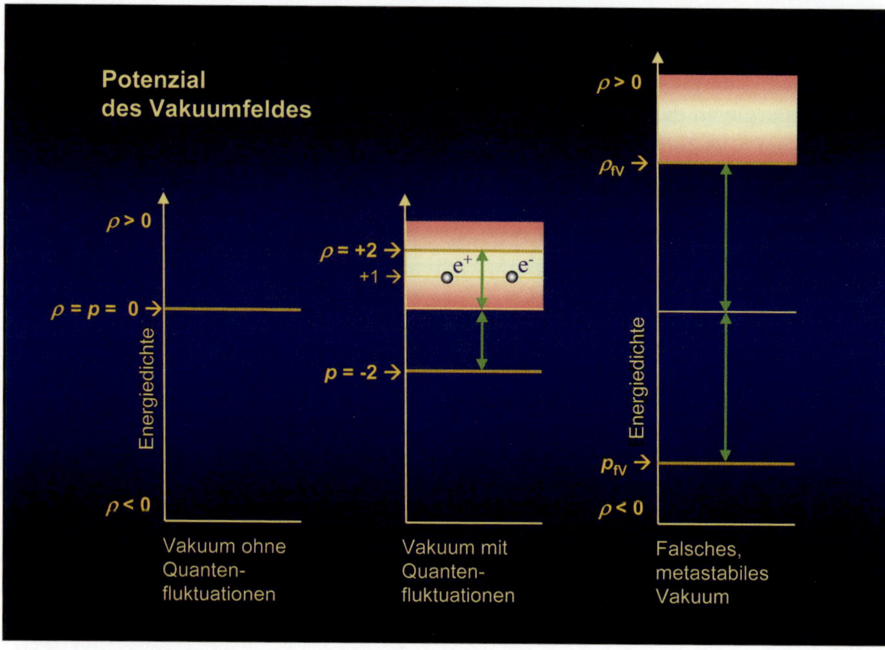

Abb. 4.3 Das *Vakuum* wehrt sich mit negativem Druck gegen den Energieverlust, der ihm stetig und unausweichlich durch die Quantenfluktuationen seines eigenen Feldes zugefügt wird! (Das Bild veranschaulicht den Potenzialtopf des Vakuumfeldes für den hypothetischen Fall eines wirklichen Null-Feldes, den realen Fall eines von Quantenfluktuationen dominierten Feldes und den möglichen Fall eines angeregten Feldes, das zeitlich begrenzt durch einen metastabilen Zustand beschrieben werden kann und ein falsches Vakuum darstellt.).

Analog zu einem Stausee stellt das Vakuumfeld ein Energiereservoir dar, wobei die Nullenergiedichte ρ durch einen bestimmten Pegelstand der Energieauffüllung definiert ist.

Dieser Wert legt einen stabilen Zustand des Vakuums fest (linkes Bild).

Durch die Quantenfluktuationen, die im mittleren Bild durch ein Elektron-Positron-Paar mit jeweils der normierten Energiedichte $+1$ repräsentiert werden, sinkt der Pegelstand des Vakuumfeldes, da das Feld den Fluktuationen Energie verleihen muss – wer sonst käme auch auf die Idee, diesen unsteten und flüchtigen Gesellen etwas zu verleihen. Damit übernimmt sich das Vakuumfeld allerdings etwas, und zwar so, dass es selbst in den negativen Bereich abrutscht. Insgesamt ist die Summe der positiven Fluktuationsenergiedichte und der negativen Energiedichte des Vakuumfeldes jedoch exakt null, da das Vakuumfeld, dem gewählten Beispiel entsprechend, den normierten Energiedichtewert -2 annimmt.

Nachdem der Pegelstand der Nullenergie einen stabilen Zustand des Vakuumfeldes darstellt, wird die an die fluktuierenden Teilchen entliehene Energie allerdings augenblicklich zurückgefordert, denn das Konto muss, wie wir alle wissen, grundsätzlich wieder ausgeglichen werden. Dies zu erzwingen gelingt dem Vakuum zwar im Einzelfall, nicht aber aus globaler Sicht, da die Fluktuationen stets vorhanden sind und ohne Vorwarnung sich allem bemächtigen, dessen sie habhaft werden können. Vergleichbar zu einer Bank muss das Vakuumfeld also hinterherlaufen und permanent alles immer wieder neu Entliehene zurückfordern. Dabei baut sich ein negativer Druck p auf, der exakt gleich dem normierten Energiedichtewert -2 ist.

Das Bild auf der rechten Seite zeigt, dass es für das Vakuumfeld, neben dem stabilen Zustand der Nullenergiedichte, auch sogenannte metastabile Zustände geben kann.

Metastabil bedeutet in diesem Zusammenhang, dass das Vakuumfeld auch einen energetisch angeregten Zustand, der allerdings ein labiles Energieminimum darstellen muss, für eine bestimmte Zeit als stabilen Pegelstand betrachten kann.

Hier ist die positive Energie der fluktuierenden Teilchen von anderer Qualität als die negative Energie des Vakuumfeldes, und dementsprechend sind die Auswirkungen dieser beiden Energieformen auf ihr Umfeld ebenso unterschiedlich.

Auch diesen Sachverhalt können wir durch eine einfache thermodynamische Betrachtung physikalisch einsehen.

Als Beispiel dazu wählen wir den Zylinder eines Motors. Dieser verrichtet Arbeit, indem der nach der Explosion des gezündeten Gasgemisches aufgebaute **Druck** p den Kolben nach unten drückt und dabei das Volumen im Zylinder um $\triangle V$ erhöht. Die verrichtete Arbeit ist dabei:

$$\triangle W = p\triangle V$$

Diese verrichtete Arbeit geht zulasten der inneren Energie im Zylinder, die sich um den gleichen Betrag

$$\triangle E = \rho\triangle V$$

reduziert, wobei die Energiedichte ρ (die Größe stellt Energie pro Volumen dar) entsprechend mit dem Druck p fällt, wie ein Vergleich der beiden Gleichungen zeigt.

Im Vakuum kann sich jedoch bei einer Volumenvergrößerung die Energiedichte nicht reduzieren. Deren Wert ist vielmehr durch die Quantenfluktuationen vorgegeben, und damit stellt die Vakuumenergiedichte auch eine konstante Größe dar.

Das heißt aber, dass die Vakuumenergie, anstatt sich zu verringern, genau um den Betrag der Volumenvergrößerung ansteigt – $\triangle E$ ist also nicht, wie im Falle des Zylinders, negativ, sondern jetzt positiv. Und dieses Verhalten kann, obigen beiden Gleichungen entsprechend, nur durch einen **negativen Druck** des Vakuums kompensiert werden (zu beachten ist dabei, dass Druck und Energiedichte die gleichen Einheiten haben).

Das Vakuum hat also einen konstanten negativen Druck, der betragsmäßig gleich seiner Energiedichte ist:

$$p_{Vac} = -\rho_{Vac} = konstant$$

Nachdem die positive Energie der fluktuierenden Teilchen die Energiedichte im Vakuum darstellt, muss deren Gegenkomponente, die negative Energie des Vakuumfeldes, dem negativen Druck entsprechen.

Abb. 4.3 (Fortsetzung) Man bezeichnet einen solchen Zustand auch als falsches Vakuum, da das Vakuumfeld zur Einstellung des wahren stabilen Vakuums eine gewaltige Energiedichte ρ_{fV} freisetzen muss oder kann.

Die Frage, woher wir eigentlich wissen, dass wir gegenwärtig mit einem ungefährlichen wahren Vakuum zusammenleben und nicht mit einem brandgefährlichen falschen Vakuum, das uns jederzeit mit einer so gewaltigen Energiemenge überschütten könnte, dass es unserer Gesundheit nicht zugute käme, ist leicht zu beantworten: Wir wissen es nicht!

Das Vakuumfeld erzeugt also so etwas wie einen Sog, denn nichts anderes stellt negativer Druck dar, und durch diesen versucht es wie ein Staubsauger, die ihm verloren gegangene Energie sich aus seinem Umfeld zurückzuholen.

Dies ist eine Eigenschaft, die die positive Energie der Quantenfluktuationen nicht hat, und demgemäß ist die negative Energie des Vakuumfeldes in der Tat von anderer Qualität als die positive Energie der Quantenfluktuationen.

Nicht zuletzt dieses Verhalten macht aber den Pegelstand der Nullenergie zu einem stabilen Zustand des Vakuumfeldes.

Stabiler Zustand bedeutet dabei, dass die vom Vakuum an die fluktuierenden Teilchen entliehene Energie augenblicklich vom Vakuum zurückgefordert wird, um dessen negatives Konto wieder auszugleichen. Da die Fluktuationen aber unaufhörlich vor sich hin brodeln, gelingt dies zwar im Einzelfall, nicht jedoch aus globaler Sicht. Wie eine in die Krise geratene Bank muss das Vakuumfeld permanent das Entliehene zurückfordern, und dieses Verhalten äußert sich in einem permanenten Sog, einem steten negativen Druck!

Neben diesem stabilen Zustand der Nullenergie kann es für das Vakuumfeld aber auch sogenannte metastabile Zustände geben (siehe Abb. 4.3 „*Vakuum*").

Metastabil bedeutet in diesem Zusammenhang, dass das Vakuumfeld für eine bestimmte Zeit auch diesen Zustand als stabilen Pegelstand betrachten kann.

Man bezeichnet solche Zustände auch als „falsches Vakuum".

Dieses falsche Vakuum beinhaltet nun, im wahrsten Sinne des Wortes, ein erhebliches „Gefahrenpotenzial", denn, um den Zustand des wahren Vakuums zu erreichen, der hinsichtlich des Pegelstands der Nullenergie den endgültig stabilen Zustand darstellt, muss das Vakuumfeld eine gewaltige Energiedichte ρ_{fV} freisetzen.

Diesem Prozess werden wir in Kürze wieder begegnen, da er aus heutiger Sicht maßgeblich für die eigentliche Entstehung des Universums war, wobei zwei Punkte, die wir hier bereits zur Kenntnis nehmen sollten, dabei entscheidend waren.

Der erste Punkt, über den wir nicht belanglos hinweggehen sollten, betrifft den negativen Druck.

Dieser vermittelt uns die wichtige Erkenntnis, dass er wegen des hohen Pegelstandes der „Nullenergie" des falschen Vakuums gegenüber dem negativen Druck des Normalzustands des Vakuums extrem hoch war, und somit andere Auswirkungen hatte als der heutige.

Und der zweite Punkt, den wir auf uns wirken lassen sollten, betrifft die mit diesem hohen Pegelstand verbundene Energie, die die vermeintliche Leere des Vakuums in einen vollgepackten Reisebus verwandelte.

Diese Energie könnte, zum Beispiel durch einen Phasenübergang des Vakuums, der einem Übergang von Eis zu Wasser entspräche, freigegeben worden sein, was uns die Erkenntnis vermittelt, dass dieses gewaltige Energiereservoir, dem Erscheinungsbild eines allgegenwärtigen Lichtblitzes gleichend, kurzfristig auch zur Verfügung gestanden haben könnte. Natürlich wäre diese Energie durch den hohen negativen Druck sofort „weggesaugt", also abgeglichen worden, sodass der jeweilige

Pegelstand von beiden Größen auf dem neuen, heutigen Wert zu liegen gekommen wäre. Es ist aber a priori nicht auszuschließen, dass das Universum in diesem möglichen Fall so findig war, dass es dies zumindest teilweise durch tatsächliche Energiefreisetzung verhindert hat.

Darüber werden wir weiter nachdenken, wenn wir auf diesen Punkt stoßen.

Das Vakuum enthält nach unseren Einsichten also fraglos Energie, denn die ist direkt mit dem quantenhaften Verhalten der Elementarteilchen und der mit ihnen im Zusammenhang stehenden Felder verknüpft.

Die Frage, wie viel wiegt das Nichts, hat damit eine von null abweichende Antwort.

Und diese Antwort ist das richtige Stichwort, mit dem ein wirklich energiereiches Teilchen, das, obwohl es im Vakuum zu Hause ist, noch nicht zur Sprache kam, auf den Plan gerufen wird.

Die Rede ist vom **Higgs-Boson** und seinem überall präsenten und konstanten **Higgs-Feld**, das als skalares Hintergrundfeld einen deutlich von null abweichenden Vakuumerwartungswert aufweist.

Das Higgs-Feld ist für die **Quantenfeldtheorien**, mit denen die **Elementarteilchen** und ihre Wechselwirkungen beschrieben werden, das grundlegende Vakuum und spielt bei der Festlegung des Zustands der niedrigsten Energie aller Quantenfelder eine zentrale Rolle.

Diese Aussage ist „harter Tobak", die können wir auf einen Schlag nicht so richtig verdauen.

Das müssen wir aber auch nicht, denn das Higgs-Feld wird uns noch permanent über den Weg laufen und uns stetig neue Facetten seines Wirkens zeigen, sodass wir uns auch scheibchenweise an seinen smarten Charakter gewöhnen können.

Was wir im Moment zur Kenntnis nehmen sollten, ist, dass das Higgs-Feld das für das Standardmodell der Elementarteilchenphysik benötigte Vakuum erzeugt, wobei es mit seinem von null abweichenden Vakuumerwartungswert, wie die Quantenfluktuationen, positive Energie aufweist, und damit den Pegelstand des gesamten Vakuumfeldes weiter absenkt, wodurch der negative Druck des Vakuums vergrößert wird.

Von dem unvermittelten Auftauchen des Namens „Higgs" einmal abgesehen, sind dies im Moment noch keine schwergewichtigen Neuigkeiten, denn wir wussten ja schon, dass das „Nichts" ein quantenmechanisches Feld darstellt, und dass dies bestimmte Regeln zu befolgen hat und damit auch auf bestimmte Eigenschaften verweisen kann. Nun erhält das Vakuum mit seinen Vakuumfluktuationen also noch eine darüber hinaus gehende Struktur und nimmt damit weitergehende, spezielle Eigenschaften an, die durch ein quantenmechanisches **Skalarfeld**, das den Namen Higgs-Feld trägt, beschrieben werden; und nachdem dieses Feld allgegenwärtig und dominierender Teil des Vakuums ist, kann man das Vakuum nunmehr auch als „Higgs-Feld-Vakuum", dem einige Kleinigkeiten, wie virtuelle Teilchenpaarbildung, hinzugefügt werden, betrachten.

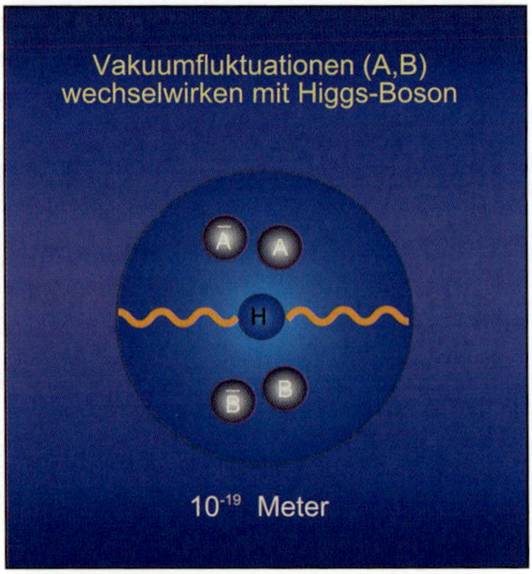

Abb. 4.4 Skizze: Das *Higgs-Feld*, das das eigentliche Vakuum darstellt, manifestiert für kurze Zeiten Higgs-Bosonen, die auch mit Vakuumfluktuationen (A, B) wechselwirken können.

Scheibchenweise wollten wir uns an das Higgs- Feld gewöhnen, und nachdem es gerade so gut läuft, können wir jetzt noch zwei Scheibchen vertragen.

Das erste Scheibchen, das wir uns zuführen wollen, betrifft dabei das Higgs-Boson, denn wir müssen noch klären, worum es sich bei diesem Teilchen eigentlich handelt.

Ausgangsbasis für die erforderliche Klärung ist natürlich das Higgs-Feld, das sich von anderen Feldern dadurch unterscheidet, beispielsweise dem elektromagnetischen Feld, dass es selbst ohne Gegenspieler oder äußere Einwirkung eine Feldstärke besitzt, die grundsätzlich von null verschieden ist.

Das Higgs-Feld ist gerade wegen dieser Eigenschaft untrennbar mit dem Vakuum verbunden, wobei die Quanten des Higgs-Feldes ebenso allgegenwärtig sind wie das Feld selbst (Quanten gehören grundsätzlich zu Feldern, wie zum Beispiel die Photonen zum elektromagnetischen Feld gehören). Und diese Quanten unterliegen gleichfalls wie alle Quanten dem Fluktuationsprinzip, wobei sich im Higgs-Feld auch stärkere Fluktuationen ausbilden können, und diese manifestieren dann für jeweils kurze Zeiten reale Higgs-Bosonen.

Das Higgs-Boson ist also ein spezielles, kurzlebiges, aber reales Austauschteilchen des Higgs-Feldes.

Das zweite Scheibchen, das wir uns jetzt noch gönnen wollen, betrifft eine wesentliche Eigenschaft des Higgs-Bosons, und zwar seinen Wechselwirkungscharakter. Und da zeigt sich, dass es mit fast allen Teilchen wechselwirkt.

Mit fast allen Teilchen bedeutet natürlich, dass es auch mit den allgegenwärtigen Vakuumfluktuationen wechselwirkt, und diese Eigenschaft macht das Higgs-Boson, wie wir sehen werden, zu etwas Besonderem im Vakuumgeschehen (siehe Abb. 4.4 „*Higgs-Feld*").

Was nun den Ablauf der Geschehnisse im frühen Universum betrifft, mit dem wir uns noch nachhaltig beschäftigen werden, sind einige von den Erkenntnissen, die wir hier erworben haben, von großer Bedeutung.

So zum Beispiel die Erkenntnis, dass im Vakuum, aufgrund der allgegenwärtigen Quantenfluktuationen, eine konstante positive Energiedichte vorliegt, wobei das Vakuum selbst über einen konstanten negativen Druck verfügt, der betragsmäßig exakt von gleicher Größe wie die Energiedichte ist.

Darauf basiert auch die Einsicht, dass das Vakuumfeld einen Potenzialtopf besitzt, der ein Energiereservoir darstellt, wobei durch den Pegelstand der Energieauffüllung die Nullenergie festgelegt wird, und dieser Wert stellt einen möglichen stabilen Zustand des Vakuums dar.

Die Erkenntnis, dass das Vakuumfeld auch über sogenannte metastabile Zustände verfügt, ist ebenfalls von großer Wichtigkeit.

Metastabil bedeutet dabei, dass das Vakuumfeld vorübergehend auch einen Zustand, der sich auf einen anderen quasistabilen Pegelstand bezieht, einnehmen kann.

Ein solcher Zustand wird auch als falsches Vakuum bezeichnet, da das Vakuumfeld zur Einstellung des wahren Vakuums – dem vermeintlich wirklich stabilen Zustand der Nullenergie – zumindest kurzfristig eine gewaltige Energiedichte ρ_{fV} freisetzen muss.

Nachdem das Higgs-Feld, das als „Higgs-Feld-Vakuum" das Vakuum dominiert, tatsächlich zwei Zustände, die durch einen Phasenübergang miteinander verbunden sind, einnehmen kann, wird es in diesem Zusammenhang noch in besonderem Maße von sich reden machen.

Wir werden also alsbald erfahren, dass diese Punkte für die Entwicklung des Universums Eckpfeiler darstellten, denn ohne das geschilderte Verhalten des Vakuums gäbe es kein Universum, das die geringste Ähnlichkeit mit dem Universum hätte, das wir kennen.

4.2 $m = E/c^2$ – die Energiequelle des Universums

Masse ist gleich Energie!

Masselose Teilchen wie das Photon bewegen sich grundsätzlich mit der Grenzgeschwindigkeit c durch den Raum.

Wäre das bei allen Teilchen der Fall, würde uns diese Ruhelosigkeit die Lebensgrundlage entziehen, denn völlig masselose Teilchen können keine gebundenen Systeme bilden – und damit wäre das Erscheinungsbild unserer Umwelt reichlich konturenlos.

Als Voraussetzung für ein strukturiertes Umfeld müssen sich die Teilchen also um Masse bemühen, denn die macht sie träge, und weil träge Teilchen behäbiger sind, stellt ihre Masse die Grundlage dafür dar, dass sie Bindungen eingehen können.

Masse erweist sich also als Bremse für die Teilchen, wobei der Vermittler dieser Bremswirkung das **Higgs-Feld** ist, das den Raum füllt und die Teilchen mit einer Substanz umgibt, deren Zähigkeit sich an der Teilchensorte orientiert.

Es ist das Waten durch diese Higgs-Feld-Substanz, das die Teilchen träge macht, und dadurch offenbart sich ihnen die Eigenschaft Masse.

Das Vakuum ist folglich von diesem immer noch gewöhnungsbedürftigen Higgs-Feld durchzogen, und das verleiht den **Elementarteilchen** sowie den Austauschteilchen der schwachen Wechselwirkung je nach deren Sorte verschiedene Massen.[6]

Auf der Stufe einer fortgeschrittenen Vorstellung dazu sieht man den Raum mit einem quantenhaften mit sich selbst wechselwirkenden **Skalarfeld**[7] erfüllt, und das bremst unterschiedliche Teilchensorten verschieden stark ab, was die Teilchen im übertragenen Sinne „schwer" werden lässt. Sie erhalten dadurch also Masse und können sich somit nicht mehr mit Lichtgeschwindigkeit bewegen. Ihre Geschwindigkeit orientiert sich bei vorgegebenem Impuls nun vielmehr daran, wie stark sie in dem Feld „abgebremst" werden, denn das vermittelt ihnen ihre Trägheit.

Es gibt aber auch Teilchen wie die Photonen, die das Feld überhaupt nicht spüren und sich demgemäß völlig ungehindert darin bewegen. Diese Teilchen sind genau aus diesem Grund masselos, und genau aus diesem Grund müssen sie sich auch grundsätzlich mit der Grenzgeschwindigkeit c fortbewegen.

Obwohl das Higgs-Feld überall mit gleicher Stärke vertreten ist, führt die Wechselwirkung mit den unterschiedlichen Teilchensorten auch zu verschiedenen Massen. Das Higgs-Feld stört damit zwar die perfekte Symmetrie, auf die die Physik sehr lange gebaut hat, allerdings tut es das mit verschiedenen **Kopplungskonstanten**, die zwangsläufig erforderlich sind, genau auf die Art, dass die Welt der Elementarteilchen dadurch erklärt wird (siehe Abb. 4.5 „*Elektron koppelt an das Higgs-Feld*").

Die Masse m eines Teilchens, zum Beispiel eines Elektrons, eines W- oder Z-Bosons, eines **Neutrinos** oder eines **Quarks**, erklärt sich also aus der Stärke der Kopplung des Teilchens λ an eine das Higgs-Feld repräsentierende Feldgröße V_{Higgs}:

$$m = \lambda \cdot V_{Higgs}$$

[6] Bei der Vereinheitlichung der Wechselwirkung, die zwischen elektrisch geladenen Teilchen wirkt und den Elektromagnetismus darstellt, und der im Innern der Atomkerne wirkenden schwachen Wechselwirkung zeigte sich, dass die Kräfte durch 4 Austauschteilchen übertragen werden. Während die Photonen für die elektromagnetische Kraft zuständig sind, sorgen 3 Austauschteilchen (2 W-Bosonen und 1 Z-Boson) für die Vermittlung der schwachen Kraft. Von diesen 4 Austauschteilchen kann aber nur das Photon masselos sein, denn Experimente legten klar dar, dass die Überträger der schwachen Kraft eine Masse besitzen müssen. Diese Erkenntnis war die Grundlage für die Entwicklung des Higgs-Mechanismus, gemäß dem nicht nur die Elementarteilchen, sondern auch die Austauschteilchen der schwachen Wechselwirkung in Abhängigkeit ihrer Sorte verschiedene Massen erhalten.

[7] Das Feld muss dazu in der Lage sein, mit sich selbst wechselzuwirken, da es andernfalls keine **Higgs-Bosonen** hervorbringen und diesen nach deren Entstehung auch keine Masse verleihen könnte.

Ein Skalarfeld unterscheidet sich deutlich von einem Vektorfeld, da bei ihm keine räumliche Richtung ausgezeichnet ist, wohingegen dies beispielsweise beim elektrischen Feld, das ein Vektorfeld darstellt, durchaus der Fall ist. Es ist leicht einzusehen, dass ein Skalarfeld die richtige Beschreibungsform für das Higgs-Feld sein muss, da die Masse der Teilchen, die vom Higgs-Feld vermittelt wird, sich in noch keinem Experiment als richtungsabhängig erwiesen hat.

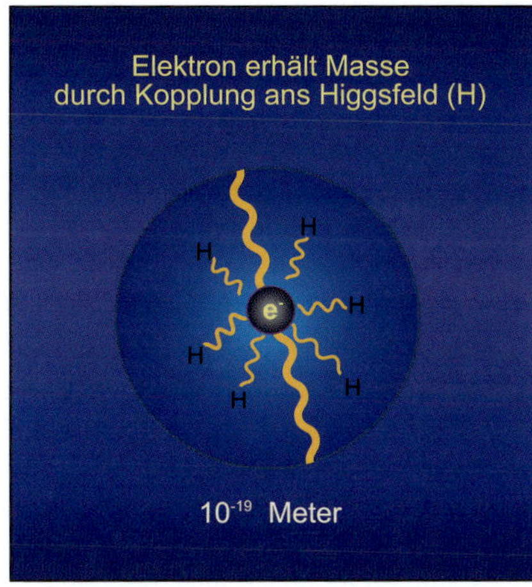

Abb. 4.5 Skizze: Ein *Elektron* (e^-) *koppelt an das Higgs-Feld* (H) und erhält auf diesem Weg seine Masse.

Dieser den Elementarteilchen masseverleihende **Higgs-Mechanismus**[8] beruht dabei ausschließlich auf virtuellen Anregungen des Higgs-Feldes aus dessen lokalem Grundzustand (virtuell bedeutet, dass die vermittelnden Austauschteilchen, die in der Skizze zu sehen sind, nur von den betroffenen Elementarteilchen wahrgenommen werden; demgegenüber stellt das Higgs-Boson eine lokal reelle Anregung des Grundzustands des Higgs-Feldes dar, da das Higgs-Boson von allen Elementarteilchen sowie den Austauschteilchen der schwachen Wechselwirkung, die sich in seinem Umfeld befinden, wahrgenommen wird).

Wenn wir uns nun die Frage stellen, ob Energie gleich Masse ist, wie Einstein das mehr als deutlich dargelegt hat, oder aber Masse gleich Energie ist, dann könnte man zu dem Schluss kommen, dass es bei einem Gleichheitszeichen gar keinen Sinn macht, darüber nachzudenken, ob es sich bei Masse und Energie überhaupt um zwei unterschiedliche Größen handelt.

Zu diesem Schluss kommt der Higgs-Mechanismus allerdings nicht. Denn der legt mit obiger Gleichung klar dar, dass Masse eine Eigenschaft ist, die den Elementartteilchen durch die Wechselwirkung mit dem Higgs-Feld verliehen wird, wohingegen es eine solche Wechselwirkung zwischen Energie und dem Higgs-Feld nicht gibt.

Was den Einflussbereich des Higgs-Mechanismus betrifft, gilt also nur: Masse ist gleich Energie! Und dies verdeutlicht, weshalb das Higgs-Feld als Symmetriebrecher eingestuft wird. (Von der Wirkungsweise dieses Mechanismus abgesehen,

[8] Es ist an dieser Stelle darauf hinzuweisen, dass der Higgs-Mechanismus die Teilchenmassen nicht aus dem Nichts entstehen lässt, da die Energieerhaltung natürlich auch in diesem Zusammenhang gilt.

Das heißt, die Masse, die zum Beispiel einem neu entstandenen Teilchen vom Higgs-Feld vermittelt wird, muss das Teilchen natürlich in Form von Energie mitbringen, indem es sich zum Beispiel auf eine Weise die Energie eines Photons aneignet, wie wir es bei der Paarbildung eines Elektrons und eines Positrons bereits nachvollzogen haben.

gilt Einsteins Gleichung natürlich nach wie vor! Der Gültigkeitsbereich der Gleichung $m = E/c^2$ wurde somit in keinster Weise eingeschränkt.)

Wenn nun aber Masse gleich Energie ist, dann stellt sich natürlich die legitime Frage, ob von dieser Energie eventuell auch etwas abgezweigt werden kann, denn unser Universum benötigt aus existenziellen Gründen unter anderem eine Energiequelle.

Diese Frage hat sich auch Carl Friedrich von Weizsäcker gestellt.

Eine Antwort auf diese Frage hat er letztendlich mit der Entdeckung der Kernfusion gegeben, die als Energiequelle der Sonne für eine unserer wichtigsten Lebensgrundlagen sorgt; und diesbezüglich wurde festgestellt, dass bei der Kernfusion Atomkerne verschmolzen werden, wodurch andere Elemente entstehen und analog zu einem Kraftwerk Energie freigesetzt wird.

Diese Feststellung enthält fraglos eine fundamentale Aussage, und uns ist dementsprechend bewusst, dass ihr Inhalt nicht nur für unsere Zwecke von grundlegender Bedeutung ist. Aber für die meisten von uns erschließt sich der Inhalt dieser Aussage nicht wirklich.

Er erschließt sich für uns nicht, weil uns vordergründig Fragen durch den Kopf gehen. Fragen wie: Was ist eigentlich ein Atomkern, und was genau wird da verschmolzen? Oder die Frage: Auf welche Weise und weshalb setzt dieser Prozess Energie frei?

Um Antworten auf diese Fragen zu finden, müssen wir an dieser Stelle eine gewisse Verständnisgrundlage schaffen oder zumindest einen vom Verständnis geprägten Einblick gewinnen, und zwar in die Materie; und die ist nicht ganz einfach zu durchschauen, wie wir gleich sehen werden. Denn was Materie wirklich ist, versucht die Physik im Detail immer noch herauszufinden, und demgemäß werden auch wir im Folgenden etwas in den Sog der Kernphysik geraten.

Der Einblick, den wir auf diesem Weg gewinnen müssen, betrifft dabei konkret den inneren Aufbau der Materie, und mit dem werden wir uns nun schrittweise und systematisch anfreunden.

4.2.1 „Klein" und „Kleiner"

Dass Atome keine tennisballähnlichen Objekte sind, weiß man erst seit Beginn des 20. Jahrhunderts. Bis dahin vertrat man die „offensichtlich richtige" Meinung, dass Atome dem kompakten und undurchdringlichen Eindruck, den wir von der Materie haben, dadurch gerecht werden müssen, dass sie sich auch wie raumfüllende, aneinandergereihte Bausteine verhalten. Dass dem nicht so ist, wies der Nobelpreisträger Ernest Rutherford anhand seines berühmten Streuexperiments von Alphateilchen – das sind elektronenlose Rümpfe von Heliumatomen – an einer Goldfolie nach.

Bei einem solchen Experiment hätte man erwartet, dass die meisten Alphateilchen die Goldfolie gar nicht durchdringen können und dass die verbliebenen Projektile starke Ablenkungen, wie Quergeschosse, erfahren. Doch dem war nicht so!

Es zeigte sich vielmehr, dass die Projektile die Goldfolie fast ungehindert durchdringen konnten. Rutherford erkannte damit das „Kern-Hüllen-Modell".

Er erkannte, dass Atome aus noch viel kleineren Teilchen aufgebaut sind und dass Atome im Wesentlichen aus leerem Raum bestehen.

Gemäß den damals bahnbrechenden Erkenntnissen haben Atome einen Durchmesser von circa 10^{-10} m, wobei nahezu 99.9 % der gesamten Masse des Atoms sich in einem Atomkern konzentriert, der 100 000-mal kleiner als das Atom selbst ist (der Durchmesser liegt also bei 10^{-15} m). Ferner zeigte sich, dass die Atomhülle von winzigen, negativ geladenen Elektronen[9] strukturiert wird, die sich stetig und schnell bewegen und auf diesem Weg den leeren Raum ausfüllen: Es ist genau dieses Verhalten, das den Durchmesser des Atoms festlegt und viele seiner Eigenschaften beeinflusst.

Die Anzahl der Elektronen in der Hülle entspricht dabei exakt der Anzahl der positiven Ladungen im Kern – aus diesem Grund ist das Atom nach außen hin elektrisch neutral, und aus diesem Grund hält das Atom durch das Wirken der **elektromagnetischen Wechselwirkung** zusammen, und aus diesem Grund sind elektromagnetische Übergänge im Atom, die zur Aussendung von Photonen führen, überhaupt möglich (obere Darstellung in der Abb. 4.6 „*Atomkern*“).

Materie besteht also aus Leere und stellt damit erneut so etwas wie ein „Nichts“ dar:

Vergleicht man den Atomkern mit einer Erbse, so würden die um ein Vielfaches kleineren Elektronen in einem Gebiet mit einem Radius von einem Kilometer im sonst leeren Raum herumschwirren, gleichwohl erzeugen sie durch dieses Herumschwirren Gebilde, die nicht nur Hammerschläge aushalten, sondern solche auch produzieren können.

Zudem gibt es eine Atommasse, und die ist im Kern konzentriert. Und dieser Kern scheint etwas noch Interessanteres als das Atom selbst zu sein, denn auch er ist wie das Atom aus noch viel kleineren Teilchen aufgebaut.

Dass der Atomkern eine bestimmte Anzahl von positiven Ladungen enthält, die der Anzahl der Elektronen in der Hülle entspricht, wissen wir bereits. Neu ist für uns, dass diese positiven Ladungen mit Teilchen verbunden sind, die man Protonen nennt, wobei die Gesamtheit aller Protonen im Kern der *Kernladungszahl Z* entspricht.

Neben den Protonen enthält der Kern elektrisch neutrale Neutronen, und nachdem die Ruheenergie dieser beiden Teilchensorten fast gleich ist, bezeichnet man sie gemeinschaftlich auch als Nukleonen: Die Anzahl der Nukleonen bestimmt damit auch die *Massenzahl A* des Atoms.

Es sind also die im Kern befindlichen Nukleonen, die die Masse eines Atoms festlegen, wohingegen die Masse der Elektronen relativ dazu vernachlässigbar ist.

---

[9] Der Begriff kommt aus dem Griechischen („élektron“ – „Hellgold“) und bezeichnet „Bernstein“. Da dieser Schmuckstein aus fossilem Harz sich beim Gleiten auf Stoff elektrostatisch auflädt und dadurch Staubteilchen anzieht, wurde das griechische Wort für Bernstein zum Namensgeber des negativ geladenen Elementarteilchens Elektron, für das üblicherweise das Symbol e^- verwendet wird.
Darüber hinaus erhielten nahezu alle Phänomene, die sich aus der Wechselwirkung mit diesem Teilchen ergeben, den schmückenden Zusatz „Elektro“, also Bernstein.

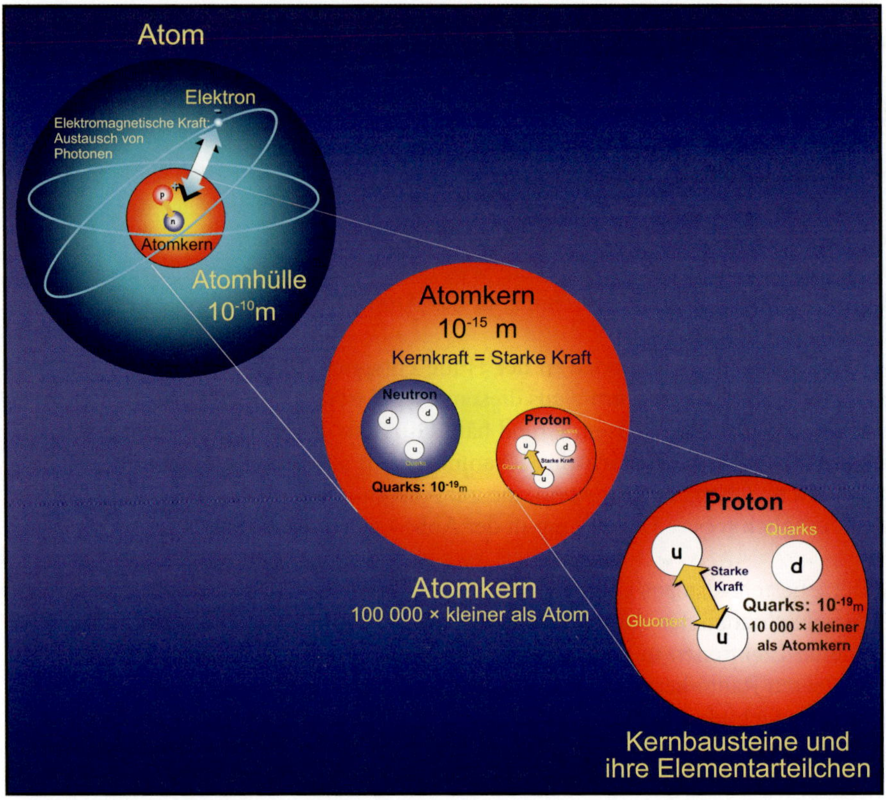

Abb. 4.6 Skizze: Einfaches Schema eines Atoms (*oben*), eines *Atomkerns* (*mittig*) und eines Protons (Kernbaustein) und dessen Elementarteilchen – Quarks – (*unten*). Die Existenz des Atoms beruht auf der elektromagnetischen Wechselwirkung, wohingegen der gegenüber dem Atom um 5 Dekaden kleinere Atomkern durch die starke Kraft zusammengehalten wird.

Obwohl das Atom wegen der geringen Größe des positiv geladenen Kerns und der negativ geladenen Elektronen scheinbar nur aus leerem Raum besteht, produzieren die mit hoher Geschwindigkeit herumwirbelnden Elektronen durchaus ein Gebilde, das hart wie Kruppstahl sein kann.

Die Bindungsenergie, die den aus Quarks bestehenden Atomkern zusammenschweißt (illustriert ist ein Proton (p), bestehend aus zwei Up- Quarks (u) und einem Down- Quark (d), und ein Neutron (n), bestehend aus zwei Down- Quarks und einem Up- Quark) wird gemäß der starken Wechselwirkung durch Gluonen vermittelt, die an die Farbladungen der Quarks koppeln.

Was ist das aber für eine anziehende Kraft, die zwischen den Protonen und Neutronen wirkt und den Kern zusammenhält?

Um das zu verstehen, müssen wir noch eine Ebene tiefer gehen.

Dabei stellen wir fest, dass auch die Nukleonen, so, wie bereits der Atomkern und auch das Atom, aus noch viel kleineren Teilchen aufgebaut sind (untere Darstellung in der Abb. 4.6 „*Atomkern*").

Die Teilchen, aus denen sich die Nukleonen zusammensetzen, nennt man „*Quarks*"!

Und die zeigen uns, dass auch die Nukleonen und damit die Kerne der Atome im Wesentlichen aus leerem Raum bestehen, denn die **Quarks** sind mit einem Durchmesser von höchstens 10^{-19} m 10 000-mal kleiner als die Nukleonen und damit die Kerne.

Auf diesem Weg wird zum wiederholten Male ein wichtiger Bestandteil unserer Welt mit dem mittlerweile wohlbekannten „Nichts" angereichert.

Was hält nun aber die Quarks in den Nukleonen zusammen?

Es sind „*Gluonen*"!

Gluonen stellen den Klebstoff dar, der ein Proton oder Neutron zusammenschweißt.

Dabei sind die Gluonen die Kraftteilchen der **starken Wechselwirkung**, so, wie die Photonen die Austauschteilchen der **elektromagnetischen Wechselwirkung** sind.

Auf welche Weise die Quarks zusammengehalten werden und dabei die Nukleonen ausbilden, wird durch die Theorie der **Quantenchromodynamik** beschrieben.

Die darauf beruhende Vorstellung legt nahe, dass jeweils 3 Quarks, die 1 Proton oder Neutron bilden, von einem „Gluonen-Meer" umspült werden, wobei die Gluonen in permanenter Bewegung ständig herumwirbeln und dadurch die Quarks an ein kleines Raumgebiet binden.

Dieses Verhalten stellt den Grundbauplan für die Nukleonen und damit die Atomkerne dar (siehe Abb. 4.7 „*Proton*").

Die gesamte schwere Materie wird also von einem „Gluonen-Nichts" umspült und zusammengehalten.

Was die energetischen Verhältnisse betrifft, hat sich gezeigt, dass weit über 90 % der Masse der Nukleonen der Bewegungsenergie des Quark-Gluonen-Gemisches zuzuschreiben ist. Wohingegen die Quarks selbst als Geschöpfe geringer Masse umhergeistern (da die Gluonen wie die Photonen über keine Kopplung zum Higgs-Feld verfügen, mangelt es ihnen an jeglicher Ruhemasse).

Wir haben es demnach im Falle der sichtbaren Materie mit einer „dynamischen Massengenerierung" zu tun.

Streng genommen bedeutet dies, dass fast die gesamte **baryonische** Masse in unserem Universum Energie ist.

Einstein hat also seine Formel, wie wir bereits vermutet haben, tatsächlich falsch hingeschrieben!

Seine Formel müsste richtigerweise lauten: $m = E/c^2$ – *Masse ist Energie*!

Nachdem wir im Moment keine weitere Ebene mehr tiefer gehen können, bleibt abzuwarten, mit welchen Überraschungen wir im nächsten Schritt, der allerdings, so, wie es im Moment sowohl in experimenteller wie auch theoretischer Hinsicht aussieht, noch eine Weile auf sich warten lassen wird, rechnen müssen.

Der nächste Schritt, der uns die mögliche oder vielmehr wahrscheinliche Substruktur der Quarks erkennen lassen könnte, liegt noch weit in der Zukunft, weil die Beschleunigerringe, die derzeit in Betrieb oder in Planung sind, nicht über die hohen Energien verfügen, die erforderlich sind, um auch diese Teilchen aufzubrechen.

Dies gilt zwar maßgeblich nur für die experimentelle Seite der Forschung, aber auch von der theoretischen Seite her ist auf kurze Sicht nicht sehr viel mehr zu erwarten. Denn da wird der vermeintliche Fortschritt, auf den vor allem die String-

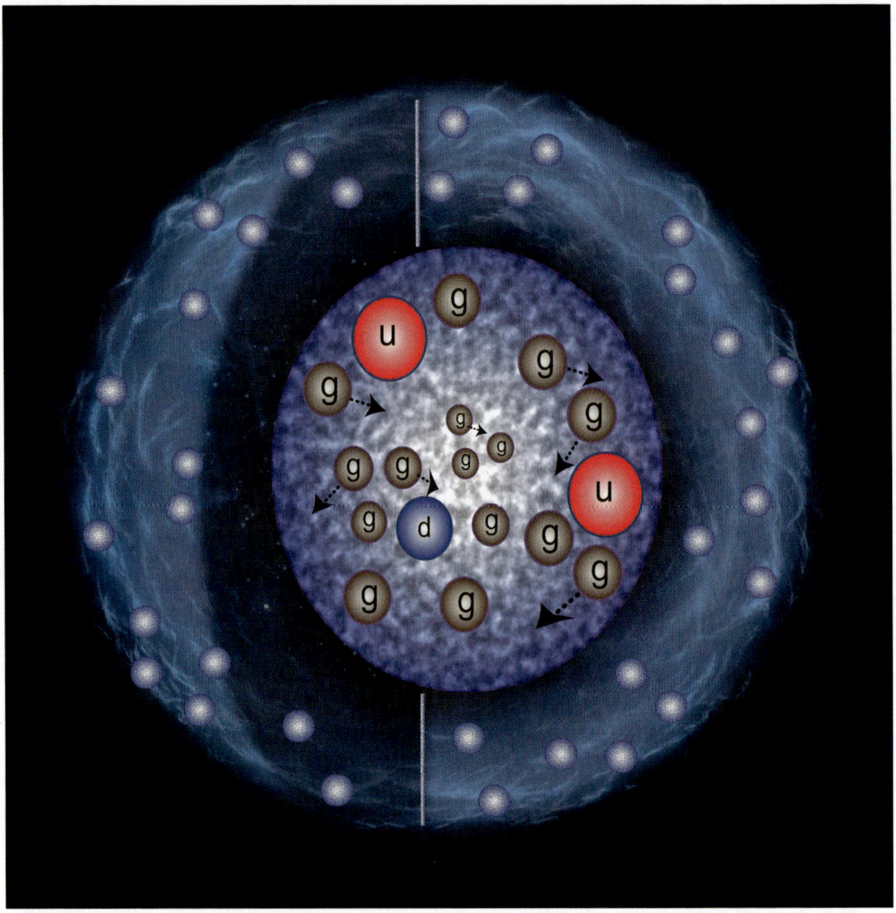

Abb. 4.7 Skizze: Schema eines *Protons*, das von der starken Kraft zusammengehalten wird und 100 000-mal kleiner als ein Atom ist, wobei die Größe der Up- und Down-Quarks, aus denen das Proton besteht, wiederum nur dem zehntausendsten Teil des Durchmessers eines Protons entspricht.

Die Bindungsenergie, die die 3 Quarks (u für Up- und d für Down-Quark) im Proton aneinanderfesselt, wird durch Gluonen (g) vermittelt, die an die Farbladungen der Quarks koppeln.

Rein energetisch trägt die Masse der Quarks mit circa 10 MeV/c^2 nur ein Hundertstel zur Gesamtmasse des Protons, die bei ca. 938 MeV/c^2 liegt, bei.

Das, was wir für Masse halten, ist also zu mehr als 90 % Bewegungsenergie der ruhemasselosen Gluonen, und die verteilt sich extrem ungleichmäßig über das Proton.

Im innersten Bereich entspricht das Verhalten dem von freien Teilchen. Und das bedeutet, dass die starke Kraft hier schwach ist.

Bei größeren Abständen wächst die Kopplung der starken Wechselwirkung jedoch immer weiter an, und dementsprechend wird die Bewegungsenergie der Gluonen viel größer als die der Up- und Down-Quark-Massen.

Es bildet sich also eine energiereiche Hülle aus, wobei virtuelle Quark-Antiquark-Paare – dargestellt durch die helleren runden Bereiche in der Protonenhülle – die starke Wechselwirkung über den Protonenradius hinaus abschirmen.

Dieses Verhalten führt dazu, dass die Quarks im Proton eingesperrt sind – das Proton ist also ein Gefängnis für Quarks –, und es erklärt, weshalb die Bindungsenergie des Protons viel größer als die Massensumme seiner Quarkbestandteile ist: Das starke Anwachsen der Kopplungskonstante der Quantenchromodynamik bei größeren Abständen ist dafür verantwortlich.

Theorie mit ihren diversen Auslegern verweisen kann, zwar mit großem Interesse verfolgt, aber ein entscheidender Schritt zu neuen Erkenntnissen und zu neuen Ufern ist aus objektiver Sicht auch in diesem Bereich nicht zu erkennen.

Dennoch wird, der allgemeinen Haltung entsprechend, zumindest auf mittlere Sicht, also im Bereich von 10 bis 20 Jahren, Hoffnung auf den großen Durchbruch hinsichtlich beider Vorgehensweisen zum Ausdruck gebracht. Diese Hoffnung wird aber nicht zuletzt vom Zweckoptimismus getragen. Denn erdgebunden werden sich in experimenteller Hinsicht keine anderen Möglichkeiten ergeben als die bereits durchdachten, und da auch die Theorie im Rahmen der Physik nur Vorstöße wagen darf, die das Experiment noch im Blick haben, sind die Aussichten auch hier etwas getrübt (bisweilen ist zu vernehmen, dass die String-Theorie bereits jetzt den Inhalt dieser fraglos richtigen Aussage etwas aus den Augen verloren hat, was der Grund dafür sein mag, weshalb diese durchaus mit Respekt zu behandelnde Disziplin physikalischen Strebens sich auch mit Kritik auseinandersetzen muss).

Es wird somit wieder einmal das weitere Umfeld unseres Planeten einbezogen werden müssen, um Licht ins Dunkel zu bringen. Denn dieses kann auf ein Laboratorium verweisen, das immer für klare Antworten gut ist: das Laboratorium Universum!

Und das ist, wie die Vergangenheit gezeigt hat, immer für eine Überraschung gut. **Gammastrahlenblitze** wissen zum Beispiel, wie man Teilchen beschleunigt, und mit ihrem Know-how sowie einem schnell und lustig herumwirbelnden **Schwarzen Loch** als Motor im Rücken führen sie jeden auf der Erde erdenkbaren Beschleunigerring gnadenlos vor.

Das sind die Experimente, die auch ohne unser Zutun ablaufen, und auf diese müssen wir unser Augenmerk richten, um verwertbare Antworten auf die sich immer komplexer gestaltenden Fragen zu bekommen.

Unsere Ausgangssituation betreffend, stellen wir im Hier und Jetzt der gegenwärtigen Erkenntnislage entsprechend zusammenfassend fest, dass Materie so gut wie keine Masse und nahezu keine räumliche Ausdehnung hat. Zudem ist Energie nicht nur gleich Masse, sondern „Masse ist Energie"!

Das Erstaunliche an diesen Aussagen ist, dass sie den Dunklen Teil des Universums gar nicht betreffen, sondern dass wir hier über die baryonische Materie, die den unmaßgeblichen 5 % der nachweisbaren Energie im Universum entspricht, reden.

Dies stellt die Energie, die wir mit dem Begriff „von bekannter Natur" belegen konnten, dar. Und mit diesem Begriff meinten wir, dass wir diesen Teil des Inhalts des Universums verstanden haben.

Wie sich nun herausstellt, besteht das, was wir dachten, verstanden zu haben, zu 99.9 % aus leerem Raum. Und das, was wir für Masse hielten, ist zu mehr als 90 % Bewegungsenergie!

Wer vermutet, dass unsere Verständnislücken sich nicht erst bei der Dunkle Materie und der Dunklen Energie auftun, der liegt möglicherweise gar nicht so falsch.

4.2.2 Was ist Kernkraft?

Zum derzeit Kleinsten sind wir vorgedrungen, und wir haben auch verstanden, was es zusammenhält. Aber die grundlegende Frage, welche anziehende Kraft die Nukleonen im Kern und den Kern selbst zusammenhält, blieb bis jetzt noch unbeantwortet. Und in diesem Zusammenhang müssen wir auch noch eine weitere für uns wesentliche Verständnislücke schließen, und die betrifft die mögliche Energiefreisetzung durch Kernfusion.

Der Ansatz für unsere erforderlichen Überlegungen, die den „Kern-Sachverhalt" klären sollen, ergibt sich aus der anziehenden Kraft zwischen den Quarks.

Diese beruht, wie wir gesehen haben, auf dem Austausch von Gluonen, die die Quarks umspülen und dadurch zusammenhalten. Ein solcher kräftebezogener Austauschprozess kann grundsätzlich auch durch ein Potenzial beschrieben werden, wobei der diesbezügliche Grundgedanke analog zu dem des Gravitationspotenzials ist.

Diese Größe stellt die Arbeit dar, die von der Gravitationsanziehung einer zentralen Masse aufgebracht wird, um zum Beispiel ein Teilchen, das in den verwendeten Einheiten die Masse eins haben soll (Einheitsmasse), aus unendlicher Entfernung bis zu einem bestimmten Ort näher an die zentrale Masse heranzutransportieren.

Nachdem diese Energie bei Annäherung an die zentrale Masse freigesetzt wird, ist sie negativ.

Sie muss negativ sein, da sie bei Entfernung der Einheitsmasse von dem bestimmten Ort ins Unendliche zurück de facto aufgewendet werden muss.

Darauf beruhend, dass die Einheitsmasse in unendlicher Entfernung ruhend war und die Energie bei diesem Annäherungsprozess erhalten bleibt, geht die freigesetzte Gravitationsenergie in die Bewegungsenergie der Einheitsmasse über.

Damit hebt sich die Bewegungsenergie gegen die Gravitationsenergie exakt auf, und die Summe dieser Größen, die die Gesamtenergie darstellt, ist demzufolge, wie es in der Ausgangsituation der Fall war, gleich null.

Ein solches System stellt nun grundsätzlich einen Spezialfall dar, den man als ungebundenen Zustand bezeichnet.

Das heißt, ein Teilchen, das diese Bedingung erfüllt, hat zu jedem Zeitpunkt genügend Bewegungsenergie, um die jeweilige negative Gravitationsenergie auszugleichen:

Es kann also jederzeit das System, das aus der zentralen Masse und der Einheitsmasse besteht, verlassen.

Anders sieht es aus, wenn man ein gebundenes System betrachtet.

In einem solchen Fall überwiegt die negative potenzielle Energie die positive Bewegungsenergie, und das bedeutet, dass eine bestimmte Energieportion von außen zugeführt werden muss, um die bindenden Kräfte, die von dem negativen Potenzial bestimmt werden, zu überwinden und damit die Systembestandteile wieder voneinander zu trennen.

Das System ist ohne äußere Einflüsse in sich gefangen.

Derartige Systeme besitzen demnach eine *negative Bindungsenergie*, und die wurde freigesetzt beziehungsweise an das Umfeld abgegeben, als die Systembestandteile mittels der Anziehungskräfte zusammengeführt wurden und damit ein gemeinschaftliches, gebundenes System eingegangen sind.

Nachdem bei diesem Prozess die Energiefreisetzung zumeist in Form von Strahlungsenergie und/oder Bewegungsenergie anderer beteiligter Teilchen erfolgt, ist diese Gruppierung – eben wegen dieser verloren gegangenen Energie – auf unabsehbare Zeit durch eine negative potenzielle Energie charakterisiert.

Der zeitliche Rahmen für den Fortbestand diese Gruppierung kann nur durch eine extern aufgebrachte Energieportion in Form von Strahlungsenergie und/oder Bewegungsenergie anderer sich in das System einbringender Teilchen, die als untere Grenze gleich der negativen potenziellen Energie sein muss und dem System wieder zugeführt wird, begrenzt werden.

In diesem Fall wird das gebundene System wieder so getrennt, dass sich freie und unabhängige Single-Bestandteile ergeben:

Als Beispiel für ein gebundenes System können wir das Erde-Mond-System betrachten, wobei klar sein sollte, dass in diesem Fall eine gewaltige Energieportion nötig wäre, um den Mond aus dem System zu befreien und damit einen ungebundenen Zustand herzustellen.

Mit diesem Verständnis sind wir auch im Verständnis unserer Atomkerne einen deutlichen Schritt weitergekommen, denn wir haben das grundlegende Verhalten von gebundenen und ungebundenen Systemen, die sich in einem negativen Potenzial befinden, nachvollzogen.

Was den Kernzusammenhalt betrifft, fehlt uns jedoch noch ein entscheidender Punkt zum Grundverständnis, und dieser betrifft die Tiefe des Potenzials, die im Falle eines Atomkerns aus unserer bisherigen Sicht gleich null sein sollte.

Damit bringen wir zum Ausdruck, dass wir den Grund noch nicht sehen, der bei der Entfernung von Nukleonpaketen aus dem Atomkernbereich eine Energiezufuhr erforderlich machen sollte.

Das negative Potenzial, das wir mühsam eingeführt haben, um kräftebezogene Austauschprozesse im Kern zu beschreiben, sollte nach unserem jetzigen Kenntnisstand gar nicht vorhanden sein!

Es sollte nicht vorhanden sein, weil wir noch keinen Wechselwirkungsprozess, der auch zwischen den Nukleonen stattfindet, erkannt haben.

Das Einzige, was wir in dieser Hinsicht erkannt haben, betrifft die Wechselwirkung zwischen den Quarks, diese beruht auf dem Austausch von Gluonen, aber von einer weiteren anziehenden Kraft, die auch zwischen den Nukleonen wirkt und den Kern zusammenhält, war bislang nichts zu erkennen.

Von einer solchen Kraft war bislang nichts zu erkennen, weil es sie nicht gibt!

De facto ist es so, dass die sogenannte Kernkraft, für deren Beschreibung man über viele Jahre hinweg verschiedene Formalismen entwickelt hat, sich einfach nur aus der Restwechselwirkung des Quark- Gluonen- Gemisches im Kern ergibt.

Die starke Wechselwirkung beziehungsweise die „Gluonenumspülung" hält also nicht nur die Quarks in den Nukleonen zusammen, sondern sie wirkt darüber hinaus auch noch zwischen den Quarks benachbarter Nukleonen. Und das ist es letztlich, was wir als Kernkraft ansehen!

Die anziehende Kraft zwischen den Nukleonen beruht damit ebenfalls auf dem Austausch von Gluonen beziehungsweise subtiler gesehen auf dem Austausch von Quark-/Anti-Quark-Paaren, in die sich Gluonen spontan verwandeln können.

Und dieser Restwechselwirkungsprozess ist auch für die Fusion und den Zusammenhalt größerer Nukleonenverbände von hinreichender Stärke. Er kommt allerdings etwas ins Taumeln, wenn es darum geht, sehr große Verbände zusammenzuhalten. Da wird ihm, wie wir sehen werden, eine obere Grenze seiner Möglichkeiten aufgezeigt.

Die entscheidende Frage bezieht sich nun auf den Effekt, der die Tiefe des negativen Kernpotenzials festlegt.

Und da bringt uns folgende Feststellung im Hinblick auf eine Antwort weiter: Nach der Verschmelzung der Single-Bestandteile werden in vielen Fällen insgesamt weniger Gluonen benötigt, um eine größere Nukleonenzahl im Kern zusammenzuhalten, als vorher für den Zusammenhalt der Single-Bestandteile nötig waren.

Das heißt, dass sich ein größerer Kern oftmals energetisch effizienter strukturieren kann, als dies bei kleineren Kernen der Fall ist. Und dieses Verhalten wird durch ein negatives Potenzial beschrieben, das von Fall zu Fall variiert.

Ein Teil der Bewegungsenergie der Gluonen, der im Prozentbereich der Gesamtenergie des Kerns liegt, ist also einfach nicht mehr nötig, um die neu entstandenen Teile zusammenzuhalten, und dieser überschüssige Anteil wird dann konsequenterweise freigesetzt und somit an das Umfeld abgegeben.

Nachdem wir gesehen haben, dass Masse gleich Energie ist, hat die neue Verbindung in der Summe auch weniger Masse, als die ursprünglichen Einzelbestandteile hatten, denn es sind in der neuen Verbindung ja schließlich weniger Gluonen mit rasantem Tempo unterwegs, und die machen ja schließlich den Löwenanteil der Masse der Quarks und damit des Kerns aus.

Gegenüber dem ungebundenen System *fehlt dem gebundenen System also Masse*, und das, was fehlt, nennt man „*Massendefekt*"!

4.2.3 Der Massendefekt

Der Massendefekt beschreibt gemäß unserer gewonnenen Erkenntnisse den Unterschied zwischen der Summe der Massen aller Nukleonen, aus denen ein Atomkern besteht, und der tatsächlich gemessenen, stets kleineren Masse des Atomkerns, wobei es die Bindungsenergie der Nukleonen ist, die die Summe der Ruheenergien der einzelnen Kernbausteine vermindert.

Die beim Aufbau eines Atomkerns freigesetzte Bindungsenergie der Nukleonen ist damit auch die dem Massendefekt äquivalente Energie!

Gleichwohl ist es grundsätzlich aber nicht so, dass größer auch besser bedeutet.

Ein größerer Atomkern ist also nicht automatisch auch ein stabilerer Atomkern.

Die Stabilität eines Kerns wird vielmehr vom Massendefekt vorgegeben: Je größer der Massendefekt pro Nukleon ist, desto stabiler ist auch der Atomkern, da die Energie, die zur Trennung des Kerns in seine Bestandteile aufgewendet werden muss, auch einer höheren negativen Bindungsenergie entspricht.

Dabei wird die größte negative Bindungsenergie – der höchste Massendefekt – pro Nukleon bei den Elementen Eisen (Fe) und Nickel (Ni) erreicht, während der Massendefekt sowohl in Richtung der leichteren als auch der schwereren Kerne abnimmt.

Dieser beidseitige Abfall des Massendefekts hat nun zur Folge, dass Energie sowohl im Gebiet der leichten Kerne – hier durch Kernfusion – als auch im Gebiet der schweren Kerne – hier durch Kernspaltung – gewonnen werden kann, wobei der maximal mögliche Energiegewinn durch die Differenz der jeweilig aktuellen Massendefektwerte festgelegt wird.

In diesem Zusammenhang sind einige besonders auffällige Elemente, bei denen der Massendefekt extrem große Sprünge aufweist, hervorzuheben, und das sind die Elemente Helium (He), Kohlenstoff (C) und Sauerstoff (O).

Bei Fusionsprozessen dieser Elemente ist die Energiegewinnung also außerordentlich effizient, damit empfehlen sie sich in besonderem Maße für die stellare Energieproduktion, insbesondere wenn man bedenkt, dass das Universum nahezu in verschwenderischer Art an den Ausgangsbrennstoff – Wasserstoff (H) – gedacht hat.

Betrachten wir beispielsweise das Wasserstoffbrennen, bei dem letztlich zwei Protonen und zwei Neutronen zu Helium verklebt werden, so sehen wir aus der Differenz der Summe der Ruhemassen der Nukleonen 4.0319 u (u ist die Atomare Masseneinheit – siehe Anhang C „*Zahlenwerte*") und der Ruhemasse des Heliumkerns 4.0015 u, dass der Massendefekt bei 0.75 % der Ausgangsmasse liegt.

Wenn wir genau hinsehen, bemerken wir jedoch, dass dieser Rechnung etwas fehlt – es fehlt ihr an einer beeindruckenden Wirkung!

Das können wir allerdings beheben.

Dazu müssen wir uns nur den Energieinhalt eines kleinen Tanks, der mit 3 m^3 Wasser gefüllt ist, genauer ansehen; und wie wir gleich erkennen werden, ist da mehr Energie darin, als die in Betrieb befindlichen Kernkraftwerke Deutschlands zu bieten haben.

Das erkennen wir, indem wir die Ruheenergie dieser Wassermenge bestimmen.

Das Ergebnis liegt bei 500 000 000 000 kWh (kWh = Kilowattstunden), das entspricht bei einem Strompreis von 0.25 €/kWh einem Wert von 125 Mrd. €– wer hätte gedacht, dass Wasser so wertvoll sein kann, oder liegt das etwa nur an den leicht überzogenen, sich in zunehmend diversifizierter Form präsentierenden Energiesteuern?

Selbst 0.75 % von diesem Betrag stellt eine Summe dar, die man sich nur schwerlich unter das Kopfkissen packen kann. Wie lange jeder von uns damit nicht mehr auf die Stadtwerke angewiesen wäre, muss er selbst abwägen; es könnte damit jedenfalls der Jahresstromverbrauch Deutschlands abgedeckt werden – mit gerade einmal 3 m^3 Wasser!

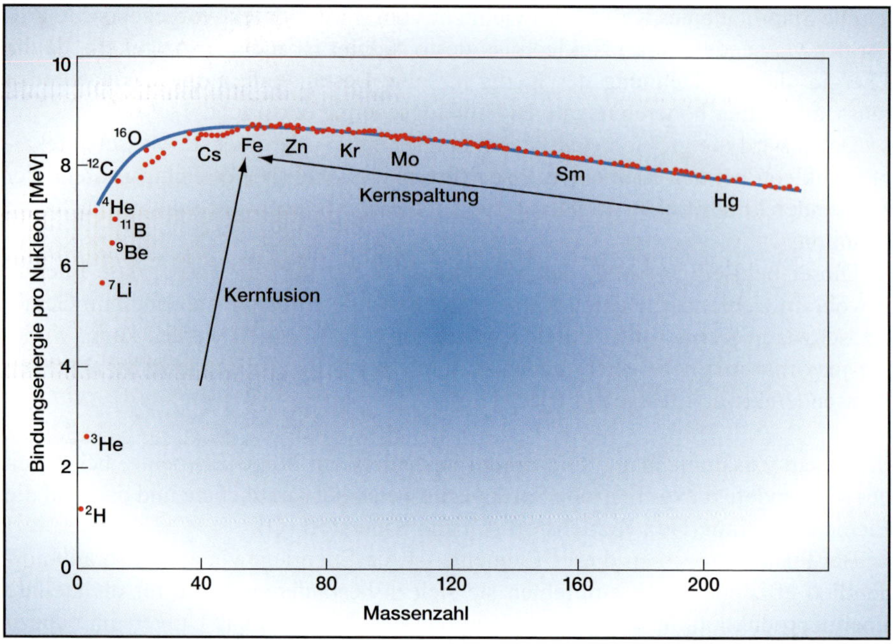

Abb. 4.8 Eisen – unordentlicher geht es nicht! (Das Bild zeigt den Verlauf der *Bindungsenergie* pro Nukleon – das heißt, pro Proton oder Neutron – der verschiedenen stabilen Atomkerne gegenüber der Massenzahl, die die Anzahl der Nukleonen im Kern repräsentiert.)

Die Bindungsenergie pro Nukleon, die üblicherweise in Mega**elektronenvolt** (MeV) angegeben wird, hat ihr Maximum bei Eisen (Fe), während sie sowohl in Richtung der leichteren als auch der schwereren Elemente abfällt.

Dort, wo der größte Unterschied vorliegt, kann durch die Verschmelzung von Kernen auch der größte Energiegewinn pro Nukleon erzielt werden; und das ist beim Sprung von schwerem Wasserstoff (^{2}H) zu Helium (^{4}He) der Fall.

Nachdem die Sterne zum Großteil aus Wasserstoff bestehen, verschmelzen deshalb auch zuerst Wasserstoffisotope über mehrere Zwischenschritte zu Helium. Erst wenn der Wasserstoff im Inneren eines Sterns zur Neige geht, wird auf die weniger ergiebigen Fusionsprozesse von Helium und den anderen, schwereren Atomkernen zurückgegriffen – bei Eisen ist allerdings Schluss mit diesem Spiel!

Die Fusionsketten, die zu schwereren Atomkernen führen, können allerdings nur von einem Bruchteil der Sterne gestartet werden, da dafür hohe Vorlauftemperaturen, die nicht von allen Sternen erreicht werden, erforderlich sind.

(Im Bild wurden einige wichtige Atomkerne, die sowohl im Zusammenhang mit der Kernfusion als auch der Kernspaltung von Bedeutung sind, gekennzeichnet. Der Anhang B „*Der Aufbau gewöhnlicher Materie*" gibt einen Überblick über die grundlegende Struktur dieser Elemente.)

Wie in Abb. 4.8 „*Bindungsenergie*" zu sehen ist, weisen alle Elemente einen positiven Massendefekt auf.

Dennoch werden alle Atomkerne ab einer gewissen Massenzahl instabil, und instabile Kerne retten sich durch Kernspaltung.

Dabei zerlegen sich schwere Kerne (rechts vom Massendefektmaximum) in der Regel in zwei Kerne mittlerer Größe, wobei erneut der maximal mögliche Energiegewinn durch die Differenz der jeweiligen Massendefektwerte festgelegt wird.

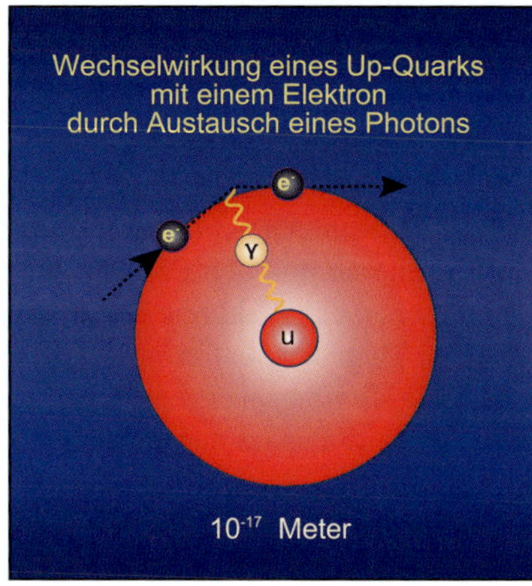

Abb. 4.9 Skizze: Durch den Austausch eines elektromagnetisch neutralen Photons, das jedoch an die Ladungen der in Betracht zu ziehenden Teilchen, hier 1 Elektron (e^-) und 1 Up-Quark (u), koppelt, wird die *elektromagnetische Wechselwirkung* vermittelt.

In diesem Fall hat dieser Prozess eine anziehende Wirkung, da die beiden Ladungen verschiedene Vorzeichen haben.

Im Falle gleichen Vorzeichens der Ladungen, wie dies bei den Protonen im Atomkern der Fall ist, ist die Wirkung dieses Prozesses jedoch in gleicher Weise abstoßend.

Eine Energie freisetzende Umwandlung erfolgt demnach immer „in Richtung zum Maximum des Massendefekts", also immer mit ansteigendem Verlauf der gezeigten Kurve.

Eine Kleinigkeit fehlt allerdings noch in unserem Verständnis, denn nach dem, was wir bis jetzt eingesehen haben, müsste eigentlich jeder lockere Zusammenschluss leichter Elemente automatisch zu einer thermonuklearen Bombe führen, da alle Elemente aufgrund des negativen Potenzials der Kernkraft sofort zu Eisen und Nickel fusionieren müssten.

Es sollte also gar nichts anderes als diese schweren Elemente geben!

Aber dem ist, dank der grandiosen und generell gültigen 24-Monate-Garantie, nicht so; und diese Garantie wurde auch in diesem Fall erteilt, weil es der Natur genauso wenig gefallen würde wie uns, wenn nur dieser schwere und unhandliche Eisenschrott in einem recht baldigst dunklen und energielosen Universum herumschwirren würde.

Der Natur würde dies ganz offensichtlich genauso wenig gefallen wie uns, denn anders ist die Vorsorge, die sie getroffen hat, nicht zu erklären.

Gemäß dieser Vorsorge hat sich die Natur um einen Gegenpol bemüht, der der einfachen und unverbindlichen Fusionierung von Teilchen in erheblichem Maße im Weg steht.

Und der Name dieses Gegenpols ist: **Elektromagnetische Wechselwirkung**.

Und die mag es gar nicht, wenn sich elektrisch positiv geladene Protonen im Kern zu nahe kommen; und das bedeutet, dass sie dann extrem abstoßend wirkt und dadurch eine unproblematische Fusion verhindert (siehe Abb. 4.9 „*Elektromagnetische Wechselwirkung*").

Damit haben wir das Verhalten im Bereich der Atomkerne, zumindest im Groben, ganz gut verstanden, und es stellt sich so dar, dass in der Kernregion die Anziehung durch die starke Restwechselwirkung überwiegt, wobei sie jenseits von dieser Region so steil abfällt, dass die elektrische Abstoßung zwischen den Protonen die Kontrolle über die äußeren Bezirke erhält.

Das Zusammenspiel dieser beiden Grundkräfte erklärt damit den Zusammenhalt der Atomkerne und den Prozess der Spaltung schwerer Kerne; es erklärt aber vor allem auch, weshalb kleine Kerne sich nicht spontan zu größeren zusammenschließen. Der Begriff spontan ist sogar weit gefehlt, denn es bedarf vielmehr extrem hoher Aktivierungsenergien, um Fusionsprozesse überhaupt zu ermöglichen, und damit ist kalte Fusion nur kalter Kaffee.

4.3 Der Schwache bremst den Takt und ermöglicht dadurch Leben

Es wurde also Vorsorge getroffen, dass die gewaltige Energiemenge, die das Universum in Form von Wasserstoff als Brennstoffvorrat gespeichert hat, nicht spontan und auf kürzester Zeitskala durch die Umwandlung von Wasserstoff in Eisen freigesetzt wird.

Die Idee, der elektrischen Abstoßung zwischen den Protonen die Kontrolle über die äußeren Bereiche der Atomkerne zu geben, indem die in der Kernregion durch die Restwechselwirkung der starken Kraft überwiegende anziehende Wirkung dort steil abfällt, ist dabei genial.

Denn das bedeutet, wie wir festgestellt haben, dass extrem hohe Aktivierungsenergien erforderlich sind, um Fusionsprozesse überhaupt zu ermöglichen.

Was aber passiert nun, wenn wir diese hohen Aktivierungsenergien bereitstellen, indem wir den Brennstoff derart stark komprimieren, dass er, zum Beispiel in einem gewaltigen Stern, einen randvollen Tank darstellen würde und wir dann den Motor anlassen, das heißt, wir dann in Folge der Kompression die elektrische Abstoßung zwischen den Protonen lahmgelegt haben?

Dann sollte in kürzester Zeit, also explosionsartig, die gesamte Energie, die der Massendefekt bei der Umwandlung von Wasserstoff in Eisen freisetzen kann, auf das Umfeld einwirken, was sicherlich mehr Schaden als Nutzen bringen würde.

Warum geschieht das nicht?

Oder anders gefragt: Welcher Effekt hält das Universum über einen längeren Zeitraum hinweg am Leben, indem er verhindert, dass Material, das in einem großen Stern stark komprimiert wird, sofort explodiert?

Nachdem uns diese Frage etwas ratlos macht, haben wir ganz offensichtlich etwas übersehen!

Um herauszufinden, was wir übersehen haben, sollten wir uns die Wirkungsweise der starken Wechselwirkung noch einmal genau anschauen: Die starke Wechselwirkung hält nicht nur die Quarks in den Nukleonen zusammen, sie wirkt darüber hinaus auch zwischen den Quarks benachbarter Nukleonen, und das ist es letztlich, was wir als Kernkraft ansehen.

Die anziehende Kraft zwischen den Nukleonen beruht damit ebenfalls auf dem Austausch von Gluonen, und dies gilt auch für die Fusion größerer Nukleonenverbände.

„Nukleonen" ist bei dieser Zusammenfassung das entscheidende Stichwort, das uns einen Hinweis in die richtige Richtung gibt!

Denn die Kerne bestehen aus diesen Einheiten, und diese stellen Protonen und Neutronen dar; und jeder stabile Kern setzt sich aus einer bestimmten Anzahl von Protonen und Neutronen zusammen.

So besteht zum Beispiel Helium, das aus dem Wasserstoffbrennvorgang hervorgeht, aus zwei Protonen und zwei Neutronen.

Wir brauchen also Nukleonen, und zwar in einer möglichst gesunden Mischung.

Was uns aber, nachdem wir noch nichts produziert haben, mit unserem einzigen Rohstoff „Wasserstoff" zur Verfügung steht, sind Protonen, und zwar ausschließlich Protonen!

Und jetzt wissen wir auch, was es ist, das verhindert, dass Material, das in einem großen Stern stark komprimiert wird, sofort explodiert: Der fehlende Neutronenanteil ist es!

Sein Fehlen verhindert die ersten und wichtigsten Schritte von Kernumwandlungen!

Aber diese Antwort ist erst der halbe Weg zur Lösung unseres Problems, denn das Universum wird natürlich nicht über einen längeren Zeitraum als den, den unsere Ausgangsituation festgelegt hat, am Leben gehalten, nur weil ein wichtiger Kernbaustein fehlt.

Die Situation ist nun vielmehr vergleichbar tragisch, denn unter den neu erkannten Bedingungen findet hinsichtlich unseres Beispielsterns nicht nur keine Explosion mehr statt, sondern es gibt auch gänzlich keine durch den Massendefekt freigesetzte Energie.

Der Grund dafür ist klar: Ohne Neutronen können keine stabilen Kerne angesteuert werden, sondern nur Kerne, die verglichen mit den Ausgangsprodukten in keiner energetisch günstigeren Lage sind und dementsprechend auch keine Energie freisetzen.

Das heißt, ohne Neutronen gibt es keine energiespendenden Kernumwandlungen, und zwar unabhängig davon, wie stark die Materie komprimiert wird!

Als Grundlage für eine Antwort zur Lösung unseres Problems müssen also vorab Neutronen beschafft werden!

Aber woher bekommen wir sie? Oder anders gefragt: Wer liefert sie?

Diese Frage hat die Physik sehr lange beschäftigt, und eine tiefer gehende präzise Antwort, die nicht mehr Probleme verursacht, als sie löst, kann dementsprechend auch erst in jüngster Zeit gegeben werden.

Dass uns die starke Wechselwirkung in diesem Punkt nicht weiterbringt, haben wir bereits eingesehen, und dementsprechend bleibt als Kandidat, der in der erforderlichen Richtung etwas bewegen kann, nur die schwache Wechselwirkung übrig.[10] Und nachdem die noch nicht viel von sich reden gemacht hat, ist es an der Zeit, dass sie sich ins Spiel bringt und eine Führungsrolle übernimmt. Allerdings sollten wir vorher klären, wie sich die Wirkungsweise der schwachen Wechselwirkung überhaupt darstellt.

Im Hinblick darauf sollten wir uns zwar behutsam und schrittweise an diese erforderliche Einsicht herantasten, dabei aber auch durchaus pragmatisch vorgehen.

Und den letzten Punkt betreffend hat unsere Bestandsaufnahme gezeigt, dass mit dem einzigen Rohstoff Wasserstoff Protonen in Hülle und Fülle vorhanden sind. Also liegt es nahe, über diesen Protonenüberschuss den Neutronenmangel zu beheben.

Das heißt, dass Protonen in Neutronen umgewandelt werden sollen, und das bedeutet wiederum, dass ein Prozess stattfinden muss, der dem Proton seine elektrische Ladung entzieht.

Nachdem elektrische Ladungen insgesamt grundsätzlich erhalten bleiben müssen, bedeutet dies ferner, dass bei diesem Prozess auch ein Positron entstehen muss. Und jetzt haben wir eine Idee, wovon wir reden: Wir reden vom Beta-Zerfall!

Der Beta-Zerfall ist also der zentrale Prozess, den die schwache Wechselwirkung vermittelt.

Bei den sich daraus ergebenden ladungsaustauschenden Zerfallsprodukten sind stets Elektronen oder Positronen beteiligt; „oder" macht dabei deutlich, dass je nach Prozesssituation sowohl Elektronen- als auch Positronen-Strahlung beobachtet wird, und über diese Strahlungsvorgänge ist man letztlich auch auf diesen Prozess gestoßen.

Für den Beta-Zerfall gibt es damit zwei Gleise, die sich in eine Elektronen (β^-) produzierende und eine Positronen (β^+) generierende Schiene aufspalten. Nachdem in beiden Fällen auch die Gesamtzahl der Nukleonen erhalten bleibt, bedeutet dies in unserem Fall, dass ein Neutron entweder aus einem Proton und der Ladung eines Elektrons entstehen kann, oder aber durch die Generierung eines Positrons aus einem Proton.

Grundsätzlich wird beim β^--Zerfall allerdings ein Neutron in ein Proton umgewandelt, wobei ein Elektron und ein Antineutrino emittiert werden, wohingegen

[10] Nachdem der **Higgs-Mechanismus** auf seinem ursprünglichen Konzept beruhend auch als ein Teilaspekt der **elektroschwachen Wechselwirkung** betrachtet werden kann, war zum tiefer gehenden Verständnis der schwachen Wechselwirkung der Nachweis des Higgs-Bosons erforderlich. Aber dieser erfolgte erst im Frühjahr 2013.

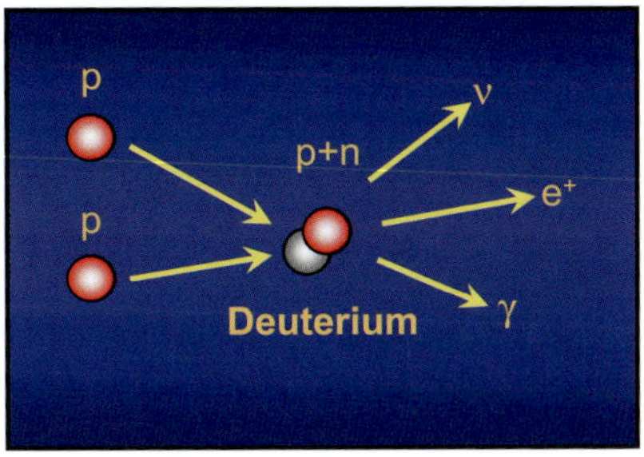

Abb. 4.10 Skizze: Der Bildungsprozess von *Deuterium*, das aus einem Proton (p) und einem Neutron (n) besteht, setzt den zeitlich koordinierten Einsatz der starken und der schwachen Wechselwirkung voraus, wobei neben einem Positron (e^+) auch ein Neutrino (ν) und ein Gammaphoton (γ) freigesetzt werden.

Bei diesem Prozess muss zunächst durch das Wirken der schwachen Wechselwirkung ein Proton in ein Neutron umgewandelt werden, das daraufhin, von der starken Wechselwirkung geleitet, eine Verbindung mit einem weiteren Proton eingeht.

beim β^+-Zerfall ein Proton in ein Neutron umgewandelt wird, indem ein Positron (e^+) und ein **Neutrino** (ν) emittiert werden. Das Wesentliche beim Beta-Zerfall ist also die Umwandlung von Protonen in Neutronen oder umgekehrt.

Wie wir gesehen haben, ist es genau diese Wirkungsweise der schwachen Wechselwirkung, die Prozesse der Kernfusion erst ermöglicht.

Über den Punkt, wer die Neutronen liefert, sind wir bei unseren bisherigen Betrachtungen einfach stillschweigend hinweggegangen. Dabei hätte es uns natürlich klar sein müssen, dass bereits bei der Produktion eines Heliumkerns, der aus zwei Neutronen und zwei Protonen und nicht lediglich aus vier Wasserstoffkernen, die mit vier Protonen identisch sind, besteht, zeitgleich zwei Protonen in zwei Neutronen umgewandelt werden müssen.

Für diese Umwandlung ist nun gerade der als „radioaktiv" bezeichnete β^+-Zerfall der Protonen zuständig, der mit der Verschmelzung der Endprodukte, zweier Neutronen, und zweier weiterer Wasserstoffkerne durch den Einsatz der starken Wechselwirkung zeitlich gut abgestimmt zusammenwirken muss.

Dabei wird als Zwischenschritt des erforderlichen Ablaufs zunächst Deuterium[11], das aus einem Proton und einem Neutron besteht und auch „schwerer Wasserstoff" genannt wird, gebildet (siehe Abb. 4.10 „*Deuterium*"), wobei neben dem notwendigerweise zu emittierenden Positron (e^+) auch ein Neutrino (ν) und ein Gammaphoton (γ) freigesetzt wird.

Das wegen seines Neutronenanteils nunmehr hochgeschätzte Deuterium kann nun zusammen mit einem seiner Kollegen zu Helium weiterverarbeitet werden (siehe Abb. 4.12 „*Geht doch!*").

[11] Das Wort kommt aus dem Griechischen (deúteros) und bedeutet „der Zweite".

Was wir bei dieser Darstellung allerdings noch nicht verstanden haben, ist, wie die schwache Wechselwirkung bei der Umsetzung dieses Prozesses vorgeht.

Wir müssen also noch klären, wie sich die Wirkungsweise der schwachen Wechselwirkung tatsächlich darstellt. Und dabei ist es wichtig zu erkennen, dass die schwache Wechselwirkung in ähnlicher Weise wie die elektromagnetische Wechselwirkung vermittelt wird.

So, wie es bei der elektromagnetischen Wechselwirkung die neutralen Photonen sind, die durch ihren Austausch die Wechselwirkung umsetzen, sind es im Falle der schwachen Wechselwirkung die neutralen Z^0-Bosonen und die elektrisch geladenen W^+- und W^--Bosonen, die dasselbe tun.

Die **Kopplung** dieser Bosonen erfolgt dabei an die schwache Ladung der Teilchen, die darüber verfügen. Allerdings weisen diese für uns neuen Bosonen Massen von circa 90 GeV auf, was ihre Reichweite erheblich einschränkt und diese Wechselwirkung „schwach" erscheinen lässt.

Obgleich die elektrisch geladenen W^+- und W^--Bosonen eine elektrische **Ladung** übertragen, sodass die miteinander wechselwirkenden Teilchen ihre Ladung auch ändern können, etwa vom Proton zum Neutron oder vom Elektron zum Neutrino, müssen die betroffenen **Elementarteilchen** selbst über keine elektrische Ladung verfügen, und deshalb wirken diese Bosonen eben auch auf Neutrinos.

Als besonderes Markenzeichen überträgt die schwache Wechselwirkung also nicht nur eine Kraft, sondern sie verändert vor allem die Identität der Teilchen.

Um das Wesen der schwachen Wechselwirkung noch etwas genauer zu durchschauen, ist es zum Beispiel hilfreich, tief in ein Proton hineinblicken, und das tun wir, indem wir eines seiner Up-Quarks mit einem Elektron beschießen.

Dass das Elektron über ein Photon mit dem Up-Quark wechselwirken kann, haben wir schon gesehen. Nun kann es dies aber auch über ein W-Boson oder ein Z-Boson vollbringen.

Und auf diesem Weg entspricht die Umwandlung eines Protons in ein Neutron der Umwandlung eines Up-Quarks in ein Down-Quark.

Da sich hierbei die elektrische Ladung des Quarks ändert, muss ein geladenes W-Boson den Prozess steuern, wobei dieses W-Boson das Elektron prompt in ein Neutrino umwandelt (siehe Abb. 4.11 „*Die Umwandlung*").[12]

Auch der Zerfall eines freien Neutrons, das eine mittlere Lebensdauer von rund 15 min hat, wird von der schwachen Wechselwirkung geregelt.

[12] Die Wechselwirkung über ein elektrisch geladenes Austauschteilchen wird auch „geladener Strom" genannt, wobei es auch den Prozess des „neutralen Stroms" gibt, für den das neutrale Z-Boson – so, wie das Photon hinsichtlich der elektromagnetischen Wechselwirkung – zuständig ist. Beim neutralen Strom kann das Elektron durch einen Wechselwirkungsprozess folglich nicht in ein Neutrino umgewandelt werden, es werden auf diesem Weg vielmehr Streuprozesse beschrieben. Die schwache Wechselwirkung zeigt sich dadurch also von zwei verschiedenen Seiten!

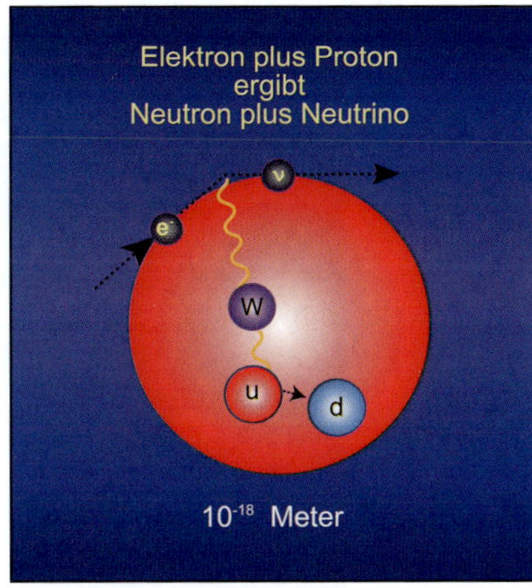

Abb. 4.11 Skizze: *Die Umwandlung* eines Protons in ein Neutron geschieht durch die schwache Wechselwirkung.

Bei diesem Prozess wird ein Up-Quark (u) in ein Down-Quark (d) umgewandelt und dementsprechend muss auch die elektrische Ladung des Quarks verändert werden.

Aus diesem Grund muss ein geladenes W-Boson (W) an dem Prozess beteiligt sein, das auch, wie in diesem Beispiel gezeigt, ein am Geschehen beteiligtes Elektron (e^-) in ein Neutrino (ν) umwandeln kann.

Dabei ist grundsätzlich festzustellen, dass alle Teilchen in leichtere Teilchen zerfallen können, falls die Erhaltung von Energie, Drehimpuls, elektrischer Ladung und gegebenenfalls weiterer Größen gewährleistet ist.

Vergleichbar zu unserem Beispiel in der Skizze zerfällt das Neutron auf seinem schlecht gewählten Fluchtweg demgemäß in ein Proton, ein Elektron und ein Anti-Elektronneutrino, wobei ein W-Boson die scharfrichterliche Vermittlerrolle übernimmt.

Obwohl es sehr geschmeidig klingt, wie die schwache Wechselwirkung bei der Umsetzung ihres Wesens vorgeht, haben wir es bei dem Beta-Zerfall auch mit einem tückischen Prozess zu tun, der keineswegs einen „einfach so" und automatisch ablaufenden Vorgang, der stets bei jedem Kernverschmelzungsversuch, sozusagen als Beiprodukt, mitgeliefert wird, darstellen darf. Denn wäre es so, dann würden wir uns zum Beispiel beim Verständnis von **Supernovaexplosionen** viel leichter tun; denn dann wären Supernovaexplosionen, so, wie wir das am Anfang dieser Überlegungen bereits befürchtet haben, der Normalzustand!

Um das Einzusehen, brauchen wir nur für den Bruchteil einer Sekunde anzunehmen, dass es Realität wäre, dass Protonen problemlos über den oben beschriebenen Prozess in Neutronen umgewandelt werden könnten, so, wie wir das anfänglich vermutet haben.

Wenn dem so wäre, dann würde in diesem Bruchteil einer Sekunde die Sonne vor unseren Augen explodieren!

Das heißt, der gesamte Wasserstoffvorrat der Sonne würde dann schlagartig zu Helium verbrennen (siehe Abb. 4.12 „*Geht doch!*").

Der Grund dafür ist die hohe Taktrate, die für Sterne maßgeblich ist und die die Skala festlegt, gemäß der das geordnete System Stern, das aus Wasserstoff besteht, in das ungeordnete System Stern, das aus verbranntem Material besteht, überführt wird.

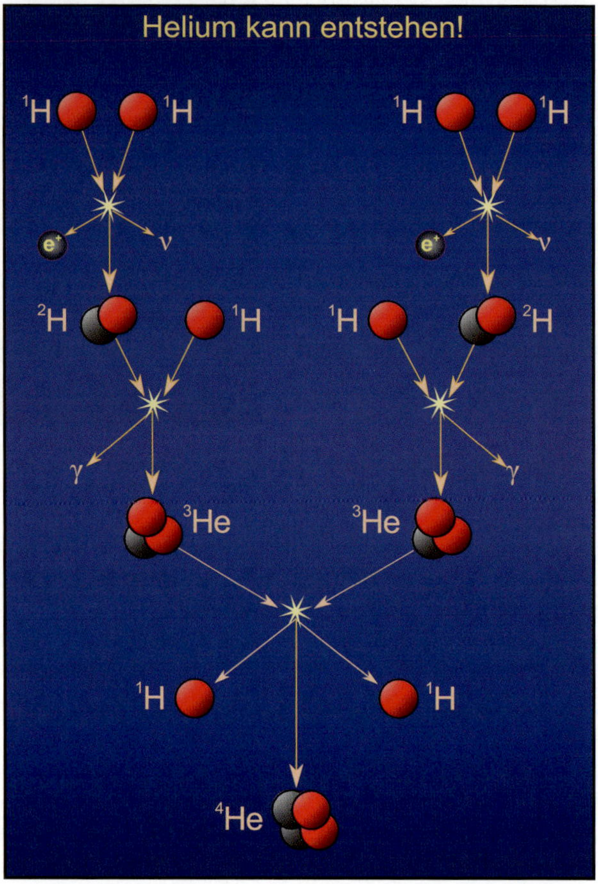

Abb. 4.12 Skizze: *Geht doch!* Durch die Umwandlung von Protonen in Neutronen dank der schwachen Wechselwirkung kann, wie im Bild gezeigt, nunmehr Helium entstehen.

Die Frage ist nur, wie schnell geht das?

Wäre die Taktrate der starken Wechselwirkung, durch die die Protonen und Neutronen zum Kern verklebt werden, für diesen Prozess zuständig, dann hätte ein Stern wie unsere Sonne eine Lebenserwartung im Bereich von Sekunden.

Tatsächlich ist es aber so, dass die schwache Wechselwirkung den Prozess, der zur Bildung von Deuterium führt, fest im Griff hat.

Und nachdem die schwache Wechselwirkung grundsätzlich alles viel ruhiger angehen lässt, werden aus den Sekunden zugebilligter Zeit viele Milliarden Jahre!

(Bei dieser sogenannten Proton-Proton-Reaktion wird Helium nicht direkt aus zwei Deuteriumkernen gebildet, weil dieser Prozess wegen der geringen Lebensdauer von nur 1.4 s dieser Kerne zu unwahrscheinlich ist. Stattdessen wird der Weg über den Zwischenschritt ^{3}He gewählt.)

Für Sterne und ihre Energieproduktion ist wegen der hohen Packungsdichte der Atomkerne, die die Ausbildung von atomaren Strukturen weitgehend unterbindet, prinzipiell die Lebensdauer angeregter Kernzustände das regelkonforme zeitliche Maß, das für sie den Takt des Geschehens angibt.

Und diese entscheidende Bezugsgröße liegt bei mittleren 10^{-15} s.

Wenn wir es ruhig angehen lassen wollen und der Einfachheit halber 10^{15} Takte für erfolgreiche Kernverschmelzungsprozesse ansetzen, dann wäre der Stern dennoch in einer Sekunde verbrannt.

Dass dem nicht so ist, wissen wir; und der Grund dafür ist, dass es erfreulicherweise zu den Eigenarten der schwachen Wechselwirkung gehört, so gut wie nichts zu tun. Von Faulheit geprägt, bremst die schwache Wechselwirkung diesen auf der Kernverschmelzung beruhenden Prozess dadurch aus, dass sie ihn nur extrem selten zulässt.

Hinsichtlich der Energieproduktion in Sternen nimmt die schwache Wechselwirkung also eine Korrektur an der Taktvorgabe vor, indem sie sich persönlich zum Taktgeber für die damit verbundenen physikalischen Abläufe aufschwingt.

Sie ist also verantwortlich dafür, dass unsere Sonne eine Zeitspanne von 10 Mrd. Jahren und nicht die eines Bruchteils einer Sekunde für ihre Lebenserwartung bemessen darf.[13]

Alles, was mit der schwachen Wechselwirkung zusammenhängt, geschieht demnach äußerst selten und extrem schwach ausgeprägt.

Wenn es die schwache Wechselwirkung andererseits nicht gäbe, würde die Sonne gar nicht leuchten, da größere Protonenansammlungen ohne Neutronen nicht zusammenhalten und demgemäß der Prozess fehlen würde, der Energie freisetzen könnte.

Die mit dem Beta-Zerfall verbundene Radioaktivität stellt also eine Absicherung für die Existenz der Sonne und damit uns selbst dar. Radioaktivität bedroht also nicht primär unser Leben, sondern sie gewährleistet es!

4.4 Der Raum krümmt sich vor der Masse

Man sollte meinen, dass uns eigentlich nichts mehr überraschen kann, nachdem wir gesehen haben, dass Materie so gut wie keine Masse und nahezu keine räumliche Ausdehnung hat und dass diese Spuren von Masse zudem nur eine spezielle Form von Energie sind, wobei das ominöse Higgs-Feld für die Formgebung zuständig ist.

Des Weiteren erinnern wir uns, dass uns nahezu alle Absolutgrößen, die uns im alltäglichen Leben mit einer gewissen Selbstverständlichkeit begleiten, zwischen den Fingern zerronnen sind.

Was wir aus unserer eigenen Erfahrung heraus nie und nimmer erwartet hätten, ist geschehen: Die Zeit und der Raum haben sich als relativ erwiesen und in deren Schlepptau auch die Masse und der Impuls.

[13] Konkret gesehen hat die Sonne eine hohe Lebensdauer, weil die Reaktionsrate zur Bildung von Deuterium sehr klein und dennoch für die Gesamtreaktion maßgeblich ist – es dauert im Mittel $1.4 \cdot 10^{10}$ Jahre, bis ein bestimmtes Proton, unter den Bedingungen wie sie in der Sonne vorherrschen, mit einem anderen Proton reagiert, um Deuterium auszubilden.

Die Erkenntnis, dass die Masse auch ohne Zutun des Higgs-Feldes als passives Opfer des Relativitätsprinzips anzusehen ist, lag allerdings nicht wirklich auf der Hand. Nachdem wir aber einsehen mussten, dass Geschwindigkeit Uhren langsamer gehen lässt und die Zeit umso stärker gedehnt wird, je größer die Geschwindigkeit ist, hat sich das relativistische Verhalten der Masse notgedrungen offenbart.

Wie wir im Weiteren sehen werden, ist die Masse aber nicht grundsätzlich nur als Opfer einzustufen, sie kann auch als Täter fungieren.

Als Täter in dem Sinne, dass sie für Zeitdehnungseffekte auch selbst verantwortlich sein kann, und zwar sogar, ohne dass sich dabei etwas bewegen muss.

Die, die in unserem Universum jenseits der Quantenwelt ihr Unwesen treiben, stellen sich also in Wirklichkeit als Dreigespann dar. Und dieses Ehrfurcht einfordernde Dreigespann trägt den Namen: die Zeit und der Raum und die Masse!

Wenn sie jetzt nun aber zu dritt auftreten, dann sollte es uns nicht wirklich wundern, wenn wir auch mit weiteren Überraschungseffekten konfrontiert werden.

Uns könnte also erneut der Boden unter den Füßen weggezogen werden, und zwar in der Form, dass das, was wir glauben, verstanden zu haben, sich erneut in einem anderen Licht präsentiert.

Daran zu zweifeln, dass es genauso kommen wird, würde einem trügerischen Selbstbetrug gleichkommen.

Bevor wir uns aber von den zu erwartenden, die Grundlagen verändernden Erkenntnissen erneut verwirren lassen, sollten wir uns zunächst mit einer Erweiterung unserer bereits erfolgten Einsichten richtig positionieren.

Und diese Erweiterung betrifft das noch nicht gänzlich ausgeschöpfte Relativitätsprinzip.

Das Relativitätsprinzip besagt, dass die Naturgesetze unabhängig vom Bewegungszustand für alle Beobachter gleich ablaufen und dieselbe Form haben, wobei im Rahmen der Speziellen Relativitätstheorie dieses Prinzip ausschließlich für gleichförmige Bewegungen umgesetzt wurde.

Mit dieser Einschränkung konnte ein Ästhet wie Albert Einstein natürlich nicht leben. Entsprechend hat er 1915 der Speziellen Relativitätstheorie die Allgemeine Relativitätstheorie folgen lassen, wobei in dieser erweiterten Fassung das Relativitätsprinzip auch auf beschleunigte Bewegungen ausgedehnt wurde.

Einsteins grundlegende Idee dabei war, dass die Gravitationskraft, vergleichbar zur Zentrifugalkraft bei einer Rotationsbewegung, nur eine Scheinkraft darstellt und somit lokal wegtransformiert werden kann.

Diese Idee ist derart befremdlich, dass wir bei dem, was gemeint ist, absolute Klarheit brauchen.

Zunächst brauchen wir also Klarheit darüber, was eine Scheinkraft ist.

Betrachten wir dazu einen im Ring stehenden Hammerwerfer kurz vor dem Loslassen seines Sportgeräts.

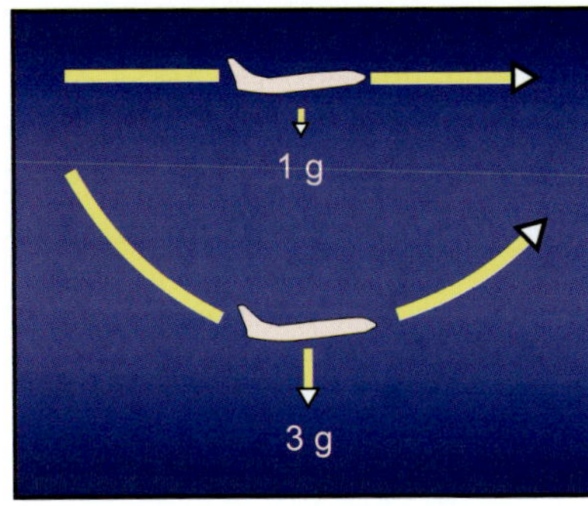

Abb. 4.13 Illustration der *g-Kraft*. (Dargestellt ist ein Körper, der sich auf einer gekrümmten Bahn bewegt und dadurch eine Beschleunigung erfährt, die sich auf ihn als g-Kraft auswirkt.)

Wie gezeigt, kann beim Durchfliegen einer aufwärts gekrümmten Bahn in einem Flugzeug eine Verdreifachung der g-Kraft erfolgen.

Die Kugel hat in diesem Stadium eine hohe Bahngeschwindigkeit, die ihr der Werfer durch seinen Krafteinsatz vermittelt.

Wir haben alle vor dem geistigen Auge, wie sich der Sportler nach hinten lehnen muss, um diese Kraft aufbringen zu können. Diese Kraft nennt man Zentripetalkraft, und sie führt zu einer tatsächlichen, realen Beschleunigung, was spätestens zum Zeitpunkt des Loslassens des Hammers offensichtlich wird.

Wie weit die Kugel fliegt, hängt dann ausschließlich von der durch die Beschleunigung vermittelten Geschwindigkeit ab.

Wie würden wir nun aber das Geschehen beurteilen, wenn wir anstelle des Hammers an dem Seil hängen würden?

Wir würden in diesem beschleunigten Bezugssystem eine stark nach außen ziehende Kraft spüren, die sogenannte Zentrifugalkraft. Und die macht man sich zum Beispiel zunutze, um Astronauten auf das Wirken von hohen g-Kräften[14] vorzubereiten, indem man sie in eine genau auf diesem Prinzip beruhende Rotationsschleuder (Zentrifuge) verfrachtet, wobei sie 8 bis 10 g zu ertragen haben, was für den menschlichen Körper grenzwertigen Charakter hat (bei diesen g-Werten ist man über den sogenannten Greyout, bei dem Blutdruckverlust im Kopf auftritt, deutlich hinaus; es kommt vielmehr zum Blackout, der ein Kollabieren des Kreislaufs, Bewusstlosigkeit und damit Reaktionsunfähigkeit mit sich bringt – die Jungs haben doch einen spaßigen Beruf), siehe auch Abb. 4.13 „*g-Kraft*".

Nachdem diese Kraft mit dem eigentlichen Beschleunigungsvorgang ursächlich nichts zu tun hat, stellt sie eine Scheinkraft dar – Scheinkräfte entstehen somit durch den Wechsel in ein beschleunigtes Koordinatensystem beziehungsweise die relative ungleichförmige Bewegung zu einem Inertialsystem; Scheinkräfte treten also durch die Beschleunigung des Beobachters zutage. Da alle Scheinkräfte die Eigenschaft haben, dass sie proportional zur trägen Masse des jeweiligen Körpers sind, muss

[14] g-Kräfte sind Belastungen, die infolge einer starken Geschwindigkeitsänderung hinsichtlich Größe und/oder Richtung auf den menschlichen Körper einwirken.

Nachdem die g-Kraft auf die Einheitsmasse bezogen wird, stellt sie de facto eine Beschleunigung dar, die sich durch einen reinen Zahlenwert, der sich auf das Vielfache der Erdfallbeschleunigung ($g = 9.80665\ m/s^2$) bezieht, ausdrückt.

somit auch die Gravitationskraft proportional zur trägen Masse sein. Das heißt aber, dass träge und schwere Masse keine unterschiedlichen, sondern identische Größen darstellen. Und das heißt wiederum, dass zwischen Gravitationsfeldern und sonstigen Beschleunigungsfeldern ebenfalls kein Unterschied besteht: Sie sind vielmehr vollkommen gleichwertig.

Auf diesen Feststellungen beruht Albert Einsteins Allgemeine Relativitätstheorie, und schlagwortmäßig werden sie unter dem Begriff „Äquivalenzprinzip" zusammengefasst.

Als wesentliche Konsequenz beinhaltet diese Äquivalenz, dass bei der Überprüfung sämtlicher Naturgesetze, sowohl in Beschleunigungsfeldern als auch in Gravitationsfeldern, stets dieselben Gesetzmäßigkeiten gefunden werden. Es gibt also kein **Experiment**, bei dem man anhand der Ergebnisse beurteilen könnte, welchem der beiden Feldarten – Beschleunigungsfeld oder Gravitationsfeld – man ausgesetzt ist.

Dieses Prinzip entspricht damit in analoger Weise demjenigen der Speziellen Relativitätstheorie, mit dem wir festgestellt hatten, dass alle Inertialsysteme vollkommen gleichberechtigt sind.

Dem zweiten Aspekt Einsteins grundlegender Idee zufolge kann die Wirkung der Gravitation im Prinzip aufgehoben werden.

Physikalisch gesehen entspricht dies einem „Wegtransformieren" der Gravitation durch entsprechende Wahl des Bezugssystems.

Wie sollte sich aber etwas wie die Gravitation, eine der wenigen Fundamentalkräfte, die die Natur aufzuweisen hat, einfach so wegtransformieren lassen?

Das klingt etwas verwirrend, und dennoch stellt es genau genommen kein prinzipielles Problem dar.

Um das einzusehen, müssen wir lediglich den freien Fall genauer betrachten. Und diese Betrachtung zeigt uns, dass man in einem außerhalb der Erdatmosphäre frei auf die Erde zu fallenden Fluggerät auf die gleiche Art schwebt, wie dies im gänzlich materiefreien Raum der Fall ist.

Dieses Beispiel zeigt uns also, dass es tatsächlich möglich ist, die Gravitationswirkung aufzuheben. Wir müssen dazu lediglich das jeweilige Bezugssystem auswählen, in dem der freie Fall als ruhender Zustand betrachtet werden kann. Auf diesem Weg kann in einem Gravitationsfeld ein vollkommen kräftefreies Verhalten erreicht werden, was gleichbedeutend damit ist, dass die Gravitation wegtransformiert wurde.

Die Tatsache, dass der kräftefreie Zustand im schwerkraftfreien Raum mit dem freien Fall in einem Gravitationsfeld äquivalent ist, ist damit ebenfalls Bestandteil des Äquivalenzprinzips.

Auch bezüglich dieser beiden Zustände – kräftefreier Zustand und frei fallender Zustand – ergibt sich als Konsequenz, dass bei der Überprüfung sämtlicher Naturgesetze stets dieselben Gesetzmäßigkeiten gefunden werden. Es kann auch in diesem Fall kein Experiment durchgeführt werden, bei dem man durch Auswertung der Ergebnisse beurteilen könnte, in welchem der beiden Zustände man sich tatsächlich befindet.[15]

Nachdem der kräftefreie Zustand nichts anderes als ein Inertialsystem darstellt, folgt aus dieser Erkenntnis, dass alle Gesetze der Speziellen Relativitätstheorie lokal auch auf frei fallende Systeme angewendet werden können.

Und das bedeutet, dass die gesamte Physik der Speziellen Relativitätstheorie auch Bestandteil der Allgemeinen Relativitätstheorie ist.

Unsere Einsicht, dass das Ruhen in einem Gravitationsfeld mit einem dazu passenden Beschleunigungsvorgang äquivalent ist, hat für unsere weiteren Überlegungen eine zentrale Bedeutung. Dennoch empfinden wir diese Äquivalenz als leicht befremdlich, da man ja in einem Gravitationsfeld ruht, wohingegen sich in einem Beschleunigungsfeld die Geschwindigkeit stetig vergrößert. Um in diesem Punkt mehr Klarheit zu bekommen, benötigen wir also ein weiteres aussagekräftiges Beispiel.

Der Akteur in diesem Beispiel können sogar wir selbst sein, da die Kraft, die wir aufwenden müssen, um uns mit dem Rücken am Boden liegend nach oben zu ziehen, identisch mit derjenigen Kraft ist, die wir aufbringen müssen, um uns in einem Fahrzeug, das seine Geschwindigkeit exakt mit der Erdfallbeschleunigung erhöht, nach vorne zu ziehen. Wenn wir hingegen nichts unternehmen, ist in diesem speziellen Fall die uns auf die Rückenlehne pressende Beschleunigung gleich der Erdfallbeschleunigung g, die das Maß für die Schwerkraft ist!

Die Auswirkungen von Gravitationsfeldern und Beschleunigungsfeldern sind also vollkommen gleichwertig – und was den Geschwindigkeitszuwachs in einem Beschleunigungsfeld betrifft, so würden wir die Erhöhung dieser Größe in einem abgeschlossenen System gar nicht zur Kenntnis nehmen, da der Geschwindigkeitszuwachs für ein Beschleunigungsfeld keine maßgebliche Größe ist!

Die zwei Fakten, die wir hier herausgearbeitet haben, sind von so grundlegender Bedeutung, dass sie uns nun im Weiteren den Weg ebnen werden.

Das erste Fakt, das sich auf den freien Fall als vollkommen kräftefreien Zustand bezog, hat uns dabei verdeutlicht, dass die Erkenntnisse der Speziellen Relativitätstheorie komplett auf die Allgemeine Relativitätstheorie übertragen werden können.

Demgegenüber weist uns das zweite Fakt, das sich auf die Äquivalenz von Gravitationsfeldern und Beschleunigungsfeldern bezog, auf etwas Neues hin, und zwar auf einen Raum, der gekrümmt sein muss!

Obwohl der gewohnte geradlinige Charakter des Raums für uns einen hohen Stellenwert hat, sollten wir versuchen zu ergründen was damit gemeint ist.

Und das tun wir, indem wir eine langsam rotierende Scheibe, die einen Teil eines zweidimensionalen Raums darstellen soll, in einem an sich gravitationslosen Umfeld betrachten (obere Darstellung in der Abb. 4.14 „*Scheibe*“).

[15] Aufgrund von Gezeitenkräften gilt diese Aussage nur mit der Einschränkung „lokal“; das heißt, die Aussage gilt nur für kleine Raumzeit-Bereiche.

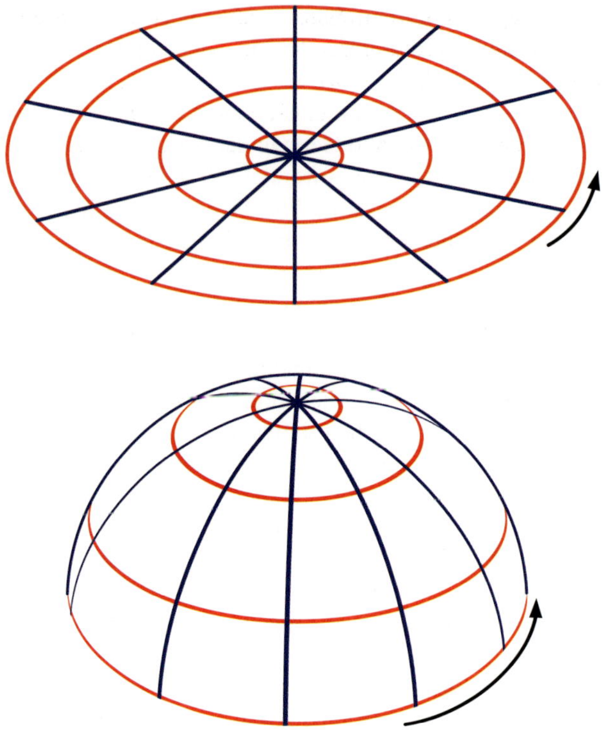

Abb. 4.14 Skizze: Langsam rotierende *Scheibe* (*oben*) und schnell rotierende Scheibe (*unten*). Im Fall der schnell rotierenden Scheibe muss sich die Fläche krümmen, und zwar umso stärker, je schneller die Scheibe rotiert.

Ein mitrotierender Körper auf dieser Scheibe nimmt als wesentliches Merkmal und zu seinem Ungemach eine Scheinkraft – die bereits erwähnte Zentrifugalkraft – wahr.

Nachdem Gravitationsfelder zu Beschleunigungsfeldern äquivalent sind, kann die Drehbeschleunigung[16] der Scheibe einer nach außen wirkenden Gravitationsbeschleunigung gleichgesetzt und auch so interpretiert werden.

Das heißt, es gibt schlichtweg keinen merklichen Unterschied zwischen diesen beiden Beschleunigungsformen, und dementsprechend kann ein Körper auf dem Scheibenrand die nach außen gerichtete Scheinkraft (Zentrifugalkraft) auch als Wirkung eines Gravitationsfeldes interpretieren.

[16] Die Veränderung des Vektors der Geschwindigkeit bedarf grundsätzlich einer Beschleunigung, und deshalb muss auch Kraft aufgewendet werden, wenn man zum Beispiel eine Kugel an einem Seil bei konstanter Winkelgeschwindigkeit rotieren lassen will.

Praktisch können wir uns das vergegenwärtigen, indem wir mit gleichbleibender Geschwindigkeit Kreise mit dem Auto fahren und dabei einen Blick auf den Benzinverbrauch werfen, denn dann stellen wir fest, dass der Ausschlag der Anzeige deutlich nach oben geht.

In diesem so erzeugten Gravitationsfeld stellen wir uns nun die Aufgabe, das Verhältnis des Umfangs zum Radius der Scheibe zu bestimmen.

Das theoretische Ergebnis kennen wir natürlich: Es ist 2π.

Bei der praktischen Durchführung des Messvorgangs gehen wir nun so vor, dass wir einen blauen Meterstab nach dem anderen bündig entlang des Radius legen und lauter aneinandergereihte rote Meterstäbe dem Umfang entsprechend in gleicher Weise plazieren.

Die Zählung und die daraufhin folgende Teilung der Längen, die sich aus den roten und blauen Meterstäben ergibt, führt dabei zum erwarteten Ergebnis von 2π.

Im nächsten Schritt machen wir aus der rotierenden Scheibe ein Todesrad.

Das heißt, wir lassen die Scheibe mit enormer Winkelgeschwindigkeit rotieren.

Damit bewirken wir zweierlei: Zum einen erhöhen wir das Gravitationsfeld, und zum anderen müssen wir für unseren Messvorgang die Gesetze der Speziellen Relativitätstheorie anwenden.

Die müssen wir genau dann anwenden, wenn wir uns in nicht mitrotierender Weise über dem Scheibenmittelpunkt befinden und uns von dort aus das unsägliche Geschehen ansehen.

Im Hinblick auf unsere Meterstäbe erkennen wir aus dieser Sicht sofort, dass die Länge der blauen Meterstäbe gleich geblieben ist, denn die bewegen sich ja quer zu ihrer Ausrichtung.

Dies gilt jedoch nicht für die roten Meterstäbe!

Da diese sich längs zu ihrer Ausrichtung bewegen, schlägt für sie die Längenkontraktion zu, und zwar für jeden Einzelnen von ihnen. Für uns sind damit die roten Meterstäbe kürzer als die blauen (verglichen mit der ursprünglichen Situation sind jetzt mehr rote Meterstäbe nötig, um die Länge der blauen Meterstäbe wiederzugeben), und die dementsprechende Teilung der Längen, die sich bei gleich gebliebener Anzahl aus den unterschiedlichen Größen der roten und blauen Meterstäbe ergeben, führt zu einem Ergebnis, das kleiner als 2π ist, da sich für uns der Umfang verkleinert hat, wohingegen der Radius gleich geblieben ist.

Je weiter wir uns bei unserer Messung vom Mittelpunkt der Scheibe entfernen, desto höher wird die Gravitationskraft, und umso größer wird die Geschwindigkeit und damit der Einfluß der Längenkontraktion und somit die Abweichung des Messergebnisses von 2π.

Die nach außen hin stetig anwachsende Abweichung von 2π kann dabei nur durch eine entsprechende Wölbung der Scheibenfläche erklärt werden (untere Darstellung in der Abb. 4.14 „*Scheibe*"). Einer Wölbung, die der der Erdoberfläche – allerdings auf einen fiktiven zweidimensionalen Raum bezogen – entspricht.

Auch hier ergibt das Verhältnis des Äquatorumfangs zum Radius, der der Pol-Äquatorstrecke entspricht, einen Wert kleiner 2π!

Aus diesem Beispiel folgt die grundlegende Einsicht, dass sich die Raumzeit bei Anwesenheit von Gravitationsfeldern krümmt, und zwar umso mehr, je stärker die Felder sind.

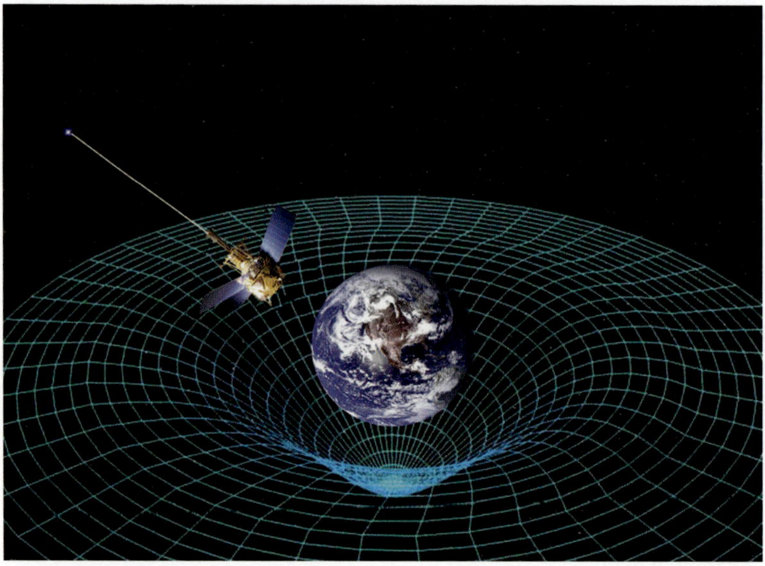

Abb. 4.15 *Der Raum krümmt sich vor der Masse*, und die Masse folgt dem gekrümmten Weg. (Darstellung eines auf zwei Dimensionen dezimierten Raums, der sich aufgrund der vorhandenen Massenkonzentration krümmt. © NASA, and The Gravity Probe B Team.)

Das Bild vermittelt einen Eindruck von der vierdimensionalen Raumzeit, wobei der Raum um eine Dimension dezimiert die Fläche des gezeigten Koordinatengitters repräsentiert.

Wie hier dargestellt, krümmt die Masse unserer Erde den sie umgebenden Raum.

Um dies zu veranschaulichen, wurde die frei gewordene dritte Dimension für die Darstellung der Krümmung des auf zwei Dimensionen dezimierten Raums verwendet.

Alle Objekte, die auch auf gleiche Weise ihre Spuren hinterlassen, müssen in ihrer Bewegung dieser Krümmung folgen.

Diese frappierende Sicht auf das physikalische Verhalten von Masse hat uns Albert Einstein durch die von ihm formulierte Allgemeine Relativitätstheorie vermittelt.

Bis heute wird die Allgemeine Relativitätstheorie durch Präzisionsmessungen getestet. So soll uns zum Beispiel der Satellit Gravity Probe B, der *oben links* im Bild zu sehen ist, mit weiteren Details versorgen, die ein noch tief greifenderes Verständnis der Theorie ermöglichen werden.

Das heißt, dass in der Umgebung von massereichen Körpern die Raumzeit-Krümmung umso größer ist, je näher man dem Objekt kommt und je größer dessen Masse ist (siehe Abb. 4.15 „*Der Raum krümmt sich vor der Masse*").

Masse und Raum und Zeit sind damit keine unabhängigen Größen mehr. Sie stellen vielmehr eine Einheit dar – sie sind ein Dreigespann!

Und in diesem Dreigespann sagt die Masse der Raumzeit, wie sie sich zu krümmen hat, und diese Krümmung sagt der Masse, wie sie sich zu bewegen hat, und dieses Verhalten legt die Bewegungsbahnen für alle Körper und Teilchen fest.

Die Raumzeit-Krümmung ist Einsteins genialer Idee zufolge aber nicht nur eine Begleiterscheinung der Gravitation, sondern sie ist vielmehr die Gravitation, sie modelliert das Schwerefeld!

Dies ist der Kerninhalt der Allgemeinen Relativitätstheorie.

Gravitation ist also keine wirkliche Kraft, sondern die Masse krümmt die Raumzeit in ihrer Umgebung, und die Körper folgen nur der Krümmung der Raumzeit, die für sie einen geraden Weg darstellt.

In der gekrümmten Raumzeit ist die Bewegungslinie eines kräftefreien Körpers somit eine **Geodäte**, das heißt eine Kurve, die alle ansteuerbaren Punkte durch den kürzesten aller möglichen Wege verbindet (in Abb. 4.15 „*Der Raum krümmt sich vor der Masse*" würden all diese Kurven, auf eine zweidimensionale Welt übertragen, auf dem gezeigten Gitternetz liegen).

Dieser Weg stellt zum Beispiel für einen horizontal von einem Berg geworfenen Stein eine Parabel dar.

Wenn wir ebenfalls vom Berg springen, sehen wir, dass der Stein exakt horizontal fliegt. Er folgt also einem für ihn geraden Weg und fliegt damit so gut geradeaus, wie es angesichts der Raumzeit-Krümmung überhaupt möglich ist.

Der Stein befindet sich dabei im freien Fall, und solange der freie Fall anhält, schwebt er im Gravitationsfeld aus seiner Sicht an seinem Platz.

Damit entspricht ein frei fallendes System einem Inertialsystem der Speziellen Relativitätstheorie: Und nachdem in der Speziellen Relativitätstheorie keine Raumzeit-Krümmung vorkommt, muss der Raumbereich im Hinblick auf ein frei fallendes System folglich flach sein!

Andererseits muss der Beobachter, der im Gravitationsfeld ruht, indem er auf der Erdoberfläche steht, den Weg des fallenden Steins gekrümmt sehen, da es letztlich der Beobachter ist, der beschleunigt wird.

Es ist also in Wirklichkeit so, dass wir es sind, die sich auf krummen Wegen bewegen, da wir durch den Boden, auf dem wir stehen, gegen den freien Fall nach oben beschleunigt werden; und diese Beschleunigung bewirkt, dass wir nicht im freien Fall in die Tiefe stürzen.

Nachdem die nach unten gerichtete Gravitationskraft als Scheinkraft entlarvt wurde, gibt es also kein wirkliches Kräftegleichgewicht, sondern wir werden de facto vom Boden nach oben beschleunigt!

Wegen der Krümmung der Raumzeit kommen wir allerdings trotz dieser permanenten Kraft, der wir von unten ausgesetzt sind, gleichwohl dem Anschein nach nicht von der Stelle.

Obwohl wir trotz dieser stetig wirkenden Beschleunigung scheinbar ruhen, können wir dennoch unserer Position sowie jeder anderen Position in einem Gravitationsfeld einen Geschwindigkeitswert zuordnen; und dieser Wert entspricht der Geschwindigkeit, die sich, ausgehend von einer großen Entfernung von der Gravitationsquelle aus dem freien Fall, der bis zur betrachteten Position erfolgt, ergeben würde.

Mit diesem Geschwindigkeitswert ist aus weit entfernter, gegenüber der Gravitationsquelle ruhender Position betrachtet – also vom flachen Raumzeit-Bereich aus gesehen – auch ein Zeitdilatationseffekt verbunden, der im folgenden Exkurs 5 „Der Schwarzschild-Radius und die Planck-Länge" näher diskutiert wird.

Ein interessanter Aspekt der Allgemeinen Relativitätstheorie besteht nun darin, dass diese nur von der Masse und dem Abstand zur Gravitationsquelle abhängige Zeitdilatation auch ohne Relativgeschwindigkeit gegenüber der Gravitationsquelle vorhanden ist.

Sie gilt also auch für uns, während wir auf der Erdoberfläche scheinbar unbewegt stehen; und das liegt an der Raumzeit-Krümmung und dem Äquivalenzprinzip!

Um dieses Verhalten zumindest im Grundsatz zu verstehen, benutzen wir erneut unser Teufelsrad.

Wir legen jetzt allerdings keine Meterstäbe aus, sondern stellen in radialer Richtung Uhren auf, die wir aus nicht mitrotierender Position über dem Scheibenmittelpunkt beobachten.

Dabei stellen wir fest, dass die Uhren umso langsamer gehen, je weiter sie vom Zentrum entfernt sind.

Das liegt an der in radialer Richtung zunehmenden Tangentialgeschwindigkeit, die eine immer größer werdende Zeitdilatation einfordert.

Nach dem Äquivalenzprinzip können wir die ebenfalls in radialer Richtung zunehmende Zentrifugalkraft mit der Wirkung eines Gravitationsfeldes gleichsetzen. Das bedeutet, dass die Zeitdilatation auch in einem Gravitationsfeld auftreten muss, und zwar ausschließlich in Abhängigkeit der zentralen Stärke des Feldes – also in Abhängigkeit der Masse – und der Entfernung zur Gravitationsquelle.

Es gibt also neben der uns bereits bekannten Zeitdilatation der Speziellen Relativitätstheorie auch eine *gravitative Zeitdilatation* der Allgemeine Relativitätstheorie!

Das Beispiel zeigt uns ferner, dass die Uhren umso langsamer gehen, je größer die Masse der Gravitationsquelle ist und desto näher sie sich an dessen Zentrum befinden.

Die gravitative Zeitdilatation ist also proportional zum Verhältnis der Masse und der Entfernung zur Quelle.

Als Beobachter würden wir, während wir auf der Erdoberfläche stehen, demgemäß eine im All positionierte Uhr schneller laufen sehen – und wir würden sie noch erheblich schneller laufen sehen, wenn unsere Erde bei gleichem Radius die Masse der Sonne hätte.

Erstaunlicherweise hat dieser Effekt sogar Konsequenzen für unser alltägliches Leben, zumindest dann, wenn man über ein GPS-Gerät verfügt.

Der stolze Besitzer eines solchen Geräts, den in der Regel ein cleverer Autoverkäufer, der um die Furcht vor der Orientierungslosigkeit seiner Patienten weiß, zur Anschaffung getrieben hat, ist sich zumeist wie der Autoverkäufer selbst über die durchaus komplexe Funktionsweise seines Empfängers nicht im Klaren. Es ist also gut, dass das Gerät weiß, was es tut!

Das Gerät registriert Funksignale von einigen Satelliten, die exakte Zeit- und Ortsangaben über die Positionen dieser künstlichen Planeten enthalten, und mit den sich daraus ergebenden Lichtlaufzeiten der Signale kann der Ort des „Patienten" präzise berechnet werden.

Eine präzise Berechnung ist aber nur dann möglich, wenn auch der schnellere Lauf der Satellitenuhren korrekt berücksichtigt wird.

Ohne eine entsprechende Korrektur der gravitativen Zeitdilatation würde sich für den Ortsunkundigen tatsächlich ein Positionsfehler von über 10 km ergeben.

Gut, dass es Einstein und seine grundlegenden Überlegungen gab, denn ohne diese würden die als orientierungslos Eingestuften zumindest in der Großstadt im Nirwana landen.

Aus anderer, weit entfernter Richtung gesehen registriert ein Beobachter, mit Blick auf ein Gravitationszentrum, umgekehrt ineinanderübergehende Zeitzonen, wobei die dazugehörigen Uhren umso langsamer gehen, je näher die Zeitzonen an die Oberfläche der Masse herankommen.

Diese Aussage stellt nun einen Weckruf dar, denn wenn die Uhren zur Oberfläche der Masse hin immer langsamer gehen, dann könnte die Zeit ja erneut stehen bleiben, diesmal allerdings wegen der gravitativen Zeitdilatation.

Und genau das ist auch der Fall, und zwar genau dann, wenn die einer räumlichen Position zugeordnete Fallgeschwindigkeit die Grenzgeschwindigkeit c erreicht.

Die Umsetzung dieses Verhaltens setzt natürlich ein extrem großes Masse-Abstand-Verhältnis – M/R – voraus.

Das heißt, man benötigt entweder eine außerordentlich große Masse, der man sehr nahe kommen kann, oder aber eine kleinere Masse, die derart kompakt ist, dass eine Annäherung auch auf kleinsten Skalen möglich ist.

Es versteht sich fast von selbst, dass die Realisierung eines solchen Masse-Abstand-Verhältnisses Extremfälle voraussetzt, denen wir in unserem alltäglichen Leben nicht begegnen (Beispiele für derartige Extremfälle sind „**Schwarze Löcher**" und die Frühphase der Entwicklung des Universums).

Gleichwohl bleibt in solchen Fällen aus Sicht eines entfernten Beobachters die Zeit an diesen Grenzpositionen stehen, wobei man dem verbliebenen Abstand, der sich aus einer solchen Position und dem Zentrum der jeweiligen Gravitationsquelle ergibt, den Namen „Schwarzschild-Radius" verliehen hat (siehe Exkurs 5 „Der Schwarzschild-Radius und die Planck-Länge").

Nachdem die Fallgeschwindigkeit eines Teilchens an diesem Radius die Grenzgeschwindigkeit c erreicht und dieses theoretisch in Richtung des Gravitationszentrums weiter beschleunigt würde, müsste im umgekehrten Fall die Fluchtgeschwindigkeit eines Teilchens ebenfalls größer als c werden, um aus dem Gravitationsgebiet entweichen zu können.

Die Grenzgeschwindigkeit c kann jedoch von keinem Teilchen überschritten werden, und dementsprechend kann aus dem Bereich dieser Extremfälle auch nichts entweichen, noch nicht einmal Licht!

Der Schwarzschild-Radius stellt damit nicht nur eine Zeitgrenze, sondern auch einen Ereignishorizont dar und beinhaltet in seinem Inneren eine nicht zuletzt auf diesem Wege definierte „Singularität".

Exkurs 5 – Der Schwarzschild-Radius und die Planck-Länge

Ausgangspunkt für die Berechnung der *gravitativen Zeitdilatation* der Allgemeinen Relativitätstheorie ist die zur betrachteten Position in einem Gravitationsfeld gehörige Fallgeschwindigkeit.

Von großer Entfernung ausgehend wird diese Geschwindigkeit bei Annäherung an die Gravitationsquelle zusammen mit dem Effekt der Zeitdilatation stetig zunehmen.

Für die Berechnung des Fallgeschwindigkeitsgesetzes gehen wir diesbezüglich vom Gravitationspotenzial U aus.

Diese Größe stellt die Arbeit dar, die durch den freien Fall eines *Einheitskörpers* aus unendlicher Entfernung bis zu einem bestimmten Ort R in einem Gravitationsfeld der Masse M aufgebracht wird:

$$U = -\frac{GM}{R}$$

Das negative Vorzeichen weist in diesem Fall darauf hin, dass diese Energie bei Annäherung freigesetzt wird – G ist die Gravitationskonstante. Die Gesamtenergie E stellt sich nun als Summe der Bewegungsenergie $T = \frac{1}{2}v^2$ und des Gravitationspotenzials U dar, wobei diese Größe der Ausgangssituation entsprechend gleich null ist und dieser Zustand sich wegen der Energieerhaltung auch nicht ändert: $T + U = 0$.

Damit ergibt sich:

$$\frac{1}{2}v^2 = \frac{GM}{R}$$

$$\Rightarrow v = \sqrt{\frac{2G \cdot M}{R}}$$

Diese Geschwindigkeit stellt nun zugleich die Fluchtgeschwindigkeit dar, die nötig ist, um vom Ort R aus in die flache Raumzeit wieder zurückzugelangen.

Wenn wir diese Geschwindigkeit in die Beziehung für die Zeitdilatation $t' = 1/\sqrt{1 - v^2/c^2} \cdot t$ einsetzen, erhalten wir auf direktem Weg die sogenannte *gravitative Zeitdilatation*:

$$t' = \frac{1}{\sqrt{1 - \frac{2GM}{Rc^2}}} \cdot t$$

Die von uns aus großer Entfernung beobachtete Zeit t' wird damit gegenüber der Eigenzeit t des beobachteten Objekts gedehnt.

Dieser Effekt der Zeitdilatation ist umso stärker, je größer die Masse M und je kleiner die Entfernung R ist.

Im Falle einer sehr großen Masse und/oder eines sehr geringen Abstands (dies setzt allerdings ein sehr kompaktes Objekt voraus, bei dem die Masse auf kleinstem Raum konzentriert ist) kann die beobachtete Zeit sogar stehen bleiben!

In diesem Fall wird die Fallgeschwindigkeit so groß, dass sie die Grenzgeschwindigkeit c erreicht:

$$v = \sqrt{\frac{2G \cdot M}{R}} = c$$

Löst man diese Gleichung nach dem Abstand R auf, so erhält man den *Schwarzschild-Radius*[17]:

$$\Rightarrow R_S = \frac{2G \cdot M}{c^2}$$

Der Schwarzschild-Radius legt damit vor allem eine objektbezogene Größenordnung der Entfernung fest, in deren Bereich die Anwendung der Allgemeinen Relativitätstheorie zwingend erforderlich ist.

Aus anderer Sicht haben wir aber auch zur Kenntnis genommen, dass Photonen, obwohl sie Teilchen darstellen, eine Frequenz und damit eine Wellenlänge vorzuweisen haben, und diese Eigenschaft machen sich im Rahmen der Quantenmechanik alle **Elementarteilchen** zu eigen.

Allen Elementarteilchen kann somit eine Wellenlänge λ, die sogenannte Compton-Wellenlänge

$$\lambda_C = \frac{h}{mc} \quad (\Leftarrow \quad h\frac{c}{\lambda} = h\nu = E = mc^2)$$

zugeordnet werden, und diese legt eine geometrische Größenordnung fest, in deren Bereich die Regeln der Quantenmechanik angewendet werden müssen.

Trifft man nun auf eine physikalische Situation, in der beide Bedingungen gleichzeitig erfüllt sein müssen, also der Schwarzschild-Radius von gleicher Größe wie die Compton-Wellenlänge ist, dann erhält man in diesem als kritisch zu betrachtenden Fall eine Objektmasse, die die Bezeichnung Planck-Masse m_p trägt

$$\frac{2G \cdot M}{c^2} = R_S = \lambda_C = \frac{h}{mc}$$
$$\Rightarrow m_P = \sqrt{\frac{hc}{2G}} = 3.9 \cdot 10^{-5} g \quad (\Leftarrow \quad m_P = M = m),$$

und ein „Schwarzes Miniloch" repräsentiert (die Masse eines Schwarzen Lochs muss also wirklich nicht sehr groß sein, die extrem hohe Dichte eines sehr kompakten Objekts zeigt die gleiche Wirkung).

[17] Obwohl das Ergebnis richtig ist, erfolgte die Herleitung nicht im Sinne der Allgemeinen Relativitätstheorie.

Setzt man nun die Planck-Masse in eine der beiden oberen Gleichungen ein, zum Beispiel die für den Schwarzschild-Radius, so erhält man die Planck-Länge l_P, und teilt man diese durch die Grenzgeschwindigkeit c, ergibt sich die Planck-Zeit t_P:

$$l_P = \frac{h}{m_P c} \Rightarrow l_P = \sqrt{\frac{2Gh}{c^3}} = 5.7 \cdot 10^{-33} \text{ cm}$$

$$t_P = \frac{l_P}{c} \Rightarrow t_P = \sqrt{\frac{2Gh}{c^5}} = 1.9 \cdot 10^{-43} \text{ s}$$

Nachdem bei der Ableitung dieser Größen sowohl die Gesetzmäßigkeiten der Allgemeinen Relativitätstheorie als auch die der **Quantenmechanik** zum Einsatz kamen, sind Objekte oder physikalische Abläufe, bei denen diese Größen für die Beschreibung der erforderlichen Prozesse relevant werden, auch nach den Gesetzen beider theoretischen Gebäude zu behandeln.

Das heißt, eine einheitliche **Quantengravitationstheorie**, die eine Kombination der beiden theoretischen Konzepte darstellt, muss angesetzt werden!

Das Problem ist nur, eine solche Theorie gibt es nicht!

Die Allgemeine Relativitätstheorie ist im Bereich der Planck-Skala beziehungsweise bei extrem kleinen Raumzeit-Bereichen mit starker Krümmung nicht mit der Quantenphysik in Einklang zu bringen!

Man möchte meinen, dass zumindest diese beiden großen Theorien mit universellem Anspruch miteinander vereinbar sein sollten, aber diese Vorstellung hat sich bislang nicht bewahrheitet.

Das Kleine der Quantentheorie und das Große der Gravitationstheorie scheinen nicht zusammenzupassen.

Der offensichtliche Grund dafür ist die Geometrie von Raum und Zeit: Während die Gravitationstheorie zeigt, dass sich das Raumzeit-Gefüge als außerordentlich krumm und bucklig darstellt, stützt sich das Vorgehen der Quantentheorie auf den ausgezeichneten Standard eines geraden und ebenen Raums.

Speziell der Umgang mit extrem hohen Teilchenenergien zeigt uns aber, dass es eine umfassendere Theorie geben muss, in deren Rahmen die Allgemeine Relativitätstheorie nur einen Spezialfall darstellt.

Es muss also grundsätzlich eine Quantenfeldtheorie der Gravitation geben, die das Kleine der Quantentheorie mit dem Großen der Gravitationstheorie verbindet. Wie es letztlich gelingen kann, diese beiden Theorien zu einer Quantengravitationstheorie zu vereinheitlichen, ist allerdings offen. Und deshalb werden einige Fragen, die sich speziell mit dem frühen Anfang des **Big Bang** befassen, derzeit nur durch spekulative Annahmen beantwortet.

Die Allgemeine Relativitätstheorie beschreibt die Wechselwirkung zwischen der Materie, dem Raum und der Zeit!

Nachdem die Gravitationskraft als Scheinkraft, die sich entsprechend wegtransformieren lässt, entlarvt wurde, konnte die Gravitation als eine Eigenschaft der vierdimensionalen Raumzeit interpretiert werden. Die Allgemeine Relativitätstheorie hat uns damit dazu gezwungen, etwas schwer Vorstellbares zu akzeptieren, und zwar die durch Beobachtungsbefunde gesicherte Tatsache, dass die Materie durch ihre pure Existenz die Raumzeit dazu nötigt, sich zu krümmen, und diese Raumzeit-Krümmung im Wechselspiel der Materie sagt, wie sie sich zu bewegen hat.

Aber nicht nur die Geometrie des Raums, sondern auch der Gang der Uhren wird von der Verteilung der Masse gesteuert.

Für einen Körper, der sich von einem Gravitationszentrum entfernt, läuft die Zeit beim Blick zurück schneller.

Übersteigt die Stärke des Gravitationsfeldes gar einen vorgegebenen Wert, kann grundsätzlich nichts mehr entweichen. Es bildet sich ein Ereignishorizont aus, an dem die Zeit aus großer Entfernung betrachtet stehen bleibt, und die Ursache dafür ist die Formierung einer Singularität im Raumzeit-Gefüge.

Die Triebfeder der Energieproduktion – ihre Stärke ist ihre Schwäche! 5

Die Erkenntnis, dass der Raum sich vor der Masse krümmt und die Gravitationskraft nur eine Scheinkraft darstellt, beinhaltet eine theoretische Sichtweise, die fraglos als hochinteressant einzustufen ist.

Die Erkenntnis, dass aus einem Gravitationsfeld grundsätzlich nichts mehr entweichen kann, wenn die Stärke des Feldes einen vorgegebenen Wert übersteigt, wobei die Raumkrümmung dann eine gegen unendlich gehende Steilheit aufweist und sich ein Ereignishorizont ausbildet, an dem die Zeit stehen bleibt, klingt hingegen so abenteuerlich, dass man geneigt ist, diese Sichtweise als theoretischen Exzess zu betrachten.

Gleichwohl basiert auch diese Erkenntnis auf einem realen Verhalten, das von der Natur auch mannigfach umgesetzt wird, und zwar in Form von Schwarzen Löchern.

Und diese Schwarzen Löcher repräsentieren Singularitäten im Raumzeit-Gefüge, die sich aus einer theoretischen Sichtweise begründen, die als hochspekulativ betrachtet wird.

Was Schwarze Löcher wirklich sind, wissen wir also nicht, da sie sich für uns, wie so manches andere auch, als „Dunkel" darstellen.

Sie tun dies, weil sie ihr Erscheinungsbild hinter dem Ereignishorizont, den ihr jeweiliger Schwarzschild-Radius darstellt, verstecken (siehe Abb. 5.1 „*Schwarzes Loch*").

Obwohl auch wir über einen Schwarzschild-Radius verfügen, können wir uns dahinter nicht verstecken.

Wir können dies genauso wenig, wie es unsere Sonne kann, obgleich ihr Schwarzschild-Radius bei immerhin knapp 3 km liegt.

Wir und unsere Sonne ringen also mit dem Handicap, dass wir nicht kompakt genug sind, um uns hinter unseren jeweiligen Schwarzschild-Radius zurückzuziehen und damit vor Ort abzutauchen.

A. W. A. Pauldrach, *Das Dunkle Universum,* DOI 10.1007/978-3-642-55373-8_5

Abb. 5.1 Illustration eines *Schwarzen Lochs*, das einen ehemaligen Stern darstellt, der den Einfluss der Gravitation ganz offensichtlich erheblich unterschätzt hat. (© NASA/ESA and G. Bacon (STScI).)

Was wären die Konsequenzen, wenn das doch möglich wäre?

Uns persönlich würden natürlich nur wenige vermissen, wenn allerdings unsere Sonne sich auf einen Bereich unterhalb ihres Schwarzschild-Radius zusammenziehen würde, so wäre es bei uns am Tag so dunkel wie in der Nacht, denn es könnte uns keine Strahlung mehr aus der Sonne erreichen.

Die Sonne wäre in diesem Fall dunkel wie ein „Schwarzes Loch", denn sie wäre ja in eine dann auch ihr zustehende Singularität kollabiert.

Dieses Beispiel zeigt uns, dass die Vorläufer Schwarzer Löcher derart kompakte Objekte waren, dass im Zuge ihrer Entwicklung ihre Radien den jeweilig maßgeblichen Schwarzschild-Radius unterschritten haben.

Nachdem Schwarze Löcher keine weiteren individuellen Eigenschaften aufweisen – man kann sie nur anhand der Schwarzschild-Radien, eventuell vorhandener elektrischer Ladungen sowie der Drehimpulse unterscheiden –, bleibt aber letztendlich verborgen, um welche Ursprungsobjekte es sich dabei im Einzelnen gehandelt hat.

Die Wahrnehmung dieser Objekte erfolgt also nicht, wie in anderen Fällen üblich, über ihr Erscheinungsbild, sondern über Rückschlüsse, die sich aus Beobachtungen ergeben, die die Beeinflussung des Verhaltens des Umfelds Schwarzer Löcher durch diese Objekte erfassen.

Zu den in dieser Hinsicht beobachteten Phänomenen, die Belege für die Existenz Schwarzer Löcher darstellen, zählt man zum Beispiel **Gammastrahlenblitze**, wie wir sehen werden, oder auch extrem hohe Radialgeschwindigkeiten von Sternen, die in engen Bahnen um ein scheinbares Nichts rotieren, das allerdings aufgrund der starken Anziehungskraft (oder Raumkrümmung), die es auf sein Umfeld ausübt, eine gewaltige Masse haben muss.[1]

[1] Auf der Grundlage von Messungen hoher Radialgeschwindigkeiten von Sternen fand man zum Beispiel heraus, dass vermutlich jede Galaxie in ihrem Zentrum ein **Supermassives Schwarzes Loch** beherbergt, wobei die massebezogene Größe dieser Löcher und die der Galaxien in direktem

Da Schwarze Löcher Produkte des exzessiven Verhaltens von Gravitationsfeldern darstellen, liegt es nahe, davon auszugehen, dass Gravitation auch die Ursache für die Entstehung dieser Objekte ist.

Um zu sehen, ob, und wenn ja, wie, es dazu kommen kann, dass Sterne von der Gravitation in Schwarze Löcher getrieben werden und was der für uns relevante Punkt dabei ist, müssen wir uns zunächst einen groben Überblick über den Werdegang der Sterne verschaffen.

5.1 Der Werdegang der Sterne im Überblick

Begriffe wie Rote Riesen, Weiße Zwerge, Zentralsterne Planetarischer Nebel und Neutronensterne kennen wir natürlich alle und verbinden damit richtigerweise Zustandsformen von Sternen, wobei wir uns durchaus im Klaren darüber sind, dass nicht alle Sterne auch all diese Zustände erreichen. Es überrascht uns somit auch nicht, wenn wir hören, dass diese Zustandsformen markante und besonders auffällige Stadien im Werdegang der Sterne darstellen, wobei erneut Begriffe wie Anfangsstadien, Zwischenstadien und Endstadien fallen.

Grundsätzlich ist es so, dass es nicht nur verschiedene Entwicklungsstadien für Sterne gibt, sondern auch verschiedene Entwicklungswege, die einzelne Entwicklungsstadien miteinander verbinden, wobei die entscheidende stellare Größe, die festlegt, welchen Entwicklungsweg ein Stern zu beschreiten hat, die Sternmasse ist.

Und demgemäß ist auch die Sternmasse der kennzeichnende Parameter, anhand dessen im sogenannten Hertzsprung-Russell-Diagramm der Werdegang der Sterne dargelegt wird.

Als Hertzsprung-Russell-Diagramm bezeichnet man in diesem Zusammenhang eine Grafik, in der für Sterne verschiedener Ausgangsmassen die stellare Oberflächentemperatur der stellaren Gesamthelligkeit gegenübergestellt wird, wobei es gerade diese Größen sind, die sich im Zuge der zeitlichen Entwicklung der Sterne maßgeblich verändern.

Die Ausgangssituation bei der Beschreibung der Entwicklung der Sterne stellt dabei stets die sogenannte Hauptreihe (MS für „main sequence") dar, auf der alle Sterne ihren im zentralen Bereich verfügbaren Wasserstoffvorrat verbrennen, was je nach Masse des Sterns zwar unterschiedlich lange dauert, aber naturgemäß stets den größten Teil der Zeitspanne, die einem Stern zugebilligt wird und die damit sein Leben begrenzt, in Anspruch nimmt.

Zusammen mit der Legende gibt uns die Abb. 5.2 „*Hertzsprung-Russell-Diagramm*" vor allem anhand eines gezielt gewählten Beispiels einen groben Überblick über den Werdegang der Sterne.

Das Bild vermittelt uns darüber hinaus den sehr wohl richtigen Eindruck, dass die Sterne maßgeblich in massearme und massereiche Objekte unterteilt werden können, wobei es eine relativ scharfe Grenze gibt, die bei circa 8 Sonnenmassen

Zusammenhang zu stehen scheinen – je größer eine Galaxie ist, desto größer ist auch das Supermassive Schwarze Loch in ihrem Zentrum (Supermassive Schwarze Löcher weisen Massen von 10^6 bis 10^{10} Sonnenmassen auf).

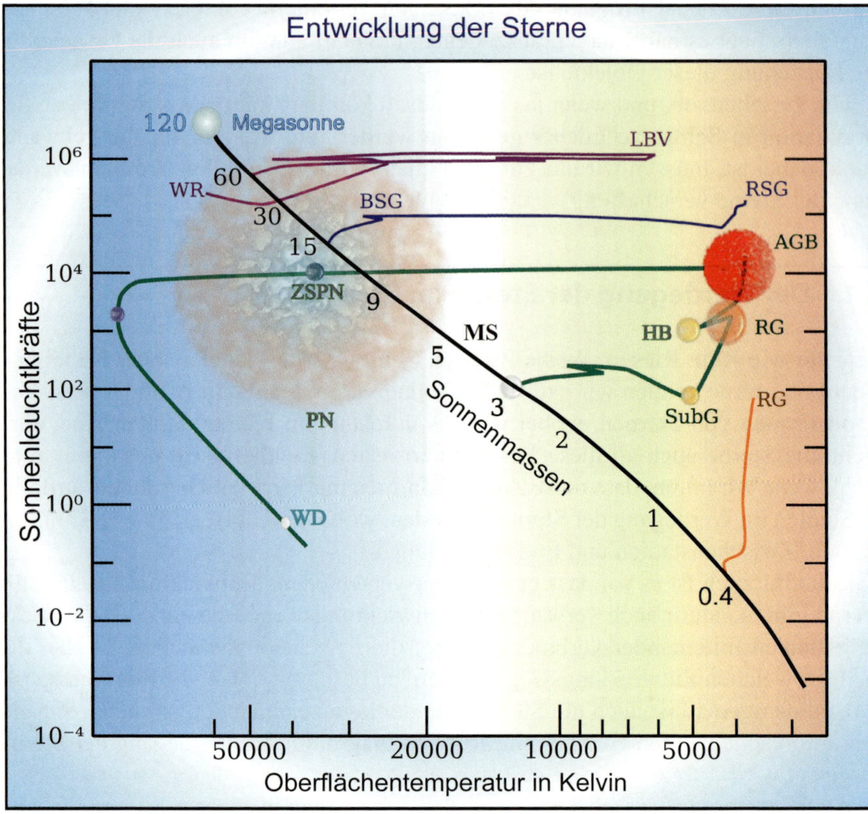

Abb. 5.2 Der Überlebenskampf der Sterne. (Die Grafik stellt für Sterne verschiedener Ausgangsmassen die im Zuge ihrer zeitlichen Entwicklung sich verändernden Größen der Oberflächentemperatur und der Helligkeit dar – Grafiken dieser Art nennt man *Hertzsprung-Russell-Diagramme*.)

Das Bild gibt einen Überblick über die Entwicklung von Sternen unterschiedlicher Masse anhand des Hertzsprung-Russell-Diagramms.

Zum besseren Verständnis dieses Diagramms wird im Folgenden die Entwicklungsgeschichte eines 3 Sonnenmassensterns skizziert, wobei dieses Beispiel nicht zufällig gewählt wurde, sondern einen Stern herausgreift, dessen Weg uns noch in anderen Zusammenhängen beschäftigen wird.

Der Weg dieses Sterns beginnt auf der mit MS gekennzeichneten Hauptreihe, auf der sich diese Gaskugel die längste Zeit seines Lebens aufhält.

In diesem Stadium wurde die gravitative Kontraktion des vormaligen Protosterns durch den Druck, den die nukleare Energieerzeugung in seinem Kern produziert, vorerst gestoppt, und solange das Wasserstoffbrennen, also die Verschmelzung von Wasserstoffkernen zu Heliumkernen, genügend Energie nachliefert, befindet sich der Stern in einem von trügerischer Sicherheit geprägtem Gleichgewichtszustand.

Doch nach nicht einmal einer Milliarde Jahren sind die Wasserstoffbrennstoffvorräte im Kern verbraucht, und ohne diesen energetischen Antrieb gibt er im Inneren nach, wobei sich der zentrale Druck und die zentrale Temperatur erhöht (Stadium „SubG"), sodass sich das Wasserstoffbrennen noch in einer dünnen Schale um den Kern fortsetzen kann. Die äußere Hülle dehnt sich dabei aus, und die Oberfläche wird trotz erhöhtem Energieausstoß kühler – der Stern wird zum „Roten Riesen" (RG).

Wenn der Kern sich so weit verdichtet hat, dass die Temperatur in seinem Inneren ausreicht, um Heliumkerne zu Kohlenstoff- und Sauerstoffkernen zu verschmelzen, wird das „Heliumbren-

liegt, durch die die zwei grundsätzlich verschiedenen Entwicklungsszenarien, die massearme und massereiche Sterne betreffen, voneinander getrennt werden.

5.1.1 Die massearme Seite

Das spektakulärste Erscheinungsbild von massearmen Sternen[2] ist fraglos der Rote Riese, den sie im gleichnamigen Stadium, das sie gegen Ende ihrer Entwicklung durchlaufen, ausbilden (siehe Abb. 5.3 „*Ein Roter Riese und eine Megasonne*“ sowie Abb. 5.2 „*Hertzsprung-Russell-Diagramm*“). Sie weisen dabei, ihrem neuen Namen entsprechend, eine Größe von mehreren 100 Sonnenradien auf und erscheinen, ihrer niederen Oberflächentemperatur von lediglich 2000 bis 3000 K entsprechend, rot.

Wegen der gewaltigen Ausdehnung dieser Objekte ist ihre abgestrahlte Helligkeit dennoch sehr hoch, sodass Rote Riesen mit einer **Leuchtkraft** von bis zu 10 000 Sonnenleuchtkräften durchaus auf sich aufmerksam machen können.

Abb. 5.2 (Fortsetzung) nen“ gestartet, und der Stern erreicht ein neues Gleichgewicht auf dem sogenannten „Horizontalast“ (HB).

Diese Phase dauert so lange an, bis auch der Heliumvorrat im Kern verbraucht ist und der Kern abermals schrumpft. Die Hülle dehnt sich als Folge dessen noch weiter aus, und der Stern wandert in Verlängerung des Roten-Riesen-Astes auf den „Asymptotischen Riesenast“ (AGB).

Dort beginnt sich die schwach gebundene Atmosphäre durch den Druck der Strahlung abzulösen, während sich das „Schalenbrennen“ langsam durch die restliche Hülle frisst.

Letztlich verbleibt ein verbrauchter aus Kohlenstoff und Sauerstoff bestehender Reststern, bei dem sich das Wasserstoff- und Heliumbrennen nur noch in einer sehr dünnen Schale kurzfristig um den Kern fortsetzt (ZSPN).

Der Stern heizt sich an seiner Oberfläche aber dennoch auf, da er am Asymptotischen Riesenast seine kühlende Gashülle verloren hat, die sich langsam auf dem Weg ins Interstellare Medium befindet.

Wenn die Oberfläche des Reststerns Temperaturen über 30 000 K erreicht, strahlt der Stern vornehmlich im ultravioletten Spektralbereich ab, sodass er in einer kurzen Phase als Zentralstern die sich entfernende Hülle als „Planetarischen Nebel“ in einem farbenfrohen Licht erscheinen lässt, bevor er schließlich abkühlt und zum Weißen Zwerg (WD) wird.

Die Entwicklung eines massearmen Sterns von 0.4 Sonnenmassen verläuft dagegen langsam und unspektakulär.

Hier reicht das Eigengewicht des Sterns nicht aus, um im Kern die für das Heliumbrennen notwendigen Dichten und Temperaturen zu erreichen.

Nachdem der Wasserstoff im Kern nach circa 60 Mrd. Jahren verbraucht ist und das Wasserstoff-Schalenbrennen auf dem Roten-Riesen-Ast auch den Großteil der Hülle konsumiert hat, erlischt das Wasserstoffbrennen.

Was verbleibt, ist ein aus Helium bestehender Rest, der als Weißer Zwerg auskühlt und verblasst.

Dagegen entwickelt sich ein massereicher Stern mit 60 Sonnenmassen umso aufsehenerregender.

Druck und Temperatur im Zentrum werden bei ihm so groß, dass bereits nach wenigen Millionen Jahren des Wasserstoffbrennens auf das Heliumbrennen das Kohlenstoffbrennen folgt, und schließlich – in immer kürzeren Abständen, da die Fusion der schwereren Atomkerne jeweils immer weniger ergiebig wird – das Neon-, Sauerstoff- und Siliziumbrennen, bis hin zu Eisen, dem stabilsten Element.

Dabei dehnt der Stern bis zu seinem kühlsten Stadium (LBV) zwar ebenso seine Hülle aus, aber nicht für lange, da er aufgrund eines kräftigen Sternwinds schnell fast alles, was seinen Kern umgibt, verliert und rasch wieder in ein heißes Stadium gerät (WR).

[2] Gemeint sind Sterne, die eine Startmasse unter 8 Sonnenmassen vorzuweisen haben.

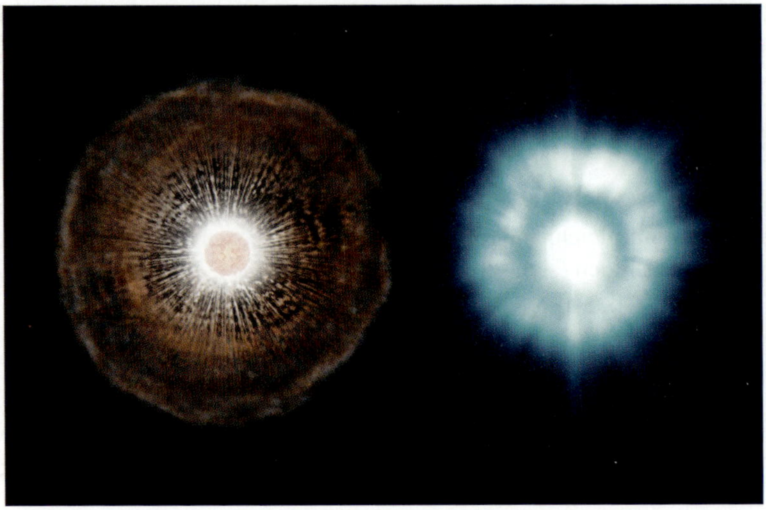

Abb. 5.3 *Ein Roter Riese und eine Megasonne* sind dabei, sich zu verabschieden. (© ESA/Hubble, NASA and H. Olofsson (Onsala Space Observatory) (linkes Bild); ESA, illustration by ESA/ECF (Illustration auf der rechten Seite).)

Das Bild auf der linken Seite zeigt im zentralen Bereich einen Roten Riesen (U Camelopardalis), dem das Weiße-Zwerg-Stadium kurz bevorsteht und der aufgrund einer Eruption einen beträchtlichen Teil seiner Hülle abgestoßen hat, die sich zu einem Planetarischen Nebel ausbilden wird.

Die Illustration auf der rechten Seite stellt in der Mitte eine heiße Megasonne mit beträchtlicher Masse dar, die aufgrund ihres enormen Strahlungsdrucks permanent Materie mit hoher Geschwindigkeit ins All schießt und sich dabei teilweise auflöst (der verniedlichende Begriff für diesen Prozess ist „stellarer Wind“).

Da beiden Sternen der Treibstoff ausgeht, stehen sie kurz vor ihrer unvermeidbaren Emeritierung, wobei es eine Megasonne immer und ein Weißer Zwerg in spe es manchmal, der schmählichen Abhalfterung entsprechend, richtig krachen lässt. (In dieser Darstellung, die in etwa das richtige Größenverhältnis widerspiegelt, wäre unsere Sonne ein gerade noch wahrnehmbarer gelblicher Punkt.)

Die meisten Sterne, die als solche auch zur Kenntnis genommen werden, erreichen gegen Ende ihrer Entwicklung das Rote-Riesen-Stadium.

Der Weg zu diesem Stadium beginnt nach dem Wasserstoffbrennen im Kern, wobei der Stern nach Beendigung dieser Brennphase zunächst kurz in sich zusammensackt, um dann das Heliumbrennen und kurz darauf, in einer über dem Kern liegenden äußeren Schale, erneut den Wasserstoffbrennvorgang zu absolvieren.

Dabei erhöht sich die innere Temperatur des Sterns, und im Zusammenwirken mit dem Dichtesprung, der zwischen dem durch das Heliumbrennen neu entstandenen Kohlenstoffkern und der äußeren Wasserstoff-Helium-Hülle vorliegt, führt dies zu einer raschen Ausdehnung des äußeren Hüllenbereichs auf die genannten mehreren 100 Sonnenradien (aufgrund der Bestrebung, den Dichtesprung an der Grenze zu seinem Inneren auszugleichen, wächst die Hülle des Sterns so gewaltig an).

Dabei kühlt sich die Hülle des Sterns ab, er erscheint rot, und seine Ausdehnung hat eine so geringe Dichte im äußeren Bereich zur Folge, dass der hier aufliegende

Mantel (äußerer Hüllenbereich) nur noch schwach durch die Gravitation des Sterns an diesen gebunden wird.

Der Ort des weiteren Geschehens ist jetzt der sogenannte Asymptotische-Riesenast.

Hier hat der Stern seine kühlstmögliche Oberflächentemperatur angenommen, zeigt aber dennoch eine gewaltige Leuchtkraft von bis zu 10^4 Sonnenleuchtkräften.

Jetzt wird es aber kritisch, denn jetzt zündet sporadisch das Heliumschalenbrennen. Sporadisch heißt, dass es explosiv zündet, wobei sich der Stern durch Expansion sofort entspannt, etwas abkühlt, und wegen der sich daraufhin ergebenden geringeren Dichte erlischt die Flamme wieder.

Nach dem Erlöschen der Flamme kontrahiert der innere Bereich jedoch sofort wieder, und das Spiel beginnt von vorne.

Der Motor stottert also, und dieses Verhalten hat thermische Pulse zur Folge, die durch die Hülle zur Oberfläche jagen und dort den Mantel kräftig durchschütteln.

Nun hat der aus der gewaltigen Leuchtkraft resultierende Druck der Strahlung ein leichtes Spiel, denn er kann, wegen des fast schon von selbst wegfliegenden Mantels, einen kräftigen Sternwind aufbauen, der die äußeren Schichten des Sterns vollständig abschält und auf Geschwindigkeiten von 10 bis 25 km/s beschleunigt.

Diese Schichten sind die Vorhut eines Planetarischen Nebels, mit dem sich der kümmerliche Reststern schmücken wird und der bis zu einer Sonnenmasse Materie vorzuweisen haben wird.

Der Stern selbst verlässt nach einem Zeitraum von ungefähr einer Million Jahren den Asymptotischen Riesenast – spätestens dann, wenn der Massenverlust den Mantel auf einen Wert von lediglich einigen hundertstel Sonnenmassen zusammengeschrumpft hat.

Nachdem alles weggeschält wurde, was sich vorher aufgebläht hatte, fehlt dem Stern jetzt sein kühlender Mantel, und sein heißes Inneres lässt sich somit nicht mehr verbergen.

Der Stern muss sich also jetzt in wärmere Gefilde begeben; das bedeutet, dass er sich im Hertzsprung-Russell-Diagramm nach links, in den Bereich höherer Temperaturen, bewegt, wobei der Radius dieses Restobjekts nun stetig schrumpft.

Der Planetarische Nebel hingegen umgibt dieses bizarre Objekt für circa 100 000 Jahre in prächtiger Form und ist in diesem Zeitraum auch weithin sichtbar.

Der Reststern nähert sich stattdessen dem unauffälligen Weißen-Zwerg-Stadium und stellt in einer Überbrückungsphase einen sogenannten Zentralstern Planetarischer Nebel dar. Auf diesem Weg verbrennt er in seiner verbliebenen schlanken Hülle stetig zunächst Wasserstoff und dann Helium in Schalen, die sich über dem Kohlenstoff-Sauerstoff-Kern ausgebildet haben.

Der Stern entwickelt sich dabei bei nahezu konstanter Helligkeit kontrahierend, und demgemäß seine Oberflächentemperatur erhöhend, weiter, wobei der Anstieg der Temperatur dafür verantwortlich ist, dass der Planetarische Nebel bei circa 30 000 K Oberflächentemperatur des Zentralsterns auch zu leuchten beginnt.

Der Reststern ist in seinem Kern allerdings bereits zu diesem Zeitpunkt ein voll ausgebildeter **Weißer Zwerg**, der dem Ende der Entwicklung entgegenstrebt.

5.1.2 Die massereiche Seite

Während ein Roter Riese seine Größe erst im Endstadium seiner Sternentwicklung erreicht, gelingt dies massereichen Sternen (Megasonnen) fast schon auf der Hauptreihe, spätestens aber in einem frühen Entwicklungsstadium, in dem sie sich bis zu ihrer kühlsten Temperatur ausdehnen.

Dies tun sie aber nur für eine kurze Zeit, da aufgrund eines kräftigen Sternwinds fast alles, was die Kerne dieser Sterne umgibt, verloren geht und sie dadurch rasch wieder in heißere Gefilde geraten (siehe Abb. 5.2 „*Hertzsprung-Russell-Diagramm*").

Die stellaren Winde der Megasonnen ergeben sich dabei aus deren expandierenden Atmosphären, für die ursächlich die Absorption von stellaren Photonen in den äußeren Bereichen durch einige Millionen Spektrallinien verantwortlich ist.

Dabei findet ein Impulsübertrag vom Strahlungsfeld auf die Materie statt, und dieser beschleunigt die atmosphärischen Schichten auf enorme Geschwindigkeiten, was dazu führt, dass die äußersten Bereiche dieser Schichten permanent ins All getrieben werden.

Die dabei auftretenden Geschwindigkeiten liegen bei 2000 bis 4000 km/s und die mit diesem Prozess verbundenen Massenverlustraten bei bis zu 100 Erdmassen pro Jahr (siehe Abb. 5.3 „*Ein Roter Riese und eine Megasonne*").

Die Tatsache, dass die Entwicklung massereicher Sterne sich von außen betrachtet als einfacher darstellt, als sich die Entwicklung massearmer Sterne gezeigt hat, liegt genau an diesen Winden. Denn eine Hülle, die sukzessive abgetragen wird, hat nur wenig Spielraum für komplizierte Reaktionen auf das Verhalten des Kerns, wobei der allerdings alle Register zieht.

Entscheidend dafür ist die hohe Masse der Sterne, denn die führt zu hohen Dichten, hohem Druck und hohen Temperaturen im Sterninneren. Daraus resultieren hohe Energieproduktionsraten, und die bewirken Oberflächentemperaturen, die von 25 000 bis 60 000 K reichen, wobei die daraus resultierende Strahlung vor allem im ultravioletten Spektralbereich liegt.

Im Gegensatz zu massearmen Sternen haben diese Objekte, als Konsequenz dieses Verhaltens, nur eine Lebensdauer von etlichen Millionen Jahren,[3] wobei diese Zeitspanne maßgeblich von der Wasserstoffbrennphase ausgefüllt wird.

Danach geht es rasant schnell dahin, und auf das Wasserstoffbrennen und Heliumbrennen folgt das Kohlenstoffbrennen und schließlich das Neon-, Sauerstoff- und Siliziumbrennen, wobei am Ende ein Eisenkern ausgebildet wird.

Megasonnen sind damit Sterne der Superlative.

Sie sind die heißesten, die hellsten, die massereichsten und die kurzlebigsten Sterne. Ihre Helligkeit liegt bei mehreren Millionen **Sonnenleuchtkräften,** ihre Massenwerte liegen zwischen 20 und 150 Sonnenmassen, und ihre Lebensspanne reicht nicht über wenige Millionen Jahre hinaus.

[3] Die Lebensdauer eines Sterns auf der Hauptreihe t_{MS} kann über seine Sternmasse M_{Stern} grob abgeschätzt werden: $t_{MS} \sim 11 \cdot 10^9$ Jahre $(M_{Sonne}/M_{Stern})^{2.5}$.

Abb. 5.4 Eine Galaxie verheizt Megasonnen in atemberaubendem Tempo. (Das Bild zeigt die circa 13 Mio. Lichtjahre entfernte *Starburst-Galaxie* NGC 253 (auch bekannt als Bildhauer-Galaxie oder Sculptor-Galaxie). © ESO/IDA/Danish 1.5 m/R. Gendler, U. G. Jørgensen, J. Skottfelt, K. Harpsøe.)

Dass es sich bei der Bildhauer-Galaxie um eine Starburst-Galaxie handelt – also eine Galaxie, die mit einer Sternentstehungsrate von bis zu 1000 Sonnenmassen pro Jahr auch ungefähr 1000-mal so viel Sterne wie unsere Galaxie produziert – ist hier mit bloßem Auge zu erkennen. Denn der dichte dunkle Staub sowie das violette Licht sind eindeutige Hinweise auf eine hohe Sternentstehungsrate, und das gelbliche Licht, in dem der Staub gebietsweise leuchtet, wird von einer Vielzahl von jungen, massereichen und dementsprechend kürzlich geborenen Megasonnen emittiert.

Eine genauere Analyse des Beobachtungsmaterials hat ergeben, dass der aktuelle Starburst in dieser Galaxie vor circa 30 Mio. Jahren einsetzte.

Das legionsmäßige Auftreten dieser Objekte in Form von „Starbursts" hat speziell in einer sehr frühen Phase der Entwicklung des Universums den kosmischen Materiekreislauf, von dem vor allem die Entstehung sonnenähnlicher Sterne und die Planetenentstehung abhängig ist, in entscheidender Weise in Schwung gebracht (siehe Abb. 5.4 „*Starburst-Galaxie*").

In dieser Hinsicht sind Megasonnen vor allem wegen ihrer extrem kurzen Lebensspanne von großer Bedeutung, da sie auf dieser Grundlage in kürzester Zeit große Mengen an synthetisierten Elementen, die schwerer als Wasserstoff und Helium sind und die sie in ihrem Inneren produziert haben, unter anderem mittels ihrer stellarer Winde an das Interstellare Medium abgeben.

Ihre Winde sind aber nicht nur für die Elementversorgung des Interstellaren Mediums zuständig, sondern sie rühren mit diesem extrem dynamischen Vorgang das Interstellare Medium auch so kräftig wie der Löffel die Milch im Kaffee um, dass dieses neue Starbursts generiert oder bestehende am Leben erhält.

Megasonnen sind damit nicht nur eines der wichtigsten Standbeine der galaktischen Ökologie, sondern auch der Motor des kosmischen Materiekreislaufs.

Der im Moment für uns wesentlichste Aspekt, der sich aus der Entwicklung massereicher Sterne mit mehr als 20 Sonnenmassen ergibt, bezieht sich aber auf die aus den Brennvorgängen hervorgegangenen Endprodukte, und da können diese Sterne, nachdem sie im Rahmen der Energieproduktion alle Register gezogen haben, auf individuell unterschiedliche Eisenkerne verweisen.

Ihr Äußeres betreffend, haben diese Sterne im Zuge ihrer Entwicklung zudem ihre Wasserstoffhüllen als Konsequenz ihre Sternwinde kräftig dezimiert und teilweise sogar vollständig abgetragen.

Auch dies stellt, wie wir alsbald sehen werden, einen wichtigen Gesichtspunkt dar.

5.2 Sternentwicklung: Treibjagd in die Sackgasse?

Einstein wäre auf der Straße fast überfahren worden, als er mit George Gamow[4], einem der bemerkenswertesten und erfindungsreichsten Atom- und Astrophysiker seiner Zeit, 1940 in Princeton spazieren ging.

Einstein blieb einfach abrupt auf der Straße stehen, wobei einige Fahrzeuge, wie einer Slapsticksituation entsprungen, nur mit viel Mühe herumrudernd ausweichen konnten.

Der Grund für Einsteins Verhalten war eine beiläufige Bemerkung von Gamow, mit der er ihm mitteilte, dass ein Stern auch aus dem Nichts entstehen könnte und dass Einsteins eigene, mittlerweile bereits sehr berühmte Formel – $E_0 = m_0\, c^2$ – schuld daran wäre!

Diese Aussage hat nicht nur Einstein aufs Schwerste irritiert, auch uns sollte diese Aussage, selbst in der heutigen Zeit, etwas nachdenklich stimmen.

Worauf basierten also die Überlegungen, die Gamow zu diesem Schluss führten?

Zusammen mit einem Kollegen verglich Gamow die einem Stern insgesamt zur Verfügung stehende Ruheenergie – $E_0 = M\, c^2$, wobei M die Sternmasse ist – mit der Gravitationsenergie eines frei gewählten Sterns, die sich, wie das im Falle von

[4] Im Jahr 1948 veröffentlichte George Gamow seinen vermutlich wichtigsten Beitrag zur Astrophysik: Er beschrieb einen expandierenden Urbrei, für den er den sinnigen Namen „Ylem“ kreierte und den man als heißen Anfang des Weltalls interpretieren kann.

Dieser Artikel begründete nicht nur die moderne Kosmologie, sondern damit wurde auch der Big-Bang-Zug ins Rollen gebracht.

Und auf der Fahrt dieses Zuges gab es auch einige Nobelpreise.

Arno Penzias und Robert Wilson erhielten zum Beispiel 1965 einen für die Entdeckung der von Gamow vorhergesagten 3-Kelvin-Hintergrundstrahlung.

Auch in jüngster Zeit, in der die **Mikrowellenhintergrundstrahlung** neu entdeckt wurde, nachdem man festgestellt hat, dass diese Strahlung nicht aus allen Himmelsrichtungen mit gleicher Intensität kommt, was als Ursache für Dichtefluktuationen gewertet wird, gab es 2006 einen Nobelpreis.

Nur George Gamow, der Ideengeber und „Vater des Big Bangs“, hat keinen bekommen, obwohl er die Hintergrundstrahlung sehr präzise vorhergesagt hat – was soll man dazu sagen?

potenzieller Energie grundsätzlich der Fall ist, als negative Größe darstellt, wie wir bereits gesehen haben.[5]

Als Ergebnis dieses Vergleichs stellten sie fest, dass diese beiden Größen in bestimmten Fällen betragsmäßig exakt gleich sind.

Das heißt, addiert man zur positiven Ruheenergie die negative Gravitationsenergie eines Sterns, so ergibt sich für eine bestimmte Gruppe von Sternen präzise die Zahl Null.

Damit könnten rein energetisch betrachtet diese Sterne also auch aus dem Nichts entstehen!

Einstein wäre für die Einsicht in diese Erkenntnis fast überfahren worden, also sollten wir diese Einsicht etwas auf uns nachwirken lassen.

Die wesentlichste Erkenntnis die wir aus diesem Gedankenexperiment erhalten, besteht darin, dass die schwächste aller Kräfte, die Gravitation,[6] in Wirklichkeit auch die stärkste Kraft sein kann, denn sie wiegt, auf dieses Beispiel bezogen und energetisch gesehen, nicht nur alle anderen wirkenden Kräfte auf, sondern sogar die den Kräften betragsmäßig übergeordnete Ruhemasse der Teilchen; nicht einmal diese könnte ihr bei geringfügig weiterer Erhöhung der Gravitationsenergie Paroli bieten.

Obwohl es also theoretisch möglich wäre, können Sterne natürlich nicht aus dem Nichts entstehen, da ein derartiges Szenario einen physikalischen Rahmen braucht, der von der Natur nicht vorgesehen wurde.

Dennoch wird aber zumindest der Stellenwert der negativen Gravitationsenergie durch diesen Sachverhalt mehr als nachhaltig unterstrichen.

Bestimmte Sterne müssen die gesamte ihnen zur Verfügung stehende Ruheenergie aufwenden, um ihre in Energie übertragenen Bestandteile unendlich weit voneinander zu entfernen (also aus der Raumzeit-Krümmung ihrer Masse heraus in den weit entfernten flachen Bereich hinein) und damit das Gravitationspotenzial, dem sie ausgesetzt sind, zu überwinden.

Nachdem dies faktisch nicht möglich ist, werden diese Sterne von der Gravitation also vollständig dominiert.

---

[5] Die Gravitationsenergie stellt die Arbeit dar, die von der Gravitationsanziehung der Masse M aufgebracht werden muss, um ein Objekt aus unendlicher Entfernung bis zu einem bestimmten Ort r relativ zur Masse M zu transportieren.

Das negative Vorzeichen weist dabei darauf hin, dass diese Energie bei Annäherung freigesetzt wird.

Bei der Rückführung des Objektes vom Ort r in eine unendlich große Entfernung gegenüber der Masse M muss die Energie hingegen tatsächlich aufgewendet werden.

Da ferner jedes Teilchen von jedem entfernt werden muss, stellt für jedes Teilchen die Masse M die Masse aller anderen Teilchen dar.

[6] Dass die Gravitation mit großem Abstand die schwächste aller Kräfte ist, wird zum Beispiel im Anhang C „*Zahlenwerte*" verdeutlicht.

Was der tiefere Grund dafür ist, dass sie unter bestimmten Bedingungen doch zur stärksten Kraft werden kann, wird, aus anderer Sicht, in einem späteren Kapitel tiefer gehend beleuchtet.

In diesem extremen Maße gilt dies zwar nicht für alle Sterne, aber alle Sterne unterliegen dennoch der Kontrolle der Gravitation; und deren Ziel ist es, Sterne zu immer kompakteren Strukturen kontrahieren zu lassen.

Man könnte nun dagegenhalten, dass sich Sterne doch als stabile, kugelförmige Gebilde darstellen, wobei sich die stabile Struktur durch das Gleichgewicht der auseinandertreibenden Wirkung des thermischen Drucks im heißen Sterninneren und der zusammenziehenden Wirkung der Gravitation ergibt, aber, wie in Abb. 5.5 „*Gravitationsenergie*" dargestellt und in der Bildlegende ausführlich erklärt wird, mahlt die Mühle der Gravitation unaufhörlich!

Es ist die abgestrahlte Helligkeit und der damit verbundene sukzessive Energieverlust, die den Stern in Schwierigkeiten bringt. Denn diese verlorene Energie fehlt dem Stern, um den infolge der Gravitationswirkung aufgebauten Gegendruck – gegen die zusammenziehende Wirkung der Gravitation – aufrechtzuerhalten.

Als Konsequenz muss der Stern nachgeben und somit kontrahieren, wobei das letztendliche Ziel dieses Vorgangs offensichtlich darin besteht, aus Sternen, die sich dagegen nicht wehren können, **Singularitäten** in Form von **Schwarzen Löchern** werden zu lassen.

Das Gelingen dieses Vorhabens hängt jedoch von der Ausgangsmasse des Sterns und darauf beruhend vor allem von der Endmasse seines Kerns ab.

Diese muss einen gewissen Grenzmassenwert überschreiten, um die Existenz des Sterns durch einen gravitationsbedingten Kollaps zu beenden.

In Abhängigkeit von dieser das Schicksal eines Sterns bestimmenden vorgegebenen Masse hat ein Stern nun zwei Möglichkeiten, seine leuchtende Karriere zu beenden.

Im 1. Fall liegt die Masse des Sterns unter diesem Grenzmassenwert.

Bei der Wahrnehmung dieser Möglichkeit wird die Gravitation den Stern in seinem finsteren Zustand, den er nach Verbrauch seiner Energieressourcen erreicht hat, verharren lassen und ihn damit der Asche des Universums zuführen.

Dies betrifft vor allem die Weißen Zwerge, die, wie wir noch sehen werden, sich durch einen sogenannten Entartungsdruck der Elektronen bis auf einen Ausnahmefall für immer stabilisieren können und sich damit in einen zeitlosen Zustand begeben.

Nachdem nahezu alle Sterne zu Weißen Zwergen werden, betrifft diese Form des Endzustands die Majorität der Sterne.

Der 2. Fall betrifft, nach dem Ausschließungsprinzip, nur noch eine kleine verbliebene Gruppe von Sternen, bei der die jeweilige Kernmasse über dem erwähnten Grenzmassenwert liegt; und in diesem Fall wird jeder dieser Sterne, ausgelöst durch ein Szenario, das man Kernkollaps-Supernova nennt, zu einem **Neutronenstern** oder gar zu einem Schwarzen Loch.

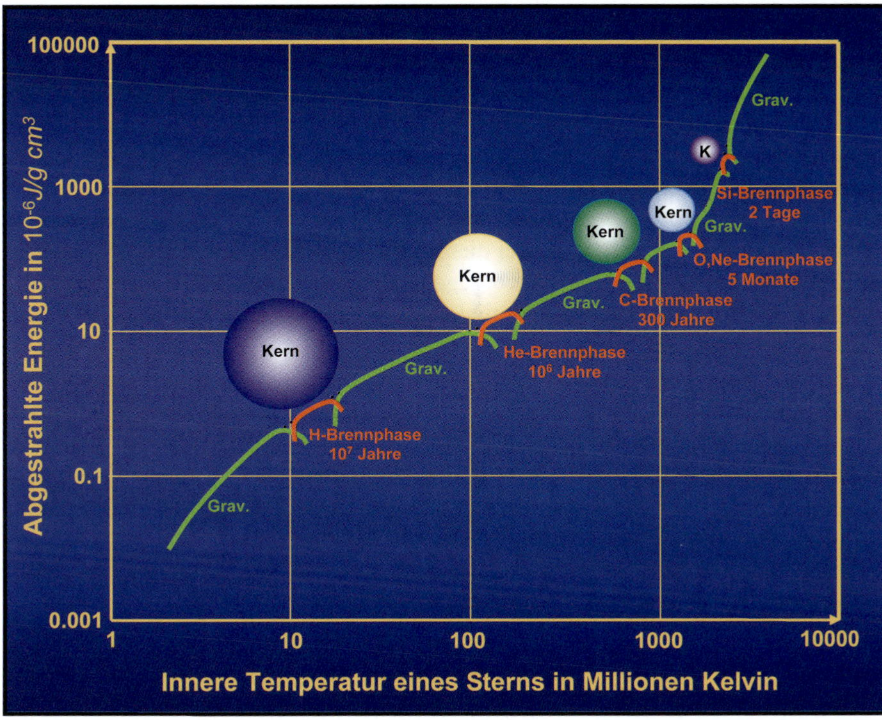

Abb. 5.5 Gravitation lässt die Sterne schrumpfen! (Das Bild verdeutlicht für einen Stern mit circa 15 Sonnenmassen, wie die *Gravitationsenergie* als Motor der Sternentwicklung funktioniert. Dargestellt ist die vom Stern abgestrahlte und auf seine Dichte bezogene Energie gegen die innere Sterntemperatur, die sich wegen der gravitationsbedingten Kontraktion des Sterns stetig erhöht und damit einen thermischen Druck aufbaut, der der Gravitation entgegenwirkt.)

Trotz des thermischen Gegendrucks, der wegen der nachziehenden Erhöhung der inneren Sterntemperatur sich permanent steigert[7], schreitet die Kontraktion des Sterns stetig und erbarmungslos voran, da der Gasmutant aufgrund der abgestrahlten Helligkeit sukzessive Energie verliert – und diese verlorene Energie fehlt dem Stern nachhaltig, um einen wirklich hinreichenden Gegendruck aufzubauen, der für seinen stabilen Erhalt sorgen könnte. Als Konsequenz muss der Stern in seinem Inneren nachgeben und somit kontrahieren. Dadurch erhöht sich die Dichte des Sternkerns, und infolgedessen verringert sich im Verlaufe der Zeit der Radius des Kerns, wohingegen die Temperatur in diesem Bereich steigt.

Der Stern wandert also im Zuge seiner Entwicklung im Diagramm von links nach rechts (dieses Verhalten wird im Bild durch die grünen Kurvenstücke dargestellt, die mit Grav. gekennzeichnet sind).

Auch die vom Stern durch nukleares Brennen produzierte Energie kann diesen Prozess nicht aufhalten, sondern lediglich verzögern.

Während dieser Brennphasen verweilt der Stern für die im Diagramm angegebenen Zeiten in seinem Zustand, um danach in noch stärkerem Maße wieder unter Druck gesetzt zu werden (im Bild sind diese Phasen durch rötliche Bögen gekennzeichnet).

Am Ende der Kurve hat die Gravitation ihr Werk vollbracht. Der Stern hat zu viel Energie verloren, um selbst bei den extrem hohen Temperaturen, die sich durch die Kontraktion ergeben haben, noch genügend Druck aufbauen zu können, der die weitere gravitationsbedingte Kontraktion aufhalten könnte.

Der Stern hat die ihm von der Gravitation zugestandene Zeit verbraucht, und damit ist er ab jetzt ein Spielball von Mächten, die aus ihrem Gutdünken heraus entscheiden, was aus ihm werden soll.

---

[7] Physikalisch wird dieses Verhalten durch den Virialsatz beschrieben, der eine Beziehung zwischen dem zeitlichen Mittelwert der kinetischen Energie und dem zeitlichen Mittel der potenziellen Energie für ein stationäres physikalisches System herstellt.

5.3 Der Kollaps eines Kerns

Der Begriff Kernkollaps sagt uns eigentlich bereits alles Westliche, wenn es darum geht, dass ein Stern den Weg zu seiner Selbstvernichtung eingeschlagen hat. Denn wenn so etwas Kompaktes wie das Innere eines Sterns der Gravitation nicht mehr standhalten kann und dementsprechend einem Kollaps nichts mehr entgegenzusetzen hat, dann muss bei diesem Kollaps eine enorme Menge an Energie frei werden.

Diese muss frei werden, denn bei diesem Prozess besteht die Möglichkeit, dass der Stern die von George Gamow vorgegebene Grenze, bei der die dem Stern insgesamt zur Verfügung stehende positive Ruheenergie gleich seiner negativen Gravitationsenergie ist, überschreitet.

Und das würde bedeuten, dass die Gravitationsenergie konkurrenzlos ist und den einzig und alleinig bestimmenden Faktor darstellt, der letztlich machen kann, was er will: Die Gravitationsenergie kann den Stern in ein Schwarzes Loch verfrachten; sie kann alles, was auf Teilchenebene geschehen ist, rückgängig machen; oder aber sie kann einen Teil der insgesamt frei werdenden Gravitationsenergie dazu verwenden, einen Bruchteil des Sterns ins Nirwana zu schicken.

Damit stellt sich natürlich die Frage, welche dieser Möglichkeiten unter welchen Voraussetzungen realisiert wird, und ob es überhaupt möglich ist, auch nur einen Teil der frei werdenden Gravitationsenergie auch freizusetzen, oder ob es unumgänglich ist, dass die gesamte Gravitationsenergie zusammen mit dem Stern direkt in einem Schwarzen Loch verschwindet, aus dem nichts entweichen kann.

Die Antwort ist: Alles ist möglich; und realisiert wird der Fall, der hinsichtlich der Masse des Sterns unumgänglich ist.

Das Maß an Gravitationsenergie ist dabei der entscheidende Faktor, und das hängt ausschließlich von der Masse ab, die der Stern insgesamt und sein Kern anteilig in der Stunde der Krise vorzuweisen hat.

Das Schicksal eines massereichen Sterns hängt also am seidenen Faden seiner verbliebenen Masse, und in Abhängigkeit von diesem Wert hat er drei Möglichkeiten, mehr oder weniger stilvoll abzutreten:

Wenn seine Kernmasse kleiner als circa 3 Sonnenmassen ist, dann gibt es ein Supernova-Typ-II-Spektakel (eine **Kernkollaps-Supernova**), und es bleibt ein **Neutronenstern** als Relikt zurück.

Ist seine Kernmasse größer als circa 3 Sonnenmassen, wird geklotzt und nicht gekleckert, und es gibt das Feuerwerk einer **Hypernova** zu sehen, wobei höchstwahrscheinlich als Draufgabe noch ein **Gammastrahlenblitz** sowie als Bonus ein **Schwarzes Loch** hinzukommt.

Im Falle deutlich höherer Kernmassen mag der Stern auch nicht mehr und kollabiert, mit sich und der Welt unzufrieden, höchstwahrscheinlich gleich in ein Schwarzes Loch.

Obgleich wir den letzten Fall gut nachvollziehen können, hätten wir schon gern etwas genauer erfahren, was in den ersten beiden Fällen im Detail geschieht. Und dementsprechend sollten wir uns das jetzt erklären lassen, wobei es zweckmäßig erscheint, mit dem skurrilsten Fall, den die Gammastrahlenblitze darstellen, anzufangen, denn die restlichen Fälle sollten durch das Weglassen von bestimmten Prozessen dann aus diesem Fall hervorgehen.

5.3.1 Der Fall Gammastrahlenblitz

Bei Gammastrahlenblitzen handelt es sich um Energieausbrüche sehr hoher Leistung, wobei die Energie in Form von elektromagnetischer Strahlung kurzzeitig in das Universum emittiert wird.

Zeitlich sind Gammastrahlenblitze zumeist auf nur wenige Sekunden begrenzt, wobei sie in 10 s mehr Energie freisetzen können als die Sonne in einigen Milliarden Jahren.

Den Namen „Blitz“ verdanken diese Erscheinungen der Tatsache, dass sie für die Dauer ihres Leuchtens „heller“ als alle anderen Energiequellen im All sind.

Der Strahlungsverlauf von Gammastrahlenblitzen ist zwar im Wesentlichen kontinuierlich, hat aber der Namensgebung zufolge sein Maximum im Mega**elektronenvolt**bereich (MeV), was durch einen Temperaturwert von einigen Milliarden Kelvin realisiert werden kann.

Es sprechen viele Indizien dafür, dass spezielle Supernovaexplosionen, die man Hypernovae nennt, die Ursache für diese enormen Strahlungsenergien und damit die Gammastrahlenblitze sind.

Dass man sich dabei seiner Sache ziemlich sicher ist, kommt daher, dass es 1997 gelang, einen Gammastrahlenblitz mit einer heftigen Kernkollaps-Supernova (Typ Ic-b1) eines massereichen Sterns direkt in Verbindung zu bringen, wobei dieses Schauspiel durchaus mit der eine Steigerung von Vergleichbarem zum Ausdruck bringenden Bezeichnung Hypernova versehen werden konnte.

Die Vorläufersterne dieser Objekte stellen dabei stets **massereiche Sterne** mit mehr als 20 Sonnenmassen dar, die einen Eisenkern, aber keine Wasserstoffhülle, vorzuweisen haben, denn die wurde durch den Sternwind dieser **Megasonnen** vorher abgetragen.

Es ist dieses gesamte Gemisch an physikalischen Gegebenheiten und Prozessen, das ein Ausgangsprodukt generiert, das bevorzugt Hypernovae und Gammastrahlenblitze hervorbringt!

Bei der Vorstellung, die zum Gammastrahlenblitz führt, geht man davon aus, dass der Eisenkern im zentralen Kernbereich des Sterns, nachdem er die **Chandrasekharmasse**[8] erreicht hat, kollabiert und kurzzeitig einen **Neutronenstern** ausbildet, der sich jedoch wegen seiner großen Masse nicht lange halten kann und somit zu einem schnell rotierenden **Schwarzen Loch** wird.

Dabei umkreist ein Teil des restlichen Sternmaterials, das von der parallel ablaufenden Sternexplosion nicht erfasst wird, in einer Akkretionsscheibe das Schwarze

[8] Die Chandrasekharmasse stellt den bereits erwähnten Grenzmassenwert dar, auf den hinsichtlich seiner Bedeutung für das physikalische Verhalten des Sterns vor der Explosion im Zusammenhang mit den Abläufen, die zur Supernova Typ Ia führen, näher eingegangen wird.

Abb. 5.6 Die Illustration zeigt einen in der Regel nur Sekunden andauernden *Gammastrahlenblitz*. (© NASA/Swift/Mary Pat Hrybyk-Keith and John Jones.)

Gammastrahlen-Ausbrüche stellen die fokussierte Abstrahlung von hochenergetischen Teilchen dar, die ihre Energie durch schnelle Rotation um ein gerade entstandenes, durch den Kollaps eines massereichen Sternkerns produziertes und ebenfalls schnell rotierendes Schwarzes Loch erhalten.

Die dabei entstehende enorme Strahlungsenergie wird in zwei schmalen Gasjets in entgegengesetzte Richtungen abgestrahlt (im Bild gelb dargestellt).

Loch mit enormer Geschwindigkeit, und zwar so schnell, dass es nicht sofort in das Schwarze Loch fällt.

Bei diesem Prozess heizt das Gas sich so extrem stark auf, dass es seine hohe Energiedichte nur durch den Ausstoß von Gasjets wieder loswerden kann, der als Konsequenz der detaillierten Vorgänge von Stoßwellen begleitet und nahezu mit Lichtgeschwindigkeit senkrecht zur Scheibenebene erfolgt. Die Gasjets erzeugen dabei über Strahlungsprozesse, die einen unweigerlichen Begleiteffekt darstellen, letztendlich den Gammastrahlenblitz (siehe Abb. 5.6 „*Gammastrahlenblitz*“).

Entweichen können diese Blitze allerdings nur, weil die Hülle des Sterns bereits im Vorfeld durch einen Sternwind größtenteils abgetragen wurde und diese sich ihnen damit nicht mehr in den Weg stellen kann.

Und die fehlende Hülle ist auch den Grund, weshalb die Sternexplosion sich nicht als Supernova, sondern als deftigere Hypernova darstellt.

5.3.2 Der Fall Supernova Typ II

In dem geschilderten Szenario ergibt sich die eigentliche, parallel ablaufende Explosion aus dem Rückprall des mit rasender Geschwindigkeit auf den kurzzeitig bestehenden Neutronenstern einfallenden Materials und der damit verbundenen Ausbildung einer Stoßwelle.

Dieses Verhalten ist vergleichbar mit einer Kanonade von Hartgummibällen, die mit rasender Geschwindigkeit auf einen Hartmetallblock einwirkt.

Die Energie für die Explosion kommt damit aber aus der Gravitationsenergie, die aufgrund des freien Falls des verbliebenen Sternmaterials auf den bereits winzigen Neutronenstern zuerst implosionsförmig freigesetzt und dann explosionsförmig umgekehrt wird.

Zur Explosion, die einen Energieüberschuss und nicht lediglich ein Zurückschnellen erfordert, kommt es dabei, weil nicht die gesamte auf den Neutronenstern einfallende Materie wieder zurückgeschleudert wird, sondern nur ein Teil davon, der jedoch, über eine sich ebenfalls ausbildende Stoßwelle, einen Großteil der gesamten Energie, also der eigenen plus der des zurückbleibenden Materials, das den Neutronenstern vergrößert und ihn gegebenenfalls sogar zum Schwarzen Loch werden lässt, mitnehmen kann.

Der Materieanteil, dem die Flucht auf diese Weise gelingt, und der damit die Explosion hervorruft, erhält auch noch eine Nachbeschleunigung, und zwar in Form eines Neutrinobombardements, das in gewaltigem Ausmaß vom Neutronenstern ausgehend erfolgt.

Da ein Neutronenstern nur aus Neutronen und nicht auch Protonen besteht, werden bei dessen Entstehung die vorhandenen und insgesamt neutralen Protonen und Elektronen in Neutronen umgewandelt, wobei bei jedem dieser Prozesse ein **Neutrino** entsteht, das nach seiner Freisetzung auf die äußeren Materieschichten energetisch und impulsbehaftet einwirkt.

Dieses Verhalten stellt den tragenden Mechanismus einer Kernkollaps-Supernova dar und führt zur Supernova vom Typ II (siehe Abb. 5.7 „*Wutausbruch*“).

5.3.3 Der Fall Hypernova

Zum energetisch erheblich ausgeprägteren Erscheinungsbild einer Hypernova wird dieser Vorgang, wenn das nach außen beschleunigte, explodierende Material keine Sternhülle mehr vor sich hat.

Denn die würde, wie es bei einer herkömmlichen Kernkollaps-Supernova der Fall ist, einen Großteil der zu diesem Zeitpunkt vorhandenen Explosionsenergie aufbrauchen, indem zum einen die Materie der Hülle mitgerissen werden müsste, und zum anderen die schwereren Elemente, aus denen die Hülle zum Teil aufgebaut war, in leichtere Elemente umgewandelt werden würden.

Speziell der letzte Punkt würde aufgrund der vorhandenen Energie und der damit verbundenen Temperatur- und Dichteveränderungen zwangsläufig einfach geschehen, und sich dabei energetisch als enorm kostenungünstig erweisen. Denn damit

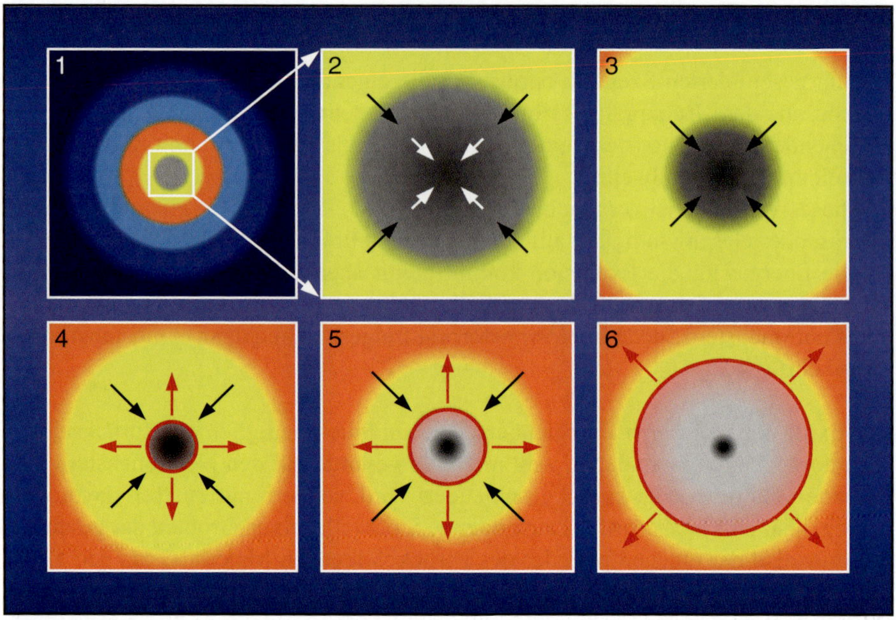

Abb. 5.7 Der kollabierende Kern eines Sterns und sein darauf beruhender *Wutausbruch*! (Das Bild illustriert in vereinfachter Form das Kernkollaps-Szenario, das eine Supernova-Typ-II-Explosion begleitet.)

Die Stationen eines vormals zufriedenen Sterns, der nunmehr zum Schwarzen Loch wird, indem er sich von allem überschüssigen Ballast energisch befreit, gliedern sich in sechs Hauptschritte:

1) Bei einem massereichen, entwickelten Stern finden die unterschiedlichen nuklearen Brennvorgänge in zwiebelschalenartigen, konzentrischen Zonen statt, wobei in der Mitte ein Eisenkern entsteht, der durch das Siliziumbrennen in der innersten Brennzone, wo Druck und Temperatur am größten sind, erzeugt wird.

2) Wenn die Masse des produzierten Eisens die Chandrasekharmasse erreicht, beginnt der Kern schlagartig zu kollabieren.

Während die innersten, dichten Bereiche mit Unterschallgeschwindigkeit in sich zusammenfallen (*weiße Pfeile*), erreichen die äußeren Bereiche Überschallgeschwindigkeit (*schwarze Pfeile*).

3) Im Inneren wird die Materie über den Prozess $e^- + p \rightarrow n + \nu_e$ (Elektron plus Proton ergibt Neutron plus Neutrino) zu Neutronen komprimiert, wobei in gewaltiger Zahl Neutrinos erzeugt werden, deren Energie letztlich einen Teil der durch den Kollaps frei gewordenen Gravitationsenergie darstellt.

4) Die weiterhin einfallende Materie prallt auf den entstehenden Neutronenstern und wird zurückgeschleudert, wodurch sich eine nach außen gerichtete Schockwelle ausbildet (*rot*).

5) Der Schock beginnt auszulaufen, wenn seine Energie durch nukleare Prozesse aufgebraucht wird, das nahende Ende des Szenarios wird aber durch Wechselwirkungsprozesse mit den Neutrinos verhindert; diese fachen die Explosion also erneut an.

6) Die Hülle wird durch den Schock zerfetzt und ins Weltall verschickt.

Zurück bleibt ein ausgelaugter Reststern aus entarteter Materie, der sich entweder mit seinem Neutronensterndasein begnügt oder sich zu Höherem berufen fühlt und zum Schwarzen Loch wird.

würde die ursprüngliche Entwicklung, die ja über lange Zeit hinweg in der Sternphase Energie produzierte, so umgedreht werden, dass diese Energie nun in Sekundenschnelle verbraucht werden würde.

Der Unterschied zwischen einer Hypernova und einer Supernova Typ II besteht also maßgeblich darin, dass einer Hypernova die Hülle fehlt, die eine Supernova Typ II ausbremst. (Die betragsmäßige Größe der Hülle ist im Falle der Supernovae Typ II individuell sehr unterschiedlich, da sie vom Werdegang des jeweiligen Sterns und dabei vor allem der Stärke des Sternwinds abhängig ist; sie kann wenige bis nahezu 100 Sonnenmassen betragen, wobei im letzteren Fall es eher unwahrscheinlich ist, dass die Explosion bis nach außen durchdringt und die Supernova als solche überhaupt erkannt wird.)

Mangelnde Ausbremsung ist aber nicht der alleinige Grund, weswegen die Hypernovae kräftiger und gesunder wirken als die Supernova Typ II; sie tun dies auch, weil sie zudem eine kräftige Nachbeschleunigung durch den auf das Explosionsmaterial gnadenlos einwirkenden Gammastrahlenblitz erhalten.

5.4 Die Bestellung explosiver Standardsterne

Wir nehmen hiermit zwei wichtige Punkte zur Kenntnis, die im weiteren Verlauf für uns von erheblicher Bedeutung sein werden.

Punkt 1: Es ist die Umlenkung der Gravitationsenergie, die bei massereichen Sternen zu Explosionen führen kann, wobei die dabei entstehenden Spektakel ihresgleichen im Universum suchen.

Die Gravitationsenergie sorgt für die Entstehung dieser Erscheinungen, indem sie Kernkollaps-Supernovae hervorbringt, die neben Supernovae vom Typ II auch Hypernovae und Gammastrahlenblitze darstellen.

Bei diesem Punkt steht aber nicht das Spektakel im Vordergrund, an einem solchen könnten wir, zum Beispiel beim Blick auf einen Vulkanausbruch, sicher einfacher beteiligt werden. Im Vordergrund steht dabei, dass diese Ereignisse so prägnant sind, dass man sie im gesamten sichtbaren Teil des Universums wahrnehmen kann.

Man blickt anhand dieser Ereignisse also in gigantische Entfernungen und weit in die Vergangenheit des Universums zurück.

Man müsste nur wissen, wie viel Energie diese Objekte im Einzelnen abstrahlen, dann könnten wir durch unsere Beobachtungen wirklich handfeste Aussagen über den Zustand des Universums vor der Haustür dieser Erscheinungen machen.

Aber da liegt genau das Problem, das man mit diesen Objekten hat, begraben!

Wie wir gesehen haben, hängt die Stärke der Explosion der Kernkollaps-Supernovae von sehr vielen Feinheiten ab. A priori ist noch nicht einmal klar, ob das Endprodukt eine Supernova oder eine Hypernova wird und ob Letztere uns einen Gammastrahlenblitz als schmückendes Beiwerk präsentiert oder nicht.

Wenn wir ein einheitliches Bild brauchen, das zudem einem gewissen Standard folgt, dann können wir mit diesen Objekten, trotz ihres Hangs zum Superlativen, absolut nichts anfangen. Und nachdem wir sehen werden, dass wir unbedingt weithin sichtbare Ereignisse brauchen, die wir physikalisch so präzise verstehen, dass genaue Vorhersagen über deren Verhalten möglich sind, ist das der zweite Punkt, den wir hiermit zur Kenntnis nehmen.

Es waren also nicht die Schwarzen Löcher selbst, für die wir uns interessierten, sondern die gewaltigen Energiemengen, die frei werden, wenn es dazu kommt, dass Sterne von der Gravitation in Schwarze Löcher getrieben werden.

Wofür wir uns also wirklich interessieren, sind explosive Standardsterne, anhand derer wir einen Großteil des sichtbaren Universums überblicken können.

Nachdem aber das Konzept der Kernkollaps-Supernovae im Hinblick auf dieses Ziel versagt hat, müssen wir nunmehr nach einer weiteren Möglichkeit, die mit besseren Rahmenbedingungen versehen ist und uns eine Alternative anbietet, Ausschau halten.

Wir suchen also nach einer anomalen Möglichkeit, die zur Zerstörung eines Sterns führt, wobei uns ein ähnliches Schauspiel, wie das, das wir mittlerweile von einer Kernkollaps-Supernova kennen, zuteilwerden soll.

Als anomal bezeichnen wir diese Möglichkeit, weil sie uns von den betrachteten Sternentwicklungsszenarien nicht auf einem silbernen Tablett serviert wird.

Wir werden also tief graben müssen, um auf eine solche Möglichkeit stoßen zu können, und dafür müssen wir erst einmal herausfinden, wie das, wonach wir suchen wollen, eigentlich beschaffen sein muss. Das heißt, wir müssen zunächst festlegen, was die prägenden Merkmale dieser Objekte sein sollen und wie sie demgemäß aufgebaut sein müssen:

Wir suchen dabei nach Sternen, die sich aus eigener Kraft aus dem Zwangsgriff der Gravitation befreien können, da ein Kollaps, wie wir gesehen haben, zu viele Unwägbarkeiten beinhaltet.

In einem ersten Ansatz könnten rein theoretisch die „Gamow-Sterne" genau dies vollbringen, indem sie die gesamte ihnen zur Verfügung stehende Ruheenergie ihrer Teilchen, die sie ja von der frei gewordenen Gravitationsenergie erhielten, wieder an diese zurückgeben und der Stern sich damit in der Unendlichkeit als ein „Nichts" wiederfindet.

So weit wollen wir aber natürlich nicht gehen, die einzelnen Teilchen des Sterns sollen selbstverständlich erhalten bleiben, und damit sprechen wir hier von einer Energiedifferenz, die nur einen Bruchteil der Ruheenergie der Teilchen eines Sterns ausmacht.

Denn natürlich ist es so, dass bei fast allen Sternen die Ruheenergie ihrer Masse ihre negative Gravitationsenergie deutlich übersteigt.

Die Gesamtenergie, die für die vollständige Zerstörung eines Sterns erforderlich wäre, läge damit also durchaus in einem Bereich, der unter ganz speziellen Voraussetzungen auch durch den Massendefekt abgedeckt werden könnte!

Es muss aber gewährleistet sein, dass der ausgewählte Stern bei seiner Selbstzerstörung zwar seine Bestandteile in unendliche Entfernung zueinanderbringt – darin besteht ja gerade der wesentliche Schritt, der zur Überwindung der Gravitationsenergie führt –, diese dürfen allerdings nicht von kleinstmöglicher Struktur sein.

Das heißt, im Zuge der Explosion dürfen keine energieverbrauchenden Kernumwandlungsprozesse maßgeblich werden, denn die sind es ja gerade, die eine Supernova vom Typ II gravierend ausbremsen.

Die große Hürde, auch die **starke Wechselwirkung** der einzelnen Nukleonen bei so einem Vorgang überwinden zu müssen, muss dem Stern erspart bleiben, denn die würde die Wirkungsweise des Massendefekts neutralisieren.

Das bedeutet letztendlich, dass der Stern vor seiner Zerstörung nicht aus schweren Elementen bestehen darf, wie es bei Kernkollaps-Supernovae und ihren kollabierenden Eisenkernen der Fall ist!

Als Resümee halten wir damit fest, dass ein Stern sich durch geschickten Einsatz des Massendefekts im Prinzip durchaus auch explosionsartig selbst vernichten kann.

Wie die ganz speziellen Voraussetzungen, die rahmengebend dafür erforderlich sind, dass diese anomale oder kuriose Möglichkeit auch zur Realität wird, aussehen, werden wir allerdings erst zu einem späteren Zeitpunkt genauer durchleuchten können.

Selbst wenn es uns aber gelingt, Objekte auszumachen, die im Groben ein solches Verhalten zeigen, werden wir uns dennoch nicht sicher sein können, ob diese nicht auch in ihren individuellen Erscheinungsformen ein diversifiziertes Bild abgeben. Wir werden uns also in jedem Fall dazu gezwungen sehen, auf Feinheiten achten zu müssen, die uns die Möglichkeit bieten, die Spreu vom Weizen zu trennen; oder präziser, anhand derer wir die interessanten Objekte, die die Kriterien eines Standardfalls erfüllen, dann auch herausfiltern können.

Um auf Feinheiten achten zu können, brauchen wir allerdings erst einmal eine Diagnosetechnik, die uns diese Möglichkeit auch bietet.

Wir brauchen also eine Technik, mit deren Hilfe wir individuelle Unterschiede bei explodierten stellaren Objekten erkennen und richtig interpretieren können.

Die Technik, die uns rein prinzipiell gestattet, dies zu tun, heißt Spektroskopie.

5.5 Der Primus inter Pares

Es ist Strahlungsenergie, was wir beobachten und woraus wir unsere Erkenntnisse und nahezu alle weiterführenden Schlussfolgerungen ziehen.

Durch die Beobachtung der im ganzen heutigen Universum umtriebigen Strahlung hat die Astrophysik Zugang zu den unzähligen Experimenten, die im gesamten Kosmos permanent von selbst und ohne jeglichen Kostenaufwand ablaufen. Und das betrifft nicht nur auch, sondern vor allem Experimente, die in der tiefsten Vergangenheit des Universums durchgeführt wurden.

Wir können durch vielschichtige Beobachtung dieser Strahlung und die korrekte Interpretation der daraus resultierenden Daten, die sich sehr oft auch als äußerst subtil darstellt, zum Beispiel in weiten Teilen die Entwicklung des Universums nachvollziehen; und wie wir alsbald erfahren werden, wurde auf diesem Weg vor knapp 100 Jahren mit einem aus heutiger Sicht unglaublich miserablen Teleskop auch das Universum entdeckt.

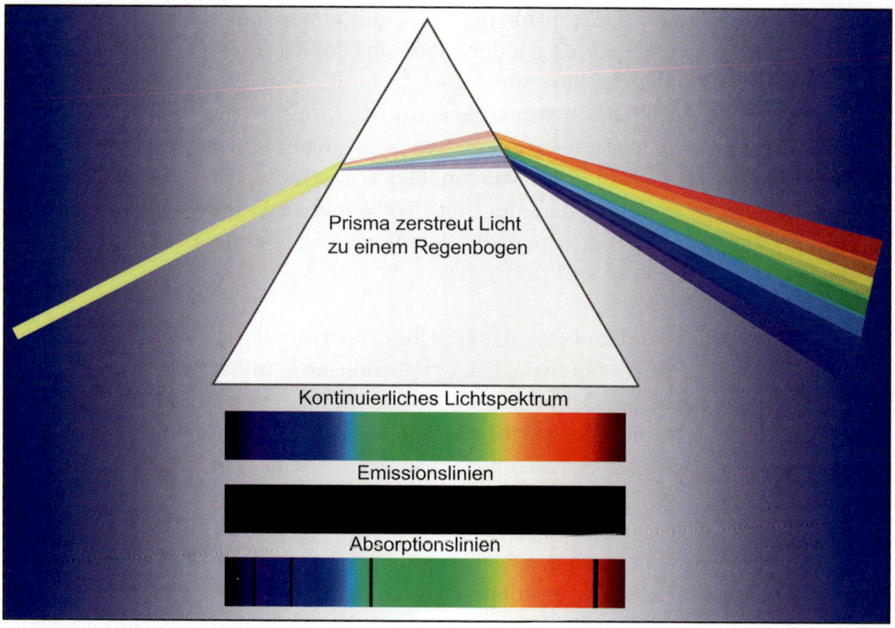

Abb. 5.8 Skizze: Das durch ein *Prisma* spektral aufgespaltete Licht gleicht einem Regenbogen, wobei dem kontinuierlichen Verlauf auch schmale Spektrallinien überlagert sind. Diese können sich als Emissionslinien, die dem Strahlungsfeld Lichtquanten hinzufügen, oder als Absorptionslinien, die dem Strahlungsfeld Lichtquanten entziehen, darstellen.

Die Spektrallinien sind quantenmechanischen Ursprungs und ergeben sich aus einer Betrachtung der Atomphysik.

Der entscheidende Punkt für diese durchaus respektable Entdeckung war also nicht die Güte des Instruments, das verwendet wurde, sondern die angewandte Technik, und die basierte, damals natürlich in einfachster Art, auf der Methode der Diagnose des spektralen Verhaltens der Strahlung!

Zerlegt man das Licht, das von einem astronomischen Objekt ausgesendet wird, in seine einzelnen energetischen Bestandteile, zum Beispiel durch ein Prisma, dann ergibt sich ein kontinuierliches Lichtspektrum, in dem die Photonen – gemäß dem Wellenlängenbereich – vom energiearmen roten bis zum energiereichen violetten Bereich aufgespaltet werden (siehe Abb. 5.8 „*Prisma*“).

Obwohl man dies vermuten könnte, ist der glatte Verlauf des kontinuierlich aufgespaltenen Lichts aber nicht der einzige Bestandteil des Spektrums.

Dem überlagert ist ein charakteristischer Fingerabdruck, der bei Betrachtung der wellenlängenabhängigen Helligkeit durch wohldefinierte Spitzen und Senken gekennzeichnet ist

Diese Spitzen und Senken repräsentieren Spektrallinien.

Spektrallinien werden durch die Emission oder Absorption von Photonen bei bestimmten Wellenlängen gebildet, wobei die Entstehung oder Vernichtung der Photonen aus quantenmechanischen Übergängen von Elektronen (e^-), die zwischen den

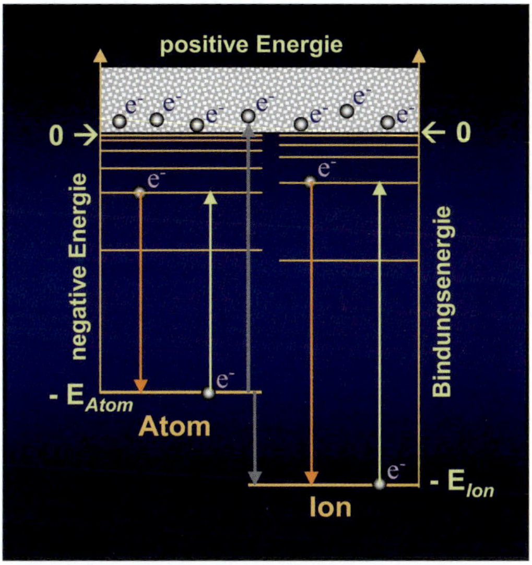

Abb. 5.9 Skizze: Energetisches Schema eines *Atoms* (*links*) und eines Ions (*rechts*). Dem Ion fehlt gegenüber dem Atom ein äußeres Elektron, das Teil des im positiven Energiebereich liegenden ungebundenen Elektronengases wurde.

Verantwortlich für diesen Vorgang ist ein Ionisationsprozess, bei dem dem Atom so viel Energie zugeführt wurde, dass die negative Bindungsenergie eines äußeren Elektrons, das sich auf einer festgelegten Energiestufe befand, aufgehoben wurde.

Die ebenfalls dargestellten Übergänge eines Elektrons zwischen den quantenmechanischen Energiestufen eines Atoms oder Ions führen des Weiteren zu den schmalen Spektrallinien.

Absorption eines Photons führt dabei zur Anhebung und Absenkung zur Emission eines Photons.

energetisch unterschiedlichen Zuständen eines Atoms oder Ions erfolgen, resultiert (siehe Abb. 5.9 „*Atom*").[9]

Die Energie des Photons entspricht dabei gerade dem Unterschied zwischen den Energien der quantenmechanischen Zustände und hat somit einen scharfen Wert.

Eine Emissionslinie stellt folglich den Elektronenübergang von einem höheren auf ein tieferes Energieniveau dar (orange Linien in der Abb. 5.9 „*Atom*") – dieses Verhalten ist analog zu einem Stein, der von einem Stockwerk eines Hochhauses in ein anderes Stockwerk fällt, wobei der Stein ein Elektron darstellen soll und die einzelnen Stockwerke des Hauses den quantenmechanischen Energieniveaus des Atoms oder Ions entsprechen.

Die bei diesem Prozess frei werdende Energie wird daraufhin auf ein ausgesandtes Photon übertragen, und die Summe all solcher Photonen zeigt im Spektrum eine der deutlich hellen Linien (siehe Abb. 5.8 „*Prisma*").

Eine Absorptionslinie ergibt sich hingegen durch den Übergang von einem niedrigeren in ein höheres Energieniveau, wobei die dafür nötige Energie durch die Vernichtung – Absorption – eines energetisch passenden Photons aufgebracht wird (gelbe Linien in der Abb. 5.9 „*Atom*").

[9] Näheres dazu findet sich im Anhang B „*Der Aufbau gewöhnlicher Materie*".

Die absorbierten Photonen fehlen dann natürlich im durchscheinenden Licht des kontinuierlichen Spektrums, das somit bei den entsprechenden Wellenlängen dunkle Streifen zeigt (siehe Abb. 5.8 „*Prisma*").

Sowohl die Emission als auch die Absorption von Photonen führt also zu scharf definierten Energiebeträgen und Wellenlängen und dementsprechend schmalen Linien, deren Verhalten genau untersucht und gemessen werden kann.

Da das beobachtete Spektrum charakteristisch für die Art, die Zusammensetzung und den physikalischen Zustand der Materie ist, stellt die Spektroskopie in allen Wellenlängenbereichen eine wichtige Methode der astrophysikalischen Analyse dar.

Und dabei ist die numerische Simulation von Spektren eines der grundlegendsten Werkzeuge der modernen Astrophysik!

Im Hinblick darauf haben auch wir einige konkrete Ziele, so wollen wir uns aus einer gewissen Zwangslage heraus, wie wir noch sehen werden, mit den speziellen spektralen Fingerabdrücken massereicher Sterne – sogenannte **Megasonnen** – sowie **Zentralsternen Planetarischer Nebel** und **Supernovae** vertraut machen.

Darüber hinaus wollen wir eine Vorstellung davon bekommen, wie man auf der Grundlage von Analysen der spektralen Fingerabdrücke einen Zugang zur Bestimmung der charakteristischen Größen, die den Zustand dieser Objekte festlegen, erhalten kann.

Wir wollen also verstehen, was mit Diagnose von Spektren gemeint ist und worauf sie sich begründet.

Nachdem wir den grundlegenden Einstieg in dieses Gebiet bereits gefunden haben, stellen wir auf einer etwas höheren Ebene fest, dass die weitverzweigten Wurzeln dieser Form der spektralen Diagnose unter anderem in der Präzisionsspektroskopie verankert sind.

Diese stellt ein Beobachtungsverfahren dar, das anhand der Farbzerlegung[10] einzelner Lichtquellen untersucht, wie Photonen und Materie miteinander wechselwirken.

Die wichtigste Wechselwirkung zwischen Strahlung und Materie beruht dabei auf der resonanten Absorption und Emission von Photonen.

Durch die Messung der Strahlung untersucht man in der Spektroskopie die Energie der Photonen, die sich aus Energiedifferenzen von quantenmechanischen Zuständen ergeben (siehe Abb. 5.9 „Atom"), wobei sich individuelle spektrale Signaturen einzelner Elemente erheblich unterscheiden können (siehe Abb. 5.14 „*Megasonne*").

Ein Gesamtspektrum erhält man demgemäß durch die Auftragung einer zur spektralen Helligkeit proportionalen Größe, die man Intensität nennt, gegen eine die Energie charakterisierende Größe; infrage kommen dabei die Frequenz und die Wellenlänge.

Ein Spektrum stellt also einen charakteristischen Fingerabdruck des betrachteten Objekts dar, der bei Betrachtung der wellenlängenabhängigen Helligkeit durch

[10] Die Spektroskopie misst die Energieverteilung der Strahlung – die diesbezügliche Entdeckung geht auf Joseph von Fraunhofer zurück, der 1814 im Spektrum der Sonne dunkle Linien untersuchte und erkannte, dass diese eine wichtige Bedeutung haben müssen.

wohldefinierte, das physikalische Verhalten der Energiequellen widerspiegelnde, Strukturen gekennzeichnet ist, die zudem Spitzen und Senken aufweisen.

Diese Strukturen nennt man Spektrallinienprofile.

Da das beobachtete Spektrum charakteristisch für die Art, die Zusammensetzung und den physikalischen Zustand der Materie ist, kann deren Verhalten anhand des Spektrums genau untersucht und analysiert werden; und das ist der tiefere Grund, weshalb die Spektroskopie in allen Wellenlängenbereichen eine der wichtigsten Methoden der astrophysikalischen Diagnostik ist.

Das Ziel der Diagnose des spektralen Verhaltens der Strahlung besteht also darin, aus dem gemessenen Spektrum konkrete Rückschlüsse auf den Zustand der Lichtquellen zu ziehen – dies betrifft zum Beispiel die innere Struktur der Quellen, ihre Temperatur- und Dichtewerte, ihre stoffliche Zusammensetzung oder auch ihre dynamische Bewegung, die, wie wir noch sehen werden, zu einer **Rotverschiebung** der einzelnen Linien führt.

Das weitergehende Ziel besteht darin, aus der genauen Lage, der Stärke und der Form der Spektrallinien ursächliche oder grundlegende physikalische Größen, wie zum Beispiel die Oberflächentemperatur, die Helligkeit oder die Masse sowie die chemische Zusammensetzung eines Sterns (im Zusammenschluss stellen diese Größen die stellaren Parameter dar) zu bestimmen und damit gezielt Hypothesen oder sogar Theorien zu überprüfen.

Für diesen Schritt ist das bloße Betrachten des Spektrums allerdings nicht hinreichend.

Dieser Schritt erfordert vielmehr die numerische Simulation des physikalischen Zustands der Lichtquellen in deren Gesamtheit, wobei das Resultat ein synthetisch berechnetes Spektrum darstellt, das daraufhin mit einem beobachteten verglichen werden kann, um auf diesem Weg die Größen, die den physikalischen Zustand fixieren, zu adjustieren und somit ihre wahren Werte zu finden.

Dass Sterne nicht alle gleich sind, ist uns an vielen Stellen bereits klar geworden. Dementsprechend gibt es auch nicht „den“, sondern verschiedene Zugänge zur stellaren spektralen Diagnose.

Ein sehr spezieller Zugang wird uns dabei durch die Simulation der Hüllen heißer, heller Sterne geboten, zu denen die bereits erwähnten Megasonnen, Zentralsterne Planetarischer Nebel sowie Supernovae, zählen.

Der Zugang ist in diesen Fällen speziell, da die Atmosphären dieser Objekte sich durch ein extrem hohes Verhältnis der Photonendichte zur Gasdichte auszeichnen.

Dies ist auf enorme Energieproduktionsraten zurückzuführen, die nicht nur das Innere der betroffenen Objekte vollständig dominieren, sondern auch deren Hüllen.

Daraus resultiert nun eine Reihe von tief greifenden, physikalischen Besonderheiten, die die Simulation der Hüllen dieser Objekte in entscheidendem Maße prägen.

Die Abb. 5.10 „*Werkzeug*“ gibt uns einen Überblick über das Netzwerk der gekoppelten Gleichungssysteme, die die Grundlage für die Simulationsmodelle zur Erzeugung der spektralen Fingerabdrücke heißer Sterne darstellen.

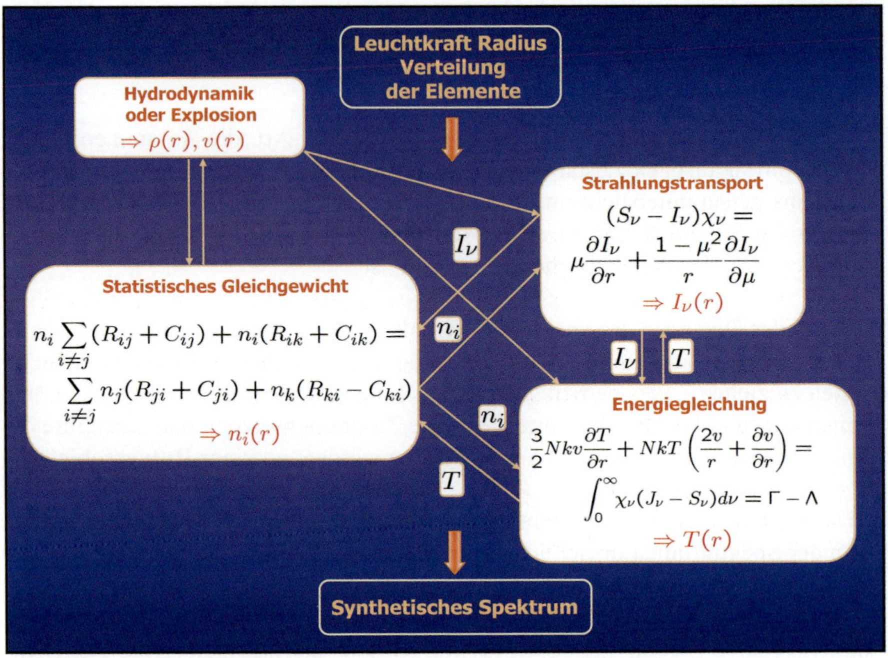

Abb. 5.10 Modellrechnungen als *Werkzeug* zur numerischen Erzeugung von spektralen Fingerabdrücken heißer Sterne. (Die Skizze verdeutlicht die Wirkungsweise des Netzwerks von gekoppelten physikalischen Gleichungssystemen, die für die Berechnung synthetischer Spektren heißer Sterne herangezogen werden.)

Das Bild zeigt eine schematische Darstellung des Gleichungssystems, das das theoretische Grundgerüst für die Simulation der expandierenden Atmosphären heißer Sterne darstellt.

Die Modellrechnungen basieren dabei auf einem räumlichen Gitter, das die gesamte Hülle des Sterns repräsentiert und in der Regel aus vielen 1000 einzelner Gitterpunkte besteht, wobei jeder dieser Gitterpunkte als einzelne lokale Lichtquelle zu betrachten ist (siehe Abb. 5.11 „*Sternwind*").

Auf der Grundlage ihrer Wechselwirkungen untereinander und mit der Strahlung des Sterns stellen diese lokalen Lichtquellen im Verband das Strahlungsverhalten des Sterns dar.

Um dies zu realisieren, müssen alle relevanten physikalischen Vorgänge auf diesen Gitterpunkten beschrieben werden, wobei diese physikalischen Vorgänge den Bereichen der Thermodynamik, der Hydrodynamik, der Atomphysik, der Plasmaphysik und dem Strahlungstransport zuzuordnen sind.

Dabei bestimmen jedoch speziell die Transportmechanismen der Strahlung und der Materieteilchen das auf einer Lösung des Gleichungssystems beruhende Ergebnis.

Um letztlich ein Spektrum berechnen zu können, muss zudem ein feines Netz von Zehntausenden von Frequenzpunkten aufgebaut werden, wobei die physikalischen Vorgänge an jedem Gitterpunkt über die Transportmechanismen Änderungen an einzelnen frequenzabhängigen Strahlungsgrößen vornehmen können.

Zwei Punkte gestalten diese Modellrechnungen nicht ganz einfach.

Dies betrifft zum einen die Rückkopplungen, die die physikalischen Größen eines Bereichs auf einen anderen bewirken, wobei deren Änderungen auf die Berechnung der ursprünglichen Größen auch wieder zurückwirken.

Diese wechselseitigen Abhängigkeiten und Rückkopplungen sind im Bild durch die gezeigten Verbindungslinien zu erkennen, wobei das Strahlungsfeld *I* beispielsweise in die Ratenglei-

Obwohl auf die Kerninhalte dieses Systems ausführlich in der Legende eingegangen wird, werden wir uns dennoch einige markante Punkte etwas genauer ansehen.

Die Atmosphären heißer Sterne expandieren!

Im Falle der Megasonnen und der Zentralsterne ist dies auf die Absorption von Photonen durch viele Millionen von Spektrallinien zurückzuführen (siehe Abb. 5.12 „*Grotrian-Diagramm*").

Hierbei findet ein Impulsübertrag vom Strahlungsfeld auf die Materie statt, der diese auf enorme Geschwindigkeiten beschleunigt.

Dies führt dazu, dass die äußeren atmosphärischen Schichten der Hüllen abgelöst werden.

Die dabei auftretenden Geschwindigkeiten liegen im Falle der Megasonnen bei 1000 bis 4000 km/s und die Massenverlustraten bei bis zu 100 Erdmassen pro Jahr (Abb. 5.11 „*Sternwind*").

Abb. 5.10 (Fortsetzung) chungskoeffizienten R_{ij} (diese beschreiben die Stärke einzelner atomarer Resonanzreaktionsraten, die im System des Statistischen Gleichgewichts bilanziert werden, wobei dieses die Verteilungsfunktionen der atomaren Energieniveaus in wechselseitiger Beziehung für jedes Energieniveau lokal abgleicht) und die Energiegleichung eingeht, die maßgeblich für die Bestimmung der lokalen Temperatur T zuständig ist.

Zum anderen beeinflussen die Verteilungsfunktionen n_i (diese beschreiben die Stärke der Besetzung einzelner atomarer Energieniveaus) den Strahlungstransport und ebenfalls die Energiegleichung, wobei sie selbst wiederum von den lokalen Werten der Temperatur T abhängig sind.[11] Aber nicht nur das, die Verteilungsfunktionen n_i sind grundsätzlich von allen mikrophysikalischen Prozessen, zum Beispiel den Vorgängen im atomaren Bereich (siehe Abb. 5.12 „*Grotrian-Diagramm*"), und makrophysikalischen Größen, zum Beispiel dem Dichte- und Geschwindigkeitsfeld, in nicht lokaler Weise abhängig, und diese Abhängigkeiten übertragen sie auf das System des Statistischen Gleichgewichts, mit dem sie zum Zwecke ihrer Berechnung bilanziert werden.

Der zweite nicht ganz einfache Punkt kommt durch die Thermodynamik zum Tragen, da diese im vorliegenden Fall durch die Nichtgleichgewichtsthermodynamik beschrieben werden muss (im Bild wird dies durch den Block des Statistischen Gleichgewichts verdeutlicht, das an jedem Gitterpunkt aus vielen Tausenden von Bilanzierungsgleichungen besteht).

Die Nichtgleichgewichtsthermodynamik bestimmt nun nach nicht ganz einfachen Regeln die Verteilungsfunktionen n_i der atomaren Zustände der Atmosphärenmaterie – hier gehen zum Teil äußerst komplexe Atommodelle von insgesamt weit über 100 Ionisationsstufen der Elemente ein (siehe Abb. 5.12„*Grotrian-Diagramm*").

Letztlich ist das ganze System vom Verlauf des Geschwindigkeitsfeldes $v(r)$ und der Dichte $\rho(r)$ abhängig, wobei diese Größen im Falle der Megasonnen und der Zentralsterne durch ein hydrodynamisches Modell, und im Falle einer Supernova durch ein Explosionsmodell, bestimmt werden.

Die hier dargelegten Simulationsmodelle zur Berechnung synthetischer Spektren bieten nun die Möglichkeit, diese Spektren mit beobachteten zu vergleichen.

Auf diesem Weg sind präzise Rückschlüsse auf die Sterngrößen möglich, die vorab als unabhängige Parameter dem Modell zur Verfügung gestellt werden und falls erforderlich so anzupassen sind, dass der spektrale Vergleich zum bestmöglichen Resultat führt.

Bei der Bestimmung dieser Größen stehen vor allem die Masse eines Sterns sowie dessen Radius, Oberflächentemperatur und chemische Zusammensetzung der Elemente im Mittelpunkt.

All diese Größen können durch eine solche quantitative Interpretation der Beobachtungsdaten grundsätzlich bestimmt werden, was letztlich zur Vorgehensweise der Analyse des spektralen Fingerabdrucks eines Sterns führt.

[11] Im mathematischen Sinne repräsentiert ein solches Gleichungssystem ein ineinanderverstricktes Integro-Differenzialgleichungsschema.

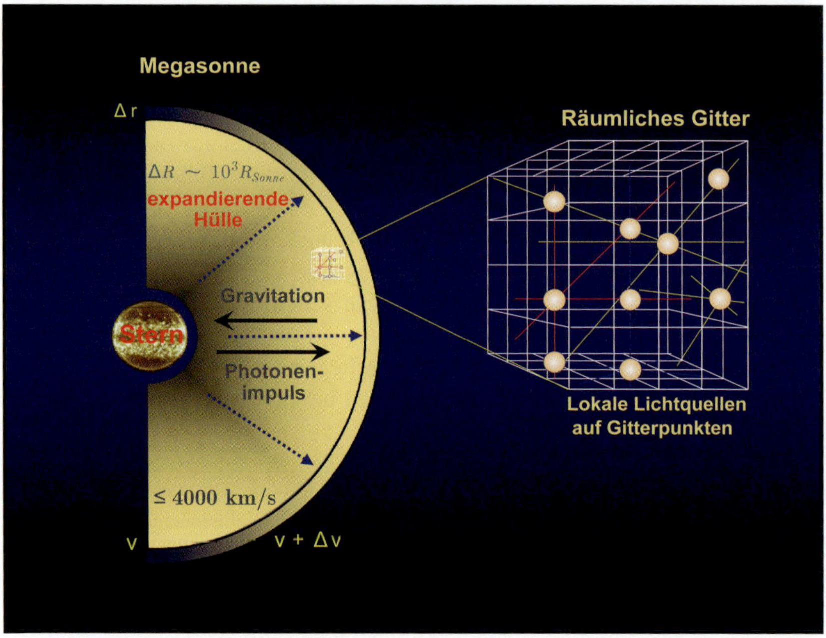

Abb. 5.11 Präzise numerische Simulationen des äußeren atmosphärischen Bereichs heißer Sterne bieten die Möglichkeit, Spektren zu berechnen, auf deren Grundlage der Stern analysiert werden kann. (Das Bild verdeutlicht das Schema, auf dem die expandierende Atmosphäre eines heißen Sterns aufgrund eines *Sternwinds* beruht.)

Wie in der linken Darstellung illustriert wird, beläuft sich die geometrische Schichtdicke der expandierenden Atmosphären bei Megasonnen auf circa 10^3 Sonnenradien, was 10 Erdbahnradien entspricht, und bei Zentralsternen auf circa 1 Erdbahnradius.

Die überwiegend aus Wasserstoff und Helium bestehenden Atmosphären heißer, leuchtkräftiger Sterne werden wegen der aus diesen Eigenschaften resultierenden gewaltigen Strahlungsdichten, die einen Impulsübertrag der die Strahlung repräsentierenden Photonen auf die Materie zur Folge hat, auf Geschwindigkeiten von bis zu 4000 km/s beschleunigt, wobei die Sterne über ihre Lebensdauer gesehen dadurch einen beträchtlichen Teil ihrer Masse verlieren.

Der zur Beschleunigung führende Impulsübertrag wird dabei über die speziell bei den schwereren Elementen zahlreich vorhandenen Spektrallinien vermittelt, wobei hierbei vor allem die Linien des mehrfach ionisierten Elements Eisen von Bedeutung sind (siehe Abb. 5.12 „*Grotrian-Diagramm*“).

Dieses Verhalten nimmt in signifikanter Weise Einfluss auf die Entstehung der Spektren und sorgt für deren charakteristische Formgebung, also ihre speziellen Fingerabdrücke (siehe Abb. 5.14 „*Megasonne*“).

Das Bild auf der rechten Seite zeigt, in vergrößerter Form, einen kleinen Ausschnitt des für die numerischen Simulationen erforderlichen räumlichen Gitters, durch das die gesamte Hülle eines Sterns aufgespannt wird.

Entscheidend dabei ist, dass auf jedem der Tausenden von einzelnen Gitterpunkten sich eine lokale Lichtquelle befindet (helle Kugeln im Bild), die zum einen in das lokale physikalische Geschehen eingebunden ist, das auch seinen Zustand festlegt, und zum anderen mit den anderen Lichtquellen über Strahlengänge verbunden ist (einige Strahlengänge werden in roter, gelber und blauer Farbe in der Skizze gezeigt), die die Strahlung in alle Richtungen transportieren und mit den physikalischen Zuständen der Lichtquellen abgleichen.

Ein Stern stellt somit nicht eine Lichtquelle dar, sondern besteht, in diesem Bild, aus vielen Tausenden solcher, wobei diese miteinander kommunizieren und auf diesem Weg das Strahlungsgebaren des Sterns aushandeln.

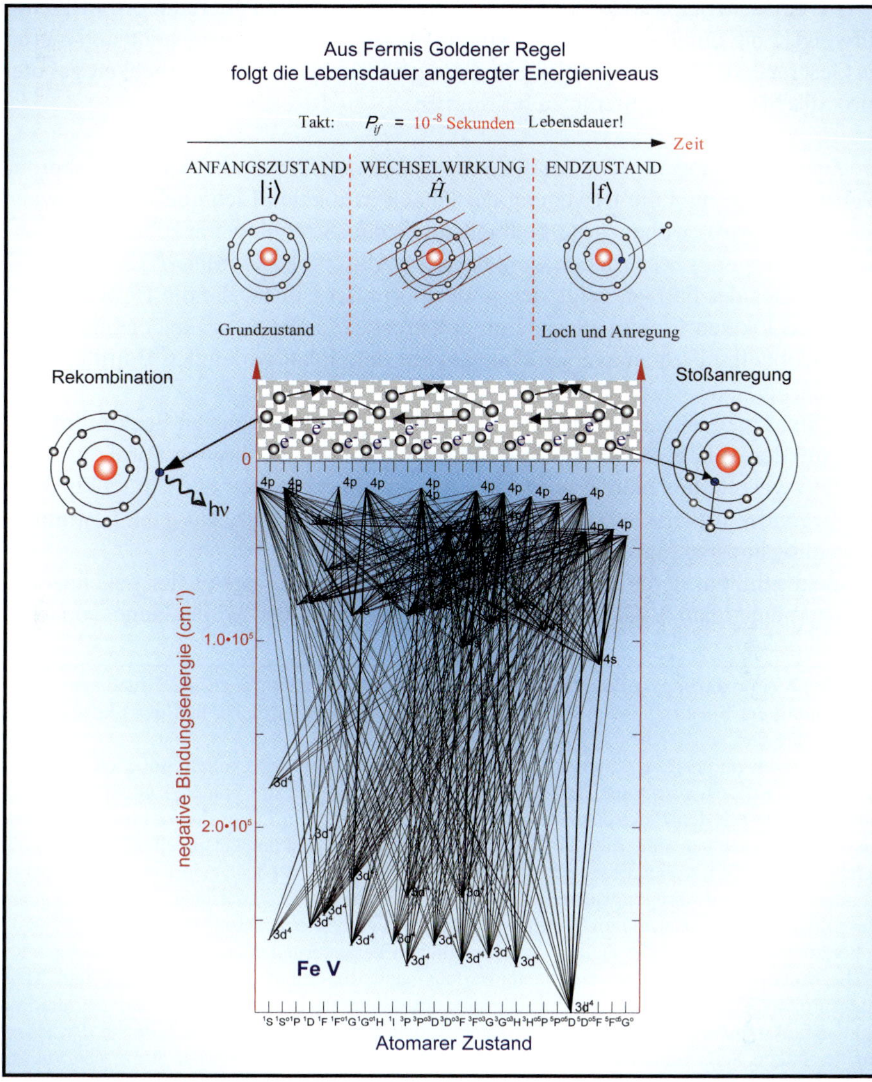

Abb. 5.12 Eisen offenbart sein verwirrendes Innenleben. (Das Bild zeigt als zentralen Punkt ein *Grotrian-Diagramm* für das vierfach ionisierte Element Eisen, wobei insbesondere auf „Fermis Goldene Regel" hingewiesen wird, mit der prinzipiell spontane Übergänge angeregter atomarer Zustände störungstheoretisch berechnet werden können.)

Obwohl es etwas komplex wirkt, ist dieses sogenannte Grotrian-Diagramm nichts anderes als eine Erweiterung der Abb. 5.9 „*Atom*".

Dargestellt sind in vertikaler Richtung die aus Sicht der ungebundenen Teilchen im negativen Energiebereich liegenden Anregungsenergien der atomaren Zustände und in horizontaler Richtung die dazugehörigen quantenmechanischen Termbezeichnungen.

Die gezeigten Verbindungslinien weisen dabei auf erlaubte Strahlungsübergänge hin, die maßgeblich für die Berechnung der Verteilungsfunktionen der atomaren Zustände sind, und nicht

Die Tatsache, dass Megasonnen und Zentralsterne expandierende Atmosphären aufweisen, die durch den Strahlungsimpuls beschleunigt werden, stellt sich hierbei als Geschenk der Natur heraus, da durch diese Eigenschaft die Möglichkeit geboten wird, die Masse dieser Sterne zu bestimmen.

Im Zusammenhang mit der Analyse des spektralen Fingerabdrucks ist dabei zunächst wichtig, dass die Bewegung der einzelnen lokalen Lichtquellen auch wahrgenommen wird, wobei diese bedingt durch den Strahlungstransport jeweils auf einem Gitterpunkt beschrieben werden (siehe Abb. 5.11 „*Sternwind*“).

Dass dies der Fall ist, zeigt sich in der Form der Linien, die die Bewegung der einzelnen lokalen Lichtquellen durch entsprechende Frequenzverschiebungen anzeigt, wobei die Frequenzverschiebungen auf dem lokal wirkenden **Dopplereffekt** beruhen.

So sieht man zum Beispiel bei der als Si IV gekennzeichneten Spektrallinie im Zentrum der Abb. 5.14 „*Megasonne*“, dass der auffälligen, breiten Form der Linie, die ein zweigeteiltes blauverschobenes Absorptionsverhalten und ein rechts daneben liegendes rotverschobenes Emissionsverhalten aufweist, ein ganz bestimmtes Bewegungsmuster zugrunde liegt.

Spektrallinien, deren Form durch ein solches Bewegungsmuster gekennzeichnet ist, nennt man P-Cygni-Linien, wobei die bei einer Wellenlänge von circa

Abb. 5.12 (Fortsetzung) zuletzt auf diesem Weg stellen sie damit auch die Grundlage für die Berechnung der Spektrallinienprofile, also der stellaren Fingerabdrücke, und der Expansion der Atmosphäre dar.

Die Skizzen im positiven Energiebereich und auf der rechten Seite sollen Stöße zwischen den Teilchen illustrieren (die roten Kugeln sollen dabei Atome und die grauen Kugeln Elektronen darstellen; die mit den Elektronen verbundenen Pfeile vermitteln ferner den richtigen Eindruck, dass es die Elektronen sind, die sich rasend schnell bewegen und dementsprechend für die Stöße verantwortlich sind, wobei die rechte Skizze unelastische Stöße, bei denen ein Teil der Stoßenergie zu internen An- und Abregungsprozessen im Atom oder Ion führen, veranschaulicht; es sind genau diese Energiedifferenzen, die im Grotrian-Diagramm in vertikaler Richtung dargestellt sind, wobei in horizontaler Richtung die Vielfalt dieser möglichen Veränderungen erfasst wird).

Die Stöße liefern genauso wie die Ionisations- und Rekombinations- sowie An- und Abregungsprozesse, die An- und Abregungsenergien für die atomaren Zustände, die letztlich die Verteilungsfunktionen n_i beeinflussen. (Der Energieaustausch mit Photonen ($h\nu$), der in der Skizze auf der linken Seite illustriert wird, führt zu analogen, mikrophysikalischen Prozessen wie die unelastischen Stöße sowie die Ionisationen und Rekombinationen, bei denen jeweils ein Elektron aus dem Atomverband entfernt beziehungsweise, falls möglich, hinzugefügt wird. Dabei wird die Bindungsenergie beim Einfangen eines Elektrons in die Elektronenhülle freigesetzt. Um das Elektron wieder aus dem Atom zu entfernen, muss hingegen der gleich große Energiebetrag zugeführt werden. Dabei gilt: Je höher die Ladung eines Ions ist, desto höher ist auch die Bindungsenergie der noch vorhandenen Elektronen.)

Im oberen Bereich des Bildes wird die quantenmechanische Berechnung der Übergangswahrscheinlichkeiten der Strahlungsübergänge illustriert, die auf „Fermis Goldener Regel“ basiert.

Das linke Bild weist dabei auf den Ausgangszustand, das mittlere auf den Wechselwirkungsprozess und das rechte auf den Endzustand hin.

Auf diesem Weg können insbesondere spontane Übergänge angeregter atomarer Zustände störungstheoretisch berechnet werden, und die stellen, wie wir noch sehen werden, eine Grundlage für das, was wir Zeit nennen, dar.

Der entsprechende quantenmechanische Takt ergibt sich dabei aus der Lebensdauer angeregter Energieniveaus, und die liegt im Mittel bei 10^{-8} s.

Abb. 5.13 *Megasonnen und ihr dominantes Gehabe.* (Das Bild zeigt NGC 604, einen der größten Sternentstehungsnebel, der in der circa 3 Mio. Lichtjahre entfernten Triangulum Galaxie (Messier 33) zu finden ist. © Hubble Legacy Archive, ESA, NASA; Processing – Donald Waid.)

Mit einer Ausdehnung von fast 1300 Lichtjahren hat NGC 604 in den letzten Millionen Jahren mehr als 200 Megasonnen hervorgebracht (aufgrund ihrer hohen Temperatur stellen sich diese massereichen Sterne schwach bläulich dar).

Da die Sternentstehung bereits seit 4 Mio. Jahren im Gange ist, haben sich die ersten Megasonnen auch bereits schon wieder verabschiedet, wobei die blasenartigen rötlichen Strukturen Zeuge davon sind. Diese wurden durch die Sternwinde der Megasonnen und deren anschließenden Supernova-Typ-II-Explosionen mit künstlerischem Schwung gestaltet.

1400 Ångström (Å) beheimatete und als Si IV gekennzeichnete Resonanzlinie von dreifach ionisiertem Silizium ein klassischer Vertreter dieser Linien-Spezies ist.

Es zeigt sich ferner, dass die Struktur der Spektrallinien Veränderungen unterworfen ist, die durch die jeweilig unterschiedlichen Geschwindigkeitswerte der einzelnen lokalen Lichtquellen und den darauf reagierenden Dopplereffekt herbeigeführt werden.

Die Form der Spektrallinien ist also in hohem Maße vom Verlauf des Geschwindigkeitsfeldes und dessen Maximalwert abhängig, wobei der Maximalwert der Geschwindigkeit die Breite der Linie festlegt.

Man kann also über die **Rotverschiebung** eines Sterns oder einer Galaxie unter Zuhilfenahme des Dopplereffekts nicht nur auf einfache Art feststellen, wie schnell sich das Objekt von uns entfernt, man kann über den gleichen Mechanismus auch Rückschlüsse auf die zugrunde liegende intrinsische Dynamik der Objekte ziehen, wobei in diesem Fall sich Bereiche gleicher Geschwindigkeitsgrößen, aber verschiedener physikalischer Zustände gerne überlagern, was die Interpretation der Geschehnisse nicht ganz so einfach gestaltet.

Wegen dieser Zusammenhänge besteht nun grundsätzlich die Möglichkeit, durch die Analyse der Struktur der Spektrallinien Rückschlüsse auf die Ursache der dynamischen Bewegung der einzelnen lokalen Lichtquellen zu ziehen.

Die grundlegende Idee dazu ist sogar leicht einzusehen: Dynamische Bewegungen werden maßgeblich von der Gravitation und damit der Masse der Objekte beeinflusst, und das bedeutet, dass umgekehrt auch ein Rückschluss auf die Masse der Objekte über die Struktur der Spektrallinien möglich ist.

Die Masse wird dabei über die Fluchtgeschwindigkeit[12] des Sterns ins Spiel gebracht; und die ist direkt proportional zum Verlauf des Geschwindigkeitsfeldes, das die Expansion darstellt. Das heißt letztendlich, dass sich die Masse des Sterns im Profil jeder einzelnen Spektrallinie, die im expandierenden Teil der Atmosphäre gebildet wird, widerspiegelt!

Die Berechnung des Geschwindigkeitsverlaufs $v(r)$ erfordert nun eine konsistente Behandlung der Beschleunigung infolge der Absorption von Photonen durch die Spektrallinien.

Da diese Berechnung parallel und analog zur Berechnung des synthetischen Spektrums erfolgt, unterliegt die Massenbestimmung damit keinerlei systematischer Fehler, solange das synthetische Spektrum im Einklang mit der Beobachtung ist.

Der grundlegende Test für die Ermittlung der Masse ist also der Vergleich des berechneten mit dem beobachteten Spektrum. Diese müssen präzise übereinstimmen, um neben der Masse eines Sterns auch dessen Radius, Oberflächentemperatur und chemische Zusammensetzung der Elemente präzise bestimmen zu können.

Die Diagnose des spektralen Verhaltens der Strahlung ist also das wesentliche **Experiment**, das dem Zusammenhang der Parameter eines Sterns und der Struktur der Spektrallinien die notwendige Grundlage gibt.

Durch die Forderung, dass das berechnete und das beobachtete Spektrum möglichst gut übereinstimmen müssen, muss die Messlatte allerdings aus dem Kellerbereich geholt werden, da selbst bei einem geringen Qualitätsmaßstab alle erforderlichen Wechselwirkungen und physikalischen Effekte korrekt dargestellt und simuliert werden müssen.

Inwieweit dies realisiert werden kann, muss, in Ermangelung eines geschulten Orakels, das angekündigte Experiment zeigen.

[12] Der Zusammenhang zwischen der Masse und der Fluchtgeschwindigkeit wird im Exkurs 5 „Der Schwarzschild-Radius und die Planck-Länge" verdeutlicht.

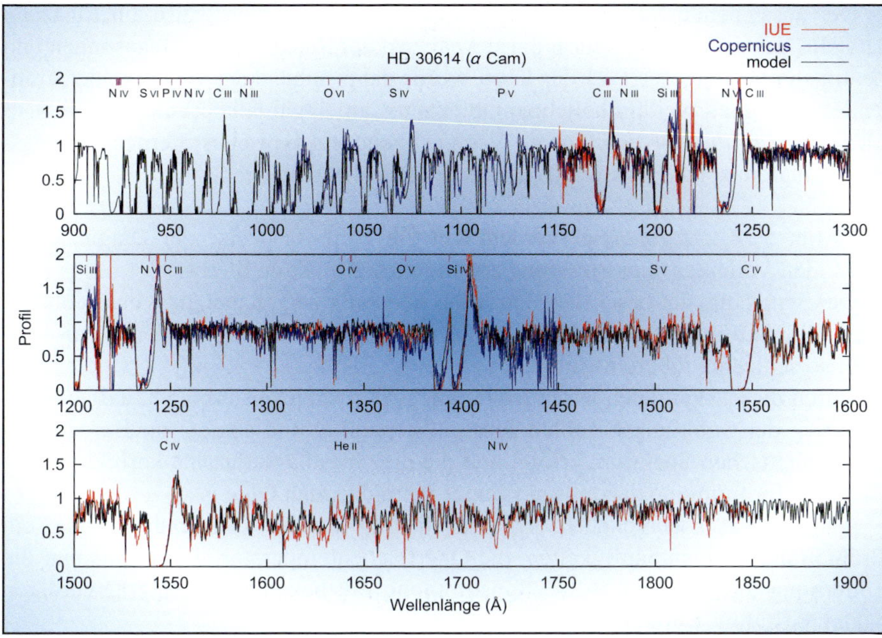

Abb. 5.14 Beobachtete und berechnete spektrale Fingerabdrücke im Vergleich. (Das Bild zeigt ein berechnetes, synthetisches UV-Spektrum einer *Megasonne* (*schwarze Linie*), das mit zwei beobachteten Spektren des Objekts α Camelopardalis (*rot* und *blau*) verglichen wird. © A. Pauldrach, T. Hoffmann, M. Lennon (LMU).)

Dargestellt ist die spektrale Helligkeit eines heißen massereichen Sterns gegen die Wellenlänge.

Charakteristische Strukturen (Spektrallinien) wichtiger Ionisationsstufen sind im Bild durch Symbole markiert und gekennzeichnet, wobei Linien der Elemente Silizium (Si), Schwefel (S), Phosphor (P), Sauerstoff (O), Stickstoff (N), Kohlenstoff (C) und Helium (He) besonders hervorstechen.

(Anzumerken ist, dass die Vielzahl von etwas schwächeren Spektrallinien, die zum Beispiel in den Wellenlängenbereichen von 1250–1380 Ångström (Å) und 1570–1850 Å gut erkennbar sind, auf den Elementen Eisen (Fe) und Nickel (Ni) beruhen (siehe Abb. 5.12 „*Grotrian-Diagramm*“). Diese Spektrallinien sind vor allem für den Impulsübertrag der Strahlung auf die Materie, der die Ursache für den Sternwind ist, von großer Bedeutung; sie sind aber auch für die Bestimmung der Massenverlustrate, der Sternmasse, des Radius und der Oberflächentemperatur des Sterns signifikant und essenziell.)

Aus der Stärke aufeinanderfolgender Ionisationsstufen (zum Beispiel OIV, OV und OVI, wobei IV für dreifach ionisierten Sauerstoff steht usw.), die sich in der Stärke der Linienprofile widerspiegeln, erhält man dabei einen konkreten Hinweis auf die Oberflächentemperatur des Sterns.

Auch der Sternradius hinterlässt seine Spuren in der Breite der stärksten Linien und deren Emissionsverhalten.

Da das Geschwindigkeitsfeld, das der Stern aufgrund seines heftigen Sternwinds vorzuweisen hat, sehr sensitiv von der Sternmasse abhängig ist und die Form der Spektrallinien sehr sensitiv vom Geschwindigkeitsfeld abhängt, spiegelt sich die Masse des Sterns in den Profilen der Spektrallinie wider.

Aufgrund der nahezu perfekten Übereinstimmung der gezeigten Spektren können auf diesem Weg sehr präzise die Oberflächentemperatur, die Helligkeit und die Masse des Sterns bestimmt werden.

Der ausstehende Nachweis, dass die dargelegte Vorgehensweise ein Rüstzeug darstellt, das zur Not auch für präzise Analysen der Spektren von Megasonnen und Zentralsternen eingesetzt werden kann, wurde dabei anhand des wegen seiner strahlenden Helligkeit weithin beliebten Objekts α Camelopardalis erbracht (Abb. 5.13 „*Megasonnen und ihr dominantes Gehabe*" zeigt ein typisches Sternentstehungsgebiet, in dem solche massereichen Sterne zu finden sind).

Die Abb. 5.14 „*Megasonne*" verdeutlicht die Funktionsweise der Diagnose des spektralen Verhaltens der Strahlung anhand dieses illustren Sterns.

Der Status quo der beschriebenen Analysetechnik zeigt dabei, dass das beobachtete UV-Spektrum mit dem berechneten synthetischen Spektrum en détail – also gar nicht so schlecht – übereinstimmt.

Durch diesen Vergleich wird also durchaus der Nachweis erbracht, dass die Berechnung der Strahlungsbeschleunigung, die parallel und analog zur Berechnung des synthetischen Spektrum erfolgt und die die Grundlage für eine korrekte Sternparameterbestimmung darstellt, von einer hinreichenden Güte ist.

Anhand dieses berechneten synthetischen Spektrums konnte die Masse, ein Großteil der Elementhäufigkeiten, die Oberflächentemperatur, der Radius und die Entfernung dieses Sterns in Übereinstimmung mit bekannten, aber fragwürdigen Fakten bestimmt werden.

Dieses Ergebnis stellt auf dieser Grundlage einen Beleg dafür dar, dass es auch ohne große Anstrengung möglich ist, ein Verfahren von hinreichender Güte für die quantitative Analyse von Megasonnen und Zentralsternen Planetarischer Nebel zu generieren.

Trotz seines simplen Inhalts und seiner trivialen Umsetzung stellt dieses Verfahren den wesentlichen Schlüssel dar, um die vielen Rätsel, die zum Beispiel mit der Entstehung massereicher Sterne, ihrer explosiven Vergänglichkeit, den Vorläufersternen von Supernovae vom Typ II, Hypernovae und Gammastrahlenblitzen im Zusammenhang stehen, zu lösen.

6 Die Entwicklung des Universums, pointiert betrachtet

In einem gewissen Rahmen haben wir uns nun das erforderliche Rüstzeug erarbeitet, um, auf dem anerkannten Stand des Wissens basierend, den Ursprung und die frühe Entwicklung des Universums zu durchleuchten. Das soll natürlich nicht heißen, dass wir alle wesentlichen Punkte, denen das Universum physikalisch zugrunde liegt, bereits verstanden haben, aber es soll heißen, dass wir eine Verständnisgrundlage geschaffen haben, die es uns ermöglicht, die wesentlichen Bausteine der Entwicklung näher betrachten zu können.

Die Betrachtung dieser Bausteine muss dabei allerdings mit besonnener Gründlichkeit erfolgen. Das heißt, dass wir unser Ziel nicht an einer möglichst umfassenden Vorgehensweise, die das gegenwärtige Standardmodell in all seinen vielschichtigen Details darzulegen versucht, orientieren werden; und wir werden auch gelassen bleiben, wenn einige nicht direkt auf unserem Weg liegende Punkte nicht zur Sprache kommen. Wir werden also den Mut zur Lücke haben und demgemäß auch einige durchaus nicht unwesentliche Aspekte einfach ignorieren und weglassen. Wir werden unser Vorgehen somit ausschließlich danach ausrichten, den Rahmen des gegenwärtigen Verständnisses der frühen Entwicklung des Universums pointiert aufzuziehen.

Dabei werden wir allerdings auch neue Sichtweisen, die das anerkannte Standardmodell ergänzen, einfließen lassen. Das Wesentliche an unserer pointierten Sichtweise wird aber vor allem eine genauere Betrachtung und Einschätzung der physikalisch motivierten Eckpfeiler sein, die einen Zugang zum Verständnis der Entstehung und der frühen Entwicklung des Universums ermöglichen. Denn nur auf dieser Grundlage kann es uns in weiterführenden Schritten gelingen, die Dunklen Elemente, die sich in jüngster Zeit nicht mehr verstecken, sondern sich in Form von **Dunkler Materie** und **Dunkler Energie** mit offenem Visier zu erkennen geben[1], in unser Weltbild einzuordnen.

---

[1] Der Ursprung der Redewendung leitet sich vom lateinischen Wort „videre", das „sehen" bedeutet, ab und bezeichnet die eiserne Gesichtsmaske eines Kämpfers.

A. W. A. Pauldrach, *Das Dunkle Universum,* DOI 10.1007/978-3-642-55373-8_6

Nachdem sich herausgestellt hat, dass diese Elemente nunmehr sogar den Anspruch erheben, unser Universum zu dominieren, werden diese weiterführenden Schritte entscheidend für unsere Sicht auf das „Neue Universum" sein.

Zunächst müssen wir aber unsere Hausaufgaben machen und das Grundlegende, das die Ursprünge des Universums und deren Ursachen kennzeichnet, genauer durchleuchten.

„Genauer" kann in diesem Zusammenhang keinesfalls verkehrt sein, denn wir sollten uns an dieser Stelle vergegenwärtigen, dass das Universum, beruhend auf unserem momentanen Wissensstand, sich an uns vorbei ins Leere entwickelt hat.

Nachdem wir nicht gewillt sind, ein Dunkel gebliebenes und damit das Grauen repräsentierendes Universum einfach so zu akzeptieren besteht also ein mit heißer Nadel gestrickter Handlungsbedarf!

6.1 Der Tag, an dem das Universum entdeckt wurde

Zu Beginn des 20. Jahrhunderts hielt man das Universum für etwas durchaus Überschaubares.

Das Universum, das war unsere Milchstraße mit etwas darum herum.

Gut, es gab einige merkwürdige Gebilde, neblig erscheinende Objekte, und genau genommen war der Himmel voll davon, aber bei genauerer Hinsicht würde sich schon zeigen, dass hinter diesen Gaswolken nichts Geheimnisvolles steckte; Hauptsache, das Universum blieb überschaubar und wir mittendrin.

Das war die Sicht, und die konnte sich vor allem deshalb manifestieren, weil es keine Möglichkeit gab, die Entfernungen zu diesen Gebilden zu bestimmen.

Im Januar 1925 änderte sich diese Sicht schlagartig.

Ein junger Mann namens Edwin Hubble machte zu dieser Zeit eine folgenschwere Entdeckung. Diese Entdeckung zeigte, dass das Universum milliardenmal größer ist als unsere Milchstraße und dass es mit einer gewaltigen Zahl von **Galaxien** gefüllt ist, die unserer eigenen Milchstraße sehr ähnlich sind.

Auf dramatischere Weise ist das Verständnis der Menschheit, wie sie die Welt und ihre eigene Rolle darin sieht, nie zuvor geändert worden.

Die Idee, dass die Milchstraße das Universum ausmacht, musste zusammen mit der Vorstellung, dass die Sonne das Zentrum der Milchstraße ist, endgültig zu Grabe getragen werden.

Damit war ein Paradigmenwechsel mit großem Nachhall fällig, denn man hatte endlich das wirkliche Universum entdeckt!

Seine wahre Natur war erkannt worden, und der Streit um seine tatsächliche Größe war damit ebenfalls entbrannt.

Das geschlossene Visier ist das Sinnbild des „Sich-Verbergens", entweder aus Angst oder aber weil man sich erst später, nachdem der Gegner seine Chancen verspielt hat und zur Gegenwehr nicht mehr fähig ist, zu erkennen geben will.

Abb. 6.1 Ein Stern, der das Universum veränderte! (Das Bild zeigt den Stern „*Hubble Variable Number 1*" (V1), der sich im Außenbereich der 2 Mio. Lichtjahre entfernten Andromeda-Galaxie (M31) befindet. © NASA, ESA and the Hubble Heritage Team (STScI/AURA).)

V1 gehört zur Klasse der pulsierenden Cepheiden-Sterne, anhand der kosmische Entfernungen zuverlässig gemessen werden können.

V1 war der erste Stern, den Edwin Hubble verwendete, um zu zeigen, dass Andromeda weit außerhalb unserer Galaxie liegt und selbst eine Galaxie darstellt, und damit war klar, dass das Universum um ein Vielfaches größer ist, als man damals dachte.

Worin bestand nun die sagenhafte Entdeckung Edwin Hubbles, die 1925 diesen folgenschweren Umschwung herbeiführte?

Sie bestand eigentlich in etwas Banalem: Mit einem Teleskop, der damals neuesten Generation, gelang es Edwin Hubble, in einem dieser nebelartigen Gebilde – dem Andromedanebel – Sterne zu identifizieren, die ihre Helligkeit periodisch verändern (siehe Abb. 6.1 „*Hubble Variable Number 1*").

Das klingt in der Tat recht banal, und dennoch hat diese Entdeckung einen bemerkenswerten Kern.

Zunächst war wichtig, dass man diese Sterne und ihr Verhalten sehr genau kannte – bei diesen Sternen handelte es sich um sogenannte Cepheiden.

Die wichtigste Eigenschaft dieser Sterne besteht darin, dass die Periode ihrer Helligkeitsschwankungen proportional zur Gesamthelligkeit der Objekte ist (siehe Abb. 6.2 „*Tausend Worte*"). Damit weiß man durch eine einfache Messung der zeitlichen Periode im Vorhinein, wie viele Photonen diese Sterne in unsere Richtung abgeben. Die räumliche Dezimierung der Zahl dieser Photonen – die sogenannte Strahlungsverdünnung – hängt nun fast ausschließlich vom Abstand der Sterne ab.

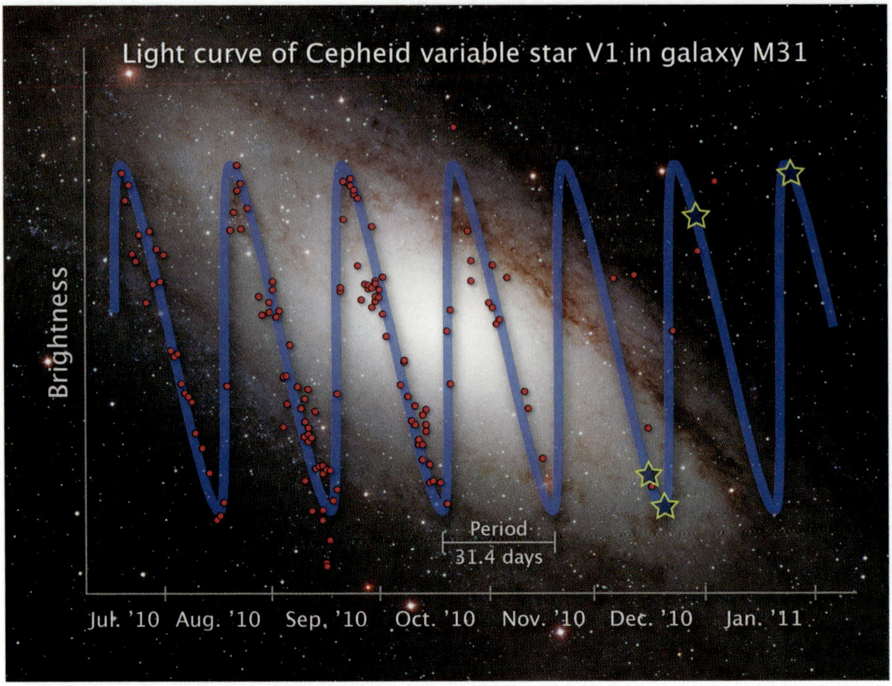

Abb. 6.2 Eine Lichtkurve sagt mehr als *tausend Worte*! (Das Bild zeigt den periodischen Verlauf der Helligkeit des Cepheiden V1 über einen Zeitraum von 7 Monaten. © Illustration, © NASA, ESA, the Hubble Heritage Team (STScI/AURA), the American Association of Variable Star Observers and Z. Levay (STScI).)

Mit der überlagerten Grafik im Bild konnte nachgewiesen werden, dass V1 einen Pulsationszyklus von 31.4 Tagen hat, und diese Information führt unmittelbar zur Gesamthelligkeit und damit zur Entfernung des in der 2 Mio. Lichtjahre entfernten Andromeda-Galaxie beheimateten Sterns.

Das heißt, um die Entfernung zu den Cepheiden zu bestimmen, muss man lediglich die Zahl der bei uns tatsächlich ankommenden Photonen messen und mit der bekannten ursprünglich ausgesandten Größe vergleichen.

Der folgenschwere Umschwung bei der Interpretation des Blicks auf unser Universum wurde also dadurch eingeleitet, dass anhand der Cepheiden endlich die Entfernungen zu den nebelartigen Gebilden bestimmt werden konnten!

Edwin Hubble konnte durch die Auswertung seiner Beobachtungen damit den eindeutigen Nachweis erbringen, dass der Andromedanebel weit außerhalb unserer Milchstraße liegt und selbst eine eigenständige Galaxie von vergleichbarer Größe darstellt.

Dieser Nachweis konnte auch für all die anderen, unglaublich zahlreichen Nebel erbracht werden; es waren in Wirklichkeit weit entfernte Galaxien.

Auf einen Schlag war damit das Erscheinungsbild des Universums in einem gewaltigen Maßstab gewachsen, und die wissenschaftlich basierte Kosmologie hatte auf diesem Weg endlich ihren Startschuss erhalten!

6.2 Der Raum: Genug kann nie genügen!

Was Edwin Hubble betrifft, war die Entdeckung des Universums noch nicht alles, er war selbst in dieser Hinsicht noch steigerungsfähig.

Und diese Steigerung betraf einen revolutionären Beitrag, mit dem er 4 Jahre später sogar den alles überragenden Albert Einstein dazu zwang, sein Weltbild eines statischen, gleichbleibenden Universums zu revidieren.

Denn er fand heraus, dass das gesamte Universum einer gewaltigen Expansion unterworfen ist und sich damit unaufhörlich als Ganzes verändert.

Wie kam Edwin Hubble zu dieser Einsicht?

Entfernungen hatte er ja bereits bestimmt, auch in großem Maßstab, aber die lassen für sich gesehen noch keine Rückschlüsse auf Bewegungen oder gar eine Expansion zu. Für eine derartige Einschätzung sind vielmehr weitergehende Informationen nötig.

Die sind prinzipiell auch vorhanden, denn bislang wurde lediglich die Helligkeit der Sterne als Informationsträger verwendet, und das ist sehr bescheiden, denn wir wissen ja, dass das Licht astronomischer Objekte bei Weitem mehr zu bieten hat!

Wir wissen, dass dem glatten Verlauf des kontinuierlich aufgespaltenen Lichts ein charakteristischer Fingerabdruck aufgedrückt wird, der bei Betrachtung der wellenlängenabhängigen Helligkeit wohldefinierte Spitzen und Senken zeigt,[2] wobei diese Spitzen und Senken Spektrallinien repräsentieren. Und wir wissen auch, dass diese Spektrallinien durch die Emission und Absorption von Photonen bei bestimmten Wellenlängen gebildet werden, wobei die Entstehung oder Vernichtung der Photonen aus quantenmechanischen Übergängen von Elektronen, die zwischen den energetisch unterschiedlichen Zuständen eines Atoms oder Ions erfolgen, resultiert. Die Energie des Photons entspricht dabei gerade dem Unterschied zwischen den Energien der quantenmechanischen Zustände und hat somit einen scharfen Wert.

Nachdem sowohl die Emission als auch die Absorption von Photonen zu scharf definierten Energiebeträgen und Wellenlängen und dementsprechend schmalen Linien führt, deren Verhalten genau untersucht und gemessen werden kann, besteht die Möglichkeit, die Spektroskopie auch als Werkzeug zur Messung von Geschwindigkeiten zu benutzen.

In einem Fall, in dem Geschwindigkeiten zwischen Sender und Empfänger der Strahlung im Spiel sind, verändert sich die Struktur des Fingerabdrucks des beobachteten Objekts auf so einfach vorhersagbare Weise, dass man fast auf direktem Weg ermitteln kann, wie schnell sich die dem Spektrum zugeordnete Lichtquelle bewegt.

---

[2] Näheres dazu findet sich in dem Kap. 5.5 „*Die Spektraldiagnostik als bewährter Primus inter Pares*“ und im Anhang B „*Der Aufbau gewöhnlicher Materie*“.

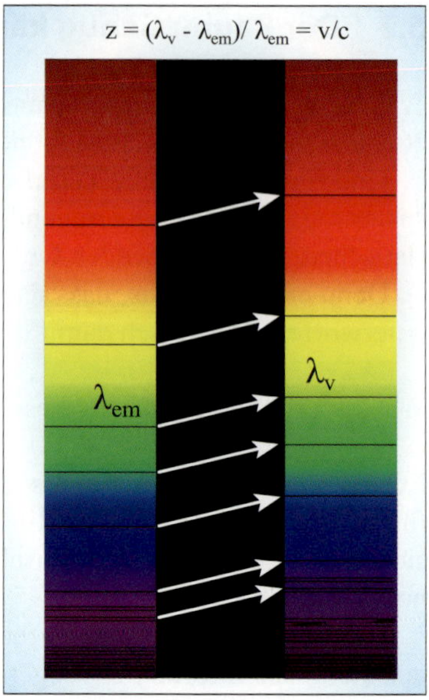

Abb. 6.3 Skizze: *Wellenlängenverschiebung* der schmalen Spektrallinien in den roten Bereich.
Eine positive Relativgeschwindigkeit zwischen Sender und Empfänger ist die Ursache für die illustrierte Rotverschiebung.

Warum ist es nun aber so einfach, Geschwindigkeiten anhand eines Spektrums zu bestimmen?

Das liegt daran, dass das von einem Objekt emittierte Licht seine Wellenlänge (λ_{em}) und damit seine Farbe je nach Geschwindigkeit und Richtung der Bewegung ändert.

Das heißt, dass die schmalen Emissions- und Absorptionslinien lediglich spektral verschoben werden (siehe Abb. 6.3 „*Wellenlängenverschiebung*").

Man muss also nur einige Spektrallinien identifizieren, die Wellenlängenverschiebung ($\lambda_v - \lambda_{em}$) messen und den Zusammenhang zwischen dieser Verschiebung und der Geschwindigkeit kennen, um zum Ziel zu kommen.

Dabei stoßen wir allerdings auf eine noch zu schließende Lücke: Wir benötigen vorab die Beziehung zwischen der relativen Wellenlängenverschiebung $z = (\lambda_v - \lambda_{em})/\lambda_{em}$ und der Geschwindigkeit v.

Um diese Beziehung einzusehen, betrachten wir einen Stern, der sich von uns als Beobachter entfernt.

Da sich der Stern in der Zeit zwischen der Emission von zwei Wellenbergen weiterbewegt, vergrößert sich der Abstand zwischen diesen Wellenbergen, und damit vergrößert sich auch die Wellenlänge selbst, und zwar genau um den Weg, der der Ruhewellenlänge multipliziert mit dem Verhältnis der Relativgeschwindigkeit v und der Lichtgeschwindigkeit c entspricht – $(\lambda_v - \lambda_{em}) = \lambda_{em}\, v/c$.

Dieses Ergebnis ist für die beiden Grenzfälle $v = 0$ – hier bleibt die Wellenlänge gleich – und $v = c$ – bei diesem Geschwindigkeitswert würde sich die Wellenlänge verdoppeln (dies entspricht einem Wert von $z = 1$), wenn wir von relativistischen Effekten absehen – unmittelbar einsichtig.

Die relative Wellenlängenverschiebung gegenüber der ursprünglich emittierten Strahlung, die auf einer Relativgeschwindigkeit zwischen Sender und Empfänger beruht, bezeichnet man als Rotverschiebung, wobei der physikalische Effekt, den wir soeben beschrieben haben, als Dopplereffekt bekannt ist.

Diese Rotverschiebung z kann nun durch eine einfache Analyse der Spektrallinien gemessen werden und liefert durch Multiplikation mit der Lichtgeschwindigkeit c auf direktem Weg die Relativgeschwindigkeit v zwischen Sender und Empfänger:

$$v = zc = \frac{\lambda_{\mathrm{v}} - \lambda_{em}}{\lambda_{em}} c$$

Die Geschwindigkeit eines astronomischen Objekts stellt also eine weitere, einfach zu messende Größe dar.

Man kann durch eine einfache Analyse der Strahlung somit nicht nur feststellen, wie weit eine **Galaxie** entfernt ist, man kann auf diesem Weg auch bestimmen, wie schnell sie sich von uns fort- oder aber auf uns zubewegt!

Wir hatten bereits an anderer Stelle festgestellt, dass jede Entdeckung ihren eigenen zeitlichen Rahmen hat und dass dieser Rahmen vom technologischen Fortschritt der jeweiligen Epoche vorgegeben wird. Dementsprechend war es Ende der 20er-Jahre des letzten Jahrhunderts an der Zeit, neben den Entfernungen auch die Rotverschiebungen der neu entdeckten Galaxien zu bestimmen – die Leistungsfähigkeit der damaligen Teleskope ließ dies einfach zu.

Und das war genau das, was Edwin Hubble getan hat.

Er bestimmte zu den Entfernungen seiner Galaxien auch die Rotverschiebungen und stellte die beiden Größen in einem Diagramm dar; und dieses Diagramm zeigte etwas, das jeder sofort sehen kann: Die radiale Geschwindigkeit der Galaxien ist direkt proportional zu ihrer Entfernung!

Etwas präziser formuliert, konnte Hubble mit seinem Diagramm zeigen, dass die Galaxien sich in alle Richtungen von uns und voneinander entfernen und dass sie dies umso schneller tun, je weiter sie von uns entfernt sind (siehe Abb. 6.4 „*Der Raum expandiert*“).

Das heißt also, je größer der Abstand zwischen zwei Galaxien im Universum ist, umso weiter entfernen sie sich innerhalb eines bestimmten Zeitintervalls auch voneinander.

Wir haben es also mit einer Galaxienflucht zu tun, bei der die Fluchtgeschwindigkeit mit zunehmendem Abstand wächst!

Als Resultat seiner Beobachtungen fand Hubble somit die Beziehung:

$$Geschwindigkeit = H_0(Hubble\text{-}Konstante) \times Entfernung.$$

Er fand damit nicht mehr und nicht weniger als das Hubble-Gesetz:

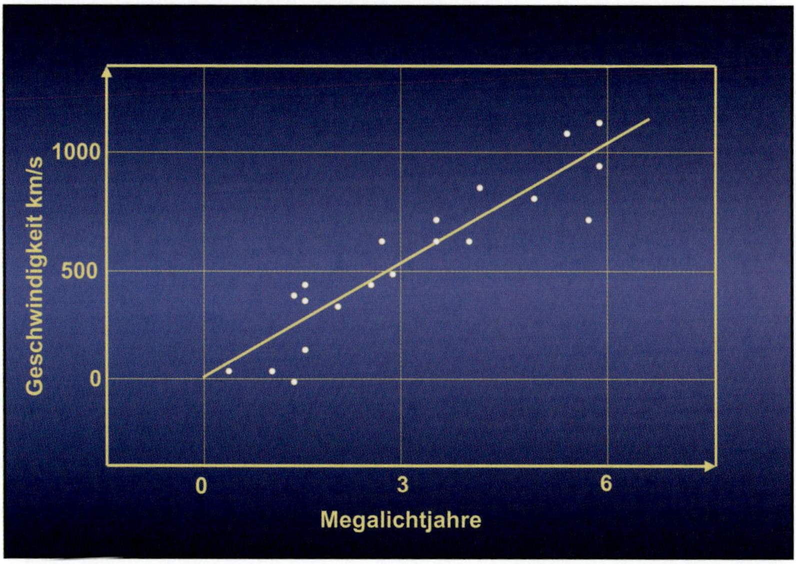

Abb. 6.4 *Der Raum expandiert*, doch Hubble wollte es nicht wahrhaben. (Das Bild zeigt die Originalmessungen von Edwin Hubble, die das nach ihm benannte Diagramm generieren.)

Zu sehen ist Edwin Hubbles bekannte Darstellung, die die Geschwindigkeit aufgetragen gegen die Entfernung extragalaktischer Objekte zeigt und die eine offensichtlich lineare Beziehung zwischen diesen Größen erkennen lässt, wobei die Steigung der Geraden der berühmten Hubble-Konstante H_0 entspricht. (Die angegebenen Punkte stellen die Originaldaten von Edwin Hubble aus dem Jahr 1929 dar.)

Nachdem es Edwin Hubble als Erstem gelungen war, Entfernungsbestimmungen auch bei großen Abständen astronomischer Objekte durchzuführen, war die Entdeckung dieser Relation ein konsequenter Schritt.

Dennoch war diese Relation zu Hubbles Zeit nicht so ohne Weiteres zu erkennen, da wegen der Eigenbewegungen der Galaxien erhebliche Korrekturen nötig waren. Erst im Bereich des Virgo-Haufens, der circa 65 Mio. Lichtjahre entfernt ist, endet unsere lokale Umgebung, und erst in diesem Bereich sind die Einflüsse von Pekuliargeschwindigkeiten der Galaxien untereinander nicht mehr so deutlich – das ist einer der Punkte, weshalb große Entfernungen eine besondere Bedeutung haben.

Bei heutigen Darstellungen dieses Diagramms geht man natürlich weit über den Virgo-Haufen hinaus, wobei Hubbles fundamentale Entdeckung aus den 20er-Jahren – trotz quantitativer Korrekturen – qualitativ immer wieder bestätigt wird.

$$v = H_0 r$$

Durch diese Beziehung, die einen linearen Verlauf zwischen den Entfernungen r der Galaxien und den als Geschwindigkeiten v interpretierten Rotverschiebungen z zeigt, wird eine mittlerweile weltberühmte Konstante, die Hubble-Konstante H_0, festgelegt, deren aktueller Wert sich auf 22 km/s/Megalichtjahr beläuft.

Was fangen wir mit dieser Beziehung nun an?

Das sollte eigentlich klar sein!

Diese zwischen Entfernungen und Relativgeschwindigkeiten gebildete Relation hat Hubble weltberühmt gemacht, also sollte der Punkt, der die entscheidende Wen-

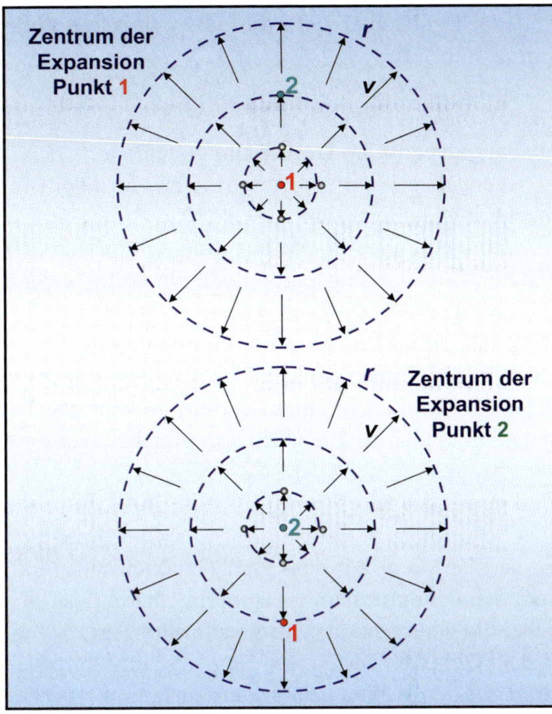

Abb. 6.5 Skizze: Das obere Bild zeigt, dass sich alles vom Punkt 1 wegbewegt. Das untere Bild zeigt, dass dies auch für jeden anderen Punkt, zum Beispiel Punkt 2, gilt. Die *Expansion* hat damit keinen speziellen Bezug zu einem bestimmten Punkt, sondern stellt ein generelles Phänomen dar.

dung im Verständnis des Universums brachte, doch ohne weitere Umschweife unmittelbar einsichtig sein.

Das möchte man meinen, aber ist dem wirklich so?

Um das zu sehen, müssen wir die gefundene Relation zunächst wissenschaftlich interpretieren; und die Interpretation lautet: Alles bewegt sich von uns weg (Punkt 1 in der Abb. 6.5 „*Expansion*")!

Wenn man sieht, wie wichtig sich so mancher Politiker oder Banker nimmt, scheint die Aussage, dass wir der Mittelpunkt der Welt sind, mehr als vernünftig zu sein; also worin besteht der Clou?

Der Clou besteht darin, dass wir definitiv nicht der Mittelpunkt des Universums sind.

Das heißt, von jedem anderen Punkt des Universums aus betrachtet ergibt sich exakt das gleiche Bild, gemäß dem die Galaxien sich in alle Richtungen auch von diesem Punkt entfernen (Punkt 2 in der Abb. 6.5 „*Expansion*")

Diese objektive Einsicht kann auch allgemeiner formuliert werden, und das wurde im sogenannten Weltpostulat auch getan:

Großräumig gesehen ist das Universum überall gleich.

Ein relativ zu seiner Umgebung ruhender Beobachter hat an jedem Punkt des Universums denselben Anblick.

Von jedem Ort aus stellt sich die Fluchtbewegung und Verteilung der Materie gleich dar.

Das Universum ist großräumig homogen und isotrop.

Jeder Beobachter stellt dieselben physikalischen Eigenschaften und Abläufe im Universum fest.

Gemäß diesem kosmologischen Prinzip muss also das Hubble-Gesetz für jeden Beobachtungspunkt im Universum gelten!

Aber, alles kann sich doch nicht von allem in gleicher Weise entfernen, das macht doch keinen Sinn!

Wenn sich alles in alle Richtungen von uns entfernt, dann sollte sich für jeden anderen Beobachtungspunkt doch ein völlig anderes Bild ergeben?

Nun, das stimmt nicht ganz, eine sinnvolle Möglichkeit, das Hubble-Gesetz für jeden Beobachtungspunkt gleichzuschalten, gibt es doch. Allerdings offenbart sich diese Möglichkeit in einem extrem gewöhnungsbedürftigen Verhalten: Der Raum selbst muss sich an allen Orten in gleicher Weise ausdehnen!

Und genau das tut er!

Es ist also nicht so, dass sich Galaxien aufgrund von Relativgeschwindigkeiten voneinander entfernen. Es ist vielmehr so, dass sich der Raum selbst ausdehnt und dabei die Galaxien quasi ortsfest mitbewegt.

Die Galaxien surfen auf dem sich ausdehnenden Raum so, wie man mit einem Brett auf den Wellen des Ozeans surft.

Die sich aus der kosmologischen Rotverschiebung ergebenden sogenannten „Fluchtgeschwindigkeiten der Galaxien" müssen somit als direkte Konsequenz der Ausdehnung des Raums beziehungsweise der Expansion des Universums interpretiert werden.

Die „Flucht der Galaxien" ist also nicht als Bewegung in einem fixen Raum zu verstehen[3], wobei diese Bewegung speziell von uns weg erfolgt. Sie ist, im Sinn der Allgemeinen Relativitätstheorie, vielmehr als Expansion des Raums selbst zu verstehen.

An dieser Stelle sollten wir die mit dieser Erkenntnis im Zusammenhang stehenden Punkte kurz rekapitulieren: Aus der Tatsache, dass der Himmel in der Nacht dunkel ist, haben wir erfahren, dass das Universum nicht unendlich alt sein kann, also einen Anfang hatte.

Zudem wissen wir aus der Betrachtung der Raumzeit, dass das Alter und die Größe des Universums nur mit einer gewissen Vorsicht zu ermitteln sind.

Und wir wissen mittlerweile aus der Beantwortung der Frage, was Zeit ist, dass das Universum nicht statisch sein kann, also großräumigen Veränderungen unterworfen sein muss.

Was wir bislang noch nicht wussten, ist, auf welche Weise sich das Universum verändert.

Dank Edwin Hubble hat sich das geändert!

[3] Bei gravitativ gebundenen Objekten, wie Planeten, Sternen, Galaxien und Galaxienhaufen, ist keine Expansion feststellbar, da in diesen Fällen der dominierende Einfluss der Eigengravitation dieser Systeme eine Abkopplung von der allgemeinen Expansionsbewegung bewirkt.

Dank Edwin Hubble ist das Universum jetzt kein langweiliger, statischer, auf die Milchstraße beschränkter Raum mehr, sondern es ist etwas gewaltiges Dynamisches geworden, das eine außergewöhnlich spannende Geschichte zu erzählen hat.

Ausgangspunkt dafür waren die Daten des Hubble-Diagramms. Durch sie war klar geworden, dass wir in einem expandierenden Universum leben, und damit wurden erstmalig wissenschaftlich fundierte Gedanken über die Entwicklung des Universums möglich.

6.3 Das Expansionsverhalten des Universums

Der Raum, der mit seinem Vakuum alles enthält, das wir nur grenzwertig verstehen, kann sich jetzt auch noch beliebig vermehren!

Er kann hemmungslos und scheinbar grenzenlos, sich stetig selbst reproduzierend, expandieren!

Da sich das Licht zwar mit sehr großer, aber doch endlicher Geschwindigkeit durch den Raum bewegt, sehen wir die fernsten Sternsysteme so, wie sie vor Milliarden Jahren waren und wie sie sich damals bewegten.

Nachdem nun alles von allem entfernt wird, muss alles zu diesem früheren Zeitpunkt auch enger zusammengewesen sein. Und das bedeutet, dass wir uns im Blick zurück dem Bereich nähern, indem das Universum irgendwann damit angefangen hat, alles voneinander zu entfernen. Und diesem Anfang der Expansion hat man einen Namen gegeben, und der lautet „Big Bang“.

Die kosmologische Rotverschiebung ist damit eine Begleiterscheinung der Expansion des Raums, und sie ist damit von grundsätzlich anderer Qualität als die aus einer herkömmlichen dynamischen Geschwindigkeit resultierende Rotverschiebung.

Obwohl die Zahlen dieser beiden Rotverschiebungsvorgänge numerisch einander entsprechen, sind die Entstehungsgeschichten, die zu ihnen führen, folglich grundsätzlich verschieden.

Während die kosmologische Rotverschiebung sich aus der mit dem Raum expandierenden Wellenlänge ergibt, resultiert die herkömmliche Rotverschiebung aus der dynamischen Geschwindigkeit der Emissionsquelle.

Für ein sich frei durch den Raum bewegendes Photon bedeutet dies konkret: Der Faktor, um den sich der Raum während der Laufzeit des Photons im ersten Fall vergrößert, wird auch der Wellenlänge des Photons aufgeprägt. Die Wellenlänge dehnt sich also mit der Raumexpansion sukzessive aus und wird nicht dem zweiten Fall entsprechend bereits bei der Emission instantan als dynamische Rotverschiebung, bedingt durch eine Relativgeschwindigkeit, festgelegt!

Das Maß für die mit der kosmologischen **Rotverschiebung** z verbundene scheinbare Fluchtbewegung v ist also die mit dem Raum expandierende Wellenlänge, und die wird umso größer, je länger das Photon unterwegs ist.

Da eine größere Wellenlänge auch eine geringere Energie bedeutet, verliert das Photon mit dem sich ausdehnenden Raum also stetig Energie auf seinem Weg.

Grundlegende Überlegungen zur Definition der Zeit haben uns andererseits aufgezeigt, dass eine schnelle Expansion des Raums unbedingt erforderlich war, um die Ordnung der Materie im Universum zu erhöhen beziehungsweise deren **Entropie** im Universum zu erniedrigen. Und jetzt stellen wir fest, dass das Universum dafür offensichtlich mit Energie bezahlen musste.

Was aber ist mit der Energie geschehen, die das Photon verloren hat – wie konnte sie einfach so verschwinden?

Die Energie ist natürlich nicht wirklich verschwunden, sie wurde vielmehr im Expansionsprozess gespeichert.

Dieses Verhalten zeigt sich am einfachsten, wenn man den dazu inversen Prozess betrachtet: Würde das Universum kontrahieren, dann würden wir die scheinbar verloren gegangene Energie wieder zurückbekommen, da die Wellenlängen sich dann mit dem Raum wieder zusammenziehen würden.

Nachdem es ein Jenseits vom Universum nicht gibt, ist dieser Prozess also wieder umkehrbar – reversibel –, und damit wurde von allen in Betracht zu ziehenden Möglichkeiten die beste ausgewählt, denn die uns im Moment nicht mehr zur Verfügung stehende Energie wurde ja zumindest gespeichert.

Dass dies das Beste ist, was passieren kann, erkennt man daran, dass in der uns bekannten Welt die meisten Prozessketten irreversibel sind.

Das heißt, ein Teil der bei den zugrunde liegenden Vorgängen einbezogenen und umgeformten Energie geht dem betrachteten System auf eine Art verloren, dass sie in der ursprünglichen Form nicht mehr zurückgewonnen werden kann.

Dieser verloren gegangene Teil muss stets aufgebracht werden, um die dem System noch zur Verfügung stehende Zeit zwangsläufig zu dezimieren, in dem die Unordnung an anderer Stelle vergrößert wird – in der Regel muss dabei das Umfeld unfreiwillig erwärmt werden, wie es bei einem laufenden Motor eines Fahrzeugs der Fall ist; hier muss die für den Antrieb nicht weiter nutzbare erzeugte Wärme sogar zügig über das Kühlwasser abgeführt werden, um eine Überhitzung des Motors zu vermeiden. Ein Ordnungsgewinn, der durch den Einsatz von Energie zu einem Zeitgewinn führt, ist also nur für einen bestimmten Bereich, oder bestimmte Komponenten, nicht aber global möglich.

Nachdem es zu unserem Universum kein Umfeld gibt, ist klar zu erkennen, dass der Vorgang des Energieverlusts der Photonen dennoch grundsätzlich reversibel sein muss, auch wenn die Entwicklung des Universums es nach unserem Verständnis nicht zulässt, dass die Photonen die von ihnen für den Ordnungsgewinn der Materie im Universum unfreiwillig gespendete Energie jemals zurückerhalten.

Zum besseren Verständnis des Verhaltens der Photonen kann uns als Beispiel ein perfekt isolierter Luftballon dienen, in den man den 100 Grad heißen Dampf aus einem Kochtopf entweichen lässt und dessen Volumen man in einer Unterdruckkammer vergrößert.

Durch die stetige Volumenvergrößerung wird sich der Dampf abkühlen, da die Temperatur zu den Relativgeschwindigkeiten der Moleküle proportional ist, und sich diese wegen der Geschwindigkeit der Volumenvergrößerung stetig verringern.

Sie können von der Geschwindigkeit der Volumenvergrößerung, mit der sich die Moleküle nun zusätzlich und grundsätzlich ebenfalls voneinander wegbewegen, sogar so deutlich überschattet werden, dass sie kaum noch registrierbar sind. Und das heißt, dass sich die Teilchen ab einem bestimmten Punkt als gleichförmig zueinanderbewegt betrachten, was einer Temperatur, die nahe am Nullpunkt liegt, entsprechen würde.

Auch dieser Prozess lässt sich natürlich umkehren. Und auf diesem Weg würden die Teilchen ihre ursprünglichen Relativgeschwindigkeiten und wir die gleiche Temperatur wie zu Beginn wieder registrieren (von begleitenden ebenfalls reversiblen Arbeitsprozessen haben wir in diesem Fall abgesehen).

Auf das Photonenbild übertragen bedeutet dies, dass sich im Fall der Expansion die Wellenlänge der Photonen vergrößert und sich damit ihre Energie, die vom sich stetig vergrößernden Volumen des Universums aufgenommen wird, verringert, wobei sich die Zahl der Photonen – von Wechselwirkungsprozessen abgesehen – dabei nicht verändert.

Als Quintessenz erkennen wir also, dass die Photonenenergie aufgewendet werden musste, um die Entropie der Materie im Universum zu erniedrigen, wobei die durch die Expansion geschaffene Ordnung der Materie den Photonen auf prinzipiell reversible Weise den Großteil ihrer Energie entzog.

Und nachdem es nur der Großteil war, muss noch etwas Erkennbares vorhanden sein, und das, was noch vorhanden ist, haben wir im großen Stil in der auf circa 3 K abgekühlten **Mikrowellenhintergrundstrahlung** letztlich auch gefunden.

Wir mussten und müssen also mit viel Energie dafür bezahlen, Zeit bekommen zu haben.

Denn ohne die gewaltig fortschreitende Expansion und den damit verbundenen Energieverlust der freien Teilchen im Universum hätte die **Makrozeit** niemals ein Zeitfenster erhalten.

Das Universum hat seine Zeit also nicht geschenkt bekommen, es hat sie sich erkauft!

6.3.1 Die Hubble-Sphäre und kein Ende

Nach der von Edwin Hubble gefundenen Gesetzmäßigkeit nimmt die Expansionsgeschwindigkeit des Raums direkt proportional mit der Entfernung zu.

Nun gibt es aber so gewaltige Entfernungen, dass wir diese zwar mit Zahlen belegen können, aber vorstellen können wir sie uns nicht mehr; und jenseits unserer Vorstellung liegen auch die damit verbundenen extrem großen Expansionsgeschwindigkeiten.

Dies führt uns beinahe zwangsläufig zu der Frage: Gibt es einen Grenzwert für die Expansionsgeschwindigkeit, oder kann diese beliebig groß werden?

Letzteres scheint der Fall zu sein!

Aus heutiger Sicht gibt es keinen nachhaltigen Grund für die Annahme einer Expansionsgrenzgeschwindigkeit.

Auch die Grenzgeschwindigkeit für den Transport von Energie stellt in diesem Zusammenhang keine Hürde dar.

Natürlich stellt die Grenzgeschwindigkeit der Speziellen Relativitätstheorie eine Hürde für die Bewegung der Materie in ihrem lokalen Raumgebiet dar, doch, wie wir bereits festgestellt haben, ruht diese ja oder bewegt sich selbst nur vergleichsweise langsam.

Dies gilt zwar nicht für die Photonen der Strahlung, und dennoch gilt die Grenzgeschwindigkeit natürlich auch für diese Teilchen.

Sie gilt hingegen nicht für die Expansion des Raums selbst, da hier makroskopisch gesehen gar nichts bewegt wird.

Dies kommt auch durch die Beschreibung dieses Vorgangs, bei der die Allgemeine Relativitätstheorie, die als derzeit gültige und getestete Theorie bei der Expansion des Raums wohlwollend mitspielt, angesetzt wird, deutlich zum Ausdruck.

Nachdem für die Expansion des Raums nun prinzipiell keine Grenzgeschwindigkeit vorliegt, sollten wir uns über entfernte Raumbereiche, die sich überlichtschnell von uns fortbewegen, nicht mehr weiter wundern.

Da der Raum an jedem Raumpunkt expandiert, ist es wichtig, sich klarzumachen, dass in der Tat nichts tatsächlich Greifbares überlichtschnell bewegt wird.

Die überlichtschnelle Bewegung, die wir wahrzunehmen glauben, stellt sich vielmehr als kumulativer[4] Effekt dar.

Als kumulativer Effekt von fortwährenden lokalen Miniexpansionen und von diesen jeweils lokalen Vorgängen gibt es umso mehr, je weiter der betrachtete Raumbereich entfernt liegt. Und das ist das wesentliche Verhalten, das letztlich durch das Hubble-Gesetz zum Ausdruck gebracht wird.

Bei einer möglichen überlichtschnellen Expansion gibt es eine Frage, die in besonderem Maße von Interesse ist, und diese Frage betrifft die Entfernung, bei der die Expansionsgeschwindigkeit die Grenzgeschwindigkeit c der Speziellen Relativitätstheorie erreicht.

Die Größe dieser Entfernung erhält man auf direktem Weg durch die Anwendung des Hubble-Gesetzes:

$$v = H_0 r = c$$

aufgelöst nach r ergibt sich:

$$r = c / H_0$$

Wie zu sehen ist, berechnet sich diese Entfernung, die man „Hubble-Länge" nennt, also aus dem Kehrwert der heutigen Hubble-Konstanten, die bei circa 22 km/s/MLyr liegt, multipliziert mit der Grenzgeschwindigkeit c (circa 300 000 km/s).

[4] Abgeleitet vom lateinischen Wort „*cumulus*", das „Anhäufung" oder „Ansammlung" bedeutet.

Der Wert der Hubble-Länge liegt somit bei 13.6 Mrd. Lichtjahren ($13.6 \cdot 10^9$ Lyr $= 13.6 \cdot 10^3$ MLyr).

Wenn wir uns nun eine Kugeloberfläche mit diesem Radius um uns herum vorstellen, so umfasst diese Fläche lediglich einen Ausschnitt des Universums, und diesen Ausschnitt nennt man „Hubble-Sphäre".

Das Universum endet natürlich keineswegs mit dieser Sphäre, und auch das Hubble-Gesetz behält seine Gültigkeit außerhalb dieses Bereichs.

Aus diesen beiden Tatsachen folgt aber sofort, dass alle Objekte jenseits unserer Hubble-Sphäre sich derzeit mit einer größeren Geschwindigkeit als der Grenzgeschwindigkeit c von uns wegentfernen. Sie entfernen sich also überlichtschnell!

Und diese Aussage kann sogar noch weiter verschärft werden: Die Expansionsgeschwindigkeit kann mit der Entfernung unlimitiert ansteigen; es gibt also keine Grenzfluchtgeschwindigkeit!

Dies können wir auch unmittelbar einsehen, indem wir uns klarmachen, dass unsere Beobachtungsposition mitnichten privilegierter ist als diejenigen, die direkt auf unserer Hubble-Sphäre liegen.

Bei einer Beobachtungsposition auf unserer Hubble-Sphäre, die wir als ebenso ruhend wie unsere eigene Beobachtungsposition betrachten würden, sieht man jedoch wiederum eine Hubble-Sphäre, eine zweite Hubble-Sphäre, die ebenfalls durch die Grenzgeschwindigkeit als Fluchtgeschwindigkeit gekennzeichnet ist.

Unserer eigenen Beobachtungsposition gegenüber hat der entfernteste Punkt auf dieser zweiten Hubble-Sphäre allerdings eine deutlich größere Fluchtgeschwindigkeit.

Diese Betrachtung könnten wir als Kettenbrief beliebig oft wiederholen, wobei sich eine beliebig große Fluchtgeschwindigkeit ergeben würde.

Überlichtgeschwindigkeiten sind in diesem Zusammenhang also kein Problem!

Die zwangsläufige Vermutung dass das Universum viele Hubble-Sphären beinhalten muss, ist auch durch konkrete Beispiele belegbar.

Eines begründet sich auf eine kurze zeitliche Phase gleich nach dem Start des Big Bang, denn in dieser muss sich das Universum, wie wir sehen werden, so flott ausgedehnt haben, dass es Überlichtgeschwindigkeiten quasi zum Ausverkaufspreis gab, und diese traten sogar im Hinblick auf extrem kurze räumliche Distanzen auf.

Das heißt, ein aus zurückblickender Sicht überschaubarer räumlicher Bereich muss eine Vielzahl von Hubble-Sphären enthalten haben.

Als zweites Beispiel dient die Tatsache, dass das Universum zurzeit beschleunigt expandiert.

Dieses Verhalten wird dazu führen, dass Objekte, die sich gegenwärtig unterlichtschnell von uns wegentfernen, in naher Zukunft sich überlichtschnell von uns fortbewegen werden.

Sie werden also zu einem bestimmten Zeitpunkt aus unserer Hubble-Sphäre hinausgleiten.

Dieser zwangsläufig zu erfolgende Schritt unterstreicht unsere Einsicht, dass das Universum keineswegs mit der Hubble-Sphäre enden kann!

Zwei Punkte sind abschließend noch anzumerken:

Zum einen haben wir aus Gründen der Vereinfachung die Berechnung der Hubble-Länge auf die heutige Expansionsgeschwindigkeit bezogen.

Das heißt, wir haben die Expansionsgeschwindigkeit zu einem bestimmten Zeitpunkt in eine Beziehung zur Entfernung gesetzt. Die Expansionsgeschwindigkeit zum Zeitpunkt der Emission des von uns empfangenen Lichts blieb dabei jedoch unberücksichtigt.

Grundsätzlich sollte sich diese „Emissionsexpansionsgeschwindigkeit" aber von der heutigen Expansionsgeschwindigkeit unterscheiden, und das heißt, das Universum sollte zum Zeitpunkt der Emission des Lichts ein anderes gewesen sein, als es heute ist.

Nachdem wir uns diese Tatsache nun klargemacht haben, können wir, falls nötig, darauf zurückkommen.

Zum anderen muss uns wegen der Lichtlaufzeit der Photonen auch klar sein, dass ein Blick zur Hubble-Sphäre vor allem einen Blick in die ferne Vergangenheit und nicht etwa nur einen Blick in die Weite des Raums zu einem bestimmten Zeitpunkt darstellt.

Es ist also erheblich einfacher, den Zustand des Universums in der Vergangenheit zu betrachten, als den Zustand des heutigen Universums zu erfassen und wahrzunehmen!

Trotz der Einschränkung, dass wir das heutige Universum eigentlich nur lokal wahrnehmen können – mehr noch, wir sind in unserer Gegenwart vollständig isoliert und abgetrennt vom restlichen Universum –, stellt dieser Umstand eine einmalige Chance dar, denn er bietet uns die Möglichkeit zurückzuschauen, und zwar so weit zurückzuschauen, dass die Entstehung des Universums fast greifbar wird.

6.3.2 Niemand hat Anspruch auf individuelle Zeit!

Die Tatsache, dass das Universum expandiert, hat zur Konsequenz, dass sich der Raum ausdehnt. Und wenn sich etwas ausdehnt, dann muss es damit irgendwann begonnen haben. Es muss also so etwas wie einen Anfangszustand gegeben haben. Und diesem Anfangszustand können wir uns gedanklich am einfachsten nähern, indem wir den Expansionsfilm rückwärts ablaufen lassen.

Was wir dabei sehen, ist ein sich zusammenziehendes Universum, wobei dieses kleiner und immer kleiner wird, bis es letztlich einen Punkt zum Zeitpunkt null darstellt.

Dieses Verhalten kennen wir!

Es ist das Verhalten bei der Raumkontraktion, wenn man sich sukzessive der Grenzgeschwindigkeit *c* nähert.

Obwohl diese Sicht irgendwie richtig scheint, gibt es doch mindestens zwei Punkte, die objektiv betrachtet stören.

Der 1. Punkt betrifft die Grenzgeschwindigkeit. Die können materielle Körper doch gar nicht erreichen, und eine merkliche Raumkontraktion tritt in diesem Fall doch auch erst auf, wenn die Geschwindigkeit sehr dicht an der Grenzgeschwindigkeit *c* liegt. Ein solches Verhalten entspricht aber keineswegs dem **Hubble-Gesetz**!

Der 2. störende Punkt betrifft die Art der Raumkontraktion, die – so, wie wir das beobachten – gleichmäßig in alle Richtungen erfolgt, wobei sie nach der Speziellen Relativitätstheorie sich nur in Flugrichtung ergeben sollte.

Das Verhalten eines in alle Richtungen sich stetig bis zu einem Punkt zusammenziehenden Universums sind mit den darauf beruhenden uns bekannten Fakten somit doch nicht verträglich!

Und dennoch sah das Universum am Anfang aus wie ein Punkt!

Natürlich tat es das nicht!

Mit einem einfachen Punkt lässt sich kein Universum beschreiben.

Das Universum hat vielmehr selbst in diesem Anfangsstadium den Raum vollständig enthalten, denn es gab auch in diesem Zustand kein außerhalb von ihm. Lediglich die Abstände von Strukturen haben sich hinsichtlich eines Koordinatensystems, das mit verkleinert wurde, in extremem Maße verkürzt, zu einer Winzigkeit verkürzt. Das muss aber nicht zwangsläufig heißen, dass das Universum mit einem Mindestvolumen begonnen hat. Alles, was wir aus objektiver Sicht sicher sagen können, ist, dass der heute von uns beobachtbare Teil des Universums in diesem Stadium zu einem winzig kleinen Volumen[5] zusammengepresst war.

Und dieses winzige Etwas expandierte durch einen uns bislang nur bedingt bekannten Auslöser, und das Danach bezeichnen wir als Big Bang; und der Ort des Big Bang ist somit überall, er ist das Universum!

Dieses, unser Universum hat dabei weder einen Mittelpunkt noch einen Rand!

Auch diese Aussage ist nicht nur gewöhnungsbedürftig, sie ist auch nicht ohne Weiteres einsehbar.

Um sie dennoch nachvollziehen zu können, müssen wir auf unsere Einsicht, dass Materie die Raumzeit krümmt und die Materie dieser Raumzeit-Krümmung folgt, zurückgreifen.

Dieses aus der Allgemeinen Relativitätstheorie resultierende Verhalten hat zur Folge, dass die Raumzeit nicht nur in der unmittelbaren Umgebung der Materie gekrümmt wird, sondern das gesamte Universum kann wegen der darin insgesamt enthaltenen Masse – oder genauer Energie – eine Krümmung aufweisen.

---

[5] Es ist anzumerken, dass nach den Gesetzen der Quantenmechanik das räumliche Mindestmaß durch das Planckvolumen festgelegt ist.
Dies gilt zumindest so lange, bis wir über eine **Quantengravitationstheorie** verfügen, die in dieser Hinsicht präzisere Aussagen ermöglichen sollte.

Vorstellen kann sich die Krümmung des dreidimensionalen Raums natürlich niemand, wohl aber die entsprechenden zweidimensionalen Analoga; und eines dieser Beispiele ist in der Abb. 6.6 „*Das Universum expandiert*“ dargestellt.

Obwohl wir keinen Anspruch auf die Realitätsnähe dieses Beispiels erheben, ist die dort dargelegte Schlussfolgerung, dass der Raum weder einen Mittelpunkt noch einen äußeren oder inneren Rand hat, nicht schwer nachzuvollziehen.

Der Raum scheint sich damit, zumindest vorläufig, aus der Affäre gezogen zu haben, wobei die Erwähnung der Raumzeit bei uns die Frage aufkommen lässt, was wir uns eigentlich unter einer auf das Universum bezogenen Zeit genau vorzustellen haben. Und wenn wir anfangen, darüber nachzudenken, ergeben sich sofort konkrete Fragen: Gehen die Uhren im Universum trotz der Expansion wirklich alle gleich? Gibt es eine „kosmische Zeit“?

Da das Universum mit beträchtlicher Geschwindigkeit lustig vor sich hin expandiert, wobei selbst „Überlichtgeschwindigkeiten“ kein prinzipielles Problem darstellen, scheint bei der Beantwortung dieser Fragen die Zeitdilatation von Bedeutung zu sein. Und die verkündet sofort frohgemut, dass es mitnichten sinnvoll ist, von einem bestimmten Zeitpunkt zu reden, der für das ganze Universum Gültigkeit haben soll. Aber sie irrt, denn, wie so oft, trügt auch hier der Schein.

Fraglos vergrößern sich die Entfernungen zwischen den Galaxien im Raum, und zwar umso mehr, je weiter die Galaxien voneinander entfernt sind.

Dennoch ruhen die Galaxien bei dieser Expansion in ihrer Raumgegend und werden von der Raumexpansion lediglich mitgetragen – und dies gilt für die gesamte Materie im Universum!

Wenn wir den Expansionsfilm wieder rückwärts laufen lassen, sehen wir, dass aus diesem Grund in jeder Entwicklungsstufe des Universums Zeitgleichheit geherrscht hat, denn ansonsten würden wir in dem Stadium, in dem der beobachtbare Teil des Universums zu einem winzig kleinen Volumen zusammengepresst war, derart widersprüchliche Aussagen hinsichtlich der aktuellen Zeit erhalten, dass die Kausalität von Ereignissen nicht mehr gewährleistet wäre.

Die Aussage, dass der Big Bang vor 13.8 Mrd. Jahren begann, bezieht sich somit in der Tat auf eine wohl definierte kosmische Zeit, die von der Historie gewaltiger Expansionsgeschwindigkeiten nicht beeinflusst wurde.

Der Raum dehnt sich aus!

Er dehnt sich im Zuge der kosmischen Zeit an jedem Ort in alle Richtungen nachhaltig und unablässig aus.

Was sollen wir davon halten?

Können wir das wirklich wörtlich nehmen?

Dehnt sich der Raum tatsächlich so aus, wie zum Beispiel ein Gummiband sich ausdehnt?

Wenn dem so wäre, dann würde der Raum permanent seine Eigenschaften verändern, und zwar in analoger Weise, wie ein Gummiband beim Dehnungsprozess

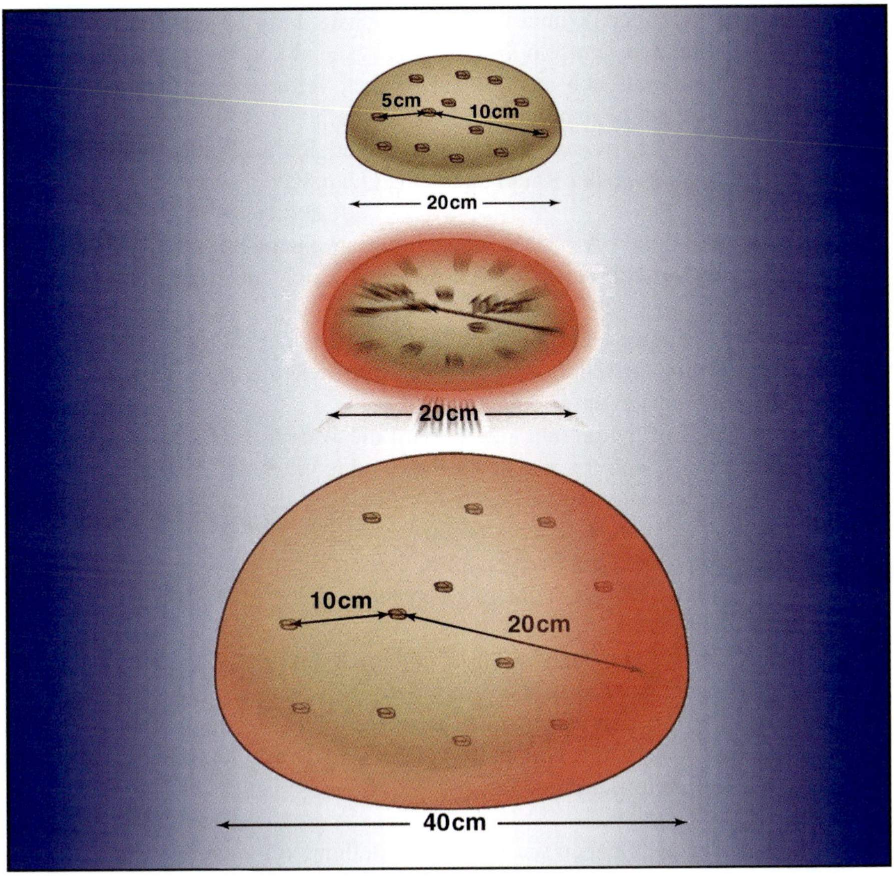

Abb. 6.6 *Das Universum expandiert*, und zwar gewaltig! (Das Bild stellt die Expansion des Universums, das hier von drei auf zwei Dimensionen dezimiert wurde, dar. © NASA/WMAP Science Team.)

In dieser Darstellung soll die zweidimensionale Oberfläche eines sich stetig vergrößernden Luftballons oder Hefeteigs den dreidimensionalen Raum unseres Universums repräsentieren.

Als wesentlichen Punkt zeigt diese Darstellung, dass die Oberfläche – der Raum – weder einen Mittelpunkt noch einen Rand hat. (Dies gilt übrigens auch für den Grenzfall einer ebenen Fläche!)

Des Weiteren bemerken wir sofort, dass die Entfernungen zwischen den Strukturen auf der Oberfläche – die zum Beispiel die Galaxien im Raum repräsentieren könnten – sich stetig vergrößern, und zwar umso mehr, je weiter die Strukturen voneinander entfernt sind.

Obwohl die Abstände der Galaxien sukzessive wachsen, verharren die Galaxien während dieser Expansion quasistatisch auf ihrem Platz.

Sie ruhen also in ihrem Raumumfeld und werden von der Raumexpansion trotz der zum Teil hohen Geschwindigkeiten, die in zeitlicher Abfolge aus der Oberflächenvergrößerung resultieren, lediglich mitgetragen.

In diesem Verhalten spiegelt sich letztlich das Expansionsgesetz von Edwin Hubble wider: Je weiter die Galaxien voneinander entfernt sind, umso schneller scheinen sie sich zu bewegen. Oder präziser: Zu jedem Zeitpunkt ist die Entfernungszunahme pro Zeiteinheit proportional zum Abstand.

seine Merkmale verändert, wobei das Wesentlichste darin besteht, dass es seinen Durchmesser verkleinert, um sein Volumen weitgehend konstant zu halten.

Mit „der Raum dehnt sich aus" ist ein solches Verhalten nicht gemeint, da es dafür keinerlei Beobachtungsbefunde gibt.

Wir meinen mit der Aussage „Der Raum dehnt sich aus!" also vielmehr, dass überall dort, wo Raum ist, der Raum sich ohne Qualitätsverlust mehrt.

Veranschaulichen können wir diese Vorstellung an einem Beispiel, und dazu betrachten wir einen Luftballon, auf dessen Außenhaut sich eine tief gehende Wasserschicht befindet.

Die zweidimensionale Oberfläche dieser Wasserschicht soll dabei unseren dreidimensionalen Raum darstellen, was bedeutet, dass, wie in vielen Beispielen dieser Art, eine Raumdimension unterschlagen wird.

Blasen wir den Luftballon nun auf, so wird die Wasseroberfläche stetig vergrößert, und demzufolge entfernen sich die Eckpunkte eines auf die Oberfläche gelegten Rasters permanent voneinander. Unser Analogon des Raums expandiert also, obwohl die Oberfläche nicht gedehnt wird.

Die Vergrößerung der Oberfläche geht in diesem Beispiel vielmehr zulasten der Schichtdicke des Wassers, die sich stetig verringert.

Wir haben also in diesem Beispiel ein Raumdepot angelegt, das eine Dimension mehr aufweist als der Raum selbst – dieser wird ja nur durch die Wasseroberfläche repräsentiert – und das den bestehenden Raum, die Oberfläche, in dem Maße mit zusätzlichem Raum versorgt, wie es die angelegten Kräfte, dargestellt durch das Aufblasen des Luftballons, vorgeben.

Anhand dieses Beispiels haben wir unsere Vorstellung von einem sich ausdehnenden Raum fraglos präzisiert.

Gleichwohl müssen wir beim Übertrag dieses Beispiels auf das reale Verhalten der räumlichen Veränderung des Universums vorsichtig sein, da gegenwärtig nicht klar ist, was hier intrinsisch tatsächlich geschieht. Es ist jedoch sicherlich nicht verkehrt, davon auszugehen, dass das Universum für die Realisierung seiner stetigen räumlichen Veränderung einen komplizierteren als den von uns aufgezeigten Weg gewählt hat, und dessen theoretische Beschreibung wird durch einfache Beispiele nicht so ohne Weiteres nachzuvollziehen sein.[6]

---

[6] Mit dieser Bemerkung wird angedeutet, dass uns noch keine ausgereifte **Quantengravitationstheorie** als Verständnisgrundlage des geschilderten Sachverhalts zur Verfügung steht.
Hinsichtlich der Allgemeinen Relativitätstheorie, die sich als klassische Gravitationstheorie darstellt, ist die Vorstellung eines Raumdepots abwegig. Im Rahmen dieser Theorie, in der der Raum allerdings in stark simplifizierter Form definiert ist – die physikalischen Eigenschaften des Raums werden nicht berücksichtigt –, kann der Raum einfach expandieren. Das heißt, die Allgemeine Relativitätstheorie spielt bei der Beschreibung dieses Verhaltens einfach mit, aber sie erklärt es nicht.
Demgemäß wird derzeit mit Nachdruck an der fehlenden Quantengravitationstheorie gearbeitet, die zum Beispiel in Form der **Loop-Quantengravitation** nach steter Weiterentwicklung der theoretischen Denk- und methodischen Vorgehensweise mehr Licht in das noch bestehende Dunkel des **Vakuums** und seiner Expansion bringen könnte.
Dabei wird in der Loop-Quantengravitation der Raum als dynamisches quantenmechanisches Spin-Netzwerk interpretiert, das aus Linien und Knoten besteht.

Das, was wir hier eingesehen haben, stellt einen Rahmen dar, der für das weitere Verständnis notwendig und hilfreich ist.

Dennoch sollten wir aber der eigentlichen Natur eines Rahmens folgen, und die besteht darin, dass er gefüllt werden muss.

Und füllen werden wir ihn fortan mit einer Vorstellung von den Kräften, die das Expansionsverhalten des Universums nachhaltig beeinflussen.

6.3.3 Nichts explodiert ins Nichts!

Am Anfang war das Nichts, und das ist dann explodiert!

Wer diese Aussage nicht versteht, der ist auf dem richtigen Weg!

Denn zum einen war am Anfang nicht Nichts, und zum anderen ist das, was war, auch nicht explodiert!

Was am Anfang wirklich war und in welchem Zustand sich das „Protouniversum“ befand, ist allerdings, wie wir noch sehen werden, nicht so einfach zu greifen.

Um dennoch ein gewisses Verständnis von diesem unvermeidlichen Anfang bekommen zu können, müssen von unserer Seite her zuerst noch einige vorbereitende Überlegungen angestellt werden. Aber selbst auf deren Grundlage dürfen wir nicht zu viel erwarten, denn die Beschreibung des tatsächlichen Anfangs des Universums beinhaltet nach wie vor eines der großen Rätsel der Physik, das von dem, was wir Big Bang nennen, in der Form eines Mysteriums geprägt ist.

Um die Schwierigkeiten nicht gleich eskalieren zu lassen, sollten wir also zunächst auf den zweiten Punkt eingehen, und der betrifft die Nicht-Explosion.

Die Nicht-Explosion ist natürlich die dem Universum seit dem Big Bang zugrunde liegende Expansion, und die ist von grundlegend anderer physikalischer Qualität als diejenige, die man bei einer Explosion erwarten würde, wobei die sich zum Beispiel, wie wir gesehen haben, durch die Vorgänge bei einer Supernova manifestiert.

Obwohl diese Aussage sehr bestimmt ist und allein von den gewählten Begriffen her bereits ein klärender Einblick erfolgen sollte, bedarf sie dennoch einer weitergehenden Erläuterung.

Und dazu stellen wir fest, dass das grundlegende Verhalten einer Explosion von einer plötzlich frei werdenden großen Energiemenge gesteuert wird, die eine zerstörerische Kraft auf ihr Umfeld ausübt, die die darin befindliche Materie strukturell

---

Aus Sicht dieser Theorie stellt der Raum somit keinen Hintergrund für den Ablauf von Ereignissen dar, sondern das Netz soll der Raum selbst sein, wobei zwischen den Knoten und Verbindungslinien ein Nichts ist.
Der Raum hat in diesem Bild also eine körnige Struktur wie Sand, bei dem die Körner mit Bindfäden verbunden sind, und ein solches Konstrukt stellt dann einen Quantenzustand des Raums dar.

verändert und die die nicht mehr weiter veränderbaren Teile in alle Richtungen wegschleudert.

Die Explosion selbst breitet sich dabei mit einer bestimmten Geschwindigkeit aus, die naturgemäß zur frei werdenden Energiemenge proportional ist (das heißt, je größer die frei werdende Energiemenge ist, desto größer ist auch die Ausbreitungsgeschwindigkeit).

Sie ist aber auch indirekt proportional zur Dichte des die Explosion umgebenden Mediums (das heißt, je kleiner die äußere Dichte ist, desto größer ist die Ausbreitungsgeschwindigkeit – wie jeder weiß, unterscheidet sich eine Explosion in der Luft deutlich von einer Explosion gleicher Stärke im Wasser).

Würde man den Big Bang nun tatsächlich als Explosion interpretieren, so wäre dessen Ausbreitungsgeschwindigkeit theoretisch unendlich groß – faktisch nahe bei der Grenzgeschwindigkeit c –, da ja alles in einen materiefreien Raum der Dichte null hinein explodieren würde.

Ein solches Verhalten wird jedoch keinesfalls beobachtet.

Die Vorstellung, dass nach dem Einsetzen des Big Bang die Materieteilchen durch den Raum fliegen – bildlich gesehen in Form von Galaxien – wie nach einer gewaltigen Explosion, ist also vollkommen abwegig.

Richtig hingegen ist die deutlich abstraktere Vorstellung vom expandierenden Raum selbst, wobei die Materie sich in diesem Fall vollkommen passiv verhält und in ihrem lokalen Raumbereich ruht (siehe Abb. 6.7 „*Expansion statt Explosion*")

Einen etwas hinkenden, aber dennoch anschaulichen Vergleich in diese Richtung stellen steuerlose Boote dar, die sich aufgrund gegensätzlicher Strömungen stetig voneinander entfernen, ohne sich dabei selbst zu bewegen.

Als Ausgangspunkt für eine derartige Expansion muss man sich also ein noch näher zu definierendes in sich geschlossenes System vorstellen, das aufgrund seiner Ausdehnung Raum erschafft.

Eine solche Vorstellung ist fraglos gewöhnungsbedürftig – auch für Physiker, die für diese neue Denkweise auch noch eine neue Beschreibungsform benötigen.

Bis auf eine kleine – möglicherweise aber wesentliche – Einschränkung[7] ergibt sich diese neue Beschreibungsform aus der Lösung der Einstein'schen Feldgleichungen, die im Rahmen der Allgemeinen Relativitätstheorie aufgestellt wurden.

Den wesentlichsten Punkt bei dieser Beschreibung stellt ganz offensichtlich der Startpunkt der Expansion des Universums dar.

Hier müssen sehr außergewöhnliche Veränderungen stattgefunden haben, da die Expansion ja bis heute anhält.

[7] Die Einschränkung betrifft das Kleine, den Quantenbereich; die Gravitationstheorie dient nur als klassische Verständnisgrundlage des geschilderten Sachverhalts, wohingegen, wie bereits erwähnt, noch keine Quantengravitationstheorie für das grundlegende Verständnis zur Verfügung steht.

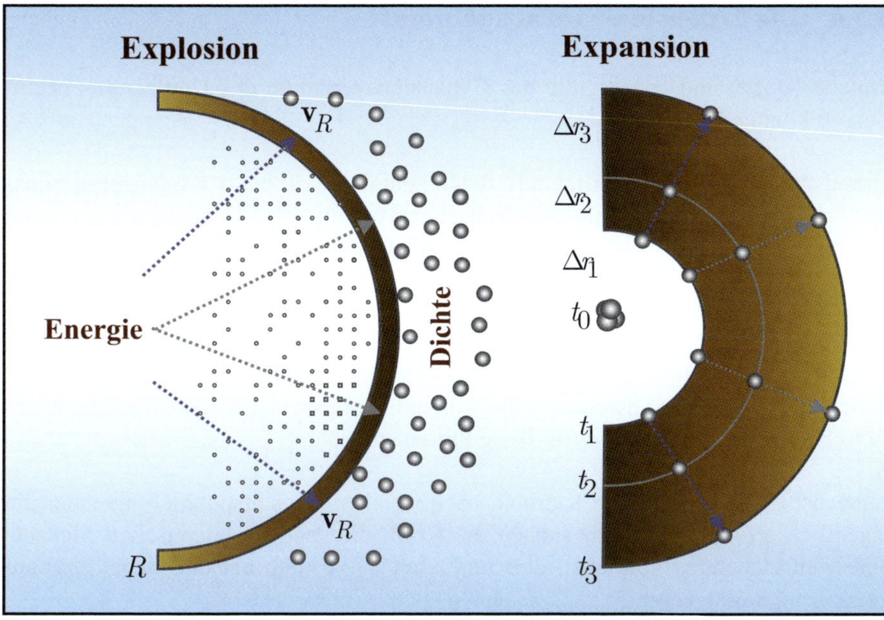

Abb. 6.7 *Expansion statt Explosion* – man gönnt sich ja sonst nichts! (Im Bild wird der Charakter einer Explosion dem einer Expansion gegenübergestellt.)

Explosion: Die Skizze zeigt auf der linken Seite den Querschnitt einer Explosion, die in den dreidimensionalen Raum hinein erfolgt.

Als Ursache für die Explosion ist von einer großen, plötzlich frei werdenden Energiemenge auszugehen. Diese zerstört – verändert – die Materie in ihrem Umfeld (dargestellt durch die feinen Punkte im inneren Bereich, durch den die Schockfront bereits lief) und schleudert die Bruchteile mit hoher Geschwindigkeit in alle Richtungen.

Der Ablauf des Geschehens erfolgt dabei mit einer bestimmten Ausbreitungsgeschwindigkeit v_R, die zur frei werdenden Energiemenge direkt proportional ist (das heißt, je mehr Energie frei wird, desto größer ist auch die Ausbreitungsgeschwindigkeit). Zudem ist diese Geschwindigkeit aber auch zur Dichte des die Explosion umgebenden Mediums indirekt proportional (das heißt, je geringer die Dichte in der Umgebung ausfällt, desto größer ist die Ausbreitungsgeschwindigkeit – das umgebende Medium wird dabei im Bild durch die gröberen Punkte beschrieben).

Expansion: In der Skizze auf der rechten Seite sollen die eindimensionalen Halbkreisbögen dem dreidimensionalen Raum unseres Universums zu verschiedenen Zeiten – t_0, t_1, t_2, t_3 – entsprechen.

Bei dieser Darstellung wurden somit zwei Dimensionen des Raums unterdrückt.

Die mit den Zeitschritten erfolgende Vergrößerung der Bögen verdeutlicht dabei den Expansionsvorgang. Wie deutlich zu erkennen ist, vergrößert sich der Abstand der an den Koordinatenkreuzen gezeigten Punkte stetig, ohne dass diese eine eigenständige Bewegung vollziehen.

Das Verhalten der Expansion unterscheidet sich damit grundlegend von dem Verhalten einer Explosion.

Was das Verständnis der diesbezüglichen Vorgänge betrifft, stehen wir nun aber nicht mehr mit leeren Händen da, da wir mit der Expansionsgeschwindigkeit bereits einen wichtigen Puzzlestein erkannt haben. Der Verlauf der Expansionsgeschwindigkeit offenbart sich dabei durch die Hubble-Konstante, und die ist, wie wir sehen werden, gar keine unabhängige Größe, sie wird vielmehr von dem im gesamten Universum vorhandenen Energieinhalt beeinflusst.

6.3.4 Die Expansion wird ausgebremst

Welche Kräfte sind es nun, die das Expansionsverhalten des Universums beeinflussen können?

Grundsätzlich können natürlich alle fundamentalen Kräfte das Expansionsgeschehen beeinflussen, da sich alle physikalischen Vorgänge und Veränderungen, ob im makroskopischen oder mikroskopischen Maßstab, auch auf diese zurückführen lassen.

Allerdings unterscheiden sich die vier bekannten fundamentalen Kräfte, die sich konkret als starke, elektromagnetische, schwache und gravitative **Wechselwirkung** darstellen, hinsichtlich ihrer Stärke, Reichweite und Wirkungsweise so grundlegend voneinander, dass die Anwendung des Ausschließungsprinzips schnell zur richtigen Einschätzung der möglichen Einflüsse führen sollte.

Zunächst brauchen wir also Klarheit, nach welchen Gesichtspunkten die Auswahl eigentlich erfolgen soll: Wir suchen die Kraft, die auch im kosmischen Maßstab eine weitreichende, möglichst alles umfassende Wirkung hat und dabei eine angemessene Stärke zeigt.

Wir suchen also die dominierende Kraft im Universum!

Die stärkste Kraft ist die **starke Wechselwirkung**, die als Nebenprodukt die Teilchen in den Atomkernen zusammenhält.

Die schwächste Kraft ist die Gravitationskraft, deren Stärke um fast 40 Größenordnungen unter der starken Kraft liegt.

Damit scheidet die Gravitationskraft also als Erste aus!

Gleiches gilt für die **schwache Wechselwirkung**, die unter anderem für die Umwandlung von Protonen in Neutronen und generell für die Radioaktivität verantwortlich ist.

Auch sie ist um viele Größenordnungen schwächer als die starke Kraft.[8]

Der einzige ernst zu nehmende Konkurrent zur starken Wechselwirkung ist also die um lediglich 1/137 schwächere **elektromagnetische Kraft**, die Elektronen an den Atomkern bindet, Moleküle formt und Photonen generiert.

Kommen wir also zum zweiten Kriterium, der weitreichenden Wirkung.

Und da wird die starke Kraft schwach, da ihr Wirkungsbereich nur bei 10^{-15} m liegt.

Nicht so die elektromagnetische Kraft, die hat eine weitreichende Wirkung, die sich lediglich mit dem Quadrat der Entfernung abschwächt.

---

[8] Die Wechselwirkungen werden bezüglich der Grundkräfte durch Austauschteilchen vermittelt, wobei die Stärke der Kräfte durch die **Kopplungskonstanten** festgelegt wird (siehe hierzu auch die im Anhang C „*Zahlenwerte*" dargelegten Größen).

Der Sieger steht also fest, denn auch das dritte Kriterium – die möglichst alles umfassende Wirkung – sollte zu erfüllen sein oder präziser könnte doch ein Problem sein.

Im Universum haben wir exakt die gleiche Anzahl an positiver und negativer Ladung, und das bedeutet Neutralität, und das bedeutet, dass die elektromagnetische Kraft in großer Entfernung ohne Belang ist.

Wir sind also in eine Falle getappt; und die Falle bestand darin, die Stärke der Kraft als erstes Kriterium zu wählen.

Wenn wir mit dem letzten Kriterium beginnen, so stellen wir fest, dass die Gravitation als einzige Kraft eine alles umfassende Wirkung hat.

Sie wirkt auf alle Massen und positive Energien immer anziehend, und sie schwächt sich ebenfalls nur mit dem Quadrat der Entfernung ab; und mit diesen Eigenschaften kann sie sogar die 40 Größenordnungen, um die ihre Stärke unter der starken Kraft liegt, aufwiegen!

Ein einfaches Beispiel kann uns dies verdeutlichen.

Betrachtet man beispielsweise zwei Protonen – Wasserstoffkerne –, so kann die Gravitation, obwohl sie von jedem Teilchen ausgeht, in den Dimensionen der Teilchen selbst getrost vernachlässigt werden, da ihre Wirkung lächerlich gering ist.

Betrachtet man die zwei selben Protonen allerdings im Inneren der Sonne, so ändert sich dieses Bild auf drastische Weise.

Jetzt zeigt sich die Macht der Gravitation, denn jetzt müssen all diese winzigen Gravitationsbeiträge der einzelnen Teilchen aufaddiert werden, und diese Summe wächst zu einer ungeheuren Stärke heran.

Bei einer Masse der Sonne von circa 10^{33} g und der Masse eines Protons von circa 10^{-24} g kommt man auf Gravitationsbeiträge von 10^{57} Protonen.

Beinahe mühelos kann diese gewaltige Anzahl von Gravitationsbeiträgen den Faktor 10^{40}, um den die Kernkraft stärker als die Gravitationskraft ist, aushebeln.

Die Menge und der Wirkungsbereich sind somit die entscheidenden Kriterien.

Das Universum wird also von der Gravitationskraft dominiert!

Darüber hinaus zeigt uns der Himmelsanblick, dass es eine Ordnung gibt, die nichts mit Willkür zu tun hat, sondern auf verlässlichen Regeln basiert; und durch das Verständnis dieser Regeln sind wir dazu in der Lage, verlässliche Prognosen abzugeben, die auch die ferne Vergangenheit und die ferne Zukunft betreffen.

Im Exkurs 6 „Die Bewegungsgleichung der Allgemeinen Relativitätstheorie" benutzen wir diese Regeln – die Regeln der Gravitationstheorie –, um eine Prognose über das Expansionsverhalten des Universums abzugeben.

Grundlage für diese Regeln ist die von Albert Einstein 1915 entwickelte Allgemeine Relativitätstheorie, die, wie wir schon gesehen haben, den Zusammenhang zwischen der Geometrie der Raumzeit und der Masse beschreibt.

Mit dieser Gravitationstheorie wird zum Beispiel festgelegt, wie Körper sich unter dem gegenseitigen Gravitationseinfluss bewegen – der Physiker spricht dabei von einer Bewegungsgleichung, und mit dieser kann der Gravitationseinfluss der gesamten Materie im Universum auf die Raumzeit berechnet werden.

Dass dies mit dieser Theorie grundsätzlich möglich ist, ist allerdings mehr als erstaunlich, da von all den Fakten, von denen wir heute Kenntnis haben, 1915 nur eins auf dem Tisch lag, und das betrifft den Himmel, der in der Nacht dunkel ist. Und dieses damals einzig bekannte Fakt wurde von Einstein auch noch ignoriert.

Einstein hat seine Theorie also aus der hohlen Hand entwickelt!

Einsteins Gravitationstheorie unterscheidet sich deutlich von der Newton'schen Beschreibung der Gravitation, auf die wir in folgendem Exkurs 6 „Die Bewegungsgleichung der Allgemeinen Relativitätstheorie" dennoch nicht verzichten werden.

Der markanteste Unterschied betrifft die Verzerrung von Raum und Zeit, die sich als direkte Konsequenz der Gravitation ergibt und damit dem diesbezüglichen Kraftbegriff eine andere Bedeutung verleiht.

Ein weiterer wichtiger Unterschied betrifft die Gravitationsquellen, die eine Gravitationswirkung auslösen können.

In der Newton'schen Beschreibung ist dies eindeutig die Masse[9].

Das heißt, die Stärke der Kraft, die ein Körper auf andere im Wechselspiel ausübt, ist proportional zu dessen Masse.

Die Allgemeine Relativitätstheorie beschränkt sich bei den möglichen Gravitationsquellen nicht nur auf die Masse.

Da Masse gleich Energie ist, sind alle Arten von positiver Energie gleichermaßen Quellen der Gravitation.

Das heißt, nicht nur die Masse der **Elementarteilchen** eines Systems trägt zur Gravitation bei, sondern auch dessen Bewegungsenergie, Wärmeenergie und Strahlungsenergie.

Was zählt, ist die Gesamtenergie, die gleich der Energiedichte ρ, multipliziert mit dem betrachteten Volumen, ist.

[9] Das Vakuum ist zwar erfüllt von fluktuierenden Teilchen, aber die sind es nicht, die dem Raum eine gewisse Zähigkeit geben, die von den Elementarteilchen wahrgenommen wird. Photonen laufen zum Beispiel ungestört hindurch. Doch andere Teilchen werden in ihrer Bewegung behindert, wenn sie versuchen, ihre Geschwindigkeit zu ändern. Die Teilchen werden dann träge, und das ist es, was wir „Masse" nennen.

Die unterschiedlichen Massen der echten **Elementarteilchen** – zum Beispiel der Elektronen, der **Neutrinos** oder der **Quarks** – ergeben sich ausschließlich aus der jeweilig verschieden stark ausgeprägten Wechselwirkung mit dem **Higgs-Feld**, und dabei legen die unterschiedlichen Kopplungskonstanten fest, wie groß die einzelnen Massen sein müssen.

Die Masse eines Teilchens erklärt sich also aus der Stärke der Kopplung des Teilchens an eine das Higgs-Feld repräsentierende Feldgröße.

Dieser den Elementarteilchen masseverleihende **Higgs-Mechanismus** beruht dabei auf virtuellen Anregungen des Higgs-Feldes.

Exkurs 6 – Die Bewegungsgleichung der Allgemeinen Relativitätstheorie

Eine der grundlegendsten Fragen der Kosmologie lautet: Wird sich die durch den Big Bang ausgelöste Expansion des Universums für immer fortsetzen, oder kann das Universum als gravitationsgebundenes System durch die in ihm enthaltene Masse/Energie die Expansion beeinflussen?

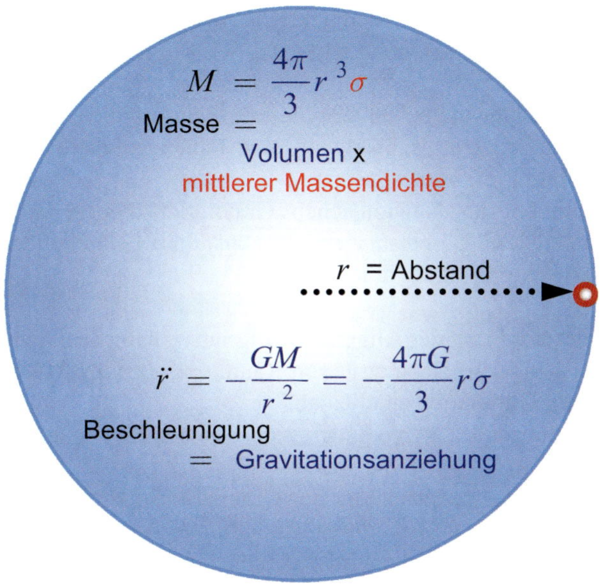

Die Grundlage zur Beantwortung dieser Frage stellt eine theoretische Betrachtung dar, die in einem ersten Schritt auf der Newton'schen Gravitationstheorie beruht.

Gravitation ist seit Isaac Newton eine Massenanziehung, die von jeglicher Materie ausgeht.

Eine Masse M beschleunigt dabei ein Objekt auf sich zu, wobei die Beschleunigung proportional zur Masse M und umgekehrt proportional zum Quadrat des Abstands r ist.

Die Gravitationskonstante $G = 6.673 \cdot 10^{-8}$ (cm/s^2)cm^2/g legt dabei die Stärke der Wechselwirkung fest.

Im Rahmen dieser Theorie sieht man sofort, dass die Gravitationsanziehung, die ein beliebiger kugelsymmetrischer Körper auf Objekte in seiner Nachbarschaft ausübt, die gleiche ist, als wäre die gesamte anziehende Masse des Körpers in einem punktförmigen Teilchen im Mittelpunkt der Kugel konzentriert (siehe Skizze).

Die Beschleunigung der Objekte ist damit gleich der Gravitationsanziehung der Massendichte σ multipliziert mit dem Volumen, das die Massendichte einnimmt:

$$\ddot{r} = -\frac{4\pi G}{3}\sigma r$$

Da die Gravitationsanziehung der Bewegungsrichtung entgegenwirkt, ist die Beschleunigung negativ.

Ein anfänglicher Bewegungsimpuls, der von den Gravitationsquellen wegführt, wird grundsätzlich abgebremst.

Die Gravitationsanziehung wirkt also wie ein Bremspedal!

Wie es in der Newton'schen Gravitationstheorie üblich ist, haben wir in dieser Betrachtung stillschweigend eine Hintergrundstruktur, bestehend aus Raum und Zeit, vorausgesetzt.

Im Rahmen der Newton'schen Gravitationstheorie expandiert der Raum natürlich nicht selbst, vielmehr expandiert ein gebundenes System in den bestehenden Raum hinein.

Diese Sicht wird von der Allgemeinen Relativitätstheorie nicht übernommen. Hier hängt die Geometrie von Raum und Zeit direkt von den darin befindlichen Gravitationsquellen ab.

Das heißt, der Raum verändert sich mit der Bewegung der Gravitationsquellen.

Damit ist jede Beschreibung der Gravitationsquellen immer auch die Beschreibung eines vollständigen Modelluniversums; und die Geometrie des Raums des Universums wird durch die pure Existenz und die Struktur der Gravitationsquellen festgelegt.

Dem tragen wir Rechnung, indem wir die Abstandsgröße r im Newton'schen Bild durch den Ausdehnungsfaktor R in der Gravitationstheorie der Allgemeinen Relativitätstheorie ersetzen.

Rein formal erfährt obige Gleichung, aus Sicht der Allgemeinen Relativitätstheorie, nur zwei kleine Änderungen.

Nach Einsteins Erkenntnis muss die Massendichte σ – wegen $E = mc^2$ – durch eine generelle Energiedichte ρ_m der Materie ersetzt werden:

$$\rho_m = \sigma c^2$$

Nachdem sich die Allgemeine Relativitätstheorie bei den möglichen Gravitationsquellen nicht nur auf die Masse beschränkt, sondern alle Arten von Energie gleichermaßen Quellen der Gravitation sind, muss auch der Druck als Gravitationsquelle betrachtet werden, denn *Druck* × *Volumen* = *Energie*.

Nach Einstein und Friedmann erhält man damit die Bewegungsgleichung für das Universum:

$$\ddot{R} = -\frac{4\pi G}{3}\frac{1}{c^2}(\rho_m + 3p)R$$

Die Beschleunigung bezüglich des Ausdehnungsfaktors R, der durch die linke Seite der Gleichung beschrieben wird, stellt das Maß für die Veränderung der Expansion dar; und diese Beschleunigung hat, wie die rechte Seite der Gleichung zeigt, ein negatives Vorzeichen; und dieses Verhalten hat eine abbremsende Expansion zur Folge.

Die Gravitationsanziehung wirkt also, aus Sicht der Allgemeinen Relativitätstheorie, wie ein Bremspedal auf die Expansion des Universums!

Der Wert der **Hubble-Konstante** hat uns gezeigt, dass die Expansion des Universums bis heute anhält; und die Bewegungsgleichung der Allgemeinen Relativitätstheorie zeigt uns jetzt, dass die ursprüngliche Expansion des Universums mit gewaltiger Kraft stattgefunden haben muss. Denn seitdem das Universum mit dem Start des Big Bang in eine fortwährende Expansionsphase eingetaucht ist, wirkt die gesamte Energie, die im Universum zu finden ist, wie ein Bremspedal dagegen.

Und dennoch expandiert das Universum bis heute, auch wenn die Expansion sich dabei stetig verlangsamt (siehe Abb. 6.8 „*Ausgebremst*")

Das Verhalten, das wir mit dem Hubble-Gesetz beobachten – je weiter wir in der Zeit zurückschauen, umso entfernter sind die Objekte, und desto größer ist ihre Relativgeschwindigkeit –, muss sich damit auch quantitativ mit der Zeit ändern; und das bedeutet, dass sich auch der Wert der Hubble-Konstante stetig verändern muss.

Der von uns bestimmte Wert gilt also nur für eine beschränkte zeitliche Epoche (die Hubble-Konstante H_0 ist somit keine Konstante, sondern eine zeitabhängige Funktion $H(t)$, und dem haben wir durch den Index 0, der den derzeitigen Wert $H(t_0)$ kennzeichnet, Rechnung getragen).

Im Hinblick auf die Bewegungsgleichung stellen wir also resümierend fest, dass die Expansionsgeschwindigkeit lediglich von ihrem Anfangswert und der im Kosmos insgesamt vorhandenen Masse und Energie abhängt.

Ist diese groß genug, wird zu einem bestimmten Zeitpunkt die Expansion durch die Gravitationswirkung zum Stillstand kommen und sich eventuell sogar umkehren. Dann würde das Gegenteil zu einer Expansion einsetzen – eine Kontraktion. Und die würde sämtliche Energie letztendlich wieder zu einem punktförmigen Gebilde, einer **Singularität** zusammenziehen.

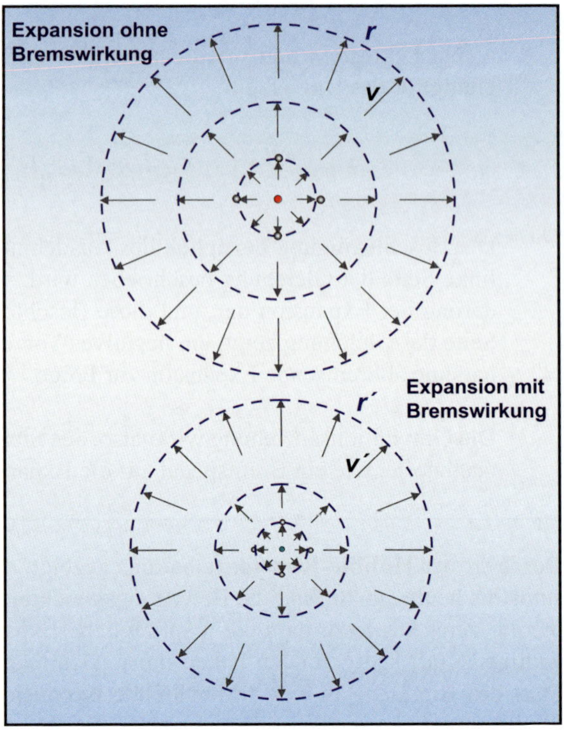

Abb. 6.8 Skizze: Das obere Bild illustriert die zu einem bestimmten Zeitpunkt beobachtete Expansion unseres Universums, wohingegen das untere Bild die Expansion eines Universums zeigt, dass gegenüber unserem mehr Masse und Energie beinhaltet und dementsprechend stärker *ausgebremst* wird, was sich vor allem, oder zuerst, in nicht zu großer Entfernung auswirkt.

Sollte es so einfach sein?

Sollte ein derartiges Universum, das nur bis zu einer durch die Gravitation der Gesamtenergie erlaubten Größe expandieren kann, um anschließend wieder zu kontrahieren, das unsere sein?

Um das einschätzen zu können, wissen wir noch nicht genug!

Wir wissen jetzt allerdings, dass die Expansion des Universums sich gravitationsbedingt stetig verlangsamen muss, solange keine andere Kraft dagegenhält.

Dagegenhaltende Kräfte können wir aber so ohne Weiteres nicht ausmachen, da der gesamte energetische Inhalt des Universums es offensichtlich ruhiger und entspannter haben will und sich demgemäß für die Betätigung des Bremspedals entschieden hat, das, wie Einstein erkannt hat, auf feinsinnig durchdachten Zusammenhängen beruht.

Andererseits ist es aber auch so, dass zumindest einmal ordentlich Gas gegeben werden musste, um das Universum so weit in Schwung zu bringen, dass es eine Weile braucht, um wieder herunterzufahren und durch diesen Vorgang eine akzeptable Zeitspanne zu erhalten, in der eine zielgerichtete Entwicklung, die von der Ordnung lebt, die die Expansion dem Universum geschenkt hat, zum Abschluss gebracht werden kann.

Es muss also ein Gaspedal geben, und das war – zumindest in einer bestimmten Phase – von fundamentaler Bedeutung für unser Universum.

Und dieses Gaspedal werden wir jetzt suchen!

6.4 Es war der „Bang" und nicht der „Big Bang"

Dass das Universum zu einem bestimmten Zeitpunkt mit quietschenden Reifen losgefahren ist, um den Expansionszustand, in dem es sich befindet, zu erzeugen, wissen wir bereits.

Also liegt es auf der Hand, dass das Universum auch grundsätzlich über ein Gaspedal verfügt, durch dessen Betätigung eine solche Veränderung herbeigeführt werden kann.

Aber wo finden wir es, und wie funktioniert es, und unter welchen Voraussetzungen wird es betätigt?

Nach dem, was wir über die Expansionsgeschichte des Universums erfahren haben, muss dem Universum in einer frühen Phase seiner Entwicklung der entscheidende Expansionsimpuls mitgegeben worden sein.

Wir müssen bei der Suche nach dem Gaspedal unser Augenmerk also auf die Anfangsphase der Entstehung des Universums richten, und dies möglichst vorurteilsfrei, denn wir wollen dieses Gaspedal nicht nur finden, sondern auch seine Wirkungsweise verstehen. Wir wollen letztlich verstehen, auf welche Weise dem Universum der entscheidende Expansionsimpuls vermittelt wurde und wie dieser mit der Entstehung des Universums im Zusammenhang steht.

Gemäß einer plumpen Extrapolation des Expansionsverlaufs entstand der Kosmos aus einer **Singularität** und expandiert seitdem unaufhörlich vor sich hin.

Ist die Energiedichte im Universum groß genug, wird aufgrund der Eigengravitation diese Expansion irgendwann gestoppt und umgedreht.

Das ist der Stand der Dinge!

Das ist so natürlich nicht ganz richtig, das war der Stand der Dinge, bis vor Kurzem – vor einigen Jahrzehnten – neue Erkenntnisse dieses Bild erheblich erweitert und verändert haben.

Wie das Universum aus einer unsäglich klein dimensionierten Singularität, in der ein Begriff wie „Abstand halten", kaum einen Sinn ergibt, da weder genügend Raum für einzelne energetische Bestanteile des inhaltlichen Substrats vorhanden ist, noch wirklich klar ist, in welcher Form diese Bestandteile vorliegen und wie deren Erscheinungsbild sich gestaltet, entstanden sein soll, ist nicht wirklich einsichtig.

In umgekehrtem Sinne kommt da eher ein sinnvolles Bild heraus; und der umgekehrte Sinn besteht darin, dass Singularitäten das ultimative Endlager für jede Energieform darstellen.

Alles, was sich darin versenkt, sollte eigentlich nie wieder in Erscheinung treten. Gleichwohl scheint das Universum genau daraus entstanden zu sein, und wie der allererste Schritt in diesem Zusammenhang tatsächlich aussah, lassen wir im Moment einmal offen.

Was die fundamentalen Kräfte betrifft, geht man jedenfalls davon aus, dass im Sinne einer großen vereinheitlichten Theorie die vier Kräfte aus einer einzigen Urkraft entstanden sind.

Dabei hat sich die „Gravitationskraft" von den anderen drei vereinigten Kräften bereits zur **Planck-Zeit** – also nach 10^{-43} s – abgespalten.

Naiverweise möchte man nun meinen, dass die verbliebene vereinheitlichte Kraft, die natürlich nicht schwächer als die **starke Wechselwirkung** war, in den Dimensionen einer Singularität dazu in der Lage gewesen sein sollte, die Expansion des Universums in Schwung zu bringen.

Schließlich ist diese Kraft um 40 Größenordnungen stärker als die bereits abgespaltene Gravitationskraft, und in dieser Phase der Entwicklung liegen die Abstände der Energiezentren genau in deren Wirkungsbereich.

Und nachdem die deutlich schwächere Gravitationskraft immerhin heute dazu in der Lage ist, das Universum abzubremsen, sollte es dieser starken und sogar noch vereinheitlichten Kraft doch möglich gewesen sein, dagegenzuhalten gegen die auch im Kleinen lächerlich schwache Gravitationskraft; das gelingt doch auch im Atomkern, denn der kollabiert ja schließlich auch nicht.

Das könnte man zwar annehmen, aber es wäre auch der komplett falsche Ansatz.

Denn Kräfte haben etwas mit positiver Energie zu tun, und die verstärkt grundsätzlich, und damit auch auf kleinste Maßstäbe bezogen, die ausschließlich bremsende Wirkung der Gravitation auf die Expansion des Raumes, wie wir bereits eingesehen haben.

Durch die verbliebene vereinheitlichte Kraft beeinflussen sich die Teilchen lediglich untereinander – je stärker die Kraft ist, umso mehr interne Veränderungen finden statt –, aber auf das Universum als Ganzes hat dieses Verhalten mitnichten einen ausdehnenden Einfluss.

Egal, wie klein die Abstände im Universum auch sind, die im Zusammenhang mit diesen Kräften stehende positive Energie versucht, die Abstände durch deren Gravitationswirkung immer noch weiter zu verkleinern – es ist genau dieses Verhalten, das letztlich bei entsprechend großer Masseansammlung auch zu **Schwarzen Löchern** führt; auch hier zeigt die Gravitation unterstützt von Einsteins berühmter Formel, die zwischen Energie und Masse keinen Unterschied macht, auch auf kleinstem Maßstab, dass sie der wahre Meister ist!

Gravitation ist damit nicht nur eine der vier fundamentalen Kräfte. Gravitation bezieht die gesamte Energie mit ein; und diese Energie sagt der Raumzeit, wie sie sich zu krümmen hat, und diese Krümmung sagt der Gesamtenergie, wie sie sich zu bewegen hat; und irgendeine Form der Expansion ist da nicht vorgesehen.

Gravitation stellt als Regelmechanismus der Stärke der Raumzeit-Krümmung etwas Besonderes dar, und ist damit von anderer Natur als die drei übrigen fundamentalen Kräfte.

Der ursächliche Mechanismus, der die Expansion des Universums in Gang gebracht hat, hat also mit den drei übrig gebliebenen fundamentalen Kräften nichts zu tun.

Um ihn, den ursächliche Mechanismus, zu finden, müssen wir ganz offensichtlich an einer vollkommen anderen Ecke graben.

Diese „Ecke" muss jedoch mit der Allgemeinen Relativitätstheorie in Zusammenhang stehen, denn nur mit dieser physikalischen Theorie können wir das Universum als Ganzes beschreiben.

Dies gilt jedenfalls diesseits der **Planck-Größen**, da nur hier die Gravitation einen eigenständigen Charakter hat. Jenseits der Planck-Größen, als das Universum also jünger als 10^{-43} s beziehungsweise der beobachtbare Teil des heutigen Universums kleiner als 10^{-35} m war, haben wir derzeit keine grundlegende Theorie, um den Zustand des Universums darzulegen.

Wie sich das Universum letztlich aus den Planck-Größen und seiner Singularität befreien konnte, wissen wir also nicht!

Wir wissen nur, dass die Planck-Zeit den frühesten Zeitpunkt darstellt, zu dem wir eine vernünftige Aussage über das Universum machen können: Das Universum stand zu diesem Zeitpunkt weiterhin an der Grenze zu dem Schwarzen Loch, aus dem es sich zu befreien versuchte, es kollabierte aber nicht in diese – seine – Singularität zurück, sondern expandiert seitdem lustig vor sich hin!

Es sei jedem freigestellt einzuschätzen, ob diese Aussage etwas enthält, was von Vernunft geprägt ist, gleichwohl ist genau das passiert, wir verstehen es nur nicht präziser.

Man könnte dagegenhalten, dass die ursprüngliche Energie doch auf einen so winzig kleinen Raumbereich konzentriert war – auf der Skala der **Planck-Länge** –, dass die daraus resultierende enorm hohe Energiedichte einfach zu einem explosionsartigen Ausbruch führen musste.

Aber das klingt fast schon verzweifelt, denn wie wir uns gerade klargemacht haben, verschlimmerte das die Situation nur noch, denn je höher die Energiedichte war, desto stärker war auch die Raumzeit-Krümmung; und diese hatte die Tendenz, alles noch weiter zu verkleinern und damit das, was da keimte, wieder dahin zu schicken, wo es herkam.

Nachdem wir über keine ausgereifte **Quantengravitationstheorie** verfügen, die es uns möglicherweise gestatten würde, einen Blick auf das Jenseits der Planck-Größen zu werfen, müssen wir an dieser Stelle also ein klein wenig spekulieren – und die Spekulation sieht so aus, dass wir das, was wir im Diesseits der Planck-Größen an Beschleunigungsmechanismen für eine Expansion des Universums letztendlich finden, auch als ursächliche Mechanismen der Expansion auf das Jenseits übertragen.

Das heißt, finden wir einen Beschleunigungsmechanismus im sehr frühen, von einer gewaltig hohen Energiedichte geprägten Universum, dann gehen wir davon aus, dass dieser Mechanismus auch mit dem ursächlichen Mechanismus in Verbindung steht, der für die eigentliche Entstehung des Universums, die das Sich-Herausquälen aus einer Singularität darstellt, verantwortlich war.

Damit lehnen wir uns natürlich weit aus dem Fenster; aber warum sollten wir nicht auch einmal großspurig auftreten, denn eine Einschätzung, ob das Sinn ergibt, können wir ohnehin erst vornehmen, wenn wir verstanden haben, wie das Gaspedal des Universums funktioniert.

Um das zu verstehen, müssen wir es aber erst einmal finden!

Finden können wir das Gaspedal aber nur, wenn wir vorher wichtige und entscheidende Indizien sammeln. Das heißt, wir brauchen vorab eine klare Vorstellung von dem, was uns das Universum sagt, was am Anfang passiert ist.

Und da muss uns das Universum bislang noch einiges verschwiegen haben, denn es hat uns von einem „Bang" so richtig noch gar nichts erzählt.

Wir haben uns bis jetzt lediglich mit dem Begriff des „Big Bang" vertraut gemacht, aber das, was da passiert sein soll, hat nach unserem bisherigen Verständnis mit einem „Bang" nicht viel gemein.

Es hat bestenfalls mit dem Geschehen nach einem Bang etwas zu tun, denn wir wissen nur, dass das Universum expandiert und damit aus einem Zustand extrem hoher Energiedichte heraus angefangen hat.

Von dem, was vorausgegangen sein muss und den Namen „Bang" wirklich verdient, wissen wir eigentlich gar nichts. Also sollten wir versuchen zuzuhören, was uns das Universum über die bangprägende oder aber vom Bang geprägte Anfangsphase zu sagen hat.

6.4.1 Links vor rechts – oder rechts vor links?

Wir müssen also ein **Experiment** durchführen, und dafür brauchen wir ein Teleskop, ein erstklassiges Teleskop – also keines vom Discounter.

Mit diesem Teleskop müssen wir weit in der Zeit zurückschauen, so weit es geht, und das tun wir, indem wir in zwei entgegengesetzte Himmelsrichtungen auf die uns wohlbekannte, dem Frühstadium der Strukturbildung im Universum zuzuordnende, **Mikrowellenhintergrundstrahlung** blicken.

Wir schauen also zuerst nach links, und dann schauen wir nach rechts, und stellen dabei zweierlei fest: Wir stellen zum einen fest, dass diese beiden Bereiche voneinander isoliert sind, da das Licht seit dem Start des Big Bang nicht genug Zeit hatte, die Distanz zwischen diesen Bereichen zu überbrücken; und damit konnten sie bislang keinerlei Information austauschen (siehe Abb. 6.9 „*Horizontproblem*").

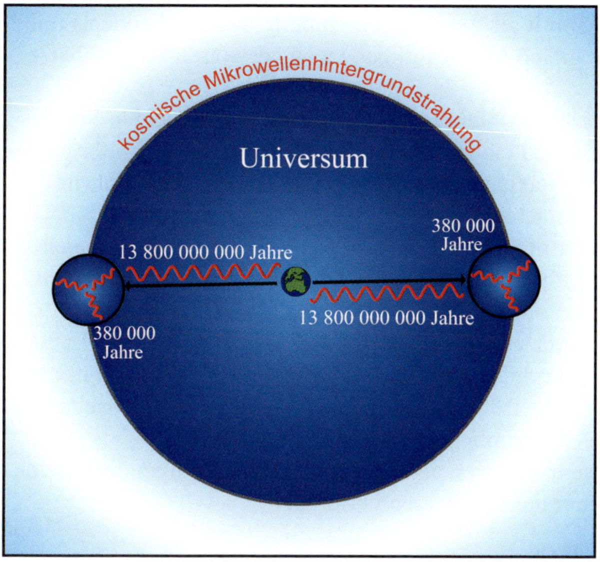

Abb. 6.9 Skizze: Die Expansion des Horizonts verläuft mit Lichtgeschwindigkeit und ist ab einer bestimmten Entfernung langsamer als die Expansion des Raums. Das heißt, anfänglich durch ihren jeweiligen Horizont voneinander getrennte Bereiche entfernen sich immer weiter voneinander und verbleiben in ihren verschiedenen „Hubble-Sphären". Diese Aussage ist der erste Schritt zum Verständnis des *Horizontproblems*!

Das Universum ist, von kleinen lokalen Schwankungen abgesehen, in allen seinen Teilen homogen und isotrop!

Nach dem Standardmodell, das sich aus einer Extrapolation des bekannten Expansionsverlaufs des Universums ergibt (siehe Abb. 6.12 „*Standardmodell*"), müsste der beobachtbare Kosmos heute jedoch aus vielen Bereichen bestehen, die kausal nicht miteinander verbunden sind und es dementsprechend auch nie waren.

Zwei solche Bereiche sind in entgegengesetzter Richtung von uns an unserem heutigen Horizont, der sich hier auf die Mikrowellenhintergrundstrahlung bezieht, im Bild dargestellt, wobei deren Horizont sich aus dem Alter von 380 000 Jahren des damaligen Universums ergibt.

Diese Bereiche können sich nie miteinander ausgetauscht haben, da die Zeit, die seit dem Big Bang vergangen ist, zu kurz war, um sie durch jegliche Wechselwirkungen zu verbinden.

Sie sind jenseits ihres jeweiligen Horizonts in verschiedenen „Hubble-Sphären" lokalisiert, wobei ihr Abstand mindestens bei 27.6 Mrd. Lichtjahren liegt.

Da das Universum aber nur ein Alter von 13.8 Mrd. Jahren hat, bedeutet dies, dass das Licht des einen Bereichs bis heute den anderen Bereich noch nicht erreicht haben kann, und solange das Universum weiter expandiert, wird das auch nicht geschehen.

Wir sehen die Konsequenz: Die kosmische Mikrowellenstrahlung, die aus ganz verschiedenen Regionen des Kosmos kommt, müsste größere Unterschiede zeigen, da die Zeit, die seit dem Beginn vergangen ist, zu kurz zum Austausch von Informationen zwischen den Regionen war.

Sie müssen sich also unabhängig voneinander auf ganz verschiedene Art entwickelt haben – so, wie sich Aliens irgendwo im Universum anders entwickelt haben müssen als wir.

Das haben diese Bereiche aber nicht!

Wir stellen somit als zweiten und äußerst überraschenden Punkt fest, dass sich diese Bereiche gleich entwickelt haben, so, als wären es Nachbarregionen.

Dieses als Horizontproblem bekannte Rätsel lässt nur einen Schluss zu: Die beiden Regionen müssen zu einer früheren Zeit Kontakt miteinander gehabt haben;[10] und wegen dieses Kontakts sind sie im physikalischen Gleichschritt geblieben und haben sich demzufolge auch nahezu identisch entwickelt.

Damit sie aber in frühen Zeiten diesen Kontakt gehabt haben konnten, muss das Universum eine Phase der überlichtschnellen, vermutlich exponentiellen Expansion durchlebt haben.

Diese Phase der Expansion muss viel schneller als mit Lichtgeschwindigkeit erfolgt sein, da nur auf diese Weise die Bereiche so voneinander zu trennen waren, dass bereits zu sehr frühen Zeiten eine Region jeweils jenseits des Horizonts der anderen Region verschoben wurde.

Die Bereiche haben sich also nach einem kurzzeitigen intensiven Kontakt blitzschnell für immer aus den Augen verloren.

6.4.2 Das Universum macht sich flach!

Das Horizontproblem ist aber nicht das einzige Rätsel, auf das wir stoßen, wenn wir zuhören, was uns das Universum indirekt über den Verlauf der vom Bang geprägten Anfangsphase der Entstehung des Universums zu sagen hat.

Denn eine weitere Beobachtung zeigt, dass das Universum flach ist, und zwar mit großer Präzision flach ist.

Auch dieser Umstand ist in hohem Maße erstaunlich, da wir ja wissen, dass Masse und Energie den Raum krümmen.

Und nachdem diese Zustandsformen in nicht verschwindendem Maße in unserem Universum vorhanden sind, sollte auch eine globale Krümmung im Universum feststellbar sein.

Aber dem ist nicht so!

[10] Ein in diesem Zusammenhang konkreter Punkt bezieht sich zum Beispiel auf die kosmische **Mikrowellenhintergrundstrahlung**, deren Temperaturschwankungen grundsätzlich keinen größeren Wert als 10^{-5} K zeigen, und zwar auch in komplett voneinander isolierten Bereichen, die von uns aus gesehen in vollkommen entgegengesetzten Richtungen liegen.
Da eine solche Feinabstimmung der Temperatur als Grundlage die Einstellung eines Gleichgewichts erfordert, müssen diese Bereiche zu einem früheren Zeitpunkt Kontakt miteinander gehabt haben.
Seit diesem Kontakt sind diese Bereiche jedoch voneinander isoliert, da das Licht bislang nicht genug Zeit hatte, um von einem Bereich zum anderen zu gelangen.
Die Information über den jeweiligen Wert der Temperatur konnte also nachträglich nicht übertragen werden.

Das Universum hat vielmehr den unwahrscheinlichsten Fall für sich entdeckt, denn es gibt, wie wir sehen werden, genau einen Wert, den Masse und Energie haben dürfen, um ein flaches Universum zu gewährleisten, und exakt diesen Wert hat das Universum für sich gewählt, wobei die präzise Einstellung dieses Wertes ohne eine extrem verlaufende, vermutlich exponentielle Expansion des frühen Universums nicht zu erklären ist.

Nachdem diese Erkenntnis eine wichtige Stütze für das kosmologische Standardmodell darstellt, sollten wir versuchen einzusehen, auf welchen Überlegungen und Beobachtungen sie basiert.

Und da bringt sich als Ausgangspunkt die speziell im frühen Universum sehr umtriebige Silk-Dämpfung erneut ins Spiel (als maßgeblicher, in der Sache „verstorbenes Universum" von sich reden machender, Schurkenmechanismus hatten wir sie zwar von unserer Gästeliste gestrichen, wenn sie jetzt allerdings bereit ist einen positiven Beitrag zu leisten, dann sollten wir ihr noch einmal verzeihen, dass sie der Strukturbildung so kräftig in die Suppe gespuckt hat); und wenn sie dies tut, wird sich beobachtungsseitig da auch die Mikrowellenhintergrundstrahlung als tragende Figur geflissentlich mit einreihen.

Von der Silk-Dämpfung wissen wir, dass sie den Effekt darstellt, der die Potenzialtöpfe der Materiekondensationen, die in der Mikrowellenhintergrundstrahlung so feinfühlig beobachtet wurden, wieder flacher werden lässt, indem sie dem Bestreben der Gravitation, alles zu akkumulieren und zu kontrahieren, entgegenwirkt.

Daraus ergibt sich nun ein Wechselspiel der gravitativen Anziehung und der auseinandertreibenden, auf dem Strahlungsdruck basierenden Wirkung der Silk-Dämpfung, und dieses Wechselspiel führt zu Schwingungen.

Diese Schwingungen durchquerten nun das Plasma des damals, zur Rekombinationszeit, 380 000 Jahre alten Universums; dies führte zu lokalen Verdichtungen und damit Erhitzungen beziehungsweise Verdünnungen und damit Abkühlungen des Plasmas.

Die größten Wellenlängen dieser Schwingungen kann man nun auf der Grundlage des Alters des damaligen Universums (380 000 Jahre) und deren Ausbreitungsgeschwindigkeit, die im Mittel bei circa 60 % der Lichtgeschwindigkeit lag, durch Multiplikation dieser beiden Werte einfach berechnen, wobei das Ergebnis bei circa 230 000 Lichtjahren liegt.

Diese Größe entspricht nun der damaligen Ausdehnung der großen heißen und kalten Flecken, die in der Mikrowellenhintergrundstrahlung beobachtet werden (siehe Abb. 6.10 „*Raumkrümmung*"), wobei die Ausdehnung, aufgrund der Expansion des Universums, bis heute auf circa 250 Megalichtjahre angewachsen ist.[11]

[11] Nachdem sich die Wellenlänge mit der Raumexpansion sukzessive ausdehnt, ergibt sich die heute beobachtete Wellenlänge aus der Multiplikation der ursprünglichen Größe mit dem Faktor $z+1$, wobei der Rekombinationszeit ein Wert der kosmologischen **Rotverschiebung** z von 1100 zuzuordnen ist.

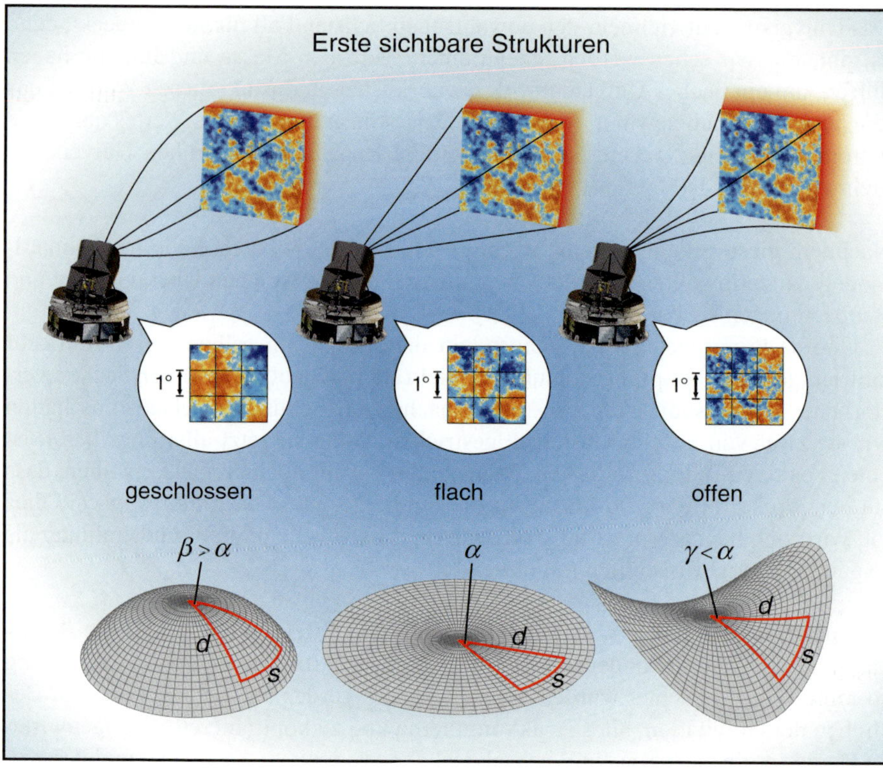

Abb. 6.10 Die scheinbare Größe der Strukturen, die in der Mikrowellenhintergrundstrahlung deutlich zu sehen sind, verändert sich mit der jeweiligen *Raumkrümmung*, die das Universum auf großem Maßstab prägt. (Das Bild illustriert die Auswirkungen, die ein geschlossenes, ein flaches und ein offenes Universum auf die scheinbare Größe der Strukturen hat, die sich aus dem Dichtekontrast des frühen Universums zu Zeiten der Rekombination ergeben haben. © T. Hoffmann, PLANCK-Kollaboration, ESA (für eingebettete Bilder).)

Nachdem eine gute Pizza zumeist in gewölbter Form dem Ofen entweicht, gilt es über die Struktur der einzelnen Pizzastücke, die sich im Zerteilungswahn ergeben haben, herauszufinden, wie die ursprüngliche Pizza sich darstellte. Und da zeigt sich, dass bei Kenntnis der Längen aller Seiten (d und s) durch eine Winkelmessung (α) die geometrische Krümmung bestimmt werden kann (siehe untere Skizze im Bild).

Analog verhält es sich beim dreidimensionalen Raum des Universums (obere Skizze im Bild).

Das längste unserer Beobachtung zugängliche Stück einer „Raumpizza“ hat als Seitenlängen zum einen die Strecke, die ein Photon seit seiner Aussendung zur Zeit der Rekombination bis zu seinem Eintreffen bei uns zurückgelegt hat (also 13.8 Mrd. Lichtjahre), und zum anderen die aus theoretischen Berechnungen bekannte charakteristische Länge der Dichtefluktuationen zu dieser Zeit (diese liegt, wie im Text dargelegt, bei circa 250 Mio. Lichtjahren). Und auf der Grundlage dieser Kenntnisse kann durch eine Winkelmessung der scheinbaren Größe der Strukturen, die in der Mikrowellenhintergrundstrahlung die größten Temperaturunterschiede zeigen (diese entspricht ziemlich genau einem Winkelgrad von 1), die geometrische Krümmung des Universums bestimmt werden.

Und da zeigt sich, dass das Universum extrem flach ist!

Es hat sich also, wie in der mittleren Spalte des Bildes illustriert wird, herausgestellt, dass die scheinbaren Größen der Strukturen, die in der zweiten Reihe zu sehen sind, mit ihren realen Größen, die in der obersten Reihe gezeigt werden, identisch sind.

Nachdem diese Flecken, unserer Beobachtung entsprechend, ziemlich genau einen Winkelgrad von 1 am Himmel abdecken, kann, wie in der Abb. 6.10 „*Raumkrümmung*" dargelegt, aus diesen Werten und den geometrischen Verhältnissen die Krümmung des Universums von der Landkarte der Mikrowellenhintergrundstrahlung direkt abgelesen werden.

Und da zeigt sich, dass das Universum einen euklidischen Raum darstellt; und das heißt, dass das Universum extrem flach ist!

6.4.3 Das Gaspedal des Universums

Es gab also eine überlichtschnelle, vermutlich exponentielle Expansion im frühen Universum, und das heißt, dass hinter dem Gaspedal, das wir suchen, ein wirklich leistungsfähiger Motor stecken muss.

Der war auch nötig, denn es ging immerhin darum, etwas zu einem „Schwarzen Loch" Vergleichbarem dazu zu bewegen, dass es sich endgültig von seiner Singularität befreit und sich frohgemut auf einen mit Steinen gepflasterten Expansionsweg begibt.

Dass dies eines Bangs bedurfte, für den nun eine Phase der exponentiellen Expansion empfohlen wird, sollte uns in diesem Zusammenhang nicht wirklich überraschen.

Versuchen wir also nun herauszufinden, wie es zu dieser möglichen exponentiellen Expansion kommen konnte, und dazu sollten wir uns die Startphase des Big Bang etwas genauer ansehen.

Nachdem sich die Gravitationskraft von den anderen drei noch vereinigten Kräften abgespalten hat, beginnt das Mini-Universum aus noch zu klärenden Gründen zu wachsen. Dabei verringert sich gleichzeitig seine Energiedichte – das Universum kühlt sich also etwas ab und wird in dieser Phase von den bereits beschriebenen **Quantenfluktuationen**, die dem wohlbekannten **Higgs-Feld** zuzuordnen sind, dominiert.

Was die Kräfte in dieser Phase betrifft, blieb nichts übrig, das auch nur im Entferntesten mit einem Bang in Verbindung gebracht werden könnte. Diesen Punkt betreffend sollten wir unsere Suche konsequenterweise also an anderer Stelle fortsetzen.

Wie wäre es da mit dem Nichts?

Vielleicht sollten wir unsere Suche nach dem Gaspedal des Universums im Nichts fortsetzen.

Das Nichts wäre dann das Higgs-Feld, das sich mit seinen Quantenfluktuationen wie ein **Vakuum** verhält, wobei es in seinem anfänglich metastabilen Zustand als klassischer Vertreter des **falschen Vakuums** betrachtet werden muss, das über eine extrem hohe Energiedichte verfügt.

Über dieses falsche Vakuum haben wir nun nicht nur Zugriff auf eine extrem hohe Energiedichte, sondern auch auf einen konstanten negativen Druck, der betragsmäßig exakt von gleicher Größe wie die Energiedichte im Higgs-Feld-Vakuum ist.

In der Frühphase der Entwicklung des Universums hat nun dieser negative Druck die Kontrolle übernommen.

Er hat die Kontrolle übernommen, weil seine Wirkung einer antigravitativen, also abstoßenden Kraft entspricht; und diese Wirkung führte zur exponentiellen Expansion des frühen Universums (Exkurs 7 „Das Inflationsmodell").

Hier – im Vakuum – werden wir also fündig.

Das Higgs-Feld war der Täter, der die exponentielle Expansion ausgelöst hat und damit für den Bang verantwortlich war!

Das Higgs-Feld-Vakuum stellt mit seinem negativen Druck somit das gesuchte Gaspedal dar![12]

Im Verlauf der ersten Abkühlung des Universums, bedingt durch die Anfangsexpansion, hat das Higgs-Feld dann einen folgenschweren Phasenübergang vollzogen.

Bei diesem Phasenübergang, der sich 10^{-32} s nach dem Start des Bang ereignete, wurde dann schlagartig die Energie des falschen Vakuums freigesetzt, wodurch die Phase der exponentiellen Expansion abgeklungen ist, und nahezu alle Teilchen, auf deren Grundlage sich das Universum dann weiterentwickelt hat, erzeugt worden sind (Exkurs 8 „Der Phasenübergang des Higgs-Feldes liefert die Materie für das Universum!").

Die exponentielle Expansion beziehungsweise der Bang wurde letztendlich also durch einen Phasenübergang stabilisiert – dem Phasenübergang des Higgs-Feld-Vakuums.

Energetisch gesprochen besaß das Higgs-Feld kurz vor dem Phasenübergang eine gewaltige positive Energie, die es in das Universum einbringen konnte, und durch die Erniedrigung dieser positiven Energie ist der Inhalt des Universums entstanden. Die exponentielle Expansion selbst wurde hingegen durch die Vakuumeigenschaft des Higgs-Feldes vorangetrieben.

[12] Da die konkrete Umsetzung der Inflation auf der Grundlage des falschen Higgs-Feld-Vakuums auf Feinheiten beruhende kleinere Probleme verursacht, wird gelegentlich auch die Meinung vertreten, dass ein weiteres Feld mit seinem Teilchen, das man Inflaton nennt, und das man sich schön zurechtschnitzen kann, da es sonst nicht in Erscheinung tritt, für eine reibungslose Erklärung der Inflation vonnöten ist. Es hat sich jedoch gezeigt, dass mit einigen geringfügigen Erweiterungen des Standardmodells der Teilchenphysik das allgegenwärtige Higgs-Feld die Inflation sehr wohl auch alleine und ohne fremde Hilfe hinbekommt.

Exkurs 7 – Das Inflationsmodell

Wir schreiben das Jahr $0+10^{-35}$ s.

Wir befinden uns in der Startphase des Big Bang, aber bis jetzt ist noch nichts passiert, was die Bezeichnung Bang auch nur im Entferntesten verdienen würde.

Der in nahezu 14 Mrd. Jahren beobachtbare Teil des Universums ist so winzig klein, dass im Vergleich dazu ein einziges Proton mit einer Größe von 10^{-15} m gigantisch aussehen würde, und dieser Teil des Universums hat ein Startmassenäquivalent von nur wenigen Kilogramm.

Der eigentliche, das Universum stabilisierende Bang steht also noch aus. Und wenn der sich nicht bald ereignet, besteht die Gefahr, dass das Universum wieder in sich zusammenfällt.

Das wird dieses Mal aber nicht passieren, da ist man sich sicher.

Aber was wird passieren, das den Bang nun wirklich auslöst?

Gerade eben hat sich ein Feld ausgebildet – oder war es von allen unbemerkt auch vorher schon da? –, jetzt dominiert es jedenfalls das Universum.

Es ist das **Higgs-Feld**!

Und in diesem Higgs-Feld gibt es nicht nur bereits Quantenfluktuationen, sondern es verhält sich in allem wie ein Vakuum, allerdings wie ein **falsches Vakuum** mit extrem hoher Energiedichte; und das Vakuum – egal ob falsch oder wahr – hat einen konstanten negativen Druck, und der ist betragsmäßig gleich seiner Energiedichte:

$$p_H = -\rho_H = konstant.$$

Und jetzt passiert etwas, denn damit kann die Bewegungsgleichung des Universums

$$\ddot{R} = -\frac{4\pi G}{3}\frac{1}{c^2}(\rho + 3p)R \Rightarrow \ddot{R} = +\frac{8\pi G}{3}\frac{1}{c^2}\ \rho_{\mathrm{H}} \cdot R$$

etwas anfangen.

Sie wird ihr negatives Vorzeichen auf der rechten Seite los!

Und damit hat die Beschleunigung keine abbremsende Wirkung mehr.[13]

[13] Es mag auf den ersten Blick etwas befremdlich erscheinen, dass der Druck im Rahmen der Allgemeinen Relativitätstheorie 3-mal so stark wie die Energiedichte gewichtet wird, dies hat aber einen einfachen physikalischen Hintergrund. Und der beruht darauf, dass eine energetische Größe entweder räumlich begrenzt ist, wie zum Beispiel ein Teilchen, das mit seiner Ruhemasse zumeist durch eine Punktquelle beschrieben wird, oder eine ursächlich richtungsbezogene Größe darstellt, wie die kinetische Energie, die obwohl sie eine skalare Größe ist, nur in Bewegungsrichtung des Teilchens Veränderungen erfährt, wohingegen der Druck, seiner Definition entsprechend, immer gleichmäßig und gleichzeitig in alle drei Raumrichtungen wirkt (wir sind bei dieser Aussage davon ausgegangen, dass keine Gradienten vorliegen).

Sie kann nun endlich ihrem Namen gerecht werden und wirklich beschleunigen. Wir haben endlich das Gaspedal des Universums gefunden: Es ist der metastabile Vakuumzustand des Higgs-Feldes mit seinem negativen Druck!

Jetzt muss diese Gleichung $\ddot{R} = konst \cdot R$, die auch in dieser frühen Phase der Entwicklung das Geschehen maßgeblich bestimmt, gelöst werden.

Die Lösung dieser Differenzialgleichung ist mit dem Ansatz einer Exponentialfunktion aber einfach, da die Ableitung einer Exponentialfunktion gleich dem Faktor des Exponenten der Exponentialfunktion multipliziert mit der Exponentialfunktion selbst ist.

Also folgt:

$$R(t) = e^{t\sqrt{konst.}}$$

$$\text{da}\, \dot{R}(t) = \sqrt{konst.}\,e^{t\sqrt{konst.}} \text{ und } \ddot{R}(t) = \sqrt{konst.}\sqrt{konst.}\,e^{t\sqrt{konst.}} = konst. \cdot R(t)$$

Diese harmlos erscheinende Gleichung, die die zeitliche Entwicklung des Ausdehnungsfaktors R während der Inflationsphase beschreibt, ist der ultimative Wolf im Schafspelz.

Auf unspektakuläre Weise beschreibt diese Gleichung den Bang, die exponentielle Expansionsphase des Universums. Und der Bang findet jetzt statt, zwischen den Jahren $0 + 10^{-35}$ s und $0 + 10^{-32}$ s.

Das Universum wird Dinge erleben, die länger dauern, aber das Universum wird nichts erleben, das gewaltiger wäre als der Bang ist.

Was wird in dieser kurzen Zeitspanne geschehen?

In der Tat, die Zeitspanne ist kurz. Aber die obere Grenze dieser Spanne ist um 3 Dekaden größer als die untere, und das gibt dem exponentiellen Gesetz viel Spielraum zu handeln.

Und dieser Spielraum wird voll ausgeschöpft. Alle $5 \cdot 10^{-35}$ s wird sich die Größe des Universums verdoppeln. Das heißt, das Universum wird sich 165-mal verdoppeln. Bezogen auf die ursprüngliche Größe wird das Universum um den Faktor 2^{165} wachsen, und das entspricht einem Faktor von 10^{50}.

Das Universum wird sich in dieser Zeitspanne um den gewaltigen Faktor 10^{50} aufblähen, und das wird der eigentliche Bang sein!

Die unscheinbare exponentielle Gleichung wird dafür sorgen, dass sich dieses Universum zu einem bewohnbaren Ort entwickeln wird.

Exkurs 8 – Der Phasenübergang des Higgs-Feldes liefert die Materie für das Universum!

Der in circa 14 Mrd. Jahren beobachtbare Teil des Universums, der jetzt im Jahr $0 + 10^{-35}$ s nur ein Startmassenäquivalent von wenigen Kilogramm hat, wird 10^{90} Teilchen beinhalten – auch hier wird der Faktor 10^{50} also seine Spuren hinterlassen!

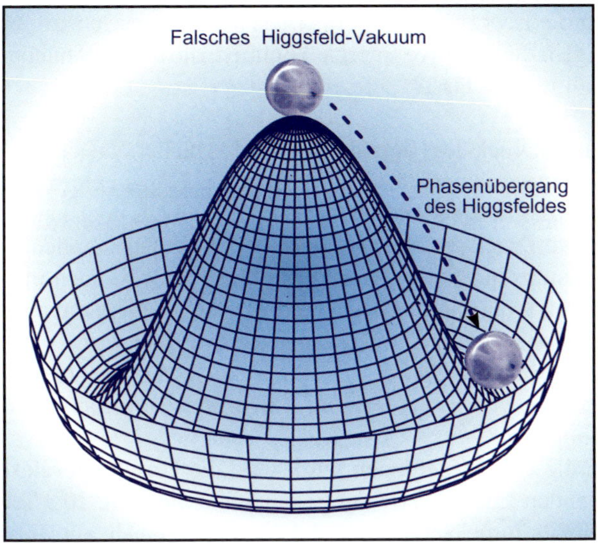

Was wird aber geschehen, das diese Masse entstehen lässt?

Im Jahr $0+10^{-32}$ s wird das falsche Vakuum des Higgs-Feldes seinen längst überfälligen Phasenübergang vollziehen und damit den vorübergehend besetzten metastabilen Zustand verlassen.

Es wird in den stabilen Zustand der Nullenergie übergehen (siehe Skizze).

Dabei wird die gewaltige Energiedichte ρ_{fV} aus dem Energiereservoir des metastabilen Zustands freigesetzt werden (in der Skizze wird diese kurzfristig freigegebene Energiedichte ρ_{fV} durch die Lage der beiden Kugeln illustriert, wobei die höhere vertikale Lage, die in horizontaler Richtung einer Feldstärke von null entspricht, den metastabilen Zustand des falschen Vakuums repräsentieren soll, und die tiefere vertikale Lage, die in horizontaler Richtung einer Feldstärke ungleich null entspricht, den stabilen energetischen Grundzustand des Higgs-Feld-Vakuums repräsentieren soll), und daraus werden die Teilchen entstehen, die das Universum bei seiner weiteren Entwicklung prägen werden.

Wegen der geringen Energiedichte des echten Vakuums – verglichen mit der Energiedichte der erzeugten Teilchen – wird das Higgs-Feld schlagartig seine dominierende Rolle verlieren, und die Inflationsphase wird damit sofort beendet werden.

Um die Lebenserwartung des Bang ist es also nicht gut bestellt, aber er wird dann auch seine Aufgabe erfüllt haben. Das Universum wird von stattlicher Größe sein, und *die Materie wird aus der Energiedifferenz des falschen zum echten Vakuum entstehen.*

Es wird aber ein gewaltiges Problem geben, denn die Gesamtenergie muss gleich null bleiben, so, wie es auch jetzt im Jahr $0+10^{-35}$ s ist.

Durch die Energie der 10^{90} Teilchen wird sie aber positiv werden, woher wird also die negative Energie kommen, die die Gesamtenergie wieder gleich null werden lässt?

Der negative Druck des Higgs-Feldes wird es nicht richten können, denn der wird zusammen mit dem falschen Vakuum des Higgs-Feldes verschwinden!

Solange das falsche Vakuum Bestand hat, gibt es noch kein Problem, da der negative Druck die betragsmäßig gleich große Energiedichte des falschen Vakuums ausgleicht. Und dieser Zustand wird auch im Verlauf der inflationären Expansion erhalten bleiben – unabhängig davon, wie schnell die Expansion erfolgen und wie lange sie andauern wird.

Aber nach der Inflation gibt es nur noch die 10^{90} Teilchen, und die haben eine positive Energiedichte – was aber wird die negative Gegenkomponente sein?

Wenn diese nicht gefunden wird, wird die **Unschärferelation**, wegen der drohenden Energieverletzung, augenblicklich alle 10^{90} Teilchen wieder ins Nichts zurückschicken und damit den Versuch, ein Universum entstehen zu lassen, für gescheitert erklären!

Die Einbeziehung des Gravitationspotenzials, das auch in der Allgemeinen Relativitätstheorie definiert ist, *wird das Problem lösen!*

In gleichem Maße, wie die positive Energiekomponente der Teilchen wachsen und der negative Druck des Higgs-Feldes fallen wird, wird die negative Energie des Gravitationsfeldes der Teilchen ansteigen.

Damit wird der fehlende negative Energiebeitrag exakt ausgeglichen werden, wobei sich die Unschärferelation scharfrichtermäßig um einen etwaigen Teilchenüberschuss kümmern wird, sodass keine Gefahr besteht, dass der negative Druck wieder hochgefahren werden muss.

Die Gravitationsenergie wird also den Erhalt der 10^{90} Teilchen gewährleisten, und das Wissen um die Stärke des Schwächsten wird der große Trick des Bang sein, denn er weiß natürlich, dass sich erst dadurch das neugeborene Universum wird stabilisieren können!

Die Inflationsphase, wie die exponentielle Expansion des Universums genannt wird, fand also statt, und zwar im frühen Zeitraum von 10^{-35} s bis 10^{-32} s nach dem Start des Big Bang, und sie blähte das Universum so gewaltig auf, dass die Expansion bis heute anhält.

Die Inflationsphase vergrößerte dabei eine für niemanden erkennbare, minimale embryonale Struktur, die man nur schwerlich als respektablen Teil des Universums begreifen kann, um den gewaltigen Faktor von 10^{50}.

Und ein Faktor von dieser Größenordnung war auch nötig, um aus den ursprünglichen Quantenfluktuationen, die mindestens um den Faktor 10^{20} kleiner als ein Proton waren – die Größe eines Protons liegt bei 10^{-15} m –, etwas so Ansehnliches werden zu lassen, dass es als makroskopische Dichtefluktuation später seine Spuren hinterlassen konnte.

Der Faktor 10^{50} hätte solche ursprünglich winzigen Quantenfluktuation immerhin zu Strukturen von der Größe einer Million Sonnenradien (der Sonnenradius liegt bei circa $7 \cdot 10^5$ km) vergrößert (die Quantenfluktuationen müssen natürlich um ein Vielfaches kleiner als die angegebene Zahl gewesen sein, da ansonsten die aus ihnen entstandenen Dichtefluktuationen nach der Inflation weit größer als der sichtbare Teil des Universums gewesen wären, nur können wir keine sinnvolle Aussage jenseits der Plancklänge darüber machen).

Für die weitere Entwicklung des Universums ist eine solche Abschätzung von großer Bedeutung, und dennoch können wir sie nicht wirklich nachvollziehen, denn die Zahlen, die wir soeben benutzt haben, entziehen sich unserer Vorstellung.

Der Begriff „unvorstellbar" trifft dabei den Punkt sehr genau, denn es gibt kein einfaches Beispiel, das für uns den Faktor 10^{50} verständlich macht.

Um eine Vorstellung von der Leistungsfähigkeit dieses Faktors zu erhalten, sollten wir etwas betrachten, zu dem wir noch einen Bezug herstellen können, und das muss fraglos deutlich größer als eine Quantenfluktuation sein.

Einen gewissen Bezug können wir prinzipiell noch zur Nanophysik herstellen. Dementsprechend liegt die Größe eines Atoms, mit circa 10^{-10} m, was 0.1 nm (nm = Nanometer) entspricht, noch grenzwertig in unserem Vorstellungsbereich.

Der Durchmesser eines Atoms würde nun bei der Vergrößerung um den Faktor 10^{50} auf 10^{40} m anwachsen.

Wie groß ist das?

Uns fehlen die Worte!

Vielleicht sollten wir versuchen, uns diese Größe in Form von Lichtjahren begreiflich zu machen.

Fragen wir uns also, wie viel Zeit vergehen würde, bis ein Lichtstrahl an diesem Atom vorbeigeflogen wäre.

Ein Photon legt in der Sekunde circa 300 000 km zurück. Das sind $3 \cdot 10^8$ m/s, und das sind circa 10^{16} m/Jahr.

Das Photon würde also, aus Sicht des ruhenden Atoms, 10^{24} Jahre brauchen, um an dem Atom vorbeizufliegen. Diese Größe hat sogar einen Namen: Yotta. Wir müssten uns also ein Yottajahr gedulden, und das sind 1000 Mrd. Terajahre, bis das Photon an unserem leicht veränderten Atom vorbeigezogen wäre.

Können wir uns nun unter einem Yottajahr etwas vorstellen?

Nicht wirklich!

Also betrachten wir als Nächstes eine sportliche Schnecke mit unbegrenzter Lebenszeit und schicken sie auf die Reise.

Da unser Speedy sportlich ist, bringt er es auf circa 60 cm/min, das sind 300 km pro Jahr. Das heißt, er legt in einem Yottajahr $3 \cdot 10^{26}$ km zurück. Die Entfernung zu Andromeda liegt bei ungefähr $3 \cdot 10^{19}$ km. Demzufolge könnte Speedy in einem Yottajahr 10 Mio. Mal zur Andromedagalaxie reisen; und in dieser Zeit ist unser Photon gerade mal an dem aufgeblähten Atom vorbeigeflogen!

Durch diesen Vergleich relativiert sich auch die Größe der Lichtgeschwindigkeit.

Uns erscheint der Wert der Lichtgeschwindigkeit nahezu unendlich groß; in diesem Beispiel schneidet der Wert aber ziemlich schlecht ab. Er muss sogar den Vergleich mit einem gemächlichen Schneckentempo über sich ergehen lassen.

Langsam wird uns klar, was dieser Faktor 10^{50} vermag.

Dieser Faktor verändert alles bis zur Unkenntlichkeit.

Der Faktor 10^{50} hat auch das Universum mühelos flach gemacht!

Wie gekrümmt das Universum in seiner Anfangsphase vor der Inflation auch gewesen sein mag, die Inflation hat die Krümmung um den Faktor 10^{50} geglättet, und damit so platt gebügelt, dass wir uns nichts Flacheres mehr vorstellen können (siehe Abb. 6.11 *„Die Krümmung wird abgeflacht!“*)

Das Universum hat also den unwahrscheinlichsten Fall, den ein flaches Universum darstellt, gar nicht für sich entdeckt, sondern die Inflation hat das flache Universum erzwungen. Und auf diesem Weg hat die Inflation genau den einen Wert, den Masse und Energie im Falle eines flachen Universums als Dichtewert annehmen können, eingestellt.

Wie groß dieser Wert ist, wird im Exkurs 9 „Das flache Universum“ gezeigt.

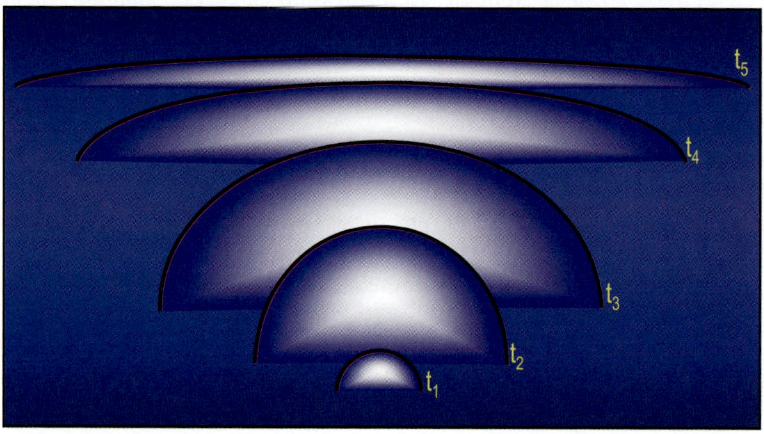

Abb. 6.11 *Die Krümmung wird abgeflacht!* (Das Bild veranschaulicht, wie das vermutlich bizarr gekrümmte Protouniversum nach kürzester Zeit die extreme Flachheit unseres Universums erlangen konnte. Obwohl die Anfangskrümmung rein mathematisch nicht gänzlich verschwunden ist, hat die exponentielle Expansion, die mit der Inflationsphase des Universums einherging, jegliche Krümmung zu einer unmessbaren und bedeutungslosen Größe degradiert.)

Manchmal sind es einfache Beobachtungen, die auf etwas Großes hinweisen.

Eine einfache Beobachtung besteht zum Beispiel darin, nach links und rechts zu schauen, und dabei stellt man fest, dass es im Universum keinen Unterschied gibt.

Den sollte es aber geben, denn die beiden betrachteten Regionen hatten niemals Kontakt zueinander; es sei denn – das Universum durchlebte in einer sehr frühen Phase eine exponentielle Expansion!

Das Horizontproblem, das nur dadurch zu lösen ist, dass das junge Universum über einen bestimmten Zeitraum hinweg viel schneller als mit Lichtgeschwindigkeit expandierte, ist aber nicht der einzige Hinweis auf ein solches bizarres Verhalten. Denn eine weitere Beobachtung zeigt, dass das Universum extrem flach ist. Und auch dieser Umstand ist in hohem Maße erstaunlich, da Masse und Energie ja bekanntlich den Raum krümmen, und nachdem diese Ingredienzien in unserem Universum durchaus vorhanden sind, sollte auch eine globale Krümmung im Universum feststellbar sein.

Exkurs 9 – Das flache Universum

Durch die exponentielle Expansion wurde das Universum flach; und für ein flaches Universum existiert eine weitere wichtige Beziehung, die die Geschwindigkeit der Expansion mit der Energiedichte verbindet.

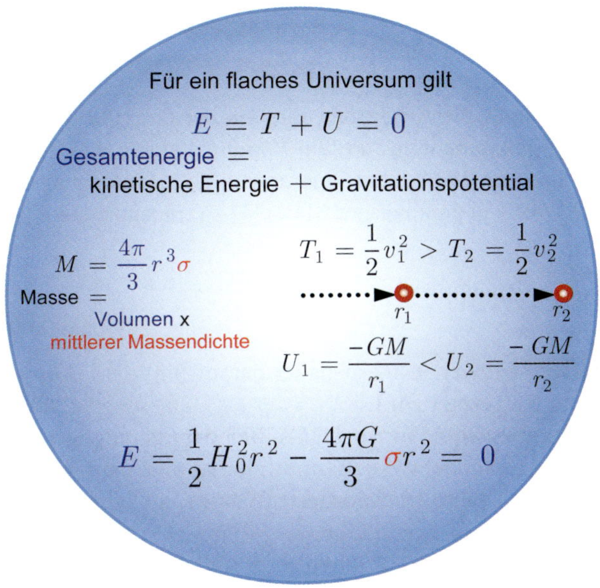

Abb. 13.6 (Fortsetzung) Aber dem ist nicht so.

Das Universum hat vielmehr den unwahrscheinlichsten Fall für sich entdeckt. Es gibt genau einen Wert, den Masse und Energie haben dürfen, um ein flaches Universum zu gewährleisten, und exakt diesen Wert hat das Universum gewählt.

Die Einstellung dieses Wertes ist allerdings ohne eine exponentielle Expansion des frühen Universums nicht zu erklären.

Die Inflationsphase – wie die exponentielle Expansion des Universums auch genannt wird –, die sich im frühen Zeitraum zwischen 10^{-35} s und 10^{-32} s des Big Bang abspielte, blähte das Universum um den gewaltigen Faktor von 10^{50} auf. Wie gekrümmt das Universum in seiner Anfangsphase vor der Inflation auch gewesen sein mag, die Inflation hat die Krümmung um den Faktor 10^{50} geglättet und auf diesem Weg genau den einen Wert, den Masse und Energie im Falle eines flachen Universums haben dürfen, eingestellt. Seit die Inflation dafür gesorgt hat, dass Raum nichts mehr wert ist, ist das Universum im Großen flach!

Das Bild versucht dies zu verdeutlichen, indem es die Veränderung von Kugelsegmenten, die mit ihrer Oberfläche ein zweidimensionales Universum repräsentieren sollen, zeigt.

Wie zu erkennen ist, vergrößert sich der Kugelradius im Zuge der Inflation sukzessive mit jedem Zeitschritt und lässt damit die Oberfläche immer flacher werden.

Wir nehmen hier gerade einmal die Auswirkung eines Faktors 10 zur Kenntnis, was also vermag ein Faktor 10^{50} erst zu bewirken?

Um diese Beziehung einzusehen, betrachten wir im Rahmen der Newton'schen Mechanik erneut die Gravitationsanziehung, die ein beliebiger kugelsymmetrischer Körper auf Objekte in seiner Nachbarschaft ausübt (siehe auch Exkurs 6 „Die Bewegungsgleichung der Allgemeinen Relativitätstheorie"). Unser Augenmerk werden wir jetzt allerdings auf die energetischen Verhältnisse des Systems richten, wobei wir zur Durchführung unserer Betrachtung, als weitere wichtige Größe der Gravitation, das Gravitationspotenzial U, benötigen.

Diese Größe stellt die Arbeit dar, die von der Gravitationsanziehung der Masse M aufgebracht wird, um ein *Einheitsobjekt* (das in den gewählten Einheiten also den Wert 1 hat) aus unendlicher Entfernung bis zu einem bestimmten Ort r gegenüber der Masse M zu transportieren

$$U = -\frac{GM}{r} = -\frac{4\pi G}{3}\sigma r^2 .$$

Das negative Vorzeichen weist dabei darauf hin, dass diese Energie bei Annäherung freigesetzt wird.

Bei Entfernung vom Ort r ins Unendliche muss hingegen diese Energie tatsächlich aufgewendet werden (multipliziert man das Gravitationspotenzial mit einer de facto transportierten Masse, so erhält man die bereits vielfach verwendete *Gravitationsenergie*).

Wie in der Skizze dargestellt, entfernt sich das Einheitsobjekt aufgrund der Expansion von der Gravitationsquelle, wobei die Geschwindigkeit im Term seiner Bewegungsenergie T auch über das Hubble-Gesetz interpretiert werden kann

$$T = \frac{1}{2}(v)^2 = \frac{1}{2}(H_0 r)^2 .$$

Die Gesamtenergie E stellt sich nun als Summe der Bewegungsenergie T und des Gravitationspotenzials U dar, wobei im Falle eines gravitativ gebundenen Systems, in dem das Gravitationspotenzial überwiegt und das damit eine negative Gesamtenergie vorzuweisen hat, die Expansion irgendwann zum Erliegen käme.

Ein solches Universum kann also nicht flach sein, es weist stattdessen eine positive, eine sogenannte „sphärische" Krümmung auf.

Das flache Universum zeichnet sich demgegenüber gerade durch das ungebundene System aus, in dem das Gravitationspotenzial also exakt gleich der Bewegungsenergie ist, und diese konstante Größe führt in diesem Falle auch zu einer Gesamtenergie, die exakt null ist.

$$E = T + U = 0$$

Damit ergibt sich:

$$\frac{1}{2}H_0^2 r^2 - \frac{4\pi G}{3}\sigma r^2 = 0 \Rightarrow \frac{8\pi G}{3}\sigma = H_0^2 \Rightarrow \frac{8\pi G}{3H_0^2}\sigma = 1$$

Mit der Definition der kritischen Massendichte

$$\sigma_{krit} = \frac{3H_0^2}{8\pi G} \approx 10^{-29}\,\frac{g}{cm^3},$$

deren Kehrwert gerade den Vorfaktor in der darüberstehenden Gleichung auf der rechten Seite darstellt, erhalten wir aus obiger Gleichung die wichtige Beziehung:

$$\Omega_m := \frac{\sigma}{\sigma_{krit}} = 1$$

In einem flachen Universum muss also die Massendichte gleich der kritischen Massendichte sein!

Und diese stellt mit einem Wert von $\sigma_{krit} = 10^{-29}$ g/cm^3 keine sehr große Zahl dar.

Anzumerken ist, dass obige Beziehung für ein flaches Universum auch im Rahmen der Allgemeinen Relativitätstheorie gilt!

Die Frage, ob sich ein flaches Universum auch ohne die Inflation hätte ergeben können, ist mit einem „nicht vorstellbar" zu beantworten. Denn es gibt weitere Argumente, sogar älteren Datums, die eine Inflationsphase nicht nur stützen, sondern diese sogar einfordern.

Die wichtigsten Argumente beziehen sich dabei auf Ω_m, den Dichteparameter.

Wäre dieser zum Beispiel direkt nach dem Start des Big Bang auch nur um einen minimalen Bruchteil größer als eins gewesen, was bedeutet, dass die Massendichte die damalige kritische Dichte leicht überwogen hätte, wäre das Universum sofort wieder kollabiert.

Wäre sie andererseits auch nur minimal kleiner gewesen, hätte sich das Universum viel zu schnell ausgedehnt.

In letzterem Fall hätten sich somit keine Strukturen und damit keine Galaxien ausbilden können.

Also muss es eine Feinabstimmung gegeben haben, die dafür gesorgt hat, dass das Universum in einer sehr frühen Phase seiner Entstehung mit hoher Präzision abgeflacht wurde.

Es gibt in dieser Hinsicht auch noch einen weiteren Grund, weshalb das Universum zwangsläufig mit hoher Präzision abgeflacht werden musste, und der greift das sogenannte „Flachheitsproblem" auf.

Dieses Problem bezieht sich auf die Tatsche, dass wir für den heutigen Zustand des Kosmos ein nahezu flaches Universum nachgewiesen haben, und das bedeutet, dass der Krümmungsparameter k des Universums einen dementsprechend kleinen Wert hat. Damit kann die Raumkrümmung zu früheren Zeiten zwar trotzdem beträchtlich gewesen sein, aber sie kann, wie leicht nachzuvollziehen ist, nicht größer als der heutige Wert von k geteilt durch das Quadrat des Ausdehnungsfaktors R gewesen sein (dies gilt nicht nur für die Gaußkrümmung k einer Sphäre mit Radius R, sondern auch für die Gaußkrümmung k einer dreidimensionalen Hyperfläche).

Nachdem sich die Massendichte im Gegensatz dazu mit R^3 verdünnt und dies auch näherungsweise für die Energiedichte gilt, kann man mit einer kleinen Erweiterung der Gleichungen aus den Exkursen 8 und 9, die sich auf das Krümmungsverhalten bezieht, zeigen, dass der Dichteparameter Ω_m um nicht weniger Stellen hinter dem Komma von der Eins abweichen darf, als die Stellen, um die sich der Ausdehnungsfaktor R verringert hat, vorgeben.

Das heißt, die Abweichung des Dichteparameters $\Omega_m$von der Eins durfte bei einem Alter von einer Sekunde des Universums nur 10^{-16} betragen; und zu noch früheren Zeiten, die sich nur auf Bruchteile von Sekunden beziehen, musste die Eins sogar noch erheblich präziser reproduziert werden (vergleiche Abb. 6.12 „*Standardmodell*").

Für das Universum bedeutet dies, dass es die Wahl hatte: Es musste entweder ein unvorstellbar präzises Feintuning durchführen oder aber die Inflation über sich ergehen lassen, um diesem Verhalten gerecht zu werden.

Nach allem, was wir begreifen können, kann der erste Punkt zur Lösung des Problems nicht beitragen, denn mit beliebiger Genauigkeit lassen sich die Fluktuationen, die gerade in der Anfangsphase des Universums energetisch extrem umtriebig waren, ja gar nicht steuern, und damit konnte die erforderliche Präzisionsabstimmung rein prinzipiell auch nicht erfolgen.

Dieser Punkt stellt in unserer Indizienkette den letzten Beleg dar, der dafür spricht, dass die Inflation tatsächlich stattfand.

Und ohne dem richterlichen Urteil vorgreifen zu wollen, muss der Kandidat „Inflation", auf dieser Indizienkette beruhend, eindeutig schuldig gesprochen werden, zumal niemand außer ihm einen Faktor 10^{50} in der Tasche vorzuweisen hat, dessen Einsatz das Feingefühl, das die notwendige präzise Feinabstimmung einfordert, gewährleistet.

Auch das Horizontproblem löst sich, dank der Inflation, in Wohlgefallen auf und stellt keine physikalische Hürde mehr dar.

Denn wegen der minimalen Abstände und extrem hohen Temperaturen in dieser Phase waren vor der Inflation alle Bereiche in Hörweite zueinander und befanden sich somit im Gleichgewicht (siehe Abb. 6.12 „*Standardmodell*").

Und dieses Gleichgewichtsbewusstsein konnten sich die Bereiche, die während der Inflation bis zur Isolation getrennt wurden, problemlos bewahren, da es in der ruhigen Zeit danach einfach keine vom lokalen Sektor abhängigen Störungen gab. Dementsprechend blieb den einzelnen Sektoren gar nichts anderes übrig, als sich in nahezu identischer Form und damit zueinander vergleichbar weiterzuentwickeln.

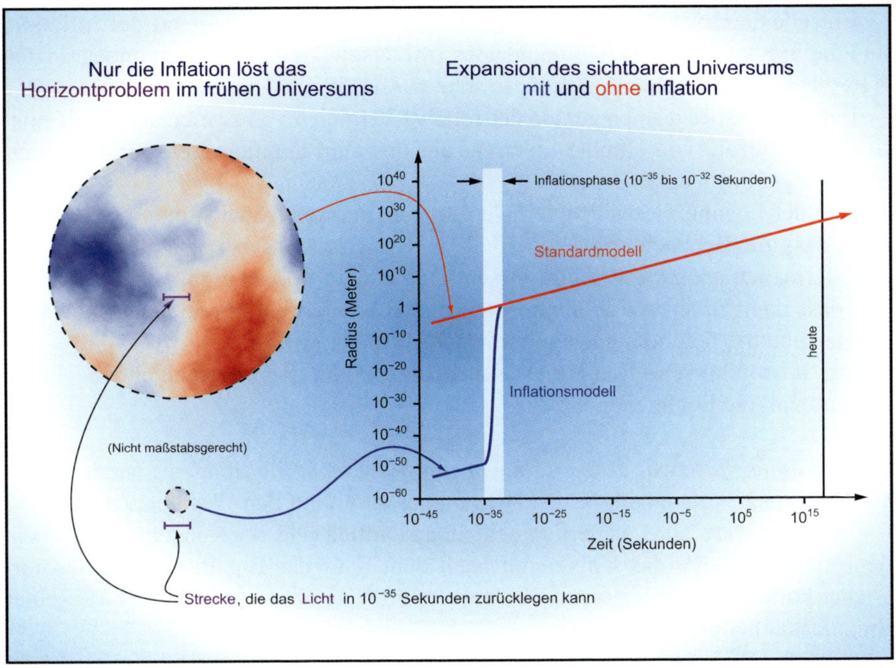

Abb. 6.12 Das sichtbare Universum wäre nach dem *Standardmodell* zur Planck-Zeit viel zu groß gewesen, und zwar um 40 Dekaden gegenüber der Planck-Länge. Das Inflationsmodell löst dieses Problem auf elegante Weise! (Die Grafik zeigt den zeitlichen Verlauf der Expansion des sichtbaren Universums, der sich aus einem Modell mit und ohne Inflation ergibt. © T. Hoffmann.)

Nachdem der beobachtete kosmische Mikrowellenhintergrund erstaunlich gleichförmig ist (die Schwankungen in der 2.7 K „warmen“ Hintergrundstrahlung betragen nur etwa 18 Mikrokelvin) und das, obwohl zwei von uns aus gesehen gegenüberliegende Regionen zur Zeit der Aussendung der Strahlung gar nicht in Kontakt standen und deshalb gar nicht die Möglichkeit hatten, ihre Temperaturen und Dichten anzugleichen, werden wir mit dem Horizontproblem, das im Bild links oben illustriert wird, konfrontiert.

Wie im Bild links unten gezeigt wird, erklärt die Inflation, gemäß der das Universum in seiner Frühzeit eine Phase rasanter Expansion durchgemacht hat (blaue Kurve in der Grafik), diesen Sachverhalt.

Der gesamte von uns beobachtbare Teil des Universums entsprach, im Gegensatz zu oberem auf dem Standardmodell (rote Kurve in der Grafik) beruhendem Bild, vor der Inflation einem Bereich von weniger als 10^{-35} Lichtsekunden Durchmesser, dessen Teilbereiche folglich durch physikalische Prozesse miteinander wechselwirken konnten, obwohl die Ausbreitungsgeschwindigkeit dieser Wechselwirkung auf die Lichtgeschwindigkeit begrenzt ist.

Ohne Inflation hätte das sichtbare Universum zur Planck-Zeit (diese stellt nicht nur in der Grafik den für uns nachvollziehbaren Startpunkt der Expansion dar) gemäß dem Standardmodell eine nicht erklärbare Anfangsgröße gehabt, die um 40 Dekaden größer als die Planck-Länge gewesen wäre. Wie die Grafik verdeutlicht, löst die Inflation auch dieses Problem, indem sie beim Blick zurück das sichtbare Universum nahezu mühelos in eine Singularität deutlich unterhalb der Planck-Länge verfrachtet.

Entscheidend war also die überlichtschnelle Expansion während der Inflation, und die musste für ein sich abflachendes Universum zu einer nahezu unbegrenzten Kette von Hubble-Sphären führen, so, wie wir das bereits eingesehen haben.

Letztlich war es ja auch gerade der relative Vergleich von zweien der damit existierenden Unzahl von Hubble-Sphären, der uns zum nunmehr gelösten Horizontproblem geführt hat.

Aus der Lösung dieses Problems ergibt sich als weitere wichtige Schlussfolgerung, dass alle Beobachtungen innerhalb unseres Horizonts das gesamte Universum gleichermaßen charakterisieren müssen. Damit wird unsere grundlegende Annahme, dass das Universum an allen Orten gleich beschaffen ist und auch die Naturgesetze überall gleichermaßen gelten, nachhaltig abgesichert.

Das **kosmologische Prinzip (Weltpostulat)** erhält dadurch auch eine beobachtungsabhängige Rechtfertigung.

Die Inflationsphase war es also, sie war der Bang beim Big Bang, sie hat dem Universum seinen Anfangsimpuls gegeben und es damit auf den Weg gebracht.

Ohne sie wäre alles sicherlich sehr übersichtlich und überschaubar geblieben, denn ohne sie wäre das Universum nach dem Start des Big Bang fraglos sofort wieder kollabiert; vorausgesetzt das Universum wäre ohne sie überhaupt aus seiner Singularität herausgekommen.

Und *das Gaspedal der Inflation war das* Higgs-Feld, das als falsches Vakuum auftrat und dadurch einen enormen negativen Druck und einen gewaltigen Energiedichteüberschuss besaß.

Während der negative Druck für die inflationäre Expansion sorgte, hat der nach dem Phasenübergang des Higgs-Feldes frei gewordene Energiedichteüberschuss die Teilchen erzeugt, die heute unser Universum bevölkern.

Es war die Inflation, die unter Einbeziehung des Gravitationspotenzials der Allgemeinen Relativitätstheorie aus einer kleinen Startmasse, die die Singularität hervorbringen musste, die 10^{90} Teilchen werden ließ, die wir in unserem heute sichtbaren Teil des Universums beobachten.

Damit wäre das Universum zwar nicht aus dem Nichts entstanden, aber es wäre zumindest aus fast nichts entstanden, und das in einer extrem kurzen Zeitspanne!

War die Zeitspanne aber wirklich kurz?

Nach unseren Maßstäben war die Zeitspanne für die Entstehung des Universums sogar lächerlich kurz, aber unsere Maßstäbe sind für das, was damals geschah, vollkommen ohne Belang. Denn die Zeit, mit der die damalige Entwicklung voranschritt, wurde durch die Entwicklung selbst festgelegt und von dieser auch aufgebraucht!

In der Entstehungsphase des Universums war die Planck-Zeit mit ihren 10^{-43} s das Maß der Dinge. Sie gab den Takt vor, mit dem die ersten Entwicklungsschritte inklusive der Inflation voranschritten.

10^{-43} s, das klingt nur aus unserer heutigen Sicht kurz, damals war das aber die taktvorgebende Zeitspanne, an der sich der Ablauf des Geschehens, solange sie Gültigkeit hatte, orientierte. Und sie gab in ihrem Gültigkeitsbereich mehr als 10^{20} Taktschläge an, und das ist auch aus unserer heutigen Sicht viel. Es ist sogar so viel, dass in dieser Phase eigentlich alles in Zeitlupe ablief und sich Langeweile breitmachte.

Dass diese Aussage einen Sinn ergibt, erkennen wir daran, dass uns in unserer Lebensspanne nur 10^{10} Taktschläge zugebilligt werden, und das auch nur dann, wenn man den für uns zeitlich kaum wahrnehmbaren Wimpernschlag als den für uns zuständigen Taktgeber ansieht.

Und das bedeutet, dass dem Universum, im übertragenen Sinne, 10^{10} unserer Lebensspannen zugebilligt wurden, um der Inflation auf die Sprünge zu helfen.

Dieser Vergleich zeigt, dass für das Universum Zeit damals etwas anderes war, als es das heute für uns ist.

Unser heutiger Blickwinkel, aus dem heraus wir unsere Zeitskala, die die Einzige ist, die wir kennen, in andere Bereiche hineinextrapolieren, verschafft uns also nicht wirklich einen Einblick in den zeitlichen Verlauf des damaligen Geschehens. Wir sollten aber zumindest zur Kenntnis nehmen, dass die damalige Zeit nur für uns aus unserer heutigen Sicht einen abstrakten Charakter hat.

Dass der Begriff „Big Bang“ das Anfangsverhalten unseres Universums auf so treffende Weise widerspiegelt, hätte Fred Hoyle, der große Gegner der Theorie der Entstehung des Universums, sich sicher nicht träumen lassen.

Er prägte zwar den Begriff des Big Bang, allerdings auf sarkastische Weise. Er wollte damit den aus seiner Sicht absurden Charakter der Vorstellung, dass das Universum aus einem winzigen Etwas entstanden sein sollte, ins Lächerliche ziehen. Das ist ihm auch gelungen, allerdings nur für eine kurze Weile.

6.5 Quo vadis, angeschlagenes Universum?

Alles, was existiert, beschreitet einen im Wesentlichen vorgegebenen Weg!

Was das Universum betrifft, müssen wir diesen Weg allerdings noch sehr viel präziser markieren, denn das Universum ist auf seinem eingeschlagenen Weg an einer bestimmten Stelle abgebogen, und dieser Akt hat bei uns Ratlosigkeit hinterlassen, da wir die Stelle noch nicht gefunden haben, wo dies passiert ist.

Damit meinen wir den Weg der ersten Strukturbildung, die auf der baryonischen Materie basierend aus unserer Sicht schiefgegangen ist, da sie ihre Stärke nicht schnell genug ausgeprägt hat, um im zeitlichen Rahmen des Alters des Universums Sterne ausbilden zu können.

Das Universum aber hat diesen von uns gesichteten Weg an irgendeiner Stelle verlassen, da es ja nachweislich die Stern- und Galaxienentstehung realisiert hat.

Es muss also eine Abkürzung gesehen haben, die es ihm ermöglichte, rechtzeitig an dem Punkt zu sein, an dem die Stärke der Strukturbildung hochgefahren werden konnte.

Nachdem dieser Punkt ein Fundament für unsere Existenz darstellt, müssen wir versuchen herauszufinden, welcher Mechanismus im Rahmen eines angemessenen zeitlichen Verlaufs bewirken kann, dass die zaghafte Saat an Strukturbildung, deren gleichmäßige Verteilung wir aufmerksam zur Kenntnis genommen haben, tatsächlich aufgeht und sich nicht wieder vor unseren Augen pietätlos auflöst.

Um diesem Mechanismus auf die Schliche zu kommen, müssen wir uns allerdings vorab genau ansehen, wie die Bausteine, die wir uns so sorgfältig zurechtgelegt haben, nun zusammenpassen. Und dazu müssen wir uns die Eckpfeiler, die die Struktur und Entwicklung in der Anfangsphase des Universums in entscheidendem Maße bestimmt haben, vergegenwärtigen, wobei vor allem die Betrachtung der wesentlichen Wechselwirkungen, die die einzelnen Teile des Systems untereinander vollzogen haben, von Bedeutung sein sollte.

Der Ausgangsbaustein war dabei der Big Bang, der für uns zu der Zeit $0+10^{-43}$ s begann (siehe Abb. 6.13 „*Aus Quantenfluktuationen werden Dichtefluktuationen*“).

Zu diesem Zeitpunkt hatte der heute beobachtbare Teil des Universums eine deutlich kleinere Größe als 10^{-35} m und eine Temperatur von circa 10^{32} K.

Obwohl zu Beginn alle vier bekannten Naturkräfte miteinander vereint waren, dominierten dennoch auch zu dieser Zeit bereits die Quantenfluktuationen, da die Unschärfebeziehung selbst bei einer solch unvorstellbar winzigen Ausdehnung des Universums gilt.

Das Danach, bis zum Zeitpunkt 10^{-35} s, bezeichnet man als Ursuppe, die aus Photonen sowie diversen skurrilen Bosonen besteht, allerdings hatten diese Teilchen zu diesem Zeitpunkt noch keine Masse.

Wegen der fortschreitenden Expansion des Raums kühlte sich das Universum immer weiter ab, und eine andere Form von Teilchen betrat die Bühne.

Die Rede ist vom **Higgs-Boson**, das vom prinzipiell konstanten **Higgs-Feld**, das als skalares Hintergrundfeld jedoch ebenfalls dem Fluktuationsprinzip unterliegt, für jeweils kurze Zeiten realisiert wird. Als wichtigen weiteren Schritt hat das Higgs-Boson zusammen mit seinem Feld, das sich in einem metastabilen Zustand befand, einen Phasenübergang im Verlauf der weiteren Expansion durchgemacht – bedingt vergleichbar zu dem des Wassers am Gefrierpunkt –, und im Zuge dessen sind die fundamentalen Wechselwirkungen weitgehend eigenständig geworden. Bei diesem Phasenübergang, der nach 10^{-32} s stattfand, ist dann schlagartig die Energie des falschen Vakuums freigesetzt worden, wobei die Verzögerung bei der Energieabgabe im Vorfeld eine exponentielle Expansion des Universums bewirkte. Diese Phase stellte den eigentlichen Bang des Big Bang dar, und der blähte das Universum um den gewaltigen Faktor 10^{50} auf – und das galt auch für die Quantenfluktuationen, die auseinandergezerrt wurden und eine erste, sehr feine Strukturbildung darstellten. Dabei bewirkte diese Inflationsphase auch eine erhebliche Entropieerniedrigung, und damit wurde die Grundlage für den wirklichen Beginn der Makrozeit erst geschaffen (dieses Verhalten wird in der Abb. 6.13 „*Aus Quantenfluktuationen*

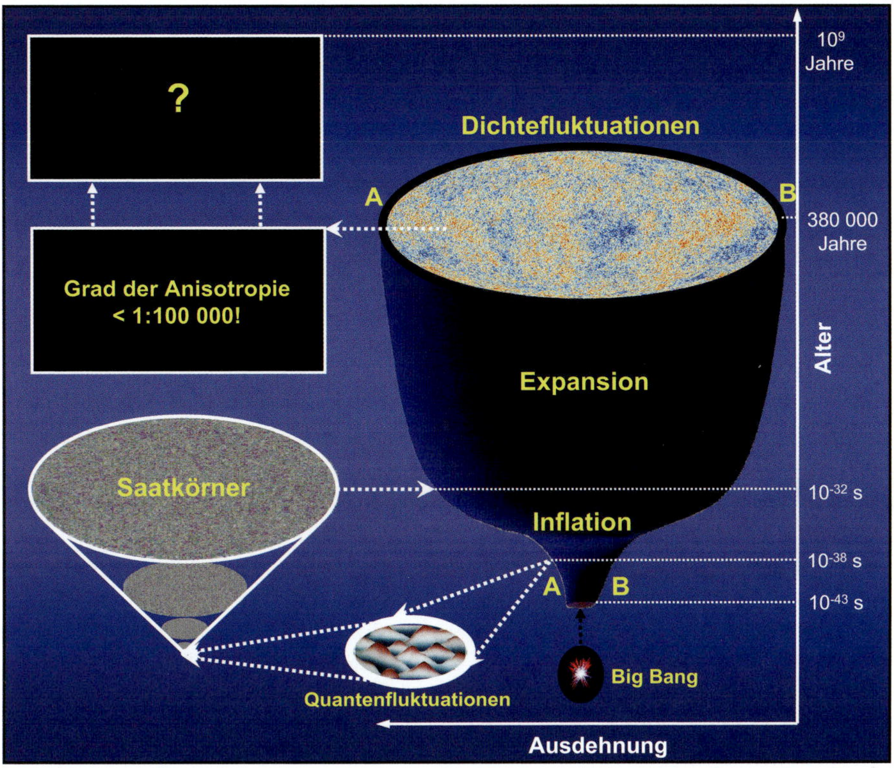

Abb. 6.13 *Aus Quantenfluktuationen werden Dichtefluktuationen*! (Das Bild illustriert im Groben, wie sich in der frühen Phase des Universums Dichtefluktuationen aus Quantenfluktuationen entwickelt haben. Das Geschehen danach bleibt allerdings offen, da der Grad der Anisotropie, der sich für die Fluktuationen ergeben hat, nur sehr gering ist. © (eingebettetes Bild): ESA, Planck Collaboration.)

Die frühe Phase der Entwicklung des Universums zeigt in pointierter Darstellung, dass nach dem Start des Big Bang das Higgs-Feld das überschaubare extrem komprimierte Universum dominierte, wobei dieses fast ohne Verschnaufpause einen Phasenübergang, der nach 10^{-32} s stattfand, vollzog. Bei diesem Phasenübergang wurde schlagartig die Energie des falschen Vakuums des Higgs-Feldes freigesetzt, wobei der Zustand des falschen Vakuums im Vorfeld die Inflation bewirkte.

In dieser inflationären Phase wurde nicht nur das Universum um den gewaltigen Faktor 10^{50} aufgebläht, sondern auch die allgegenwärtigen Quantenfluktuationen, die daraufhin, wie auf der linken Seite im Bild zu sehen ist, eine erste, sehr feine Strukturbildung darstellten.

In den nächsten circa 10 s liefen Kernreaktionen ab, die ungefähr 25 % der Materie in Heliumkerne umwandelten und einen kleinen Anteil an Lithium produzierten.

Der Rest bestand aus Wasserstoffkernen.

Für einen längeren Zeitraum von 380 000 Jahren wurde nur noch gekühlt und expandiert.

Dann, bei einer Temperatur von 3000 K, bildeten sich Atome.

Das heißt, Elektronen verbanden sich mit Protonen maßgeblich zu Wasserstoff.

Bis zu diesem Zeitpunkt können wir heute in die Vergangenheit zurückblicken, wobei sich die beobachtete, aus diesem Prozess resultierende, Mikrowellenhintergrundstrahlung mittlerweile auf circa 3 K abgekühlt hat.

In den nächsten Millionen Jahren durchlebte das Universum dunkle Zeiten, expandierte und kühlte sich ab. Aber es gab immer noch die feine Strukturbildung, die sich inzwischen zu kräftigen

werden Dichtefluktuationen“ durch die Skizzen im linken unteren Bereich illustriert).

Nach 10^{-32} s war der Inflationsspuk vorbei, und ein Teil der Energie des Phasenübergangs erzeugte eine gewaltige Zahl von neuen Teilchen, die maßgeblich aus Quarks und Antiquarks, den Bausteinen der schweren Elemente, bestanden. Diese Teilchen erhielten nun Masse, und zwar durch die Wechselwirkung mit dem „neuen Higgs-Boson“ und seinem jetzt im energetischen Grundzustand befindlichen Higgs-Feld, das allerdings hinsichtlich der Stärke des Feldes einen deutlich von null abweichenden Vakuumerwartungswert aufweist.

Dadurch konnte der Teilchenzug nun richtig in Bewegung gesetzt werden, und gemäß den mit ihm verbundenen Vorgängen vernichteten sich Teilchen und Antiteilchen und erzeugten Photonen und umgekehrt. Dies geschah am laufenden Band, und das Durcheinander war nur schwerlich zu überbieten. Jedoch gab es um ein Milliardstel mehr Quarks als Antiquarks, und dieses Milliardstel blieb stets erhalten. Und aus diesem Milliardstel Vorsprung der Quarks besteht die gesamte Materie im Universum, und dieser winzige Vorsprung setzte sich nach Ablauf der ersten millionstel Sekunde durch. Wie es zu dieser Asymmetrie kommen konnte und weshalb sich die Materie gegen die Antimaterie mit einem hauchdünnen Vorsprung durchsetzte und nicht umgekehrt, wird uns zu einem späteren Zeitpunkt noch nachhaltig beschäftigen.

Darauf aufbauend, wurden nun im weiteren Ablauf bei einer Temperatur von vergleichsweise geringen 10 Mrd. K Protonen, Neutronen und Elektronen gebildet, wobei die Photonen immer noch milliardenfach überlegen waren, denn die stellen ja ihre eigenen **Antiteilchen** dar und gingen aus diesem Grund ungeschwächt aus der Vernichtungsschlacht hervor (aus dem Verhältnis der Photonenzahl zur Zahl der Materieteilchen konnte man letztlich auf das Milliardstel, um das die Materie der Antimaterie überlegen war, schließen).

In den nächsten circa 10 s liefen Kernreaktionen ab, die ungefähr 25 % der Materie in Heliumkerne umwandelten und einen kleinen Anteil an Lithium produzierten. Den Rest stellten, als hochwertigsten Brennstoff, Wasserstoffkerne dar. Für weitergehende Kernreaktionen reichte es glücklicherweise nicht, denn die Dichte war mittlerweile zu gering geworden, um schwerere Elemente zu erzeugen.

Dass uns der wichtige Brennstoff Wasserstoff erhalten blieb, verdanken wir also der Expansion, die bis zum heutigen Tag alle mittleren Dichten dezimiert. Wäre sie auch nur etwas behäbiger vorangeschritten, dann würden wir uns in einem Univer-

Abb. 6.13 (Fortsetzung) Dichtefluktuationen hochgearbeitet haben musste und jetzt eine großräumige Struktur der Materie darstellen sollte, wie dies im oberen Bereich auf der rechten Seite des Bildes hinsichtlich ihrer Startphase illustriert wird (zu sehen sind die Messdaten des PLANCK-Satelliten, die problemlos auf ein Dichtekontrastschema übertragen werden können).

Die Fluktuationen führten dabei zu einem damaligen Startwert des Dichtekontrasts von ungefähr 1:100 000. Das heißt, gemessen an 100 000 Teilchen, die sich auf den Mittelwert beziehen, gab es in den dichten Regionen ein Teilchen mehr beziehungsweise in den dünnen Regionen ein Teilchen weniger.

Unter welchen Bedingungen sich daraus ein Dichtekontrast entwickeln konnte, der in einzelnen Gebieten, aufgrund der dortigen Eigengravitation der Teilchen, kollabierende Regionen zuließ, gilt es mit skeptischem Blick zu hinterfragen.

sum wiederfinden, das maßgeblich aus Eisen besteht – Eisen wäre dann sicherlich preiswert, aber würden wir uns auch wirklich in einem solchen von Schrott dominiertem Universum wiederfinden?

Nun hatte die Hektik ein Ende, für einen längeren Zeitraum von 380 000 Jahren wurde nur noch expandiert und demgemäß gekühlt sowie Photonen an freien Elektronen, die also nicht an ihre Atomkerne gebunden waren, gestreut, was das Universum undurchsichtig machte.

Dann, bei einer Temperatur von circa 5000 K, begannen sich Atome zu bilden. Elektronen verbanden sich mit Protonen und Heliumkernen zu Wasserstoff und Helium.

Nach Abschluss dieser sogenannten Rekombinationsphase waren bei einer Temperatur von 3000 K die Elektronen für die Photonen nun kein Hindernis mehr, und diese konnten sich nun auch über große Strecken frei bewegen.

Damit wurde das Universum zu diesem Zeitpunkt erstmalig durchsichtig, und dementsprechend können wir bis zu diesem Zeitpunkt heute in die Vergangenheit sehen und diese Photonen in Form der mittlerweile auf circa 3 K abgekühlten **Mikrowellenhintergrundstrahlung** beobachten.

Nun kehrte wirklich Ruhe ein, in den nächsten 100 Mio. Jahren durchlebte das Universum dunkle Zeiten, expandierte und kühlte sich auf 200 K ab; das heißt, es wurde auch unserem Empfinden nach erstmalig schattig und damit etwas ungemütlich.

Diese tiefen Temperaturen riefen aber die feine Strukturbildung auf den Plan, die sich inzwischen zu Dichtefluktuationen hochgearbeitet haben sollte, um jetzt eine großräumige Struktur der Materie darzustellen, wie dies im oberen Bereich der Abb. 6.13 „*Aus Quantenfluktuationen werden Dichtefluktuationen*“ anhand der beobachteten Mikrowellenhintergrundstrahlung angedeutet wird.

Vom Entropiemaximum war das Universum, dank der zuerst flott und dann zügig voranschreitenden Expansion, nun deutlich entfernt, und das war die notwendigerweise zu erzielende Ausgangssituation, die den Fluktuationen, deren Wurzeln ja in der Mikrozeit liegen, auch im makrozeitlichen Geschehen prinzipiell Handlungsspielraum einräumen sollte.

Was aber ist in dieser Hinsicht auf baryonischer Seite tatsächlich geschehen?

Die ersten Keime für die Strukturbildung entstanden aus Quantenfluktuationen, die sich vor der Inflation bildeten und während der Inflation stehend verharrten und dann zu klassischen Störungen wurden, wobei ihre räumliche Ausdehnung durch die Inflation zu makroskopischer Größe anwuchs.

Diese Störungen passen sowohl ihre Verteilung als auch ihre Größe betreffend durchaus in das Bild der Mikrowellenhintergrundstrahlung, was auf Fluktuationen, die sich im Plasma des frühen Kosmos als Schwankungen um Mittelwerte der nahezu gültigen Gleichgewichtsthermodynamik ebenfalls zeigten, nicht zutrifft. Denn diese waren viel zu klein und zu schwach ausgeprägt.

Von den vielen dargelegten Details, die für die Entwicklung unseres Universums bis zur Rekombinationsphase von Bedeutung waren, sticht damit das Phänomen der Quantenfluktuationen in besonderem Maße hervor.

Dieses Phänomen stellt bei der Anfangsentwicklung des Universums einen so bedeutenden Dreh- und Angelpunkt dar, dass sogar ein Untertitel angebracht scheint, der mit „Die Raumzeit-Entwicklung getrieben von Quantenfluktuationen" in die Analen der Universumsgeschichten eingehen könnte. Mit den Quantenfluktuationen – möglicherweise sogar aus ihnen heraus – ist das Universum bereits geboren worden, und sie waren demgemäß von Beginn an eine prägende Komponente.

Dass Formen, die aus einer Laune der Natur heraus überhaupt und dann zumeist auch nur auf virtuelle Weise existieren können, eine derart grundlegende Bedeutung für die Entstehung und Entwicklung des Universums erlangen konnten, stellt eine Einsicht dar, deren Zugang sich nicht so ohne Weiteres erschließt. Dies beginnt bereits beim Grundverständnis des Phänomens: Gemäß den Gesetzen der Quantenmechanik wird in der mikroskopischen Welt das für uns gewohnte präzise Verhalten durch ein unpräzises ersetzt, das nur mit einer gewissen Wahrscheinlichkeitsaussage verknüpft ist. Und dieses Verhalten drückt selbst dem leeren Raum – dem Vakuum – in entscheidendem Maße seinen Stempel auf, indem Quantenfluktuationen zum allgegenwärtigen Erscheinungsbild werden.

Das, was nach unserer Erfahrung eigentlich nicht da sein sollte, kann nicht null werden und beeinflusst dadurch das Geschehen.

Und dabei ist hinsichtlich der Beeinflussung beziehungsweise sogar der Steuerung des Geschehens im frühen Universum mehr als ein Punkt hervorzuheben.

Einer dieser Punkte betrifft zum Beispiel den negativen Druck, denn den hätte es ohne die Quantenfluktuationen gar nicht gegeben, und damit hätte es die inflationäre Expansion, die ja auf dem negativen Druck basiert, ebenfalls nicht gegeben.

Des Weiteren wäre die **Entropieerniedrigung**, die die Grundlage für den Beginn der Makrozeit war, ohne die inflationäre Expansion nicht eingetreten.

Ein sehr interessanter, aber auch etwas befremdlicher Aspekt besteht ferner darin, dass die Quantenfluktuationen, die wir bis vor Kurzem noch als „Nichts"bezeichnet hätten, sich letztlich selbst um den Faktor 10^{50} auseinandergezerrt haben, da sie ja maßgeblich für die Inflationsphase verantwortlich waren!

Der nun entscheidende Aspekt dieser Punkte betrifft aber die Dichtefluktuationen, die die Grundlage für die Strukturbildung darstellen, denn von denen erwarten wir jetzt, dass sie sich aus den auseinandergezerrten Quantenfluktuationen entwickeln sollen.

Und in diesem Zusammenhang bringt sich nun das allseits beliebte Higgs-Feld erneut ins Spiel.

Dass ohne das Higgs-Feld und sein sich stets in den Vordergrund drängendes Higgs-Boson die Wechselwirkungsprozesse sich anders darstellen würden, da es ihnen letztlich am unabhängigen eigenständigen Charakter mangelt, haben wir bereits eingesehen.

Dass ohne das Higgs-Feld aber auch die Dichtefluktuationen, die wir in der Hintergrundstrahlung beobachten, in großen Schwierigkeiten wären, ist hingegen neu.

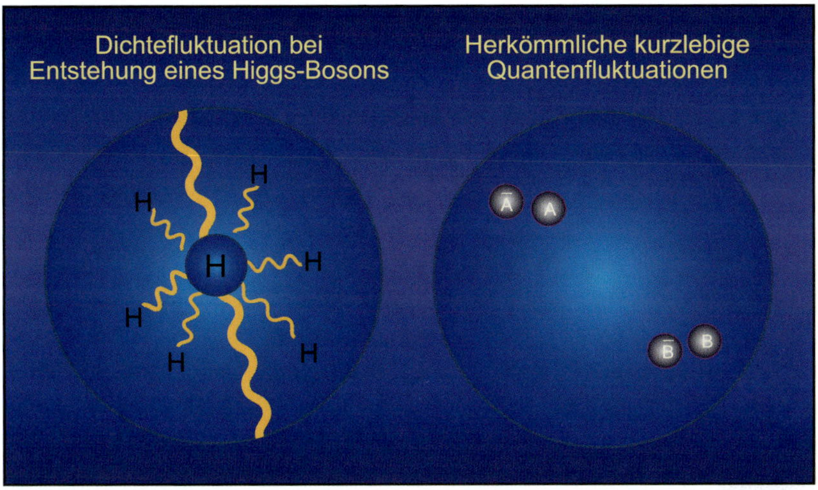

Abb. 6.14 Skizze: Die linke Seite illustriert wie ein *Higgs-Boson* (H) sich aus einer stärkeren Dichtefluktuation im Higgs-Feld manifestiert. Die rechte Seite verdeutlicht demgegenüber, dass die herkömmlichen und nur kurzlebigen Quantenfluktuationen, die stets aus Teilchen und ihren **Antiteilchen** bestehen, nur schwerlich als Saatkörner für ausgereifte Dichtefluktuationen zu gebrauchen sind.

Numerische Rechnungen zeigen in der Tat, dass die ersten beobachteten Dichtefluktuationen auf der Grundlage der herkömmlichen Quantenfluktuationen nicht zu produzieren sind, da ihr Dichtekontrast zu gering ist.

Wie in der Abb. 6.14 „*Higgs-Boson*" illustriert wird, besteht der Vorteil des energiereichen und dafür recht langlebigen Higgs-Bosons (seine Masse[14] liegt bei 125 GeV/c^2 und seine Lebensdauer bei circa 10^{-22} s) gegenüber den herkömmlichen Quantenfluktuationen (hier liegt die Masse zum Beispiel im Hinblick auf ein Proton bei nicht einmal 1 GeV/c^2) darin, dass es bereits aus einer stärkeren Dichtefluktuation des Higgs-Feldes entsteht. Und diese Dichtefluktuation produziert im Gegensatz zu den herkömmlichen Quantenfluktuationen, die nur schwerlich als Saatkörner für auszureifende Dichtefluktuationen zu gebrauchen sind, einen Dichtekontrast, auf dem sich etwas aufbauen lässt.

Darauf aufbauen lassen sich die Keime für die Schwankungen in der Materieteilchensuppe, die sich letztlich in der Hintergrundstrahlung manifestierten.

Das diesbezügliche Verhalten ist vergleichbar mit LKWs, die sich unter Kleinwagen vorwärts bewegen, wobei die Higgs-Bosonen die LKWs und die baryonischen Materieteilchen die Kleinwagen darstellen sollen.

An Orten, an denen sich die LKWs häufen, wird für die Kleinwagen ein Stau produziert, weil für sie kein Durchkommen ist. Und diese Staus sind die Keime für die Dichteschwankungen, deren Beobachtung in der Mikrowellenhintergrund-

[14] Die Masseneinheit wird im Anhang C „*Zahlenwerte*" erläutert – siehe auch „**Elektronenvolt**".

strahlung uns so nachhaltig beeindruckt hat, und sie bildeten die Grundlage für die spätere Strukturbildung.

Das sollte man meinen, aber was die Ausbildung darauf aufbauender Strukturen betrifft, die auch zur Sternentstehung führen können, stellt dieses Szenario noch nicht die ganze Geschichte dar, denn in dieser Hinsicht fehlt bei diesem Szenario noch die Nachhaltigkeit!

Diese fehlt, weil die LKWs, die sich stellenweise zusammengerottet hatten und damit Staus produzierten, ihre Formationen, wegen ihrer in diesem Rahmen doch geringen Lebenserwartung, schnell wieder aufgelöst haben.

Und die darauf reagierenden Kleinwagen haben, nunmehr sich selbst überlassen, trotz des kräftigen Schubses, den sie von den Higgs-Bosonen im Hinblick auf einen stärker ausgeprägten Dichtekontrast bekamen, den uns bereits bekannten und als zu schwach zu bezeichnenden Dichtekontrast von der Größe $5 \cdot 10^{-5}$ ausgebildet.

Nachdem wir wissen, dass die Entwicklung eines derartigen auf baryonischer Materie beruhenden Dichtekontrast für globale Sternentstehung und eine darauf aufbauende Entstehung von Galaxien nicht hinreichend ist (wie wir gesehen haben, wird ein Wert von 1 benötigt, wohingegen die Baryonen zur besten Sternentstehungszeit nur auf einen Wert von 10^{-3} kommen), findet diese ohne einen weiteren aufzudeckenden Mechanismus also auch nicht statt (siehe Abb. 6.15 „*Dichtefluktuationen*“).

Als wäre nichts gewesen, verabschiedet sich das Universum auf dieser Grundlage, indem es, statt Sterne zu produzieren, zögerlich und verhalten auf einen Gleichgewichtszustand zusteuert, dem, wie wir mittlerweile wissen, noch nicht einmal eine weitergehende Makrozeitspanne zusteht.

Obwohl wir hinsichtlich der Abläufe im frühen Universum sehr viel verstanden und eingesehen haben, hat sich gegenüber unserer Ausgangssituation nicht viel geändert: Das Universum stirbt nach unserem jetzigen Kenntnisstand erneut.

Welcher Effekt oder Mechanismus kann uns jetzt noch weiterhelfen?

6.6 Die Auferstehung des Universums

Alles hat seine Zeit!

Das falsche Vakuum hatte seine Zeit!

Der Bang hatte seine Zeit!

Das Fluktuationsgebaren hatte seine Zeit!

Und das Dunkle hatte seine Zeit!

Und dann tauchten sie doch auf, die ersten Sterne, nach gerade einmal 100 Mio. Jahren.

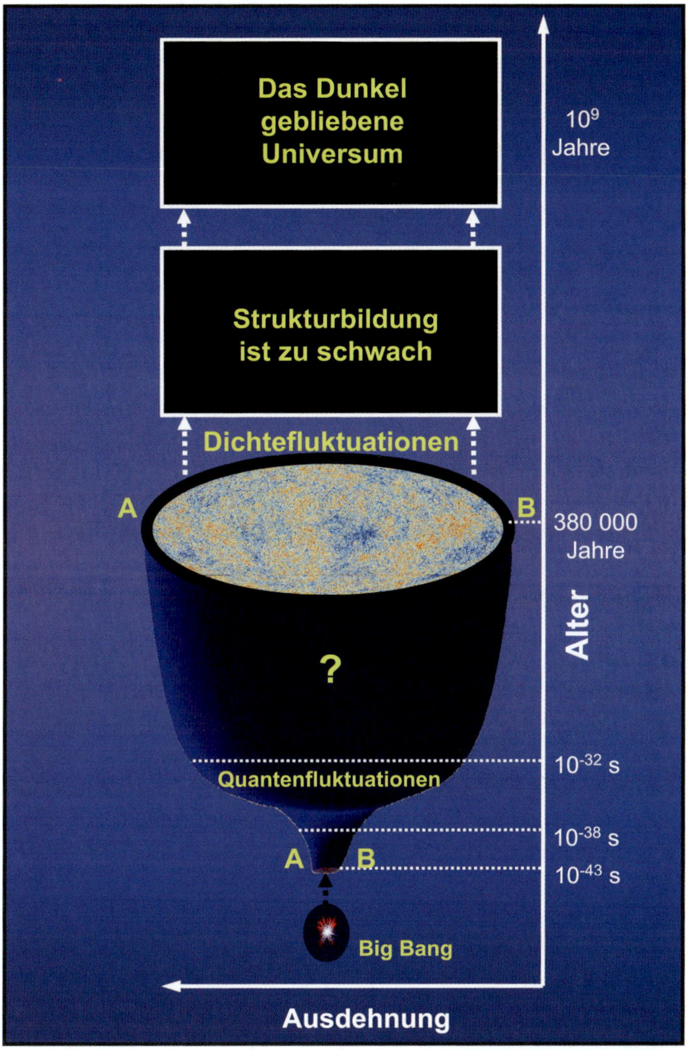

Abb. 6.15 Die *Dichtefluktuationen* der baryonischen Materie waren nicht stark genug, und deshalb blieb das Universum dunkel! (Das Bild verdeutlicht, dass die Dichtefluktuationen der baryonischen Materie sich nur sehr zögerlich weiter entwickeln konnten, und damit lief für das Universum bereits in einer frühen Phase seiner Entwicklung die Uhr für die Sternentstehung ab. © (eingebettetes Bild): ESA, Planck Collaboration.)

Aus noch zu klärenden Gründen erreichten die größeren Schwankungen im Dichtekontrast trotz des dämpfenden Charakters des Silk-Effekts und nicht zuletzt auf ihrer Eigengravitation beruhend bei einem sich schleichend verstärkenden Dichtekontrast mit dem Wert $\delta = 1$ den Punkt, an dem der Kollaps der Materiewolken unausweichlich wird.

Und damit begannen die Wolken aus Wasserstoff und Helium sich unter der Schwerkraft zusammenzuziehen, wobei während des Kollapses Scheiben ausgebildet wurden, die zur Fragmentation von Objekten mit typischerweise einigen 100 bis einigen 1000 Sonnenmassen führten.

Ein Teil der beim Kollaps freigesetzten Energie heizte daraufhin die Materie wieder auf, wobei der sich einstellende thermische Druck den fortschreitenden Kollaps verzögerte. Es stellte sich vorübergehend ein stabiler Zustand ein, bei dem laut dem Virialsatz die zeitlichen Mittelwerte der potenziellen und der kinetischen Energie der Materieteilchen konstant waren.

Vorab hatten sich die Wolken auf circa 1000 K erwärmt, und der Wert, den der Dichtekontrast in diesem Zustand erreichte, lag bei circa 100.

In einem vergleichsweise jungen Alter des Universums führte dieses Verhalten damit unausweichlich zur Ausbildung der ersten Sterngeneration.

De nnoch stellte die Erwärmung der Wolken für die Entstehung der Sterne ein großes Problem dar, denn die damit verbundene Energie musste abgeführt werden, um die notwendige weitere Kontraktion zu ermöglichen – wenn man einen Schnellkochtopf öffnen will, ist es sicher keine gute Idee, ihn immer weiter aufzuheizen, besser ist es, ihn abzukühlen, bevor man den Inhalt ob seiner breiigen Struktur kopfschüttelnd betrachtet.

Dies geschah maßgeblich durch Infrarotabstrahlung, die durch Kollision sich bildender Wasserstoffmoleküle mit Wasserstoffatomen entstand.

Die frei gewordene Gravitationsenergie wurde zum Teil also einfach abgestrahlt.

Dadurch kühlten sich die Wolken bis auf 200 K ab, wodurch sich erste Klumpen bildeten, die sich nun durch Eigengravitation zu großen Gebilden zusammenschlossen.

Wegen einer fehlenden effizienteren Kühlung waren große Fragmente dabei unvermeidbar.

Im heutigen Universum erfolgt die Kühlung über schwerere Elemente, die es damals noch nicht gab, und deshalb können heute auch kleine Objekte wie die Sonne entstehen.

Aber auch dies ist heute nur wegen der guten Vorarbeit, die im primordialen Zeitalter geleistet wurde, möglich.

Auf diese Weise sind sie also aufgetaucht, die ersten Sterne[15] – und zwar gewaltig!

Sie erschienen zum Großteil als Hypersonnen, Sternen mit Massen von einigen 1000 Sonnenmassen (siehe Abb. 6.16 „*Die ersten Sterne*“), und sie hatten so gewaltige, überwiegend auf hochenergetischer UV-Strahlung beruhende, Leuchtkräfte, dass sie das Universum in kürzester Zeit reionisierten und damit für den nötigen Durchblick im Kosmos sorgten.

[15] Diese erste Sterngeneration wird üblicherweise mit dem Begriff „Population III“ versehen.

Abb. 6.16 *Die ersten Sterne* entstanden scheinbar aus dem Nichts! (Das Bild illustriert einen Stern mit einer Masse von einigen 1000 Sonnenmassen, der nach einer geringen Lebensspanne von circa 1 Mio. Jahren zum Schwarzen Loch kollabiert. © NASA/Swift.)

Sie hatten gewaltige Massen von einigen 1000 Sonnenmassen und enorme Leuchtkräfte, die zu extremen Sternwinden führten, und auf deren Grundlage bliesen sie große Materiemengen zurück ins All, was der weiteren Sternentstehung in ihrem Umfeld gewaltigen Schwung verlieh.

Nachdem diese Sterne wegen ihrer riesigen Massen sehr sensibel auf kleinste Störungen reagierten, gab es zusätzlich gewaltige Ausbrüche, bei denen ebenfalls Masse im großen Stil zurück ins All geschleudert wurde.

Solche skurrilen Objekte verbrennen ihren Wasserstoffvorrat auch im Eiltempo, und demgemäß kollabierten sie bereits nach circa 1 Mio. Jahren zu Schwarzen Löchern von ebenfalls gewaltiger Masse.

Bei den etwas leichteren Objekten von einigen 100 Sonnenmassen gehörten hingegen Supernovaexplosionen zum bevorzugten Finalprogramm.

Als all das geschah, war das Universum gerade einmal wenige 100 Mio. Jahre alt.

Dieser Prozess war bitter nötig, da der damals im Universum verteilte neutrale Wasserstoff mit seinen vielen, lokal verschieden stark rotverschobenen Spektrallinien, die die Strahlung breitgefächert absorbieren, keinen Blick in die Tiefen des Universums zuließ (Gunn-Peterson-Effekt)[16]. Auch heute ist uns aus dem gleichen Grund nur der Blick bis zu einem Rotverschiebungswert von z kleiner 6 gestattet – dieser Rotverschiebungswert entspricht einem Weltalter von gerade einmal einer Milliarde Jahren.[17]

[16] Ein Großteil der optischen Spektren weit entfernter Galaxien und Quasare zeigt kaum Strahlung oder bestenfalls einen sogenannten Lyman-Alpha-Wald, der auf niederem Niveau etwas Strahlung mit Absorptionsliniencharakteristik durchlässt. Die Absorptionslinien werden dabei durch den neutralen Wasserstoff, der in den Bereichen zwischen einzelnen Galaxien in Form von kosmischen Filamenten vorhanden ist (Intergalaktisches Medium), erzeugt. Dieses Verhalten wird als Gunn-Peterson-Effekt bezeichnet, was bedeutet, dass das Universum vor seiner Reionisation in vielen Frequenzbereichen undurchsichtig war.

[17] Der Zusammenhang zwischen dem Weltalter und der Rotverschiebung z wird im Glossarium unter dem Begriff der **Hubble-Zeit** dargelegt.

Mit dem undurchsichtigen Zustand, dem das Universum vor der Rekombination ausgesetzt war, hatte dieser nunmehr den Durchblick vermittelnde Ionisationszustand nichts gemein, da die damalige alles dominierende Strahlung sich aufgrund der Expansion bereits so stark abgekühlt und verdünnt hatte, dass sie mit den nun wieder freien Elektronen sich nicht mehr austauschen konnte.

Was sich zu frühen Zeiten des Universums nachteilig auswirkte, erwies sich dank der Expansion also nunmehr als Vorteil.

Mit den ersten Sternen tauchten zudem beeindruckende Relikte auf: Schwarze Hyperlöcher und Supermassive Schwarze Löcher.

Nachdem die Hypersonnen in einem gnadenlosen Tempo ihren Wasserstoffvorrat verbrannten, wurden sie nur etwas mehr als eine Million Jahre alt und kollabierten daraufhin in Singularitäten, die Schwarze Hyperlöcher von circa 1000 Sonnenmassen darstellten.

In jüngster Zeit haben sich nun starke Hinweise dafür ergeben, dass diese Schwarzen Hyperlöcher, als Merkmale der ersten Sterngenerationen, Supermassive Schwarze Löcher durch Verschmelzungsprozesse ausgebildet haben. Dieses Szenario stellt die geradlinigste Erklärung für diese ungewöhnlichen Objekte dar, die in den letzten Jahren in fast allen Zentren großer Galaxien gefunden wurden.

Obwohl die Anfangsmassenverteilung[18] der ersten Sterne als „top-heavy" zu charakterisieren ist, was bedeutet, dass im Gegensatz zu heutigen Massenverteilungsfunktionen damals maßgeblich supermassereiche Sterne ausgebildet wurden, entstanden auch zu jener Zeit bereits etwas leichtere stellare Objekte, die nur einige 100 Sonnenmassen vorzuweisen hatten.

Diese Sterne kollabierten nun nicht direkt zu Schwarzen Löchern, sondern bildeten als vergnügliches Rahmenprogramm Supernovaexplosionen aus.

Getrieben von den Supernovaexplosionen mittelschwerer Sterne, die in der Abb. 6.17 „*Sternfeuerwerk*" durch rosa Filamente und Schleifen zu erkennen sind, bildeten sich, nach gerade einmal 500 Mio. Jahren des Bestehens des Universums, unzählige und gewaltige Gaswolken hoher Dichte aus, die vor allem wegen der häufigen Zusammenstöße und den Verschmelzungen mit anderen Gaswolken extrem hohe Produktionsraten der Sternentstehung auslösten.

Hätte das damalige Sternentstehungstempo in diesen Brennpunkten der Sternentstehung und Sternvernichtung über eine längere Zeit hinweg angehalten, dann wäre das im Universum vorhandene Gas in weniger als einer Milliarde Jahren aufgebraucht worden.

[18] Da bei der Charakterisierung der sich auf eine bestimmte Epoche beziehenden Anfangsmassenverteilung von Sternen üblicherweise der Begriff „initial mass function", oder kurz IMF, zum Tragen kommt, sei darauf hingewiesen, dass auch hier von diesem grundlegenden funktionalen Verhalten die Rede ist.

Abb. 6.17 Und nach den ersten Sternen gab es ein regelrechtes *Sternfeuerwerk* im jungen Universum. (Das Bild illustriert Sternentstehungsgebiete, die im frühen Universum, als dieses nur wenige 100 Mio. Jahre alt war, nicht wie heute in Galaxien, die es damals noch nicht gab, sondern in ausgedehnten Bereichen zahlloser Gaswolken vorzufinden waren. © A. Schaller (STScI).)

Nach gerade einmal 500 Mio. Jahren des Bestehens des Universums entstand eine Vielzahl von Gaswolkenungetümen, die in ihrem Inneren Sternentstehung in einem derart rasanten Tempo betrieben, dass man denken könnte, es ging in jener Zeit primär darum, das im Universum vorhandene Wasserstoffgas so schnell wie möglich aufzubrauchen.

Damit hätte dieses erste Sternfeuerwerk auch gleich das Finale der Sternentstehung eingeläutet, und zwar lange bevor unsere Milchstraße, die Sonne und die Erde hätten entstehen können.

Aber es kam anders, denn im Innern der Sterne der ersten Generation wurden neue, für das Universum bislang unbekannte Elemente erbrütet.

Elemente, die sich im heutigen Universum unter den Bezeichnungen Kohlenstoff, Sauerstoff, Stickstoff, Schwefel, Silizium und Eisen einen großen Namen gemacht haben.

Auf die Bühne des Geschehens wurden diese Elemente durch Supernovaexplosionen gebracht. Und damit war das primordiale Gas zum ersten Mal mit Metallen[19] angereichert; und damit wies dieses Gas fortan andere, neue Eigenschaften auf.

So konnten zum Beispiel ab diesem Zeitpunkt Moleküle in den Gaswolken entstehen, die aufgrund ihrer Vielzahl von Spektrallinien über einen erheblich effizien-

[19] Anzumerken ist, dass in der Astronomie alle Elemente, die schwerer als Helium sind, widersinnigerweise als Metalle bezeichnet werden.

teren Kühlungsmechanismus verfügen, als dies bei Wasserstoff und Helium in den primordialen Gaswolken der Fall war.

Damit kam es in den für die weitere Sternentstehung nunmehr maßgeblichen Molekülwolken zu einer heftigeren Temperaturabsenkung, die durch Staubbildung, die speziell durch die Elemente Silizium und Sauerstoff angeregt wurde (hierbei entsteht zum Beispiel Siliziumdioxid), und den darauf beruhenden Kühlungsmechanismen auch noch einen weiteren Schub erhielt.

Als Konsequenz führte der scheibenausbildende Kollaps der Molekülwolken nur noch zu Fragmenten, die die Entstehung von Objekten mit höchstens einigen 100 Sonnenmassen zuließen.

Damit war die Ära der Population-III-Sterne vorbei, und es begann die Ära der Population-II-Sterne, deren Anfangsmassenverteilung weniger stark auf die Ausbildung von massereichen Sternen fokussiert war, sodass fortan auch deutlich masseärmere Sterne entstehen konnten.

Die Hetzjagd, die darin bestand, das im Universum vorhandene Wasserstoffgas im Eiltempo verbrennen zu wollen, war damit beendet.

Parallel dazu gruppierten sich nach weniger als einer Milliarde Jahren nach dem Big Bang mächtige Sternhaufen im frühen Universum zusammen, die Galaxien im Werden darstellten.

Diese bizarren Strukturen hatten allerdings, wie in der Abb. 6.18 „*Embryonale Galaxiestrukturen*" zu sehen ist, nicht viel mit den beeindruckenden Spiralgalaxien und den mächtigen elliptischen Galaxien, die wir aus dem heutigen Universum kennen, gemein. Die uns bekannten Galaxien sind jedoch träge dahinziehende Schäfchenwolken im Vergleich zu diesen damaligen Strukturen, die bedingt durch die dynamischen Veränderungen aufgrund der fortwährenden Sternentstehung und -vernichtung sich in ihrem Inneren wie Gewitterwolken aufbauten. Von massereichen Sternen wurden sie zudem regelrecht überschwemmt, wie im Bild an der Vielzahl von Supernovaausbrüchen, die sich durch die unzähligen rötlichen Strukturfragmente bemerkbar machen, unschwer zu erkennen ist.

All das wäre dem Universum um ein Haar entgangen, aber glücklicherweise gab es ja … – aber was gab es eigentlich, dass all dies ermöglichte?

Was waren das nun für Umstände, und welche Mechanismen haben letztlich gegriffen, die diesen wie aus einem Guss sich ergebenden Ablauf realisierten?

Es war das Dunkle!

Das Dunkle hat das Universum vor der ewigen Dunkelheit bewahrt!

Und wir waren ihm an vielen Stellen unserer Überlegungen auf der Spur, und dementsprechend überrascht es uns auch nicht wirklich, dass sich hinter dem Dunklen die Dunkle Materie versteckt, die zusammen mit der baryonischen Materie entstand.

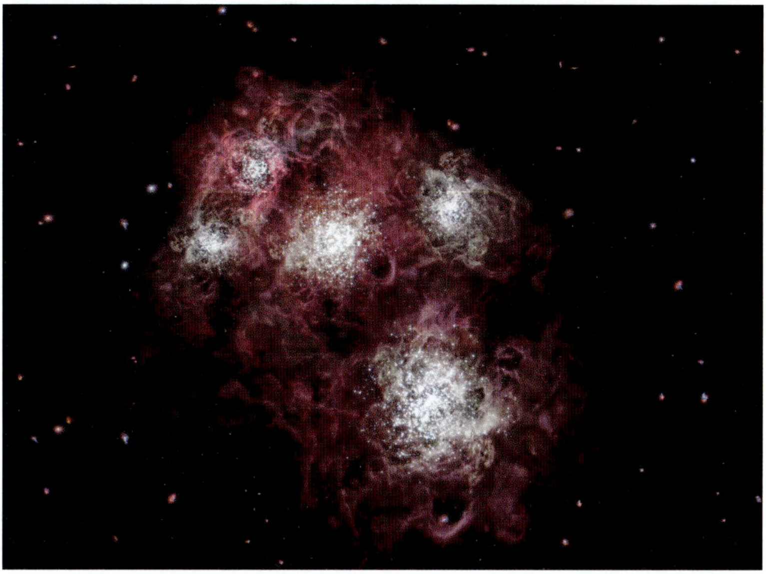

Abb. 6.18 Und dann bildeten sich ganz zaghaft die ersten galaktischen Strukturen aus! (Das Bild illustriert, wie durch fließbandmäßige Sternentstehung und dem Verschmelzen von eng aneinanderliegenden Sternhaufen erste *embryonale Galaxiestrukturen* entstehen. © NASA, ESA, and G. Bacon (Space Telescope Science Institute).)

Dass ihr beschaulicher Charakter nicht ihr wahres Innenleben und ihr wahres Ich zeigt, hätte uns schon bei der Untersuchung der dynamischen Verhältnisse der Galaxien klar werden können. Denn da haben wir gesehen, dass die leuchtende Materie der Galaxien stets von einem ausgedehnten Halo an Dunkler Materie umgeben ist, ohne den die Galaxien niemals hätten zusammenhalten können, da der Massenanteil der sichtbaren Materie gegenüber der Gesamtmasse viel zu gering ist.

Das heißt, die Gesamtmasse aller Sterne und Gaswolken reicht bei Weitem nicht aus, um die Sternansammlungen, die wir Galaxien nennen, nicht auseinanderfliegen zu lassen.

Um zu verhindern, dass sie sich auflösen, wird nahezu 5-mal mehr Masse benötigt, als auf direktem Weg entdeckt wurde.

Die Dunkle Materie, die etwa 80 % der Gesamtmasse im Universum ausmacht, schließt nicht nur diese Lücke, sondern sie ermöglicht auch die Entstehung von Galaxien und vor allem die Entstehung der ersten Sterne (siehe Abb. 6.19 *„Die Dunkle Materie hat es gerichtet!“).*

Das Universum hat also im Gegensatz zu uns alles richtig gemacht.

Abb. 6.19 *Die Dunkle Materie hat es gerichtet!* (Das Bild zeigt die ersten Sterne, die nur auf der Grundlage eines von der Dunklen Materie etablierten Dichtekontrasts (weißbläulich eingefärbt) entstehen konnten. Die dargestellte Struktur der Dunklen Materie konnte dabei anhand von **Gravitationslinseneffekten** rekonstruiert werden. © NASA/WMAP Science Team.)

Wir hingegen haben dem Universum ein so cleveres Vorgehen nicht zugetraut und dachten, die Dunkle Materie wäre nur schmückendes Beiwerk, die, wenn sie sich zu einsam fühlt, sich zur baryonischen Materie hinzugesellt.

Wir waren es also, die naiv waren!

Aber dank unseres Einsatzes, mit dem wir uns auf nicht ganz einfachen Wegen die wichtigsten Fakten zurechtgelegt haben, können wir jetzt verstehen, wie die wesentlichen Punkte, die das Universum mit Leben beseelt haben, zusammenhängen und welchen physikalischen Ablauf sie generiert haben.

Mit den Higgs-Bosonen, die wir als Stau produzierende LKWs betrachtet haben, waren wir auf dem richtigen Weg. Was wir hingegen falsch gesehen haben, war die nicht weitgehende Verstärkung der Staus – des Dichtekontrasts –, die darauf beruhte, dass sich die Higgs-Bosonen nach der Inflation ihrer Lebenserwartung entsprechend zurückzogen und die baryonischen Materieteilchen, auf die wir unser Augenmerk richteten, mit der Situation komplett überfordert waren.

Dem tatsächlichen Geschehen nach haben sich die Teilchen der Dunklen Materie in diese Staus eingereiht und sie damit nicht nur am Leben erhalten, sondern auch beträchtlich verstärkt.

Das heißt, sie haben den Dichtekontrast, der zu Zeiten der Rekombination bei $5 \cdot 10^{-5}$ lag, nicht nur durch rechtzeitige Anlagerung an die Higgs-Bosonen maßgeblich ausgebildet, sondern im weiteren Verlauf auch dafür gesorgt, dass er bei einer Rotverschiebung von $z = 30$, also einem Weltalter[20] von 100 Mio. Jahren, in einzelnen Regionen den Wert 1 erreichen konnte, und damit haben sie die Sternentstehungsmaschinerie in Gang gesetzt (siehe Abb. 6.20 „*Abell 1689*“).

[20] Eine Erklärung für den Zusammenhang des Weltalters und der Rotverschiebung *z* wird im Glossarium unter dem Begriff der **Hubble-Zeit** gegeben.

Abb. 6.20 Und nachdem sich die Dunkle Materie im Kleinen zusammengerottet hat, macht sie es auch auf großen Skalen. (Das Bild zeigt die Verteilung der dunklen Materie (weißbläulich eingefärbt), die sich vor allem im Zentrum des riesigen Galaxienhaufens *Abell 1689*, der circa 1000 Galaxien und Billionen von Sternen enthält, angesammelt hat. © NASA, ESA, D. Coe (NASA Jet Propulsion Laboratory/California Institute of Technology, and Space Telescope Science Institute), N. Benítez (Institute of Astrophysics of Andalucía, Spain), T. Broadhurst (University of the Basque Country, Spain), and H. Ford (Johns Hopkins University, USA).)

Die Verteilung der Dunklen Materie ist innerhalb des Kernbereichs (circa 2 Mio. Lichtjahre) des Galaxienclusters Abell 1689 erheblich größer, als dies zu erwarten wäre und übersteigt in seiner Gesamtmasse die sichtbare Masse des Clusters um mehr als einen Faktor 10.

Ohne diese gewaltige Ansammlung an Dunkler Materie hätte sich dieser 2.2 Mrd. Lichtjahre entfernte Cluster niemals bilden können und könnte er auch nicht zusammengehalten werden.

Die Strukturen der Dunklen Materie wurden anhand von **Gravitationslinseneffekten** rekonstruiert, wobei 135 Linsenbilder, die sich auf 42 Hintergrundgalaxien bezogen, erforderlich waren, um die Verteilung der dunklen Materie im Cluster zu erkennen.

Um dies zu gewährleisten, mussten sich die Teilchen der Dunklen Materie allerdings an bestimmte Rahmenbedingungen, die prägenden Einfluss auf ihren Charakter haben, halten.

Der wichtigste Punkt besteht dabei darin, dass sie über Masse verfügen müssen, sodass sie grundsätzlich auch dazu in der Lage sind, Potenzialtöpfe ausbilden und verstärken zu können (siehe Abb. 6.21 „*Potenzialtöpfe*").

Als nächster wichtiger Punkt dürfen die Teilchen der Dunklen Materie nicht der elektromagnetischen Wechselwirkung unterliegen, da sie ansonsten wie die Teilchen der baryonischen Materie in die Falle der Silk-Dämpfung tappen würden. Und das wäre tückisch, da wir ja wissen, dass die Dichteschwankungen der gewöhnlichen Materie immer wieder durch Strahlungsprozesse geglättet wurden, da die Stöße der Teilchen mit den Photonen dem Zusammenballen der Materie entgegenwirkte.

Nachdem dies den Teilchen der Dunklen Materie untersagt ist, können die sich prinzipiell ungestört und beschaulich zu knotenartigen Verdichtungen entwickeln, an die sich wiederum die Teilchen der baryonischen Materie anlagern können.

Es ist also genau andersherum, als ursprünglich vermutet: Nicht die Dunkle Materie hat sich zu den Galaxien gesellt, sondern die baryonische Materie ist der Dunklen Materie in deren Potenzialtöpfe gefolgt.

Bevor dieses Verhalten umgesetzt werden konnte, musste die Dunkle Materie allerdings noch ein grundsätzliches Problem lösen, und das bestand darin, dass es ihren Teilchen nicht gegeben ist, Energie zu verlieren.

Wie wir wissen, kann sich in einem statischen Raum das Gravitationspotenzial einer Dichtefluktuation aber nur dann verstärken, wenn die durch das Potenzial angezogene Materie so viel Energie verliert, dass sie ihren Platz im tiefsten Bereich des Potenzials findet und es dadurch weiter absenkt, wobei der Energieverlust in der Regel durch emittierte Strahlung zustande kommt.

Bei der Dunklen Materie funktioniert das so aber nicht, da sie über diesen photonengenerierenden Wechselwirkungsprozess ja keine Verfügungsgewalt hat.

Das heißt, auf diesem üblichen Weg kann die Dunkle Materie bestehende Potenzialtöpfe nicht verstärken!

Der entscheidende Punkt ist nun aber, dass der zum Erfolg führende Zwang zum Energieverlust nur in einem statischen Raum besteht, nicht aber in einem expandierenden. Und das liegt am Bremseffekt, den die Masse auf die Expansion ausübt: In dem Gebiet einer Dichtefluktuation ist das dort vorherrschende Gravitationsfeld beziehungsweise die Raumkrümmung stärker ausgeprägt, als es im kosmischen Mittel der Fall ist. Aus diesem Grund expandiert dieser Bereich langsamer als das umliegende Gebiet, und dementsprechend nimmt die Dichte in diesem Gebiet auch langsamer ab.

Dieses Verhalten erhöht den Dichtekontrast und verstärkt damit die Potenzialtöpfe auch ohne Energieverlust der vom Potenzial angezogenen Materie durch emittierte Strahlung (siehe Abb. 6.21 „*Potenzialtöpfe*").

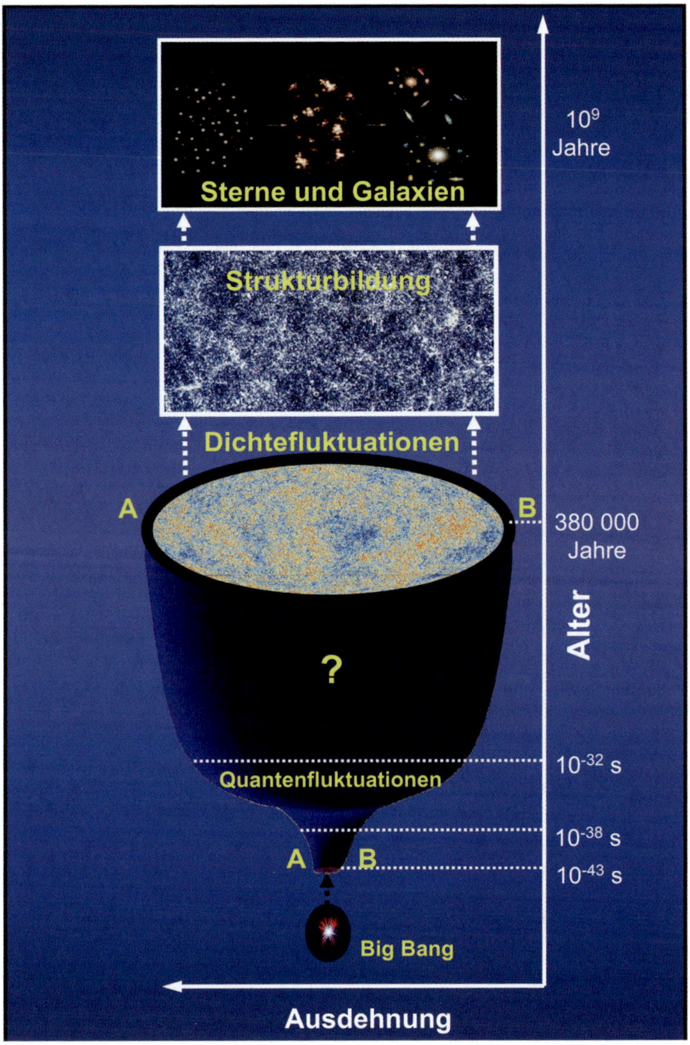

Abb. 6.21 Wer Quanten sät und sein Fach beherrscht, wird Sterne, Galaxien und Planeten ernten! (Die Dichtefluktuationen waren zwar für die baryonische Materie nicht stark genug, um Sterne entstehen zu lassen, aber die Dunkle Materie, die sich bis zu diesem Zeitpunkt weitgehend zurückgehalten hatte, konnte diese Saatkörner gedeihen lassen. Und nachdem die baryonische Materie der Dunklen Materie in deren *Potenzialtöpfe* folgte, zeigte sich, dass der für die Sternentstehung erforderliche Dichtekontrast sich nach nur wenigen 100 Mio. Jahren einstellte. Das Bild illustriert diesen Werdegang in groben Zügen. © (eingebettete Bilder): ESA, Planck Collaboration (unten); K. Dolag, LMU (mittig).)

Skizziert ist die Entwicklung des Universums, die nach 380 000 Jahren der Kühlung und Expansion mit der Rekombinationsphase einen kritischen Punkt erreichte, an dem die feine Strukturbildung, die sich inzwischen zu Dichtefluktuationen hochgearbeitet hatte und jetzt eine großräumige Struktur der Materie darstellte, wie dies in der Mitte des Bildes illustriert wird, sich entweder entwickeln oder aber auflösen konnte.

Die unmittelbare Konsequenz dieses Verhaltens ist, dass Dichtefluktuationen aufgrund ihrer Eigengravitation im zeitlichen Verlauf anwachsen. Und auf dieser Grundlage kann es zu einer Art von Verklumpung der dunklen Materie kommen, und diese kann die dunkle Materie gebietsweise auf sehr kleine Volumina komprimieren.

Wie klein diese Volumina werden können, hängt dabei aber auch von der Geschwindigkeit, die die Teilchen der Dunklen Materie vorzuweisen haben, ab.

In dieser Hinsicht besteht grundsätzlich die Möglichkeit, dass sich die Teilchen mit relativistischer Geschwindigkeit bewegen und somit heiße Dunkle Materie darstellen.

Abb. 6.21 (Fortsetzung) Da die Fluktuationen, deren Wurzeln in der Mikrozeit liegen, aber nicht nur die sichtbare Materie, die nahezu ausschließlich aus Wasserstoff und Helium bestand, sondern auch die **Dunkle Materie**, für die es noch keine Schublade gibt, auf die wir schreiben könnten, was darin ist, betrafen, legte diese durch die Ausbildung von knotenartigen Verdichtungen die Richtung der Entwicklung fest (dies wird durch das zweite Bild von oben illustriert)

Und um diese Verdichtungen der Dunklen Materie herum begannen in den nächsten 100 Mio. Jahren, in denen das Universum dunkle Zeiten durchlebte, Wolken, bestehend aus Wasserstoff und Helium, sich unter der Schwerkraft der Dunklen Materie zusammenzuziehen.

Auch wenn wir noch nicht genau wissen, woraus die Dunkle Materie eigentlich besteht, so wissen wir doch, dass sie eine unverzichtbare Zutat in unserem Universum darstellt, ohne die sich keine Sterne und keine Galaxien bilden hätten können.

Mangels einer effizienten Kühlung der primordialen Wolken waren die ersten Klumpen, die sich durch Eigengravitation ausbildeten, allerdings so groß, dass vorwiegend Sterne mit einigen 1000 Sonnenmassen entstanden. Und wegen derer kurzen Lebensdauer gaben sie die von ihnen erbrüteten schwereren Elemente extrem schnell in Form von gewaltigen **Kernkollaps-Supernovaexplosionen** an ihr Umfeld frei.

Auf diese Weise veränderte sich die Zusammensetzung des Interstellaren Mediums, und Molekülwolken der nächsten Generation konnten, wegen der deutlich verbesserten Kühlung, kleinere und langlebigere Sterne, deren Lebenserwartung bei Milliarden von Jahren liegt, und auch Planeten produzieren (dies wird im obersten Bild illustriert).

Nachdem auch den damaligen gewaltigen Supernovaexplosionen ein Kollaps, also eine Implosion vorausging, wobei das Restprodukt ein **Schwarzes Loch** darstellt, befand sich nach kürzester Zeit eine Vielzahl von derartigen Schwarzen Löchern auf engstem Raum; denn diese Explosionen stellten keine singulären Ereignisse dar, sondern gingen mit einem Starburst[21] einher.

Stand der aktuellen Forschung ist es, die Verschmelzung dieser Schwarzen Hyperlöcher zu simulieren, um auf diesem Weg nachzuweisen, dass sie die Keimzellen der Supermassiven Schwarzen Löcher darstellten, die man jüngst in den Galaxienkernen auch unauffälliger Spiralgalaxien, wie unserer eigenen, gefunden hat.

Ein Zwischenstadium auf diesem Weg stellen vermutlich die Quasare dar, die als pubertierende Galaxien trotz der gewaltigen Aktivität, die sie zeigen, über unerklärlich massive zentrale Schwarze Löcher verfügen.

Diese Objekte müssen also bereits in ihrer galaktischen Vorstufe über ein Supermassives Schwarzes Loch verfügt haben.

[21] Starburstregionen sind Gebiete mit extrem hoher Sternentstehungsrate, wobei Starburst-Galaxien eine Vielzahl solcher Gebiete aufweisen.
Die Sternentstehungsrate heutiger Starburst-Galaxien kann bei 1000 Sonnenmassen pro Jahr liegen, was ungefähr 1000-mal so viel Sonnenmassen sind, wie in unserer Galaxie pro Jahr produziert werden.

Dies ist jedoch auf der Grundlage unserer Beobachtung, gemäß der sich zuerst Sterne, dann Galaxien und zuletzt Galaxienhaufen gebildet haben, auszuschließen.

Denn sich mit relativistischer Geschwindigkeit bewegende Teilchen können nicht auf kleine Volumina komprimiert werden, da sie in einem durch eine lokale Dichtekonzentration hervorgerufenen Potenzialtopf nicht nachhaltig gravitativ gebunden werden können.

Nachdem sie sich im Raum frei bewegen, waschen sie sogar eine Dichtekonzentration, für die sie selbst verantwortlich sind, wieder aus.

Dies impliziert, dass heiße dunkle Materie keine Dichtestörungen auf kleinen Skalen zulässt, und demgemäß hätten zuerst Galaxien und dann Sterne entstehen müssen, was jedoch nicht der Fall war.

Die Teilchen müssen sich also sehr viel langsamer bewegen, und dies ist charakteristisch für kalte Dunkle Materie, hinsichtlich der die Dunklen Materieteilchen sehr massereich sind.

Es ist also kalte Dunkle Materie, die dem beschriebenen Verhalten der Dichtekonzentrationen gravitativ unterliegt und diese weiter zusammenklumpt.

Die Strukturbildung ist damit vergleichbar zu vielen kleinen Lawinen, die sich hangabwärts bewegend in ihrem Verlauf miteinander vereinigen und dadurch immer stärker, mächtiger und unaufhaltsamer werden.

Das heißt, große Verklumpungen entstehen aus kleineren, und zwar zu einer sehr viel späteren Zeit.

Dieses Verhalten stellt damit eine Strukturbildung mit hierarchischem Fundament dar.

Nachdem die Halos aus Dunkler Materie sich nicht deutlich vor der Epoche der Reionisation geformt haben können, sind in der untersten Hierarchie die Vorgänge der Entstehung der ersten Sterne beheimatet, und man kann davon ausgehen, dass die ersten metallfreien massereichen Sterncluster direkt mit diesen Dunklen-Materie-Halos entstanden.

Diese entwickelten sich dann langsam und ungestört zu einem Netzwerk aus filamentartigen Strukturen weiter, entlang derer sich dann nach und nach die gravitativ angezogene Materie zusammen mit den bereits bestehenden Sternclustern ansammelte (siehe Abb. 6.22 „*Zeitfenster*“).

In den knotenartigen Verdichtungen konnten sich daraufhin erste kleine Protogalaxien entwickeln, die sich dann zu Galaxien zusammenschlossen (siehe Abb. 6.23 „*Gala*“).

Als Konsequenz dieses Ablaufs ist die Verteilung der leuchtenden Materie im heutigen Universum sehr ungleichmäßig, wobei die bestehenden Sternhaufen und Galaxien, die wiederum mit Galaxienhaufen und Superhaufen zusammenhängen, durch riesige Hohlräume (Voids) voneinander getrennt sind.

Das heißt, dass das Netzwerk der Filamente auch heute noch erkennbar ist, wenn man die Verteilung der Galaxienhaufen im Universum betrachtet.

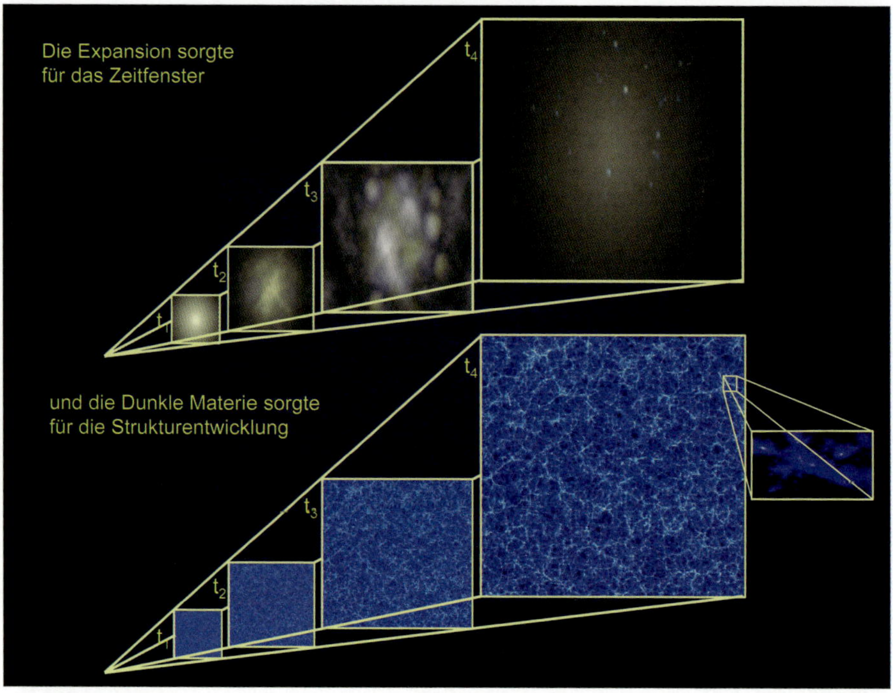

Abb. 6.22 Der in der Anfangsphase der Entstehung des Universums drohende Gleichgewichtszustand wurde messerscharf verfehlt, und nur deshalb bekam das Universum ein großes *Zeitfenster* zugesprochen, in dem sich, wie im Bild oben gezeigt, auch die baryonische Materie entwickeln konnte. (Das Bild macht deutlich, dass vor allem die extreme Expansion des Raums die sofortige Auflösung der zufällig entstandenen und danach von der Dunklen Materie gepflegten Dichtefluktuationen verhindert hat. Die im unteren Bild dargestellte Strukturentwicklung der blau eingefärbten Dunklen Materie, die das Ergebnis einer von den „Dark Ages" bis nahe an die Gegenwart reichenden numerische Simulation ist, zeigt einen Ausschnitt der erhaltenen kosmischen Netzstruktur in der Größe von 5 Mrd. Lichtjahren. © (für die im unteren Bereich eingebetteten Bilder): K. Dolag, LMU.)

In einer zeitlichen Sequenz, die ausgehend vom Bereich der Rekombinationsepoche (t1) bis zur Epoche der Formation von Superhaufen (t4) reicht, wird im Bild oben verdeutlicht, dass vor allem die Expansion, die weder zu schnell noch zu langsam ablief, die Strukturbildung der baryonischen Materie gewährleistete.

Da die Fluktuationen im Bereich der Mikrozeit abliefen, hätten sie sich bei einer gemächlichen Expansion und ohne den Einfluss der Dunklen Materie rasch wieder aufgelöst, wohingegen mit dem Einfluss der Dunklen Materie sehr wohl Sternentstehung stattfinden hätte können, allerdings im Rahmen einer sehr hohen Packungsdichte der Sterne und damit schlechter Kühlungsmöglichkeit für alle Beteiligten.

Das heißt, viele sehr massereiche Sterne hätten auf engstem Raum schnell den gesamten Wasserstoffvorrat verbraucht.

Wenn andererseits die Inflationsphase etwas länger angehalten hätte, hätte sie die Quantenfluktuationen nicht nur auf makroskopische Größe aufgebläht, sondern auch gleich wieder platt gebügelt.

Ohne die Inflationsphase würde das Universum jedoch dem ersten Bild in der oberen Reihe entsprechen. Es wäre ein makrozeitloses, strukturloses und insgesamt gleichgewichtsbezogenes Universum geworden.

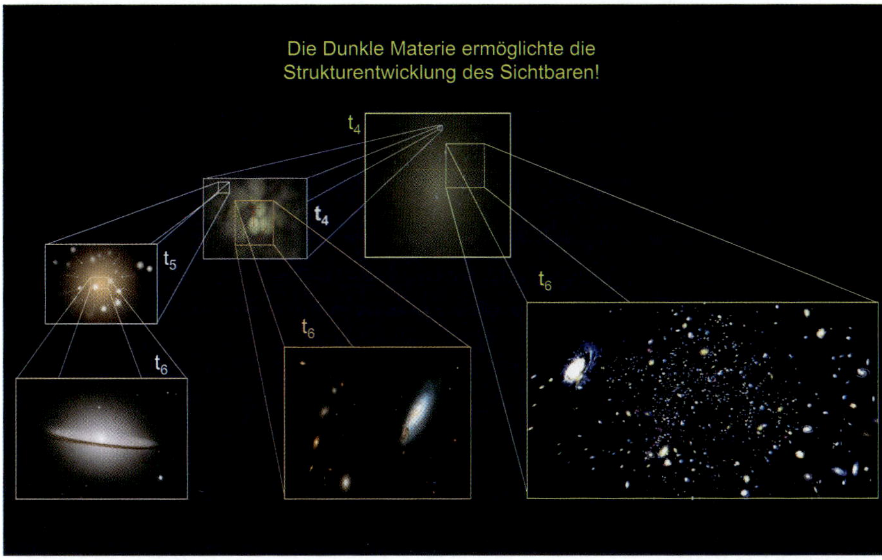

Abb. 6.23 Das Universum ist zum wiederholten Male durch ein Nadelöhr geschlüpft und ließ aus Schwankungen der Natur mächtige und eindrucksvolle Gebilde entstehen, die sich bei jeder groß angelegten „*Gala*" als Stargäste präsentieren könnten. (Das Bild verdeutlicht, dass großräumig strukturierte Materieansammlungen aus Substrukturen bestehen, die Superhaufen und einzelne Elemente dieser Substrukturen Galaxien darstellen. © (für drei im unteren Bereich eingebettete Bilder): NASA, ESA, and the Hubble Heritage Team (STScI/AURA), NASA/WMAP Science Team.)

Das rechte Bild in der unteren Zeile zoomt eine der sich großräumig strukturierten Materieansammlungen, die sich aus der Abb. 6.22 „Zeitfenster" ergab, heran und illustriert damit die Substrukturen eines entstehenden Superhaufens von Galaxien.

Die linken Bilder in der unteren Zeile zoomen hingegen Elemente von Substrukturen heran und illustrieren damit die Entstehung einer Galaxie und eines Haufens, der zu unserer lokalen Gruppe vergleichbar ist.

Abb. 6.22 (Fortsetzung) Durch die Inflationsphase konnten die großen Fluktuationen jedoch eingefroren werden und sich zu Dichtefluktuationen hocharbeiten, wie dies durch die nächsten beiden Bilder in der ersten Zeile illustriert wird. Auch diese hätten sich, nun im Bereich der Makrozeit, wieder aufgelöst, wenn es keine oder zu wenig Dunkle Materie im Universum gäbe.

Es wurde jedoch daran gedacht, diese für uns nur durch ihre Gravitationsanziehung wahrnehmbare Materie in genau hinreichendem Maße beizumischen.

Dass die großen Fluktuationen der Dunklen Materie durch ihre Gravitationsanziehung die vorhandenen Strukturen weiter verdichtet haben und damit die sichtbare Materie an sich binden konnten, wird durch die Sequenz einer numerischen Simulation im unteren Bereich vermittelt.

Das Ergebnis dieser Simulation ist eine sich im Kontrast stetig verstärkende netzwerkartige Struktur, in deren knotenartigen Verdichtungen sich baryonische Materie ansammeln kann, was letztlich, wie im vierten Bild oben gezeigt, auch zu einer prägnanten Strukturbildung der baryonischen Materie führt.

Die Dunkle Materie ist damit auf der Grundlage der Expansion des Raums eine unverzichtbare Zutat in unserem Universum.

Ohne sie hätten sich keine Sterne und keine Galaxien bilden können, und auch die Spanne der Makrozeit wäre sehr überschaubar gewesen.

Die gerichtete Entwicklung des Universums ist somit dem Zusammenwirken von maßgeblich drei Phänomenen zu verdanken: den Quantenfluktuationen, dem Expansionsverhalten und der Existenz der Dunklen Materie.

Darauf beruhend besteht der große Erfolg des Pfads der Kosmologie, der auf der kalten Dunklen Materie basiert, darin, dass auf ihm die hierarchische Strukturbildung, gemäß der sich große Systeme aus kleinen gebildet haben, nachzuvollziehen ist.

Dabei ist allerdings die Größe der Galaxien, die sich aus Vereinigungsprozessen von bereits großen Galaxien ergeben, begrenzt.

Das liegt primär daran, dass das Gas in sehr großen Strukturen zu lange brauchen würde, um sich abzukühlen, dies ist aber, wie wir gesehen haben, erforderlich, um schrittweise, dem Virialsatz von Gleichgewichtszustand zu Gleichgewichtszustand folgend, die Struktur der neuen Galaxie auszubilden.

Aus diesem Grund treten wirklich große galaktische Strukturen nur als Cluster und Supercluster auf, die auf der Grundlage der Dunklen-Materie-Halos aus Galaxien und Galaxienhaufen aufgebaut werden konnten.

Nachdem bei diesen Vereinigungen sowohl die heutigen Galaxien wie auch die früheren Protogalaxien stets alle ihre Halos aus Dunkler Materie vorweisen können, sozusagen am Mann haben, waren und sind diese Prozesse ganz wesentlich von der Dunklen Materie bestimmt, wobei diese bei Zusammenstößen von Galaxienhaufen auch selbst in Mitleidenschaft gezogen wird und dabei bizarre Strukturen annehmen kann (siehe Abb. 6.24 *„Der Dunkle Klebstoff“).*

Aus dieser Darstellung, die uns die Strukturbildung im frühen Universum näher verdeutlicht hat, geht nun klar hervor, dass neben den Quantenfluktuationen die Dunkle Materie bei allen Entstehungsprozessen eine essenziell wichtige Rolle gespielt hat, denn es war die unbekannte Teilchensorte dieser Dunklen Materie, die das grundlegende Materieraster ausgebildet hat.

Erst um diese Substruktur herum haben sich dann die Wolken aus Wasserstoff und Helium gruppiert.

Ohne die Dunkle Materie wäre also der Versuch, Sterne und Galaxien aus den Dichtefluktuationen der sichtbaren Materie allein entstehen zu lassen, gescheitert.

Als diese Erkenntnis zutage trat, war auch die Fachwelt überrascht, denn bei der Entdeckung der Dunklen Materie, über die man ja auch noch jahrzehntelang einfach hinweggegangen ist, wäre niemand auch nur im Entferntesten auf die Idee gekommen, dass die Dunkle Materie eine so entscheidende Rolle bei der Entwicklung des Universums gespielt haben sollte.

Was uns betrifft, haben wir es hinbekommen!

Präziser ausgedrückt, hat es das Universum hinbekommen, aber wir haben zumindest nachvollzogen, wie es das geschafft hat.

Das Universum hat es geschafft, indem es einen der „Großen Zwei“ vor den Karren gespannt hat, und den, der sich Dunkle Materie nennt, die ganze Arbeit, die erforderlich war, um die Sternentstehung in Gang zu bringen, alleine erledigen ließ.

Abb. 6.24 „Der Dunkle Klebstoff" lässt sich auch verformen! (Das Bild verdeutlich, dass ein Superhaufen und seine aus einer Vielzahl von Galaxien bestehenden Substrukturen nicht nur durch Dunkle Materie zusammengehalten werden, sondern diese bei Zusammenstößen von Galaxienhaufen auch bizarre strukturelle Formen annehmen kann. © NASA, ESA, M. J. Jee and H. Ford (Johns Hopkins University).)

Der aus Dunkler Materie bestehende nebelartige Ring (blau eingefärbt), der den aus einer Vielzahl von Galaxien bestehenden Superhaufen Cl 0024 + 17 umgibt, entstand nach einer gewaltigen Kollision von zwei mächtigen Galaxienhaufen und stellt wegen seiner in vielen Details aufgelösten Strukturen, die anhand von **Gravitationslinseneffekten** rekonstruiert wurden, einen der stärksten Beweise für die Existenz der Dunklen Materie dar.

Was wir aber tatsächlich hinbekommen haben, ist, die Entstehung und die frühe Entwicklung des Universums etwas genauer zu verstehen, und zwar genauer als es von uns von vorneherein geplant war; aber wirklich geschadet hat uns das wohl nicht – „carpe diem quam minimum credula postero"[22].

[22] „Genieße den Tag mit möglichst wenig Vertrauen auf den nächsten" – Ausspruch des römischen Dichters Horaz.

7 Das Universum hat es gut versteckt – das meiste

Das Wissen um die wesentlichen physikalischen Zusammenhänge war der entscheidende Faktor, der uns ins „Hier" und „Jetzt" gebracht hat.

Obwohl es zugegebenermaßen nicht einfach war, alles Erforderliche zumindest in seinen Grundzügen zu verstehen, hat es sich gelohnt, denn wir sehen jetzt auch aus physikalischer Sicht um uns herum ein Universum, das dem Tod von der Schippe gesprungen ist und sich entwickelt hat.

Um das zu sehen, war es allerdings vordringlich wichtig, dass wir uns auf eine von George Gamow bereits im Jahr 1948 vorgegebene Spur begeben.

Diese Spur gab Gamow mit seinem „Ylem" vor, der als expandierender Urbrei den heißen Anfang des Weltalls darstellen sollte.

Damit begründete Gamow die moderne Kosmologie, denn damit war die Idee des Big Bang geboren.

Und diese Idee nahm so richtig Fahrt auf, als die beiden späteren Nobelpreisträger Arno Penzias und Robert Wilson 1965 den entscheidenden Beobachtungsbefund für diese Theorie lieferten: Sie entdeckten die mittlerweile weltberühmte 3-Kelvin-Hintergrundstrahlung.

Entscheidend dabei war, dass Gamow diese Strahlung im Rahmen seiner Theorie vorhergesagt hatte – konkret sagte er vorher, dass Spuren von der Strahlung, die den Ylem dominierte, auch heute noch vorhanden sein müssten.

Genau genommen hätte jeder von uns auf den Nobelpreis, den Penzias und Wilson erhielten, Anspruch erheben können. Denn das nervige Geflimmer, das wir nach Sendeschluss am Bildschirm des Fernsehers sehen, resultiert zum Teil aus dieser kosmischen Hintergrundstrahlung. Der Big Bang kommt also jeden Tag im Fernsehen, und wir schalten einfach ab.

In jüngster Zeit wurde die 3-Kelvin-**Mikrowellenhintergrundstrahlung** neu entdeckt, da man festgestellt hat, dass diese Strahlung nicht mit gleicher Intensität aus allen Himmelsrichtungen kommt.

A. W. A. Pauldrach, *Das Dunkle Universum,* DOI 10.1007/978-3-642-55373-8_7

Sie differiert in Abhängigkeit der Richtung um einige hunderttausendstel Kelvin. Und die Ursache dafür kennen wir bereits, denn es sind die Dichtefluktuationen, die aus den Quantenfluktuationen entstanden sind, und diese konnte man auf diesem Weg mit den Satelliten COBE, WMAP und PLANCK fast auf direktem Weg beobachten.

Und da solche Messungen eine Zeitreise in die frühestmögliche Vergangenheit des Universums sind – weiter können wir aus den gleichen Gründen nicht zurückblicken, aus denen wir auch in die Sonne nicht hineinschauen können –, lieferten sie überzeugende Argumente dafür, dass unser Universum zu diesem Zeitpunkt auf ein viel kleineres Raumgebiet komprimiert war und zumindest aus diesem heraus expandierte und vor allem, dass unser Universum flach ist.

Auch dafür gab es 2006 einen Nobelpreis.

Nur George Gamow, der von allen aktiven Wissenschaftlern als Ideengeber und „Vater des Big Bangs" hochgeschätzt wird, hat keinen bekommen, obwohl er die Hintergrundstrahlung ohne Beobachtungsrückhalt auf fast 2 K genau vorhergesagt hat.

Aber dies war den Bleistiftanspitzern offensichtlich nicht präzise genug.

Für uns war es aber präzise genug, denn auch mit 2 K mehr im Mittel hätten uns diese Messungen ebenso den Weg zur richtigen Interpretation der Wirkungsweise der Dunklen Materie gewiesen. Und gemäß dieser Wirkungsweise war sie es, die den Dichteschwankungen, die vom Higgs-Feld durch die Ausbildung seiner Higgs-Bosonen vorgegeben wurden, folgte und damit die Keime für die Schwankungen in der Materieteilchensuppe, die sich letztlich in der Hintergrundstrahlung manifestierten, säte.

Und unsere Materie, ihres Zeichens baryonisch, ist auf diesen Zug einfach nur aufgesprungen und hat sich von der Dunklen Materie in nutzbringender Weise dominieren und nach Belieben manipulieren lassen, und zwar so lange, bis sie gewillt war, Sterne zu produzieren und diese, erneut den stärkeren und ausgeprägteren Schwankungen der Dunklen Materie folgend, in großen Konglomeraten, die wir Galaxien und Galaxienhaufen nennen, anzusammeln.

Und damit wissen wir, wie das kosmologische Standardmodell in grober Form aussieht, denn wir wissen jetzt, dass das Verhalten der Dunklen Materie, obgleich wir immer noch nicht genau wissen, woraus sie besteht, unbedingt dazugehören muss, insbesondere wenn von einem funktionierenden Universum die Rede ist.

Obwohl wir uns „per aspera ad astra"[1] mit den Stützen dieses Modells vertraut gemacht haben, und das auch noch in pointierter Form, sollten wir eins dennoch nicht vergessen: Im „Hier" und „Jetzt" ist auch sie da, und zwar allgegenwärtig da, die „**Dunkle Energie**"!

Und damit verbreitet der Begriff „Standard" eine gewisse Unbehaglichkeit, denn sie gehört nicht dazu, zum Standardmodell, die Dunkle Energie.

Wegen ihr verhält sich das Universum also keineswegs standardmäßig.

[1] Das Sprichwort kommt aus dem Lateinischen und bedeutet „durch das Raue zu den Sternen".

Sie ist schuld daran, dass wir uns jetzt um die Anschaffung eines passgerechten Maßanzugs kümmern müssen.

Denn sie ist mit dem standardmäßigen, das wir so mal schnell von der Stange gekauft haben, nicht zufrieden.

Wenn wir ein weiteres wichtiges Ziel anvisieren wollen, und zwar das Ziel, die Dunkle Energie in unser Weltbild einzuordnen, müssen wir ihr wohl nachgeben und tief in die Tasche greifen, um einen solchen passgerechten Maßanzug zu erwerben.

Bevor wir uns allerdings mit Nachdruck um ein maßgeschneidertes Modell des Universums bemühen, gibt es aber noch etwas anderes zu tun, und das hat einen vergleichbar hohen Stellenwert, denn wir haben etwas übersehen!

Wenn wir resümierend zurückblicken, sollte uns eigentlich ein ungutes Gefühl beschleichen, denn wir haben objektiv gesehen bislang ignoriert, dass das Standardmodell eine gewaltige Schwäche hat.

Die Schwäche besteht darin, dass im Standardmodell die wesentlichste Komponente unseres Universums nicht berücksichtigt wird.

Dass die Geschichte, die es uns erzählt, nicht rund ist, ist vor allem dem Standardmodell selbst klar, denn es weiß, dass es die **Inflationsphase** gab. Und damit weiß es auch von der wichtigen Konsequenz, die die Inflation ergab: ein flaches Universum!

Die Bestätigung, dass das Universum flach ist, beruht aber nicht allein auf dem Ablauf der Inflationsphase, die wiederum nicht rein theoretischen Ursprungs ist, sondern sie wurde maßgeblich durch die Interpretation von Beobachtungsfakten eingefordert. Die Flachheit des Universums wird zudem durch direkte Beobachtungen der Mikrowellenhintergrundstrahlung bestätigt.

Es wollte uns also in die Irre führen, das Standardmodell. Es dachte offensichtlich, dass wir den einzig möglichen Schluss nicht ziehen können, den ein flaches Universum voraussetzt. Und der Schluss besteht darin, dass Ω_m, das Verhältnis der im Universum vorhandenen Massendichte zur **kritischen Massendichte** σ_{krit}, exakt eins sein muss, um ein flaches Universum zu gewährleisten.

Im Glauben an das Standardmodell haben wir uns nun größte Mühe gegeben und im Universum alles zusammengekratzt, was einfach, aber auch schwer zu finden war. Wir haben alles hochgehoben, was nicht niet- und nagelfest ist, und wir waren uns auch nicht zu schade, hinter Schränke und unter Teppiche zu schauen, um ja nichts zu übersehen, aber am Ende fehlte ein gewaltiger Brocken.

Es fehlte trotz Einbeziehung der friedfertigen Dunklen Materie das meiste: Es fehlten fast 70 %.

Wo sind sie geblieben? Wer hat sie auf unauffindbare Weise versteckt?

In Ermangelung einer guten Idee sehen wir schon, dass es kein Leichtes wird, Antworten auf diese Fragen zu finden.

Das klingt schon wieder nach grober Arbeit, die zu leisten ist, und da werden wir keinen Bleistiftanspitzer finden, der uns hilfreich unter die Arme greift, denn die sind ja noch mit Temperaturmessungen beschäftigt.

Aber es sind nicht nur die fehlenden 70 % zur kritischen Massendichte, die uns im Moment Kopfzerbrechen bereiten sollten, denn genau genommen ging es auch mit der Entstehung der Materie, die zu den vorhandenen 30 % zur kritischen Massendichte führte, etwas zu schnell.

Denn die waren auf einmal einfach da, obwohl der Big Bang mit seiner Singularität eigentlich so gut wie nichts an Energie in der Tasche mitbrachte.

Gut, die potenzielle Energie hatte sich diesbezüglich in den Vordergrund gedrängt, aber was genau hatte die da eigentlich zu suchen, denn im Prinzip war es doch der negative Druck, der sich in dem ganzen Inflationsgebaren einen großen Auftritt verschaffte.

Vielleicht ist es gar keine schlechte Idee, noch mal kurz darüber nachzudenken, wo die 30 % Beitrag zur kritischen Massendichte herkamen, denn dann bekommen wir vielleicht auch eine Idee, wie man 70 % von dieser kritischen Größe verstecken kann.

Auch bei der Klärung dieses Punktes ist uns der stets hilfsbereite George Gamow wieder positiv gewogen, denn er hat 1940 eine weitere Spur vorgegeben, der wir erneut folgen können.

Und diese Spur haben wir in einem anderen Zusammenhang bereits gesehen, und zwar im Zusammenhang mit Sternen, die aus dem Nichts entstehen könnten. Es war genau diese Einsicht, die Gamow Einstein vermittelte, und die diesen vollkommen aus der Fassung brachte.

Was ging Gamow hinsichtlich eines aus dem Nichts entstehenden Sterns noch mal durch den Kopf?

Gamow verglich die einem Stern der Masse M insgesamt zur Verfügung stehende Ruheenergie gemäß Einsteins Formel $E_0 = M c^2$ mit der Gravitationsenergie des Sterns, die sich, wie wir uns das bereits mehrfach klargemacht haben, ja als negative Größe darstellt.

Als Ergebnis dieses Vergleichs stellte er fest, dass diese beiden Größen betragsmäßig exakt gleich groß sein können.

Das heißt, addiert man die positive Ruheenergie mit der negativen Gravitationsenergie eines Sterns, so ergibt sich für diesen Stern exakt die Zahl Null.

Damit könnte rein energetisch betrachtet ein solcher Stern also auch aus dem Nichts entstehen!

Diese Einsicht sollten wir jetzt im Hinblick auf ein Universum, das aus dem Nichts entstehen könnte, auf uns wirken lassen.

Denn wenn wir diese Einsicht auf ein ganzes Universum übertragen, dann verstehen wir nun einen damit vergleichbaren Punkt in der Tat erheblich besser; und dieser Punkt betrifft die inflationäre Expansion bei der Entstehung des Universums.

Wir verstehen diesen Punkt nun besser, weil das geschilderte Verhalten klärt, wie der heute beobachtbare Teil des Universums aus einer Startmasse von lediglich 10 kg entstehen konnte.[2] Denn die Differenz zu den 10^{90} Teilchen, die wir heu-

[2] Das angegebene Startmassenäquivalent entspricht einer Größe, die mit gegenwärtigen Simulationen verträglich ist, und könnte sich daher in Zukunft auch als etwas größer oder kleiner erweisen.

te beobachten, entstand damit auf einem komplizierten Weg tatsächlich aus einem speziellen Nichts.

Werfen wir also nochmals einen Blick auf die **Inflation.** Der Großteil der Teilchen entstand aus der Energiedichte des falschen **Vakuums**; und das konnte sich nur deshalb ungehindert inflationär vergrößern, weil seine Energiedichte exakt durch den negativen Druck des **Higgs-Feld**-Vakuums kompensiert wurde. Nachdem das falsche Vakuum des Higgs-Feldes seinen Phasenübergang vollzogen hatte und aus der frei gewordenen Energie seines metastabilen Niveaus den Großteil der Teilchen des Universums erzeugte, wodurch nicht nur die Inflationsphase beendet wurde, sondern auch die Wirkung des negativen Drucks des Higgs-Feld-Vakuums, dem das Universum bis dahin ausgesetzt war, aufgehoben wurde, musste die dem negativen Druck entsprechende negative Energie, die das negative Äquivalent zu den entstandenen Teilchen darstellte, noch bereitgestellt werden. Und das geschah, indem die ebenfalls negative Gravitationsenergie der soeben erzeugten Teilchen die negative Energie des negativen Drucks in dessen Funktion ablöste, also in dessen Rolle schlüpfte; und damit stellte nunmehr sie das negative Äquivalent zu den entstandenen Teilchen dar.

Nur auf diesem Weg konnte die weitere Existenz der entstandenen Teilchen gewährleistet und abgesichert werden, da andernfalls, wegen der starken Verletzung des Energieerhaltungsprinzips (die teilchenbezogene Gesamtenergie wäre ohne negatives Äquivalent größer null gewesen), das Vakuum die vorübergehend real gewordenen Teilchen zum Energieabgleich instantan wieder zurückgefordert hätte.

Wie von George Gamow am Beispiel eines Sterns gezeigt, war diese Gravitationsenergie exakt gleich der gesamten Ruheenergie aller produzierten Teilchen: so, wie vor der Produktion der Teilchen die Energiedichte des falschen Higgs-Feld-Vakuums exakt gleich seinem negativen Druck war.

Die Energiebilanz stimmt also für die 10^{90} Teilchen ebenso, wie sie für die 10 kg stimmte.

Die 10^{90} Teilchen gab es damit aber nicht, wie man meinen möchte, für umsonst, denn die Gravitationsenergie steht ja dagegen.

Dieses Szenario zeigt uns also, dass dank der negativen Gravitationsenergie nicht nur Dinge, sondern im Prinzip nahezu komplette Universen aus dem Nichts, allerdings einem speziellen Nichts, entstehen können!

Nachdem Gamow sein für uns hilfreiches Verständnis, auf dessen Grundlage Dinge aus dem Nichts entstehen können, auf Sterne begründete, und wir dieses Verständnis auf das Universum übertragen konnten, werden wir jetzt auch im Bereich der Sterne zu graben anfangen, um etwas zu finden, das wir dann auf die im Universum fehlenden 70 % zur kritischen Massendichte übertragen können.

Das klingt so logisch, dass wir uns nicht davon abhalten lassen sollten, genau so vorzugehen.

8 Kosmische Leuchtfeuer und die Zerstörungswut spezieller Sterne

Am 1. Mai des Jahres 1006 wurde die Nacht zum Tag.

Was damals aus dem Nichts auftauchte, war eine hell leuchtende Scheibe, die fast so lichtstark wie unsere Sonne und halb so groß wie der Mond war (siehe Abb. 8.1 „*Zweite Sonne*“).

So etwas hatte man auf der Erde noch nicht beobachtet. Und als Instrument für diese Beobachtung war das Auge mehr als hinreichend.[1]

Aus den damaligen Beschreibungen geht hervor, dass diese „zweite Sonne“ sogar Schatten geworfen hat und dass man nachts in ihrem Licht lesen konnte.

Diese nicht nur für damalige Astronomen faszinierende und zugleich erschreckende Helligkeitsphase hielt ziemlich genau 3 Monate an.

Danach schwächte sich die Helligkeit der zweiten Sonne zu der eines „zweiten Mondes“ ab. Und in diesem Zustand konnte diese Erscheinung noch weitere 18 Monate lang beobachtet werden.

Was das war, das da kam und ging, wusste damals natürlich niemand. Man hatte keine Vorstellung von dem, was der Menschheit da erschienen war, nur dass es ungewöhnlich war, das war klar.

Und das sehen wir heute nicht anders.

Zwar fällt uns bei einer oberflächlichen Himmelsbeobachtung sofort auf, dass alles, was sich über uns abspielt, einem stetigen Wandel unterworfen ist, aber wir wissen auch, dass es sich dabei um ein Trugbild handelt. Denn wenn wir genauer hinsehen, stellen wir sofort fest, dass sich, von einer großräumigen Bewegung abgesehen, nicht wirklich etwas verändert.

---

[1] Mehr als hinreichend heißt, dass eine Schädigung des Auges bei längerem Hinsehen unvermeidbar gewesen wäre – nicht vorzustellen, wie zerstörerisch sich diese Erscheinung auf unsere heutigen modernen Teleskope erst ausgewirkt hätte.

A. W. A. Pauldrach, *Das Dunkle Universum,* DOI 10.1007/978-3-642-55373-8_8

Abb. 8.1 Eine *zweite Sonne* erschien am 1. Mai des Jahres 1006 am Himmel und machte die Nacht zum Tag. (© ESA/Hubble.)

Wenn wir schließlich die großräumige Bewegung auch noch näher untersuchen, kommen wir zu dem Schluss, dass sich eigentlich gar nichts bewegt.

Das Einzige, was sich bewegt, sind wir selbst.

Auf den richtigen Weg hat uns dabei die Feststellung gebracht, dass die Sternbilder in ihrer Struktur stets erhalten bleiben!

Wenn wir das großräumige Umfeld von prägnanten Sternen betrachten und dies fixieren, so erkennen wir, dass die Positionen einzelner Sterne in den Sternbildern sich relativ zueinander nicht verändern.

Die Sterne sind also Fixsterne, und die Bilder, die einzelne Gruppen von ihnen darzustellen scheinen, haben sich selbst über Jahrtausende hinweg nicht verändert.

Das ist sogar eine ziemlich starke Untertreibung, denn die Sterne entwickeln sich so langsam, dass bestenfalls nach Millionen von Jahren, und in der Regel erst nach Milliarden von Jahren, Änderungen in ihrem Erscheinungsbild zu registrieren sind.

Fälle, in denen man die Entwicklung eines stellaren Objekts im Verlauf eines Menschenlebens direkt verfolgen kann, passen nicht in dieses Bild; und dennoch gibt es solche seltenen, außergewöhnlichen Fälle.

Fälle, in denen Sterne einfach aus dem Nichts auftauchen; auf einmal einfach als „zweite Sonne" da sind, als wäre es nie anders gewesen.

Herauszufinden, was das war, das damals kam und wieder ging, hat allerdings gedauert.

Genau genommen hat es sogar bis in die Neuzeit gedauert.

Erst im Jahr 1965 konnte die damalige Erscheinung einer Supernova zugeordnet werden, die sich im Jahre 1006 ereignet haben muss.

Und damit war klar, dass die damalige Erscheinung der erste kosmische Leuchtturm war, der von unserer Zivilisation als besonderes Ereignis wahrgenommen und dokumentiert wurde.

Später gelang es sogar, die Supernova SN 1006, die im Sternbild Lupus zu finden ist, eindeutig als Typ Ia **Supernova** und damit zweifelsfrei als kosmischen Leuchtturm zu identifizieren.

Der wesentlichste Anhaltspunkt für die Identifizierung war das fehlende Relikt, das eine Typ II, Ib oder Ic **Kernkollaps-Supernova**, in der Form eines **Neutronensterns** oder eines **Schwarzen Lochs**, hinterlassen hätte.

SN 1006, die am 1. Mai des damaligen Jahres aus dem Nichts auftauchte, gilt bis heute als die hellste Supernova, die je auf der Erde beobachtet wurde (siehe Abb. 8.2 „*Feuerbälle*“).

Dank der hervorragenden Teleskope, über die wir seit längerer Zeit verfügen, können wir diese Objekte mittlerweile auch in sehr großer Entfernung beobachten, studieren und analysieren, wobei sich auch in extragalaktischer Hinsicht die Grenzen immer weiter nach hinten verschoben haben und das Maß der Entfernungsbestimmung längst die **Rotverschiebung** geworden ist.

Dennoch stellt die erste extragalaktische Supernova – SN 1885 –, die den schmückenden Beinamen „S Andromedae“ erhielt und die man folgerichtig in der Andromeda-Galaxie entdeckte, etwas Besonderes dar. Dies vor allem auch, weil man das, was man damals beobachtete, nichts Bekanntem zuordnen konnte und vom Phänomen der Supernovae auch gar nichts wusste.

Seitdem wurden fast 1000 weitere extragalaktische Supernovae aufgespürt, was nur wegen ihrer extrem großen Helligkeit, die die einer ganzen **Galaxie** erreichen kann, möglich ist.

Wir sind heute also dazu in der Lage, extragalaktische Supernovae vom Typ Ia auch in sehr weit entfernten Galaxien zu beobachten (siehe Abb. 8.3 „*SN 1994D*“), und genau dieser Tatsache haben diese Objekte ihren Namen „kosmische Leuchttürme“ zum Teil zu verdanken.

Was sind das nun aber für Objekte, die wir so zielgerichtet beobachten?

Sie haben ganz offensichtlich etwas mit Sternen zu tun, sind aber keine Supernovae von dem Typ, den wir bereits kennen.

Andererseits ist der stellare Bereich ein weites Feld, und nachdem wir keine Scheu davor haben, zur Not auch etwas im Trüben zu fischen, sollten wir einfach Indizien sammeln, indem wir blindwütig zu graben anfangen, und zwar mit der Zielsetzung herauszufinden, worum es sich bei diesen Objekten eigentlich handelt.

Wenn Objekte, die so hell wie eine ganze Galaxie sein können, etwas mit Sternen zu tun haben, dann muss man die Frage, woher das Licht kommt, das Sterne wie unsere Sonne über einen Zeitraum von fast 10 Mrd. Jahren abstrahlen können, in einem anderen Zusammenhang sehen, denn nur auf der Grundlage einer tiefgreifenden Antwort kann eingesehen werden, ob ein Stern, über einen gewissen Zeitraum hinweg, seine Strahlungsleistung auf das Niveau einer Galaxie, die üblicherweise aus 100 Mrd. Sonnen besteht, steigern kann.

Wir haben zwar bereits eine gewisse Vorstellung von der Energieproduktion in Sternen, aber was die Astronomie betrifft hat sich das grundlegende Verständnis dazu erst in jüngster Zeit so richtig entwickelt, sodass wir möglichst unvoreinge-

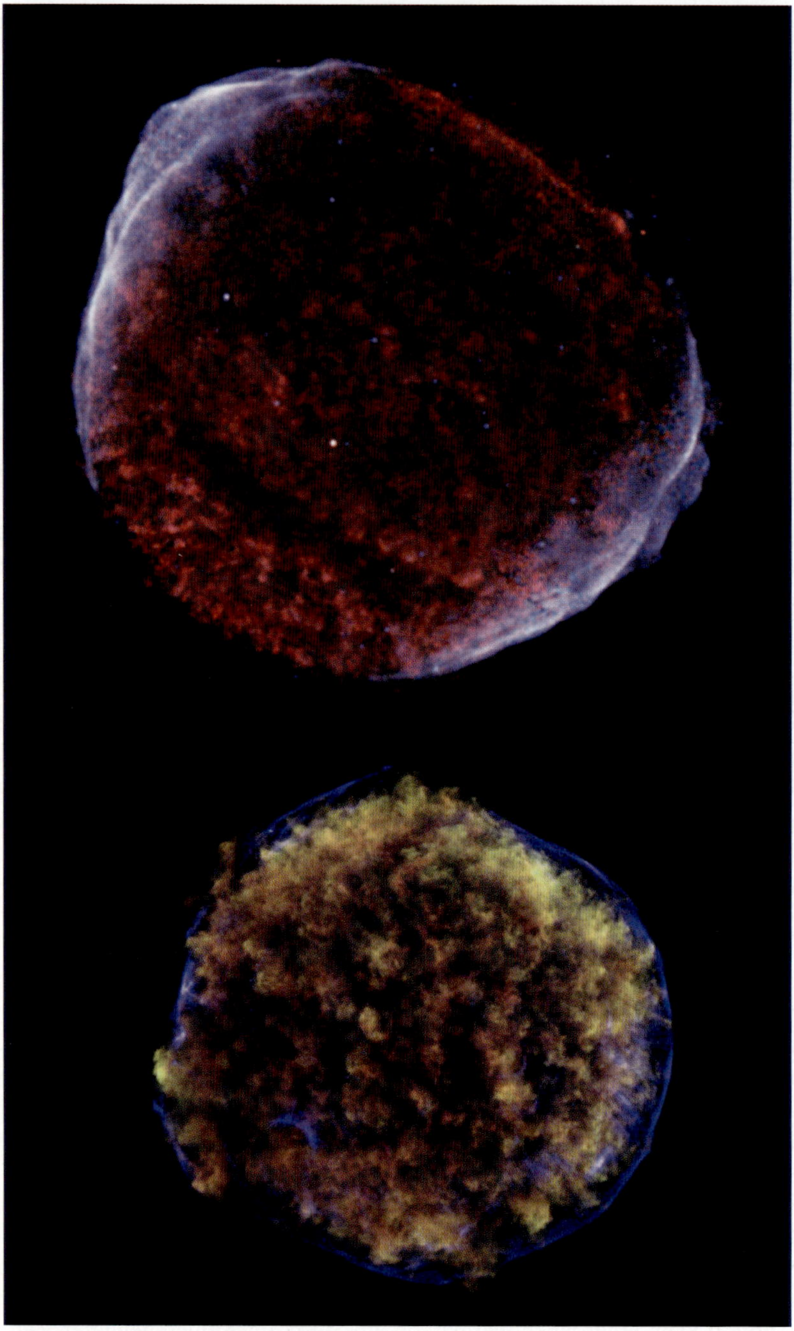

Abb. 8.2 Aus der Zerstörung geborene *Feuerbälle*. (Das obere Bild zeigt den Überrest der Supernova SN 1006, der im Sternbild Lupus zu finden ist, und das untere Bild den der Tycho-Supernova, die von Tycho Brahe im Jahr 1572 beobachtet wurde. © NASA/CXC/Rutgers/J. Hughes et al. (Bild oben); NASA/CXC/Chinese Academy of Sciences/F. Lu et al. (Bild unten).)

Diese über 1000 Jahre alte Supernova (oberes Bild) war nach unserem Kenntnisstand der erste kosmische Leuchtturm, der von unserer Zivilisation als besonderes Ereignis wahrgenommen wurde.

Abb. 8.3 *SN 1994D,* so hell wie eine ganze Galaxie! (Das Bild zeigt, wie sich extragalaktische Supernovae vom Typ Ia für uns darstellen. © NASA, ESA, The Hubble Key Project Team, and The High-Z Supernova Search Team.)

Links unterhalb der Galaxie NGC 4526, die 55 Mio. Lichtjahre von uns entfernt ist, ist der kosmische Leuchtturm, die Supernova 1994D, unübersehbar. Ebenso unübersehbar ist, dass die Helligkeit dieser Supernova mitnichten hinter der Helligkeit der kompletten Galaxie zurücksteht.

Abb. 8.2 (Fortsetzung) Um welches Objekt es sich dabei handelte, ahnte damals natürlich niemand.

Erst 1965 konnte das Objekt der Supernova aus dem Jahre 1006 zugeordnet und später als Typ Ia Supernova identifiziert werden.

Der wesentlichste Anhaltspunkt für die Identifizierung war der fehlende Neutronenstern beziehungsweise das fehlende Schwarze Loch, das eine Typ II, Ib oder Ic Kernkollaps-Supernova hinterlassen hätte.

SN 1006, die am 1. Mai des damaligen Jahres aus dem Nichts auftauchte, gilt als die hellste Supernova, die je auf der Erde beobachtet wurde.

Aus den damaligen Beschreibungen geht hervor, dass diese „zweite Sonne" halb so groß wie der Mond war, Schatten geworfen hat und dass man nachts in ihrem Licht sogar lesen konnte.

Diese nicht nur für damalige Astronomen beeindruckende Phase hielt ungefähr 3 Monate an. Danach schwächte sich die „zweite Sonne" zum „zweiten Mond" ab und konnte in diesem Zustand weitere 18 Monate lang beobachtet werden.

Der Durchmesser dieses 7000 Lichtjahre entfernten skurrilen Objekts liegt bei ungefähr 70 Lichtjahren. Das bedeutet, dass selbst die allerkleinsten, gerade noch erkennbaren Strukturen, die dieses Bild zeigt, einen Durchmesser von einer Million Sonnenradien haben.

Ähnliches gilt für die Tycho-Supernova aus dem Jahr 1572, die wegen ihres jüngeren Datums erst einen Durchmesser von 38 Lichtjahren hat und der Milchstraße zugehörig in einer Entfernung von 13 000 Lichtjahren zu finden ist.

Auch sie war aufgrund ihrer enormen Helligkeit als Supernova vom Typ Ia tagsüber mit bloßem Auge sichtbar.

nommen auf diesen Punkt, der die Astrophysik sehr lange beschäftigt hat, zurückblicken sollten – bei der komplizierten Sachlage, mit der wir uns hier konfrontiert sehen, ist das sicherlich kein Fehler.

8.1 Kohlenstoff und das Supernovadebakel[2]

Nach vielen Irrwegen hatte man im 19. Jahrhundert endlich den Stein der Weisen gefunden.

Kohle!

Die Sonne musste aus Kohle bestehen, und die brennt gemächlich und lustig vor sich hin.

Das dachte man und übersah dabei, dass die Sonne nach dieser Vorstellung – um eine Theorie handelte es sich dabei nicht, denn die hätte nach einem Beobachtungsbefund als Grundlage verlangt – ihren Kohlevorrat bereits nach etwa 6000 Jahren aufgebraucht hätte.

Da war er, der Beobachtungsbefund, und der hat diese Vorstellung nach langem Für und Wider am Ende doch falsifiziert und dabei viel Ratlosigkeit und Irritation hinterlassen.

Es war Carl Friedrich von Weizsäcker, der schließlich die Kernfusion als Energiequelle der Sonne entdeckte.

Er kam darauf, dass bei der Kernfusion Atomkerne so verschmolzen werden, dass dabei andere oder neue Elemente entstehen, und dass dies, wegen des Massendefekts, eine Energiequelle darstellt.

Zusammen mit Hans Albrecht Bethe konnte Carl Friedrich von Weizsäcker im Jahre 1938 erstmals die Reaktionszyklen der Kernfusion erklären. Und jetzt passten die wesentlichen Beobachtungsbefunde und die Theorie, die diesen Namen damit auch verdient, zusammen.

Mit der Erkenntnis, dass die in Form von Licht abgestrahlte Energie der Sterne durch nukleare Fusionsprozesse im Inneren der Sterne entsteht, ging alles auf einmal auch rasend schnell.

Bereits in den 40er-Jahren hat diese Erkenntnis den weniger friedfertigen und nach nationaler Sicherheit plärrenden Teil der vermeintlich denkenden Wesen auf unserem Planeten, einem sinnlosen bürokratischen Ritual folgend, auf die Idee gebracht, Wasserstoffbomben zu entwickeln.

Wohlgemerkt zu entwickeln und nicht zu erfinden, denn erfunden wurden solche thermonuklearen Bomben vom Staatsfeind Nummer 1, der Natur.

Um dies zu erkennen, musste allerdings ein langer beschwerlicher Weg gegangen werden.

[2] Das Wort „Debakel" stammt vom französischen Wort „débâcle" ab, das so viel wie „plötzliche Auflösung" bedeutet.

Erst Ende der 50er-Jahre gelang es den beiden Astrophysikern Fred Hoyle und William Alfred Fowler[3], den Mechanismus zu durchleuchten, der zur thermonuklearen Detonation eines Sterns führen kann.

Auf der Grundlage dieser noch zu durchleuchtenden Überlegungen gelang es ihnen ferner, die theoretisch vorhergesagten Auswirkungen dieses Mechanismus mit dem Erscheinungsbild der Supernovae vom Typ Ia in Einklang zu bringen.

Es dauerte also fast 1000 Jahre, bis nach dem eindrucksvollen Schauspiel der Supernova SN 1006, dem ersten kosmischen Leuchtturm der von unserer Zivilisation staunend als besonderes Ereignis wahrgenommen wurde, eine Verständnisgrundlage für dieses Phänomen geschaffen werden konnte.

Damit haben auch wir die Grundlage zum Verständnis dieses wichtigen Punktes erkannt.

Denn wir haben erkannt, dass ein langer beschwerlicher Weg gegangen werden muss, bevor wir die Zusammenhänge, die zu einer Supernova vom Typ Ia führen, verstehen können.

Und diesen Weg werden wir jetzt zähneknirschend gehen.

Dabei können wir natürlich auf vieles aufbauen, das wir bereits wissen.

So wissen wir zum Beispiel, dass extrem hohe Aktivierungsenergien nötig sind, um Fusionsprozesse überhaupt zu ermöglichen.

Diese Aktivierungsenergien sind erforderlich, da die abstoßende Kraft, die auf der **elektromagnetischen Wechselwirkung** beruht und die elektrisch positiv geladene Protonen in den Atomkernen davon abhält, spontan zu fusionieren, überwunden werden muss. Und das bedeutet, dass grundsätzlich hohe Temperaturen und hoher **Druck** im Sterninneren aufgebaut werden müssen, um bei der Fusion der Elemente die Kraft der elektromagnetischen Abstoßung überwinden zu können.

Um die Realisierung dieser für Kernfusionsprozesse zu gewährleistenden Grundvoraussetzung kümmert sich die Gravitation, wobei deren Wirkungsbereich von der Masse des Sterns vorgegeben wird.

Da mit wachsender Zahl der Protonen in den Ausgangskernen auch die elektromagnetische Abstoßung und damit die für die Fusion erforderliche Brenntemperatur sowie der notwendige Druck ansteigt, können nur **massereiche Sterne** auch schwerere Elemente fusionieren.

Deren Werdegang kennen wir allerdings schon, und daher wissen wir, dass sie sich am Ende einen Kernkollaps-Supernova-Abgang verschaffen.

Im Hinblick auf thermonukleare Explosionen müssen wir uns also auf masseärmere Sterne wie unsere Sonne konzentrieren.

[3] William Alfred Fowler wurde für seine grundlegenden Arbeiten auf diesem Gebiet 1983 der Nobelpreis verliehen. Er war wie viele Astrophysiker bis heute entsetzt darüber, dass der unbequeme Fred Hoyle, als Ideengeber, Lenker des Geschehens und einer der größten Astrophysiker und Kernphysiker unserer Zeit, nicht berücksichtigt wurde.
Das Nobelpreiskomitee hatte bis zum Jahr 2001 die Möglichkeit, diesen schwerwiegenden Fehler zu korrigieren.
Das geschah leider nicht.

Diese Objekte können durchaus problemlos Wasserstoff zu Helium verbrennen, wobei Energie gemächlich freigesetzt wird, da die dafür erforderlichen Temperatur- und Druckverläufe nicht sehr steil sein müssen.

Ein solch sanftes Verhalten bietet aber keine physikalische Grundlage für eine thermonukleare Bombe, und das betrifft in gleicher Weise den von sonnenähnlichen Sternen ebenfalls praktizierten Heliumbrennzyklus.

Wir müssen also unser Augenmerk auf den nächsten Brennzyklus richten, der, so unsere Hoffnung, auch von den masseärmeren Sternen noch gestartet werden kann.

Das beträfe dann das Kohlenstoffbrennen!

Aber wo um Himmelswillen hat sich der Kohlenstoff im Kernbereich der Sterne eigentlich versteckt?

Sollte der nicht vom Heliumbrennzyklus produziert worden sein?

Das sollte er, aber da gab es ein kleines schwerwiegendes Problem.

Und dieses kleine Problem würde ein gewaltiges Problem darstellen, wenn die Natur nicht an zwei fein abgestimmte Effekte gedacht hätte, ohne die Kohlenstoff in unserem Universum so rar wie zentnerschwere Trüffelscheiben wäre!

Bei den fein abgestimmten Effekten geht es um kernphysikalische Resonanzreaktionsraten.

Wir haben es hierbei also mit einem Thema zu tun, das in visuell umgesetzter Form einen echten Klassiker unter den allseits beliebten und immer wieder gern gesehenen Dauerbrennern der Filmkunst darstellt.

Um präzise zu sehen, um was für einen Klassiker es sich dabei handelt, müssen wir den Ablauf des Heliumbrennens allerdings etwas genauer betrachten.

Beim Heliumbrennen geht es grundsätzlich darum, dass drei Heliumkerne zu Kohlenstoff beziehungsweise vier Heliumkerne zu Sauerstoff verschmolzen werden.

Dies gelingt allerdings nicht auf direktem Weg!

Bei einer Temperatur von circa 100 Mio K entsteht zunächst aus zwei Heliumkernen ein Berylliumkern, der jedoch nur eine extrem kurze Lebenserwartung von gerade einmal 10^{-16} s hat, sodass der Prozess bereits an dieser Stelle ächzend in nachhaltiges Stottern gerät.

Der Grund ist, dass die typische Reaktionsrate für die Anlagerung eines weiteren Heliumkerns einfach zu gering ist, um in der kürze der Zeit auch nur zu einem geringen Bruchteil Kohlenstoff zu produzieren.

Ein Ausweg ergibt sich prinzipiell durch die Einstellung einer höheren Temperatur, jedoch lagert sich dann gleich ein weiterer Heliumkern an den Kohlenstoffkern an, und es entsteht sofort Sauerstoff – Kohlenstoff wird in diesem Fall also einfach missachtend übersprungen!

Die Tatsache, dass Kohlenstoff in unserem Universum dennoch nachweislich vorhanden ist, bewog den genialen Nichtnobelpreisträger Fred Hoyle 1954 zu einer kühnen Vorhersage.

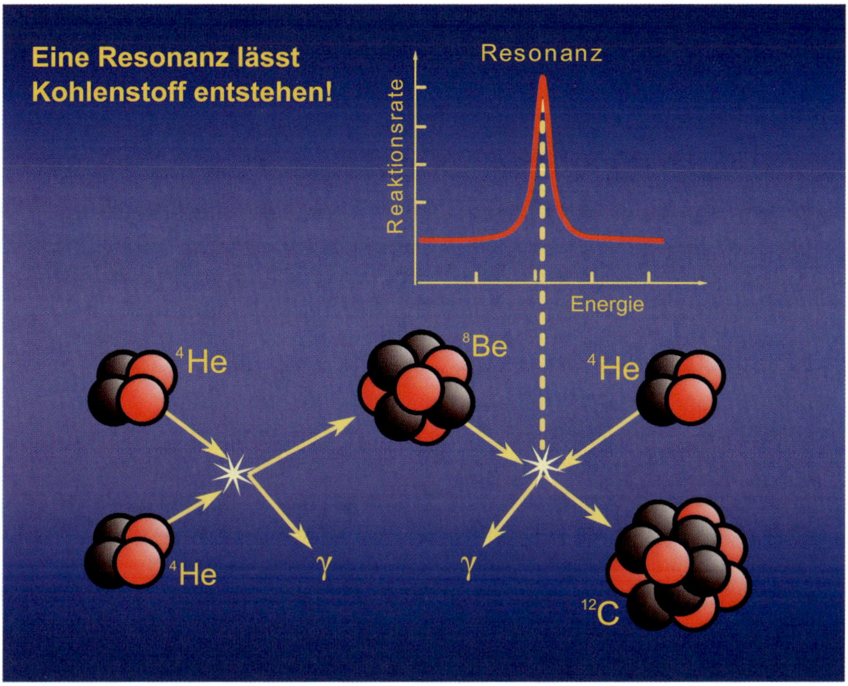

Abb. 8.4 *Kohle* und Diamanten wären fast auf dem gleichen Preisniveau gelandet! (Das Bild illustriert, wie das Element Kohlenstoff aus dem Heliumbrennzyklus hervorgeht.)

Bei einer Temperatur von circa 100 Mio. K können sich Berylliumkerne aus zwei Heliumkernen bilden, die aber nur eine Lebenserwartung von ungefähr 10^{-16} s haben, was die Anlagerung eines weiteren Heliumkerns sehr unwahrscheinlich macht.

Kohlenstoff bildet sich aber wegen einer Resonanz, die Auslöser für eine deutlich erhöhte Reaktionsrate ist, trotzdem!

Er sagte vorher, dass die Anlagerung eines Heliumkerns an einen Berylliumkern resonant – also bei einem bestimmten, passenden Energiewert mit stark erhöhter Reaktionsrate – erfolgt (für die Produktion von Kohlenstoff gäbe es damit also, wie in der oberen Darstellung der Abb. 8.4 „*Kohle*" gezeigt wird, eine passende Resonanz).

Nachdem Sauerstoff diese Resonanz ebenfalls haben müsste und damit erneut sofort Sauerstoff entstehen und Kohlenstoff übersprungen würde, sagte er ferner vorher, dass die Resonanz von Sauerstoff energetisch nicht passt – also nicht ausgenützt werden kann.

Damit würde ein ausgewogenes Kohlenstoff-Sauerstoff-Verhältnis alleinig durch die geschickte Auswahl zweier Resonanzen eingestellt werden.

Nachdem auf unserem Planeten reichlich Kohlenstoff zu finden ist, hat sich diese Vorhersage natürlich bewahrheitet – Fred Hoyles[4] Annahme wurde im Nachhinein auf **experimentellem** Weg sogar exakt, aber stillschweigend, bestätigt!

[4] Die Kombination der Zufälle, die für Kohlenstoff genau die richtige und für Sauerstoff genau die falsche Resonanz ergeben, fand Fred Hoyle so bemerkenswert, dass er sich folgendermaßen äußerte: „Nothing has shaken my atheism as much as this discovery." Die, die ihn kannten, wissen wie schwer ihm diese Aussage gefallen ist.

Ohne eine passende und eine nicht passende Resonanzreaktionsrate wäre Kohlenstoff in unserem Universum also nicht existent!

Für das Leben, so, wie wir es kennen, ist das Element Kohlenstoff jedoch der zentrale Baustein, und zwar in Form von Kohlenwasserstoffketten.

Man könnte sich nun auch exotisches Leben vorstellen, das darauf basiert, dass Kohlenstoff durch ein anderes Element in den Molekülketten ersetzt wird – Molekülketten sind für jegliche Form von Leben grundsätzlich entscheidend, denn sie können komplexe Strukturen, durch die sich sogar die allereinfachsten Zellen definieren, ausbilden.

Bei einem Blick auf das Periodensystem der atomaren Elemente[5] erkennen wir, dass Silizium, das durch stellare Brennvorgänge unproblematisch produziert wird, für einen Rollentausch mit Kohlenstoff perfekt geeignet ist.

Leben, das auf einem derartigen Austausch der grundsätzlich erforderlichen Molekülketten basiert, hätte jedoch ein gewaltiges Problem: Das Problem wären die Handlungsabläufe beziehungsweise die Reaktionszeiten aufgrund der extrem langsam ablaufenden chemischen Prozesse, die so grundverschieden von den unseren wären, dass wir derartiges Leben als „festgefroren“ ansehen würden.

Festgefrorenes entwickelt sich jedoch nicht sehr gut, da es einen extrem schwach ausgeprägten **Zeitpfeil** hat; und das Universum ist bei Weitem nicht alt genug, um eine darauf basierende Lebensform selbst über das Allergröbste hinweggebracht zu haben.

Die Entwicklung solcher Geschöpfe hätte in einer **Hubble-Zeit** noch nicht einmal den wenig rühmlichen, gleichwohl sich mit der nächsten Wahl befassenden Amöbenstatus erreicht.

Die Existenz des Elements Kohlenstoff ist also ausschlaggebend für jede Form von wirklich handlungsfähigem Leben.

Und es ist demnach tatsächlich so, dass eine passende und eine nicht passende kernphysikalische Resonanzreaktionsrate nicht nur über das ausgewogene Kohlenstoff-Sauerstoff-Verhältnis, sondern auch den Auftritt jeglicher organischer Materie entschieden hat.

Und beide Resonanzen zusammen haben zudem auch über die Existenz der uns interessierenden stellaren thermonuklearen Explosionen entschieden. Denn auch die würde es ohne das Ausgangsmaterial Kohlenstoff nicht geben, da sowohl das Wasserstoff- als auch das Heliumbrennen als energetisch geeignete Grundlage für eine stellare thermonukleare Explosion sich disqualifiziert haben und ein über dem Kohlenstoffbrennen liegender Brennzyklus von masseärmeren Sternen sicher nicht erreicht werden kann.

Das Universum hätte sich auf diesem Weg somit einer weiteren belustigenden und zeitvertreibenden Attraktion beraubt.

Wenn wir jetzt, nachdem wir wissen, dass das Element Kohlenstoff sich aus dem Heliumbrennvorgang tatsächlich ergeben hat, zu dem Kohlenstoffbrennzyklus der masseärmeren Sterne zurückkehren, dann stellen wir fest, dass dieser Zyklus bei

[5] Siehe Anhang B „*Der Aufbau gewöhnlicher Materie*“.

Abb. 8.5 *Reine Zerstörungswut?* (Illustration der primären Explosionsphase einer Supernova Typ Ia. © ESO.)

Das Bild veranschaulicht den Ausbruch einer Typ-Ia-Supernovaexplosion.

SN 1006 hat sich vor über 1000 Jahren so dargestellt, und mit der heutigen Technik könnte man das Objekt auch so beobachten, wenn es eine Entfernung von circa 500 Lichtjahren gehabt hätte.

Vor Ort liegt der Durchmesser der Supernova bei ungefähr 100 000 Sonnenradien in diesem Stadium; und das heißt, dass ein daneben befindlicher Stern auch mit der Lupe nicht erkennbar wäre.

Die farbenprächtigen gelben Bereiche stellen extrem heißes, verbranntes Material dar, das sich mit Geschwindigkeiten von bis zu 30 000 km/s, also einem Zehntel der Grenzgeschwindigkeit c ausbreitet.

Die dunkleren, klumpenartigen rötlichen Bereiche kennzeichnen hingegen unverbranntes Material, das durch die gewaltige Explosionsenergie allerdings ebenfalls auf extrem hohe Geschwindigkeiten beschleunigt wurde und dementsprechend nicht mehr verbrannt werden kann.

Dieses Material kennzeichnet also die ursprüngliche Zusammensetzung des Sterns, die rein prinzipiell analysiert werden kann, um auf diesem Weg Aufschluss über das Vorgehen und den Vorläuferstern zu liefern.

Weitem besser als die vorangegangenen Zyklen geeignet ist, um für die energetische Grundlage einer stellaren thermonuklearen Explosion zu sorgen. Denn für diesen Zyklus sind die erforderlichen Temperatur- und Druckverläufe erheblich steiler, sodass ein schlagartiges Einsetzen des Brennvorgangs sogar wahrscheinlich ist; vorausgesetzt, man schafft es, den erforderlichen thermodynamischen Zustand möglichst instantan herbeizuführen.

Der Kohlenstoffbrennzyklus ist als Energiequelle somit der erste mögliche Kandidat, der das stellare, thermonukleare Debakel, das wir mittlerweile am laufenden Band im nahezu gesamten sichtbaren Teil des Universums beobachten, zielgerecht verursachen kann (siehe Abb. 8.5 „*Reine Zerstörungswut*").

Was die Natur in Form dieser Supernovae ersonnen hat, ist allerdings von feinster Güte und passt zu einem Motto, auf das man in der Astrophysik öfter stößt: Nicht kleckern, sondern klotzen!

Hier hat die Natur ganze Arbeit geleistet und ein aus unserer Sicht theoretisch mögliches Konzept fraglos gründlich umgesetzt. Denn das, was die Natur uns da als thermonukleare Bombe präsentiert, ist der Inbegriff einer Apokalypse.

Bei einer derartigen Explosion wird in relativ kurzer Zeit eine Energie von unanschaulichen 10^{44} J freigesetzt.

Wir haben bereits zur Kenntnis genommen, dass dies der Sprengkraft von 10^{27} Wasserstoffbomben entspricht; und diese gewaltige Zahl entspricht der Größenordnung der Masse der Erde, allerdings in Gramm!

Wenn man genau rechnet, müssten jeweils 6 g unserer Erdmasse eine Wasserstoffbombe mit einer Sprengkraft von 20 Mt TNT liefern, um dieser Zahl einen halbwegs anschaulichen Rahmen zu geben.

Halbwegs anschaulich trifft dabei den Kern, denn wir wollen uns natürlich noch nicht einmal das martialische Szenario einer einzelnen Wasserstoffbombe vorstellen.

Allerdings geht es bei diesem grotesk anmutenden Spektakel nicht um die Vernichtung von etwas Nützlichem oder Lebendigem. Es geht vielmehr darum, dass durch die Vernichtung der Vorläufersterne der Supernovae vom Typ Ia, die auf dem besten Weg waren, zur nutzlosen kosmischen Asche im Universum zu werden, erst die Grundlage für Leben geschaffen wurde und wird. Denn nur auf diesem Wege konnten die schwereren Elemente, als Bausteine des Lebens, in den **Kreislauf der Materie** eingespeist werden. Ohne **Supernovaexplosionen** wäre die chemische Zusammensetzung des Interstellaren Mediums auch heute noch jungfräulich primordial und würde fast ausschließlich aus Wasserstoff mit einer Beimischung von 10 % Helium bestehen. Aus dieser Mischung hätte das Interstellare Medium niemals Sterne wie unsere Sonne entstehen lassen können und erst recht keine Planeten wie unseren. Dazu waren die schwereren Elemente von Kohlenstoff bis Eisen erforderlich. Und die werden nicht einfach von der Post geliefert, sondern von extrem gewaltigen thermonuklearen Bomben.

Supernovae sorgen also für die allerelementarste Existenzgrundlage, die Sterne wie unsere Sonne, Planeten wie unsere Erde und wir selbst einfordern, die Bausteine des Lebens.

Was wir Menschen, von geistigen Aussetzern geprägt, zur Vernichtung von Leben entwickelt haben, hat die Natur zur Erzeugung von Leben auf geniale Weise ersonnen; irgendwie haben wir ein ausgeprägtes Talent dafür, selbst das Allerwesentlichste grob misszuverstehen – „qualis sit animus, ipse animus nescit".[6]

Gleichwohl könnte diese zur Erzeugung von Leben ersonnene apokalyptische Bombe uns den Garaus machen!

Die Supernova SN 1006, die als „zweite Sonne" vor mehr als 1000 Jahren die Nacht zum Tag machte, war 7000 Lichtjahre entfernt.

Das scheint ein respektabler Abstand zu sein, und dennoch hatten unsere Vorfahren einen guten Tribünenplatz, um das Geschehen gebührend zu bewundern.

Was wäre aber gewesen, wenn wir einen Parkettplatz gehabt hätten und uns dadurch auch die feinen Details nicht entgangen wären?

Oder präziser gefragt: Mit welchen Auswirkungen auf unsere Erde müssten wir rechnen, wenn eine Supernova in der Nähe unseres Sonnensystems ausbrechen würde?

In der Nähe ist in einem solchen Fall natürlich relativ.

Wir würden eine Supernova als erdnah ansehen, wenn sie nicht weiter als 200 Lichtjahre von uns entfernt auftreten würde.

Man kann, sarkastisch formuliert, getrost davon ausgehen, dass eine solch erdnahe Supernova deutlich spürbare Konsequenzen für unseren Planeten hätte.

Speziell die Biosphäre unserer Erde würde nicht nur merklich beeinflusst werden, sondern zuerst einmal kräftig unter die Räder kommen.

Nachdem der Begriff Biosphäre sehr unpersönlich klingt, sollten wir uns zuerst einmal klarmachen, was damit gemeint ist: Die Biosphäre umfasst die Gesamtheit der lebenden organischen Substanzen, Pflanzen, Tiere, Mikroorganismen und nicht zuletzt uns selbst, wobei ihre absolute Grundlage die Erdoberfläche, die Atmosphäre und die Sonneneinstrahlung darstellt.

Als Hauptschuldigen für eine negative Auswirkung auf unsere Biosphäre würden wir die Gammastrahlung der Supernova ausmachen, und deren Intensität ist, dem Gesamtphänomen entsprechend, natürlich gewaltig.

Die gute Nachricht ist, dass die Erdatmosphäre für Gammastrahlen undurchlässig ist.

Undurchlässig bedeutet aber, dass die Strahlung von der Erdatmosphäre absorbiert wird; und das ist auch schon die schlechte Nachricht.

Die Gammastrahlung würde, als Folge ihrer Absorption, chemische Reaktionen in den oberen Atmosphärenschichten auslösen, wobei vor allem Stickstoffoxide entstehen würden (das bekannteste Stickstoffoxid ist Distickstoffmonoxid, das man auch unter dem Namen Lachgas kennt).

---

[6] Das Sprichwort kommt aus dem Lateinischen und bedeutet „Wie beschaffen die Seele ist, weiß die Seele selbst nicht".

Diese Stickoxide wären nun unserer Ozonschicht nicht sehr zuträglich. Was bedeuten soll, dass sie die Ozonschicht unserer Erde komplett und instantan zerstören würden.

Auf perfekte Art würde damit das vollendet werden, was wir mit unseren Treibgasen schon so gut vorangebracht hatten.

Wir würden mit der Ozonschicht unseren Schutzschild verlieren, und die Biosphäre wäre der gefährlichen UV-Strahlung der Sonne hilflos ausgeliefert.

Die Diskussionen über die Ozonlöcher hätten sich damit zumindest erledigt.

Als Konsequenz würde zunächst die globale Nahrungsmittelversorgung zusammenbrechen, und die prozentual wenigen Überlebenden würden daraufhin mit einer lang anhaltenden und extrem markanten Veränderung des Klimas und der Atmosphäre zu ringen haben.

Neueste Untersuchungen machen deutlich, dass sich speziell die Wechselwirkung der kosmischen Supernovastrahlung mit der Erdatmosphäre negativ auswirken würde – negativ in dem Sinne, dass wir es lieber so hätten, wie es gegenwärtig ist.

Hierdurch würden Kondensationskeime zur Wolkenbildung erzeugt werden, die global gesehen zu einer lang anhaltenden und deutlich spürbaren Abkühlung auf der Erdoberfläche führen würden.

Das wäre nicht nur ein harmloser, locker wegzusteckender Nackenschlag, als den hartgesottene, in der politischen Verantwortung Stehende dieses Szenario uns in der gewohnten, überflüssige Versicherungen andrehenden Weise „verkaufen" würden, sondern da würden wirklich raue Bedingungen, mit denen wir uns dann auseinandersetzen müssten, dahinterstecken, und die Fossilien aus dem Ordovizium berichten immer noch schockerstarrt darüber!

Das ist natürlich eine Weile her, genau genommen 450 Mio. Jahre. Aber damals starben mehr als 50 % aller lebenden Arten aus.

Es gab ein regelrechtes Massaker im oberen Ordovizium; und es wäre noch viel schlimmer gekommen, wenn es damals schon Landlebewesen gegeben hätte.

Was war der Grund?

Der Grund war, und da ist man sich mittlerweile sehr sicher, eine Supernovaexplosion.

Eine erdnahe Supernovaexplosion!

Bei der gewaltigen Energie, die bei einer Supernova freigesetzt wird, werden auch die Elemente auf nahezu allen erdenklichen Wegen ineinanderumgewandelt – diese Prozesse bezeichnet man als Nukleosynthese. Dabei entstehen auch seltene Elemente und solche, die nur eine beschränkte Lebensdauer haben.

Wie zum Beispiel das radioaktive Eisenisotop Eisen-60, dessen Kern vier Neutronen mehr beherbergt als das häufigste Eisen-56-Isotop, aus dem zum Beispiel die Nägel aus dem Baumarkt bestehen.

Jüngsten Erkenntnissen zufolge liegt die Halbwertszeit von Eisen-60 bei 2.6 Mio. Jahren.

Es macht also auch nach einem Vielfachen dieser Zeit noch Sinn, nach diesem Isotop zu suchen. Aber wie sollte es überhaupt auf die Erde gekommen sein?

Dies klärt ein Blick auf das heutige Bild der Supernova SN 1006.

Der Überrest dieser Supernova hat mittlerweile einen Durchmesser von 70 Lichtjahren; und diese gewaltige Größe hat diese Wolke in gerade einmal 1000 Jahren erreicht.

Der Grund dafür sind die extrem großen Geschwindigkeiten, auf die das Supernovamaterial während der Explosion des Sterns beschleunigt wurde. Diese Geschwindigkeiten liegen bei bis zu 30 000 km/s, was einem Zehntel der Grenzgeschwindigkeit c entspricht.

Nachdem die sich ausbreitende Wolke im Verlauf der Zeit durch das Interstellare Medium abgebremst wird, da es wie ein Schneepflug weiteres Material einsammelt, sollten wir von einer mittleren Ausbreitungsgeschwindigkeit des Supernovaüberrests ausgehen, die ungefähr bei einem Dreißigstel der Grenzgeschwindigkeit c liegt.

Wenn wir bei einer fiktiven Supernova von einer Entfernung von 200 Lichtjahren ausgehen, dann würde das bedeuten, dass der Supernovaüberrest nach lediglich 6000 Jahren sich bei uns auf der Erde einfindet.

Astronomisch gesehen wäre das fast zeitgleich mit der eintreffenden Gammastrahlung, die sich bereits nach 200 Jahren zu uns gesellt.

Findet man nun Spuren dieses Isotops, so hat man auch den Fingerabdruck einer vergangenen erdnahen Supernova gefunden und kann diese, anhand der ermittelten Häufigkeitsverteilung des analysierten Materials, sogar ziemlich präzise zurückdatieren.

Diese Spuren hat man nun in der Tat im Tiefseegestein des Pazifischen Ozeans[7] gefunden.

Und zur Überraschung aller hat man bei der Auswertung der Daten festgestellt, dass auch eine Supernova, die sich vor 3 Mio. Jahren ereignet hat, bei uns ankam.

Auch die mit dem Eintreffen der Auswirkungen der Supernovaexplosion einhergehende Klimaveränderung konnte durch Messungen von Sauerstoffisotopen eindeutig belegt werden.

Zudem wurde festgestellt, dass es vor 3 Mio. Jahren eine lang andauernde und starke Abkühlung auf der Erdoberfläche gab, die man sich bislang nicht erklären konnte.

Es gab also zumindest eine zweite erdnahe Supernovaexplosion!

Den Messungen zufolge hat sich diese gerade einmal in einem Abstand von 100 bis 200 Lichtjahren von uns entfernt ereignet.

So, wie es aussieht, haben wir dem damaligen gewaltigen kosmischen Ereignis sogar unsere Existenz zu verdanken.

Denn mit dem Massensterben, das primär die bereits entwickelten Arten eines Planeten betrifft, geht auch ein erheblicher Evolutionsdruck einher.

Das bedeutet, dass wenig entwickelte Arten drastische Evolutionsschritte wie in einem Zeitrafferfilm durchlaufen.

Vor 3 Mio. Jahren betraf das uns.

---

[7] Die Proben werden vom Grund des pazifischen Ozeans in einer Tiefe von 5000 m geborgen, da dort die Kruste pro Million Jahre lediglich um 2,5 mm wächst.
Einer Schicht von beispielsweise 10 mm kann somit ein Alter von 4 Mio. Jahren zugeordnet werden.

Der Homo sapiens[8] steckte evolutionstechnisch in den Kinderschuhen und benötigte einen Evolutionstreibsatz, der ihm auf die Sprünge half; und das geschah genau im richtigen Zeitraum.

Das nächste Mal werden allerdings nicht wir die Profiteure vom Geschehen sein.

Das nächste Mal zählen wir zu den bereits entwickelten Arten, und für die geht der Evolutionstreibsatz nach hinten los.

Das Erfreuliche wird sich also nur auf die Astronomen beschränken, denn die werden kurzfristig von fantastischen Beobachtungsmöglichkeiten schwärmen, die ihnen die Möglichkeit bieten, endlich auch die letzten Details beim Ablauf einer Supernova vom Typ Ia zu erkennen und zu verstehen.

Panisch zum Fenster hinausschauen müssen wir allerdings noch nicht, denn Supernovae stellen ein relativ seltenes Phänomen dar.

In unserer Galaxie findet beispielsweise nur circa alle 30 Jahre eine statt.

Das heißt, eine erdnahe Supernova ist nur alle paar Millionen Jahre zu erwarten.

Diesen Zeitraum haben wir seit dem letzten Mal allerdings bereits abgesessen!

Neben allen interessanten Aspekten, die sich aus den Supernovae vom Typ Ia ergeben, stellen diese kosmischen Leuchttürme also auch eine potenzielle Gefahr für uns dar; und diese Gefahr ist durchaus real, da die Vorläuferobjekte dieser kosmischen Ereignisse zu einer unauffälligen, ja fast schon langweiligen Gruppe von Sternen gehören sollen. Und was unauffällig und langweilig ist, das tritt natürlich grundsätzlich entsprechend häufig auf.

So ist es auch in diesem Fall.

Wir können also getrost davon ausgehen, dass uns das „häufig Auftretende" früher oder später erneut freudig erregt über den Weg laufen wird.

Und was uns da grinsend über den Weg laufen könnte, nennt sich IK Pegasi.

IK Pegasi ist ein potenzieller Kandidat für eine zukünftige Supernova Typ Ia Explosion.

Und IK Pegasi ist als eifriger Besucher eines Fitnesspalastes gerade einmal 150 Lichtjahre von uns entfernt – „morituri te salutant".[9]

Aber panisch beängstigen muss uns dies noch nicht!

Denn was die Vorläuferobjekte der Supernovae vom Typ Ia betrifft, ist, wie wir sehen werden, die Sachlage erheblich unklarer, als sie gegenwärtig von der Astrophysik eingeschätzt wird.

Resümierend stellen wir an dieser Stelle befriedigt fest, dass wir viel dazugelernt haben.

Haben wir das?

Was genau haben wir eigentlich wirklich dazugelernt?

[8] Der lateinische Begriff steht für „der weise Mensch" und bezieht sich auch auf die heute lebende Art von auf alles herabsehenden, sich alles hemmungslos aneignenden Wesen.

[9] Das Sprichwort kommt aus dem Lateinischen und bedeutet „Die Todgeweihten grüßen dich".

Vielleicht trifft es der Begriff „dazugelernt" auch nicht exakt, aber der Begriff „eingesehen" trifft definitiv zu. Denn wir haben viele Einsichten gewonnen.

So haben wir zum Beispiel eingesehen, dass sich im Universum gelegentlich ein Debakel ereignet, von dem wir uns besser fernhalten sollten.

Dass wir Derartiges eingesehen haben, ist in der Tat der Fall, aber wir haben immer noch nicht die geringste Idee, wie die Rahmenbedingungen für eine solche thermonukleare Apokalypse aussehen. Denn wir haben nicht verstanden, wie ein Stern ein solches Feuerwerk entfachen kann und was genau dessen Energiequelle ist.

Gut, wir haben eingesehen, dass das Kohlenstoffbrennen als wichtige Zutat damit zu tun hat, aber wir haben nicht verstanden, wie die Bombe gezündet werden kann und welche Prozesse nach der Zündung ablaufen und was deren Eigenschaften sind.

Zu guter Letzt haben wir bis jetzt auch nur vage verstanden, was all das mit der Dunklen Energie beziehungsweise den fehlenden 70 % zur kritischen Massendichte zu tun hat.

Wir sollten auf unserem Weg nun also etwas präziser werden!

8.2 Der Aufbau eines nachhaltigen Sternfeuerwerks

Wir haben bereits gesehen, dass Sterne durchaus dazu in der Lage sind, mächtige Feuerwerke im Universum zu inszenieren.

Letztlich war es die Gravitationsenergie, die dafür gesorgt hat, dass diese sich als Kernkollaps-Supernovae, die neben **Supernovae vom Typ II** auch **Hypernovae** und **Gammastrahlenblitze** hervorbringen, darstellen.

Aber wir haben auch gesehen, dass wir mit diesen Objekten nicht viel anfangen können, da die Stärke der Explosion der **Kernkollaps-Supernovae** von sehr vielen Feinheiten abhängt, und im Grunde noch nicht einmal klar ist, ob das jeweilige Endprodukt eine Super- oder eine Hypernova wird und ob Letztere uns einen Gammastrahlenblitz präsentiert oder nicht.

Wir können mit diesen Objekten rein prinzipiell nicht viel anfangen, da sie aus diesen Gründen heraus zwar Objekte mit einem Hang zur Superlative sind, aber aus sich heraus uns keine **kosmischen Leuchttürme** präsentieren, denn deren wesentliches Merkmal stellt das Wissen um ihre absolute Helligkeit dar.

Nur aus diesem Wissen heraus können Seefahrer den Abstand zu ihren Leuchttürmen richtig einschätzen, und damit erhalten sie beim Blick auf ihre Karte einen präzisen Überblick über die gegebene Situation.

Und das müssen auch wir.

Auch wir müssen uns einen präzisen Überblick über die gegebene Situation des Universums verschaffen. Und dazu brauchen wir weithin sichtbare Objekte, die ein einheitliches Bild vermitteln und denen ein gewisser Standard zugrunde liegt.

Wir brauchen also andere Objekte!

Und da kommen uns diese bereits als kosmische Leuchttürme bezeichneten großspurig auftretenden Supernovae vom Typ Ia gerade recht.

Thermonukleare Bomben sollen das sein, und auch das ist uns recht.

Kümmern wir uns also um die Beantwortung der wesentlichen Fragen, die im Zusammenhang mit diesen Objekten bereits gestellt wurden, und dann werden wir schon sehen, ob uns wenigstens diese Objekte bei der Verfolgung unserer Ziele weiterbringen.

Hinsichtlich der möglichen Energiequelle dieser Supernovae hatten wir bereits eine vorläufige Idee.

Wir hatten zwar gesehen, dass sowohl das Wasserstoff- als auch das Heliumbrennen energetisch keine geeignete Grundlage für eine stellare thermonukleare Explosion sein können, es zeigte sich aber auch, dass es beim Kohlenstoffbrennen deutlich besser aussieht, da sich die für diesen Zyklus erforderlichen Temperatur- und Druckverläufe als erheblich steiler darstellen, sodass ein schlagartiges Einsetzen des Brennvorgangs gut möglich, wenn nicht sogar wahrscheinlich ist.

Die Fusion von Kohlenstoff ist als Energiequelle somit ein ernstzunehmender Kandidat für ein stellares, thermonukleares Spektakel, wie es diese Supernovae vom Typ Ia zu bevorzugen scheinen.

Aber wie sehen die Rahmenbedingungen für eine solche Explosion aus?

Aus der puren Idee heraus, was der Sprengstoff für eine Bombe sein könnte, ist eine solche noch nie entstanden, und dafür sollten wir auch dankbar sein.

Als absolute Grundvoraussetzung für eine Explosion muss der Stern seine negative Gravitationsenergie überwinden können.

Das heißt, es muss bei der Explosion so viel Energie aufgebracht werden, dass er seine Bestandteile im Prinzip unendlich weit voneinander entfernen kann.

Das ist aber nicht einfach, denn damit muss der Stern die gesamte Energie, die er bislang produziert und abgestrahlt hat, wieder wettmachen, denn es war ja gerade dieser Energieverlust, der ihn kontrahieren ließ und damit seine Bestandteile immer dichter zusammengeschweißt hat.

Was wir brauchen, ist also eine Ausgangssituation, die etwas Bizarres an sich hat.

Und da fallen uns George Gamow und sein Stern aus dem Nichts erneut ein.

Wie wir gesehen haben, basierten die Überlegungen Gamows darauf, dass die einem Stern insgesamt zur Verfügung stehende Ruheenergie seiner Teilchen mit der negativen Gravitationsenergie des Sterns in bestimmten Fällen betragsmäßig exakt gleich sein kann.

Das heißt, addiert man die positive Ruheenergie der Teilchen mit der negativen Gravitationsenergie eines Sterns auf, so ergibt sich für eine bestimmte Gruppe von Sternen präzise die Zahl Null.

Damit könnten rein energetisch betrachtet diese Sterne also auch aus dem Nichts entstehen oder aber ins Nichts befördert werden, wenn die gesamte Ruheenergie der Teilchen schlagartig frei werden würde.

Das ist natürlich heftig, wenn ein Stern die gesamte ihm zur Verfügung stehende Ruheenergie aufwenden muss, um seine Selbstauflösung herbeizuführen, denn die kann durch keinen Fusionsprozess aufgebracht werden.

Gleichwohl weist uns dieses Beispiel auf einen wichtigen Punkt hin, an den wir bislang nicht gedacht haben, und dieser Punkt betrifft die Nullenergie.

Unsere durchaus korrekte bisherige Sicht basierte auf dem Verständnis, dass die Gravitation die Sterne schrumpfen lässt, weil die stets Energie verlieren und selbst bei den extrem hohen Temperaturen, die sich durch die Kontraktion ergeben, nicht genügend Druck aufbauen können, der dazu in der Lage ist, die weitere gravitationsbedingte Kontraktion aufzuhalten, sodass die Gravitation den Stern letztendlich in ein kompaktes Endstadium überführen kann.

Gemäß diesem Verständnis kommt der Stern also immer mehr in die Schieflage, weil seine negative Gravitationsenergie dominiert und ihn vor sich hertreibt.

Mit Nullenergie, also der Umsetzung eines ebenbürtigen Verhaltens zwischen der Bewegungsenergie der stellaren Teilchen und der Gravitationsenergie, hat dies nicht zu tun.

Dies kann der Druck, der ja ein Maß für die Bewegungsenergie der stellaren Teilchen ist, im Rahmen eines Energieverlustszenarios nicht bewirken.

Dies gilt zumindest für den thermischen Druck!

Eventuell gibt es aber auch noch einen anderen Druck, der sich zum richtigen Zeitpunkt ins Spiel bringt; und eventuell ist der ja dazu in der Lage, unsere neue Interpretation der Nullenergie, die den Stern ungebunden erscheinen lassen würde, herzustellen, was natürlich eine exzellente Ausgangssituation für eine bevorstehende Explosion wäre.

Hinsichtlich dieses Punktes müssen wir also nachhaken!

Nach der Erfahrung, die wir bereits haben, sollte es uns aber nicht überraschen, wenn diese Ausgangssituation auch von der Masse des Sterns abhängig ist.

Auch hier könnte es eine gewisse Grenzmasse geben, die der Stern überschreiten muss, um sich aus dem Zwangsgriff der Gravitation zu befreien.

Auch diesen Punkt müssen wir im Auge behalten!

Vor uns hin resümierend stellen wir also fest, dass es uns vor allem gelingen muss, in den Bereich der Nullenergie, die sich aus einer Bilanzierung der Bewegungsenergie der Teilchen und der Gravitationsenergie ergibt, zu gelangen, denn dann würde die Gesamtenergie, die für die vollständige Zerstörung eines Sterns erforderlich ist, durchaus in einem Bereich liegen, der generell durch den *Massendefekt* abgedeckt werden kann.

Wir müssten in diesem Fall also keineswegs auf die gesamte Ruheenergie der Teilchen zugreifen.

Ein Stern kann sich aber dennoch erst dann durch den geschickten Einsatz des Massendefekts selbst vernichten, wenn er es auch schafft, den für die Energiefreigabe erforderlichen thermodynamischen Zustand möglichst instantan herbeizuführen.

Darüber hinaus muss er dann, mit dem richtigen Timing, Zugriff auf einen ebenso notwendigen Zünder haben.

Obgleich es für den Stern natürlich ohne Belang ist, ob er sich aus dem Zwangsgriff der Gravitation befreien kann oder diesem zum Opfer fällt, sollten wir nicht vergessen, dass es für uns von Belang ist, ob er dies kann.

Denn wir brauchen die kosmischen Leuchttürme, um der Dunklen Energie auf die Schliche zu kommen.

Und dementsprechend werden wir es auch sein, die sich allergrößte Mühe geben werden, um die Chance, die hinter dieser als kurios bezeichneten Möglichkeit, die ein Stern vorzuweisen hat, um seine Karriere zu beenden, steckt, zu nutzen.

8.2.1 Die Lieferung des thermonuklearen Sprengstoffs

Präzise formuliert besteht die Grundvoraussetzung für die Vernichtung eines Sterns darin, die Gesamtenergie, als deren Komponenten die negative Gravitationsenergie und die positive Bewegungsenergie der Teilchen anzuführen sind, möglichst gering zu halten. So gering, dass sie durch den maximal erzielbaren Massendefekt, der auf der Grundlage des vorhandenen verbrennbaren Materials und der Kernreaktionsraten eine vorgegebene Größe darstellt, abgedeckt werden kann.

Als Energiequelle haben wir dabei die Fusion von Kohlenstoff bereits ausgemacht. Sie stellt den einzigen und damit hochdekorierten Kandidaten, der eine stellare, thermonukleare Explosion speisen kann, dar.

Wie gelangen Sterne nun aber in ein Stadium, in dem ihr Kern im Wesentlichen aus Kohlenstoff besteht?

Wie wir an anderer Stelle bereits gesehen haben, führt sie die Entwicklung weniger massereicher Sterne, wie die unserer Sonne, die in diesem Sternstadium ihr vermeintliches Ende finden wird, dahin.

Aufgrund der geringen Masse dieser Objekte ist der Gravitationsdruck nicht groß genug, um die Temperatur so stark zu erhöhen, dass das Kohlenstoffbrennen zünden kann.

Diese Sterne, die man „Weiße Zwerge" nennt, haben damit den aktivsten Teil ihres Daseins bereits hinter sich – ein zusammenfassender Überblick über die Eigenschaften und Eigenarten dieser Objekte wird uns in der Abb. 8.6 „*Diamant*" und ihrer Legende vermittelt.

Damit haben wir durch den Zugriff auf die Weißen Zwerge eine der Grundvoraussetzungen erfüllt: Uns steht mit dem Kohlenstoff-Sauerstoff-Gemisch, aus dem der Kern dieser Sterne besteht, eine beträchtliche Menge an hochexplosivem Sprengstoff als Energiequelle zur Verfügung!

Das war aber nur eine der Grundbedingungen, die für die explosive Vernichtung eines solchen Sterns zu erfüllen ist.

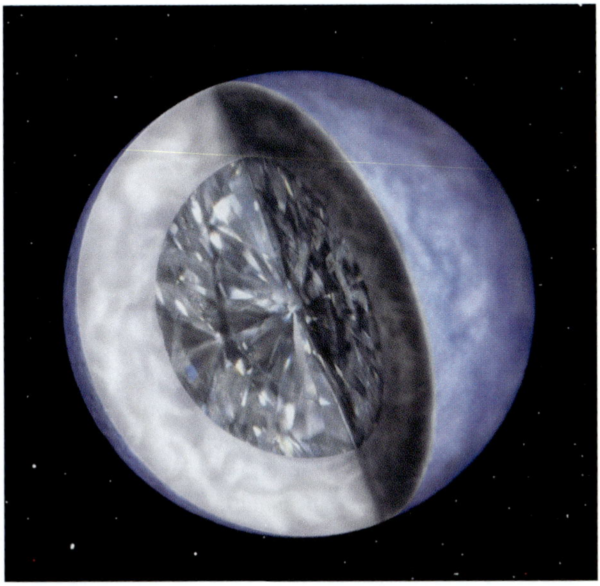

Abb. 8.6 Ein *Diamant*, der nicht als schmückendes Beiwerk gedacht ist! (Das Bild zeigt einen Diamanten von stattlicher Größe, der mit 10^{34} Karat (Ein Karat entspricht exakt 0.2 g.) ein gewaltiges Explosionspotenzial hat. Das Objekt stellt einen Weißen Zwergstern dar, dessen aus Kohlenstoff bestehende Kernmasse aufgrund des gewaltigen Drucks im Sterninneren kristallisiert und dabei einen Diamanten ausbildet. © Travis Metcalfe, Christine Pulliam, and Ruth Bazinet, Harvard-Smithsonian Center for Astrophysics.)

Ein Diamant in dieser Form ist natürlich kein schmückendes Beiwerk, er stellt vielmehr eine Packung hochexplosiven Sprengstoffs dar.

Unter bestimmten Voraussetzungen kann sich dieser Stern nahezu instantan in Eisen verwandeln, was weder das nahe noch das ferne Umfeld dieses Objekts kalt lässt.

Der dargestellte Weiße Zwerg ist in etwa so groß wie die Erde, hat dabei aber eine Masse, die der unserer Sonne entspricht.

Das heißt, dass der Stern über eine enorme mittlere Dichte verfügt, die mit circa 3 t/cm^3 auch zu einer gewaltigen Gravitationsbeschleunigung führt. (Bringt man beispielsweise auf der Erde 60 kg auf die Waage, dann würde man auf der Oberfläche dieses Sterns 35 t wiegen; und dabei wird einem erst bewusst, wie wichtig jedes Gramm sein kann, das man auf der Erde bereit ist, abzunehmen.)

Weiße Zwerge stellen das Endprodukt der Entwicklung masseärmerer Sterne dar, wobei die zu dieser Gruppe gehörigen stellaren Objekte eine Ausgangsmasse vorzuweisen haben, die kleiner als 8 Sonnenmassen ist.

Derartige Sterne bevorzugen in der Regel ein stressloses Dasein, da sie zum Beispiel nahezu die gesamte ihnen zugebilligte Zeit damit vertun, Wasserstoff gemächlich auf der sogenannten Hauptreihe, ihrem maßgebliche Wohnort, zu verbrennen.

Danach entwickeln sie sich zu umfangreichen **Roten-Riesen-Sternen** und werfen an deren neuem Standort ungefähr die Hälfte ihrer Masse in Form von Planetarischen Nebeln ab, um dann ihr endgültiges Stadium, das der **Weißen Zwerge**, zu erreichen.

Auch unsere Sonne wird in circa 5 Mrd. Jahren diesen Weg beschreiten – sie hat also die Hälfte der ihr zugestandenen Zeit bereits hinter sich – und letztlich zu einem eiskalten, finsteren Diamanten werden, der aus kosmologischer Sicht jedoch nichts anderes als Asche des Universums sein wird.

Die andere ebenso wichtige Bedingung betraf eine möglichst kleine Differenz zwischen der Gravitationsenergie und der Bewegungsenergie der Teilchen.

Und da wollten wir beim Druck nachhaken, nachdem wir die vage Idee hatten, dass es eventuell auch einen anderen als den thermischen Druck – mit dem ein solches Verhalten nicht zu bewerkstelligen ist – gibt und der unter den speziellen Bedingungen, die die Weißen Zwerge vorzuweisen haben, gegebenenfalls aktiv wird.

8.2.2 Das Verbot von Pauli schafft die Grundlage

Das Problem mit dem thermischen Druck haben wir durchschaut!

Zusammengefasst besteht das Problem darin, dass der durch den Gravitationsdruck aufgebaute thermische Druck, der der Gravitation entgegenwirkt, die auf der Gravitation beruhende Kontraktion des Sterns nicht stoppen kann, weil nur ein Teil der durch die Kontraktion frei werdenden Gravitationsenergie in die Bewegungsenergie der Teilchen und damit den Druck geht, wohingegen der Rest abgestrahlt wird.

Hinter diesem fein ausgeklügelten Prinzip steckt letztlich der in der Astrophysik allseits beliebte sogenannte Virialsatz, und der stellt eine Beziehung zwischen dem zeitlichen Mittelwert der kinetischen Energie und dem zeitlichen Mittel der potenziellen Energie für ein quasi-stationäres physikalisches System her. Und im Falle des thermischen Drucks besagt dies, dass die Hälfte der frei gewordenen Gravitationsenergie der Bewegungsenergie der Teilchen zugute kommt und die andere Hälfte dem System verloren geht.[10]

Das heißt, ein Stern kann bestenfalls seine weitere Kontraktion verhindern, wenn er sich mit allen Mitteln dem Energieverlust (in Form von Strahlung) widersetzt und damit als stationäres System dem Universum auf den Wecker fällt; wenn er aber einmal Energie verloren hat, kann er auf dieser Grundlage *insgesamt* nie und nimmer ein ungebundenes System darstellen.[11]

Er kann dies zumindest auf der Basis eines thermischen Drucks nicht.

Im Hinblick auf einen anderen Druck ist die Kontraktion aber auch die Ursache für etwas Gutes, dessen Ursprung im immer kompakter werdenden Weißen Zwerg liegt, der zu Dichten, die 2 bis 3 t/cm^3 erreichen können, getrieben wird.

Das sind hohe Dichten, und das ist es, was gut ist!

Denn bei so hohen Packungsdichten steht den Elektronen nur sehr wenig Raum zur Verfügung, und dementsprechend meldet sich ab einem bestimmten Punkt auch

[10] Rein rechnerisch kommt man zu diesem Resultat, indem man zum Beispiel das hydrostatische Gleichgewicht mit dem lokalen Radius multipliziert und über das Volumen des Sterns integriert.

[11] Teile des Stern können dies natürlich, solche können in Form eines Planetarischen Nebels oder einer **Kernkollaps-Supernova** freigesetzt werden, aber das geht dann zulasten des verbliebenen Teils des Sterns; der wird dann zu einem Weißen Zwerg, einem **Neutronenstern** oder einem Schwarzen Loch und zahlt damit die Zeche für das Gesamtgeschehen.

die Quantenphysik zu Wort, und die erhebt, das Wohlergehen der Elektronen im Auge habend, Einspruch.[12]

Und in diesem Zusammenhang verweist sie mit ihrem Einspruch erneut auf Heisenberg und seine **Unschärferelation**.

Die erscheint hier aber in neuem Gewand, da ja nun der Ort x und der dazugehörige Impuls p der Teilchen betroffen ist:

$$\Delta E \Delta t = \Delta p \Delta x \geq h/4\pi$$

Die Aussage dieser Relation ist, dass der Raum eines Teilchens nur dann ein gewisses Maß unterschreiten kann, wenn der Impuls des Teilchens groß wird.

Nachdem den maßgeblich für den Druck zuständigen Elektronen bei diesen gewaltigen Dichten sehr wenig Raum zur Verfügung steht, muss also der Impuls, und damit die Geschwindigkeit der Elektronen, enorm große Werte annehmen.

Dieser Effekt wird durch das **Pauli-Prinzip**, das der quantenmechanischen Besonderheit, dass alle Elektronen, als **Fermionen**, verschiedene Zustände einnehmen müssen, Rechnung trägt, auch noch verschärft.[13] Denn dieses von der Quantenphy-

---

[12] Nur im Bereich der Quantenphysik kann dem Vorgang der immer weiter fortschreitenden Kontraktion zumeist Einhalt geboten werden, und zwar genau dann, wenn die innere Struktur der Teilchen von diesem Prozess bedroht wird; im Fall der **Schwarzen Löcher** hilft selbst das nichts, selbst die Kernkräfte sind hier als Gegenkraft nicht stark genug, um diesen Vorgang zu stoppen.

[13] Die Elementarteilchen unterteilen sich in Fermionen und Bosonen, dabei sind die Materieteilchen grundsätzlich von fermionischer und die Austauschteilchen, die die **Wechselwirkungen** zwischen den Materieteilchen vermitteln, grundsätzlich von bosonischer Art.
Die **Elementarteilchen** verfügen ferner über innere Eigenschaften, zu denen ihre Masse, ihre **Ladung**(en) und ihr **Spin** zu zählen sind.
Der Spin stellt in dieser Riege eine quantenmechanische Besonderheit dar, die man als Eigendrehimpuls des Teilchens ansehen kann.
Mit den Spins ist nun eine wichtige Größe verbunden, die durch die Spinquantenzahl in Erscheinung tritt. Diese kann grundsätzlich nur ganzzahlige oder halbzahlige Werte annehmen, wobei alle Fermionen, wie die Elektronen, über eine halbzahlige Spinquantenzahl verfügen und Bosonen, wie Photonen, eine ganzzahlige Spinquantenzahl aufweisen.
Für Bosonen gibt es nun hinsichtlich ihrer physikalischen Zustände keine Einschränkungen: beliebig viele von ihnen dürfen sich bei gleichem Impuls und gleicher Spineinstellung an ein und dem gleichen Ort befinden.
Geregelt wird dies von den Grundgleichungen der **Quantenfeldtheorien**, die das physikalische Verhalten von quantenmechanischen Vielteilchensystemen im relativistischen Fall adäquat beschreiben.
Anhand dieser Gleichungen werden nicht nur Größen wie Energie oder Impuls quantisiert, wie dies bereits in der Quantenmechanik üblich ist, sondern auch die Teilchen selbst und alle für die Wechselwirkungen wesentlichen Feldgrößen. Insbesondere wird auf dieser Grundlage auch die Entstehung und Vernichtung von Teilchen explizit berücksichtigt. Und dabei zeigt sich, dass im Falle der Bosonen der energetische Basisterm, mit dem die Vernichtung von Teilchen beschrieben wird, stets eine positive Energie aufweist, auch wenn viele Teilchen im gleichen Zustand vernichtet werden. Und das bedeutet, dass sich Bosonen grundsätzlich im gleichen Zustand aufhalten können. Dies sieht nun grundlegend anders aus, wenn man Fermionen betrachtet. Denn in diesem Fall weist der für die Vernichtung der Teilchen zuständige Term nur dann eine positive Energie auf, wenn nur jeder Zustand einfach besetzt ist. Versucht man, diesen Operator dennoch 2-mal auf einen Zustand

sik den Fermionen aufoktroyierte Verhalten führt dazu, dass der von einem Teilchen belegte Raum nur dann verkleinert und damit mit anderen Teilchen geteilt werden kann, wenn der Impuls dieses Teilchens einen von keinem anderen Teilchen mit gleicher Spineinstellung bereits belegten Wert annimmt.

Und damit werden die Elektronen zum Teil gezwungen, aberwitzig hohe Impulsniveaus zu besetzen, und mit diesen hohen Impulswerten ist zwangsläufig auch ein hoher Druck verbunden.

Ein Druck, der als Fermidruck von der Temperatur losgelöst ist und der den thermischen Druck dennoch erheblich übersteigen kann.

Ein solches „entartetes" Elektronengas kann auch im nicht relativistischen Fall (nicht-r.) und selbst bei einer Temperatur von null Grad der weiteren Kompression eines Weißen Zwergs Paroli bieten.

Eine weitere Veränderung im Verhalten erfährt der Druck, wenn die Packungsdichte der Elektronen noch erheblich deutlicher ansteigt. Denn dann werden die Geschwindigkeiten der Elektronen derart hoch, dass die Effekte der Speziellen Relativitätstheorie berücksichtigt werden müssen.

Und das bedeutet, dass sich aufgrund der nunmehr relativistischen Impulse der Elektronen ein vollständig relativistisch entarteter Fermidruck (voll-r.) einstellt, der, wie wir gleich sehen werden, dazu in der Lage ist, skurrile Dinge zu vollbringen (siehe Exkurs 10 „Die Sternmasse von Chandrasekhar benötigt keinen Radius").

Unser Nachhaken hat also etwas gebracht, denn wir sind fündig geworden!

Wir sind dank der Quantenphysik auf einen Druck gestoßen, der den thermischen Druck nicht nur zur lächerlichen Figur werden lässt, sondern auch noch in zwei Stufen vorliegt, wobei in der zweiten Stufe sogar Einstein seine Finger im Spiel hat.

Und dieser Druck muss aktiv werden, wenn die Dichten, wie im Fall der Weißen Zwerge, auf gewaltige Werte ansteigen.

Wie sieht es aber nun mit der Rahmenbedingung hinsichtlich einer minimalen Gesamtenergie für die Weißen Zwerge aus?

8.2.3 Der Verlust des Sternradius sorgt für den Zünder

Das fein ausgeklügelte Prinzip, das sich hinter dem Virialsatz versteckt und gemäß dem nur die Hälfte der frei gewordenen Gravitationsenergie in die Bewegungsenergie der Teilchen gehen kann, war unser Problem.

---

anzuwenden, dann landet man unterhalb der Nullenergie; und das bedeutet, dass der Vakuumzustand nicht mehr definiert wäre. Und damit würde unsere Welt schlagartig zusammenbrechen.
Um dies, im Sinne eines obersten Prinzips, zu vermeiden, dürfen und können Fermionen grundsätzlich nicht einen Zustand einnehmen, der bereits von einem anderen Fermion derselben Art belegt wurde.
Diese Erklärung stellt derzeit die tiefste Ebene dar, auf der man eine Begründung für das Pauli-Prinzip erhält.

An diesem Verhalten muss sich etwas ändern, und der Fermidruck könnte sehr wohl etwas daran ändern. Denn wenn es ihm auch nur bei wenigen kleinen Kontraktionsschritten gelingt, die gesamte dabei frei gewordenen Gravitationsenergie für sich zu beanspruchen, dann könnte sich die Gesamtenergie tatsächlich auf die Null zu bewegen. Dies ist möglich, weil bei der weiteren Kontraktion von bereits sehr kompakten Objekten um ein Vielfaches mehr Gravitationsenergie freigesetzt wird als in den vergleichbaren Schritten davor. Im Prinzip ist sogar alles, was vor diesen letzten Schritten geschah, reine Makulatur.

Um zu sehen, ob es dem Fermidruck mit dieser Steilvorlage gelingt, die mit ihm verbundene Bewegungsenergie der Elektronen auf Augenhöhe der Gravitationsenergie zu bekommen, müssen wir einer Idee des Nobelpreisträgers Subrahmanyan Chandrasekhar folgen, der als Erster erkannte, dass für die Berechnung des stellaren Drucks, der dem Gravitationsdruck entgegenwirkt, die hohen Dichten im Innern der Weißen Zwerge eine relativistische Behandlung der Elektronen erfordern.

Wir müssen also zunächst das Druckgleichgewicht in den Weißen Zwergen in Abhängigkeit von der Kernmasse dieser Objekte betrachten, um eine darauf basierende Aussage über die Gesamtenergie zu ermöglichen.

Dies geschieht im folgenden Exkurs 10 „Die Sternmasse von Chandrasekhar benötigt keinen Radius".

Exkurs 10 – Die Sternmasse von Chandrasekhar benötigt keinen Radius

Die Gravitationsanziehung eines Sterns bewirkt eine Gravitationskraft (siehe Skizze).Wenn man diese durch die Fläche teilt, erhält man eine mittlere Größe für den Gravitationsdruck:

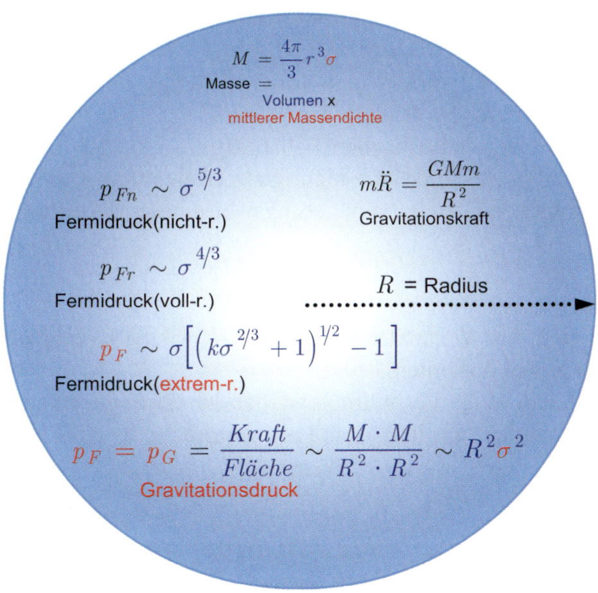

$$p_G \sim \frac{M^2}{R^4} \sim R^2\sigma^2 \Rightarrow \sigma \sim \frac{M}{R^3}$$

Dieser Gravitationsdruck bewirkt die Kontraktion des Sterns, wodurch sich die innere Sterntemperatur erhöht, die wiederum einen thermischen Druck aufbaut, der ihm entgegenwirkt.

Die Kontraktion schreitet dennoch quasi-statisch, aber stetig voran, da der Stern aufgrund der abgestrahlten Helligkeit sukzessive Energie verliert und damit ohne eigene Energieproduktion immer mehr an Boden verliert.

Als Konsequenz muss er also nachgeben und kontrahieren.

Dieses grundsätzliche Verhalten macht den Stern schrittweise kompakter und führt bei Weißen Zwergen zu Dichten, die bei 2 bis 3 t/cm^3 liegen.

Bei so hohen Packungsdichten wird der Abstand der Elektronen zueinander so gering, dass quantenmechanische Regeln relevant werden, die gemäß Heisenbergs **Unschärferelation** $\Delta p \Delta x \geq h/4\pi$ hohe Impulswerte für die Elektronen einfordern.

Diese hohen Impulswerte führen nun zu einem Fermidruck, der von der Temperatur losgelöst ist und der den thermischen Druck dennoch deutlich übersteigen kann.

Der Fermidruck bezieht sich in einem ersten Schritt auf ein nicht relativistisch entartetes Elektronengas (siehe in der Skizze „nicht-r.“).

Steigt die Packungsdichte der Elektronen weiter an, dann werden die Geschwindigkeiten der Elektronen derart hoch, dass deren Impulse relativistisch zu behandeln sind.

In diesem Fall spricht man von vollständig relativistischer Entartung des Fermidrucks („voll-r.“ in der Skizze).

Im extrem relativistischen Fall („extrem-r.“), der den vollständig relativistischen Zustand noch nicht ganz erreicht hat, kann der Fermidruck durch folgende Gleichung näherungsweise beschrieben werden:

$$p_F \sim \sigma[(k\sigma^{2/3}+1)^{1/2} - 1]$$

Dabei steht k – wie später auch *konst.* – für eine Kombination der involvierten Naturkonstanten.

Nachdem es der Fermidruck ist, der den Stern gegen den Gravitationsdruck verteidigt, gilt in diesem Fall natürlich:

$$p_G = p_F$$
$$\Rightarrow R^2\sigma^2 = \sigma[(k\sigma^{2/3} + 1)^{1/2} - 1]$$

Ersetzen wir nun noch die mittlere Massendichte σ durch M/R^3 (siehe oben) und lösen die Gleichung nach R auf, so erhalten wir:

$$\frac{R}{R_\odot} = konst \cdot \left(\frac{M_{Ch}}{M}\right)^{1/3} \left(1 - \left(\frac{M}{M_{Ch}}\right)^{4/3}\right)$$

Die Skalierungsgröße M_{Ch} – die sogenannte „Chandrasekharmasse" – wird dabei ausschließlich durch die Naturkonstanten h, c, G und die Protonenmasse m_p festgelegt (siehe Anhang C „*Zahlenwerte*"). Ihr genauer numerischer Wert beläuft sich auf:

$$M_{Ch} = 1.457 M_\odot$$

Obige Gleichung, die eine Masse-Radius Beziehung für den Fall des Übergangs zur vollständig relativistischen Entartung des Fermidrucks darstellt, ist von nachhaltig feinem Charakter!

Wie wir zum Beispiel sehen, wird der Radius mit steigender Masse kleiner.

Das bedeutet, dass eine Eisenkugel, die wir gießen wollen, umso kleiner wird, je mehr Material wir in die Form einfüllen.

Macht das Sinn?

Um das zu verstehen, müssen wir nur an Sisyphos denken; der wäre von der Aufgabe, eine große Eisenkugel nach diesen Regeln herzustellen, sicher sehr angetan gewesen.

Kurzum, das können wir nicht verstehen.

Das müssen wir als Eigenart der Quantenphysik einfach akzeptieren.

Noch erschreckender ist allerdings, dass der Sternradius für den Fall einer Sternmasse, die gleich M_{Ch} ist, gänzlich verschwindet:

$$R(M = M_{Ch}) = 0!$$

Eine Masse, die gerade einmal 1.45-mal so groß wie die Masse unserer Sonne ist, vollbringt offensichtlich sehr Außergewöhnliches!

Es liegt allerdings nicht an diesem Wert allein. Es liegt vor allem an der vollständig relativistischen Entartung des Fermidrucks; der ist es, der diese Masse zum Zauberlehrling werden lässt.

Was ist nun aber mit der Gesamtenergie E, die sich aus der Summe der Gravitationsenergie U und der Bewegungsenergie der Elektronen T ergibt?

Gemäß des Virialsatzes erhielten wir für den Fall, dass ein thermischer Druck sich einstellt, mit

$$E = T + U = -T$$

ein stark gebundenes System (die Gleichung impliziert das Verhalten, dass nur die Hälfte der frei gewordenen Gravitationsenergie in die Bewegungsenergie der Teilchen gehen kann).

Bilanziert man nun die Bewegungsenergie der relativistisch entarteten Elektronen T mit der negativen Gravitationsenergie U für diesen „Stern ohne Radius", so zeigt die Rechnung, dass sich diese beiden Größen in der Summe exakt aufheben:

$$E = T + U = 0$$

Bei diesen sehr speziellen Sternen ist also mitnichten die gesamte positive Ruheenergie der Teilchen nötig, um gegen die negative Gravitationsenergie zu bestehen, sondern es genügt bereits die relativistische Bewegungsenergie der Elektronen, um dies zu bewirken!

Damit steht ein Weißer Zwerg, dessen Kohlenstoff-Sauerstoff-Kernmasse gleich der Chandrasekharmasse ist und dessen innerer Druck auf einem vollständig relativistisch entarteten Elektronengas beruht, auf der Schwelle, ein *ungebundenes System* zu repräsentieren!

Selbst Chandrasekhar war 1930, als er diese Rechnung durchführte und für die er 1983 den Nobelpreis erhielt, von dem Ergebnis, dass es eine kritische Masse gibt, oberhalb der ein Weißer Zwerg dem Gravitationsdruck nicht mehr standhalten kann, überrascht.

Die Konsequenz, dass zudem die Gesamtenergie eines solchen Sterns gleich null ist, hat er in ihrer vollen Bedeutung damals noch nicht erfasst.

Nachdem zu einem späteren Zeitpunkt der Blick für das Verständnis der Zusammenhänge geschärft wurde, hat man dieser außergewöhnlichen Masse auch einen Namen gegeben, und der lautet zu recht „Chandrasekharmasse".

Der Wert dieser Größe ist erstaunlicherweise nicht deutlich verschieden von der Masse der Sonne, aber, wie wir sehen werden, dennoch für Weiße-Zwerg-Sterne nur schwer zu erreichen.

Mit diesem Resultat stehen wir nun glänzend dar, denn wir haben neben der ersten Grundvoraussetzung, die uns ja in hinreichendem Maße mit hochexplosivem Sprengstoff als Energiequelle versorgen musste, auch die zweite Bedingung, die

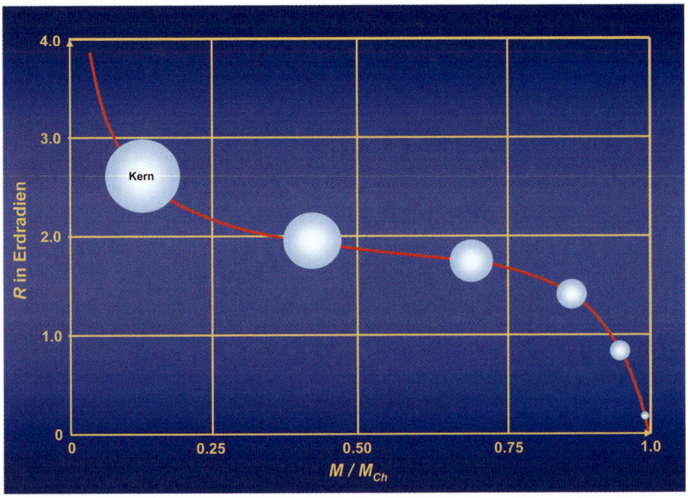

Abb. 8.7 *Je schwerer, desto kleiner?* (Die Grafik zeigt die Masse-Radius-Beziehung für Weiße Zwerge, wie sie sich aus theoretischen Überlegungen ergibt.)

Das Auffällige an der Masse-Radius-Beziehung für Weiße Zwerge ist, dass der Radius mit steigender Masse kleiner wird.

Das bedeutet im übertragenen Sinne, dass ein Schneeball umso kleiner wird, je mehr Schnee man draufpackt!

Das wirklich Erschreckende an dieser Relation ist aber, dass der Radius für einen bestimmten Wert der Masse, der auch nicht überschritten werden kann, gänzlich verschwindet.

Wenn wir folglich noch etwas mehr Schnee auf den Schneeball packen, kollabiert er zu einem Nichts und ist weg – die quantenmechanischen Regeln sind nicht immer leicht zu durchschauen!

eine möglichst kleine Differenz zwischen der Gravitationsenergie und der Bewegungsenergie der Teilchen betraf, sogar besser erfüllt, als wir uns dies erwartet haben: Die minimale Gesamtenergie eines auf der Chandrasekharmasse beruhenden Weißen Zwergs stellt keinen kleinen Wert dar, sondern sie wird sogar durch den Wert null repräsentiert!

Ein Stern, der damit kein gebundenes System mehr darstellt, ist leicht untertrieben formuliert sehr ungewöhnlich.

Bliebe dieser Zustand grundsätzlich erhalten, so könnten sich die Teilchen dieses Sterns bei der geringsten Energiezufuhr beliebig weit voneinander entfernen.

Der Stern hätte also selbst einer kleinen Energiemenge nichts entgegenzusetzen.

Sie könnte seine Existenz einfach auf sanftem Weg beenden, wenn er bei diesem Vorgang seinen entarteten Zustand behalten würde.

Andererseits zeigt uns die Masse-Radius-Beziehung, dass der Stern auch dem geringsten Energieverlust nichts entgegenzusetzen hat, da sein Radius ja gegen null konvergiert, vergleiche auch Abb. 8.7 „*Je schwerer, desto kleiner?*“.

Das heißt, gelangt ein Stern, auf welchem Weg auch immer, zu einem Kohlenstoff-Sauerstoff-Kern, dessen Masse gleich der Chandrasekharmasse ist, so führt bereits der geringste Energieverlust zu einer minimalen Radiusänderung, die den Stern augenblicklich kollabieren lässt!

Ein solcher Stern – dessen Kohlenstoff-Sauerstoff-Kernmasse gleich der Chandrasekharmasse ist – kann sich also problemlos selbst vernichten, falls er es schafft, auf das Energiereservoir des Massendefekts seines im Inneren deponierten Kohlenstoff-Sauerstoff-Gemischs geschickt zuzugreifen!

Was also wird geschehen, das einen solchen „Stern ohne Radius"-Weißen Zwerg aus diesem mit Pointen gespickten Zustand erlöst?

8.3 Ein unglaublich starker Abgang!

Wir haben es also mit einem aus Kohlenstoff und Sauerstoff bestehenden und auf vollständig relativistischer Entartung des **Fermidrucks** beruhenden **Weißen Zwerg** zu tun.

Und dies ist ein sehr spezieller Weißer Zwerg, da er mit seiner **Chandrasekharmasse** nicht nur auf einen außergewöhnlichen Massewert verweisen kann, sondern auch keinen spezifizierbaren Radius besitzt.

Zudem kann er rein energetisch nicht mehr als gebundenes System betrachtet werden.

Er stellt streng genommen also gar keinen Stern mehr dar – dieses sehr spezielle Objekt ist ein „Grenzgänger"!

Grundsätzlich könnte sich dieser Grenzgänger auch gemächlich selbst auflösen.

Dabei würde er jedoch sofort seinen Fermidruck und die relativistische Bewegungsenergie seiner Elektronen verlieren, was ihn instantan wieder zu einem gebundenen System, einem Stern, werden ließe.

Was dieses spezielle Objekt in seinem Zustand jedoch dennoch keineswegs verkraften kann, ist Energie, denn die würde zu unkontrollierten Radiusveränderungen führen.

Der Grenzgänger hätte selbst einer geringen Energiezufuhr in dieser Hinsicht nichts entgegenzusetzen; sie könnte ihn also rein prinzipiell zerstören oder auflösen.

Auf der anderen Seite könnte das Objekt aber auch instantan kollabieren, denn es hat ja keinen definierten Radius mehr!

Was hat uns dieser Chandrasekhar da eingebrockt, was ist das für ein fragwürdiges Objekt?

Es ist auf jeden Fall eine tickende Zeitbombe!

Und bei der hat man am hochexplosiven Sprengstoff nicht gespart, auch wenn wir die Gefährlichkeit dieses Kohlenstoff-Sauerstoff-Gemisches aus unserem Erfahrungsbereich heraus nicht ohne Weiteres richtig einschätzen können.

Was geschehen wird, das diesen „Weißen-Zwerg-Speciale" aus seinem lethargischen Zustand befreit, ist uns mittlerweile klar geworden: Diese Bombe wird niemand entschärfen.

Diese Bombe wird unaufhaltsam ihrem Verwendungszweck entgegenstreben.

Auf welche Weise wird sie das aber tun?

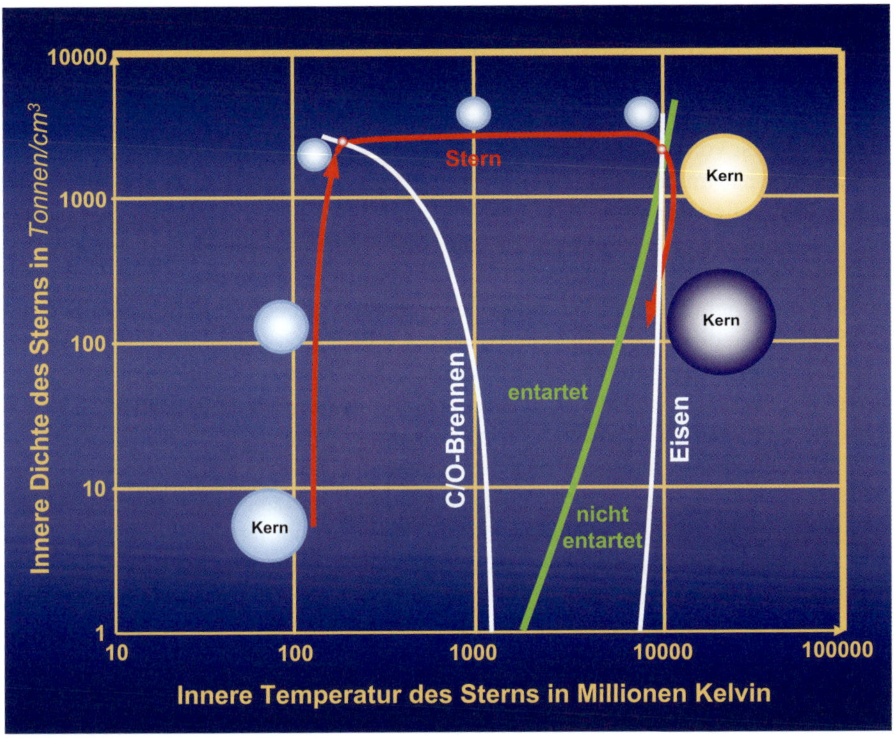

Abb. 8.8 Ein *letzter Gang*! (Die Grafik veranschaulicht im Temperatur-Dichte-Diagramm den Entwicklungsweg eines Weißen Zwergs, der über die Chandrasekharmasse verfügt und demgemäß auf eine Supernova-Typ-Ia-Explosion zusteuert.)

Wie die rote Kurve auf der linken Seite zeigt, wird das Kohlenstoffbrennen in diesem speziellen Fall nicht über eine Erhöhung der Temperatur, sondern über eine schrittweise Zunahme der Dichte angesteuert.

Auslöser für diesen Prozess ist die Masse des Kerns des Weißen Zwergs, die den Chandrasekhargrenzwert erreicht hat.

Nach der Zündung des Kohlenstoffbrennens entwickelt sich der Stern untypischerweise zu wärmeren Temperaturen hin, da er in seinem entarteten Zustand die aus der Energieproduktion resultierende Temperaturerhöhung nicht wahrnimmt und dementsprechend nicht darauf reagieren kann.

Das ist der Anfang vom Ende für ihn, denn er überquert auf diesem Weg die grün dargestellte Grenzlinie, die den entarteten Bereich vom normal thermischen trennt.

Dies geschieht bei einer Temperatur von circa 10 Mrd. K und hat zur Folge, dass das gesamte verfügbare Kohlenstoffmaterial schlagartig zu Eisenasche verbrennt, wobei der Stern jetzt auf die damit verbundene gewaltige frei gewordene Energiemenge normal reagieren kann, und das bedeutet, er explodiert!

Die Ausgangssituation ist uns bekannt: Der Chandrasekhar-Stern verliert nach wie vor etwas Energie, die er abstrahlt. Diesem Verlust gehorchend kontrahiert er schleichend langsam weiter, was ihm nun besonders leicht fällt, da er keinen spezifizierten Radius mehr hat (roter Verlauf in der Abb. 8.8 „*Letzter Gang*").

Bei der tückischen Masse, die man ihm zugewiesen hat, kann sich also kein Gleichgewicht einstellen, in dem der Stern erkaltet und erstarrt.

Er erhöht vielmehr die Dichte in seinem Zentrum stetig weiter; und das bei einer nahezu konstanten Temperatur, denn die erhöht sich nicht mit. Sie kann sich nicht miterhöhen wegen der Entartung, die die Kontrolle über den Druck übernommen und damit die Temperatur auf die Ränge verwiesen hat. Sie ist abgekoppelt, die Temperatur ist vom Druck abgekoppelt!

Aber sie hat immer noch eine Funktion. Sie ist immer noch für die Brennvorgänge zuständig. Bei einer Temperatur von 200 Mio. K ist er jedoch sicher, der Stern, denn das Kohlenstoffbrennen kann bei der Dichte, die er jetzt hat, erst bei 500 Mio. K zünden.

Aber die Dichte steigt weiter und liegt jetzt schon bei 100 t/cm^3; und die steigende Dichte reduziert die Zündtemperatur. Sie liegt jetzt nur noch bei 400 Mio. K. Und sie steigt weiter, die Dichte, sie steigt immer weiter. Gerade eben wurde ein Wert von 3000 t/cm^3 erreicht. Das Brennmaterial ist jetzt so dicht gepackt, dass die konstant gebliebene Temperatur von 200 Mio. K ausreicht.

Sie reicht nun aus, um das Kohlenstoffbrennen zu zünden!

Und jetzt ist der Stern nicht mehr sicher, denn er verträgt keine Energie. Jede Form von freigesetzter Energie macht ihn ungebunden und gibt ihn der Zerstörung preis. Und er kann auf die frei werdende Energie nicht reagieren, denn er ist ja entartet.

Druck und Dichte sind von der Temperatur abgekoppelt und merken nichts von der Zerstörung, die sich anbahnt. Nur die Temperatur, sie kann reagieren, und sie steigt. Sie steigt und verschlimmert dadurch alles nur noch. Denn die Energieproduktionsrate wächst durch den verhängnisvollen Massendefekt ins Unermessliche.

Sie wächst, da sich bei steigender Temperatur alles überschlägt. Alle Kohlenstoffatome wollen sich fast gleichzeitig umwandeln. Sie wollen zu Eisen oder Nickel werden und sich ins stabile Lager retten. Es findet ein „nuklearer Runaway" statt, und der dauert gerade einmal wenige Bruchteile einer Sekunde.

Und was macht der Stern in dieser Zeit?

Er macht nichts!

Druck und Dichte sind immer noch abgekoppelt und bekommen von der Katastrophe, die unaufhaltsam in vollem Gange ist, nichts mit.

Jetzt hat die enorme Menge an freigesetzter Energie – elender Massendefekt – die Temperatur auf aberwitzige 10 Mrd. K hochgetrieben; und das hebt endlich die Entartung auf und beendet den unsäglichen Runaway. Der Stern ist jetzt frei und kann seinen Druck, über den nun wieder „er" und nicht die Entartung die Kontrolle hat, der Temperatur anpassen. Er kann endlich expandieren und damit diese mörderische Dichte abbauen, die der Auslöser für die Schwierigkeiten war, in die er geraten ist.

Auf diesem Weg wird sich die Situation entspannen.

Aber es ist zu spät!

Er hat verloren, der Stern.

Die gewaltige, freigesetzte Energiemenge hat ihn in seinem angeschlagenen Zustand der Nullenergie kalt erwischt.

Er ist längst schon zu einem ungebundenen System geworden, und die Teilchen, aus denen er besteht, haben einen gewaltigen Überschuss an Bewegungsenergie erhalten; und diese überschüssige Bewegungsenergie beschleunigt die Expansion des Sterns.

Nur, dass diese scheinbar wohltuende Expansion sich längst schon in eine verheerende und unerbittliche Explosion verwandelt hat; diese Explosion wird die Materie des Sterns, bestehend aus 1.45 Sonnenmassen, auf 25 000 km/s beschleunigen.

Es wird eine regelrechte Hinrichtung geben.

Aber davon wird er nichts mehr mitbekommen, der Stern, denn sie wird ihn restlos zerstören, diese gewaltige, infernalische Explosion!

Von Fernem merkt man von all dem nichts – noch nicht!

Was man zu gegebener Zeit, in einem nicht unbedeutenden Teil des Universums, einem apokalyptischen Ereignis zuordnen wird, kennen wir unter dem schlichten Namen „Supernova Typ Ia".

Eine tiefe Einsicht von dem, was sich nach diesen ersten wenigen Bruchteilen einer Sekunde bei einer Supernova Typ Ia ereignet, versteckt sich, von wenigen grundlegenden Aussagen abgesehen, hinter äußerst komplexen Abläufen, deren Behandlung den gezielten Umgang mit verschiedensten Bereichen der Physik erfordert.

Nicht zuletzt aus diesem Grund kann das weitere Geschehen einer Supernova-Typ-Ia-Explosion nur im Zusammenhang mit detailgetreuen, numerischen Simulation dargelegt werden.

In der Abb. 8.9 „*Ein explodierender Diamant*" wird das Ergebnis einer solchen numerischen Simulation, die den zeitlichen Verlauf der thermonuklearen Explosion eines maßgeblich aus Kohlenstoff bestehenden Weißen Zwergs, der sich mit der Chandrasekharmasse eindeutig übernommen hat, wiedergibt, illustriert und diskutiert.

Ausführlich hervorgehoben werden dabei vor allem die physikalischen Zusammenhänge, die das Verhalten der Flammenfront prägen, denn sie ist es, die für den Werdegang der Explosion die Verantwortung trägt.

Und dass die Flammenfront sich anfänglich mit Geschwindigkeiten unterhalb der Schallgeschwindigkeit nach außen brennt, was einer Deflagration entspricht und erst ab einem gewissen Zeitpunkt von Schockwellen vorangetrieben von einer Detonationswelle getragen wird, die sich mit Schallgeschwindigkeit ausbreitet, ist dabei entscheidend.

In der dargestellten Simulation wurde ein Weißer Zwerg erstmalig komplett behandelt.

Das heißt, man hat sich hier dem Problem der extrem unterschiedlichen Skalen, auf denen die Prozesse der Mikro- und der Makrophysik ablaufen, gestellt.

Bei einem solchen Vorgehen wird die Messlatte sehr hoch gelegt, da ein äußerst findiges und umsichtiges Handeln, das mit unermüdlicher Hartnäckigkeit und viel Fingerspitzengefühl gepaart werden muss, erforderlich ist, um die Abläufe korrekt wiederzugeben.

Den Lohn stellt dabei das erworbene Verständnis dar, das nicht zuletzt durch die detailgetreuen Bilder und den darauf beruhenden Interpretationen vermittelt wird.

Und die Tatsache, dass sowohl die berechnete Stärke der Explosion als auch die simulierte Verteilung und Struktur der erzeugten Brennprodukte überraschend genau mit den beobachteten Fakten übereinstimmt, hat einen besonders guten Nachklang.

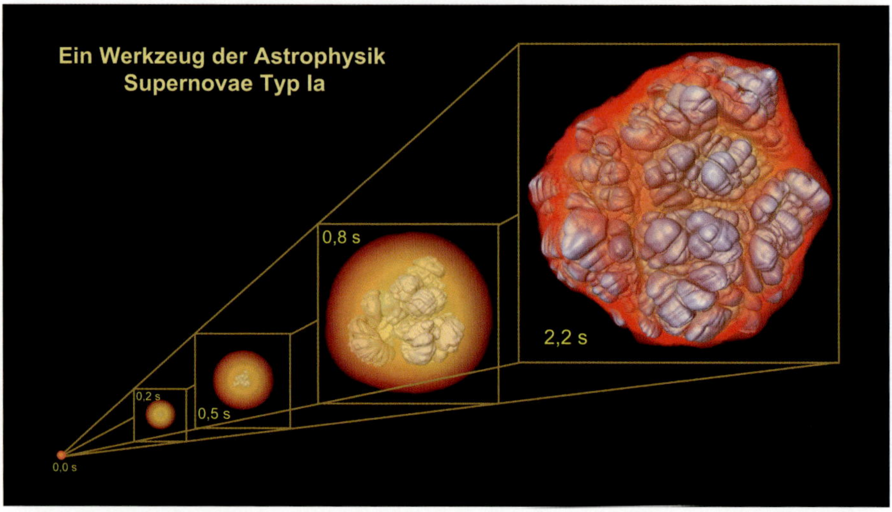

Abb. 8.9 *Ein explodierender Diamant* – der Klassiker unter den exklusiven Feuerwerkskörpern! (Das Bild veranschaulicht das auf numerischem Weg simulierte Verhalten einer Supernova-Typ-Ia-Explosion. © Friedrich Röpke, Physikalisches Institut, Julius-Maximilians-Universität, Würzburg.)

Diese detailgetreue, numerische Simulation zeigt den rasanten Ablauf, dem ein Weißer Zwergstern, der sich mit seiner Masse zu weit aus dem Fenster gelehnt hat, bei seiner thermonuklearen Explosion unterliegt. In gerade einmal 2 s wird sein Volumen um das Hundertfache aufgebläht, und damit löst sich seine Kompaktheit, die ihm eine trügerische Sicherheit vermittelt hat, in rasender Geschwindigkeit auf.

Die Strahlung, die uns von diesem Ereignis berichten könnte, kann der Feuerwerkskörper allerdings noch gute 2 Wochen zurückhalten und an sich binden, was eine Konsequenz der ursprünglichen gewaltigen Komprimiertheit des Sterns ist.

Das Ausgangsmaterial für diese Simulation war ein mit etwas Sauerstoff verunreinigter Diamant, der zum Missfallen aller Alchimisten und dank des Einsatzes kostspieliger Hochleistungsrechner in billigen Schrott verwandelt wurde.

Zur Ehrenrettung der programmtechnisch versierten Protagonisten müssen wir jedoch respektvoll zur Kenntnis nehmen, dass sowohl die berechnete Explosionsstärke als auch die simulierte Erzeugung der Brennprodukte den beobachteten Werten verblüffend gut entspricht!

Der Anfang vom Ende für den Weißen Zwergstern war die Masse, für die er sich entschieden hat – die Chandrasekharmasse stellte dabei keine gute Wahl dar. Denn bei dieser Masse steigt die Dichte und Temperatur im Zentrum des Sterns so hoch an, dass die Fusion von Kohlenstoff und Sauerstoff zu schwereren Elementen schlagartig zündet.

Schlagartig zündet wie die Flamme im Zylinder eines ausgefeilt durchdachten Motors.

Dabei läuft die Reaktion in einem extrem kleinen Raumgebiet ab, wobei sich an der Oberfläche Blasen aus verbranntem Material ausbilden. Die weißen Gebilde in der Mitte des ersten kleinen Bildes zeigen diese Blasen, die als Anfangsflamme den Ausgangspunkt für den Explosionsprozess darstellen.

Der gesamte Explosionsprozess hängt nun in entscheidendem Maße von der Entwicklung und Ausbreitung dieser Flammenfront ab; und die brennt sich, von der Wärmeleitung getragen, anfänglich mit Geschwindigkeiten unterhalb der Schallgeschwindigkeit nach außen, wobei diese Art der Flammenausbreitung als Deflagration bezeichnet wird.

Ab einem gewissen Zeitpunkt wird die Flammenausbreitung jedoch durch Schockwellen vorangetrieben, und es bildet sich eine Detonationswelle aus, die nunmehr von der Schallgeschwindigkeit, die im extrem heißen Brennbereich vorherrscht, durch den Stern katapultiert wird.

Beim Brennvorgang selbst bleibt heißes, verbranntes Material zurück, wohingegen sich vor der Brennfront kaltes und dichtes Material befindet.

Als weiteres wesentliches Ergebnis weist die simulierte Struktur der erzeugten Brennprodukte darauf hin, dass die Masse des Überrests der Explosion sich fast vollständig auf die inneren Schichten, die aus Kobalt, Nickel und Eisen bestehen, verteilt.

Die Explosion sorgt also dafür, dass sich ein gewaltiger, fein gehäckselter radioaktiver Eisenklumpen, dessen Bestandteile auf enorme Geschwindigkeiten beschleunigt wurden, sich ins All ergießt und dieses verunreinigt.

Bevor wir uns über dieses scheinbar abstruse Verhalten wundern, sollten wir allerdings bedenken, dass unser Erdkern genau aus diesem Material besteht und dass wir diesen Erdkern nicht nur für die Ausbildung unseres Planeten brauchten, sondern auch das auf ihm beruhende Magnetfeld vonnöten ist, um uns zum Beispiel vor den Plasmaströmen des Sonnenwindes zu schützen.

Selbst fragwürdige Phänomene, und ein solches stellt ein explodierter Eisenklumpen, der im All herumschwirrt, sicher da, entpuppen sich letztendlich also als Prozesse, die für das Gesamtgeschehen von essenzieller Bedeutung sind.

Das Besondere an den Supernovae Typ Ia ist die Stärke ihrer Explosionen, wobei nicht der damit verbundene superlative Charakter gemeint ist, sondern eine darauf beruhende Gleichförmigkeit.

Im Prinzip sollte diese Stärke eigentlich sogar einer standardisierten Größe entsprechen.

Der Grund dafür ist offensichtlich: *Nur Weiße Zwerge, deren aus Kohlenstoff und Sauerstoff bestehende Kernmasse exakt der Chandrasekharmasse entspricht, können explodieren!*

Das bedeutet aber auch, dass bei all diesen Sternen grundsätzlich und immer exakt der gleiche Brennstoffvorrat vorhanden ist: Wir haben es also in der Tat mit einer standardisierten Bombe zu tun.

Auf der anderen Seite haben uns die in der Bildlegende dargelegten Zusammenhänge aber auch nachhaltig verdeutlicht, dass der Ablauf der Explosion sehr komplex und von physikalischen Feinheiten geprägt ist (Abb. 8.9 „*Ein explodierender Diamant*“).

Abb. 8.9 (Fortsetzung) Eine solche Dichteschichtung ist allerdings der, die das Gravitationsfeld dem Stern angedeihen ließ, entgegengerichtet. Nachdem der Stern mit seiner zum Zentrum hin anwachsenden Dichteschichtung ursprünglich stabil war, hat diese jetzt einen instabilen Charakter; und das ist der Grund, weshalb die Blasen im brennenden Material aufsteigen, wie dies im zweiten Bild, das die Situation nach gerade einmal einer halben Sekunde illustriert, zu erkennen ist.

An den Grenzflächen der Blasen bilden sich nun zusätzlich Scherströmungen aus, die zu extrem starken Verwirbelungen führen, und diese Turbulenz deformiert die Flamme und vergrößert damit ihre Oberfläche.

Der Brennstoffumsatz steigt demzufolge gewaltig an, und das ist es, was man eine Explosion nennt, bei der in kürzester Zeit eine enorme Energiemenge freigesetzt wird. Das dritte Bild verdeutlicht bei einem Zeitschritt von 0.3 s dieses Verhalten.

Danach gibt es zwar nichts mehr zu verbrennen, aber das Objekt muss dennoch gewaltig expandieren, denn es trägt einen Großteil der freigesetzten Energie noch in sich. Diese Situation wird im vierten Bild illustriert, wobei gerade einmal etwas mehr als 2 s vergangen sind.

Darüber hinaus wurde, wie bereits angekündigt, Schrott produziert, denn der größte Teil des „Sterns“ hat sich im Verlauf der Explosion in Elemente der Eisengruppe verwandelt.

Dieses Verhalten lässt Zweifel an einem standardisierten Phänomen aufkommen. Es wirft vielmehr Fragen auf wie: Wird der gesamte Brennstoffvorrat immer gleich und auch immer vollständig verbrannt? Oder: Findet bei der Explosion die Umschaltung von der Deflagration zur Detonation immer statt, und falls ja, immer auf die gleiche Art? Und schließlich: Ist die Stärke der Explosion und deren Verlauf auch von Feinheiten der chemischen Zusammensetzung des Weißen Zwergs abhängig?

Diese Fragen werden uns im Weiteren noch an verschiedenen Stellen beschäftigen!

Das Thema „der thermonuklearen Explosion eines aus Kohlenstoff bestehenden Weißen Zwergs“ kann jedoch nicht beendet werden, ohne einen letzten wichtigen Punkt zu erwähnen, und der betrifft erneut Fred Hoyle.

Fred Hoyle war es, der 1960 als Erster erkannte, dass Supernovae Typ Ia nichts anderes als explodierende Weiße Zwerge sind, dass deren Explosion thermonuklearen Ursprungs ist, dass der Stern dabei vollständig zerstört wird und dass – diesen allerletzten Punkt heben wir uns für einen späteren Abschnitt auf!

Resümierend stellen wir damit an dieser Stelle fest, dass wir mit diesem Einblick in die physikalischen Abläufe und Prozesse der Supernovae vom Typ Ia eine grundlegende Vorstellung davon bekommen haben, um welche Art von Objekten es sich bei den kosmischen Leuchttürmen handelt.

Ganz nebenbei haben wir uns auf diesem Weg aber auch das notwendige Handwerkszeug, das erforderlich ist, um die Beobachtungen, die zur Entdeckung der Dunklen Energie und der fehlenden 70 % zur kritischen Massendichte führten, richtig zu interpretieren, zum Teil bereits zurechtgelegt.

Natürlich ist das bloße Zurechtlegen eines Teils des Handwerkszeugs noch nicht hinreichend, um den Meister des Versteckspiels – die Dunkle Energie – in die Enge zu treiben. Dazu ist vielmehr ein ausgefeilter Plan erforderlich, der noch dazu mit einem gewissen Geschick umgesetzt werden muss.

Dies hat insbesondere seine Richtigkeit, weil wir in Wirklichkeit gar keine Dunkle Energie und auch keine beschleunigte Expansion des Universums auf direktem Weg beobachten. In Wirklichkeit beobachten wir nämlich etwas ganz anderes!

Um Klarheit zu bekommen, was wir wirklich beobachten, müssen wir uns im Folgenden mit einigen modernen Hilfsmitteln der Astrophysik auseinandersetzen, die uns, zum Teil auf komplexem Weg, zeigen werden, wie das, was wir beobachten, mit der Dunklen Energie und der beschleunigten Expansion des Universums zusammenhängt.

9 Leere enthält mehr als das Universum!

Das **Experiment** stellt eine Frage an die Natur, wobei dieser Frage zumeist eine bestimmte Annahme oder Hypothese zugrunde liegt. Durch das Experiment will man diese Annahme bestätigt sehen, um zum Beispiel zu überprüfen, ob die bereits gezogenen Schlussfolgerungen, die Grundlage einer theoretischen Vorstellung sind, ihre Richtigkeit haben.

Gelegentlich werden Experimente aber auch ohne die solide Grundlage einer bestimmten Hypothese durchgeführt, indem eine bis dahin nicht betrachtete Sachlage oder ein spezielles Verhalten von Untersuchungsobjekten beobachtet oder herbeigeführt wird und man sich vom Ergebnis langweilen oder aber überraschen lassen will.

Solche Experimente werden zumeist dann durchgeführt, wenn sich die Untersuchungsmöglichkeiten erweitert haben, wie etwa durch Festlegung einer genaueren Messmethode oder durch Inbetriebnahme eines größeren und moderneren Teleskops.

In der Regel sind die Ergebnisse derartiger Experimente unspektakulär und werden nur am Rande zur Kenntnis genommen, aber manchmal führen sie auch zu etwas Unerwartetem und präsentieren uns etwas nicht sofort Nachvollziehbares: *Sie präsentieren uns eine atemberaubende neue Entdeckung*!

9.1 Kosmische Leuchttürme als Wegweiser

Astrophysiker und vor allem Astronomen horchen auf, wenn man ihnen von Objekten berichtet, die extragalaktisch hervorragend beobachtbar sind und deren Helligkeit sie bereits im Vorfeld kennen.

Die Astrophysiker nennen solche raren Objekte „Standardkerzen“.

Wenn diese Objekte dann auch noch im nahezu gesamten sichtbaren Teil des Universums präzise beobachtbar sind, dann macht sich Euphorie breit: Astronomen sowie Astrophysiker nennen diese seltenen Juwelen „**kosmische Leuchttürme**“.

A. W. A. Pauldrach, *Das Dunkle Universum,* DOI 10.1007/978-3-642-55373-8_9

Bislang hat nur eines dieser seltenen Juwelen sich auch das Prädikat „lupenrein" verdient, und dabei handelt es sich um die, von einer gewissen Zerstörungswut beseelten, **Supernovae vom Typ Ia**.

Wovon reden die „Astroverblendeten" da eigentlich?

Dass sie bisweilen eine merkwürdige Sicht auf die Dinge haben, ist bekannt, aber was könnte einen Zusammenhang zwischen dem allseits gefeierten Begriff eines „Juwels" und diesen gar schrecklichen „kosmischen Leuchttürmen" herstellen?

Präzise Messungen von Entfernungen stellen den Zusammenhang her!

Der landläufige Begriff „mit astronomischer Genauigkeit" hat schon lange nichts mehr mit dem zu tun, was die moderne Astrophysik da verbricht. Diese ist vielmehr von dem Begriff „grobe pi-mal-Daumen Abschätzung" geprägt.

Aber grobe Abschätzungen reichen in der Regel nicht aus, um Weltbilder zu stützen, da ist weit mehr gefragt.

Das weiß natürlich auch die Astrophysik, und die ist demgemäß stetig auf der Suche nach Methoden, die aus „groben pi-mal-Daumen Abschätzungen" „präzise Feinbein-Bestimmungen" werden lassen.

Ein entscheidender Punkt in diesem Zusammenhang sind genaue kosmologische Entfernungsbestimmungen.

Durch eine darauf beruhende systematische Vermessung könnte zum Beispiel die Expansionsrate des Universums von der Gegenwart bis in die ferne Vergangenheit exakt bestimmt werden, und damit hätte man eine nachhaltige Stütze für das Standardmodell der Kosmologie, das unser bislang diskutiertes und beschriebenes Weltbild darstellt.

Mit den gegenwärtig vertrauensvollsten Objekten, die für eine derartig systematische Vermessung geeignet sind – Supernovae vom Typ Ia –, hat man nun vor geraumer Zeit genau ein solches Projekt auf den Weg gebracht.

Und diesem Weg folgend haben diese Objekte, in ihrer neu gewonnenen und gefeierten Funktion als kosmische Leuchttürme, so ganz nebenbei und ohne sich wirklich anzustrengen unser Weltbild nachhaltig verändert, es erschüttert, zerrüttet und am Ende komplett zerstört!

Supernovae Typ Ia liefern als weithin sichtbare, aber mürrisch strahlende kosmische Leuchttürme Entfernungen ab.

Die erscheinen allerdings nicht automatisch auf dem Display eines Handys, in dem eine entsprechende App abläuft, sondern wir müssen uns um diese App schon selber kümmern und etwas Geeignetes zusammenschrauben.

Dazu brauchen wir natürlich einen Fahrplan, und den besorgen wir uns von den Profis!

Und die, als Astrophysiker durch die Lande tingelnd, beschaffen sich einen solchen üblicherweise, indem sie trübsinnig und lustlos vor sich hin starrend darauf warten, dass er vom Himmel fällt.

Und da sehen sie ein Glühwürmchen!

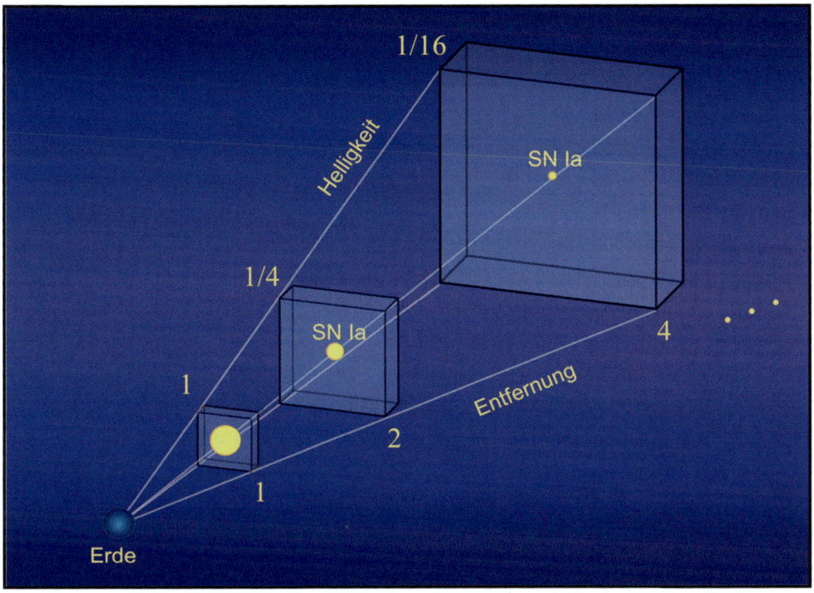

Abb. 9.1 Skizze: Obwohl die *Gesamthelligkeit* der Supernovae vom Typ Ia stets gleich ist, nehmen wir weit entfernte Objekte erheblich lichtschwächer wahr. Auf dieser Helligkeitsdifferenz beruht die Entfernungsbestimmung.

Nachdem die Oberfläche einer Kugel mit dem Quadrat der Entfernung wächst, Supernovae in gleichen Epochen aber stets dieselbe Fläche einnehmen, muss sich für uns die wahrgenommene Fläche einer Supernova mit dem Quadrat der Entfernung verkleinern.

Dies gilt auch für die von der Oberfläche emittierte Gesamtstrahlung des Objekts, und daher sind Supernovae in doppelter Entfernung nur ein viertel so hell wie die in einfacher Entfernung.

Da wir wissen, dass Supernovae Typ Ia stets die gleiche Gesamthelligkeit haben, wissen wir auch, dass eine Supernova, die nur ein viertel so hell ist, wie wir das in einer bestimmten Entfernung erwarten würden, diese doppelt so weit entfernt sein muss. Damit haben wir die Entfernung dieser Supernova bestimmt!

Und siehe da, die liefern ihnen den Fahrplan, denn auch über sie sind Rückschlusse auf deren Entfernungen möglich, und zwar in nahezu perfekter Analogie zu unseren etwas weniger freundlich gesinnten kosmischen Leuchtturmprobanden.

Qualitativ haben wir alle schon die Erfahrung gemacht, dass ein Glühwürmchen genau dann besonders hell leuchtet, wenn es von uns nicht weit entfernt ist, wohingegen seine Helligkeit erheblich abnimmt, wenn es seine Entfernung zu uns aus nichtigen Gründen vergrößert (siehe Abb. 9.1 „*Gesamthelligkeit*").

Das heißt, prinzipiell könnten wir Glühwürmchen als „Standardkerzen" zur Entfernungsbestimmung verwenden. Wobei unsere intuitive Einschätzung, dass alle Glühwürmchen gleich hell leuchten, dafür entscheidend ist, denn erst durch diese Eigenschaft werden die Glühwürmchen zu Standardkerzen.

Die Glühwürmchen sind in gewisser Hinsicht geeicht oder normiert, denn sie leuchten nach feststehenden Regeln, und diese Regeln können wir präzise ergründen.

Zu genauen, quantitativen Aussagen kommt man bei dieser Art der Entfernungsbestimmung, wenn man ein Lichtmessgerät zu Hilfe nimmt, das um die Helligkeit eines Glühwürmchens bezüglich eines bestimmten, von uns vorgegebenen Abstands weiß, das also geeicht ist.

So vorbereitet ist die Entfernungsbestimmung keine Kunst mehr. Das Messgerät misst die Helligkeit und zeigt die Entfernung an – geht doch!

Wenn wir allerdings eine sehr präzise Messung vornehmen wollen, muss das Gerät so fein getunt sein, dass es auch auf viele Feinheiten achten kann.

Dies ist erforderlich, weil bei einer von der Natur konstruierten Standardkerze eine eigene Idee von Normierung eingebracht wird, die nur bedingt einer mit deutscher Gründlichkeit aufgestellten DIN-Norm gerecht wird.

So kann zum Beispiel entscheidend sein, ob die Helligkeit von einem größeren oder kleineren Exemplar der Gattung Glühwürmchen abgestrahlt wird.

Dies zu erkennen, erfordert einen über der Betriebstemperatur liegenden IQ des Messgeräts.

Man benötigt also viele Messpunkte und eine gründliche Analyse, um zu einem präzisen Ergebnis zu kommen.

Auch Supernovae vom Typ Ia sind von der Natur konstruierte Standardkerzen.

Natürlich konnten wir uns bereits davon überzeugen, dass diese Objekte, nicht zuletzt wegen ihrer stets gleich großen explosiven Masse – der **Chandrasekharmasse** –, eine intrinsische Normierung ihrer abgestrahlten Helligkeit aufweisen, allerdings wäre es naiv zu glauben, dass diese Normierung von besserer Qualität als die der Glühwürmchen ist.

Das theoretische Konzept, das wir uns erarbeitet haben, hat zwar gezeigt, dass Supernovae vom Typ Ia alle gleich gebaut sind; aber das betraf nur den Idealfall. Der wirkliche Bauplan dieser Instrumente wird sehr individuell sein. Und die Regeln, denen die zugrunde liegende Norm folgt, müssen wir natürlich im Detail durchschauen.

Es besteht allerdings Zuversicht, dass auf der Grundlage dieser kritisch zu durchleuchtenden Normierung Entfernungen am Ende genau zu bestimmen sind. Wie groß diese Entfernungen sein können, verdeutlicht uns dabei die Abb. 9.2 „*Freudlose Gesellen*“, das fünf sehr weit entfernte **Galaxien** zeigt, die allesamt vor Kurzem unfreiwillige Gastgeber von dunkelrotverschobenen Supernovae vom Typ Ia waren (die diesbezüglichen z-Werte liegen zwischen 0.5 und 1.0, wobei z die Wellenlängenverschiebung aufgrund der Expansion darstellt – $z=(\lambda_v-\lambda_{em})/\lambda_{em}$).

Vor Kurzem heißt, dass wir gerade eben erst Zeuge des Geschehens wurden. Das Geschehen selbst liegt allerdings 4 bis 10 Mrd. Jahre zurück.

Wir sehen also, dass derartige kosmische Leuchttürme wegen ihrer zumeist extrem großen Entfernungen grundsätzlich als Messinstrument zur Bestimmung der Expansionsrate des Universums verwendet werden können.

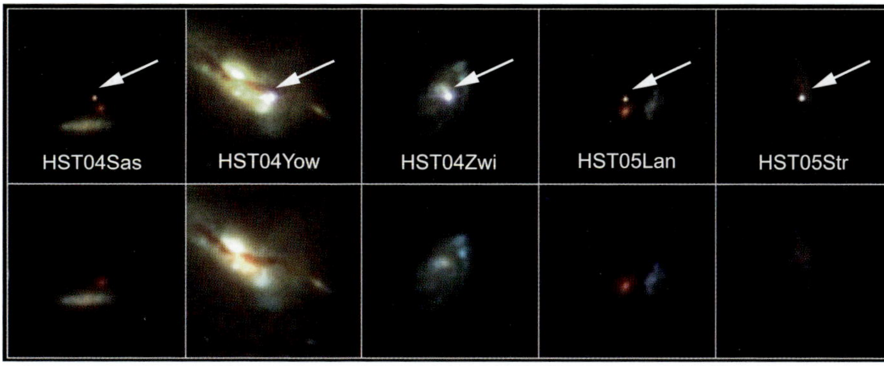

Abb. 9.2 Kosmische Leuchttürme weisen uns als *freudlose Gesellen* den Weg. (Das Bild zeigt in der unteren Reihe Muttergalaxien extrem entfernter kosmischer Leuchttürme. Die Objekte selbst sind als explodierte Sterne in der oberen Reihe jeweils mit einem Pfeil gekennzeichnet. © NASA, ESA, and A. Riess (STScI).)

In der unteren Reihe sehen wir das Erscheinungsbild der Muttergalaxien, bevor die Sterne, die jeder geübte Bilderrätselfreund in der oberen Reihe sofort aufspürt, explodierten.

Die Bilder zeigen die Galaxien in einem Zustand, in dem sie sich vor 4 bis 10 Mrd. Jahren befanden. Das heißt, es handelt sich bei den explodierenden Sternen um dunkelrotverschobene Supernovae vom Typ Ia ($z=0.5$ bis $z=1.0$), die wegen ihrer extrem großen Entfernungen und ihrer dennoch bekannten Helligkeiten als Messinstrumente für die Expansionsrate des Universums verwendet werden können.

Ein vertrauenswürdiges Messinstrument muss natürlich einer Norm entsprechen, und mit den Regeln, denen die Norm folgt, müssen wir uns vertraut machen.

Das heißt, wir müssen den Bauplan, dem die Standardkerzen zugrunde liegen, genau erkennen – im Idealfall kommen die Standardkerzen dabei vom Fließband und sind alle gleich gebaut. Inwieweit dies auch auf die kosmischen Leuchttürme zutrifft, müssen wir allerdings noch kritisch durchleuchten.

Falls Supernovae vom Typ Ia präzise normiert sind, können wir sie allerdings, durch gezielte Beobachtungen, für präzise Entfernungsbestimmungen verwenden.

Aus reiner Fleißarbeit, und um diese Methode zu etablieren, haben vor einiger Zeit zwei Gruppen von Astrophysikern[1] diese Möglichkeit umgesetzt.

Ihr Forschungsziel war dabei die Bestätigung des Standardmodells.

Sie wollten also lediglich die langsame Abbremsung der Expansionsrate des Universums im Verlauf der Zeit bestätigen.

Diese Abbremsung wird vom uns wohlbekannten Weltbild des Standardmodells ja vorhergesagt, da es darauf beruht, dass der gesamte Energieinhalt des Universums, wie Masse wirkend, die Expansion wegen des anziehenden Charakters der Masse verlangsamt.

Was sie also vorhatten, war die Durchführung eines dieser zeitraubenden „extrem langweiligen" Beobachtungsprojekte, das von anschließender, mühevoller und nervtötender Auswertungsarbeit begleitet wird.

[1] Die Leiter dieser beiden Arbeitsgruppen waren Saul Perlmutter (Supernova Cosmology Project) sowie Brian Schmidt und Adam Riess (High-Z Supernova Search).

Es war also nicht wirklich viel zu erwarten, aber es wurde auf der Grundlage einer erweiterten Untersuchungsmöglichkeit, die auf einer genaueren Messmethode und modernsten Teleskopen beruhte, eine Frage an die Natur gestellt. Und wir wissen mittlerweile, dass jede Entdeckung ihren eigenen zeitlichen Rahmen hat, der mit dem technologischen Fortschritt einhergeht, und deshalb sollte man auch in einem solchen Fall grundsätzlich mit einer Überraschung rechnen.

Die Möglichkeit, Supernovae vom Typ Ia in sehr großer Entfernung beobachten zu können, war das Neue. Aber das, wonach die beiden konkurrierenden Gruppen auf dieser Grundlage gesucht haben, war nicht das, was sie fanden!

9.2 Der Charakter der kosmischen Leuchttürme

Es wurde also eine Frage an die Natur gestellt!

Und bei diesem Experiment geht es darum, das Standardmodell zu bestätigen!

In besonderem Maße und möglichst präzise interessiert uns dabei, wie die Expansion des Universums im Verlauf der Zeit durch seinen gesamten Masse- und Energieinhalt gemächlich abgebremst wird.

Die diesbezügliche Spannung kennt keine Grenzen, denn ein Motto, das darauf basiert, dass jemand gesucht wird, den man schon lange dingfest gemacht hat, stellt natürlich ein Drehbuch dar, das vor seiner Verfilmung lange herumgereicht wird.

Wir hätten also spätestens jetzt auch den willigsten Doktoranden, dem es vor gar nichts graut, verloren.

Selbst der würde sich ab diesem Augenblick abwenden und sich nach einem spannenderen Thema umtun.

Aber wir bleiben an der Seite der beiden Forschergruppen, denn wir sind auch zäh!

Wir kämpfen uns mit unseren Leidensgenossen da durch, aber nicht nur, weil wir hartgesotten sind, sondern auch, weil wir wissen, dass derartige vermeintlich unspektakuläre Experimente bisweilen auch zu etwas Unerwartetem führen und uns etwas nicht sofort Nachvollziehbares präsentieren, das vom Feinsten sein kann.

Nachdem wir uns jetzt fürs Durchhalten entschieden haben, müssen wir nun allerdings als Erstes überprüfen, wo wir im Hinblick auf umfangreiche, räumlich tief reichende und möglichst genaue Entfernungsbestimmungen anhand der **kosmischen Leuchttürme** überhaupt stehen.

Wenn wir von dem Wissen ausgehen, das wir uns über die explodierenden **Weißen Zwerge** angeeignet haben, dann sollten sich diese extrem stark leuchtenden Störenfriede des Universums im Prinzip als homogene Gruppe präsentieren. Dies sollte sich zumindest erweisen, wenn wir einen Blick auf ihre **Lichtkurven** werfen!

Was für Kurven?

Was trübt den Spannungsbogen, den uns das Universum hier so feingliedrig präsentiert, denn jetzt schon wieder?

Es sind Lichtkurven, die wir gleich anstelle eines Latte Macchiatos zurückhaltend und still genießen werden.

Aber bevor wir das tun können, müssen wir erst einmal sehen, wie die überhaupt zustande kommen.

9.2.1 10 Milliarden Sonnenleuchtkräfte und ein Supernovablitz?

Die thermonukleare Explosion eines Weißen Zwergs setzt eine gewaltige Energiemenge frei, und zwar in sehr kurzer Zeit!

Danach ebbt die außergewöhnlich große Helligkeit, die der verlöschende Stern als letztes Lebenszeichen ausgesandt hat, bereits nach sehr kurzer Zeit wieder ab.

Der kosmische Leuchtturm blitzt also nur kurzzeitig mit einer enormen Helligkeit auf, die der Helligkeit einer ganzen **Galaxie** und damit Milliarden von Sternen entspricht.

Präziser formuliert müsste es allerdings heißen, der Stern sollte, nachdem, was wir bis jetzt verstanden haben, nur kurzzeitig aufblitzen, und damit bringen wir zum Ausdruck, dass die Beobachtung ein ganz anderes Verhalten zeigt.

Die Beobachtung zeigt zwar eine Abnahme der Helligkeit mit der Zeit, aber auf einer anderen Zeitskala, und zwar auf einer Zeitskala von Monaten.

Ein solches Verhalten hat mit einem Blitz nichts gemein!

Die Beobachtung vermittelt uns also ein ganz anderes Bild, und das sieht so aus: Für einen Zeitraum von ungefähr 10 Tagen leuchtet eine Supernova vom Typ Ia mit einer Helligkeit von 10^9 bis 10^{10} **Sonnenleuchtkräften** auf. Danach klingt die Helligkeit um circa 4 Dekaden nach und nach sanft ab, und dieser Prozess zieht sich über knapp 40 Tage hin.

Wir stoßen an dieser Stelle damit zum wiederholten Male auf ein Paradoxon.

Unsere scheinbar überzeugenden Argumente, die auf eine gewaltige, kurzzeitige Energiefreisetzung durch eine thermonukleare Explosion schließen lassen, stehen in krassem Widerspruch zur Realität.

Woher stammt also die Energie, die die kosmischen Leuchttürme über einen so langen Zeitraum hinweg am Leben erhält?

Dieses Rätsel hat die Astrophysik sehr lange beschäftigt, und dementsprechend sollten wir uns vorab die Frage stellen, ob wir etwas Grundlegendes übersehen haben.

Etwas Grundlegendes könnte zum Beispiel eine der Naturkräfte sein, die sich an einem bestimmten Punkt in das Geschehen einbringt und auf eine bestimmte

Art, die es zu durchschauen gilt, für einen Verzögerungseffekt bei der Energiefreisetzung sorgt.

Falls wir damit richtig liegen, müsste dieser Punkt so elementar sein, dass wir am besten bei null anfangen und überprüfen, auf welche der vier Naturkräfte wir bei unserem Vorgehen bereits zurückgegriffen haben.

Da war zunächst die gravitative Wechselwirkung, die den Stern nicht nur zusammengehalten hat, sondern auch für die enorme Kompaktheit des Weißen Zwergs gesorgt hat.

Im Spiel war auch die **starke Wechselwirkung**, die als kurzreichweitigste von den Naturkräften zwischen den **Quarks**, den Bausteinen der Protonen und Neutronen, wirkt und diese zusammenhält.

Sie hat in Verbindung mit ihrem Gegenspieler, der **elektromagnetischen Wechselwirkung**, die mit ihrer weitreichenden Wirkung, die sich lediglich mit dem Quadrat der Entfernung verdünnt und die als Strukturgeber der Lichtspektren auch für die Kopplung zwischen den Photonen des Strahlungsfeldes und der Materie verantwortlich ist, durch die schlagartige Fusion von Kohlenstoff zu Eisen für die gewaltige Energiefreisetzung gesorgt, die das Markenzeichen einer Supernova vom Typ Ia ist.

Es bleibt also nur die **schwache Wechselwirkung** übrig; die hat sich bislang dezent im Hintergrund gehalten.

Es ist somit an der Zeit, dass wir sie ins Spiel bringen und ihr eine Rolle zuweisen, und zwar eine grundlegende und tragende Rolle!

Entscheidend könnte dabei sein, dass sie mit der Radioaktivität, dem radioaktiven Zerfall von Atomkernen, etwas gemein hat.

Inwiefern könnte sich dieser radioaktive Zerfall nun aber bei unserer Supernovaexplosion auswirken?

Um das zu sehen, müssen wir uns in die letzte Phase vor der Explosion des Weißen Zwergs nochmals einklinken, und zwar zu dem Zeitpunkt, als der Stern die Grenzlinie, die den entarteten Bereich vom normal thermischen trennt, überschritten hat (siehe Abb. 8.8 „*Letzter Gang*").

An diesem Punkt hatte der Stern einer Temperatur von 10 Mrd. K, und diese Temperatur, die er im Verlauf des Runaways, als Druck und Dichte vom sich anbahnenden Explosionsgeschehen noch abgekoppelt waren, erreicht hatte, behielt er auch nach Überschreitung der Grenzlinie, und bei einer so hohen Temperatur stellt sich ein sogenanntes „nukleares statistisches Gleichgewicht" ein.

Das bedeutet, dass der Gegenpol zum negativen Potenzial der Kernkraft, die elektromagnetische Wechselwirkung, bei solchen Temperaturen keine Rolle mehr spielt. Die Aktivierungsenergien, die aufgebracht werden müssen, um Fusionsprozesse zu ermöglichen, sind also in diesem Fall vernachlässigbar klein im Vergleich zu den Bewegungsenergien der Teilchen, die durch den Wert der Temperatur charakterisiert werden.

Das bedeutet, dass die **Nukleonen** nun tatsächlich ein lockeres Verhältnis zueinander haben und sich nur noch um den Massendefekt kümmern; das heißt, sie gruppieren sich dem Minimum der Bindungsenergie entsprechend zusammen. Sie bilden also schnellstmöglich Eisen oder Nickel aus.

Würde die Temperatur noch höhere Werte annehmen, so würden durch die gewaltigen Bewegungsenergien auch die Eisen-/Nickelkerne wieder zu Heliumkernen zerschlagen werden, die bei absinkender Temperatur allerdings erneut Eisen-/Nickelkerne ausbilden würden (siehe Abb. 9.3 „*Eisen oder Nickel*"); nachdem durch diesen Vorgang die gesamte frei gewordene Energie verbraucht würde, stellt die Temperatur, bei der die Eisen-/Nickelkerne zerstört werden, jedoch einen Grenzwert dar, der nur in Extremfällen überschritten wird.

Was bilden die Nukleonen in unserem Fall aber genau aus – Eisen oder Nickel?

Die Beantwortung dieser wichtigen Frage hängt nun ausschließlich vom Ausgangs-Protonen-Neutronen-Verhältnis, das der Stern hatte, bevor er in Schwierigkeiten geriet, ab. Denn die explosive **Nukleosynthese** läuft viel zu schnell ab, um dieses Verhältnis nachträglich durch das Wirken der schwachen Wechselwirkung zu ändern.

Nachdem unser Rohprodukt – der Stern – einen Kohlenstoff-Sauerstoff-Kern darstellt, ist das Ausgangs-Protonen-Neutronen-Verhältnis einfach zu bestimmen. Das Ergebnis liefert die Zahl Eins! Und mit einem solchen Verhältnis können stabile Kerne nur bis Kalzium-40 gebildet werden; alle schwereren Kerne mit einem solchen Verhältnis sind hingegen radioaktiv!

Wir landen mit unserem nuklearen statistischen Gleichgewicht folglich nicht bei Eisen-56, da hier die Zahl der Protonen kleiner als die Zahl der Neutronen ist, sondern bei Nickel-56, und dies ist, wie wir gerade festgestellt haben, ein radioaktives Isotop.

Und das ist gut so!

Denn wäre dies nicht der Fall, hätten wir die Dunkle Energie nicht entdeckt, da Supernovae vom Typ Ia, wie wir alsbald sehen werden, dann nicht kalibrierbar wären!

Um diese Aussage zu verstehen, sollten wir vorab jedoch unbedingt klären, was man sich unter Radioaktivität wirklich vorzustellen hat.

Der dazu passende Slogan, „Man riecht es nicht, man schmeckt es nicht, aber es ist dennoch brandgefährlich", bringt uns in der Sache nicht sonderlich weiter, also sollten wir die Sache möglichst nüchtern betrachten.

Nüchtern gesehen, beschreibt der radioaktive Zerfall die Eigenschaft instabiler Atomkerne, sich scheinbar spontan durch Erhöhung der Bindungsenergie zu verändern oder zu teilen, wobei es sich bei der Energie, die dieser Prozess freisetzt, grundsätzlich um harte Gammastrahlung sowie energiereiche Teilchen handelt.

Zumeist ändert sich bei den meisten möglichen Zerfallsprozessen dieser Art auch die Kernladungszahl.

In diesem Fall verwandelt sich ein Element in ein anderes Element, oder es ändert sich zumindest die Massenzahl.

Im letzteren Fall bleibt das Element also erhalten, und es wird lediglich die Zahl seiner Neutronen im Kern verändert.

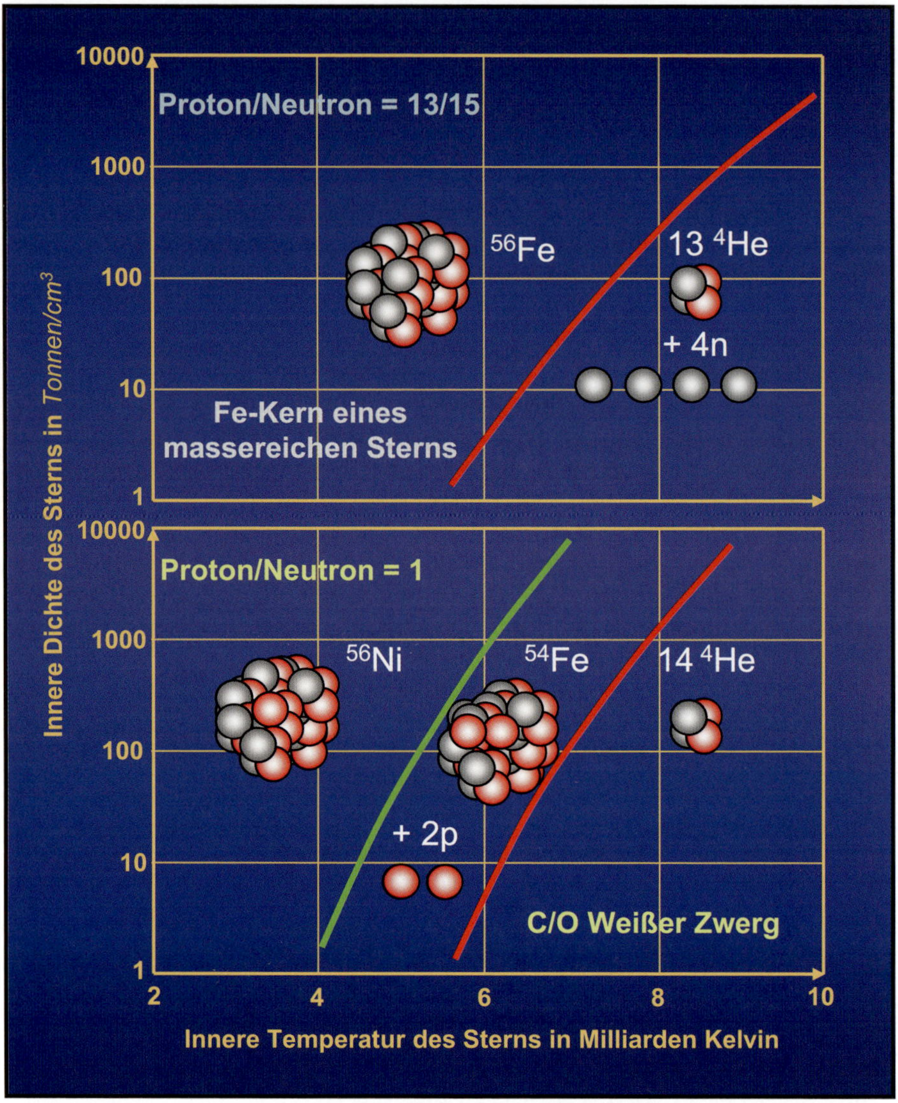

Abb. 9.3 *Eisen oder Nickel* – das ist hier die Frage! (Die Grafik veranschaulicht im Temperatur-Dichte-Diagramm das bei sehr hohen Temperaturen sich einstellende „nukleare statistische Gleichgewicht", und zwar für zwei verschiedene Proton-Neutron-Verhältnisse.)

Was bilden die Nukleonen angesichts eines nuklearen statistischen Gleichgewichts, für dessen Einstellung bei gegebener Temperatur und Dichte nur die Kernbindungsenergie zur Festlegung der relativen Verhältnisse von verschiedenen Atomkernen relevant ist, aus – Eisen oder Nickel?

Die Antwort hängt ausschließlich vom Ausgangs-Protonen-Neutronen-Verhältnis des Sterns ab!

Für ein Protonen-Neutronen-Verhältnis von 1, wie es sich bei Weißen Zwergen mit einem Kohlenstoffkern ergibt, bildet sich, wie in der unteren Grafik zu sehen ist, Nickel-56 aus.

Wohingegen ein Protonen-Neutronen-Verhältnis von 13/15, wie es im Kern eines massereichen Sterns vorliegt, Eisen-56 ausbildet (siehe obere Grafik).

Letztendlich hat Radioaktivität beziehungsweise der radioaktive Zerfall von Atomkernen somit etwas mit der schwachen Wechselwirkung zu tun, und diese wird durch den Charakter des Beta-Zerfalls vermittelt.

Der Beta-Zerfall ist, wie dies bereits anklang, der zentrale Prozess der schwachen Wechselwirkung, wobei der Begriff „Beta" impliziert, dass bei den involvierten Zerfallsprodukten Elektronen oder deren **Antiteilchen**, die Positronen, beteiligt sind.

Bei der Beta-Strahlung handelt es sich damit grundsätzlich um Elektronen- oder Positronen-Strahlung, und damit ist klar, dass es zwei Hauptgleise für den Zerfall gibt: die Elektronenschiene (β^-) und die Positronenschiene (β^+).

Das wesentliche Merkmal eines β^--Zerfalls besteht nun darin, dass ein Neutron des Kerns in ein Proton umgewandelt wird. Die Kernladungszahl wird dabei also um eins erhöht, ferner werden ein Elektron und ein Antineutrino emittiert.

Beim β^+-Zerfall wird hingegen ein Proton in ein Neutron umgewandelt, wodurch sich die Kernladungszahl um eins erniedrigt und ein Positron (e^+) und ein **Neutrino** (ν) emittiert werden.

In unserem Fall ist der wesentliche Punkt, wofür der Beta-Zerfall benötigt wird, die Umwandlung von im Atomkern enthaltenen Protonen in Neutronen, und es ist genau diese Wirkungsweise der schwachen Wechselwirkung, die zu den energiefreisetzenden Prozessen des radioaktiven Zerfalls führen.

Der Prozess, der die kosmischen Leuchttürme also letztlich am Leben erhält, heißt nicht Fusion, sondern Fission!

Wir bewegen uns damit im Massendefektdiagramm zwar noch nicht von rechts nach links, aber folgen zumindest in senkrechter Richtung der Kernspaltung.

Konkret sind es die radioaktiven Zerfalle von Nickel-56 zu Kobalt-56 und von Kobalt-56 zu Eisen-56 (siehe Abb. 9.4 „*Radioaktiver Zerfall*"), die mit Halbwertszeiten von 6 beziehungsweise 77 Tagen die Strahlung der Supernovae Typ Ia in deren späterem Verlauf aufrechterhalten.

Insgesamt werden in dieser Form 10 % der durch das Kohlenstoffbrennen freigesetzten Energie gespeichert.

Dieser Wert liegt zwar nicht einmal im Bereich einer üblichen Mehrwertsteuer, vergleicht man den Absolutbetrag jedoch mit der Energieabstrahlung der Sonne, so stellt man fest, dass unser „Sternchen" 1 Mrd. Jahre benötigt, um einen solchen Energiebetrag zu produzieren.

Diese in Nickel gespeicherte Energie wird nun im Wesentlichen über zwei Zeiträume, die durch die Halbwertszeiten der Zerfallsprozesse charakterisiert sind, freigegeben.

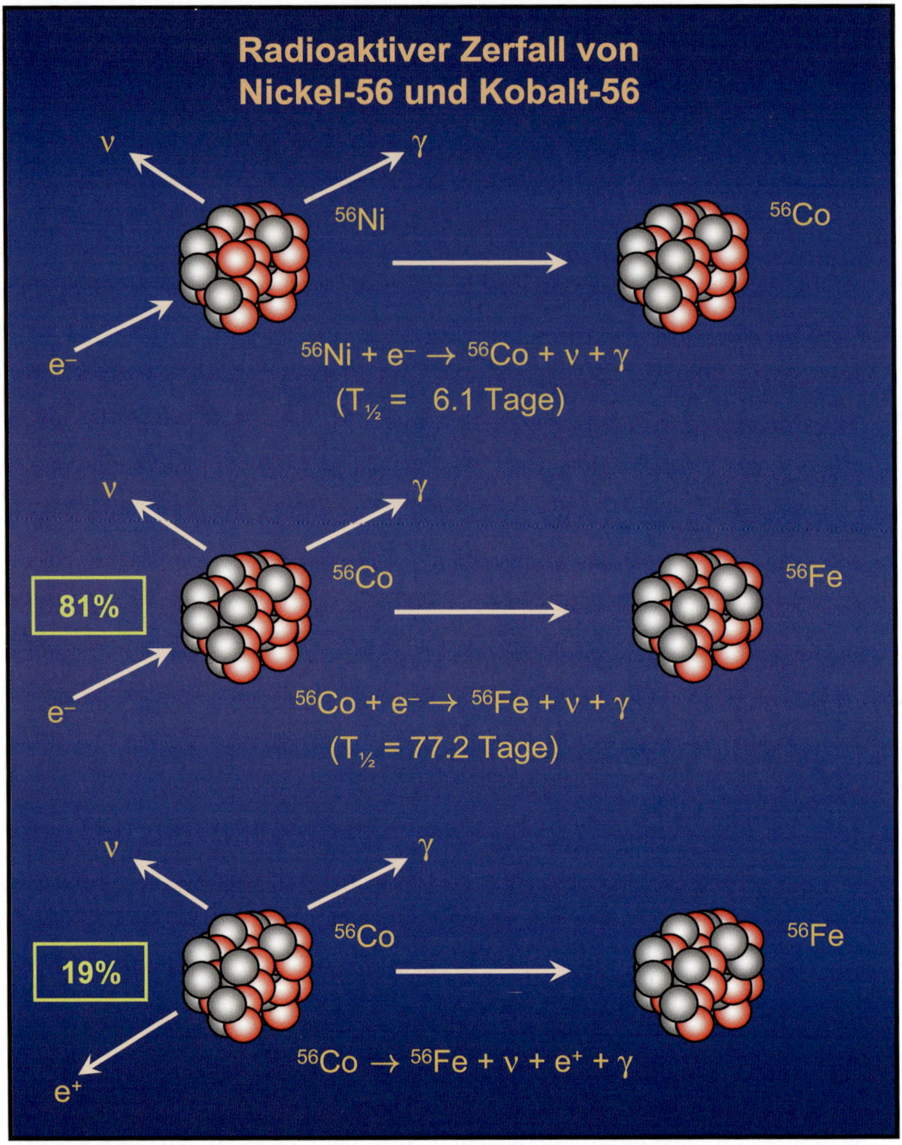

Abb. 9.4 Der *radioaktive Zerfall* von Nickel und Kobalt hält die kosmischen Leuchttürme am Leben! (Im Bild sind die radioaktiven Zerfalle von Nickel-56 zu Kobalt-56 und von Kobalt-56 zu Eisen-56, die mit Halbwertszeiten von 6 beziehungsweise 77 Tagen die Supernovae Typ Ia circa 100 Tage leuchten lassen, dargestellt. Bei diesen Prozessen der schwachen Wechselwirkung dezimiert sich die Zahl der Protonen im Kern dieser Isotope durch den Einfang eines Elektrons um 1, wobei ein Neutrino und ein Gammaphoton emittiert werden.)

Knapp 10 % der Explosionsenergie wurden in den radioaktiven Isotopen dieser Eisengruppenelemente kurzfristig gespeichert. Kurzfristig heißt, dass diese Energie in zwei Zeitabschnitten, die durch die Halbwertszeiten der Zerfallsprozesse der betroffenen Elemente charakterisiert sind, dem komplett lädierten Überrest eines ehemals schmucken Sterns zur freien Verfügung gestellt wird.

Ein Drittel dieser Energie wird dabei recht zügig über einen Zeitraum von lediglich 12 Tagen emittiert, wohingegen der verbleibende Teil über einen längeren Zeitraum von circa 100 Tagen abgestrahlt wird.[2]

Damit besitzt der Helligkeitsabfall der Supernovae eine unverkennbare Steilheitsprägung, die durch die Form ihrer **Lichtkurven** zum Ausdruck kommt.

Es ist damit der radioaktive Zerfall des durch gleiche Protonen- und Neutronenzahl gekennzeichneten Elements Nickel, der den zeitlichen Helligkeitsverlaufs der kosmischen Leuchttürme festlegt!

Die entscheidende Idee dazu kam, wir hatten uns seelisch ja bereits darauf vorbereitet, natürlich auch in diesem Fall von Fred Hoyle!

Er erkannte bereits 1960 als Erster, dass die Lichtkurven der Supernovae vom Typ Ia aus der Energie des radioaktiven Zerfalls gespeist werden.

Die Ehre gebührt ihm, auch wenn er mit dem Element, das dies bewirken sollte, voll daneben lag; sein Tipp fiel auf das neutronenreiche Isotop Cf-254, das den sinnigen Namen Californium trägt.

Was nun die Frage nach der Standardisierbarkeit dieser einzigartigen Bomben im Universum betrifft, können wir an dieser Stelle keinen Beitrag leisten.

Wir können hier auch nicht klären, ob der gesamte Brennstoffvorrat, der einer Supernova Typ Ia zur Verfügung steht, immer vollständig und auch immer gleich verbrannt wird.

Wir können in diesem Zusammenhang aber auf einen anderen, möglicherweise vergleichbar wichtigen Punkt hinweisen, und der betrifft eine Beziehung zwischen der Stärke der Explosion – also dem Maximum der freigesetzten Energie – und der gespeicherten radioaktiven Energie –, das heißt dem zeitlichen Verlauf der nachträglich freigesetzten Energie. Eine solche Beziehung kann es geben, und der Grund dafür ist offensichtlich: Die Stärke der Explosion wird durch die Umwandlung des Kohlenstoff-Sauerstoff-Brennstoffs in Nickel festgelegt, und es ist ebenso die Nickelmasse, die die radioaktive Energie liefert. Damit ist die produzierte Nickelmasse sowohl zur freigesetzten Maximalenergie als auch zur Summe der über einige Monate frei werdenden radioaktiven Energie proportional.

Es ist somit maßgeblich die Nickelmasse, die die Explosion einer Supernovae Typ Ia charakterisiert!

Abb. 9.4 (Fortsetzung) Ein Drittel dieser Energie, für deren Produktion sich unsere Sonne circa 300 Mio. Jahre abmühen müsste, wird dabei in einem Zehnmilliardstel dieses Zeitraums, also lediglich 12 Tagen, freigesetzt und prägt das Erscheinungsbild der Supernovae in der hellsten Phase.

Kobalt, als Element bekannt, das der Verschwendungssucht nicht in diesem Maße zuträglich ist, verwaltet den verbliebenen Teil an gespeicherter Energie so sorgfältig, dass eine Supernova über einen stattlichen Zeitraum von fast 100 Tagen davon zehren kann.

[2] In Abhängigkeit von der Zeit erfolgt die Energiefreisetzung beim radioaktiven Zerfall exponentiell, wobei nach der Halbwertszeit die Hälfte des radioaktiven Isotops zerfallen ist.

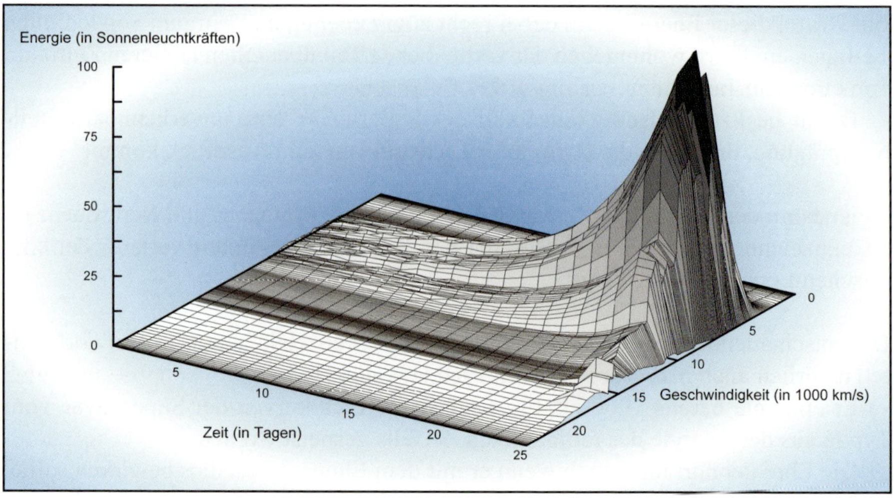

Abb. 9.5 Das optische Erscheinungsbild der Supernova hinkt der Explosion deutlich hinterher! (Das Bild zeigt den räumlichen und zeitlichen *Ursprung* der Strahlung, die kurz nach dem Maximum der Helligkeit die Supernovahülle verlassen darf. © A. Pauldrach, T. Hoffmann, P. Hultzsch (LMU).)

Die steile Flanke des Berges im Bild zeigt, dass der größte Teil der von der Supernova in dieser Phase freigesetzten Strahlungsenergie von Photonen stammt, die zum Teil vor mehr als einer zurückliegenden Woche in tiefliegenden Schichten produziert wurden.

Die Lücke am rechten Rand des Bildes verdeutlicht, dass so gut wie keinem Photon die Flucht am gleichen Tag seiner Geburt gelingt.

Wohingegen durch den Hügel auf der linken Seite klar wird, dass ein nennenswerter Bruchteil der im Bereich des Maximums emittierten Photonen direkt nach der Explosion produziert wurde und dieser somit mehr als 20 Tage in tieferen Schichten des Explosionskonglomerats herumgeirrt ist.

9.2.2 Der individuelle Abklang von 10 Milliarden Sonnenleuchtkräften

Aus der Sicht eines Beobachters stellt die Lichtkurve einer Supernova den zeitlichen Verlauf ihrer jeweiligen Gesamthelligkeit dar.

Und der Beobachter registriert dabei, dass dieser Verlauf von einem starken, aber zeitversetzten Maximum, das circa 20 Tage nach der Explosion als sichtbarer Ausbruch erscheint, gekennzeichnet ist.

Das Maximum spiegelt damit das eigentliche Erscheinungsbild der Supernova wider, wobei die zeitliche Verzögerung die Schwierigkeit unterstreicht, die das Licht beim Durchgang durch die dichte Hülle aus Nickel hat – es ist unschwer nachzuvollziehen, dass die Photonen etliche Tage benötigen, um sich aus einem derart dichten Bereich, der sich zudem aus massereichen Teilchen zusammensetzt, herauszuquälen (siehe Abb. 9.5 „*Ursprung*").

Obwohl bereits beim Ausbruch die gesamte Energie, die das Phänomen der Supernovae Typ Ia charakterisiert, innerhalb von nur wenigen Sekunden erzeugt wird, kann dennoch nur ein Teil davon sofort freigegeben werden.

Ein beträchtlicher Teil dieser Energie wird, und wir wissen jetzt auch, warum, in Form von Nickel- und Kobaltisotopen gespeichert, und die geben ihre sorgsam aufbewahrte Energie nach und nach durch radioaktiven Zerfall wieder frei, wobei Strahlung produziert wird.

Diese Strahlung beobachten wir, natürlich in umgewandelter Form, als sanftes Abklingen der Lichtkurve: dieses Abklingen zieht sich über mehr als 40 Tage hin.

Supernovae Typ Ia sollten sich nach unserem Verständnis als homogene Gruppe präsentieren, da sie auf dem stets gleichen Zündmechanismus und einer stets gleichen Menge an Sprengstoff beruhen, die durch die Chandrasekharmasse gegeben ist. Dieses Verhalten sollte nicht zuletzt durch ihre Lichtkurven zum Ausdruck kommen.

Das sollte es! Tut es das aber auch?

Aus astronomischer Sicht weisen Supernovae Typ Ia zwei Besonderheiten auf, die sie zu einzigartigen Objekten im Universum machen.

Die erste Besonderheit betrifft die Stärke ihrer Explosion, die so gewaltig ist, dass wir sie selbst im Dunkelrotverschobenen-Alter des frühen Universums noch gezielt beobachten können.

Die zweite Besonderheit betrifft die Standardisierbarkeit dieser „Chandrasekharmassenbomben", die sich daraus ergibt, dass nur Weiße Zwerge, deren aus Kohlenstoff und Sauerstoff bestehende Kernmasse exakt der Chandrasekharmasse entspricht, auch als Supernovae Typ Ia explodieren können.

Damit steht dieser Gruppe von Sternen stets exakt der gleiche Brennstoffvorrat zur Verfügung, und dies stellt eine auf natürlichem Weg erfolgte Normierung dar.

Hier hört man schon wieder die Überzeugungskraft eines Politikers heraus, und dieser Umstand bringt klar zum Ausdruck, dass ein Haken bei der Sache ist.

Und dieser Haken könnte sein, dass die Supernovae Typ Ia nichts davon wissen, dass sie alles, was vorhanden ist, auf stets die gleiche Art zu verbrennen haben.

Und genau das haben uns die numerischen Simulationen der Supernova-Typ-Ia-Explosionen auch vermittelt, indem sie uns zeigten, dass der Ablauf der Explosion sehr komplex und von physikalischen Feinheiten abhängig ist. Die dabei aufgeworfene Frage, inwieweit der gesamte Brennstoffvorrat immer gleich und auch immer vollständig verbrannt wird, ließ deutliche Zweifel an einem standardisierten Explosionsszenario aufkommen.

Die Qualität der Normierung der Supernovae Typ Ia wird also nicht auf einem so hohen Niveau sein, dass die analytisch erworbene und von uns auch nachvollzogene Basistheorie direkt anwendbar ist.

Auch wenn das theoretische Konzept gezeigt hat, dass Supernovae vom Typ Ia alle gleich gebaut sind, so betraf das bei genauerem Hinsehen nur das Ausgangsprodukt: die Weißen Zwerge.

Wir müssen also davon ausgehen, dass der Idealfall, in dem alles so umgesetzt wird, wie die Politiker es erwarten, vom Realfall ausgehebelt wird, und zwar auf die Art, dass sich ein vom Individualismus geprägtes diversifiziertes Bild ergibt.

Wir müssen somit annehmen, dass das Erscheinungsbild der Typ Ia Supernovae diversifiziert sein wird, und da die Lichtkurven ein Teil diese Erscheinungsbilds sind, gilt das auch für sie. Auch sie werden sich daher in unterschiedlichster Form präsentieren.

Damit stellt sich nun die alles entscheidende Frage: Kann die prinzipiell vorhandene, von der Natur vorgegebene Normierung der Supernovae Typ Ia so nachkalibriert werden, dass präzise Entfernungsbestimmungen möglich werden?

Die Antwort ist ja!

Und wir haben uns zudem die für die Nachkalibrierung erforderlichen Regeln bereits erarbeitet. Wir müssen die Bausteine, die wir uns zurechtgelegt haben, nur noch richtig zusammensetzen.

Und den diesbezüglich wichtigsten Baustein stellt die Korrelation zwischen der Stärke der Explosion und der gespeicherten radioaktiven Energie dar.

Diese Korrelation stellt die Beziehung, die zwischen der Stärke der Explosion, die auf dem Gesamtmassendefekt beruht, der sich aus der unter Umständen auch nur Teilumwandlung des Kohlenstoff-Sauerstoff-Kerns in Nickel ergibt, und der über einen bestimmten Zeitraum hinweg abgegebenen radioaktiven Energie dar, die von exakt derselben Nickelmasse geliefert wird.

Damit ist die produzierte Nickelmasse, obgleich von unbestimmter Größe, sowohl zu der im Maximum freigesetzten Energie als auch zur Summe der über einige Monate frei werdenden radioaktiven Energie proportional. Und nachdem es damit ausschließlich die Nickelmasse ist, die die Explosion einer Supernovae Typ Ia charakterisiert, können die Lichtkurven auch mit der Nickelmasse kalibriert werden. Und dazu müssen wir die Größe der Nickelmasse noch nicht einmal kennen!

Die Aussage, die hier dahintersteht, bedeutet, dass die Breite einer Lichtkurve mit ihrer Maximalhöhe korreliert ist. Und diese Aussage können wir anhand des bestehenden Beobachtungsmaterials problemlos und sofort überprüfen.

Dies ist in Abb. 9.6 „*Helligkeitsverläufe*" geschehen, und wie deutlich zu erkennen ist, zeigt diese Überprüfung, dass es sich hierbei um eine Korrelation handelt, die in feinster Güte von der Natur umgesetzt wird.

Auf der Grundlage dieser theoretisch motivierten Nachkalibrierung, die wegen der Schwankungsbreite erforderlich ist, die sich aus den etwas verschiedenen Explosionsverläufen, die aber dennoch hinsichtlich der Breite und der Höhe der Lichtkurven eine Normierung enthalten, ergibt, können Supernova-Typ-Ia-Erscheinungen nun sogar für präzise Entfernungsbestimmungen im Dunkelrotverschobenen-Alter des Universums verwendet werden.

Abb. 9.6 Wegen ihrer *Helligkeitsverläufe* werden Supernovae vom Typ Ia zu kosmischen Leuchttürmen. (Die Bilder zeigen die Lichtkurven von kosmischen Leuchttürmen, die in unserer Nähe zu finden waren und demnach keine nennenswerten Rotverschiebungen vorzuweisen hatten. © S. Perlmutter, Physics Today, Volume 56, Issue 4 (Grafik unten); NASA, ESA, and A. Riess (STScI) (Bild oben).)

Man benötigt dafür lediglich drei Messgrößen: die charakteristische Breite und die Höhe am Maximum der Lichtkurve sowie die Rotverschiebung z.

Ach ja, es gibt noch eine weitere Kleinigkeit, die fehlt: ein Fingerabdruck!

9.2.3 Der Fingerabdruck hat etwas zu sagen

Das theoretische Verständnis der Nachkalibrierung der Supernovae-Typ-Ia-Lichtkurven verleiht uns im Zusammenhang mit der Tatsache, dass deren Breiten und Höhen tatsächlich die vorhergesagte Korrelation aufweisen, dahingehend ein sicheres „Gefühl“, dass wir diese Objekte eindeutig identifizieren können, um sie dann auch bei großen Rotverschiebungen für Entfernungsmessungen einzusetzen.

Aber reicht einem Wissenschaftler ein „gutes Gefühl“ bei einer Sache?

Sicher nicht!

Um harte verlässliche Zahlen zu produzieren, muss er schon auf „Nummer Sicher“ gehen und überprüfen, ob die Fingerabdrücke der zum Verhör geladenen Gesellen auch zu ihnen passen.

Er muss also auch eine Analyse des spektralen Verlaufs der Helligkeit bei diesen Objekten durchführen.

Abb. 9.6 (Fortsetzung)
Die Lichtkurve einer Supernova stellt den zeitlichen Verlauf ihrer Helligkeit dar.

Dieser Verlauf zeigt ein starkes zeitversetztes Maximum, das den sichtbaren Ausbruch der circa 20 Tage zurückliegenden Supernovaexplosion widerspiegelt.

Der weitere Verlauf ist von der radioaktiven Strahlung von Nickel und dessen Zerfallsprodukten gekennzeichnet.

Die radioaktive Strahlung klingt dabei nach und nach sanft ab, und dieser Prozess zieht sich in deutlich erkennbarer Form über knapp 40 Tage hin.

Dieses Verhalten wird durch die Grafiken im unteren Bereich des Bildes verdeutlicht.

Eigentlich sollten sich Supernovae Typ Ia über ihre Lichtkurven als homogene Gruppe erweisen, sie tun dies, wie im Bild links unten zu sehen ist, jedoch nur sehr bedingt.

Wie im Bild rechts unten zu sehen ist, kann dieses Problem jedoch durch eine einfache Nachkalibrierung behoben werden.

Diese Nachkalibrierung ist möglich, weil die Lichtkurven von Natur aus über den Wert, den die Nickelmasse einer Supernova aufzuweisen hat, ebenfalls kalibriert wurden.

Das bedeutet, dass die aus der Explosion resultierende Nickelmasse sowohl zu der im Maximum freigesetzten Energie als auch zur Summe der über einige Monate frei werdenden radioaktiven Energie proportional ist. Und das bedeutet letztlich, dass die Breite einer Lichtkurve mit ihrer Höhe korreliert ist.

Die Umsetzung dieses Verhaltens stellt die Nachkalibrierung dar, und die zeigt, dass wir die physikalischen Grundlagen der in Supernovae Typ Ia ablaufenden Prozesse ganz gut verstanden haben.

Im oberen Bereich zeigt die Darstellung Bilder (Images) von 39 entfernten kosmischen Leuchttürmen.

Über die Analyse der in diesen Images enthaltenen Helligkeitswerte konnte man zum einen die Supernova-Typ-Ia-Explosionen aufspüren, und zum anderen ergeben die zeitlichen Veränderungen der Beobachtungen die unten dargestellten Lichtkurven.

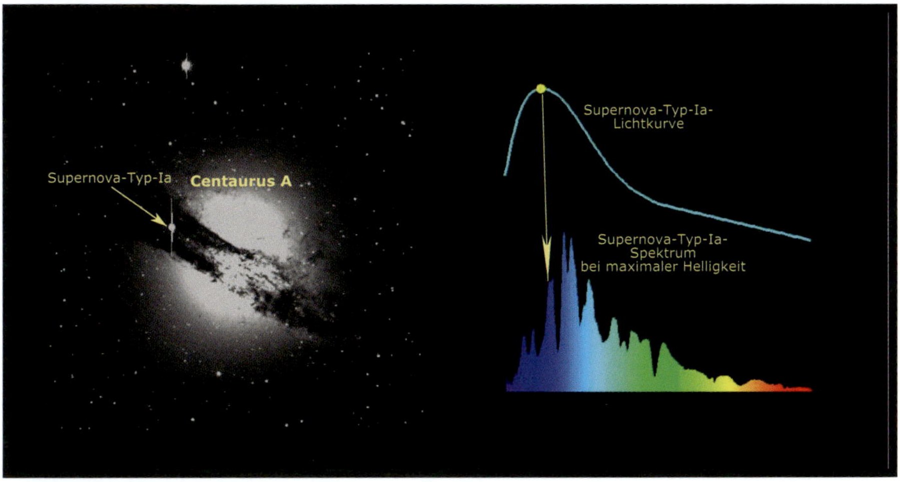

Abb. 9.7 Das Wesen der kosmischen Leuchttürme wird durch den spektralen Charakter ihrer Helligkeitsverläufe offenbart. (Die Gesamthelligkeit der Lichtkurve beinhaltet zu jedem Zeitpunkt einen *Fingerabdruck der Supernova*. Dies wird in der gezeigten Darstellung verdeutlicht. © The Supernova Cosmology Project, S. Perlmutter.)

Das Bild auf der linken Seite zeigt die Galaxie Centaurus A, in der vor geraumer Zeit vermutlich ein Weißer Zwerg als Supernova Typ Ia explodiert ist – naturgemäß sind wir erst kürzlich von diesem Ereignis in Kenntnis gesetzt worden.

Das obere Bild auf der rechten Seite zeigt mit der Lichtkurve den zeitlichen Verlauf der Gesamthelligkeit dieses kosmischen Leuchtturms. (In vertikaler Richtung ist die Gesamthelligkeit und in horizontaler Richtung die Zeit dargestellt.)

Im Maximum dieser Lichtkurve war die Supernova so hell wie die gesamte, auf der linken Seite zu erkennende, Galaxie, in der der Stern explodiert ist.

Das untere Bild auf der rechten Seite zeigt bei maximaler Helligkeit den Fingerabdruck, den spektralen Verlauf, der Supernova Ia.

Dargestellt sind die einzelnen Helligkeitswerte in Abhängigkeit der Wellenlänge, die von links nach rechts ansteigt – je kleiner die Wellenlänge ist, umso größer ist die damit verbundene Energie; die Energie ist also im blau dargestellten Bereich am größten.

Von links nach rechts sehen wir also einen Regenbogen, wobei die Höhenwerte bei den einzelnen Farben den Helligkeitswerten bei den einzelnen Wellenlängen entsprechen.

Die darüber dargestellte Gesamthelligkeit ergibt sich dabei durch die Summation der Helligkeitswerte bei jeder Wellenlänge multipliziert mit dem dazugehörigen kleinen Wellenlängenbereich, auf den sich der jeweilige Helligkeitswert bezieht – man erhält die Gesamthelligkeit also durch eine, auf diesem Weg definierte, Integration des Spektrums.

Und die spektralen Fingerabdrücke der Supernovaspektren haben, hinsichtlich der eindeutigen und verwechselungsfreien Identifizierung der kosmischen Leuchttürme, durchaus etwas zu erzählen (siehe Abb. 9.7 „*Fingerabdruck einer Supernova*").

Sie erzählen uns etwas über die wahren Supernova-Typ-Ia-Kandidaten und geben uns damit die Möglichkeit, die Spreu vom Weizen zu trennen.

Darüber hinaus erzählen sie uns etwas über die **Rotverschiebung**, die bei den auserwählten Kandidaten zutage tritt, und die kann anhand der Lage der auffälligsten spektralen Strukturen auch direkt gemessen werden.

Obwohl das nach einem einfachen Schema klingt, gehen diese Punkte über eine einfache Identifizierung der Objekte deutlich hinaus, denn wir sollten nicht vergessen, dass wir bei diesem Vorgang die Erkenntnisse vom Verhalten der kosmischen Leuchttürme in unserem direkten Umfeld auch auf die Objekte des frühen Universums übertragen, und ob es sich dabei um einen unproblematischen oder einen brandgefährlichen Punkt handelt, müssen wir später erst noch genauer untersuchen.

Die Diagnose des spektralen Verhaltens der Strahlung der kosmischen Leuchttürme erhält damit einen hohen Stellenwert. Denn letztlich kann nur sie gewährleisten, dass am Ende keine Äpfel mit Birnen verglichen werden.

Aber können wir eigentlich Äpfel von Birnen unterscheiden?

Das heißt, haben die Supernovaspektren überhaupt etwas Spezielles an sich?

Das gezeigte Spektrum wurde im Bereich des Maximums der Lichtkurve aufgenommen und hat einen außergewöhnlich charakteristischen Verlauf. Denn die spektralen Strukturen dieses Fingerabdrucks müssen von den zu erwartenden Signaturen der schweren Elemente Kobalt und Eisen sowie von mittelschweren Elementen, die in den äußeren Bereichen nicht oder kaum verbrannt wurden, wie Kalzium, Silizium, Schwefel und Sauerstoff, geprägt sein. Speziell während der ersten Wochen nach der Explosion muss sich dieses Spektrum wegen dieser ungewöhnlichen metallischen Zusammensetzung der Hüllenmaterie im Zusammenspiel mit der erheblichen Ausdehnung und den hohen Geschwindigkeiten des Materials, das dem Spektrum seinen Stempel aufdrückt, gravierend von allem, was einem Teleskop sonst so vor die Linse kommen kann, unterscheiden.

Damit bleibt eigentlich nur eine Frage offen: Führt dieses Verhalten auch zu einem Fingerabdruck, der so charakteristisch ist, dass wir ihn beim bloßen Hinsehen, sozusagen auf einen Blick, unverkennbar einordnen können?

Oder anders formuliert: Stellt das gezeigte Spektrum in der Epoche maximaler Helligkeit ein Referenzspektrum dar?

Präzise kann man diese Frage natürlich erst dann beantworten, wenn man das Zustandekommen dieses Spektrums genau analysiert hat. Was bedeutet, dass anhand von numerischen Simulationen zu überprüfen ist, ob die Spektren, zum Beispiel bei Variation der Hüllenmasse, ihr charakteristisches Erscheinungsbild behalten oder aber sich dieses so stark verändert, dass wir es nicht richtig einordnen würden und damit Zweifel daran hätten, ob es sich in einigen Fällen auch wirklich um Supernovae vom Typ Ia handelt.

Mit diesem Punkt werden wir uns später befassen.

Im Moment beantworten wir unsere Frage auf erheblich pragmatischere Art.

Wir beantworten sie, indem wir stupiderweise für ein großes Sample von bekannten, sich vor unserer Haustür ereigneten, Typ Ia Supernovae die Spektren im Bereich des Maximums der Lichtkurve sichten. Und siehe da, die sehen bis auf wenige Ausreißer, die zudem auffällige Lichtkurven aufzuweisen haben, nahezu exakt gleich aus.

Das ist doch was, darauf kann man einen Eckpfeiler setzen!

Und genau das ist geschehen, wobei die Lichtkurvenanalyse den Eckpfeiler und die Sichtung des Referenzspektrums in der Epoche maximaler Helligkeit dessen Fundament darstellt.

9.3 Die Entdeckung der Dunklen kosmischen Energie

Eine Dampfwalze überrollt die nur noch vage erkennbaren Spuren von Edwin Hubble!

Wir haben uns gründlich vorbereitet und damit die Voraussetzungen geschaffen, den kosmischen Leuchttürmen an den Kragen zu gehen. Das heißt, anhand ihrer Erscheinungsbilder präzise, umfangreiche und tief in den Kosmos reichende Entfernungsbestimmungen durchzuführen.

Dabei ist vor allem die überraschend große Ähnlichkeit der Majorität der beobachteten Typ-Ia-Supernovae die entscheidende Grundlage für deren Einsatzmöglichkeit als kosmologische Entfernungsindikatoren, als Messlatten im Kosmos.

Die Eigenschaft des Gleichverhaltens und die der einzigartigen Präsenz ist es also, die Supernovae vom Typ Ia zu nahezu perfekten kosmischen Leuchttürmen werden lässt.

Und damit sollten sie auch für einen sensiblen Test des Expansionsverhaltens des Universums nachhaltig tauglich sein.

Das war der Ansatz für die groß angelegten Beobachtungsprojekte der beiden Forschergruppen um Saul Perlmutter sowie Brian Schmidt und Adam Riess – für die Analyse der Ergebnisse ihrer Beobachtungsdaten haben sie 2011 dann auch einfach so den Nobelpreis bekommen.

Einfach so?

Nun, einfach so? Natürlich nicht!

Was nun das großräumige und langfristige Expansionsverhalten des Universums im Verlauf der Zeit betrifft, verlangt dieser Test, dass man anhand von gezielten Supernova-Typ-Ia-Beobachtungen tief in die Vergangenheit zurückgehen muss, und zwar bis zu einer Epoche, in der das Universum erst ein Drittel seines heutigen Alters hatte.

Wir müssen also einen gewaltigen Zeitschritt von fast 10 Mrd. Jahren durchleuchten, um die Entwicklung der Expansion transparent werden zu lassen.

Dank unserer guten Vorbereitung haben wir allerdings bereits eingesehen, dass ein solcher Schritt durchaus im Leistungsbereich der kosmischen Leuchttürme liegt, denn mit diesen Freunden des Lichts kann man selbst in ein Dunkelrotverschobenen-Alter, das von einem ***z*-Wert** von 1.5 geprägt ist, fast problemlos vorstoßen.

Dann kann es also losgehen, und mit unserem erworbenen Wissen können wir die domestizierten Unholde nun direkt unter die Lupe nehmen.

Aber wo sind sie?
Wo genau treiben die sich eigentlich rum?

Zur tatsächlichen Durchführung der Entfernungsbestimmungen fehlt also noch eine Kleinigkeit: Wir müssen die kosmischen Leuchttürme zum richtigen Zeitpunkt aufspüren, wobei der richtige Zeitpunkt auch noch bedeutet, dass wir diese flüchtigen Gesellen am Maximum ihrer Lichtkurven erwischen müssen!

Die Suche nach diesen Objekten sollte aber trotzdem ein Kinderspiel sein, denn es haben sich ja schließlich seit der Entstehung der ersten dafür geeigneten Sterne, also in den letzten circa 12.5 Mrd. Jahren, 100 Mio. dieser Explosionen ereignet.

Auf dieser Grundlage sollte es doch komplett unproblematisch sein, aus diesem großen Sample heraus einige lächerliche 100 Objekte auf die Schnelle zu finden.

Wenn wir in den Himmel schauen, stellen wir jedoch fest, dass bei unserer Argumentation ein Haken sein muss, denn wir sehen keine Leuchttürme, und schon gar keine kosmischen!

Nicht ein Stück davon ist zu sehen!

Gibt es die wirklich, oder wo sind sie geblieben?

Sie sind weg, und genau dies entspricht ihrem Wesen!

Denn, sie bleiben nicht – und warten auf uns –, sondern vergehen nach wenigen Monaten wieder und werden in großer Entfernung zu einem Nichts.

Es gibt zudem auch noch ein kleines Handicap, und das betrifft die relative Zahl dieser Objekte.

Denn relativ, pro Galaxie gesehen, sind die Leuchttürme so rar wie Trüffel in unseren Wäldern.

Unsere Galaxie betreffend muss man zum Beispiel 50 Jahre warten, um eine Supernova-Typ-Ia-Explosion erleben zu können.

Da hilft es wenig, mit starrem Blick in den Himmel zu schauen und darauf zu hoffen, dass es eventuell „jetzt doch" passieren könnte.

Fakt ist, dass bei derart seltenen Bühnenauftritten ein geplantes Vorgehen erforderlich ist, wenn man am Ende als Teilnehmer registriert sein will.

Nachdem dabei sein alles ist, muss man sich also geschickt anstellen!

Um die Suche in einem vernünftigen, zeitlichen Rahmen zu halten, bedarf es daher eines klaren Plans, und der besteht darin, die Suche mit System und vor allem automatischen Teleskopen durchzuführen.

Mit diesen automatischen Teleskopen werden zunächst Referenzaufnahmen von sehr vielen Sternfeldern aufgenommen; diese Referenzaufnahmen werden in regelmäßigen Zeitabständen mit wiederholt durchgeführten Beobachtungen verglichen. Als Resultat liefern diese Vergleiche automatisch ein Differenzmuster, das das, was vorübergehend in Erscheinung tritt und als neu hinzugekommen betrachtet werden muss, zeigt.

Aus einem bestimmten Sternfeld kann man auf diesem Weg somit die neuen Lichtquellen problemlos herausfiltern, aber da kann jedoch alles Mögliche dabei sein: aktive galaktische Kerne, Novae, **Supernovae Typ II**, Ib oder Ic. Es ist unglaublich, was sich im Universum so alles herumtreibt, und es gilt jetzt, das Gute, das sich uns offenbaren will, herauszufiltern.

Dafür benötigt man in einem zweiten Schritt die spektralen Fingerabdrücke von allen interessant aussehenden Objekten. Und das ist endlich die Stunde der Großteleskope, die für die Durchführung dieses Schritts ihre wahre Berechtigung erfahren und uns zeigen, dass ihre kostspielige Anschaffung sich gelohnt hat.

Über die erhaltenen spektralen Beobachtungen können die Supernova-Typ-Ia-Kandidaten nunmehr identifiziert werden, und dabei wird die ebenfalls erforderliche Rotverschiebung gleich mitgeliefert.

Für die positiv identifizierten Supernova-Typ-Ia-Objekte benötigt man jetzt nur noch die möglichst präzise und umfangreich aufgezeichneten Lichtkurven, und die werden in einem finalen Schritt von speziell dafür vorgesehenen Teleskopen geliefert.

Auf diesem Weg konnten die beiden erwähnten Forschergruppen bislang über 100 mittel- bis dunkelrotverschobene kosmische Leuchttürme für ihre Untersuchung beobachten.

Das in Abb. 9.8 „*Vermessung des Universums*" dargestellte Ergebnis dieser Untersuchung ist aber schlichtweg schockierend!

Nahezu alle Supernovae vom Typ Ia mittlerer bis hoher Rotverschiebung erscheinen uns lichtschwächer, als sie uns nach dem Standardmodell der Kosmologie erscheinen dürften!

Es war doch aber gerade das Standardmodell, das hinsichtlich seines Expansionsverhaltens im Verlauf der Zeit bestätigt werden sollte, und jetzt stellt sich heraus, dass die neuen Beobachtungswerte außerhalb seiner Reichweite liegen: Sie tummeln sich im Bild im blauen, eigentlich verbotenen Bereich, der oberhalb der Grenzlinie, die ein absolut leeres, energie- und masseloses Universum widerspiegelt, liegt.

Nachdem grundsätzlich zu erwarten wäre, dass alle plausiblen möglichen Zustandsformen unseres Universums sich unter dieser Grenzlinie anzusiedeln haben, nehmen wir dieses Ergebnis mit nachhallendem Schrecken zur Kenntnis.

Und es ist eigentlich noch viel schlimmer, denn der Bereich, in dem nahezu alle neu gewonnenen Messwerte liegen, ist komplett disjunkt von dem Bereich, der unserem Universum aufgrund seiner vorhandenen positiven Masse und Energie zuzuordnen ist.

Mit dem Universum, das wir bisher glaubten zu kennen, hat dieses Ergebnis nichts zu tun!

Denn unser Universum wird ja schließlich wegen der nachweislich vorhandenen Masse in seinem Expansionsdrang abgebremst. Demgegenüber scheinen all diese Objekte zu einem Universum zu gehören, das scheinbar zwangsläufig von negativer Masse, und nachdem wir Schwierigkeiten haben, dies ohne Weiteres zu akzeptie-

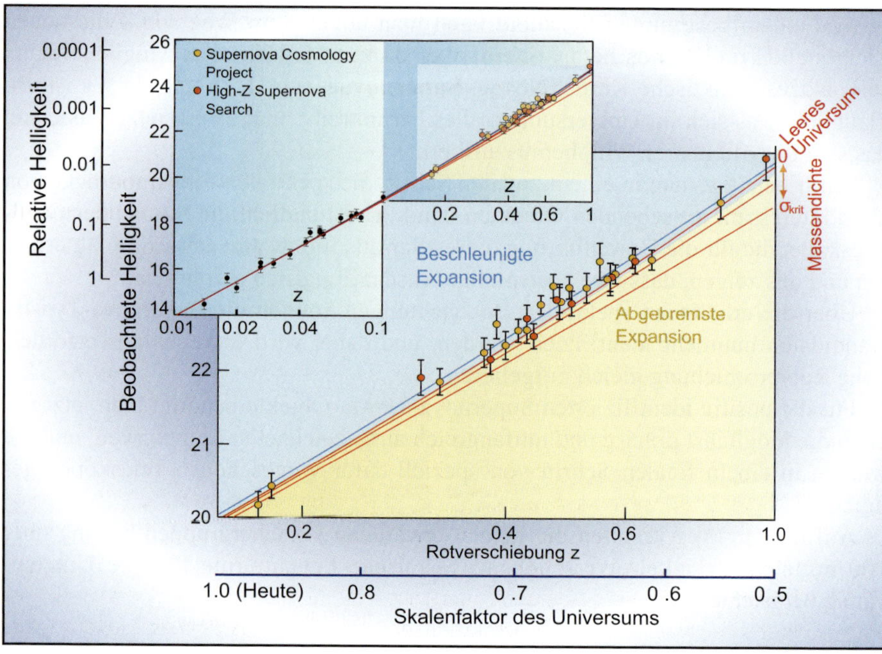

Abb. 9.8 Die *Vermessung des Universums*. (In diesem Bild werden die beiden wichtigsten Beobachtungsgrößen der kosmischen Leuchttürme einander gegenübergestellt. Es handelt sich dabei in vertikaler Richtung um die Helligkeit („observed magnitude"), die nach oben hin abnimmt, und in horizontaler Richtung um die Rotverschiebung *z*, die nach rechts hin zunimmt. © für die Darstellung: S. Perlmutter, Physics Today, Volume 56, Issue 4.)

Das Interessanteste in dieser Darstellung sind die dunkelrotverschobenen Objekte im oberen Bereich, die z-Werte bis zu 1 erreichen, wobei ein z-Wert von 0.1 bereits einer Entfernung von 1 Mrd. Lichtjahren entspricht.

Das kleinere, oben eingebettete Diagramm zeigt im unteren Teil Objekte, die wir als lokal ansehen, wohingegen im oberen Bereich die dunkelrotverschobenen Leuchttürme diesen gegenübergestellt werden.

Es ist deutlich zu erkennen, dass die Objekte im oberen Bereich von der vorgegebenen Linie der lokalen Objekte zu geringeren Helligkeiten hin abweichen.

Dies ist insofern schockierend, da damit die meisten dunkelrotverschobenen Supernovae im blauen Bereich zu liegen kommen, der dadurch gekennzeichnet ist, dass er *weniger Masse und Energie als ein leeres Universum* enthält.

Diese Objekte stellen sich damit für uns als lichtschwächer dar, als sie es dem kosmologischen Standardmodell zufolge sein dürften, und ihre Lage in diesem Bereich des Diagramms hat gravierende Konsequenzen für unser gesamtes Weltbild!

(Ein interessanter Vergleich zeigt uns, dass das von Edwin Hubble ursprünglich erstellte Diagramm noch nicht einmal im links oben dargestellten, für kleine z-Werte hochaufgelösten Teil erfasst wird. Edwin Hubbles Werte endeten bei einem z-Wert von 0.004, was einer Fluchtgeschwindigkeit von 1200 km/s entspricht, wobei hier erst bei einem Wert von 0.01 begonnen wird – und der Wert betrifft lokale Leuchttürme, die direkt vor unserer Haustür zu finden sind.)

ren, von *negativer Energie*, die antigravitativ wirkt und dementsprechend in hohem Maße als „*Dunkel*" betrachtet werden muss, geprägt ist.

Das muss so sein, *denn dieses Universum ist ja weniger als leer*!

Jetzt müssen wir aufpassen, dass nicht alles aus dem Ruder läuft!

Unser Ziel war es, den fehlenden Beitrag zur **kritischen Massendichte** σ_{krit}, die fehlenden 70 %, zu finden und nicht ein Universum, das weniger als nichts enthält.

Was ist da schiefgelaufen?

Das können wir noch nicht genau sagen, das gilt es später noch genauer zu analysieren.

Was wir allerdings jetzt schon sagen können, ist, dass diese explodierten Objekte selbstverständlich zu unserem Universum gehören und damit auch einen Anspruch darauf haben, nicht ignoriert zu werden.

Den Fehler, diesem Anspruch nicht gerecht zu werden, werden wir sicherlich nicht begehen; und demgemäß werden wir unser ursprüngliches Ziel, für dessen geradliniges Erreichen uns dieser Beobachtungsbefund ohne einige wirklich harte Klimmzüge nicht viel weiter bringt, etwas zurückstellen.

Stattdessen werden wir kurzfristig ein neues Ziel anvisieren, und das wird darauf ausgerichtet sein, dass wir die Korrektheit des erhaltenen Beobachtungsbefundes sicherstellen.

Wir akzeptieren damit das Ergebnis der Untersuchung weit entfernter explodierter Sterne, das dazu geführt hat, etwas Antigravitatives zu entdecken, nur unter Vorbehalt.

Aus der Sicht unseres ursprünglichen Plans ist es an diesem Punkt somit unumgänglich, dass wir uns die Grundlage für dieses merkwürdige Ergebnis zunächst etwas genauer ansehen.

Und diese Grundlage stellt die kosmischen Leuchttürme selbst und die Entwicklung, die zu ihnen geführt hat, dar.

Über die Supernovae Typ Ia und ihre Vorläufersterne sind wir allerdings bestens informiert!

Wir wissen, wie die Explosionen ablaufen und welche Endprodukte sich daraus ergeben, und dass dieses Explosionen zu charakteristischen spektralen Fingerabdrücken führen, die es uns gestatten, diese Objekte auf einen Blick zu erkennen.

Wir wissen, dass es sich bei den Vorläufersternen um spezielle **Weiße Zwerge** handelt, die eine Masse aufweisen, die durch die **Chandrasekharmasse** vorgegeben ist.

Wir wissen aber auch, dass diese Masse für Weiße-Zwerg-Sterne nur schwer zu erreichen ist, und eigentlich wissen wir nicht wirklich, woher diese Weiße-Zwerg-Sterne genau kommen und was ihre Geschichte ist.

Wir haben auch keine Kenntnis von der Zusammensetzung und über das Zustandekommen der Supernovae-Typ-Ia-Spektren und ob diese bei etwas unterschiedlichen Ausgangsbedingungen oder geringfügig verschiedenen Explosionsabläufen ihr charakteristisches Erscheinungsbild beibehalten oder aber stärker verändern und ob dies bedeutungsvoll ist oder nicht.

Dieser Mangel an Kenntnis könnte sich rächen, und zwar im Zusammenhang mit der Extrapolation, die wir durchgeführt haben.

Denn wir haben bei unserem Vorgehen die Erkenntnisse, die wir vom Verhalten der kosmischen Leuchttürme, die sich in unserem direkten Umfeld ereignen, auf die fernen Objekte des frühen Universums übertragen.

Wir haben also unsere Erkenntnisse extrapoliert, und das könnte sich in Unkenntnis der wahren Situation als Fehler erweisen.

Für ein in sich geschlossenes Bild, das zu einem tragfähigen Fundament für die entdeckte „*Dunkle Energie*" führen sollte, fehlen uns also noch einige Bausteine, und um die sollten wir uns nun kümmern.

10 Sagen die kosmischen Leuchttürme die Wahrheit?

Der Lieferant für den gewaltigen Energieschub, der einen speziellen **Weißen Zwerg**, dessen Masse gleich der **Chandrasekharmasse** ist, zu einer Supernova-Typ-Ia-Explosion werden lässt, ist die spontane Fusion von Kohlenstoff.[1]

Das haben wir verstanden!

Was wir hingegen nicht verstanden haben, ist, wie es ein Stern schaffen kann, sich die Chandrasekharmasse in einem Zustand anzueignen, in dem er in seinem Zentralbereich noch im Besitz von diesem brennbaren Material ist.

Denn Objekte, denen es gelingt, ihren innersten Kern mit der Chandrasekharmasse auszustatten, müssten nach unserem Verständnis in einem energetisch verbrauchten Zustand sein.

So, wie die **massereichen Sterne**, bei denen Druck und Temperatur im Zentrum so groß werden, dass auf das Heliumbrennen das Kohlenstoffbrennen folgt und schließlich – in immer kürzeren Abständen, da die Fusion der schwereren Atomkerne jeweils immer weniger ergiebig wird – das Neon-, Sauerstoff- und Siliziumbrennen, bis hin zu Eisen, dem stabilsten Atomkern.

Auf dieser Grundlage wird durch Schalenbrennvorgänge immer mehr Eisen auf den Kern deponiert, bis dieser die Chandrasekharmasse erreicht.

Der auf die Chandrasekharmasse verweisende Kern besteht in diesem Fall also aus Eisenasche, und der Zustand, in den dieser Kern seinen Stern gebracht hat, ist auch noch extrem instabil.

Denn die Schalenbrennvorgänge deponieren weiterhin Eisen auf den Kern, sodass dieser zwangsläufig die Chandrasekharmasse überschreiten muss, und dem-

[1] Nachdem dieser spezielle Weiße Zwerg mit der Chandrasekharmasse nicht nur eine außergewöhnliche Masse besitzt, sondern auch keinen spezifizierbaren Radius vorzuweisen hat und zudem nicht mehr als gebundenes System zu betrachten ist, stellt er streng genommen gar keinen Stern mehr dar!
Es handelt sich dabei um einen „Grenzgänger", der eine instabile Materieansammlung darstellt.

A. W. A. Pauldrach, *Das Dunkle Universum,* DOI 10.1007/978-3-642-55373-8_10

gemäß fällt der Kern innerhalb von Millisekunden in sich zusammen, und erst der ungewöhnliche Zustand des **Neutronensterns** vermag den Kollaps zu stoppen.

Die nachfallende Hülle prallt dann mit hoher Geschwindigkeit auf den neu gebildeten Neutronenstern, und in der sich dann ausbreitenden Schockwelle werden kurzzeitig sehr hohe Temperaturen erreicht.

Die dadurch in der Hülle verstärkte Kernfusion setzt noch einmal kurzeitig große Energiemengen frei, die diese in einer immensen **Supernovaexplosion** zerreißen.[2]

Aber das sind nicht unsere Supernovae, wie wir wissen.

Denn die Vorläufersterne unserer Supernovae sind nicht nur im Besitz eines die Chandrasekharmasse repräsentierenden Kerns und eines gehörigen Brennmaterialdepots, sondern der auf der Chandrasekharmasse beruhende Kern ist zugleich dieses Depot!

Damit drängt sich nach unserem bisherigen Verständnis keine spezielle Sterngruppe auf, die zu den Vorläufersternen der **kosmischen Leuchttürme** führen könnte.

Was wir unter diesem Blickwinkel ausschließen können, ist, dass es sich bei dieser Sterngruppe um massereiche Sterne handelt, da diese, in den speziellen durch die Chandrasekharmasse gekennzeichneten Zustand, grundsätzlich erst am Ende ihrer Fusionsbrennkette geraten können, und da liegt im Kern ja bereits nicht weiterverwertbares Eisen vor.

Zudem läuft bei diesen Sternen das Kohlenstoffbrennen unauffällig ab, denn ihre Gravitationswirkung ist groß genug, um die erforderliche Brenntemperatur und den dazu passenden Druck, deren Größen einen harmlosen Verlauf der Kohlenstofffusion gewährleisten, einzustellen.

Also bleiben nur die weniger massereichen Sterne, zu denen auch unsere Sonne zu zählen ist und deren Entwicklung nach dem Heliumbrennen genau im richtigen Stadium – dem der aus Kohlenstoff und Sauerstoff bestehenden Weißen Zwerge – endet, als Kandidaten für die Vorläufersterne der kosmischen Leuchttürme übrig.

Bei diesen Sternen hat man nun aber das Problem, dass die auf ihrer Masse beruhende Gravitationswirkung grundsätzlich nicht ausreicht, um die Kerntemperatur, den Bedürfnissen des Kohlenstoffbrennens entsprechend, hochzufahren.

Es sei denn, einzelne Vertreter dieser Sterngruppe haben einen Zugriff auf die Chandrasekharmasse.

Die löst dieses Problem, zumindest für diese Untergruppe von Sternen, mit traumwandlerischer Sicherheit.

Wie die Theorie der Sternentwicklung zeigt, liegt die Masse der Sterne, die den Weg zu den Weißen Zwergen beschreiten – und das sind nahezu alle Sterne –, in diesem Stadium allerdings ausnahmslos unterhalb der Chandrasekharmasse!

---

[2] Im Kap. 5.3 „*Der Kollaps eines Kerns*" wird das Geschehen, das zur **Kernkollaps-Supernova** führt, ausführlicher dargestellt.

Darüber sollten wir uns allerdings nicht beschweren, denn andernfalls würde ein nennenswerter Bruchteil der Sterne als Supernova Typ Ia enden. Und da würde uns das Lachen schnell vergehen, denn es würde sich pausenlos an allen Ecken und Enden ein derartiges Schreckensschauspiel ereignen, wobei wir keine Möglichkeit hätten, in Deckung zu gehen.

Ein solches Szenario wäre auch aufgrund der „Metallverseuchung“ in den galaktischen Bereichen ein Trauerspiel, wobei der Name des Rädelsführer dieser Kampagne schnell ausgemacht wäre, da sich der Protagonist „Eisen“, wegen seiner Schwere, nicht leicht verstecken kann!

Eisen, das, von den Supernovaexplosionen freigesetzt, die Zusammensetzung des Interstellaren Mediums mittlerweile so stark verändert hätte, dass neben dem vorhandenen Wasserstoff überwiegend Gebilde wie Miniaturnägel durch das All schießen würden.

Aus dieser Substanz hätte schon lange nichts brauchbares Stellares mehr entstehen können, denn die Sternentstehungsgebiete des Universums bestünden ja zu einem großen Teil aus nicht weiter verbrennbarer Asche, was ein Synonym für Eisen ist.

Als mögliche Leidtragende dürfen wir nun erfreulicherweise feststellen, dass dem nicht so ist: Das Universum ist von einem Zustand der Metallverseuchung weit entfernt!

Daraus folgt aber, dass die Untergruppe der Weißen Zwerge, die die Chandrasekharmasse erreichen kann, extrem klein sein muss.

Um welche Untergruppe es sich dabei handelt, ist gegenwärtig jedoch unklar.

Dies herauszufinden und zweifelsfrei zu klären, markiert den Stand der aktuellen Forschung.

Gleichwohl hat sich die Astrophysik auf ein spezielles Szenario, das diese Untergruppe der Weißen Zwerge repräsentieren soll, festgelegt und favorisiert dies.

Mit einem Einblick in dieses Szenario werden wir versuchen zu klären, inwieweit ein tragfähiges Gebäude dahintersteht.

In einem weiteren Schritt werden wir uns zudem, aus einer gewissen Zwangssituation heraus, mit einer alternativen Möglichkeit, diese explosive Untergruppe der Weißen Zwerge einzugrenzen, befassen.

Wenn wir kurz innehalten, müssen wir allerdings feststellen, dass die Situation im Moment etwas verwirrend ist: Wir beobachten allgegenwärtige Supernova-Typ-Ia-Explosionen, haben deren Wirkungsweise verstanden und stellen anhand der Analyse dieser Objekte das Universum auf den Kopf, aber wo diese Objekte herkommen, das wissen wir nicht.

Wenn wir unsere kopfschüttelnde Verstörung über diese Tatsache einmal kurz beiseite schieben, stoßen wir auch noch auf eine andere, damit im Zusammenhang stehende, aber latent schlummernde Frage: Weshalb ist das Verständnis der Vorläufersterne eigentlich so wichtig für den Umgang mit den kosmischen Leuchttürmen?

Dieser Punkt ist jedoch einfach einzusehen: Solange wir nicht sicher wissen, woher die Vorläufersterne der kosmischen Leuchttürme kommen, so lange können wir auch nicht sicher sein, dass das Verhalten dieser Objekte im frühen Universum exakt gleich dem ist, wie wir es heute im Bereich des vor unserer Haustür liegenden Superhaufens lokal wahrnehmen.

Was sollte sich nun aber geändert haben in der Zeit vom frühen Universum bis zur Gegenwart?

Die Verteilung der Elemente hat sich geändert!

Und wie wir gesehen haben, entscheidet die darüber, ob ein Stern mit 1000 Sonnenmassen entstehen muss oder ein Stern mit einer Sonnenmasse entstehen kann.

Die Verteilung der Elemente hat also einen maßgeblichen Einfluss auf die Struktur und die Entwicklung der Sterne.

Und dies bedeutet, dass damals, im primordialen Dunkelrotverschobenen-Alter, sich andere Sternpopulationen ausgebildet haben. Sternpopulationen, die mangels einer effizienten Kühlung der im Interstellaren Medium sich strukturierenden Molekülwolken, aus denen sie entstanden sind, vermehrt massereichere Sterne als die heutigen Sternpopulationen enthielten.

Dies führte somit zu einer anderen Ausgangsmassenverteilung der Sterne, als wir sie heute bei effizienterer Kühlung der Molekülwolken, die nunmehr vermehrt über schwerere Elemente abläuft, vorfinden.

Aus diesem Grund können im gegenwärtigen Zeitalter im Mittel auch kleinere Objekte wie unsere Sonne entstehen.

Diese chemische Entwicklung des Universums haben wir maßgeblich den Supernovaexplosionen zu verdanken (sowohl den Kernkollaps-Supernovae wie auch den Supernovae vom Typ Ia), die durch ihre selbstzerstörerische Art die Zusammensetzung des Interstellaren Mediums permanent verändern.

Es wäre naiv zu glauben, dass die Vorläufersterne der Supernovae vom Typ Ia von diesen Vorgängen unberührt geblieben sind.

Auch sie werden folglich eine Entwicklung ihrer Entstehungsweise mitgemacht haben.

Dementsprechend muss davon ausgegangen werden, dass die damaligen Vorläufersterne zumindest nicht von gleicher chemischer Zusammensetzung waren, wie es die heutigen sind.

Dieser Punkt ist naturgemäß mit den **Lichtkurven** eng verknüpft.

Natürlich konnten wir uns davon überzeugen, dass Typ Ia Supernovae, nicht zuletzt wegen ihrer stets gleichen Ausgangsmasse – der Chandrasekharmasse –, eine intrinsische Normierung aufweisen. Wir haben jedoch auch zur Kenntnis genommen, dass diese Normierung dennoch nachkalibriert werden musste.

Das theoretische Konzept, das wir uns erarbeitet haben, hat zwar gezeigt, dass Supernovae vom Typ Ia grundsätzlich gleich gebaut sind, aber das betraf nur den Idealfall.

Die realen Supernovae vom Typ Ia zeigen sehr wohl eine intrinsische Schwankungsbreite in ihrem Erscheinungsbild, und die kann sehr wohl auch einem Alterungsprozess unterliegen.

Das heißt, die Kalibrierung, die wir für „erdnahe" Supernovae gefunden haben, kann sich intrinsisch durchaus von einer Kalibrierung, die sich für Typ Ia Supernovae des frühen Universums ergibt, unterscheiden.

Die angesprochene Unsicherheit stellt natürlich die Existenz der Dunklen Energie nicht infrage, denn dass „Chandrasekharmassen" auch im frühen Universum explodiert sind, bezweifelt zum einen niemand; zum anderen liegen in hinreichendem Maße Beobachtungsbefunde vor, die allesamt dies bestätigen.

Demgegenüber stellt die bestehende Verunsicherung allerdings zumindest eine weitergehende, präzisere Quantifizierung der Dunklen Energie, die fortwährend im Gange ist, infrage.

Wir müssen die physikalischen Abläufe der Supernovae Typ Ia sehr genau nachvollziehen und die entstandenen Endprodukte präzise analysieren, um sicher sein zu können, dass die kosmischen Leuchttürme des frühen Universums genau von der gleichen Art sind, wie es die sind, die wir gegenwärtig in unserer näheren Umgebung beobachten. Und diese Untersuchung schließt die Klärung über das Wesen der Vorläufersterne selbstverständlich mit ein!

10.1 Die Vorläufersterne und ihre ausgeklügelte Tarnung

Was unser Gesamtkonzept zur Klärung der Supernova-Typ-Ia-Explosionen betrifft, befinden wir uns in keiner sonderlich komfortablen Situation. Denn die Unkenntnis über den Werdegang der Vorläufersterne der Supernovae vom Typ Ia stellt eine ernstzunehmende Schwachstelle dar. Und es ist nicht so, dass nur uns die Kenntnis vom Werdegang dieser Vorläufersterne der kosmischen Leuchttürme im Moment fehlt, sondern es ist leider so, dass diese Kenntnis die Astrophysik auch nicht hat!

Dieser Umstand bedeutet für uns, dass wir überlegt und besonnen vorgehen müssen, wobei wir vor allem keine, auf subjektiven Einschätzungen beruhende, und damit schwerwiegende Fehler machen dürfen.

Und diese machen wir sicherlich nicht, wenn wir ganz vorurteilsfrei noch einmal bei null anfangen, wobei wir die Fakten, bei denen wir Klarheit haben, nochmals zusammenstellen und interpretieren wollen.

Dabei stellen wir fest, dass es von diesen Fakten gar nicht viele gibt.

Genaugenommen gibt es sogar nur zwei wesentliche Fakten, bei denen wir die Vorläufersterne der Supernovae vom Typ Ia betreffend wirklich Klarheit haben.

Hinsichtlich Fakt 1 ist festzustellen, dass Supernovae Typ Ia in ihren Spektren keine Signaturen, die auf Bestandteile von Wasserstoff oder Helium hinweisen, zeigen.

Und hinsichtlich Fakt 2 stellen wir fest, dass es keinen Reststern gibt, der eine Supernova-Typ-Ia-Explosion übersteht.

Es ist nicht zuletzt der fehlende Reststern, der den entscheidenden Hinweis auf eine thermonukleare Kohlenstoff-Sauerstoff-Explosion liefert, da nur auf diesem Weg die erforderliche Energie, die nötig ist, um einen Stern auch komplett zu zerstören, aufgebracht werden kann.

Fakt 1 ergänzt diese Aussage dahingehend, dass es sich bei den Vorläufern um Sterne handeln muss, die am Ende ihrer Entwicklung stehen, da der allgegenwärtige Brennstoff – Wasserstoff – bereits vollständig verbraucht wurde; und da weder **Neutronensterne** noch **Schwarze Löcher** als Trophäen verbleiben, kommen als Kandidaten – wie bereits vermutet – nur Weiße Zwerge in Betracht.

Unsere Ausgangsbasis ist also wasserdicht und durch die Beobachtung abgesichert!

Ebenfalls durch die Beobachtung abgesichert ist die Tatsache, dass nur eine extrem kleine Untergruppe der Weißen Zwerge die Chandrasekharmasse erreichen kann, da uns andernfalls, salopp gesprochen, das Universum mit einem gigantischen Eiseninhalt um die Ohren fliegen würde.

Das war es, was wir auf direktem Weg durch die Beobachtung absichern können!

Ab jetzt müssen wir indirekt agieren, indem wir einer theoretischen Überlegung folgen und versuchen, diese durch Beobachtungsfakten zu stützen oder aber zu falsifizieren.

Wir müssen also ab jetzt eigenständig nach wissenschaftlichen Prinzipien vorgehen!

Wer aber soll dieses Projekt leiten?

Der am besten qualifizierte Freiwillige scheint der Vorläuferstern selbst zu sein!

Also sollten wir uns in unserem Vorgehen durch sein Votum beziehungsweise sein Veto leiten lassen – wobei wir die Hoffnung hegen, dass er sich aufgrund seiner Eitelkeit dadurch verrät und wir ihn auf diesem Weg aufspüren können.

Die Aufgabe besteht also darin, eine infrage kommende Untergruppe der Weißen Zwerge herauszufiltern und zu überprüfen, ob die dazugehörigen Objekte die Chandrasekharmasse erreichen können.

Nachdem diese Untergruppe gegenwärtig nicht wirklich bekannt ist, koppeln wir uns mit diesem Schritt nicht nur an den Stand der aktuellen Forschung an, sondern wir werden sogar versuchen, darüber hinaus zu gehen – vorausgesetzt, es gelingt uns, herauszufinden und zu klären oder zumindest einzuschränken, wie der Werdegang der Objekte dieser Untergruppe sich darstellt.

Was uns der Vorläufer bereits mitgeteilt hat, ist seine Masse, die der Chandrasekharmasse entspricht. Also müssen wir eigentlich nur die Massenverteilung der Weißen Zwerge analysieren und die Gruppe von Sternen herausfiltern, die über der Grenzmasse liegen – Voilà!

An dieser Stelle fangen wir uns jedoch das erste Veto unseres Projektleiters ein, denn sowohl die Beobachtung als auch die Analyse der Weißen Zwerge ist problematisch.

Es gibt sogar gleich drei Punkte, die unseren Trivialvorschlag, wie man das Rätsel der Vorläufersterne auflösen kann, torpedieren.

Mit Punkt 1 stellen wir fest, dass Weiße Zwerge nicht hell genug sind, um weithin sichtbar zu sein. Es ist also gar nicht möglich, hinreichend viele zu beobachten, um auf diesem Weg ihre Sterngrößen zu bestimmen und damit ihre Massenverteilung einzusehen.

Punkt 2 vermittelt uns, dass es, von wenigen Spezialfällen abgesehen, keine verlässliche Methode gibt, die Entfernung oder den Radius von einzelnen Weißen Zwerge zu bestimmen – dies wäre die Grundvoraussetzung, um die individuellen Massen dieser Objekte zu ermitteln.

Und gemäß Punkt 3 stellt die Theorie der Sternentwicklung zwar eine Möglichkeit dar, um für einzelne Weiße Zwerge die Massenverteilung abzuschätzen, aber diese legt eine maximale Masse von einer Sonnenmasse für Weiße Zwerge als obere Grenze fest.

Es zeigt sich sogar, dass die Mehrheit der Weißen Zwerge, der Theorie zufolge, eine Masse von lediglich 0.6 Sonnenmassen hat. Den Weißen Zwergen fehlt es also – selbst im günstigsten Fall – zu mehr als 50 % an Masse, um die Chandrasekharmasse zu erreichen!

In diesem Zusammenhang müssen wir allerdings auch feststellen, dass wegen des Hemmschuhs der ersten beiden Punkte die Theorie der Sternentwicklung hinsichtlich all ihrer Aussagen bislang nicht verlässlich überprüft werden konnte.

Die Weißen Zwerge verstecken sich also, und die Theorie der Sternentwicklung macht uns das Leben schwer!

Es bleibt also nur die Möglichkeit, dass wir uns ein Szenario zurechtschneidern, das die Existenz der Vorläufersterne der Supernovae Typ Ia aus sich heraus erklären kann.

Was diesen Punkt betrifft, hat sich die Astrophysik auf ein spezielles Szenario, das die gesuchte Untergruppe der Weißen Zwerge repräsentieren soll, so stark festgelegt, dass sie es auch favorisiert.

Und die Grundlage für dieses Szenario stellen Doppelsternsysteme dar.

Im Vertrauen in die zielsicheren Einschätzungen der Astrophysik werden wir uns – zusammen mit unserem Projektleiter – einem Einblick in dieses Szenario verschaffen und versuchen zu klären, inwiefern es auch ein tragfähiges Gebäude liefert.

10.1.1 Fein getunte Doppelsternsysteme als schmucke Kandidaten

Von Roten Riesen gespeiste Weiße Zwerge sollen es richten!

Es gibt also ein Standardszenario, das die unmittelbaren Vorgänger der Supernovae Typ Ia hervorbringen soll.

In diesem Szenario geht man davon aus, dass ein Weißer Zwerg und ein **Roter Riese** ein enges Doppelsternsystem bilden.

In diesem Doppelsternsystem ist es der Weiße Zwerg, der sich schneller entwickelt, und das bedeutet, dass sein Partner, der Rote Riese, mit einer kleineren Ausgangsmasse werdegangsmäßig hinterherhinkt.

Und dennoch zahlt er die Zeche – der Rote Riese – und das ist das Besondere an diesem System!

In diesem Standardszenario der Astrophysik strömt Materie vom Roten Riesen zum Weißen Zwerg, und das geschieht primär aus einem Grund: Der Rote-Riesen-Stern hat eine derart gewaltige Größe, dass er seine äußeren Bereiche gerade noch so an sich binden kann; und das bedeutet, dass sie auf dem Weg zum ungebundenen Zustand sind.

Diese Schwachstelle hat der Weiße Zwerg erkannt und nutzt sie gnadenlos aus, indem er seine eigene Gravitation ins Spiel bringt, und die funktioniert wie ein Zapfhahn.

Er saugt also das Material der äußeren Bereiche des Roten Riesen auf, wodurch seine Masse natürlich stetig zunimmt, und davon lässt er sich so lange nicht abbringen, bis er die Chandrasekharmasse erreicht hat.

Wie wir wissen, hat sich der Weiße Zwerg damit letztendlich deutlich übernommen, und als Konsequenz wird er instabil und erhält damit die Lizenz zum Zünden (siehe Abb. 10.1 „*Schema der Akkretion*").

Ein solches Doppelsternsystem stellt auch IK Pegasi, unser vermeintlich bedrohlicher Nachbar, dar.

Er ist allerdings nur auf der Grundlage dieses Szenarios bedrohlich. Sieht man davon ab, ist er nur ein zumeist unauffälliger, von gelegentlichen kleineren Ausbrüchen beseelter Querulant im Universum.

Ob IK Pegasi in einer Entfernung von gerade einmal 150 Lichtjahren tatsächlich einen potenziellen Kandidaten für eine Supernova-Typ-Ia-Explosion darstellt, hängt allerdings von Details ab.

Diese Details muss uns das Standardszenario zwar noch offenbaren, aber eine grobe Vorstellung vom Ablauf haben wir schon bekommen, und dieser spiegelt bereits eine nette und runde Geschichte wider.

Aber hat diese auch etwas mit der Wirklichkeit zu tun?

Was meint unser Projektleiter dazu?

Er legt erneut ein Veto ein!

Warum macht er das?

Er macht es, weil es nicht genügend geeignete Doppelsternsysteme gibt, die die Anzahl der Supernova-Typ-Ia-Explosionen erklären könnten!

Diese erschreckende Erkenntnis stellte die Grundmotivation dafür dar, groß angelegte Beobachtungsprogramme ins Leben zu rufen, um mit diesen nach geeigneten Doppelsternvorläufern zu suchen.

Die Hoffnung dabei war, dass man von diesen Objekten doch mehr findet, als die Hochrechnungen andeuteten.

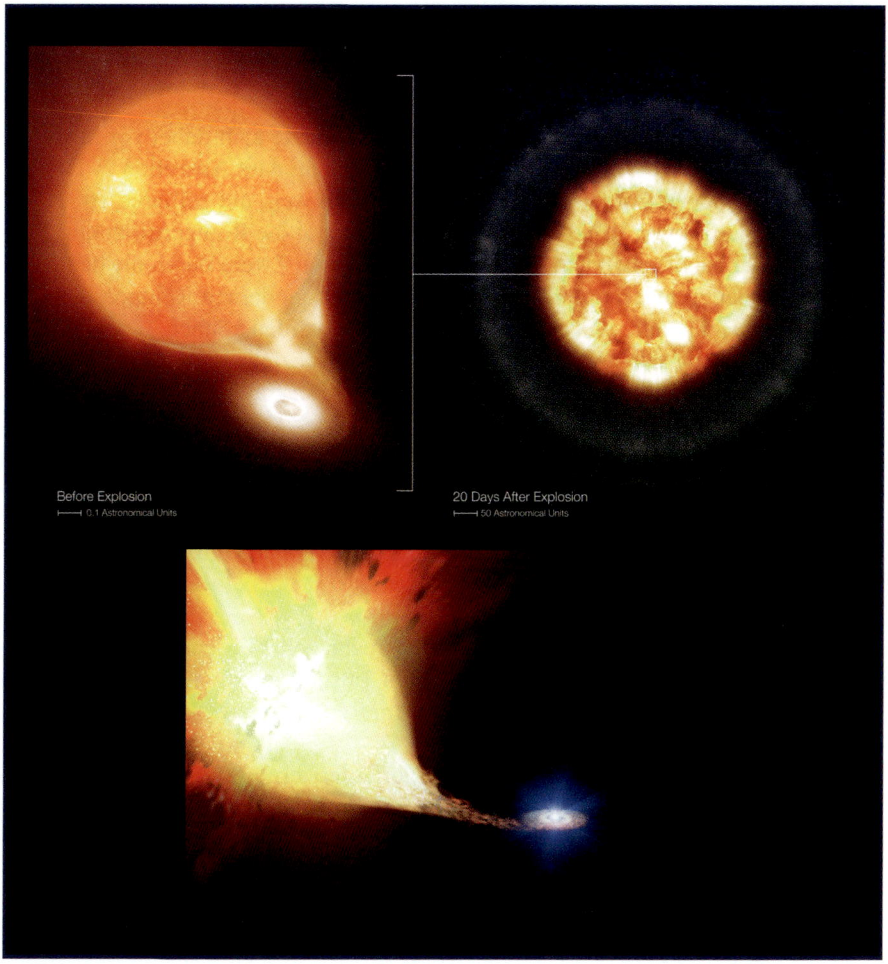

Abb. 10.1 Weiße Zwerge und ihr vermeintlich fremdverschuldeter explosiver Charakter. (Das Bild illustriert das *Schema der Akkretion* der Materie von einem Begleitstern auf einen Weißen-Zwerg-Stern. © ESO (Bild oben), European Space Agency and Justyn R. Maund (University of Cambridge) (Bild unten).)

In der oberen Darstellung illustriert das Bild auf der linken Seite, wie Materie von einem Begleitstern auf den Weißen Zwerg, der sich im Zentrum der durch diesen Prozess entstandenen Akkretionsscheibe befindet (weißer Bereich im Bild), übertragen wird.

Der Weiße Zwerg saugt förmlich Materie von dem benachbarten Roten-Riesen-Stern ab, wobei es der Drehimpuls der Sternmaterie ist, der die rotierende Gasscheibe – Akkretionsscheibe – um den Weißen Zwerg ausbildet.

Gemäß dieser Vorstellung erreicht der Weiße Zwerg, wegen des steten Massenzuwachses durch die Materie, die ihm aus der Akkretionsscheibe zufließt, mit der Chandrasekharmasse einen kritischen Zustand und zündet in sich selbst die thermonukleare Fusion, die zu einer Typ-Ia-Supernovaexplosion führt.

Diese ist im oberen Bereich auf der rechten Seite bezüglich der Epoche maximaler Helligkeit, die nach circa 20 Tagen erreicht wird, dargestellt, wobei das ursprüngliche Doppelsternsystem, wie zu sehen ist, nur einen winzigen Bereich im Zentrum der Supernova ausfüllt.

Des Weiteren hoffte man, dass sich auch ein größerer Bruchteil der gefundenen Objekte als „vorläufergeeignet“, also eng genug, erweist, als die vorliegenden Fakten erkennen ließen.

Das vielversprechendste Beobachtungsprogramm stützte sich dabei vor allem auf den Röntgensatelliten „Chandra“, denn man wusste ja, dass Akkretion in Doppelsternsystemen über die gesamte Akkretionsphase hinweg, die bei circa 10^7 Jahren liegt, zur Emission von Röntgenstrahlung führt, wobei die Röntgenstrahlung beim Auftreffen der nachfließenden Materie auf den Weißen Zwerg durch die dabei auftretenden hohen Temperaturen erzeugt wird, die mit modernen Röntgensatellitenteleskopen, wie Chandra eines darstellt, beobachtet werden können.

Die Auswertung der Messungen, die für sechs speziell ausgewählte Galaxien durchgeführt wurden, ergab nun aber, dass die Röntgenstrahlung um den Faktor 50 zu klein ist!

Zu klein bedeutet, dass die Röntgenstrahlung um den Faktor 50 größer sein müsste, um die Anzahl der im gegebenen Zeitraum von 10^7 Jahren sich zu ereignenden Supernova-Typ-Ia-Explosionen zu erklären.

Das heißt also, dass die Vorläufersterne der Supernovae vom Typ Ia nur zu 5 % akkretierende Doppelsternsysteme sein können!

Damit hat unser Projektleiter wieder einmal recht gehabt, denn dieses Ergebnis wirft das Doppelstern-Akkretionsszenario als Lösungsansatz für das Rätsel der Supernova-Typ-Ia-Vorläufersterne klar aus dem Rennen.

Ob akkretierende Doppelsternsysteme als Vorläufersterne für Supernovae Typ Ia überhaupt geeignet sind, ist auch aus einem anderen Grund äußerst zweifelhaft: Neben dem Phänomen der Supernova Typ Ia werden auch kleinere, sich periodisch wiederholende, explosionsartige Ausbrüche beobachtet, die man Novae nennt.

Diese Novaausbrüche werden nun nachweislich von Weißen Zwergen, die der akkretierende Teil in Doppelsternsystemen sind, ausgelöst.

Das theoretische Modell dazu ist unmittelbar einsichtig: Durch den Massentransfer auf den Weißen Zwerg vergrößert sich dessen äußere Wasserstoffschale, die über dem Kohlenstoff-Sauerstoff-Kern liegt. Aufgrund der gewaltigen Gravitationsanziehung des Kerns verdichtet sich diese Schale, wodurch sich die Temperatur so schnell und deutlich erhöht, dass schlagartig der Prozess des Wasserstoffschalenbrennens ausgelöst wird.

Abb. 10.1 (Fortsetzung) Das untere Bild verdeutlicht die wahren Größenverhältnisse, die zwischen einem akkretierenden Weißen Zwerg und einem zur Spende gezwungenen Roten Riesen bestehen.

In dieser Darstellung ist der gewaltige Durchmesser des Roten Riesen zu erahnen, wobei nur der kleine Rüssel, über den der Materietransfer erfolgt, zu sehen ist.

Die daraus resultierende Miniexplosion nennt man Flash, und durch diesen Flash wird die gesamte vom Weißen Zwerg mühevoll akkretierte Masse wieder abgestoßen.

Der Weiße Zwerg befindet sich also wieder in seiner Ausgangssituation und muss, im Hinblick auf eine mögliche Supernova-Typ-Ia-Explosion, wieder von vorne anfangen.

Statt dieses Ziel jemals zu erreichen, stellt sich jedoch ein periodischer Vorgang ein, an dessen Ende sich jeweils ein Flash ereignet.

Die Zeitskala dieses periodischen Vorgangs hängt maßgeblich von der Geschwindigkeit des Massentransfers ab, und am Ende dieses Schleifenzyklus verbleibt ein Doppelsternsystem, das aus zwei Weißen Zwergen besteht.

Damit scheidet das Akkretionsszenario nicht nur als Lösungsansatz für das Rätsel der Supernova-Typ-Ia-Vorläufersterne aus; es disqualifiziert sich sogar als Erklärungsansatz für pekuliare Explosionen, die nicht ins genormte Raster passen und gelegentlich beobachtet werden.

Das Nova-Geschehen lässt nun aber das Doppelsternszenario in neuem Gewand wieder auferstehen, denn wir haben als Endergebnis zwei eng verbundene Weiße Zwerge erhalten, und die können zusammen eine Masse aufbringen, die über der Chandrasekharmasse liegt.

Um allerdings etwas bewirken zu können, müssen die beiden Weißen Zwerge erst einmal verschmelzen.

Der Schlüssel dazu sind Gravitationswellen, die vom System ausgesendet werden, was dazu führt, dass der Bewegungsimpuls im Laufe der Zeit verloren geht und die beiden Objekte in einer Spirale aufeinander zustürzen, um letztlich eine Einheit zu bilden.

An diesem Punkt schüttelt der Projektleiter bereits den Kopf und legt abermals ein Veto ein – wo also ist der Haken?

Dieses Szenario hat in der Tat zwei gravierende Probleme: Zum einen zeigen Beobachtungen, dass es auch von diesen Systemen nicht genügend gibt – ein einfaches Argument in dieser Richtung haben wir bereits, denn die Vorgänger dieser Objekte waren ja die in nicht hinreichendem Maße vorhandenen, akkretierenden Doppelsternsysteme.

Das zweite Problem wiegt allerdings sogar noch schwerer, denn das Verschmelzen zweier Weißer Zwerge führt natürlich nicht zur Chandrasekharmasse, sondern entweder zu einem **Neutronenstern** oder aber einer Supernova, die in einem Massenbereich liegt, bei dem die Chandrasekharmasse selbst nur die untere Grenze darstellt.

Es wird vermutet, dass derartige Über-Chandrasekharmassen-Supernovae auch zu einer **Hypernovaexplosion** gepaart mit einem **Gammastrahlenblitz** führen können.

Auf jeden Fall liegen solche Objekte nicht in dem Rahmen, den wir suchen, und könnten somit lediglich die bereits erwähnten und auch beobachteten Ausrutscher erklären, die bei der analytischen Auswertung der Daten der kosmischen Leuchttürme jedoch sowieso nicht in Betracht gezogen, sondern aussortiert werden.

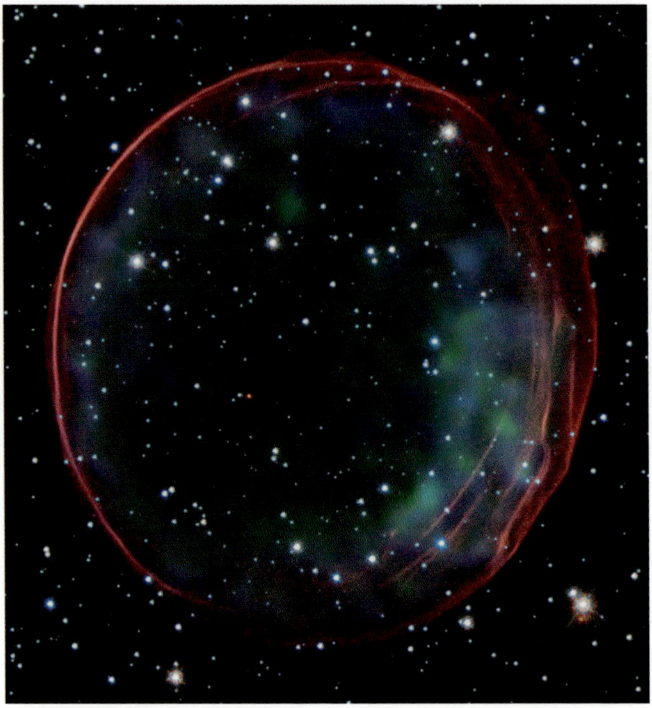

Abb. 10.2 Der Fall *unauffindbarer Begleitstern*. (Das Bild zeigt, in Kombination einer HST- und einer Chandra-Beobachtung, den Überrest der Supernova (SNR 0509-67.5). Das vom Hubble-Weltraumteleskop beobachtete sichtbare Licht ist glänzend rot und das vom Chandra X-ray Observatory beobachtete Röntgenlicht ist grünlich dargestellt. © NASA/CXC/SAO/J. Hughes et al. (Röntgen-Bild); NASA/ESA/Hubble Heritage Team (STScI/AURA) (Bild im optischen Bereich).)

Im Zentrum dieses Überrestes einer Supernova (SNR 0509-67.5), die vor ungefähr 400 Jahren in der circa 160 000 Lichtjahre entfernten Großen Magellan'schen Wolke stattfand, sollte sich eigentlich der Begleitstern zum explodierten Weißen Zwerg befinden, der ist aber nicht zu sehen!

Auch die Aufbietung neuester Methoden zur Identifizierung von lichtschwachen Objekten brachte nichts zutage.

Das heißt, entweder hatte der Weiße Zwerg keinen Begleitstern, oder es handelte sich dabei ebenfalls um einen Weißen Zwerg.

Das Doppelsternszenario zerrinnt uns also zwischen den Fingern!

Wir dürfen aber nicht vergessen, dass es sich dabei um das Standardszenario der Astrophysik handelt, und die weiß sich natürlich durchaus zu wehren!

Und dementsprechend wurden Rettungsmaßnahmen ergriffen, die im Wesentlichen in zwei weiteren Programmen mündeten.

Das erste Programm bestand darin, nach den vermeintlichen Begleitsternen der Vorläufersterne von älteren Supernovae, deren Überreste auf Supernova-Typ-Ia-Explosion hinweisen, zu suchen.

Ein Ergebnis dieser Suchaktion ist in Abb. 10.2 „*Unauffindbarer Begleitstern*" dargestellt, und gemäß diesem Ergebnis wurde nichts gefunden. Und das stellt auch

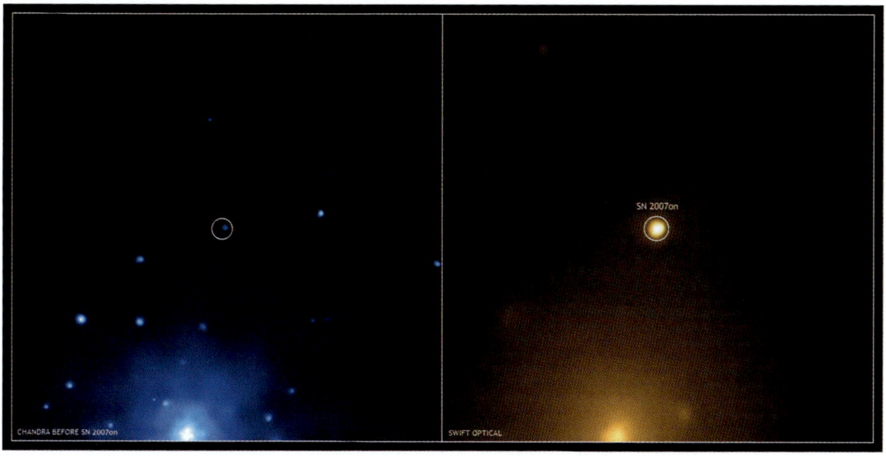

Abb. 10.3 Die Identifizierung eines Doppelsternsystems, das vermeintlich zur *Supernova SN 2007on* führte, hätte der Beweis für das Standard-Vorläuferszenario sein können, aber die tückischen Vorläufersterne haben die Astrophysik mal wieder vorgeführt! (Das rechte Bild zeigt die in der elliptischen Galaxie NGC 1404 beheimatete Supernova SN 2007on, und im linken Bild ist das gleiche Gebiet vor der Explosion als Röntgenbild, das vom „Chandra X -ray Observatory" aufgenommen wurde, zu sehen. © X-ray: NASA/CXC/MPE/R. Voss et al.; Optical: NASA/Swift.)

Die Position der Supernova SN 2007on ist im Chandra Bild auf der linken Seite mit einem weißen Kreis gekennzeichnet.

Nachdem die gefundene Röntgenstrahlungsquelle innerhalb des Kreises liegt, war man sich sicher, dass sie als Doppelsternsystem den wahrscheinlichen Vorläufer für die Supernova darstellt.

Genaue Messungen zeigten aber einen kleinen, und dennoch signifikanten Unterschied in den gemessenen Positionen der Supernova und der Röntgenquelle – dieser Unterschied ist im linken Bild durch den Versatz zwischen der Röntgenquelle und der Mitte des Kreises, die die Position der Supernova darstellt, deutlich erkennbar –, was diese als Vorläuferobjekt ausschließt.

der Status quo dar: Bis zum heutigen Tage wurde kein Begleitstern zu einem Vorläuferstern einer älteren Supernova Typ Ia, die durch ihren Überrest aufgespürt wurde, gefunden.

Das zweite Beobachtungsprogramm, das nach dem Motto „die Hoffnung stirbt zuletzt" gestartet wurde, stützte sich darauf, akkretierende Doppelsternsysteme, die gemäß ihrer emittierenden Röntgenstrahlung lokalisiert werden können, individuell unter Beobachtung zu stellen.

Und im Jahr 2007 passierte es dann tatsächlich: Eine Supernova Typ Ia brach in einem akkretierenden Doppelsternsystem aus!

Der Überraschungseffekt war gewaltig, und erster Aktionismus machte sich breit, denn man wusste jetzt, dass die Karten neu gemischt waren.

Doch nach einer abwägenden intensiven Diskussion kam ein Rückzieher: Die Supernova SN 2007on lag daneben!

Eine präzise Messung ergab, dass die Supernova sich knapp neben dem Doppelsternsystem ereignet hat (siehe Abb. 10.3 „*Supernova SN 2007on*").

Man könnte nun sagen, knapp daneben ist auch vorbei und damit die Sache abhaken, aber das wäre ein Fehler, denn diese Beobachtung ist trotz des vermeintlichen Fehlschlags von extremer Wichtigkeit: Die Helligkeit des kosmischen Leuchtturms zeigt uns die Entfernung an, es kann also nicht sein, dass ein mögliches anderes Doppelsternsystem, das den Vorläuferstern bereitgestellt hätte, deutlich weiter entfernt war und aus diesem Grund nicht beobachtet wurde.

Das heißt aber, dass der wirkliche Vorläuferstern in der gleichen räumlichen Region wie das beobachtete Doppelsternsystem lag. Wenn er also ebenfalls Bestandteil eines Doppelsternsystems gewesen wäre, hätte man es entdeckt; und das heißt, dass der Vorläuferstern dieses kosmischen Leuchtturms kein Doppelsternsystem war!

Statt eines Belegs, der das Doppelsternszenario stützt, erhalten wir also jetzt einen Beleg, der dieses Szenario mehr denn je infrage stellt. Ja, es wird durch diesen Beleg regelrecht ausgehebelt.

Ein Doppelsternsystem war es also nicht, das den Grenzgängerstern mit seiner Chandrasekharmasse ausgebildet hat und dieser dann das bekannte Explosionsszenario in Form der Supernova SN 2007on durchlief!

Ähnlich viel Aufsehen erregte der Fall SN 2011fe, aber wie in der Legende der Abb. 10.4 „*SN 2011fe*" ausführlich dargelegt wird, fand man auch hier in der Sache Begleitstern nichts!

Aus unserer Sicht ist damit jedenfalls sowohl das Akkretionsszenario als auch das Doppelsternszenario an sich als grundlegender Lösungsansatz für das Rätsel der Supernova-Typ-Ia-Vorläufersterne endgültig aus dem Rennen; und wir sollten auch nicht vergessen, dass auch das Votum des Projektleiters in dieser Hinsicht ebenfalls eindeutig war.

Wenn es aber keine Doppelsternsysteme sind, was sind dann die Vorläufersterne der kosmischen Leuchttürme?

10.1.2 Zentralsterne Planetarischer Nebel bringen sich ins Spiel

Das Standardszenario der Astrophysik hat also nicht gegriffen, denn die Doppelsternszenarien haben uns bei der Lösung des Problems der Vorläufersterne nicht weitergebracht, und damit scheint die Situation aussichtslos zu sein!

Sie scheint aber nur aussichtslos zu sein, denn da gab es einen Satz: „Wegen des Hemmschuhs der ersten beiden Punkte konnte die Theorie der Sternentwicklung hinsichtlich dieser Aussage bislang nicht verlässlich überprüft werden."

Und der Hintergrund für diese Aussage war, dass die Theorie der Sternentwicklung eine maximale Masse von einer Sonnenmasse für Weiße Zwerge als obere

Abb. 10.4 Die Galaxie M101 kennen wir wie unsere Westentasche, und deshalb fand man am Ort von *SN 2011fe* den Begleitstern „Nichts"! (Das Bild zeigt die Typ Ia Supernova SN 2011fe, die im August 2011 in M101 in einer Entfernung von rund 21 Mio. Lichtjahren entdeckt wurde. © B. J. Fulton (LCOGT)PTF.)

Rechts unterhalb der Galaxie M101 ist der kosmische Leuchtturm, SN 2011fe, deutlich zu sehen.

Was im Gegensatz dazu nicht auffindbar ist, ist der vermeintliche Begleitstern des Vorläufer-Weißen-Zwergs!

In diesem Fall ist dieser Fehlbefund aber hochgradig bedenklich, denn in M101 entgeht uns nichts, da kennen wir jede Hausnummer, und mit dem vorhandenen Beobachtungsmaterial kann man eine ganze Stadt tapezieren. Dieses wurde dann auch nachhaltig gesichtet, was aber nur Verzweiflung hervorgebracht hat, denn nach dem Ausschließungsprinzip blieb nichts übrig.

Wegen der fehlenden UV- und Radiostrahlung sowie keinem erkennbaren optischen Signal kam vorübergehend nur ein Hauptreihenstern mit weniger als 1 Sonnenmasse oder ebenfalls ein Weißer Zwerg als Begleiter in Betracht.

Aber Röntgenaufnahmen aus der Zeit vor dem Ausbruch zeigten am Ort des Geschehens keine Quelle, und damit ist ein Weißer Zwerg als Begleiter ebenfalls auszuschließen.

Was den Hauptreihenstern betrifft, würde der in einem engen Doppelsternsystem bei einer Supernovaexplosion so viel Energie aufnehmen, dass er expandieren müsste und für einen Zeitraum von vielen 1000 Jahren eine Helligkeit vom Tausendfachen der Sonne aufweisen würde, er müsste also bereits seit einiger Zeit gut zu sehen sein, was nicht der Fall ist.

Damit kann auch ein solcher Stern als Begleiter des Vorläufersterns von SN 2011fe ausgeschlossen werden.

Und somit sind für SN2011fe alle anerkannten Vorläuferszenarien auszuschließen!

Grenze festlegt, wobei der Hemmschuh darin bestand, dass die Weißen Zwerge ihre Massen nur in wenigen Ausnahmefällen preisgeben, da diese in der Regel nicht bestimmt werden können.

Und jetzt sind wir es, die einen Rettungsanker werfen; und der besteht darin, dass wir davon ausgehen, dass die Vorläufersterne gar keine beobachtbaren Weißen Zwerge werden, sondern bereits vorher explodieren!

Sie explodieren, bevor sie die finale Grabstätte des Weißen-Zwerg-Stadiums erreicht haben – der Projektleiter lächelt.

Gemäß dieser Vorstellung wären die Vorläufersterne also doch Einzelsterne, und ihr Entwicklungsstadium läge zwischen dem der **Roten Riesen** und dem der **Weißen Zwerge**; und Sterne, die sich in diesem Stadium befinden, nennt man „**Zentralsterne Planetarischer Nebel**"!

Der Werdegang der Zentralsterne Planetarischer Nebel beginnt bereits im Wirkungsbereich ihrer Vorläufersterne, den Roten Riesen, und zwar am sogenannten asymptotischen Riesenast, auf dem ein Stern die kühlste Oberflächentemperatur besitzt, die er annehmen kann.

Dabei versteckt sich der bereits voll ausgebildete Weiße Zwerg im Inneren des Roten Riesen und entledigt sich auf dem asymptotischen Riesenast eines Großteils seiner Hüllen.

Er wirft dort nahezu die Hälfte seiner Masse in Form eines Planetarischen Nebels ab, der für wenige 10 000 Jahre ein farbenprächtiges Schauspiel liefert (siehe Abb. 10.5 „*Helix-Nebel*").

Daraufhin nähert sich der Zentralstern dann dem Weißen-Zwerg-Stadium an.

Auf dem Weg dorthin ist er jedoch nicht untätig, sondern verbrennt in seiner verbliebenen Hülle stetig Wasserstoff und Helium in Schalen, die sich über dem Kohlenstoff-Sauerstoff-Kern ausgebildet haben.

Die alles entscheidende Frage betrifft nun die Masse dieser Sterne: Was ist die obere Grenze der Masse bei den Zentralsternen? Und, kann die Masse dieser Objekte auf der Grundlage von Beobachtungen bestimmt werden?

Beim Herantasten an Antworten auf diese Fragen stellen wir zunächst fest, dass im Hinblick auf Zentralsterne Planetarischer Nebel von den drei Punkten, die wir bei den Weißen Zwergen für die Lösung des Rätsels der Vorläufersterne als kritisch eingestuft haben, nur zwei übrig bleiben. Denn Zentralsterne sind natürlich hell genug, um weithin sichtbar zu sein. Es ist also problemlos möglich, eine entsprechend große Gruppe von diesen Objekten zu beobachten und zu analysieren.

Die verbleibenden kritischen Punkte betreffen allerdings auch im Falle der Zentralsterne die Entfernungsbestimmung zu den Objekten und die aus theoretischen Überlegungen resultierende Obergrenze der Masse.

Denn es gibt auch keine verlässliche Methode, um die Entfernung oder den Radius von einzelnen Zentralsternen zu bestimmen – auf diesem Weg könnte speziell das obere Ende der Massenverteilung dieser Objekte bestimmt werden.

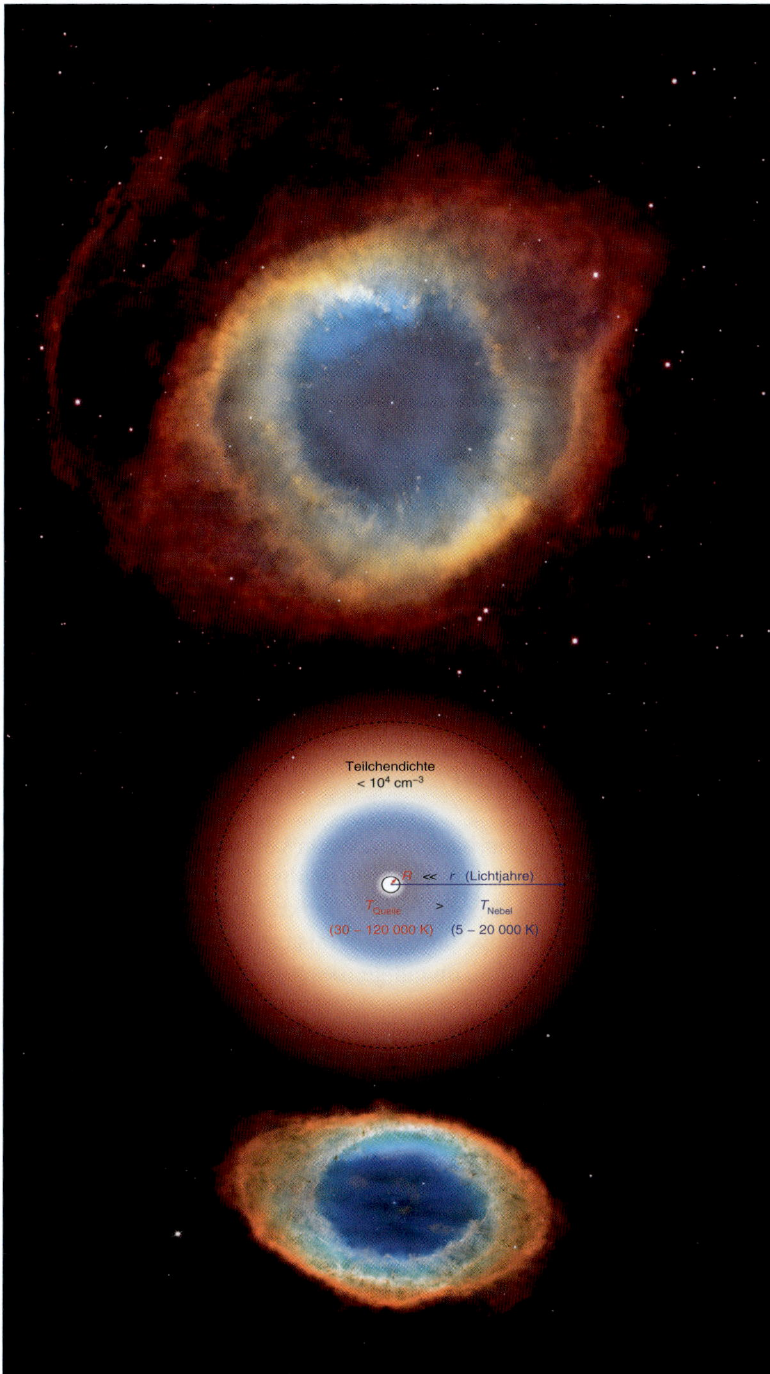

Abb. 10.5 Weiße Zwerge und ihr selbstverschuldeter explosiver Charakter. (Das Bild zeigt im oberen Bereich den *Helix-Nebel* und im unteren Bereich den Ring-Nebel (M57), deren mittlere Dichte bei circa 10 000 Teilchen/cm^3 liegt. © NASA, ESA, C.R. O'Dell (Vanderbilt University),

Und die Theorie der Sternentwicklung spielt auch bei den Zentralsternen nicht mit und legt auch hier als obere Grenze, in vollständig analoger Weise zu den Weißen Zwergen, eine maximale Masse von etwas mehr als einer Sonnenmasse fest, und damit fehlen, selbst im günstigsten Fall, fast 50 %, um die **Chandrasekharmasse** zu erreichen!

Es ist jedoch auch hier so, dass die Theorie der Sternentwicklung hinsichtlich der Aussage, die den Grenzwert der Masse betrifft, bislang nicht verlässlich überprüft werden konnte.

Obwohl der letzte Punkt das Dilemma, das letztlich zu den Doppelsternszenarien geführt hat, unterstreicht, haben wir unseren Rettungsanker aber nicht umsonst geworfen. Denn seit Kurzem gilt die erste einschränkende Aussage so pauschal nicht mehr, da für Zentralsterne großer Helligkeit eine neu entwickelte Methode zur Verfügung steht, anhand der die Massen für solche Objekte bestimmt werden können.

Die Grundlage für diese Methode ist die Diagnose des spektralen Verhaltens der Strahlung in Verbindung mit der numerischen Simulation der expandierenden Atmosphären heißer Sterne, und zu der Gruppe von Sternen, auf die diese Methode anwendbar ist, gehören auch die hellen Zentralsterne.

Um nun die Ergebnisse der Analyse der spektralen Fingerabdrücke einer ausgewählten Gruppe von Zentralsternen verstehen zu können, müssen wir uns allerdings mit dieser Methode noch etwas besser vertraut machen.

10.1.3 Die Fingerabdrücke empfehlen: Zentralsterne Planetarischer Nebel

Darauf basierend, dass die numerische Simulation von stellaren Spektren eines der grundlegendsten Werkzeuge der modernen Astrophysik ist, haben wir im Hinblick auf **Zentralsterne Planetarischer Nebel** ein konkretes Ziel: Wir wollen die Massen einer bestimmten Untergruppe dieser Zentralsterne bestimmen. Und auf dieser Grundlage wollen wir überprüfen, ob einige dieser Massenwerte auch den Bereich

Abb. 10.5 (Fortsetzung) M. Meixner and P. McCullough (STScI) (Bild oben); NASA, ESA, and the Hubble Heritage (STScI/AURA) (Bild unten).)

In der Mitte der Bilder sieht man den jeweiligen Zentralstern als winzigen weißen Punkt. Dieser wird von seinem Planetarischen Nebel umgeben, den er durch seine Strahlung zum Leuchten anregt.

Der Durchmesser des oberen Nebels beträgt circa 3 Lichtjahre und der des unteren 1 Lichtjahr, wobei der Abstand des Helix-Nebels bei circa 600 Lichtjahren und der des Ring-Nebels bei circa 2000 Lichtjahren liegt.

Die Farben entsprechen den Ionisationszonen des Nebels, wobei zunächst zweifachionisierter Sauerstoff (O III – im inneren Bereich blau darstellt) zu erkennen ist – dies deutet auf eine höhere Temperatur von circa 20 000 K hin –, wohingegen im äußeren Bereich die Emission von Wasserstoff und einfachionisiertem Stickstoff (N II – im Bild rot darstellt) dominiert – dies entspricht einer kühleren Temperatur von circa 10 000 K.

Damit leuchten die Nebel sehr intensiv, und dies lässt auf hohe Temperaturen der Zentralsterne von circa 40 000 bis 50 000 K schließen.

Genauere Aussagen über die zentralen Objekte erhält man aus der Analyse des spektralen Fingerabdrucks des jeweiligen Zentralsterns.

der Chandrasekharmasse tangieren. Dazu müssen wir allerdings etwas genauer als in einem früheren Kapitel dargelegt verstehen, wie man die Massen solcher Sterne anhand von Analysen der spektralen Fingerabdrücke auf praktische Art bestimmen kann; und dazu müssen wir verstehen, auf welchen physikalischen Zusammenhängen diese Art der Diagnose basiert.

Nachdem die grundlegenden Informationen über die Beschaffenheit heißer Sterne von deren Spektren geliefert werden, besteht das grundsätzliche Ziel der Diagnose des spektralen Verhaltens der Strahlung darin, aus dem beobachteten Spektrum konkrete Rückschlüsse auf den physikalischen Zustand der Bereiche des Sterns zu ziehen, die die beobachtete Strahlung tatsächlich emittieren.

Dieser Schritt erfordert die numerische Simulation der Atmosphären und der umgebenden Hüllen der zu analysierenden Sterne, wobei das Resultat ein synthetisch berechnetes Spektrum darstellt, das daraufhin mit einem beobachteten verglichen werden kann, um auf diesem Weg die Größen, die das Spektrum maßgeblich prägen, zu adjustieren und somit deren Werte konkret zu finden. Zu diesen Größen zählt die Oberflächentemperatur, die **Leuchtkraft**, die Masse sowie die Zusammensetzung der chemischen Elemente eines Sterns.

Die Möglichkeit, die Sternmasse zu bestimmen, stellt das Besondere an einer solchen, auf Zentralsternspektren angewendeten, Analysetechnik dar, denn auf diese Größe hat man normalerweise, wie dies zum Beispiel bei der Analyse des Sonnenspektrums der Fall ist, keinen Zugriff.

Der tiefere Grund dafür ist in der im Vergleich zum Sternradius extrem geringen Schichtdicke der Atmosphäre der Sonne, was auch auf die überwiegende Mehrzahl der Sterne zutrifft, zu finden.

Bei einer derartigen atmosphärischen Schichtdicke ist der Umfang des äußeren Radius nahezu identisch mit dem Umfang des inneren Radius, sodass man in diesem Fall von einer planparallelen Schichtung spricht.[3]

Das bedeutet aber, dass die Atmosphäre selbst keine näheren Informationen über den Radius des gastgebenden Sterns hat; und eine ihr selbst nicht vorliegende Information kann die Atmosphäre natürlich auch nicht preisgeben, egal wie ausgefeilt die befragende Analysetechnik auch vorgehen mag.

Nachdem der Radius des Sterns seine Spuren in der Atmosphäre nicht hinterlassen hat, hilft es auch wenig, dass die Schwerebeschleunigung des Sterns die Dichteschichtung der Atmosphäre festlegt. Damit wird zwar sie selbst zur bestimmbaren Größe, aber ohne Kenntnis des Radius ist ein Rückschluss auf die Masse gleichwohl nicht gegeben.

[3] Diese planparallele atmosphärische Schichtung wird bei der Sonne und nahezu allen anderen Sternen als Photosphäre bezeichnet. Die Sonnenstrahlung, die wir wahrnehmen, kommt ausschließlich aus der Photosphäre, obwohl diese nur eine Schichtdicke von 300 km hat, was gerade einmal 0.4 Promille des Sonnenradius ist.

Der Zugriff auf den Radius und damit die Entfernung sowie die Masse eines Sterns wird den Analysetechniken der spektralen Fingerabdrücke also in der Regel verwehrt. Wie wir aber aus eigener Erfahrung wissen, gibt es rein prinzipiell keine Regel, die nicht mit Ausnahmen zurechtkommen muss, und so ist es auch in dem hier vorliegenden Fall.

Die Sternmasse wird bei der Analyse der spektralen Fingerabdrücke von Zentralsternen Planetarischer Nebel zur bestimmbaren Größe, weil diese Sterne, ebenso wie **Megasonnen**, Sternatmosphären vorzuweisen haben, die ausgedehnte Hüllen mit expandierendem Charakter ihr Eigen nennen.

In Form dieser Hüllen treibt ein ausgewachsener Sternwind die äußeren Schichten des Sterns vor sich her, wobei im Falle der Zentralsterne Maximalgeschwindigkeiten von 200 bis 1000 km/s und Massenverlustraten, die in der Regel nicht über 5 Erdmassen pro Jahr liegen, auftreten (siehe Abb. 10.6 „*HD 184738*").

Nachdem diese Art der Expansion auf der Absorption von Photonen beruht, die identisch mit denen sind, die für die Ausbildung der Spektrallinien zuständig sind, wobei der Impulsübertrag vom Strahlungsfeld auf die Materie über diese Spektrallinien letztlich für die Expansion verantwortlich ist, kann beides, das Spektrum und die Expansion, parallel und mit gleicher Qualität simuliert werden.[4]

Das Strahlungsfeld bildet also beides gleichzeitig aus, das Spektrum und die ausgedehnte Expansionsstruktur der Materie.

Auf dieser Grundlage besteht nun die Möglichkeit, die Masse des Sterns zu bestimmen, da die Strukturen der Spektrallinien von der dynamischen Bewegung der Materie, für die sie ja auch selbst verantwortlich sind, geprägt werden, wobei die Gravitation und damit die Masse des Sterns eine abbremsende Wirkung auf die dynamische Bewegung der Materie hat und auf diesem Weg auch das Geschwindigkeitsfeld beeinflusst; und das bedeutet, dass die Strukturen der Spektrallinien maßgeblich von der Sternmasse abhängen.

Letztendlich heißt dies, dass sich die Masse des Sterns im Profil jeder einzelnen Spektrallinie, die im expandierenden Teil der Atmosphäre gebildet wird, widerspiegelt!

Wie wir bereits gesehen haben, erfordert die Berechnung des Geschwindigkeitsverlaufs auch eine konsistente Behandlung der Beschleunigung infolge der Absorption von Photonen durch die Spektrallinien. Da diese Berechnung aber analog zur Berechnung des synthetischen Spektrums erfolgt, unterliegt diese Form der Analysetechnik zur Massenbestimmung damit keinem weiteren systematischen Fehler. Bereits vorhandene systematische Fehler würden allerdings dazu führen, dass das synthetische Spektrum grundsätzlich mit der Beobachtung nicht in Einklang gebracht werden kann. Der Vergleich des berechneten mit dem beobachteten Spektrum stellt somit den grundlegenden Test für die Qualität der Massenbestimmungsmethode dar.

[4] Dieser nicht ganz einfach zu durchschauende Zusammenhang, der zudem von weiteren physikalischen Effekten begleitet wird, wurde im Kap. 5.5 „*Der Primus inter Pares*" nachhaltig durchleuchtet.

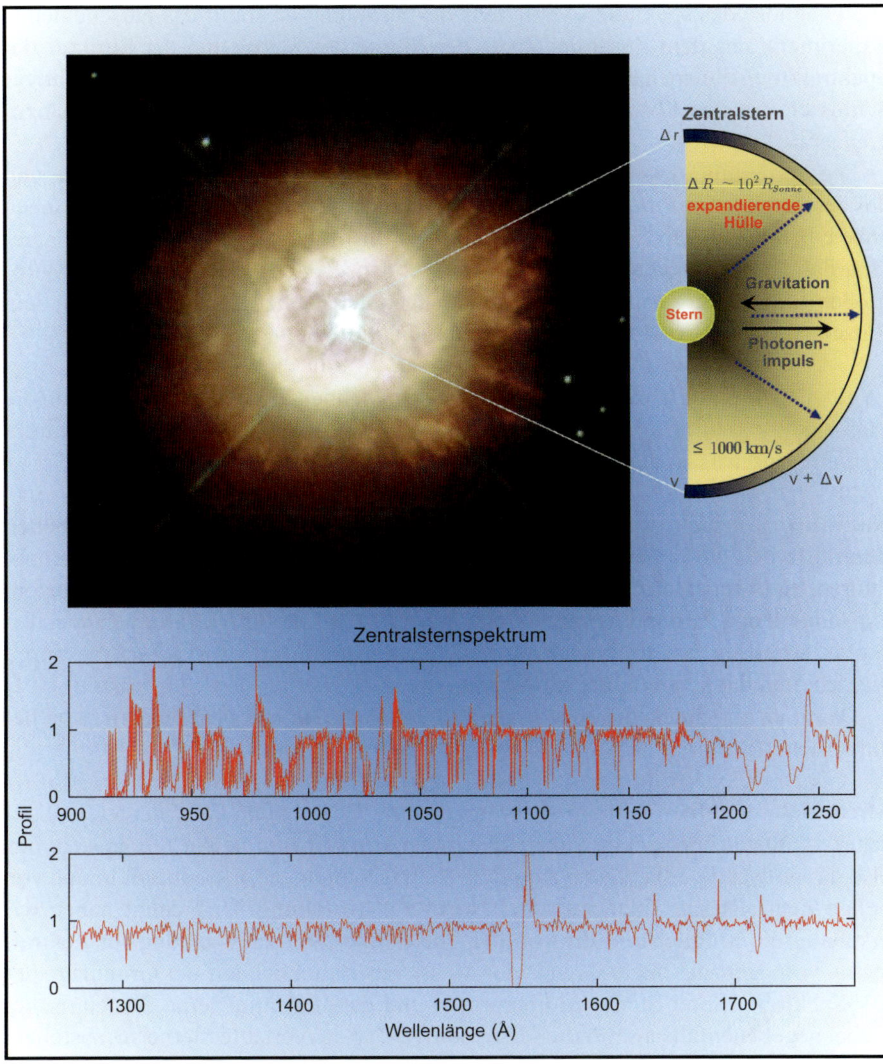

Abb. 10.6 Aufgrund eines Sternwinds expandiert die Atmosphäre des heißen alten Sterns. (Das Bild zeigt mit *HD 184738* einen Zentralstern, der als alter Stern zwar nur eine geringe Masse von circa einer Sonnenmasse besitzt, dafür aber einen ausgeprägten Sternwind vorzuweisen hat. © (für eingebettetes Bild): ESA/Hubble & NASA Acknowledgement: Jean-Christophe Lambry.)

Präzise numerische Simulationen dieses äußeren stellaren Hüllenbereichs bieten die Möglichkeit, Spektren zu berechnen, die im Vergleich mit der Beobachtung die Bestimmung aller wichtigen Sterngrößen zulassen.

Die geometrische Schichtdicke der expandierenden Atmosphäre beläuft sich auf circa einen Erdbahnradius und ist als hell leuchtender Bereich im Zentrum des Bildes zu erkennen. Darüber hinaus hat der Sternwind sukzessive eine äußere Hülle aufgebaut.

Der Sternwind wird durch die gewaltige Strahlungsdichte, die die heißen Vertreter der Zentralsterne vorzuweisen haben, verursacht, wobei der Impulsübertrag dieser Strahlung, der über zahlreiche Spektrallinien der schwereren Elemente erfolgt, die Hülle auf Geschwindigkeiten von bis zu 1 000 km/s beschleunigt.

Die Diagnose des spektralen Verhaltens der Strahlung ist somit das entscheidende Experiment, das dem Zusammenhang der Masse des Sterns und der Struktur der Spektrallinien die noch erforderliche Grundlage gibt; und sie ist damit ein wichtiger Schlüssel, um den Lösungsbereich des Rätsels der Vorläufersterne weiter einzugrenzen.

Die Forderung, dass das auf dieser Vorgehensweise beruhende berechnete und das beobachtete Spektrum präzise übereinstimmen müssen, wurde, wie wir gesehen haben, bereits im Kap. 5.5 „*Der Primus inter Pares*“ anhand der Megasonne Camelopardalis erfüllt, sodass wir uns nunmehr auf den Weg begeben können, die Sterngrößen der hellsten Zentralsterne Planetarischer Nebel einzugrenzen und damit dem Rätsel der Supernova-Typ-Ia-Vorläufersterne auf die Spur zu kommen.

Es gilt also nun, Antworten auf die alles entscheidenden Fragen zu finden: Kann die Masse heller Zentralsterne auf der Grundlage von Beobachtungen präzise bestimmt werden? Und was ist die wirkliche obere Grenze der Masse der Zentralsterne?

Nachdem es keinen prinzipiellen Unterschied zwischen Megasonnen und hellen Zentralsternen gibt – beide Gruppen von Objekten haben hohe Oberflächentemperaturen, und bei beiden Gruppen befinden sich die Atmosphären der Sterne in einem expandierenden Zustand –, können alle Sterngrößen, die für Megasonnen spektroskopisch bestimmbar sind, auch für helle Zentralsterne spektroskopisch bestimmt werden; und das schließt ihre Masse mit ein!

Damit ist zumindest die erste Frage mit einem klaren und überzeugten Ja zu beantworten.

Mit dem dargestellten Simulationsprogramm zur Berechnung konsistenter, realistischer, synthetischer Spektren expandierender Atmosphären heißer Sterne steht uns also das notwendige Werkzeug zur präzisen, unabhängigen Massenbestimmung von hellen Zentralsternen Planetarischer Nebel zur Verfügung. Und damit haben wir erstmalig die Möglichkeit, die von der Theorie der Sternentwicklung für Zentralsterne vorgegebene, obere Grenze der Masse ausschließlich auf der Grundlage der UV-Spektren[5] dieser Sterne zu überprüfen und damit Zentralsterne Planetarischer Nebel gegebenenfalls als mögliche Supernova-Typ-Ia-Vorläufersterne vorzustellen.

Abb. 10.6 (Fortsetzung) Dieses Verhalten nimmt in signifikanter Weise Einfluss auf das charakteristische Erscheinungsbild der Spektren und sorgt für deren unverkennbaren Fingerabdruck, der im unteren Bereich des Bildes zu sehen ist. (Dass ein solcher Fingerabdruck unverkennbar ist, liegt vor allem an den sogenannten P-Cygni-Linien, die aus einem breiten, gegenüber der Ruhewellenlänge der Linie blauverschobenem, Absorptionstrog, der an seiner blausten Kante auf die Maximalgeschwindigkeit hinweist, und einer ebenso breiten rotverschoben wirkenden Emissionslinie bestehen. Eine solche Linie ist bei der Wellenlänge von 1550 Ångström (Å) gut zu erkennen. Es handelt sich dabei um eine Resonanzlinie von dreifach ionisiertem Kohlenstoff – CIV.)

[5] Wegen ihrer hohen Oberflächentemperaturen hinterlassen die Zentralsterne ihre markantesten spektralen Spuren im UV-Bereich, also sind es auch die dazugehörigen Spektren, die zu simulieren sind und mit denen ein Vergleich durchgeführt werden muss.

Was wir dazu brauchen, ist ein handverlesenes Sample von Zentralsternen, und das unterziehen wir dann einer umfassenden Analyse, die als Ergebnis die Sterngrößen – bestehend aus der Masse, dem Radius, der Oberflächentemperatur und der chemischen Zusammensetzung der Elemente – liefert.

Mit handverlesen meinen wir dabei, dass das Sample so geschickt ausgewählt wird, dass wir nicht an die fast 100 % Zentralsterne geraten, deren Masse bei circa 0.6 Sonnenmassen liegt, sondern wir wollen uns auf die anderen konzentrieren, und zwar die, die zu einer extrem kleinen, massereicheren Untergruppe gehören.

Darauf konzentrieren ist zwar leicht dahingesagt, aber wie gehen wir tatsächlich vor, um die massereicheren Objekte faktisch aus einem großen Sample von Objekten herauszufiltern?

Dafür gibt es ein einfaches Kriterium, und das kennen wir bereits!

Denn wir haben im Rahmen der Sternentwicklung zur Kenntnis genommen, dass ein Stern umso heller leuchtet, je stärker er komprimiert wurde; und je größer die Masse eines Sterns ist, umso stärker kann er sich auch komprimieren lassen.

Auf der Grundlage dieses Kriteriums müssen wir also nur nach den hellsten Zentralsternen suchen; und das ist selbstverständlich keine schwierige Aufgabe, denn die hellsten Sterne sind natürlich immer die, die am leichtesten zu finden.

Was die Analyse selbst betrifft, so ist deren Ablauf analog zu der, die wir im Fall der Megasonnen bereits eingesehen haben; die wesentlichsten Ergebnisse dieser Analyse sind in der Abb. 10.7 „*Die Schuldigen*" dargestellt und in der Legende beschrieben.

Das Ergebnis der Analyse der spektralen Fingerabdrücke lässt keinen Zweifel daran erkennen, dass es eine kleine Untergruppe von Zentralsternen Planetarischer Nebel gibt, die die Kriterien, die an die Vorläufersterne der **kosmischen Leuchttürme** angelegt werden, erfüllen.

Aus Sicht der Sternentwicklung ist dies ein außerordentlich überraschendes Ergebnis, denn die Tatsache, dass Zentralsterne Massen aufweisen können, die im Bereich der Chandrasekharmasse liegen, hatte niemand auf der Rechnung!

Niemand stimmt nicht ganz, denn unser Projektleiter lächelt immer noch, zeigt sich ansonsten aber bedeckt und sagt nichts.

Dieses überraschende Ergebnis folgt aus der Analyse spektraler Beobachtungen von Zentralsternen Planetarischer Nebel. Das zentrale Ergebnis dieser Analyse waren dabei die Massen dieser Objekte; und da zeigte sich, dass einige wenige Objekte, die als Untergruppe der Zentralsterne Planetarischer Nebel angesehen werden können, sehr wohl Massen aufweisen, die an die Chandrasekharmasse heranreichen.

Wie konnte sich ein solcher Zentralstern aber überhaupt so weit entwickeln, wenn er doch in seinem Kern einen Weißen Zwerg ausgebildet hat, dessen Masse gleich der Chandrasekharmasse ist? Oder anders gefragt: Wieso ist der Stern nicht schon längst vorher explodiert?

Die Antwort auf diese Frage ist allerdings nicht schwer nachzuvollziehen: Der Stern hatte zu keinem Zeitpunkt eine aus Kohlenstoff und Sauerstoff bestehende

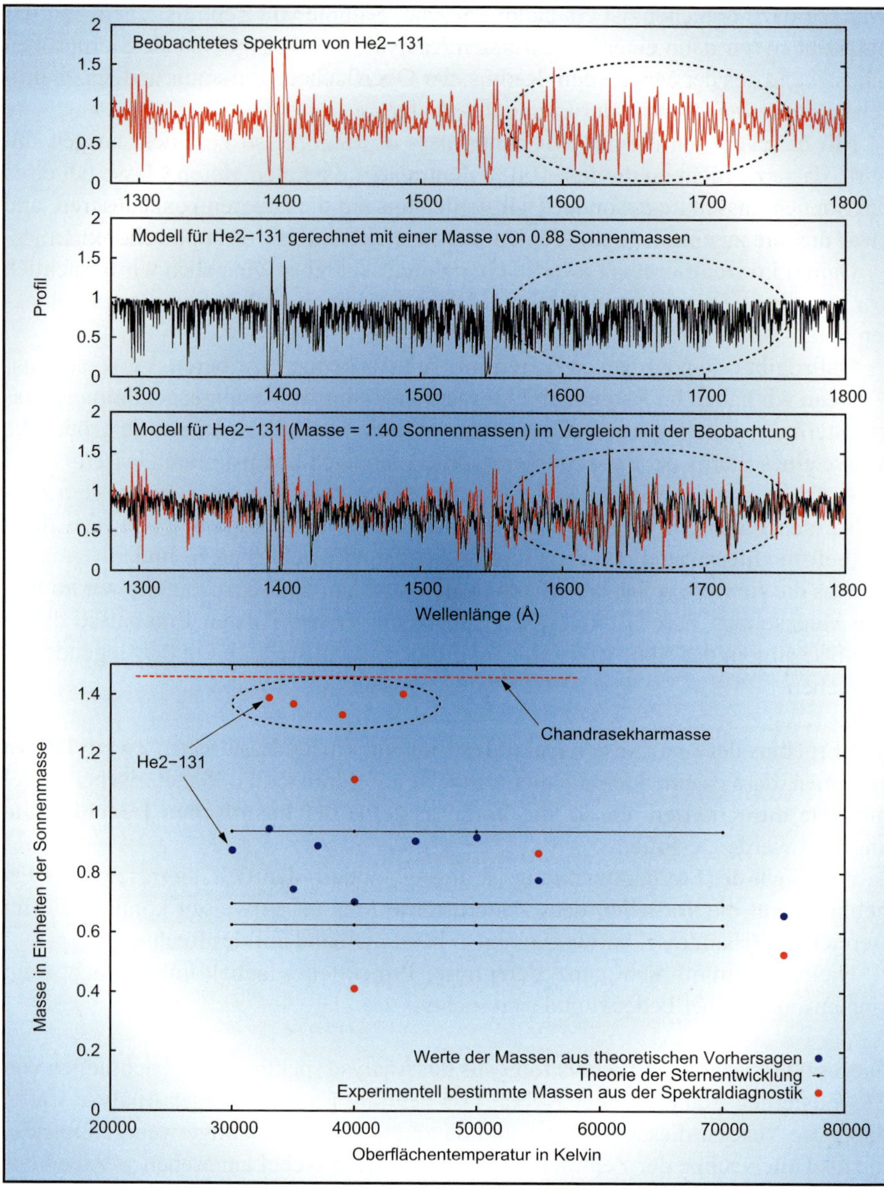

Abb. 10.7 Der Vergleich der spektralen Fingerabdrücke von Zentralsternen Planetarischer Nebel entlarvt *die Schuldigen*. (Die Bildzusammenstellung verdeutlicht die Methode der diagnostischen Bestimmung der Sternmassen für eine Gruppe von Zentralsternen Planetarischer Nebel auf der Grundlage ihrer spektralen Fingerabdrücke. © A. Pauldrach, T. Hoffmann, R. Mendez (LMU).) Das zentrale Bild dieser Zusammenstellung ist das untere Diagramm, das in Abhängigkeit der Oberflächentemperatur die Massen der ausgewählten Gruppe von Zentralsternen zeigt.

Dabei stellen die schwarzen Punkte und Linien die Vorgaben der Sternentwicklung dar – gezeigt sind die möglichen Entwicklungswege von Zentralsternen.

Kernmasse, die an die Chandrasekharmasse heranreicht! Es ist die Gesamtmasse des Sterns, die im Bereich der Chandrasekharmasse liegt. Der entartete Kern selbst hatte hingegen zu jedem Zeitpunkt eine kleinere Masse als die kritische Masse. Und so, wie im Falle eines Doppelsternsystems Masse, die dem Begleitstern entzogen wurde, vom Weißen Zwerg akkretiert wird, mehrt sich die Kohlenstoff-Sauerstoff-Kernmasse des Zentralsterns durch Heliumbrennvorgänge, die in Schalen um den Kern ablaufen und fortwährend weiteren Kohlenstoff produzieren, sukzessive.

Sie mehrt sich so lange, bis der Kern die kritische Größe der Chandrasekharmasse erreicht hat. Was dann passiert, ist für uns nichts Neues: Das Universum verteilt mal wieder Hochgeschwindigkeitseisen, als gäbe es kein morgen.

So könnte es also sein, und so könnte es auch ablaufen; derzeitige Beobachtungsbefunde und deren Analyse stützen dieses Szenario. Nicht gestützt wird es hingegen von der Theorie der Sternentwicklung. Hier passen Zentralsterne, deren Gesamtmasse – bestehend aus der Hüllen- und der Kernmasse – im Bereich der Chandrasekharmasse liegt, nicht ins Konzept.

Abb. 10.7 (Fortsetzung) Die blauen Punkte zeigen die Lage der Sterne, die sie gemäß der Verwendung der Entwicklungswege der Sternentwicklung haben sollten. Das heißt, für diese Modelle wurde die Masse der Sterne vorgegeben und nicht auf der Grundlage einer Diagnose bestimmt (die Atmosphären der Sterne wurden in diesem Fall der Analyse also als planparallel betrachtet)!

Das auf diesem Weg berechnete UV-Spektrum des Zentralsterns He2-131 ist in Schwarz im oberen Bereich in der Mitte dargestellt.

Wie klar zu sehen ist, ist dieses Spektrum vollständig inkompatibel mit der Beobachtung, die im Bild darüber das tatsächliche UV-Spektrum des Zentralsterns He2-131 in Rot zeigt.

Dies ist besonders deutlich am Inhalt des Ovals zu erkennen (die Ovale kennzeichnen den für die Diagnostik besonders wesentlichen Spektralbereich). Die Inhalte sollten im Prinzip identisch sein, es ist aber mit bloßem Auge zu erkennen, dass dies nicht im Mindesten zutrifft.

Daraus folgt, dass die für das Modell angenommene Sternentwicklungsmasse nichts mit der wirklichen Masse des Sterns zu tun hat!

Ein ganz anderes Ergebnis zeigt das unterste der drei spektralen Bilder:

Hier wurde das synthetische UV-Spektrum des Zentralsterns konsistent berechnet (schwarze Linien). Das heißt, alle Sterngrößen inklusive der Masse wurden rein spektroskopisch bestimmt.

Dieses Modell wird, wie dargestellt, mit dem beobachteten UV-Spektrum von He2-131 (rote Linien) direkt verglichen.

Wie bei den Megasonnen ist die sehr gute Übereinstimmung der gezeigten Spektren offensichtlich. Dies gilt insbesondere für die Linien, die durch das Oval hervorgehoben wurden.

Dieses Ergebnis stellt die Grundlage für die präzise Bestimmung der Masse dieses Zentralsterns dar.

Die Ergebnisse dieser konsistenten Analysen sind als rote Punkte im Massendiagramm unten dargestellt.

Die Pfeile weisen dabei auf den deutlichen Unterschied der Masse hin, den diese durch die Analyse gegenüber der Sternentwicklung erfahren hat (die Sternentwicklungsmasse liegt bei 0.9 und die Beobachtungsmasse bei 1.4 Sonnenmassen).

Das eingerahmte Oval im untersten Diagramm zeigt das mehr als überraschende Ergebnis dieser Analyse: Zusammen mit drei weiteren Objekten der ausgewählten Gruppe von Zentralsternen liegt die aus der Beobachtung bestimmte Masse dieses Zentralsterns extrem nahe an der Chandrasekharmasse und damit an der Explosionsschranke für Supernovae vom Typ Ia.

Dieses Ergebnis ist im Hinblick auf die bislang unverstandenen Supernova-Typ-Ia-Vorläufersterne fraglos von großer Brisanz!

Wir sind damit Zeugen eines Geschehens, bei dem sich Kampfabstimmungen von unabsehbarer Dauer anbahnen. Kampfabstimmungen, bei denen die Lager klar ausgemacht sind: Es sind dies zum einen die Gläubigen der Theorie der Sternentwicklung und zum anderen die Verfechter der Analysetechniken von Beobachtungsbefunden. Der Punkt ist nur, macht es Sinn, über Fakten abzustimmen?

Fakten sollten als solche auch wahrgenommen werden, denn sie sind unverrückbar!

Worum es also wirklich geht, ist, die bestehenden Fakten zu erhärten oder zu widerlegen. Man sollte es jedoch nicht dabei belassen, alleinig die Beobachtungsbefunde fortwährend einer kritischen Überprüfung zu unterziehen. Es sollte auch die Tragfähigkeit des theoretischen Konzepts, das diese Beobachtungsbefunde derzeit nicht erklären kann, überprüft werden. Denn fraglos gehört auch eine in diesem Bereich durch die Beobachtung derzeit nicht abgesicherte Theorie, aus objektiver Sicht, auf den Prüfstand!

10.1.4 Haben wir die Vorläufersterne aus ihrem Versteck gelockt?

Wir haben alles abgearbeitet, und irgendwie haben wir es auch geschafft!

Wir haben uns, ausgehend von einem begründeten Verdacht, eine präzise Vorstellung erarbeitet, die klar darlegt, woher die Vorläufersterne der Supernovae Typ Ia kommen und wie sich ihr Werdegang gestaltet. Genau genommen haben wir uns sogar mehr als eine Vorstellung erarbeitet, denn wir konnten unser Szenario nachhaltig durch Beobachtungsfakten, die auf einer Vielzahl von spektralen Signaturen beruhen, stützen.

Die Beobachtungen haben sich also festgelegt, und sie haben darüber hinaus klare Aussagen gemacht: Es gibt nicht genügend geeignete Doppelsternsysteme!

Diese Erkenntnis stellte die Motivation dafür dar, mit einem groß angelegten Beobachtungsprogramm nach den Doppelsternvorläufern zu suchen. Die Hoffnung dabei war, dass es von diesen Objekten doch mehr gibt, als man nachweisen kann, und dass sich all diese als vorläufergeeignet erweisen. Doch der Schuss ging nach hinten los! Statt eines Belegs, der das Doppelsternszenario stützt, erhielt man einen Beleg, der dieses Szenario nicht nur in große Bedrängnis bringt, sondern es sogar regelrecht aushebelt.

Und davon können die unser Mitgefühl verdienenden Supernovae SNR 0509-67.5, SN 2007on und SN 2011fe, die man mit gänzlich falschen Vorläuferszenarien konfrontiert hat, ein Lied singen, doch sie treffen offensichtlich keinen wohlklingenden Ton.

Andererseits gibt es eine kleine Untergruppe von **Zentralsternen Planetarischer Nebel**, die die Kriterien, die für die Vorläufersterne angelegt werden müssen, erfüllen!

Dieses überraschende Ergebnis folgte aus der Analyse von spektralen Beobachtungen einer Gruppe Zentralsterne Planetarischer Nebel.

Das zentrale Ergebnis dieser Analyse waren dabei die Massen dieser Objekte. Und da zeigte sich, dass einige Objekte, die als kleine Untergruppe der Zentralsterne anzusehen sind, sehr wohl Massen aufweisen, die an die Chandrasekharmasse heranreichen.

Sie sind also nicht das Problem, die Beobachtungsbefunde; und dennoch reicht es nicht aus!

Das Gefundene reicht nicht aus, um sicher sagen zu können, dass es sich bei den Vorläufersternen der Supernovae Typ Ia tatsächlich um eine kleine Untergruppe der Zentralsterne Planetarischer Nebel handelt.

Um dies sicher sagen zu können, fehlt uns zumindest ein weiterer Beleg, wobei zwei Möglichkeiten zur Auswahl stehen, anhand derer der Beleg zu erbringen wäre.

Ein starker und wirklich überzeugender weiterer Beleg wäre ein Supernova-Typ-Ia-Ereignis, das nachweislich auf einem Weißen Zwerg unserer Untergruppe basiert.

Dieser Nachweis wird jedoch nicht so ohne Weiteres zu erbringen sein, da nur eine sehr beschränkte Anzahl dieser Objekte unter Beobachtung steht und diese auch noch im weiteren Umfeld unserer lokalen Umgebung angesiedelt sind.[6] Wenn man ferner berücksichtigt, dass nur zwei Supernova-Typ-Ia-Ereignisse pro Jahrhundert und **Galaxie** ausgeführt werden, dann landen wir bei dem Versuch, den fehlenden Beleg auf diese Weise herbeizuschaffen, wieder bei der Trüffelsuche – diesmal müssen wir wegen der weitergehenden Einschränkungen allerdings in einem extrem unwirtlichen Terrain wie der Antarktis danach suchen.[7]

Angesichts dieser Unbequemlichkeiten sollten wir uns eventuell doch eher auf den zweiten Beleg konzentrieren. Doch auch der stellt keine Steilvorlage dar, sondern ist von einer gewissen Unnachgiebigkeit geprägt. Die Rede ist von der Theorie der Sternentwicklung, die unseren Beobachtungsbefund theoretisch erklären und damit ebenfalls absichern könnte.

Es ist nun nicht so, dass diese Theorie, aus einer gewissen subjektiven Haltung heraus, unsere vorliegenden Befunde nicht für schlüssig erachtet. Es ist vielmehr so, dass die Theorie der Sternentwicklung gegenwärtig keinen Spielraum sieht, uns Massen, die für Zentralsterne im Bereich der Chandrasekharmasse liegen, anzubieten. Und um tiefer gehend darüber nachzudenken, ist offensichtlich die Zeit noch nicht reif.

[6] Zentralsterne Planetarischer Nebel sind das Gegenteil von kosmischen Leuchttürmen, und dementsprechend können sie nur in unserem näheren Umfeld spektral beobachtet werden.

[7] Anstelle der Zentralsterne könnten rein prinzipiell auch deren Planetarische Nebel, die grundsätzlich extragalaktisch beobachtbar sind, überwacht werden. Unsere Untergruppe der Zentralsterne stellt jedoch eine sehr kleine Gruppe dar – es ist nicht zu erwarten, dass mehr als einer von 10 000 dazuzurechnen ist. Und nachdem die Informationen von den Zentralsternen ohne eine mögliche Analyse fehlen, käme diese Überwachung einer Sisyphosarbeit gleich. Grundsätzlich könnte man jedoch indirekte Beobachtungsbefunde durch den spektroskopischen Nachweis des Planetarischen Nebels, der von den späten Hüllen der Supernovae aufgesammelt wird, erhalten. Zaghafte Hinweise in diese Richtung hat man zwar bereits gefunden; es ist jedoch äußerst schwierig, das Material des Nebels und die ausgedehnte Hülle des ehemaligen Roten Riesen auseinanderzuhalten.

Damit haben wir uns, aus objektiver Sicht, lediglich eine präzise Vorstellung davon erarbeitet, woher die Vorläufersterne der Supernovae Typ Ia wirklich kommen, mehr leider nicht!

Der letzte Beweis fehlt, und der muss offensichtlich auf noch indirekterem Weg als dem, den wir bereits gegangen sind, erbracht werden.

Nachdem die Frage nach den Vorläufersternen aber nicht nur eine wichtige Frage für das Verständnis der Entstehung von Supernova-Typ-Ia-Explosionen und damit für eine weitergehende Präzisierung der quantitativen Größe der Dunklen Energie ist, sondern auch eine wichtige Frage im Hinblick auf unsere eigene Existenz darstellt – und die in diesem Zusammenhang zu stellende Frage lautet: Sind wir vor IK Pegasi sicher, oder werden wir auf einem Tribünenplatz sitzen, wenn er uns einen Gruß von Chandrasekhar übermittelt –, müssen wir in dieser Situation unseren letzten Trumpf aus dem Ärmel ziehen. Und unser letzter Trumpf basiert zwar auf einer Technik, mit der wir uns mittlerweile ganz gut vertraut gemacht haben, gleichwohl steckt sie in dem zu betrachtenden Fall in einem neuen Gewand.

10.2 Supernovae Typ Ia im Wahrheitsgriff kriminalistischer Methodik

Die Analyse der spektralen Fingerabdrücke der kosmischen Leuchttürme kann die bestehenden Fakten erhärten oder widerlegen!

Mit einem beobachtungstechnischen Zugang zur Analyse der spektralen Fingerabdrücke der Supernovaspektren werden wir im Weiteren drei Ziele anvisieren.

Das erste und fraglos wichtigste Ziel besteht in einer eindeutigen und damit zweifelsfreien Identifizierung der kosmischen Leuchttürme.

Wie wir uns bereits klargemacht haben, müssen die Supernova-Typ-Ia-Kandidaten nicht nur identifiziert, sondern parallel dazu auch ihre Rotverschiebung gemessen werden, und da sind die beobachteten Spektren natürlich ein wichtiges Hilfsmittel, aber letztlich haben wir es im Fall der Supernovae mit Objekten zu tun, die selbst auch intern mit großen Geschwindigkeiten umzugehen wissen und demgemäß den Spektrallinien, denen sie ihre Stempel aufdrücken, heftige Rot- und Blauverschiebungen auf ihrem Weg mitgeben, sodass am Ende eine verlässliche Rotverschiebung, die auf der tatsächlichen Expansion des Raums beruht, durch bloßen Blick auf ein beobachtetes Spektrum nicht klar auszumachen ist.

Dies bedeutet, dass eine verlässliche Methode, die auch eine präzise Bestimmung der Rotverschiebung ermöglicht, vorab den Abgleich des beobachteten Spektrums mit einem berechneten erfordert. Denn nur auf diesem Weg können intrinsisch auftretende Verschiebungen, Verbreiterungen und auf beiden dieser Effekte beruhende Überlappungsunterschiede der Linien eliminiert werden (siehe dazu Abb. 10.9 „*Spektren kosmischer Leuchttürme*"), sodass die gesuchte tatsächliche Rotverschiebung als messbarer Wert in Erscheinung tritt. Auf diesem Weg stellt die Identifizierung des Objekts noch nicht mal einen gesonderten Punkt dar, sondern wird automatisch miterledigt.

Das klingt gut, aber ganz so einfach ist auch dieser Weg nicht zu begehen, denn, vom Rätsel der Vorläufersterne abgesehen, bleibt die Situation im Zusammenhang mit der Tatsache, dass wir die Erkenntnisse vom Verhalten der kosmischen Leuchttürme in unserem direkten Umfeld auf die Objekte des frühen Universums übertragen, noch etwas problematisch, denn nur wenn die Spektren der kosmischen Leuchttürme in ihrer diffizilen Vielfalt von damals und heute weitgehend übereinstimmen, können wir auch sicher sein, dass wir es mit denselben Objekten zu tun haben.

Mit „etwas problematisch" haben wir hier allerdings schwach formuliert, und das durchaus mit Absicht, denn der Vergleich der Spektren würde natürlich sofort zeigen, dass eine Übereinstimmung im Falle der frühen Supernovae nicht zu erzielen ist, und damit wäre sofort klar, dass diese Objekte des frühen Universums ein etwas anderes Verhalten zeigen.

Mit „würde" wird nun allerdings ganz klar zum Ausdruck gebracht, dass wir so weit noch nicht sind, und weshalb das so ist, wird sich im Folgenden klären.

Gleichwohl halten wir an dieser Stelle fest, dass die Analyse des spektralen Verhaltens der Supernovastrahlung einen sehr hohen Stellenwert hat, da nur sie gewährleisten kann, dass man in einigen Fällen nicht den Fehler begeht, Äpfel mit Birnen zu verwechseln.

Das zweite Ziel, das mit der Spektraldiagnostik der Supernovaspektren verfolgt wird, betrifft eine Überprüfung der Resultate, die man aus numerisch simulierten Explosionen von den als speziell bezeichneten Weißen Zwergen erhält.

Durch die Bestimmung der räumlich und geschwindigkeitsabhängig variierenden Verteilung der chemischen Elemente in den Supernova-Typ-Ia-Hüllen sollen auf diesem Weg mögliche Unterschiede im Explosionsablauf von lokalen und weit entfernten Objekten herausgearbeitet werden. Dies ist prinzipiell möglich, da Supernovae Typ Ia in ihren Spektren eine Vielfalt von Signaturen zeigen, die präzise, quantitative Hinweise auf die Bestandteile der Explosionshüllen sowie deren Dichte- und Geschwindigkeitsverlauf enthalten (siehe Abb. 10.10 „*Elementhäufigkeiten*").

Das letzte Ziel, das mit der Spektraldiagnostik der Supernovaspektren verfolgt wird, betrifft, zur Freude des Projektleiters, unsere mittlerweile guten Freunde, die Vorläufersterne.

Ein Zusammenhang ergibt sich dabei durch Ergebnisse von Computersimulationen, die Supernova-Typ-Ia-Explosionen nachbilden, denn die haben gezeigt, dass die chemische Zusammensetzung der Vorläufersterne einen maßgeblichen Einfluss auf den Ablauf der Explosion hat, ja dass diese sogar sehr sensitiv auf Veränderungen der chemischen Ausgangsverteilung der Elemente reagieren.

Deutliche Spuren von Neon können zum Beispiel den Explosionsverlauf beeinflussen; und das bedeutet, dass kleinere spektrale Unterschiede auch größere Ursachen haben können, denn Neonlinien zeigen sich im Supernovaspektrum natürlich nicht mehr, dies zeigt in solchen Fällen lediglich indirekte Effekte der eigentlichen Ursache.

Grundsätzlich geht es also darum, eine exakte Übereinstimmung der theoretisch berechneten und der beobachteten Spektren zu erzielen. Auf diesem Weg können spektrale Veränderungen, auch hinsichtlich der kleinsten Ungereimtheiten, so abgeglichen werden, dass physikalische Rückschlüsse möglich sind. Damit besteht generell die Möglichkeit, Unterschiede hinsichtlich der Zusammensetzung der Vorläufersterne aufzudecken, die wiederum Hinweise auf die Vorläufersterne selbst geben können.

Mit der Analyse des spektralen Verhaltens von Supernovae Typ Ia werden also durchaus hochgesteckte Ziele verfolgt, wobei alles, was ansonsten nur schwer zu belegen und zu überprüfen ist, an diesen Fachbereich der Astrophysik weitergeleitet wird.

Die Beobachtung und Interpretation der spektralen Fingerabdrücke stellt folglich das entscheidende Experiment dar, das den theoretischen Vorgehensweisen, die den Aufbau zum Verständnis von Supernovae Typ Ia vorantreiben, das notwendige Fundament verleiht. Und das trifft auch auf die theoretischen Ansätze zu, mit denen versucht wird, das erkannte Problem der Vorläufersterne der kosmischen Leuchttürme zu lösen.

Obgleich beide Punkte hinreichend schwergewichtig sind, sodass sie auch für sich stehen könnten, steckt aber, wie wir bereits gesehen haben, noch mehr dahinter, denn beide Punkte im Zusammenspiel geben der Erkenntnis, dass das Universum von Dunkler Energie durchsetzt zu sein scheint, einen entscheidenden Rückhalt. Und damit stellt die Analyse von Supernovaspektren auch einen der wesentlichen Schlüssel-Werkzeuge dar, mit denen die Erkenntnis der Existenz der Dunklen Energie untermauert oder aber auch ins Wanken gebracht werden kann.

Speziell der letzte Punkt löst natürlich einen starken Motivationsschub aus, der darin besteht dieses Werkzeug auch so weiterzuentwickeln, dass es seinem Zweck entsprechend eingesetzt werden kann.

Andererseits ist es aber auch so, dass das Konzept, auf dem die Diagnose des spektralen Verhaltens der Strahlung basiert, ebenfalls ein theoretisches Fundament hat, und dementsprechend bedarf seine Umsetzung nicht nur eines grundlegenden Aufbaus und einer nachhaltigen Pflege, um das Werkzeug so zu entwickeln, dass es den Anforderungen auch gerecht werden kann, sondern auch einer fortwährenden Überprüfung.

Und in dieser Hinsicht stellt die Tatsache, dass gegenüber der Vorgehensweise, mit der wir uns bereits vertraut gemacht haben und die als etabliert gilt, deutliche Erweiterungen und Veränderungen im Hinblick auf Supernova-Typ-Ia-Hüllen nötig sind, keinen unbedenklichen Punkt dar, da man im Rahmen eines guten Qualitätsmanagements nur dann auch hier zum Ziel kommen wird, wenn eingehende Vergleiche mit der Beobachtung durchgeführt werden, und zwar zum Zwecke des Selbsttests.

Die wesentlichste Veränderung stellt dabei die Ersetzung des stellaren hydrodynamischen Modells durch ein adäquates Supernova-Typ-Ia-Explosionsmodell dar, und eine damit im Zusammenhang stehende Erweiterung betrifft die Berücksichtigung der energetischen Prozesse, die sich aus dem radioaktiven Zerfall von Nickel und Kobalt ergeben.

Im Hinblick auf diese Erweiterungen konnten wir bei der Entwicklung der Explosionsmodelle bereits einsehen, dass das sture Abarbeiten und Einbinden von physikalischen Prozessen nicht automatisch zum Ziel führt, da vor allem komplexe Rückkopplungsprozesse durchschaut und die Vorgehensweisen entsprechend angepasst werden müssen. Und so ist es auch in unserem Fall.

Auch wir müssen die Entwicklung der Simulationsmodelle für die Berechnung des spektralen Verhaltens der Strahlung als einen Prozess im Werden betrachten, der dazu führt, dass man sich daran zu gewöhnen hat, nur schrittweise auf Erfolge verweisen zu können.

Das heißt, dass wir nicht erwarten können, dass das Erreichen der Ziele genauso frohgemut verkündet wird, wie wir die Zielsetzungen selbst proklamiert haben.

Gleichwohl liegen bereits wichtige Fakten vor, die über das, was man erste Ergebnisse nennt, deutlich hinausgehen, und mit denen werden wir uns im Folgenden kurz befassen.

Der entscheidende Schritt bei der Verfolgung der genannten Ziele ist der detaillierte Vergleich der beobachteten mit den synthetischen Spektren.

Der Ausgangspunkt für diesen Vergleich sind sowohl realistische Explosionsmodelle als auch quantitativ überzeugende Simulationen der expandierenden Hüllen der Supernovae (siehe dazu Abb. 10.8 „*Supernovahülle*“). Diese beiden theoretischen Blöcke müssen also physikalisch genau umgesetzt und präzise aufeinander abgestimmt werden.

Das heißt, alle physikalischen Größen und Vorgänge, die zur Charakterisierung einer Simulation des Explosionsvorgangs und der sich daraus ergebenden Struktur der expandierenden Supernovahülle notwendig sind, müssen mit großer Genauigkeit untersucht und berücksichtigt werden. Als Beispiel verdeutlicht die gezeigte Abb. 10.9 „*Spektren kosmischer Leuchttürme*“ den Stand der Dinge bei der Umsetzung dieses Konzepts, wobei die wesentlichsten Ergebnisse dieser Analyse in der Legende beschrieben werden.

Der Vergleich der gezeigten Spektren, bei dem die Theorie der Beobachtung gegenübergestellt wird, macht deutlich, dass die quantitative Diagnostik von Typ-Ia-Supernovaspektren mehr als in den Startlöchern steht: Bei dem Vergleich handelt es sich um die Supernova 1992a, wobei das Spektrum im Bereich des Maximums der Lichtkurve aufgenommen wurde.

Die spektralen Signaturen des synthetischen und des beobachteten Spektrums stimmen teilweise so gut überein, dass man auch das synthetische Spektrum als Referenzspektrum betrachten könnte.

Wie im Bild zu sehen ist, zeigt das Spektrum neben den erwarteten spektralen Komponenten der schweren Elemente Kobalt und Eisen, die sich aus überla-

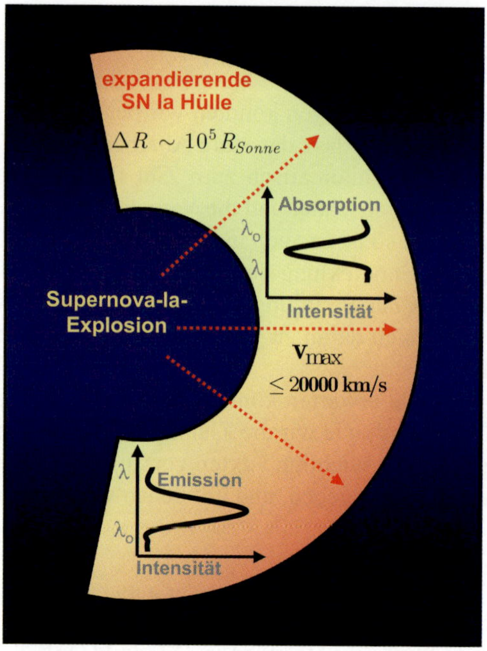

Abb. 10.8 Skizze: Einfaches Schema einer expandierenden *Supernovahülle*, für die auf der Grundlage eines möglichst realistischen Explosionsmodells der Strahlungstransport simuliert werden soll.

Die geometrische Schichtdicke einer solchen zu simulierenden Hülle liegt bei circa 10^5 Sonnenradien. Obwohl dies mit nahezu 1000 Erdbahnradien eine gewaltige Ausdehnung darstellt, sind die kritischen Punkte, die die Simulation problematisch gestalten, an anderen Stellen zu finden.

Einen kritischen Punkt erkennen wir, wenn wir uns klarmachen, dass die Atmosphäre dieses ehemaligen Sterns nicht aus Stickstoff und Sauerstoff, wie unsere Erdatmosphäre, oder aus Wasserstoff und Helium, wie die Sonnenatmosphäre, sondern überwiegend aus Eisen und Nickel besteht, denn diese Elemente verfügen über 10 000-mal mehr Spektrallinien als die leichteren Elemente, was der Strahlung das Durchschreiten der Hülle fast unmöglich macht.

Einen weiteren Punkt, der das Vorhaben deutlich erschwert, stellen die rasanten Geschwindigkeiten, die von 4000 km/s im inneren Bereich auf 20 000 km/s im äußeren Bereich ansteigen, dar.

Dieser Punkt ist problematisch wegen des Dopplereffekts, der aus Sicht der Photonen die Spektrallinien permanent und systematisch verschiebt.

Wenn wir daran denken, wie deutlich sich der Klang einer auf einem Fahrzeug montierten Sirene bereits bei minimalen Geschwindigkeiten im Zuge der Vorbeifahrt ändert, bekommen wir eine Vorstellung davon, welche differenziellen Auswirkungen diese enormen Geschwindigkeiten auf die Wellenlängen der Linien haben.

In der Skizze wurde für eine Spektrallinie die lokale Situation hinsichtlich der Absorption, die sich überwiegend im zentralen Bereich erkennbar auswirkt und demgemäß zu einer Blauverschiebung der Linie führt, und der Emission, die maßgeblich in den seitlichen Bereichen erkennbar wird und somit eine Rotverschiebung beinhaltet, illustriert.

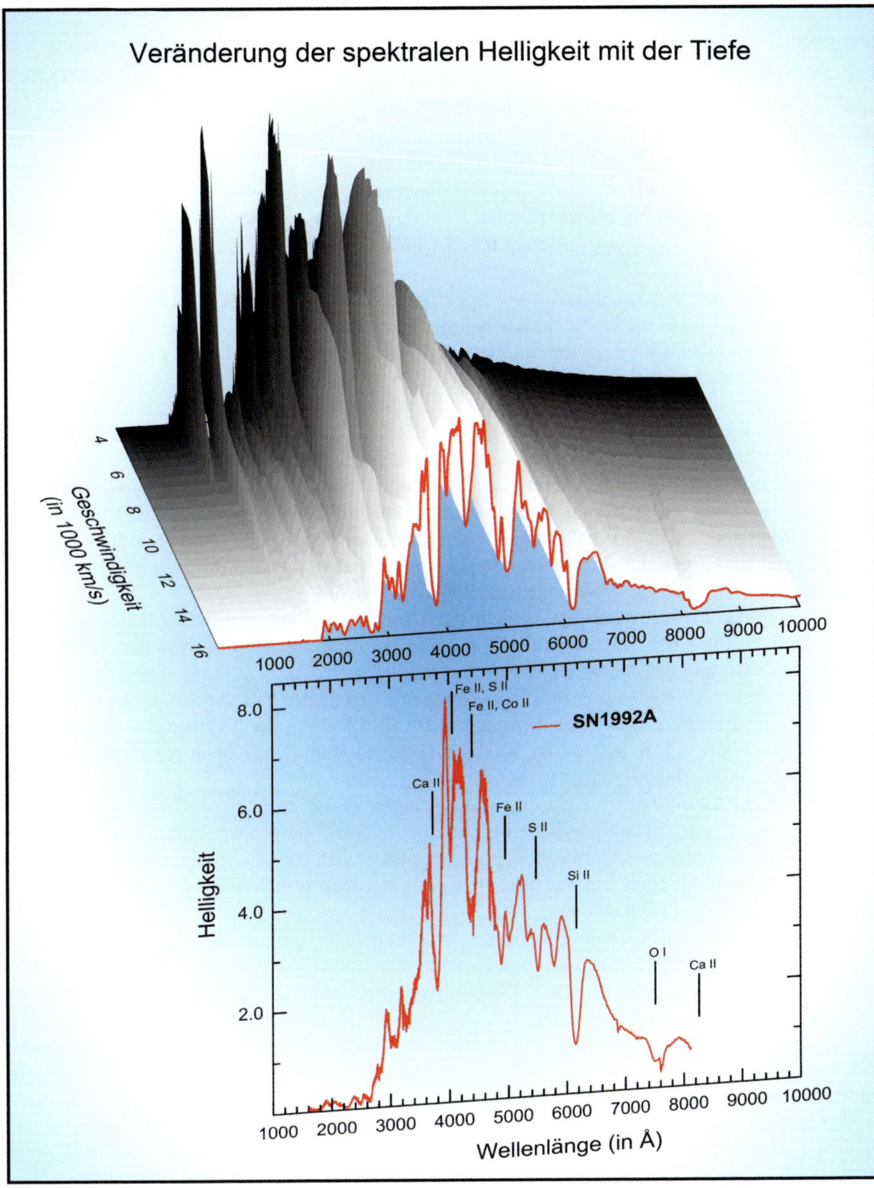

Abb. 10.9 Was haben uns die *Spektren kosmischer Leuchttürme* zu erzählen? (Das Bild zeigt in der oberen Darstellung, wie sich die spektrale Helligkeit beim Durchgang durch die Supernovahülle verändert, und in der unteren Darstellung das von uns im Maximum der Helligkeit beobachtete Spektrum einer Standardsupernova vom Typ Ia. ©: A. Pauldrach, T. Hoffmann, P. Hultzsch (LMU).)

Das Bild zeigt das Spektrum eines lokalen, kosmischen Leuchtturms (SN1992A) bei maximaler Helligkeit im unteren Bereich, in vertikaler Richtung ist die spektrale Helligkeit und in horizontaler Richtung die Wellenlänge angegeben.

gernden P-Cygni-Linien[8] zusammensetzen, auch herausragende Strukturen von mittelschweren Elementen wie Sauerstoff, Schwefel, Kalzium und Silizium. Diese Spektrallinien werden speziell während der ersten Wochen nach der Explosion beobachtet.

Abb. 10.9 (Fortsetzung) Im oberen Bereich stellt das Bild das synthetisch berechnete Spektrum auch in der Tiefe dar, indem es für jeden Geschwindigkeitswert, den die Supernovahülle durchläuft, gezeigt wird.

Damit macht der Vergleich der beiden Spektren deutlich, wie sich das Erscheinungsbild der Fingerabdrücke der Supernovae verändern würde, wenn die Geschwindigkeiten oder die Dichteverläufe oder die chemische Zusammensetzung der Hülle oder auch einfach nur die Masse des Hüllenmaterials stark unterschiedlich wären.

Die Tatsache, dass die beobachteten Spektren der Standardobjekte sich nur geringfügig unterscheiden und signifikante Änderungen, wie sie speziell die tiefer liegenden berechneten Spektren aufweisen, nicht beobachtet werden, bedeutet, dass die sogenannten Standardobjekte auch tatsächlich solche sind. Dieser Vergleich zeigt also, dass Supernovae vom Typ Ia sich hinsichtlich ihres Explosionsverhaltens nur marginal unterscheiden, wenn man die Extremfälle aussortiert. Dieser Vergleich zeigt aber auch, dass es unumgänglich ist, einen Blick auf das Spektrum im Maximum der Helligkeit zu werfen, um sicherzustellen, dass das Erscheinungsbild des Fingerabdrucks nicht doch einem der berechneten tiefer liegenden Spektren gleicht.

Vergleicht man nun das äußere berechnete Spektrum präzise mit dem beobachteten Spektrum, so stellt man fest, dass bei entsprechender Anpassung der Modellparameter wesentliche physikalische Größen bestimmt werden können.

Von grundlegender Bedeutung für dieses Vorgehen, das letztlich die Spektralanalyse darstellt, ist die Identifizierung der spektralen Signaturen: Im Bild wurden die herausragenden Linien der Elemente Sauerstoff (O), Schwefel (S), Kalzium (Ca), Silizium (Si), Kobalt (Co) und Eisen (Fe) aus diesem Grund markiert.

Ein wichtiger Aspekt betrifft auch das, was wir nicht sehen!

So sehen wir keine Signaturen, die auf die Elemente Wasserstoff oder Helium hinweisen.

Diese Tatsache unterstreicht unsere Hypothese, dass es sich bei den Vorläufern um Sterne handeln muss, die am Ende ihrer Entwicklung stehen, da sie ihren primären Brennstoff – Wasserstoff – bereits verbraucht haben, nachhaltig.

Spektralanalysen, wie die hier illustrierte, sind demgemäß von grundlegender Bedeutung, um mögliche Unterschiede im Explosionsablauf von lokalen und weit entfernten Supernova-Objekten zu erforschen und damit gegebenenfalls Unterschiede hinsichtlich der chemischen Zusammensetzung der Vorläufersterne aufzudecken.

Mit den derzeit verfügbaren Teleskopen können jedoch selbst bei mittlerer Rotverschiebung noch keine hochaufgelösten Supernova-Typ-Ia-Spektren aufgenommen werden, und deshalb wird ein solcher Schritt noch auf sich warten lassen.

Wir müssen also, die Betroffenen auch mit einer gewissen Anspannung, den Einsatz der nächsten Generation von Großteleskopen abwarten, um die hier proklamierte Vorgehensweise auch tatsächlich umsetzen zu können.

---

[8] Ein P-Cygni-Profil stellt die Überlagerung von einem blauverschobenen Absorptionstrog und einer unverschobenen, aber rotverschoben wirkenden Emissionskomponente einer Spektrallinie dar.

Die Blauverschiebung der Absorption ist dabei eine Folge des **Dopplereffekts**, der durch das Geschwindigkeitsprofil im Zentralbereich der Hülle zum Tragen kommt und das vom Stern ausgehende Licht in der Hülle bei Wellenlängenverschiebungswerten positiver Geschwindigkeit (positiv bedeutet in Richtung des Beobachters) absorbiert wird.

Der restliche, also nicht zentrale, Hüllenbereich emittiert hingegen den Strahlungsüberschuss, der sich aus der Absorption ergibt, in Form einer breiten, von allen Geschwindigkeitskomponenten getragenen, Emissionslinie (siehe Abb. 10.6 „*HD 184738*“).

Damit wird deutlich, dass vor allem in den äußeren Bereichen der Hülle, beziehungsweise des Vorläufersterns, nicht das gesamte Material verbrannt ist, wobei unvollständige Brennvorgänge, die zum Beispiel als Endprodukt Silizium ergeben, offensichtlich ebenfalls stattgefunden haben.

Dieser Befund liefert uns also wichtige Hinweise auf die Art und Weise der thermonuklearen Verbrennung, die letztendlich die Stärke der Explosion festlegt.

Zudem kann man auf diesem Weg Informationen über die physikalischen Bedingungen, die während der Explosion im Weißen Zwerg vorherrschten, gewinnen.

Als erstes diagnostisches Ergebnis in dieser Richtung konnte aus dem gezeigten Vergleich des beobachteten und des synthetischen Spektrums die chemische Zusammensetzung dieser Supernova ermittelt werden, wobei die Struktur vieler spektraler Details daraufhin deuten, dass die chemischen Elementhäufigkeiten räumlich geschichtet sind.

Die schweren Elemente sind dabei ausschließlich auf den inneren Bereich konzentriert, wohingegen das teilweise verbrannte Material in den mittleren Schichten und die gänzlich unverbrannten Komponenten, wie Kohlenstoff und Sauerstoff, nur in den aller äußersten Bereichen vorzufinden sind (siehe Abb. 10.10 „*Elementhäufigkeiten*").

Eine Durchmischung der Elemente während der Explosion hat gemäß dem Ergebnis also so gut wie nicht stattgefunden, und das, obwohl die Flammenausbreitung im Zuge der Explosion komplexen physikalischen Prozessen unterlag, wie wir gesehen haben.

Es liegt auf der Hand, dass dieses Ergebnis einen wichtigen Anhaltspunkt für die Einschränkung der physikalischen Prozesse, die für die Explosionsmodelle relevant sind, darstellt.

Details dieser Art werden uns, nach entsprechender Feinabstimmung, sowohl der Explosionsmodelle als auch der Analysemodelle, die Möglichkeit bieten, auch die chemische Zusammensetzung der Elemente der Vorläufersterne einzuschränken.

Was die vergleichende Erforschung von lokalen und weit entfernten Supernovaobjekten betrifft, konnte sich die Spektraldiagnostik noch nicht einbringen.

Dieser Punkt stellt gegenwärtig keinen Selbstläufer dar, da die derzeit verfügbaren Teleskope keine hochaufgelösten Supernovae-Typ-Ia-Spektren – wie das Gezeigte – bei höherer Rotverschiebung aufnehmen können.

Solche Spektren sind aber erforderlich, um die entscheidenden Rückschlüsse aus der Analyse zu ziehen.

Teleskope, die dazu in der Lage sein werden, Spektren in der erforderlichen Güte zu liefern, befinden sich jedoch bereits in der Planung.

Damit können wir uns natürlich nicht zufriedengeben, denn es steht ja die Identifizierung der kosmischen Leuchttürme noch aus!

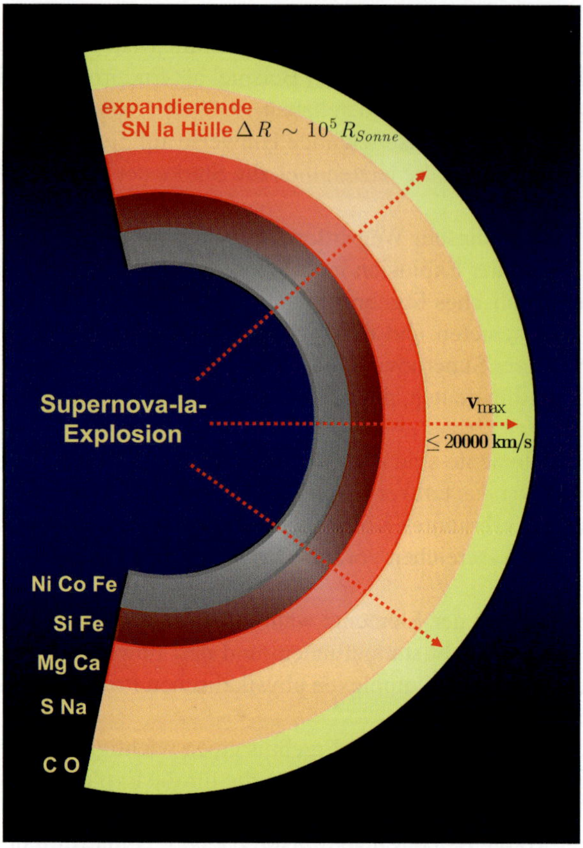

Abb. 10.10 Skizze: Der Vergleich beobachteter und synthetischer Supernova-Typ-Ia-Spektren zeigt, dass die chemischen *Elementhäufigkeiten* im Explosionsprodukt räumlich geschichtet sind, wobei die schweren Eisenelemente in tief liegenden Bereichen und die leichteren, nur teilweise verbrannten Elemente in den äußeren Schichten vorzufinden sind. Eine ebenfalls zu erwartende Durchmischung der Elemente während der Explosion hat somit nur sehr begrenzt stattgefunden. Dies wird im Bild verdeutlicht.

Da die Dichte nach außen hin extrem stark abfällt, tragen die äußeren Schichten, in denen die leichteren und mittelschweren Elemente vorherrschen, kaum zur Masse des zerstörten Sterns bei.

Die Masse des Explosionsprodukts wird somit fast vollständig von den inneren Schichten, die sich aus Kobalt, Nickel und Eisen zusammensetzen, getragen.

Die Explosion sorgt also dafür, dass sich ein gewaltiger, radioaktiver Eisenklumpen ins All ergießt.

Bevor wir ob dieser scheinbaren Abstrusität den Kopf schütteln, sollten wir allerdings bedenken, dass unser Erdkern genau aus diesem Material besteht; und dass wir diesen Erdkern nicht nur für die Bildung unseres Planeten und die Verleihung der Schwerkraft brauchten, sondern auch wegen des Magnetfelds, das er aufgebaut hat und mit dem er uns unter anderem vor dem Sonnenwind schützt. Es ist schon erstaunlich, auf welch feinsinnige Art an fast alles gedacht wurde, dass für das Gesamtgeschehen von großer Bedeutung zu sein scheint.

Diesen Punkt müssen wir vordringlich klären, da ansonsten Zweifel an der Nachhaltigkeit der Ergebnisse, die zur Erkenntnis der Dunklen Energie führten, nur schwer zu zerstreuen wären.

Das Problem ist uns klar: Supernovae, die wir im Dunkelrotverschobenen-Alter beobachten, sind im frühen Universum explodiert, als unser Sonnensystem noch nicht einmal entstanden war, und aus diesem Grund haben wir keinerlei Garantie, dass dies die gleichen Explosionen sind wie die, die wir lokal beobachten.

Dass wir in diesem Punkt nicht auf das Prinzip „Hoffnung" bauen können, das von dem Motto „irgendwie werden die Explosionen, ob alt oder jung, schon gleich sein" getragen wird, versteht sich von selbst.

Hinsichtlich dieses Punktes brauchen wir also eine klarere Antwort, denn von dieser Antwort hängt es ab, ob wir von der Existenz der Dunklen Energie überzeugt sind oder nicht.

Erfreulicherweise ist es nun so, dass die Qualität der gegenwärtig verfügbaren Spektren von dunkelrotverschobenen kosmischen Leuchttürme, obgleich nicht hinreichend für detaillierte Spektralanalysen, auf jeden Fall von hinreichender Güte ist, um sicherzustellen, dass auch sie die typischen Merkmale der Supernovae Typ Ia, die uns mittlerweile nicht zuletzt durch das Bild „*Spektren kosmischer Leuchttürme*" wohlbekannt sind, aufweisen – verglichen mit dem hier gezeigten Spektrum müssen wir diese Spektren allerdings mit dem Prädikat „lausig" versehen.

Zusammen mit dem zweiten Standbein, den **Lichtkurven**, konnte man sich damit zweifelsfrei davon überzeugen, dass es „Chandrasekharmassen" waren, die auch im frühen Universum explodiert sind!

Die Existenz der Dunklen Energie konnte also nicht zuletzt durch den Einsatz einer in gewisser Weise noch grobmotorisch praktizierten Form der Spektraldiagnostik, die bei einem professionellen Blick dennoch aussagekräftig ist, ohne die geringsten Zweifel untermauert werden!

Anders sieht es bei dem möglichen Alterungsprozess, dem das Erscheinungsbild der kosmischen Leuchttürme im Verlauf der Zeit unterworfen sein kann, aus.

Die heutigen Supernovae Typ Ia können gegenüber den kosmischen Leuchttürmen im frühen Universum also immer noch eine andere intrinsische Schwankungsbreite in ihrem diversifizierten Erscheinungsbild aufweisen.

Dies würde bedeuten, dass die Kalibrierung, die wir für die lokalen Supernovae gefunden haben, sich von einer Kalibrierung der kosmischen Leuchttürme im frühen Universum unterscheiden würde.

Falls dem so ist, müssten sich Spuren von diesem Verhalten auch im Spektrum zeigen.

Die diffizile Vielfalt der spektroskopischen Signaturen würde also eine diagnostisch erkennbare Veränderung erfahren, und das bedeutet, dass sich die Fingerabdrücke der Supernovae in einigen Details unterscheiden würden.

Dies nachzuweisen, wird die Stunde der Spektraldiagnostik sein!

Der zukunftsorientierte Charakter dieser Aussage bringt aber klar zum Ausdruck, dass für einen solchen Schritt lausige Spektren unbrauchbar sind. (Zum besseren Verständnis: Lausige Spektren sind dadurch gekennzeichnet, dass die Qualität des Signals fast im Rauschen untergeht. Als Beispiel dafür können wir einen etwas defekten Antennenverstärker heranziehen, der einen 30-Zoll-Flachbildfernseher mühelos mit einem solchen Bild versorgen kann. Wir könnten dann immer noch erkennen, ob wir uns mit einem Fußballspiel oder eine Oper auseinandersetzen müssen, aber zu entscheiden, wer die Hauptprotagonisten sind, würde auf ein Rätselraten hinauslaufen.) Es muss also die nächste Generation der Großteleskope abgewartet werden, um diesen Schritt Realität werden zu lassen.

Für die weitergehende Präzisierung der Größe und dem zeitlichen Verlauf der Dunklen Energie werden solche Analysen von entscheidender Bedeutung sein. Denn auf diesem Weg können die physikalischen Abläufe und die Verteilung der Elemente bei den Endprodukten der Explosionen der Supernovae Typ Ia sehr genau nachvollzogen und analysiert werden. Diese Untersuchungen werden also zeigen, inwieweit die kosmischen Leuchttürme des frühen Universums exakt von gleicher Art waren, wie es die heutigen sind.

Und das Mittel für diese Art der Untersuchung stellt die Spektraldiagnostik als belastungserprobte Analysetechnik der Astrophysik dar!

11 Fixierung eines neuen Weltmodells – die Kosmologie ordnet sich neu!

Wo stehen wir jetzt eigentlich?

Der letzte, der zu unserem von Problemen zerrüttetem Werk einen hilfreichen Beitrag geleistet hat, war George Gamow, der uns den Weg gewiesen hat, zu verstehen, wo die die 10^{90} Teilchen, die wir in unserem Universum beobachten können, herkommen.

Diese stellen aber gerade einmal etwas mehr als 30 % von dem dar, von dem wir wissen, dass es da sein muss, da wir wissen, dass das Universum flach ist und dass dies bedeutet, dass $\mathbf{\Omega}_{\mathrm{m}}$, das Verhältnis der im Universum vorhandenen Massendichte zur **kritischen Massendichte** $\sigma_{krit,}$ exakt 1 sein muss.

Wir kamen also zu der bitteren Erkenntnis, dass das meiste fehlt und dass 70 % der Energie, die das Verhältnis der vorhandenen Massendichte zur kritischen Massendichte auf 1 auffüllen muss, unauffindbar ist.

Diese Erkenntnis ist aber nur ein Teil der bitteren Erkenntnisse, die wir in dieser Richtung insgesamt hinzunehmen haben.

Und das sehen wir, wenn wir uns klarmachen, dass noch nicht einmal 1 % der Energie im Universum baryonische Materie in Form von Sternen und Gas darstellt, die im sichtbaren Bereich leuchtet. Wohingegen 5-mal mehr baryonische Materie in Form eines heißen intergalakischen Plasmas vorliegt, das im sichtbaren Bereich „Dunkel“ ist, wobei es vor allem durch Supernovaexplosionen, aber auch durch **Supermassive Schwarze Löcher** aus den zentralen Bereichen der Spiralgalaxien in den Raum geschleudert wird (siehe Abb. 11.1 „*5-mal mehr*“).

Das heißt, mehr als 80 % der baryonischen Materie musste bereits mit der Lupe gesucht werden, und man kam auch damit nur auf knapp 5 % der Masse/Energie im Universum.

Nachdem es circa 5-mal so viel Dunkle wie baryonische Materie gibt, kommt man mit beiden Größen zusammen dann auf circa 30 % davon.

Damit wird uns erstmalig klar, dass mehr als 99 % der Energie im Universum Dunkel ist und dass 95 % dieser Größe aus Materie- beziehungsweise Energieformen besteht, die uns noch völlig unbekannt sind.

A. W. A. Pauldrach, *Das Dunkle Universum,* DOI 10.1007/978-3-642-55373-8_11

Abb. 11.1 Es gibt *5-mal mehr* heißes „Dunkles" intergalakisches Gas, als es sichtbare leuchtende Materie gibt. (Das obere Bild zeigt zwei rötlich eingefärbte Jets, die durch die Gravitationsenergie eines Supermassiven Schwarzen Lochs, das sich im Zentrum der elliptischen Galaxie Hercules A befindet, angetrieben werden. Das untere Bild zeigt rötlich dargestelltes heißes Gas, das durch Einwirkung der stetig frei werdenden Energie fließbandmäßig erfolgender Supernovaexplosionen aus der Ebene der Starburst-Galaxie M82 in den intergalakischen Raum geschleudert wird. © NASA, ESA, S. Baum and C. O'Dea (RIT), R. Perley and W. Cotton (NRAO/AUI/NSF), and the Hubble Heritage Team (STScI/AURA).)

Die circa 2 Mrd. Lichtjahre entfernte gelblich erscheinende elliptische Galaxie Hercules A (*oberes Bild*) ist 1000-mal massereicher als unsere Milchstraße und beherbergt ein zentrales Schwarzes Loch, das ebenfalls 1000-mal massereicher als das Schwarze Loch im Zentrum der Milchstraße ist (Hercules A hat also ein Supermassives Schwarzes Loch von 2.5 Mrd. Sonnenmassen vorzuweisen).

Dieses Schwarze Loch ist für die Ausbildung der im Optischen nicht sichtbaren Jets verantwortlich, wobei diese hochenergetische Plasmastrahlen in das intergalakische Medium hinausschleudern.

Diese Feststellung ist so ungeheuerlich, dass alles, was möglich ist, getan werden muss, um das Fehlende, das irgendwo im Universum herumschleicht, irgendwie herbeizuschaffen.

In unserem Überschwang wollten wir nun einen Beitrag zur generellen Lösung des 70 %-Energie-fehlt-Problems leisten und haben uns mit viel Eifer auf die Suche begeben, um das Fehlende aufzuspüren. Dabei stießen wir auf die kosmischen Leuchttürme; die waren auch tatsächlich für etwas gut, denn mit deren Hilfe konnten wir überprüfen, wie sich die Massendichte auf großer Skala im Universum verhält.

Diese Überprüfung führte jedoch zu einem niederschmetternden Ergebnis, denn es zeigte sich, dass nahezu alle kosmischen Leuchttürme, die bei mittlerer bis hoher Rotverschiebung beobachtetet wurden, sich als lichtschwächer darstellen, als sie dies nach dem Standardmodell der Kosmologie dürften. Damit spiegelten diese Objekte nicht nur ein absolut leeres, energie- und masseloses Universum wider, sondern sie zeigten sogar auf, dass wir in einem Universum leben, das weniger als nichts enthält.

Natürlich mussten wir die Korrektheit dieses uns mit Ratlosigkeit beseelenden Beobachtungsbefundes sicherstellen, und dabei fiel uns auf, dass im Hinblick auf diese Objekte einige Punkte im Argen liegen.

Einer dieser Punkte betrifft die Vorläufersterne der kosmischen Leuchttürme, bei denen es sich um spezielle Weiße Zwerge handelt, die eine Masse, die durch die Chandrasekharmasse vorgegeben ist, aufweisen, wobei unklar ist, wie diese Objekte sich diese Masse aneignen können. Eine genaue Analyse der Situation zeigte uns, dass die Unklarheit, die gegenwärtig hinsichtlich des Werdegangs dieser Objekte besteht, zwar einen problematischen Punkt für die Astrophysik darstellt, aber nicht für den uns zutiefst erschütternden Beobachtungsbefund, denn der wird durch diesen Sachverhalt nicht infrage gestellt.

Ein weiterer bedenklicher Punkt betrifft die Zusammensetzung und das Zustandekommen der Spektren der kosmischen Leuchttürme, wobei die Tatsache, dass gegenwärtig nicht klar ist, wie diese auf unterschiedliche Ausgangsbedingungen oder geringfügig verschiedene Explosionsabläufe reagieren, als bedenklich einzustufen ist.

Diesbezüglich stellte sich die konkrete Frage, ob deren charakteristisches Erscheinungsbild beibehalten oder sich aber stärker verändern wird, wenn man lokale Objekte mit Leuchttürmen, die im frühen Universum explodierten, vergleicht. Aber

Abb. 11.1 (Fortsetzung) Die äußeren Bereiche der Jets weisen dabei ungewöhnliche hantelartige Strukturen auf, die eine offensichtliche Konsequenz von zahlreichen Aktivitätsausbrüchen des Schwarzen Lochs sind.

Eine Vielzahl von Supernovaexplosionen produziert als kumulativen Effekt einen heftigen galaktischen Superwind in der Starburst-Galaxie M82 (*unteres Bild*), durch den stetig große Mengen an Materie in den intergalakischen Raum befördert werden

Diese beiden Effekte sind maßgeblich dafür verantwortlich, dass es 5-mal mehr heißes Dunkles intergalakisches Gas gibt, als sichtbare leuchtende Materie in unserem Universum vorhanden ist.

auch diesen Punkt betreffend zeigte sich, dass die Qualität der gegenwärtig verfügbaren Spektren von dunkelrotverschobenen kosmischen Leuchttürme von hinreichender Güte ist, um anhand von ihnen sicherstellen zu können, dass auch diese Unsicherheit unseren Beobachtungsbefund nicht ins Wanken bringt.

Damit ergibt sich hinsichtlich der Existenz der entdeckten Dunklen Energie ein in sich geschlossenes Bild, das ohne Zweifel untermauert wurde und damit zu einem tragfähigen Fundament für ein „weniger als leeres Universum" wird.

Nachdem grundsätzlich zu erwarten gewesen wäre, dass alle plausiblen Zustandsformen unseres Universums zumindest mit „leeren Händen" dastehen, also schlimmstenfalls ein leeres Universum widerspiegeln sollten, nehmen wir dieses Ergebnis erneut mit verstörtem Erstaunen zur Kenntnis.

Denn obwohl in unserem Universum nachweislich Masse vorhanden ist, die dem Expansionsdrang des Universums entgegenwirken sollte, scheint dieses Universum von negativer Energie, die antigravitativ wirkt und dementsprechend als „*Dunkle Energie*" zu betrachten ist, derart geprägt zu sein, dass die aus der Masse resultierende positive Energie überhaupt keine Rolle spielt.

Gleichwohl ist es so, dass auch für dieses neu entdeckte Universum, das insgesamt weniger als nichts enthält, ein fehlender Beitrag von 70 % zum Verhältnis der vorhandenen Massendichte zur kritischen Massendichte zu verbuchen ist, denn auch diese Universum ist, allem „Dunklen" zum Trotz, nachhaltig flach.

Was unser ursprüngliches Ziel, das 70 %-Energie-fehlt-Problem zu lösen, betrifft, wird man auf direktem Weg mit den erhaltenen Beobachtungswerten – es gibt insgesamt weniger als nichts – nicht sehr viel weiter kommen. Aber immerhin haben wir anhand dieser Werte nun endlich erfahren, auf welche Art und Weise die Dunkle Energie unser Weltbild auf den Kopf gestellt hat.

Allerdings müssen wir uns jetzt auch wohl oder übel mit dieser Tatsache auseinandersetzen und versuchen, das zu verstehen, was wir nicht gesucht, aber gefunden haben.

Und aus diesem Verständnis heraus muss sich auf irgendeine Art die Lösung des 70 %-Energie-fehlt-Problems ergeben, denn das Universum ist ja nachgewiesenermaßen flach.

Vorab müssen wir also das angesprochene Verständnis erwerben, und dazu müssen wir uns das von Widersprüchen durchsetzte erhaltene und als verstörend eingestufte Ergebnis anhand eines Diagramms, das auf den Beobachtungsgrößen der dunkelrotverschobenen kosmischen Leuchttürme basiert und die Geschichte der kosmischen Expansion widerspiegelt, zunächst noch etwas genauer betrachten (siehe Abb. 11.2 „*Ein Weltmodell im Wandel!*").

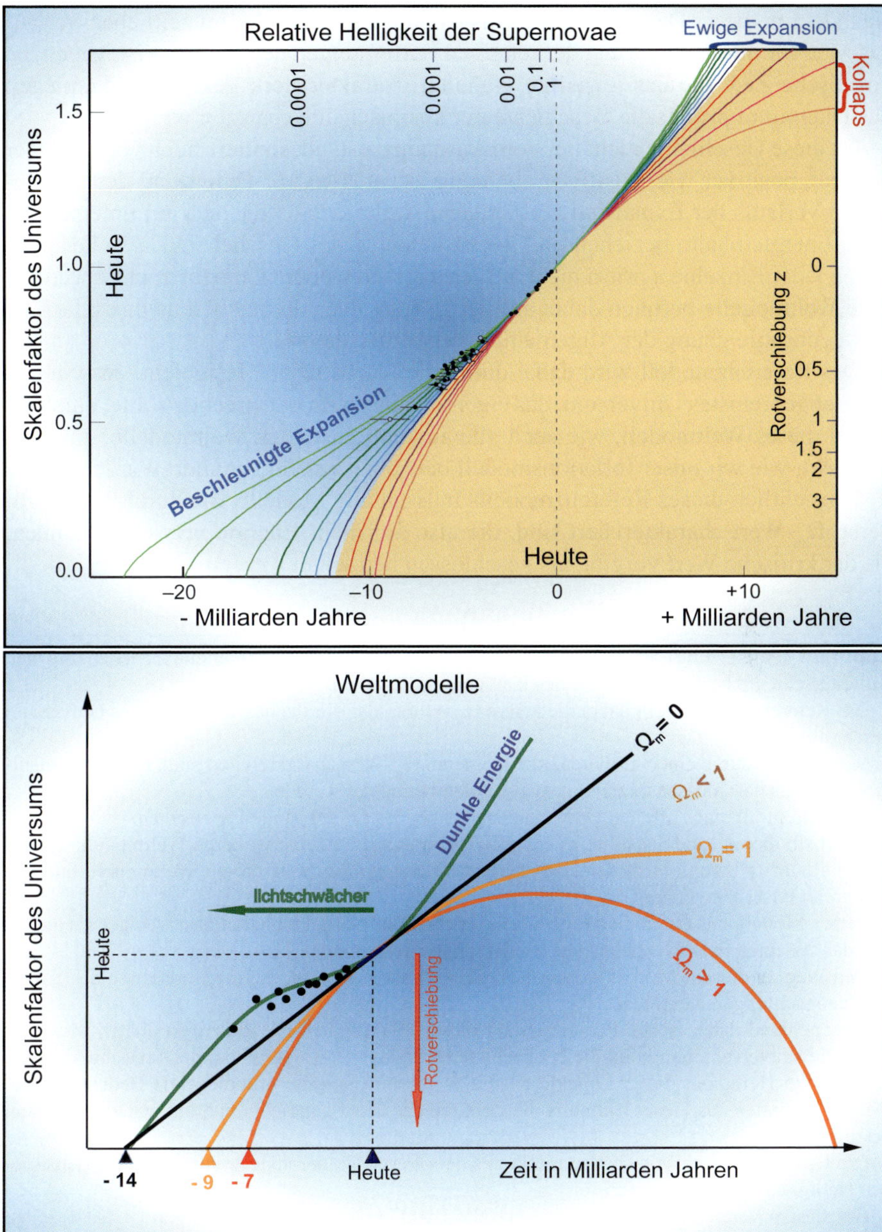

Abb. 11.2 *Ein Weltmodell im Wandel!* (Die beiden Bilder zeigen eine Auswahl von sogenannten Weltmodellen, die mögliche Geschichten der kosmischen Expansion auf verschiedenen Grundlagen widerspiegeln. © (oberes Bild für die Darstellung): S. Perlmutter, Physics Today, Volume 56, Issue 4.)

Dargestellt ist der Ausdehnungsfaktor R, der im zeitlichen Verlauf ein Maß für die Veränderung der relativen Entfernungen zwischen den Galaxien und damit die Expansion darstellt, gegen die kosmische Zeit – also das jeweilige Alter des Universums –, wobei der Zeitpunkt null den heutigen Zustand des Universums charakterisiert.

Nachdem in dieser Darstellung der Ausdehnungsfaktor R, der im zeitlichen Verlauf das Maß für die Veränderung der relativen Entfernungen der Galaxien ist, gegen die kosmische Zeit, die das jeweilige Weltalter charakterisiert, gezeigt wird, spiegelt das Diagramm primär die Geschichte der kosmischen Expansion wider.

Da diese Geschichte nicht nur vom Ausgangszustand, sondern auch von jeglicher Energie, positiver wie negativer, abhängig ist, müssen zur Ermittlung des tatsächlichen Verlaufs der Expansion verschiedene Weltmodelle, die sich auf unterschiedliche Energieinhalte beziehen und Repräsentanten des Geschehens darstellen, von denen jeder Einzelne a priori nicht ausgeschlossen werden kann, betrachtet werden. (Die Weltmodelle beruhen dabei auf der Lösung der von uns bereits durchdachten Bewegungsgleichung der Allgemeinen Relativitätstheorie.)

Das Referenzmodell wird dabei durch die Kurve $\Omega_m = 1$ festgelegt, das ein flaches, abgebremstes Universum, das eigentlich unserem entsprechen sollte, darstellt, wobei dieses Weltmodell, wie auch alle anderen gezeigten Weltmodelle, auf ähnliche Art, wie wir unser Inflationsmodell berechnet haben, simuliert wurde.

Hinsichtlich dieses Referenzmodells müssen alle Modelle, die durch einen größeren Ω_m-Wert charakterisiert sind, die also auf mehr Energie verweisen können, als der kritische Wert vorgibt, als geschlossen betrachtet werden.

Abb. 11.2 (Fortsetzung) Im Diagramm sind ferner verschiedene Weltmodelle zu sehen, die sich auf unterschiedliche Energieinhalte des Universums beziehen.

Das Referenzmodell stellt dabei die Kurve $\Omega_m = 1$ dar, das ein flaches, abgebremstes Universum beschreibt.

Modelle, die durch einen größeren oder kleineren Ω_m-Wert charakterisiert sind, müssen dementsprechend als geschlossen beziehungsweise offen betrachtet werden.

Als Extremfall eines offenen Universums ist dabei das $\Omega_m = 0$ Modell anzusehen.

Oberhalb dieses Modells sollte es eigentlich grundsätzlich keine weiteren Weltmodelle geben, da der Raum ja bereits in diesem Fall leer ist. Gleichwohl gibt es da ein Weltmodell, und das beschreibt unser Universum!

Dieses Modell, das durch die grüne Kurve repräsentiert wird, beinhaltet also weniger als nichts, und das bedeutet, dass es einen negativen Druck aufweisen muss.

Den Weg zu diesem Modell weisen uns die schwarzen Punkte, die die Ergebnisse der Supernovabeobachtungen darstellen.

Entscheidend dabei ist die Positionierung dieser Punkte, die über die zugeordneten Messgrößen – die Rotverschiebung und die beobachtete Helligkeit – erfolgt, wobei die Tatsache, dass die abgestrahlte Helligkeit dieser Objekte ebenfalls bekannt ist, eine grundlegende Bedeutung hat. Denn wir können aus dieser Kenntnis die Zeit, die das Licht gebraucht hat, um uns zu erreichen, bestimmen.

Die Lichtlaufzeit ergibt sich also direkt aus dem Vergleich der abgestrahlten und der gemessenen Helligkeit der Supernovae.

Bei diesem Vergleich zeigt sich nun, dass das Licht länger unterwegs gewesen ist, als es selbst im Falle eines leeren Universums, das sich ja ungebremst ausdehnt, hätte unterwegs gewesen sein dürfen. (Die relative Helligkeit einer Supernova ist damit proportional zur verstrichenen Zeit, und dementsprechend ist diese Größe im Diagramm auch in horizontaler Richtung zu erkennen.)

Die Lichtlaufzeiten sind demnach für weit entfernte kosmische Leuchttürme deutlich größer, als erwartet, und das bedeutet, dass diese Objekte erheblich lichtschwächer beobachtet werden, als sie dem Wert ihrer Rotverschiebung zufolge beobachtet werden sollten, wobei die zum relativen Ausdehnungsfaktor indirekt proportionale Rotverschiebung im Diagramm in vertikaler Richtung zu erkennen ist.

In diesen Fällen kommt die Expansion nicht erst nach unendlicher Zeit, wie im Falle des flachen Universums, zum Stillstand, sondern sie kehrt sich sogar zu einem bestimmten Zeitpunkt um, sodass diese Universen ab diesem Zeitpunkt kontrahieren.

Modelle, die durch einen kleineren Ω_m-Wert charakterisiert sind, müssen hingegen als offen betrachtet werden; und das bedeutet, dass in diesen Fällen die Expansion nie zum Stillstand kommt.

Den Extremfall eines offenen Universums stellt das $\Omega_m = 0$-Modell dar, das sich auf ein vollkommen leeres Universum, also eines, in dem weder Masse noch Energie vorzufinden ist, bezieht.

Hinsichtlich dieses Modells erfolgt die Expansion des Universum folglich vollständig ungebremst, und damit sind auch die Relativgeschwindigkeiten bezüglich des Hubble-Gesetzes zeitlich konstant (die Tatsache, dass die Relativgeschwindigkeiten zeitlich konstant sind, bedeutet allerdings nicht, dass dies auch für die Hubble-Konstante gilt, denn wir hatten ja bereits festgestellt, dass die Hubble-Konstante[1] grundsätzlich eine zeitabhängige veränderliche Größe ist, die durch eine Funktion beschrieben wird).

Es sollte nun grundsätzlich keine weiteren Weltmodelle geben, deren Kurven sich in dem Bereich oberhalb der Grenzlinie, die sich durch das $\Omega_m = 0$-Modell ergibt, zeigen, da ein Universum, das sich auf dieses Modell bezieht, ja bereits leer ist.

Gleichwohl gibt es da ein solches Weltmodell, und das beschreibt *unser Universum*, das, wie wir ja wissen, nichts von der Stange kauft!

Dieses Modell, das durch die grüne Kurve repräsentiert wird, *beinhaltet also weniger als nichts*, und das bedeutet, dass es von negativer Energie, die antigravitativ wirkt, geprägt sein muss!

Die Grundlage für dieses Ergebnis stellen die Resultate der Supernovabeobachtungen dar, die unter Einbeziehung der Tatsache, dass die abgestrahlten absoluten Helligkeiten für diese Objekte bekannt sind, über die gemessenen Größen der Rotverschiebung und der beobachteten Helligkeit den Verlauf der Kurve festlegen.

Dass das Weltmodell unseres Universums im sozusagen verbotenen Bereich liegt, kann nur durch eine zumindest zeitweise erfolgte, beschleunigte Expansion erklärt werden.[2] Und das bedeutet, speziell im Hinblick auf das $\Omega_m = 0$-Modell, dass ein negativer Druck in unserem Weltmodell seine Spuren hinterlassen hat!

Ein genauer Blick auf die Position der Beobachtungspunkte offenbart dabei, dass dieses uns zugeteilte Universum – gemäß dem Steigungsverlauf der grünen Kurve – im Bereich der ältesten Objekte nur geringfügig größere Relativgeschwindigkeiten

[1] Da Änderungen der Abstände r zwischen Galaxien (eine betrachtete Änderung soll hierbei von $r = r_0$ zu $r = Rr_0$ erfolgen, wobei R der Ausdehnungsfaktor beziehungsweise Skalenfaktor ist) proportional zur Änderung $\dot{R}$ des Ausdehnungsfaktors sind (also $v = \dot{r} = \dot{R}r_0 = (\dot{R}/R)\,r$), stellen sich die Relativgeschwindigkeiten bezüglich des Hubble-Gesetzes in allgemeiner Form folgendermaßen dar: $v = (\dot{R}/R)\,r = H(t)r$.

[2] Dieses Weltmodell beruht auf der Lösung der von uns noch zu durchdenkenden „vollständigen Bewegungsgleichung der Allgemeinen Relativitätstheorie“ (Exkurs 11).

vorzuweisen hatte und damit nur unmerklich schneller expandiert ist, als dies bei einem leeren Universum der Fall gewesen wäre, um dann – gekennzeichnet durch die Majorität der Beobachtungspunkte – vergleichsweise langsamer zu expandieren. Wohingegen die Steigung der Kurve in jüngster Zeit so stark zunimmt, dass die Relativgeschwindigkeit bezüglich des Hubble-Gesetzes, und damit die Beschleunigung der Expansion, erheblich anwächst.

Wie sich die Extrapolation der derzeitigen beschleunigten Expansionsphase auswirkt, zeigt die zukunftsorientierte Verlängerung der Kurve, die für unser aktuelles Weltmodell jedoch nichts Gutes prophezeit.

Wir hatten ja bereits festgestellt, dass wir de facto weder die Dunkle Energie noch den negativen Druck oder gar die beschleunigte Expansion des Universums direkt beobachten.

Dass wir in Wirklichkeit etwas ganz anderes beobachten, hatten wir demzufolge bereits vermutet.

Jetzt wissen wir auch, was es ist, das wir tatsächlich beobachten.

Es sind Lichtlaufzeiten und Rotverschiebungen – sonst nichts!

Sonst nichts hat allerdings auch Edwin Hubble beobachtet, und aus seinen Helligkeiten und Rotverschiebungen konnten wir immerhin auf nicht weniger als die Expansion des Universums schließen.

Und so, wie die Datensätze von Edwin Hubble etwas Besonderes waren, so sind es auch diese; und das Besondere an diesen ist, dass die Helligkeit weit entfernter, dunkelrotverschobener kosmischer Leuchttürme erheblich lichtschwächer bei uns ankommt, als sie es dem jeweiligen Wert der Rotverschiebung zufolge tun sollte.

Das ist letztlich alles, was wir beobachten.

Gleichwohl hat es uns erschüttert.

Und diese Erschütterung war von vergleichbarer Intensität wie die Erschütterungen, die Galileo Galilei, Isaac Newton, Albert Einstein und Edwin Hubble ausgelöst haben.

Um das zu sehen, ist allerdings ein theoretisches Konzept erforderlich!

Alles Weitere basiert also auf theoretischen Überlegungen, die uns sagen, dass diese Ergebnisse mit unserem bislang gültigen Weltbild nicht vereinbar sind, dass die Lichtlaufzeiten sogar im Falle eines leeren Universums erheblich kürzer wären und dass demzufolge etwas nicht stimmt.

Die theoretischen Überlegungen sagen uns damit ganz klar, dass Handlungsbedarf besteht, wenn wir dieses Ergebnis verstehen wollen und wenn wir aus diesem Verständnis heraus die Lösung für das 70 %-Energie-fehlt-Problem finden wollen.

Nachdem wir das wollen, müssen wir im Vertrauen auf das aktuelle Weltmodell, das man unserem Universum zugewiesen hat, dieses auf komplizierte Weise analysieren.

Vielleicht sollten wir, angesichts des Begriffs „kompliziert", an dieser Stelle das Thema wechseln.

Aber bevor wir das tun, werfen wir doch noch einmal einen flüchtigen Blick auf dieses verschrobene Weltmodell, und da fällt uns tatsächlich etwas auf, und gleich darauf fällt uns auch noch etwas ein.

Was uns auffällt, ist, dass die beschleunigte Expansion so richtig erst in den letzten paar Milliarden Jahren in die Gänge gekommen ist, wohingegen das Universum von jeher flach war. Und das bedeutet, dass das 70 %-Energie-fehlt-Problem kein generelles Problem sein kann, da zu früheren Zeiten die damals dominierende Dunkle Materie hinreichend war, um für die Flachheit des Universums zu sorgen. Das Problem ist also erst in jüngster Zeit aufgetreten, und zwar vermutlich genau dann, als sich der negative Druck bemerkbar machte.

Und was uns diesbezüglich eingefallen ist, ist unser Inflationsmodell, das aufgrund seines negativen Drucks ja ebenfalls eine beschleunigte Expansion zeigte, obwohl die positive Vakuumenergiedichte betragsmäßig von gleicher Größe wie der negative Druck war.

Wir kennen dieses Verhalten also von unserem Modell der Inflation.

Und jetzt ist erneut etwas Dunkles am Wirken, dessen positive Energiedichte von einem betragsmäßig gleich großen negativen Druck überschattet wird.

Diese wird überschattet, da der Druck in der Bewegungsgleichung des Universums, analog zu unserem Inflationsmodell, 3-mal höher gewichtet wird als die positive Energiedichte (siehe Exkurs 7).

Und das bedeutet letztlich, dass die Hälfte von dem, was wir an negativem Druck in ein Weltmodell hineinstecken müssen, um die Beobachtungswerte der kosmischen Leuchttürme zu reproduzieren, betragsmäßig die uns fehlende positive Energiedichte darstellt (der Faktor zwei ergibt sich, da der negative dreifache Druck mit der positiven Energiedichte in der Bewegungsgleichung aufaddiert wird – siehe Exkurs 7).

Dies gilt es nun quantitativ zu überprüfen, und dazu müssen wir, im Vertrauen auf das Standardmodell, zu unserem Inflationsmodell analoge Weltmodelle berechnen,[3] wobei die wesentlichen anhand dieser Rechnungen zu bestimmenden Parameter Ω_m und Ω_Λ sind.

Ω_Λ stellt dabei einfach das Verhältnis der gesuchten fehlenden Massendichte zur kritischen Massendichte dar, wobei die Summe der beiden Größen, Ω_m und Ω_Λ, 1 ergeben muss, da das Universum ja flach ist. (Wir gehen an dieser Stelle nicht automatisch davon aus, dass für Ω_m ein Wert von 0.3 anzusetzen ist, da grundsätzlich die Möglichkeit besteht, dass der negative Druck diesen Wert verfälscht hat.)

[3] Bei der Berechnung dieser Weltmodelle kann weder auf die von uns bereits durchdachte Bewegungsgleichung der Allgemeinen Relativitätstheorie (Exkurs 6) noch auf die analoge Gleichung, die wir zur Beschreibung der Inflation verwendet haben (Exkurs 7), zurückgegriffen werden, da im ersten Fall nur eine aufgrund von Masse sich verlangsamende Expansion und im zweiten Fall nur eine aufgrund von negativem Druck sich beschleunigende Expansion beschrieben werden kann. Für den hier vorliegenden Fall, bei dem beide Effekte zum Tragen kommen, beruht die Berechnung dieser Weltmodelle auf der Lösung der von uns noch zu durchdenkenden „vollständigen Bewegungsgleichung der Allgemeinen Relativitätstheorie" (Exkurs 11).

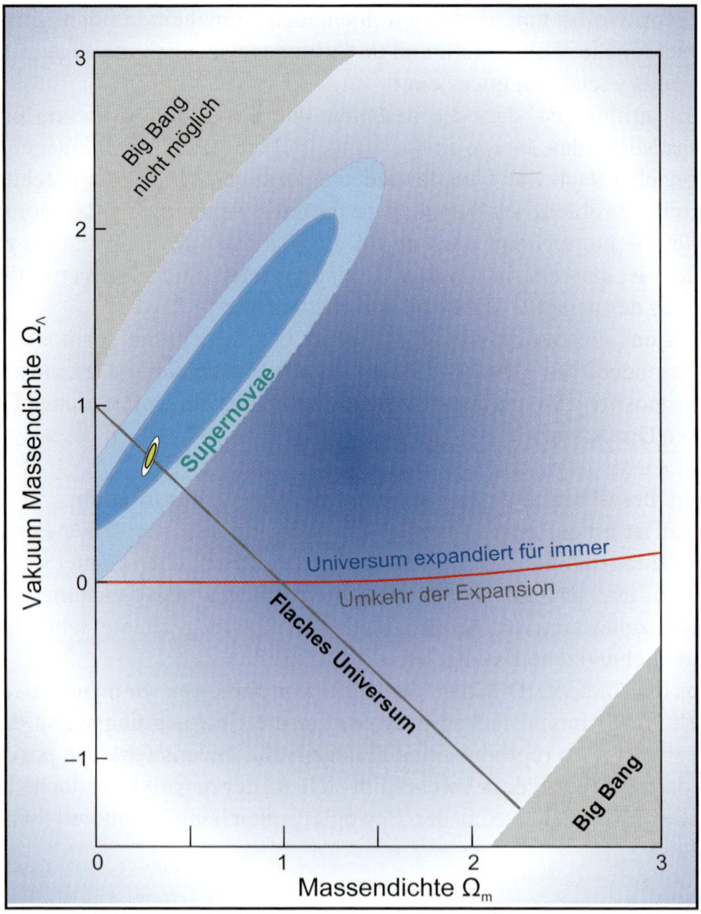

Abb. 11.3 *Das Dunkle dominiert!* (In der Grafik wird der Massenbereich, den die „Vakuumenergie" prinzipiell belegen kann, dem Massenbereich, den die Materie grundsätzlich für sich beanspruchen kann, gegenübergestellt. Im Schulterschluss mit der Erkenntnis, dass wir in einem flachen Universum leben, legen die auf dieses Diagramm übertragenen Ergebnisse der Beobachtungen von Supernovae Typ Ia in dieser Darstellung die kosmologischen Parameter Ω_m und Ω_Λ fest. © für die Darstellung: S. Perlmutter, Physics Today, Volume 56, Issue 4.)

Der mögliche Bereich der kosmologischen Parameter Ω_m und Ω_Λ wird in diesem Diagramm maßgeblich durch die Tatsache, dass unser Universum flach ist, eingeschränkt.

Da die diagonal verlaufende grau dargestellte Linie, die in dieser Form auf der Summe der kosmologischen Parameter beruht, hinsichtlich eines flachen Universums stets 1 ergeben muss, stellt sie den einzig möglichen Lösungsbereich dar.

Ohne diese wichtige Information auszunutzen, zeigen uns die hellblauen und dunkelblauen Bereiche, die auf der Auswertung der Beobachtungsergebnisse der kosmischen Leuchttürme beruhen, im oberen Teil des Diagramms die stufenweise Einschränkung des Parameterraums.

Fügt man jedoch diese beiden Informationen zusammen, so wird der Parameterraum durch das darauf basierende, aktuelle Weltmodell auf den kleinen gelben Bereich reduziert.

Im Hinblick darauf hat uns der Vergleich mit dem leeren Universum bereits gezeigt, dass Ω_Λ auf jeden Fall größer null sein muss, da ein nennenswerter negativer Druck bei der Anpassung des Modells an die Beobachtungswerte der kosmischen Leuchttürme zwangsläufig erforderlich war, und die Hälfte davon stellt ja betragsmäßig gerade den Wert für Ω_Λ dar.

Welche genauen Werte dieses Modell für die Parameter Ω_m und Ω_Λ liefert, zeigt uns nun die Abb. 11.3 „*Das Dunkle dominiert!*".

Das aktuelle Weltmodell, das auf der Grundlage eines flachen Universums und den Beobachtungsergebnissen der kosmischen Leuchttürme erstellt wurde, zeigt uns nun endlich ein fast schon herbeibetteltes Ergebnis.

Es zeigt uns, dass das Verhältnis der im Universum vorhandenen Massendichte zur kritischen Massendichte unter Einbeziehung von allen unsichtbaren und Dunklen auf Materie beruhenden Fragmenten bei den bereits abgeschätzten 30 % liegt, und es zeigt uns, dass die dementsprechende positive Energiedichte der Dunklen Energie mit 70 % erheblich mehr beiträgt, um den vom Universum gewählten flachen Charakter seines Raums zu stützen.

Darüber hinaus ist dieser von emotionsloser Schlichtheit geprägte Zahlenwert dafür mitverantwortlich, dass unser so wohlvertrautes Weltbild auf den Kopf gestellt wurde!

Nach diesem Ergebnis hängt die Veränderung der Ausdehnung des Raums, die gegenwärtig auf einer Beschleunigung der Expansion des Universums beruht, mitnichten vom abbremsenden Charakter des gesamten Energieinhalts ab, wie es dem Standardmodell genehm gewesen wäre. Nein, im neuen Weltbild hängt die Expansionsrate des Universums vielmehr davon ab, was das Dunkle an energetischen Komponenten vorzuweisen hat.

Abb. 11.3 (Fortsetzung) Als Ergebnis erhalten wir demnach $\Omega_m = 0.3$ und $\Omega_\Lambda = 0.7$![4]

Und dies stellt endlich das mehrfach eingeforderte Ergebnis dar, das dem 70 %-Energie-fehlt-Problem den Garaus macht.

Als Begleiterscheinung hat dieses Ergebnis allerdings auch unser Weltbild durch die Tatsache, dass das Universum beschleunigt expandiert, nachhaltig verändert.

[4] Die kosmologischen Parameter können mittlerweile auch durch eine großräumige Kartierung der Strukturen im Universum, die man durch Himmelsdurchmusterungen der Verteilung und Geschwindigkeit von Galaxien und Galaxienhaufen erhält, eingeschränkt werden.

Im Rahmen solcher Projekte konnten bereits die Standorte von mehr als einer Million Galaxien kartographiert werden, wobei die Galaxienkarten auch 6 Milliarden Lichtjahre entfernte Strukturen umfassen.

Durch einen Vergleich der Strukturen dieser fernen Galaxien, die uns das Universum zeigen als es etwa die Hälfte seines heutigen Alters hatte, und naher Galaxien, die uns das weiter entwickelte Universum zeigen, erhält man ebenfalls eine sehr starke Einschränkung für die kosmologischen Parameter.

Und diese Einschränkung bekräftigt das Beobachtungsergebnis, das auf den kosmischen Leuchttürmen beruht.

Und da muss man noch sehen, ob das dem Standardmodell auch genehm ist.

Denn da hat die Dunkle Energie hinsichtlich der Energieformen, die wir kennen, einen grundsätzlich anderen Charakter offenbart.

Es ist der negative Druck, der wie eine abstoßende Gravitationskraft wirkt, der sie auszeichnet und der dementsprechend die Expansion des Universums beschleunigt!

Dabei folgt der Beschleunigungsverlauf, wie in Abb. 11.2 „*Ein Weltmodell im Wandel!*" deutlich zu erkennen ist, offensichtlich keinen Regeln, die unmittelbar einsichtig sind.

Denn die Expansion wurde anfänglich – im Bereich der ältesten beobachteten Supernovae – kaum beschleunigt, sodass die Relativgeschwindigkeiten von denjenigen eines leeren Universums nicht wirklich zu unterscheiden sind.

Daraufhin erfolgte eine stärkere Abbremsung, als dies bei den Weltmodellen, die sich auf $\Omega_m = 1$ und $\Omega_\Lambda = 0$, beziehen, der Fall gewesen wäre.

Schließlich steigt die Beschleunigung der Expansion in jüngster Zeit – den letzten paar Milliarden Jahren – erheblich an.

Wenn dieses Verhalten sich etabliert, dann ist zu erwarten, dass es in naher Zukunft erst so richtig losgeht!

Hinter diesem Beschleunigungsverlauf stecken ganz offensichtlich fein ausgeklügelte physikalische Abläufe, die sehr wahrscheinlich durch keine einfache Größe beschrieben werden können. Aber gerade dies gilt es jetzt im Weiteren zu untersuchen.

12 Das Standardmodell ist angeschlagen!

Die Dunkle Energie liefert das Fehlende frei Haus, und dennoch gerät das Standardmodell ins taumeln!

Dass im Standardmodell die wesentlichste Komponente unseres Universums aus Unkenntnis nicht berücksichtigt wurde, stellt seine größte Schwäche dar.

Aber das war dem Standardmodell natürlich von jeher klar, denn es wusste stets, dass es vor allem darum geht, ein flaches Universum zu produzieren; und das setzt nun mal, auch im heutigen Weltalter, voraus, dass $\mathbf{\Omega_m}$, das Verhältnis der im Universum vorhandenen Massendichte zur **kritischen Massendichte** σ_{krit}, exakt 1 sein muss.

Und exakt 1 bedeutet nicht, dass der überschaubare Faktor von ungefähr 0.32, den die baryonische Materie zusammen mit der Dunklen Materie anzubieten hat, hinreichend wäre.

Es musste sich also anstrengen, das Standardmodell um das Fehlende herbeizuschaffen. Und diese Aktion wurde letztlich vom Erfolg gekrönt, denn der fehlende gewaltige Brocken von fast 70 %, der erforderlich ist, um die Messlatte, die von der kritischen Massendichte extrem hoch gelegt wurde, zu erreichen und damit das beobachtete flache Universum zu gewährleisten, wurde nun tatsächlich geliefert.

Er wurde letztendlich von der Dunklen Energie hinter dem Rücken versteckt geliefert, dafür frei Haus!

Wenn man nun noch von dem faden Beigeschmack, dass wir keine Ahnung haben, was die Dunkle Energie eigentlich ist, einmal absieht, hat die Entdeckung der Dunklen Energie mit seiner primären energetischen Eigenschaft das Standardmodell in keinster Weise in Bedrängnis gebracht. Im Gegenteil, damit wurde ja die gewaltige energetische Lücke geschlossen, die bei genauerem Hinsehen für jedermann erkennbar war.

Und das Standardmodell hat sich durch das Schließen dieser Lücke präzisiert und steht somit groß da, oder?

A. W. A. Pauldrach, *Das Dunkle Universum,* DOI 10.1007/978-3-642-55373-8_12

In diesem Punkt steht es natürlich groß da, allerdings nur, weil es Glück hatte!

Glück in dem Sinne, dass sich alles in Wohlgefallen auflöste, als man den fehlenden dominierenden Energieanteil der Dunklen Energie abluchsen konnte.

Um wirklich groß dazustehen, hätte es aber noch etwas mehr Glück gebraucht, das hat es aber nicht!

Denn die Dunkle Energie liefert nicht nur den fehlenden positiven Energieanteil, sie liefert weit mehr.

Sie liefert etwas, womit niemand wirklich gerechnet hat und fraglos auch keiner bestellt hat, und zwar negativen Druck.

Und der verändert das Standardmodell, und zwar gewaltig!

Nichts ist es mit der langsamen Abbremsung der Expansionsrate des Universums aufgrund der darin enthaltenen Energie.

Die Expansionsrate wird nun vielmehr beschleunigt, sozusagen wegen eines ominös anmutenden negativen Drucks, dessen Handlungsweise mitnichten von Durchsichtigkeit geprägt ist.

12.1 Dunkle Energie und ihre negative Überraschung

Da ist er wieder, der negative Druck, der dem Universum während der Inflationsphase ja schon einmal den Boden unter den Füßen weggerissen hat. Und von dem, was sich da abgespielt hat, sollten wir uns tunlichst fernhalten, denn es ist nicht zu erwarten, dass er uns als Freund zur Seite stehen wird.

Wir sollten ihn also dem anderen Lager zuordnen, wobei nur die genaue Kenntnis seines Wesens Klarheit darüber schaffen kann, was wir von ihm wirklich zu erwarten haben.

In diesem Zusammenhang haben wir aber schon gesehen, dass er sich nur schwer greifen lässt, weil es für ihn nicht zuletzt kein wirklich griffiges Beispiel gibt, das uns sein Wirken plausibel erscheinen lässt. Und demgemäß sollten wir uns an das Verständnis, das wir hinsichtlich seines physikalischen Hintergrunds aufbauen müssen, nochmals herantasten.

Wenn wir ihn einfach nur beim Wort nehmen, dann stellt er als negativer Druck letztlich nur die Gegenseite zum positiven Druck dar. Und nachdem es die Eigenschaft des positiven Drucks ist, Material wegzuschieben, muss es die Eigenschaft des negativen Drucks sein, Material heranzuholen. Auf dieser Grundlage verliert er erst einmal seinen vermeintlichen Schrecken, denn mit dem Phänomen der Materialbeschaffung sind wir natürlich bestens vertraut.

Zum Beispiel Wasser, das holen wir, solange es im überschaubaren Rahmen bleibt, gerne zu uns heran.

Und da fällt uns, als einfaches Hilfsmittel, eine altertümliche Wasserpumpe ein.

Wenn wir an deren Hebel Pumpbewegungen vollziehen, erzeugen wir einen negativen Druck, der das Wasser aus tieferen Lagen nach oben saugt.

Wir sind mit dem Phänomen also bestens vertraut, nur trügt der Schein in diesem Fall.

In Wirklichkeit erzeugen wir durch unsere Pumpbewegungen ein leichtes Vakuum, oder präziser ausgedrückt, einen Unterdruckbereich, und der Druck, dem das Wasser in tieferen Lagen ungeschwächt ausgesetzt ist, treibt es nach oben, um den von uns erzeugten Unterdruck auszugleichen.

Es findet also lediglich ein Druckausgleich statt, und das Wasser strömt aufgrund des Druckgefälles eines positiven Drucks nach oben.

Und so ist es mit allen vergleichbaren Beispielen.

Mit einem echten negativen Druck sind wir also noch nie konfrontiert worden, und auf der Grundlage dieser Erkenntnis holt er sich den verlorengegangenen Schrecken wieder zurück.

Im Gegenzug müssen wir nun anfangen zu spekulieren, wie sich ein echter negativer Druck auswirken würde.

Betrachten wir dazu den Zylinder eines Ottomotors, der gerade einmal mit einem Zehntel PS betrieben wird, um uns das Leben nicht zu schwer zu machen.

Nach der Zündung, in deren kompliziertes Regelwerk die Ingenieurskunst, wie üblich, eine Vielzahl von Sollbruchstellen eingebaut hat, wird der Kolben, falls keine von diesen zugeschlagen hat, nach außen gedrückt.

Dies können wir durch einen entsprechenden nach innen gerichteten Gegendruck mittels unserer Muskelkraft verhindern, wobei wir damit, gegenüber Dritten, die zahlreichen Besuche im überteuerten und renovierungsbedürftigen Fitnessstudio rechtfertigen können.

Wenn wir nun den Fall eines echten negativen Drucks betrachten, dann würde der Kolben nach der Zündung nach innen gesaugt werden, und wir könnten dies nur durch einen entsprechenden nach außen gerichteten Zug verhindern.

Würde nach der Zündung jedoch beides gleichzeitig geschehen, also sowohl der nach außen gerichtete Druck als auch der nach innen gerichtete Sog, müssten wir gar nichts tun, um den Status aufrechtzuerhalten. Der negative und der positive Druck würden sich im letzten Fall gegeneinander aufheben!

Wir stellen damit fest, dass negativer Druck Sog bedeutet!

Verwirrend ist dabei nur, dass Sog das Gegenteil von Expansion bewirken sollte, da sich in seinem Fall das Volumen doch zusammenzieht und sich nicht ausdehnt!

Wie passt das zu der Aussage, dass die Expansionsrate des Universums wegen des negativen Drucks, von dem die Dunkle Energie geprägt ist, beschleunigt wird?

Da müssen wir später wohl noch einmal nachhaken.

Zusammenfassend stellen wir im Moment also irritiert fest, dass es nicht nur so ist, dass wir keine Ahnung haben, was die Dunkle Energie eigentlich ist, sondern es ist auch so, dass diese eine Eigenschaft zeigt, mit der wir auf den ersten Blick gar nichts anfangen können, da sie uns komplett verwirrt.

Und diese Verwirrung kommt nicht zuletzt daher, dass die Eigenschaft des negativen Drucks nicht zu den vier Elementen passt, die wir kennen. Und damit meinen wir die vier **Naturkräfte**, die auf der **starken** und **schwachen Wechselwirkung** sowie der elektromagnetischen und der gravitativen Wechselwirkung beruhen.

Energie hat anziehenden Charakter, so auch die Dunkle Energie, aber gleichzeitig zeigt diese Energieform auch einen abstoßenden Charakter, und der dominiert ihr Gesamtverhalten, und zwar deutlich.

Möglicherweise müssen wir zu den vier Naturkräften, die wir kennen, tatsächlich ein fünftes Element hinzufügen, und das wäre dann nach dem Stand der Dinge die **Quintessenz**, die sich als Worthülse bereits einen Namen gemacht hat.

Als „fünfte Essenz" müsste diese neue Naturkraft die Grundlage sein, auf der die Eigenschaften der Dunklen Energie beschrieben werden können.

Möglicherweise müssen wir den Klebstoff, der das Universum zusammenhält, noch durch einen solchen Gegenpol erweitern.

Passt das Ausgesprochene in unser Weltbild?

Oder können wir unser Weltbild so verbiegen, dass es passt?

Oder stimmt unser Weltbild gar nicht, und wir polieren mit derartigen Modifikationen an unserem Weltmodell nur an der Oberfläche der Spitze eines Eisbergs herum?

Zur ersten Frage ist zu sagen: Nein, das passt nicht in unser Weltbild!

Wir hatten es zwar in der Inflationsphase schon einmal mit einem negativen Druck zu tun, aber diese Phase können wir mit dem heutigen Zustand des Universums nicht vergleichen.

Das Higgs-Feld-Vakuum durchlitt damals, aus theoretischer Sicht, einen Phasenübergang, da es als **falsches Vakuum** geboren wurde und sich kurzzeitig in dessen metastabilem Zustand wohlfühlte.

Es wäre nicht wünschenswert, dass dies in anderer Form jetzt noch einmal geschieht und den Teilchen im Universum dadurch zum Beispiel eine andere Masse zugeordnet wird. Vielleicht könnten wir auf diesem Weg einige Pfunde verlieren, aber es wird niemanden mehr geben, der dies bewundernd zur Kenntnis nehmen könnte. Jedenfalls würde sich damit auch die Frage nach einem Weltbild relativieren.

Niemand vermutet aber, dass es so ist, denn das jetzige Verhalten hat nichts mit einem inflationären Verhalten gemein.

Verglichen damit ist der heutige Ablauf eher gemächlich.

Und die Teilchen und deren Kräfte haben sich in der Anfangsphase nach dem Start des Big Bang ja positioniert, wobei aus unserer Sicht kein physikalischer Grund erkennbar ist, der eine tief greifende Veränderung dieser erfolgten Positionierung erzwingen würde.

Eine sichere Aussage in dieser Hinsicht ist aber erst dann möglich, wenn wir den Hintergrund der Dunklen Energie präzise durchleuchtet haben.

Es sieht also so aus, als wären wir im heutigen Universum einer anderen Form von negativem Druck ausgesetzt, der mit dem negativen Druck, der in der Anfangsphase des Universums sein Unwesen trieb, zumindest in direkter Hinsicht nichts gemein hat.

Aber ist er auch von grundlegend anderer Art?

Ist sein Ursprung grundsätzlich verschieden von dem, dessen negativen Druck wir bereits kennengelernt haben; oder gibt es, im Sinne einer Spätfolge, über ihn doch einen Zusammenhang zu dem, was das Universum in der Inflationsphase durchmachte?

Ist der heute sich zeigende, vergleichsweise schwache, negative Druck eventuell ein Schmutzeffekt des ursprünglich in Erscheinung getretenen, gewaltigen, negativen Drucks, der das Universum so maßgeblich mitgestaltete?

Das sind Fragen, die sich aufdrängen und die uns noch nachhaltig beschäftigen werden, aber im Moment lassen wir sie einfach nur für sich im Raum stehen.

Obwohl die Antwort auf die weiter oben erwähnte erste Frage zu einem klaren Nein geführt hat, besteht aber dennoch die Hoffnung, dass wir unser Weltbild zumindest so verbiegen können, dass die Dunkle Energie letztendlich irgendwie hineinpasst. Inwieweit diese Hoffnung vom gegenwärtigen theoretischen Konzept, auf dem unser Weltbild fußt, aber tatsächlich gestützt wird, müssen wir uns genauer ansehen. Und von diesem „genauer ansehen" wird es abhängen, ob die Einsicht, dass wir mit der Modifikation an unserem Weltmodell nur an der Oberfläche der Spitze eines Eisbergs herumpolieren, erfolgen muss.

Düsterer und düsterer wird es um die Dunkle Energie und ihren negativen Druck, nachdem wir einsehen mussten, dass Letzterer mitnichten seine Rolle so spielt, wie wir das aus unserer bisherigen Analyse erwarten würden. Anstatt dynamisch die Expansionsrate des Universums zu beschleunigen, scheint der negative Druck durch den Sog, den er produziert, vielmehr geneigt zu sein, das ihm zur Verfügung stehende Volumen ohne äußeren Einfluss zu verkleinern.

Zudem müssen wir von der Wirkungsweise eines solchen Drucks auch erst noch überzeugt werden, da seine Spuren in der uns bekannten Welt nirgends zu finden sind.

Tasten wir uns also an die Aufklärung des Falls heran, indem wir zwei Fragen beantworten.

Dabei bezieht sich die erste Frage darauf, wie und weshalb sich Druck mit positivem oder negativem Vorzeichen auf die Expansion des Universums auswirkt.

Mit der zweiten Frage haken wir nach, ob wir das Standardmodell so verbiegen können, dass es mit einer beschleunigten Expansion des Universums verträglich wird.

12.1.1 Expansion: Der Spielball für Druck und Energiedichte!

Wie sieht der passgerechte Maßanzug für die Beschreibung der Entwicklung des Universums unter Einbeziehung der Dunklen Energie nun aber aus? Oder wie könnte er zumindest aussehen?

Davon wollen wir jetzt eine Vorstellung bekommen, indem wir vorab klären, auf welche Weise Druck die Expansion des Universums beeinflusst.

Zu diesem Punkt eine Meinung abzugeben, scheint einfach zu sein, denn wir wissen ja bereits, dass positiver Druck Material wegschiebt, und demgemäß sollte er natürlich die Expansion des Universums in wegschiebenderweise beschleunigen.

Was sollte Druck denn auch sonst tun?

Aber das ist weit gefehlt!

Mit dieser Denkweise haben wir in naiver Form unsere persönliche, subjektive Erfahrung, die wir mit dem Druck gemacht haben, auf den expandierenden Raum übertragen.

In Wirklichkeit kommt das Gegenteil in der Form zum Tragen, dass positiver Druck die Expansion des Universums abbremst.

Wie kann das sein?

Eigentlich ist das ganz einfach einzusehen: Druck ist Kraft pro Fläche, und demzufolge ist Druck mal Volumen gleich Kraft mal Weg, und das ist eine Form der Energie, und Energie wirkt wie Masse stets anziehend!

Als interessanter Begleiteffekt dieser Erkenntnis stellt sich sogar heraus, dass Druck, der zum Beispiel einen Stern gegen die Gravitationskraft stabilisiert, zum Überläufer werden kann.

Dazu muss der Druck im Zusammenspiel mit der Gravitationskraft nur entsprechend groß werden, wie dies zum Beispiel an der Grenze zu einem **Schwarzen Loch** der Fall ist.

Unter solchen Voraussetzungen überwiegt der gravitativ anziehende Charakter der „Druckenergiedichte" über das Stabilisierungsverhalten des Drucks. Der Druck läuft also zum Gegner, den die Gravitationsenergie repräsentiert, über und verstärkt diese, sodass es kein Halten mehr gibt.

Jetzt geht uns endlich ein Licht auf!

Wenn positiver Druck als Energiedichte anziehend wie Masse wirkt, dann sollte sich der Gegenpol zum positiven Druck, der negative Druck, nicht wie Masse verhalten.

Rein subjektiv würden wir vielmehr das Gegenteil erwarten.

Und das Gegenteil zu anziehendem Charakter ist abstoßender Charakter.

Und damit würde der negative Druck auf eine bestimmte Art und Weise ein antigravitatives Verhalten zeigen.

Nachdem wir gesehen haben, dass das gravitative Verhalten der Energie im Universum eine Abbremsung der Expansion des Universums bewirkt, sollte das antigravitative Verhalten des negativen Drucks eine Beschleunigung der Expansion des Universums zur Folge haben.

Wie konnte das passieren, dass durch unsere ursprüngliche Vorstellung von den Druckeigenschaften das tatsächliche Geschehen auf den Kopf gestellt wurde?

Während wir dachten, dass Druck die Expansion voranbringen sollte, bremst er diese.

Und während wir dachten, dass negativer Druck die Expansion bremsen sollte, scheint er diese zu beschleunigen.

Unser Fehler bestand darin, dass wir nicht das richtige Beispiel vor unserem Auge hatten.

Wenn wir an Druck denken, meinen wir in der Regel nicht dessen Absolutgröße, sondern die Auswirkung seines zumeist vorhandenen Gradienten, der zum Beispiel Wolken vor sich hertreibt.

Die Wirkungsweise seiner Absolutgröße wird hingegen in einer Druckkammer deutlich.

Und hier stellen wir fest, dass er seiner Definition entsprechend, die ihn immer gleichmäßig und gleichzeitig in alle drei Raumrichtungen wirken lässt, das Volumen einer Zielperson, die sich aus welchen Gründen auch immer dieser Kammer ausgesetzt hat, zu verkleinern trachtet.

Der positive Druck wirkt also einem etwaigen Expansionsdrang entgegen und bremst ihn damit aus.

Wenn wir nun einen negativen Druck unter gleichen Bedingungen betrachten, dann stellen wir fest, dass dieser aufgrund seines Sogs, der ebenfalls gleichmäßig und gleichzeitig in alle drei Raumrichtungen wirkt, versucht, das Volumen der Zielperson zu vergrößern.

Der negative Druck stellt damit also die Ursache für die Expansion eines Volumens dar und hat aus diesem Grund auch eine beschleunigende Wirkung auf ein solches Expansionsverhalten.

Obwohl uns dieses Beispiel die Wirkungsweise der beiden gegenläufigen Druckformen auf die Expansion des Universums verdeutlicht, klärt es nicht im Geringsten, mit welcher Form von Energiedichte wir es mit dem negativen Druck zu tun haben.

Offensichtlich ist, dass es sich um eine Energiedichte mit abstoßendem Charakter handelt, und nachdem sich uns eine solche in noch keinem Labor gezeigt hat, betrachten wir sie als hochgradig „Dunkel".

Dies impliziert, dass wir für einen derartigen Auftritt einer Energieform nicht so ohne Weiteres eine Erklärung finden können.

Auch das Zwitterverhalten dieser Dunklen Energie ist nicht leicht einzusehen: Dieses Verhalten besteht darin, dass die Dunkle Energie einerseits den fehlenden positiven Energieanteil von 70 % liefert, der für die Flachheit des Universums nötig ist, und andererseits mit ihrem negativen Druck eine sozusagen „Schwarze Energiedichte" mit abstoßendem Charakter mitliefert, die für die beschleunigte Expansion des Universums verantwortlich sein sollte.

Anhand dieses „Zwitterparadoxons" wird uns schön langsam klar, was Dunkel wirklich bedeutet: Es bedeutet auf keinen Fall „leicht einsehbar".

Bevor wir nun überprüfen, ob wir das Standardmodell, das eigentlich, wie wir uns bereits klar gemacht haben, von der im Universum vorhandenen Masse dominiert sein sollte, so verbiegen können, dass statt einer abgebremsten Expansion eine beschleunigte Expansion des Universums möglich wird, müssen wir uns Vergegenwärtigen, dass wir bei unserem Verständnisversuch bislang rein subjektiv vorgegangen sind.

Wir haben eine Annahme gemacht. Und gemäß dieser Annahme soll der negative Druck auch im kosmologischen Sinne den Gegenpol zum positiven Druck darstellen.

Ob die sich daraus ergebenden Schlussfolgerungen etwas mit der Realität zu tun haben, muss in einem ersten Schritt anhand einer theoretischen Betrachtung überprüft werden.

Und der Ausgangspunkt für eine solche Betrachtung ist eine der grundlegenden Gleichungen des Standardmodells. Es ist die Bewegungsgleichung, die die Expansion des Universums beschreibt, aus der Allgemeinen Relativitätstheorie folgt und auf Einstein und Friedmann zurückgeht.

Im Gegensatz zur bisherigen Anwendung dieses theoretischen Konzepts müssen wir nun allerdings die vollständige Gleichung betrachten. Dies geschieht im Exkurs 11 „Die vollständige Bewegungsgleichung der Allgemeinen Relativitätstheorie".

Exkurs 11 – Die vollständige Bewegungsgleichung der Allgemeinen Relativitätstheorie

Obwohl sich die Kosmologie angesichts der Dunklen Energie zuerst sammeln und dann neu ordnen musste, hat sich an ihren grundlegenden Fragen nicht viel geändert; und eine dieser Fragen lautet auch auf dem neuen Konzept beruhend: Kann das Universum als nahezu gravitationsgebundenes System trotz der in ihm enthaltenen Masse und Energie in Einklang mit der Allgemeinen Relativitätstheorie beschleunigt expandieren?

Die Grundlage zur Beantwortung dieser Frage stellt die gleiche theoretische Betrachtung dar, aus der auch schon die uns bereits bekannte Bewegungsgleichung resultierte (Exkurs 6 „Die Bewegungsgleichung der Allgemeinen Relativitätstheorie").

Nach Einstein und Friedmann kann dieser Bewegungsgleichung, die die Expansion des Universums beschreibt, eine weitere konstante Größe hinzugefügt werden, da das Konzept der Allgemeinen Relativitätstheorie dadurch nicht verändert wird.

Diese von Einstein 1917 eingeführte zusätzliche Größe wird „kosmologische Konstante" Λ genannt.

Mit diesem additiven Term auf der rechten Seite sieht die komplette Bewegungsgleichung nun folgendermaßen aus:

$$\ddot{R} = -\frac{4\pi G}{3}\frac{1}{c^2}(\rho_m + 3p)R + \frac{\Lambda}{3c^2}R$$

(An der Bezeichnung der Größen hat sich gegenüber dem Exkurs 6 „Die Bewegungsgleichung der Allgemeinen Relativitätstheorie" ansonsten nichts geändert.)

Die Beschleunigung bezüglich des Ausdehnungsfaktors R auf der linken Seite der Gleichung, die das Maß für die Veränderung der Expansion darstellt, erhält man nun durch die Bilanzierung zweier Terme, und die weisen ein unterschiedliches Vorzeichen auf. Wobei ein insgesamt negatives Vorzeichen eine abbremsende Expansion zur Folge hat und ein insgesamt positives Vorzeichen eine beschleunigte Expansion beschreibt.

Die Bewegungsgleichung kann in dieser Hinsicht auch in folgender Form dargestellt werden

$$\ddot{R} = -\frac{4\pi G}{3}\frac{1}{c^2}(\rho_m + \rho_\Lambda + 3p + 3p_\Lambda)R,$$

wobei der neue Energiedichteterm und der neue Druckterm, als Träger des Kennzeichens Λ, sich aus der kosmologischen Konstante ergeben,

$$\rho_\Lambda = \frac{\Lambda}{8\pi G} = -p_\Lambda$$

(setzt man den jeweiligen Term in die Gleichung darüber ein, so erhält man wiederum die Ausgangsgleichung).

Wenn man den Materiedruckterm wegen seiner unbedeutenden Größe streicht und die beiden Energiedichteterme zu einem ρ zusammenfasst, erhält man ferner

$$\ddot{R} = -\frac{4\pi G}{3}\frac{1}{c^2}(\rho + 3p_\Lambda)R$$

beziehungsweise im Hinblick auf die Beziehung $\rho_\Lambda = -p_\Lambda$

$$\ddot{R} = -\frac{4\pi G}{3}\frac{1}{c^2}(\rho - 3\rho_\Lambda)R$$

Mit dieser Bewegungsgleichung kann nun beides beschrieben werden: eine beschleunigte und eine abgebremste Expansion.

Ein insgesamt negatives Vorzeichen, das sich bei dominierender Energiedichte der Materie einstellt, hat den uns bereits bekannten Bremseffekt der Expansion zur Folge.

Wohingegen neu ist, dass nun auch ein insgesamt positives Vorzeichen, durch das das Universum beschleunigt expandieren kann, möglich ist.

Dieses insgesamt positive Vorzeichen stellt sich genau dann ein,

wenn $\rho_m < 2\rho_\Lambda$ beziehungsweise $\rho_m/\rho_\Lambda < 2$ ist.

Ob das Universum beschleunigt expandiert oder aber seine Expansion abgebremst wird, hängt also ausschließlich vom Verhältnis der beiden Energiedichten ab, der der Materie ρ_m und der der Dunklen Energie ρ_Λ.

Damit können wir die abgeleitete Größe ρ_Λ nun auch als Dunkle Energiedichte interpretieren!

Über die Darstellung der neuen Energiedichte durch ρ_Λ und p_Λ, werden ferner die derzeit bekannten Eigenschaften der Dunklen Energie umgesetzt – dies betrifft insbesondere die Eigenschaft des Drucks p_Λ, der in der Tat ein negatives Vorzeichen hat und damit auch als negativer Druck interpretiert werden muss.

Auf diesem Weg haben wir also letztendlich eine mögliche Beschreibungsform für die Dunkle Energie gefunden.

Das heißt, wir können unser Weltbild, das gegenwärtig auf dem hier angewendeten Standardmodell beruht, tatsächlich so verbiegen, dass auch eine Form von Dunkler Energie prinzipiell darin eingebettet werden kann.

Allerdings stellt sich gemäß dieser Verbiegung sowohl die mittlere Energiedichte als auch der negative Druck der Dunklen Energie für alle Zeiten als räumlich konstante Größe dar.

Nachdem ein solches Verhalten als eher unwahrscheinlich betrachtet wird, hat das Gefühl, unser Weltbild nicht nur verbogen, sondern auch hingebogen zu haben, durchaus eine gewisse Berechtigung.

Exkurs 12– Der „Helle Teil" der Dunklen Energie trägt das flache Universum

Analog zur Erweiterung obiger Bewegungsgleichung muss auch die Gleichung, die ein flaches Universum beschreibt (siehe Exkurs 9 „Das flache Universum") und die wir aus einem energetischen Ansatz gewonnen haben, ergänzt werden.

Anstelle der ursprünglich erhaltenen Gleichung,

$$1 = \frac{\sigma}{\sigma_{krit}} = \Omega_m \text{ mit } \sigma_{krit} = \frac{3H_0^2}{8\pi G} \approx 10^{-29} \frac{g}{cm^3},$$

die aufgrund der 1 auf der linken Seite ein flaches Universum vorschreibt, erhalten wir mit $\rho_m = \sigma c^2$ nun

$$1 = \frac{\rho_m / c^2}{\sigma_{krit}} + \frac{\rho_\Lambda / c^2}{\sigma_{krit}} = \Omega_m + \Omega_\Lambda.$$

Analog zur ursprünglichen Gleichung geht hier als zusätzliche Größe die positive Energiedichte der Dunklen Energie, also deren „Heller Teil", auf der rechten Seite ein!

Und dieser Zusatzterm ist mehr als willkommen, denn ohne ihn müsste die gesamte tatsächliche Massendichte des Universums – einschließlich der Dunklen Materie – gleich der kritischen Massendichte sein; aber dies wird keineswegs beobachtet.

Der zusätzliche Term des „Hellen Teils" der Dunklen Energie ist als 70 %-Energie-fehlt-Problem-Löser also unbedingt erforderlich, um das Krümmungsverhalten des Universums zu erklären. Und man hat, nachdem man ja wusste, dass es diesen Term zur Erklärung der Flachheit des Universums geben muss, auch jahrzehntelang nach ihm gesucht.

Er wurde sogar weit vor seiner Entdeckung postuliert, und zwar mit der richtigen, durch die Beobachtung nachträglich bestätigten, Größe.

Diese präzise Vorhersage war allerdings nicht besonders schwierig, denn man wusste ja um die Flachheit des Universums, und man wusste auch um das Verhältnis der baryonischen zur Dunklen Materie.

Wovon man jedoch nichts wusste, war das nette Mitbringsel dieses energetischen Terms, das mit seinem negativen Charakter für eine faustdicke Überraschung sorgte.

Bereits ein flüchtiger Blick auf die in diesem Exkurs dargelegte Ausgangsgleichung, die die Bewegungsgleichung für die Expansion des Universums darstellt, zeigt uns, dass unsere Annahme, gemäß der der negative Druck auch im kosmologischen Sinne den Gegenpol zum positiven Druck darstellen sollte, richtig war.

Denn die beschleunigte Veränderung des Ausdehnungsfaktors R kann auf der Grundlage dieser Gleichung sowohl ein negatives Vorzeichen, das eine abbremsende Expansion zur Folge hat, als auch ein positives Vorzeichen, das eine beschleunigte Expansion zur Folge hat, aufweisen.

Bereits dies stellt ein interessantes Ergebnis dar, da ein positives Vorzeichen für die Beschleunigung bezüglich des Ausdehnungsfaktors mit der ursprünglichen Bewegungsgleichung, die wir im Exkurs 6 („Die Bewegungsgleichung der Allgemeinen Relativitätstheorie") kennengelernt haben, nicht zu erzielen war, was an der generell positiven Energiedichte der Materie und deren vernachlässigbarem ebenfalls positivem Druck sowie der Tatsache, dass die Gravitationsanziehung der expandierenden Bewegungsrichtung entgegenwirkt, lag.

Dass dies nun möglich ist, liegt an der von Einstein bereits eingeführten und dann wieder verworfenen „kosmologischen Konstante" Λ, mit der, als zusätzliche Größe, nunmehr zwei Terme in der Gleichung bilanziert werden, die ein unterschiedliches Vorzeichen aufweisen können, und damit ein insgesamt positives Vorzeichen, das einer beschleunigten Expansion entspricht, realisiert werden kann.

Ob das Universum beschleunigt expandiert oder aber seine Expansion abgebremst wird, hängt damit ausschließlich vom Verhältnis der Energiedichte der Materie ρ_m und der Energiedichte der Dunklen Energie ρ_Λ ab. Und da zeigt sich, dass eine beschleunigte Expansion bereits dann einsetzt, wenn das Verhältnis dieser beiden Größen kleiner als 2 ist.

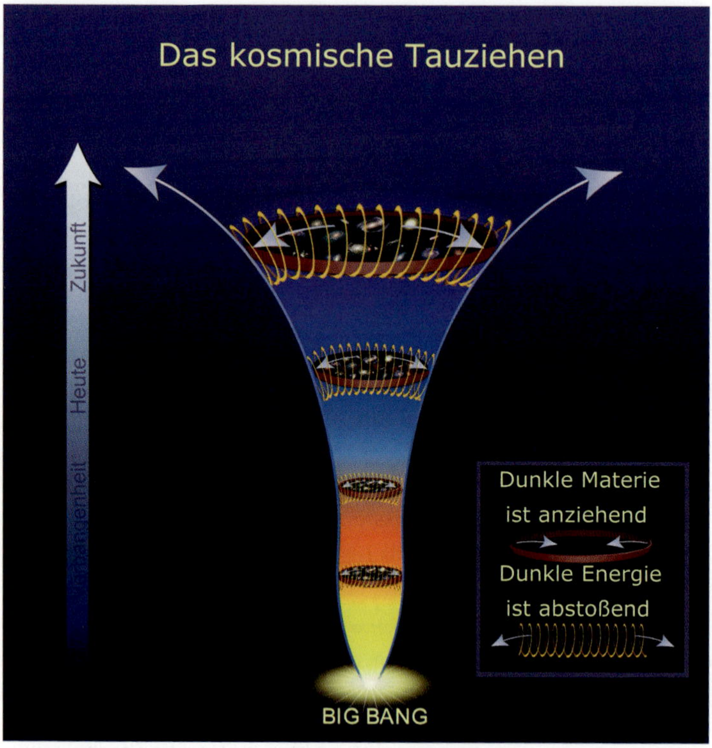

Abb. 12.1 Beim kosmischen *Tauziehen der Dunklen Mächte* ist die Dunkle Energie ein echter Spätzünder, denn sie hat erst vor Kurzem die Kontrolle übernommen. (Die Illustration weist auf den in jüngster Zeit – gemeint sind die letzten paar Milliarden Jahre – wachsenden Einfluss der Dunklen Energie hin. © NASA, ESA, and A. Feild (STScI).)

Das Bild verdeutlicht den Widerstreit zwischen gravitativ anziehender baryonischer und Dunkler Materie und insgesamt gravitativ abstoßender Dunkler Energie, wobei vor allem der negative Druck, der die maßgebliche Eigenschaft der Dunklen Energie repräsentiert, für den gravitativ abstoßenden Charakter dieser rätselhaften und wenig Vertrauen einflößenden Komponente unseres Universums verantwortlich ist.

Das Bild illustriert hinsichtlich dieses Zweikampfs zunächst die Abbremsung und dann die Beschleunigung der Expansion des Universums im Verlauf der Zeit.

Nachdem der aktuelle Wert bei 3/7 liegt, ist die derzeitige beschleunigte Expansion des Universums also alles andere als verwunderlich (zur Illustration des diesbezüglichen zeitabhängigen Verhaltens siehe Abb. 12.1 „*Tauziehen der Dunklen Mächte*").

Möglich wurde dieser die dynamischen Effekte der Dunklen Energie berücksichtigende und beschreibende essenzielle Schritt nur durch die Wiederbelebung der bereits zu Grabe getragenen und von Albert Einstein eingeführten kosmologischen Konstante.

Nachdem Einstein erkannte, dass er seiner Gleichung eine konstante Größe hinzufügen kann, ohne den Sinn und den Beschreibungscharakter der Gleichung zu verändern, hat er diese Größe eingeführt, um mit ihr das statische Universum, an das er glaubte, zu realisieren.

Die Erkenntnis des expandierenden Universums hat ihn von dieser Überzeugung abgebracht, woraufhin er auf seine Art vom weiteren Gebrauch dieser Konstante abriet.

Nach einem langen Irrweg ging man dann fast 50 Jahre lang davon aus, dass diese Konstante sinn- und nutzlos ist, und sie wurde dementsprechend gleich null gesetzt.

Der Logik unseres Exkurses 12 „Der ‚Helle Teil' der Dunklen Energie trägt das flache Universum" folgend, hat man sie in jüngster Zeit dann doch wieder aus der Versenkung geholt, um mit ihr unter den gegebenen Bedingungen das flache Universum rein rechnerisch nachzuvollziehen.

Nachdem sich durch diese Vorgehensweise keine offensichtlichen Widersprüche ergeben und sich gezeigt hat, dass nicht nur das Verhalten der positiven Energiedichte der Dunklen Energie auf diesem Weg umgesetzt werden kann, sondern auch das derzeitig bekannte Verhalten des negativen Drucks der Dunklen Energie sich in dieser Konstanten widerspiegelt, ist dieser Schritt grundsätzlich auch zulässig. Ob er auch richtig ist, müssen noch zu ersinnende detaillierte Vergleiche mit vielschichtig durchzuführenden Beobachtungen allerdings zeigen.

Das wesentliche Ergebnis unserer theoretischen Betrachtung ist somit die Bestätigung unserer Annahme, dass der negative Druck auch im dynamischen Sinne den Gegenpol zum positiven Druck darstellt.

Und dementsprechend hat sich gezeigt, dass die Wirkung des negativen Drucks in der Bewegungsgleichung in der Tat beschleunigenden Charakter hat.

Unsere darauf beruhenden, aber im Vorfeld erfolgten Schlussfolgerungen werden damit von der Stufe des Gedankenexperiments auf die der korrekten Analyse gehoben.

Als weiteres wichtiges Ergebnis unserer Betrachtung ist ferner festzustellen, dass wir im Hinblick auf die Bewegungsgleichung das Standardmodell trotz einer gewissen Gegenwehr durchaus dazu nötigen konnten, die derzeit bekannten Auswirkungen der Dunklen Energie zu beschreiben.

In sogar noch stärkerem Maße gilt dies auch für die zweite Gleichung, die wir aus einem energetischen Ansatz gewonnen haben (siehe Exkurs 12 „Der ‚Helle Teil' der Dunklen Energie trägt das flache Universum") und die uns zeigt, dass die Einforderung einer Massendichte, die im gesamten Universum exakt gleich der **kritischen Massendichte** ist, auch auf dieser theoretischen Grundlage erfüllt wird.

Damit steht auch aus dieser Sicht dem vorhergesagten und inzwischen auch nachhaltig beobachteten „flachen Universum" nichts mehr im Wege.

Dies ist von Bedeutung, da wegen des „Zwitterparadoxons" der Dunklen Energie, gemäß dem die Dunkle Energie ja sowohl eine anziehende als auch eine abstoßende Energiekomponente vorzuweisen hat, dieses Verhalten a priori nicht zu erwarten war, wobei es die anziehende Komponente gerichtet hat.

Sie prägt als „Heller Teil" der Dunklen Energie das Krümmungsverhalten des Universums so, dass der flache Zustand auch gegenwärtig Bestand hat (siehe Abb. 12.2 „*Krümmungsverhalten*").

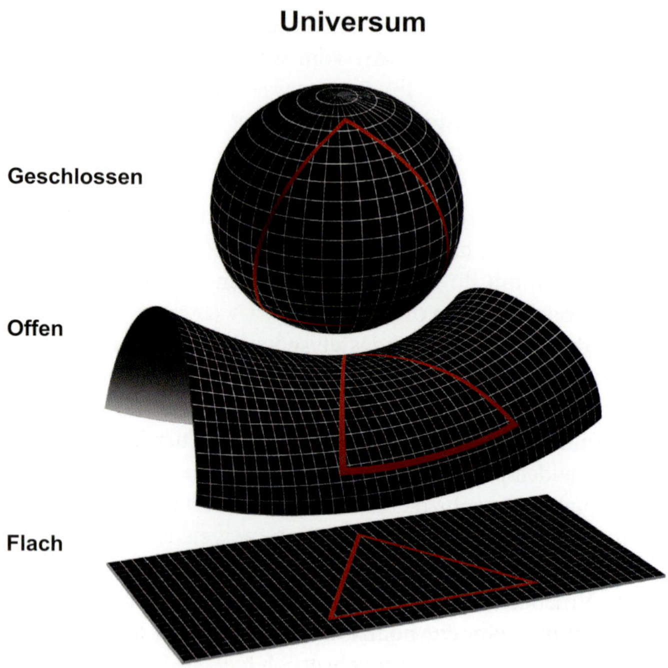

Abb. 12.2 Das Universum hat aufgrund der in ihm enthaltenen Energie ein *Krümmungsverhalten*, das es auf großem Maßstab prägt. (Das Bild illustriert das geometrische Verhalten eines geschlossenen, eines offenen und eines flachen Universums. © NASA/WMAP Science Team.)

Der „Helle Teil" der Dunklen Energie prägt das Krümmungsverhalten des Universums so nachhaltig, dass der im untersten Teil des Bildes illustrierte flache Zustand weiterhin Bestand hat.

Was uns in diesem Zusammenhang jedoch zu denken geben sollte, ist die Einfachheit der beiden konstituierenden Gleichungen.

Diese beiden Gleichungen sind das Herzstück der zu recht hochgelobten Allgemeinen Relativitätstheorie. Gleichwohl steht jeder Astrophysiker immer wieder staunend vor der Tatsache, dass mit diesen beiden Gleichungen rahmengebend die Entwicklung des Universums beschrieben werden kann.

Kann das wirklich sein, dass es so einfach ist?

Jedes kleine Problem in der Physik, das man genau lösen möchte, erweist sich im Endeffekt als hochkomplex. Und die präzise theoretische Lösung jedes physikalischen Sachverhaltes bedarf der Behandlung einer Unzahl von komplizierten, ineinanderverstrickten Integro-Differenzialgleichungssystemen.

Dies zeigt sich zum Beispiel, wenn wir an die Berechnung des Wetters denken.

Demgegenüber soll ausgerechnet die Entwicklung des Universums auf eine so einfache Art beschreibbar sein.

Ausgerechnet die Entwicklung des Universums soll einfacher zu berechnen sein, als die Entstehung von kleinen Staubkörnern zu berechnen ist, aus denen sich unser Planet aufgebaut hat.

Kann das wirklich sein?

Wir sollten natürlich nicht vergessen, dass es uns bei der Beschreibung der Entwicklung des Universums nur um das Grobe geht. Feine Effekte, die zum Beispiel für die Entstehung von kleinen Staubkörnern wesentlich sind, spielen da keine Rolle.

Es geht aber dennoch um das Universum, das alles beinhaltet, was für uns wahrnehmbar ist.

Man sollte erwarten, dass hier auch im Groben schwer zu durchschauende Regeln und zahlreiche Tücken lauern, die sich uns nicht so ohne Weiteres offenbaren.

Unser Ansatz beruhte auf zwei einfach gestrickten Gleichungen der Newton'schen Mechanik, die durch die Berücksichtigung aus der Allgemeinen Relativitätstheorie abgeleiteter Größen etwas modifiziert wurden. Natürlich unterscheidet sich die Sichtweise der Allgemeinen Relativitätstheorie deutlich von der der Newton'schen Mechanik, aber die Gleichungen selbst mussten dennoch nur geringfügig erweitert werden. Kann das wirklich sein, dass das alles war, was nötig ist?

Die Entdeckung der Dunklen Energie und auch bereits die Entdeckung der Dunklen Materie deuten darauf hin, dass das in der Tat noch nicht alles gewesen sein kann. Denn aus der Sicht des „advocatus diaboli" ist zwar festzustellen, dass wir uns mit der bestehenden Theorie des Standardmodells nochmals aus der Affäre gezogen haben, aber es ist, wie wir noch genauer sehen werden, auch festzustellen, dass dies grenzwertig, wenn nicht gar grenzüberschreitend war.

Wenn die Vorstellung, die wir gegenwärtig von der Entwicklung des Universums haben und die wir als modern und fortschrittlich betrachten, sich in der Zukunft als etwas naiv erweist, sollten wir also nicht wirklich überrascht sein.

Die Zukunft wird somit zeigen, ob wir mit der Modifikation unseres derzeitigen Weltbildes nur an der Oberfläche der Spitze eines Eisbergs herumpoliert haben oder ob nicht.

Selbst wenn der erste Fall zutreffen sollte, wird damit natürlich nicht alles infrage gestellt.

Genau genommen wird eigentlich gar nichts infrage gestellt.

Einsteins Spezielle Relativitätstheorie hat die Newton'sche Mechanik nicht infrage gestellt, sondern dieser nur ihre Grenzen aufgezeigt. Das Gleiche gilt für Einsteins Allgemeine Relativitätstheorie und die Newton'sche Gravitationstheorie. Wir können also mit einer gewissen Gelassenheit davon ausgehen, dass auch der hervorragend bestätigten Allgemeinen Relativitätstheorie durch einen möglicherweise bevorstehenden weiterführenden Schritt nur ihre Grenzen aufgezeigt werden. Infrage gestellt wird sie auf keinen Fall!

Und demgemäß war der negative Druck bei der Entdeckung der Dunklen Energie das überraschende Moment. Wohingegen der zwingend notwendige Punkt, den die Dunkle Energie zu erfüllen hatte, das Auffüllen der Energie/Massendichte auf den kritischen Wert war. Und dies war zwingend erforderlich, da die gesamte Massendichte des Universums, einschließlich der Dunklen Materie, nur 30 % zur kritischen Massendichte beiträgt.

Da schon seit längerer Zeit an der Realisierung der kritischen Massendichte im Universum kein erkennbarer Weg vorbeiführte, ging man vor der Entdeckung der

Dunklen Energie sogar so weit, eine nicht näher spezifizierte Energiedichte zu postulieren, um diesem offensichtlichen Sachverhalt gerecht zu werden. Wie sich nun herausgestellt hat, geschah dies sogar mit der Größe, die die Dunkle Energie nun auch tatsächlich zeigt oder präziser zu verstecken versucht.

12.1.2 Negativer Druck gleich negativer Energiedichte?

Was den negativen Druck betrifft, haben wir uns zusammen mit dem Standardmodell geschickt aus der Affäre gezogen, denn, wie wir gesehen haben, kann der negative Druck rein formal, dank Einsteins kosmologischer Konstante, die Expansion des Universums durchaus beschleunigen.

Haben wir uns damit aber auch in allen Belangen aus der Affäre gezogen?

Nachdem Druck Energiedichte ist und damit negativer Druck auch negative Energiedichte darstellt, die gemäß unserer Bewegungsgleichung abstoßenden Charakter hat, haben wir es irgendwie mit „Schwarzer Energiedichte" zu tun, da Energiedichte ja grundsätzlich anziehenden Charakter haben sollte.

Der Begriff „negativer Druck" beschönigt die Sachlage, denn wir sind, wie wir es auch drehen und wenden, bei einer negativen Energiedichte gelandet, und die ist nicht so ohne Weiteres physikalisch interpretierbar.

In der Physik läuft die Standardinterpretation von negativer Energie in der Regel auf potenzielle Energie hinaus, die zum Beispiel ein ruhender loser Stein vor einem Abgrund besitzt.

Kommt der Stein ins Rollen, wird positive Bewegungsenergie aufgrund der wachsenden Geschwindigkeit erzeugt, wobei aus Gründen der Energieerhaltung diese positive Bewegungsenergie durch die betragsmäßig wachsende, negative potenzielle Energie kompensiert wird.[1]

Negative Energie stellt damit also einen Gegenpol dar, der das scheinbar Gewonnene zurückfordert, wenn der ursprüngliche Zustand wieder hergestellt werden soll oder muss.

Wenn wir an das Vakuum denken, für das der negative Druck ja ebenfalls der Gegenpol zur positiven Energie der **Quantenfluktuationen** ist und der ebenfalls das scheinbar Gewonnene stets zurückfordert, um den ursprünglichen Zustand wieder herzustellen, bringt uns diese Interpretation in unserem Verständnis einen deutlich Schritt voran. Denn es liegt nahe, den negativen Druck in einem solchen Zusammenhang als Pendant zur negativen potenziellen Energie anzusehen, und diesem Weg werden wir später auch folgen.

Im Moment müssen wir jedoch zuerst zur Kenntnis nehmen, dass das Standardmodell hinsichtlich des negativen Drucks und der sich daraus ergebenden beschleunig-

---

[1] Das geschilderte Verhalten erkennt man auch im Ansatz des Exkurses 9 „Das flache Universum", wenn man die mittlere Massendichte σ durch eine gravitativ anziehende Punktmasse M, geteilt durch das betrachtete Volumen $4\pi/3\ r^3$, ersetzt.

ten Expansion des Universums nur deshalb zu verbiegen war, weil es über die kosmologische Konstante einen pragmatischen Schritt zuließ, durch den es vermieden werden konnte, eine negative Energiedichte explizit ansetzen zu müssen.

Der letztere Schritt wäre allerdings problematisch, da die Allgemeine Relativitätstheorie, gemäß ihrem Ansatz, eine Gravitationstheorie darstellt. Und dieser Ansatz muss für den Fall einer weiteren, aber möglicherweise anders wirkenden gravitativen Wechselwirkung erst noch überdacht werden. Und dieses Überdenken könnte dazu führen, dass sich als Ergebnis eine andere Bewegungsgleichung ergibt, in der die auftretenden Größen dann möglicherweise auch anders interpretiert werden müssen.

Eine negative Energiedichte wurde zwar nicht explizit angesetzt, wie wir aber gesehen haben, geschah dies implizit über den negativen Druck.

Sind wir damit schon so weit, dass der grundlegende Ansatz, auf dem die Gravitationstheorie beruht, überdacht werden muss?

Hinsichtlich dieses Punktes gibt es noch keine einheitliche Meinung.

Was das Überdenken grundlegender Ansätze betrifft, ist jedenfalls Bewegung ins Spiel gekommen, und an Ideen mangelt es dabei nicht!

Wie zu solchen Anlässen üblich, wird auch das komplette Spektrum, das von abstrus bis extrem feinsinnig reicht, abgedeckt. Ein tragfähiges Konzept, das dem Standardmodell, hinsichtlich der Erklärung und Interpretation von Beobachtungsfakten, überlegen ist, hat sich dabei allerdings noch nicht herauskristallisiert.

Es gibt aber so etwas wie eine Top-Ten-Liste, und da wurde unter anderem die **Quintessenz** als neue Naturkraft in Betracht gezogen.

Und es wird auch mit Nachdruck an der fehlenden **Quantengravitationstheorie** gearbeitet, die zum Beispiel in Form der **Loop-Quantengravitation** nach steter Weiterentwicklung der theoretischen Denk- und methodischen Vorgehensweise mehr Licht in das noch bestehende Dunkel des **Vakuums** und seiner Expansion bringen könnte. (In diesem Zusammenhang hervorzuheben sind auch die **String-Theorie** und die **M-Theorie**, die auf Konzepten beruhen, die über das Gedankengut der **Quantenfeldtheorien** deutlich hinausgehen und die sich wachsender Beliebtheit erfreuen, da sie manche, aus quantenfeldtheoretischer Punktquellensicht schwer greifbare Eigenschaften von **Elementarteilchen** wie den **Spin** prinzipiell erklären können. Sie können dies – wohlgemerkt im Prinzip –, weil sie die Elementarteilchen eben nicht wie die Quantenfeldtheorien als Punktquellen der Dimension null, sondern als vibrierende eindimensionale „Strings“ oder auch mehrdimensionale „Branes“ betrachten.)

Das Vakuum ist dann auch das Hauptspielfeld derer, die nicht der Meinung sind, dass der Ansatz der Gravitationstheorie überdacht werden muss.

Und deren Standpunkt ist durchaus einsichtig. Denn das Vakuum enthält schließlich Energie, repräsentiert durch die stets vorhandenen Quantenfluktuationen, und es weist, als Gegenpol dazu, auch einen negativen Druck auf.

Zudem nimmt bei einer expansionsbedingten Vergrößerung des Volumens sowohl die „Helle Energie“ als auch der negative Druck des Vakuums relativ zum sonstigen Inhalt des Volumens, der sich mit der Expansion naturgemäß verdünnt, betragsmäßig zu, was die beobachtete Dominanz der Dunklen Energie im Verlauf der Zeit regulieren und erklären könnte. Es passt also alles zusammen.

Alles, bis auf eine Kleinigkeit!

Die auf dieser Einschätzung beruhende Berechnung der Vakuumenergie stimmt bei Weitem nicht mit der beobachteten Dunklen Energie überein!

Und alle Versuche, dieses Problem zu lösen, sind bislang gescheitert!

Nachdem wir mittlerweile gelernt haben, mit großen und kleinen Zahlen umzugehen, sollten wir zur Verdeutlichung des Problems noch ein abschreckendes Beispiel betrachten.

Das Objekt für unser Beispiel soll die kosmische **Mikrowellenhintergrundstrahlung** sein, für die wir heute, fast 14 Mrd. Jahre nach ihrer Entstehung, eine Temperatur von circa 3 K messen. Zu der Zeit, als diese Strahlung emittiert wurde, war das Universum ungefähr 1000-mal wärmer und eine Milliarde Mal dichter als heute. Es hat also fast 14 Mrd. Jahre ($14 \cdot 10^9$ Jahre) gedauert, um diese Strahlung um den Faktor 10^3 abzukühlen.

Wenn wir nun die Dunkle Energie als Vakuumenergie interpretieren und den quantenmechanisch berechneten Wert der Vakuumenergie anstelle des beobachteten Werts der Dunklen Energie ansetzen, geht die Abkühlung der kosmischen Mikrowellenhintergrundstrahlung etwas flotter vonstatten.

Dank der dramatisch beschleunigten Expansion des Universums, bedingt durch den berechneten Wert der Vakuumenergie, dauert es dann nur noch 10^{-41} s, die Mikrowellenhintergrundstrahlung um den Faktor 10^3 abzukühlen.

Da ist er wieder, der Faktor 10^{50}!

Diesmal wirkt er sich als Zeitraffer feinster Güte aus, denn er verkürzt mit seiner Größe die expansionsbedingten Abkühlungseffekte auf obskure Weise, und zwar dann, wenn man den beobachteten Wert der Dunklen Energie durch den berechneten Wert der Vakuumenergie ersetzt.

Nachdem wir inzwischen wissen, wie schwierig es ist, den Faktor 10^{50} anschaulich zu gestalten, sollten wir keineswegs auf ihn vertrauen, sondern uns das bisschen Zeit, das ohne den Einsatz der abgehobenen Vakuumenergie mehr zu investieren ist, durchaus nehmen.

Obwohl diese Abschätzung wenig Ermutigendes beinhaltet, ist die Existenz der Vakuumenergie dennoch nachgewiesen,[2] und sie muss somit, natürlich in einer anderen und überdachten Form, in weiterführende Überlegungen mit einfließen.

Auch dies stellt einen Punkt dar, dem wir später auch durch eigenes Nachdenken folgen werden.

[2] Es ist anzumerken, dass nicht zuletzt durch den **Casimireffekt** die Existenz der Vakuumenergie zweifelsfrei nachgewiesen wurde, und damit stellt sie keine rein theoretische Größe mehr dar.

Die Vakuumenergie muss also in irgendeiner Form bei der Darstellung der Dunklen Energie berücksichtigt werden.

Nach der bestehenden Theorie trägt sie allerdings zur Lösung des Problems der Dunklen Energie nicht bei; stattdessen produziert sie ein Problem, das nun ebenfalls zu lösen ist.

Wir sehen schon, dass es uns nicht leicht gemacht wird, die Existenz des negativen Drucks oder gar einer „Schwarzen Energiedichte“ mit gravitativ abstoßendem Charakter einfach so hinzunehmen. Und dennoch ist es uns mit etwas Mühe aber auch verbunden mit einer gewissen Verwirrung bereits gelungen, zu ihm eine Beziehung aufzubauen, die allerdings, das ist nicht zu verhehlen, an einem seidenen Faden hängt.

Nachdem alle Alternativen zum negativen Druck bei Weitem fürchterlicher sind, sollten wir diese Beziehung jedoch nicht leichtfertig aufs Spiel setzen, denn letztlich erklärt der negative Druck über die Bewegungsgleichung der Allgemeinen Relativitätstheorie einen der bemerkenswertesten Beobachtungsbefunde der letzten Dekaden.

Er tut dies zwar nicht so, dass sich eine vollkommen runde Geschichte ergibt, aber er tut es doch so, dass wir seine Existenz nicht nachhaltig infrage stellen sollten.

Und mit seiner Existenz ist ein lokales und ein globales Verhalten verbunden, wobei der negative Druck lokal einen Sog erzeugt, während er global einen beschleunigenden Effekt zeigt.

Davon, dass Letzteres seine Richtigkeit hat, sind wir mittlerweile überzeugt, aber was geschieht eigentlich lokal?

Um dies zu sehen, betrachten wir zunächst erneut das dementsprechende Verhalten des positiven Drucks.

Der hat als Energiedichte den gleichen Effekt wie Masse und bremst prinzipiell und unstrittigerweise das Universum in seinem Expansionswahn aus.

Andererseits spüren wir in unserer direkten Umgebung das Gegenteil.

Wir spüren etwas, das, wie der Name schon sagt, drückt.

Aber das hat in der Regel keine Konsequenzen, und zwar genau dann nicht, wenn der Druck überall gleich groß ist.

Natürlich kann jedes Material nur einen bestimmten Druck aushalten, aber davon abgesehen drückt es uns nirgends hinweg. Ja, es ist sogar so, dass wir den atmosphärischen Druck um uns herum gar nicht richtig wahrnehmen, und dies gilt auch für den Sog des negativen Drucks.

Wir nehmen ihn nicht wahr, weil er allgegenwärtig und überall gleich groß ist!

Gleichwohl könnte sich das rapide ändern!

Um zu sehen, wie das gemeint ist, übertragen wir den bestehenden Zustand des negativen Drucks auf unsere Atmosphäre.

So neutral, wie sich der negative Druck verhält, würde das für unsere Atmosphäre bedeuten, dass vollkommener Druckausgleich besteht und dass überall die gleiche Temperatur vorliegt.

Wir hätten also kein Wetter!

Wolken könnten sich nicht bilden, da dafür eine nach oben abfallende Temperaturschichtung nötig ist.

Aus dem gleichen Grund könnten Drachenflieger und die ihnen normalerweise an Raffinesse haushoch überlegenen Paraglider nicht aufsteigen, und wir hätten natürlich keinen Wind.

Unter solch wetterlosen Verhältnissen wären Meteorologen weitgehend beschäftigungslos, und wir würden unsere Atmosphäre kaum wahrnehmen.

Wir wüssten nichts von der verheerenden Auswirkung von Stürmen, Orkanen oder gar Tornados und Hurrikans.

Wir würden uns, dass etwas Derartiges überhaupt passieren kann, einfach nicht vorstellen können.

Und selbst die cleversten Meteorologen hätten enorme Schwierigkeiten, sich all diese Szenarien aus der hohlen Hand auszumalen.

Wir wären also vollkommen arglos, so, wie wir es dem negativen Druck jetzt gegenüber sind!

Und dann schlagen sie zu, die auf negativem Druck basierenden Pendants zu Stürmen, Orkanen, Tornados und Hurrikans!

Sie schlagen gnadenlos und unerbittlich zu und erwischen uns genauso kalt, wie ein Blitz aus heiterem Himmel die Dinosaurier erwischt hat.

Sie schlagen zu, weil eine winzige Kleinigkeit das Verhalten des negativen Drucks verändert hat.

Nur weil es uns an der Vorstellungskraft fehlt, um zu erkennen, welchen Veränderungen unsere Welt ausgesetzt wäre, wenn der negative Druck auf kleinen Skalen, die für uns überschaubar sind, Unterschiede zeigen würde, bedeutet das nicht, dass es nicht trotzdem passieren kann.

Letztlich ist es das, was die Astrophysiker beklagen.

Sie beklagen natürlich nicht, dass all dies passieren könnte, sie beklagen vielmehr, dass es bislang nicht passiert ist!

Sie beklagen, dass sie durch Messung und Beobachtung des negativen Drucks auf kleinen Skalen nicht mehr über die Eigenschaften dieser absonderlichen Zutat unseres Universums erfahren können, weil sich diese als zu homogen und damit zumindest lokal als zu sanft und zu ungefährlich darstellt.

Im Falle der Dunklen Energie haben wir es also mit einer homogen verteilten Energiedichte zu tun, und das ist auch schon die wesentlichste bekannte Eigenschaft von ihr.

Und diese Eigenschaft verhindert jede mögliche Untersuchung auf kleinen Skalen, die zum Beispiel durch Galaxien repräsentiert werden.

Etwas, das gleich verteilt ist, kann keine Kraft auf sein Umfeld ausüben, da keine Richtung bevorzugt wird, in die die Kraft ziehen könnte. Sie zieht also in alle Richtungen gleichermaßen und kann dabei noch nicht einmal Licht ablenken, da das Licht in alle Richtungen gleich abgelenkt wird, sodass es letztlich geradeaus fliegt und keinerlei diagnostisch ermittelbare Spuren in sich birgt.

Es scheint, als hätte die Dunkle Energie den perfekten Weg gefunden, sich zu verstecken und dennoch alles zu kontrollieren.

Um mehr über die Dunkle Energie und deren negativen Druck zu erfahren, müssen die Astrophysiker folglich auf großen Skalen beobachten und agieren, wobei sehr große Skalen gemeint sind, die weit in der Zeit zurückreichen.

Es gibt Hinweise darauf, dass sich die absolute Größe der Dunklen Energie mit der Zeit ändert. Aber diese Hinweise sind noch nicht sehr verlässlich, und die Zeitintervalle, in denen das geschehen soll, sind deutliche Bruchteile der **Hubble-Zeit** und umfassen damit einen Großteil des Alters des Universums.

Um diese Art der Untersuchung zu intensivieren, braucht die Astrophysik also neue Methoden.

Neue, „aus der Not heraus geborene Methoden zu entwickeln" ist allerdings der zweite Vorname der Astrophysik.

12.2 Die No-Name-Produkte: Quintessenz und Kosmonfeld

Mit der Dunklen Energie und derem ungeliebten negativen Druck haben wir das Standardmodell aus der Reserve gelockt, und zwar so, dass es angeschlagen ist, wobei noch geklärt werden muss, ob es nur schwankt oder kurz vor dem Zusammenbruch steht.

Es deutet mittlerweile allerdings vieles darauf hin, dass es dem Standardmodell noch an der Berücksichtigung von grundlegender Physik mangelt. Und das würde bedeuten, dass es eindeutig bereits in die Knie gegangen ist.

Das offensichtliche Hauptproblem stellt dabei die kosmologische Konstante dar!

Obgleich die kosmologische Konstante das Standardmodell scheinbar gerettet hat, da erst mit ihrer Hilfe der Dunklen Energie ein Rahmen in der Bewegungsgleichung der Allgemeinen Relativitätstheorie, mit der die Expansion des Universums beschrieben wird, gegeben werden konnte, gibt es doch ein Problem mit ihr: Es besteht darin, dass sie eben eine Konstante ist.

Nachdem die wesentliche Eigenschaft von Konstanten darin besteht, dass sie ihre räumlich bezogenen Werte auch auf Sicht von sehr langen Zeiten nicht verändern, sind sie als Stellvertreter für vermeintlich als unveränderlich sich darstellende physikalische Zustandsgrößen nicht wirklich nutzbringend einsetzbar, wenn sich diese im Zuge der Zeit räumlich gesehen auf einmal doch verändern.

Da dem gegenwärtigen Kenntnisstand zufolge ein Verhalten, das eine konstante Energiedichte und einen konstanten negativen Druck der Dunklen Energie überall für alle Zeiten beinhaltet, auf wenig Zuspruch stößt und daher prinzipiell auszuschließen ist, steht man mit der kosmologische Konstante also auf tönernen Füßen.

Nicht zuletzt aus diesem Grund gibt es immer stärker werdende Bestrebungen, die sich maßgeblich auf andere theoretische Konzepte stützen.

Eines dieser Konzepte bemüht sich dabei, die bereits in Betracht gezogene „fünfte Essenz" zu simulieren.

Gemäß dem Konzept wäre die sogenannte **Quintessenz**, falls sie existiert, dann eine neue Naturkraft, die sowohl die kosmologische Konstante mit physikalischem Inhalt füllen als auch das Wesen der Dunklen Energie erklären könnte.

Nachdem auf einem solchen Weg, von nur wenigen Fakten gestützt, Neuland beschritten wird, macht es wenig Sinn, auf eine alles erklären wollende Weise voranzupreschen, es scheint vielmehr angebracht, sich mit dieser Thematik langsam vorantastend vertraut zu machen, so, wie wir dies im Exkurs 13 „Die Quintessenz und das Fischen im Trüben" versuchen.

Exkurs 13 – Die Quintessenz und das Fischen im Trüben

Oberflächlich betrachtet hat die kosmologische Konstante das Standardmodell gerettet. Denn mit ihrer Hilfe war es möglich, der Dunklen Energie einen Rahmen in der Bewegungsgleichung für die Expansion des Universums zu geben. Damit wurde jedoch auch ein hoher Preis bezahlt. Denn durch das Beschreiten dieses Weges wird die Dunkle Energie räumlich gesehen zu alle Zeiten als unveränderliche Größe betrachtet!

Nach dem gegenwärtigen Kenntnisstand ist ein Verhalten, das eine konstante Energiedichte und einen konstanten negativen Druck der Dunklen Energie beinhaltet, allerdings eher auszuschließen.

Nicht zuletzt aus diesem Grund gibt es eine immer stärker werdende Tendenz, andere Erklärungsversuche und neue Theorien ins Auge zu fassen. Dabei hat sich herausgestellt, dass die meisten Vorstellungen, die man entwickelt hat, durch einen Parameter ω charakterisiert werden können, mit dem die Zustandsgleichung, also der Zusammenhang zwischen Druck und Energie, festgelegt wird. Der sogenannte ω-Parameter spiegelt damit die Beziehung zwischen der gesamten Energiedichte und maßgeblich dem Druck der Dunklen Energie wider

$$\omega = \frac{p}{\rho}.$$

Mit diesem, hinsichtlich eines möglichen zeitlichen Verlaufs der Dunklen Energie, realistischeren Ansatz ist es zwar noch möglich, sich an das Standardmodell über seine Bewegungsgleichung der Expansion (siehe Exkurs 11 „Die vollständige Bewegungsgleichung der Allgemeinen Relativitätstheorie“) anzulehnen

$$\ddot{R} = -\frac{4\pi G}{3}\frac{\rho}{c^2}(1+3\omega)R,$$

gleichwohl hat man deren gesicherten Boden mit dieser empirischen Denkweise auch verlassen.

Das Empirische bei diesem Vorgehen ist, dass der ω-Parameter nun auch hinsichtlich der energetischen Größen der Dunklen Energie nicht mehr als nahezu konstant betrachtet wird, sondern dieser Parameter nun prinzipiell eine mit der Zeit räumlich veränderliche Größe darstellt.

Nachdem die aus der Relativitätstheorie abgeleitete Bewegungsgleichung keinen Platzhalter für eine derartige zeitlich veränderliche Größe vorzuweisen hat, fußt obige Gleichung, trotz der scheinbar geringen Modifikation gegenüber der Ausgangsgleichung, damit nicht mehr auf dem konsistenten Gebäude der von uns betrachteten Allgemeinen Relativitätstheorie und ist in diesem Sinne als heuristisch anzusehen!

Diese Annahme führt also dazu, dass eine weitreichendere, über unseren Blick auf die Allgemeine Relativitätstheorie hinausgehende Beschreibungsform für die dynamischen Effekte der Dunklen Energie gefunden werden muss.

Gleichwohl expandiert das Universum nach obiger, für uns nunmehr heuristischer Gleichung genau dann beschleunigt, wenn der Parameter ω negativer als $-1/3$ ist.

Um diesem Parameter nun ein physikalische Fundament zu geben, bedarf es einer Theorie.
Nachdem gute Theorien nicht einfach so vom Himmel fallen, muss man um ihre Entwicklung ringen, und dafür ist zunächst ein tragfähiger Ansatz erforderlich.

Für diesen Ansatz scheiden alle uns bekannten Formen der Energie – Strahlung, sichtbare Materie, Dunkle Materie – aus, da sie einen positiven Druck ausüben und damit gravitativ anziehend wirken.

Und dennoch muss es irgendetwas geben, das auf unser Universum einen negativen Druck ausübt.

Es ist, der gegenwärtigen Überzeugung entsprechend, die **Quintessenz**, die dafür verantwortlich ist.

Die Quintessenz ist, im Gegensatz zur kosmologischen Konstanten, ihrer Grundidee entsprechend dynamisch, da sie sich im Laufe der Zeit entwickelt, vergleichbar zu den anderen Energieformen, die sich allerdings lediglich im Zuge der Expansion verringern; und sie stellt ein Quantenfeld dar, das sowohl aus homogen verteilter kinetischer als auch potenzieller Energie besteht.

Damit besitzt die Quintessenz zwei Energiekomponenten, die durchaus ein unterschiedliches Vorzeichen aufweisen können, was im Falle einer potenziellen Energie sogar als normal anzusehen ist.

Auf dieser formalen Grundlage kann die Quintessenz nun also auch das diskutierte Zwitterverhalten der Dunklen Energie beschreiben.

So viel zum Rahmen der Eigenschaften dieser möglichen Zutat unseres Universums. Doch was ist die Quintessenz nun wirklich, und woraus besteht die Dunkle Energie?

Diese Punkte betreffend liegt das Wissen noch im Argen, aber ihrem Ansatz entsprechend basiert die Quintessenz auf dem Konzept einer Quantenfeldtheorie und stellt sich darauf beruhend als skalares sogenanntes

Kosmonfeld dar – ein damit vergleichbares Skalarfeld[3], dem wir schon mehrfach begegnet sind, repräsentiert das **Higgs-Feld**.

Durch den Austausch von Kosmonquanten wird nun eine Kraft vermittelt, die mit der vergleichbar ist, die bei der elektromagnetischen Wechselwirkung durch den Austausch von Photonen zustande kommt.

Im Gegensatz zur kosmologischen Konstanten impliziert die Quintessenz nun eine neue fundamentale mikroskopische Wechselwirkung, und diese soll das „fünfte Element" oder die neue „fünfte Kraft" repräsentieren.

Gemäß der Quintessenz wird die Dunkle Energie also durch eine dynamisch veränderliche Substanz beschrieben, deren Wirken durch ein skalares Kosmonfeld vermittelt wird.

Aufgrund dieser Wirkung kann das Kosmonfeld auch mit der Materie wechselwirken und sich dadurch verändern, je länger der Kontakt zur Materie besteht.

Es könnte demzufolge auch sein, dass sie bei geringer, durch die Expansion sich stetig mindernder Materiedichte, in völlig neue Formen von Energie oder Strahlung zerfällt und dabei sogar ihren negativen Druck verliert.

Die beschleunigte Expansion würde dann irgendwann zum Stillstand kommen.

Unsere Einsicht in das bestehende Konzept zeigt uns aber, dass all das reine Spekulation ist und lediglich auf Möglichkeiten hinweist.

Keine Spekulation ist hingegen, dass die Quintessenz eine Zeitabhängigkeit der fundamentalen Konstanten der Physik vorhersagt.

Gemäß dieser Vorhersage hätten zum Beispiel die elektrische Ladung und die Masse des Protons im frühen Universum nicht exakt die gleichen Werte wie heute.

Die Begründung dafür liegt auf der Hand: Der Wirkungsweise der Quintessenz entsprechend hängen die fundamentalen physikalischen Konstanten vom Wert des Kosmonfeldes ab, und wenn dieses sich im Laufe der Zeit verändert, müssen die physikalischen Konstanten dieser Veränderung folgen.

Der Effekt ist zwar nur gering, könnte aber durch geeignete Präzisionsbeobachtungen äußerst vielversprechende Perspektiven eröffnen. Denn gelänge es wirklich, die Zeitabhängigkeit der **elektromagnetischen**, der **schwachen** und der **starken Wechselwirkung** nachzuweisen, so würde

[3] Ein Skalarfeld unterscheidet sich dadurch deutlich von einem Vektorfeld, dass bei ihm keine räumliche Richtung ausgezeichnet ist, wie dies beispielsweise beim elektrischen Feld der Fall ist.

nicht nur ein weiterer Eckpfeiler des Standardmodells schwer ins Wanken geraten, sondern sämtliche fundamentalen Gesetze der Physik könnten sich durch diese Zeitabhängigkeit ändern.

Selbst geringe Änderungen könnten auf diese Weise schon deutliche Spuren hinterlassen.

Alles könnte auf einmal vom Zustand des Kosmonfeldes abhängen.

Wenn es so sein sollte, wissen wir auch, was die Dunkle Energie ist. Die Spitze des Eisbergs – „Qui desiderat pacem, praeparet bellum"[4].

Auch wenn es sich bei diesen Aussagen um keine Spekulationen handelt, so beruht dennoch die Annahme der Existenz der Quintessenz und seinem Kosmonfeld auf einer Spekulation, und damit sind all diese Aussagen am Ende doch spekulativ – „Honi soit qui mal y pense"[5].

Grundsätzlich stellt bei diesen neuen Konzepten, zu denen auch die erwähnte Quintessenz zu zählen ist, die Einführung einer Zustandsgleichung, durch die der Zusammenhang zwischen Druck und Energie beschreiben wird, den wesentlichen formalen Schritt bezüglich der Bewegungsgleichung der Allgemeinen Relativitätstheorie dar.

Diese Zustandsgleichung, die das Verhältnis des maßgeblichen negativen Drucks p_Λ der Dunklen Energie zur gesamten positiven Energiedichte, also der Energiedichte der Materie ρ_m plus der positiven Energiedichte ρ_Λ der Dunklen Energie, darstellt, ersetzt nun auf flexible Weise den durch die kosmologische Konstante zwangsläufig erhaltenen konstanten Charakter hinsichtlich des negativen Drucks p_Λ und der positiven Energiedichte ρ_Λ (bei ausschließlicher Berücksichtigung der Energiedichte ρ_Λ im Nenner der Zustandsgleichung würde im Hinblick auf die kosmologische Konstante das Verhältnis der betrachteten Größen für immer den Wert – 1 exakt widerspiegeln; Abweichungen von diesem Wert treten nur aufgrund der in der Zustandsgleichung ebenfalls einbezogenen Energie der Materie ρ_m auf; diese Abweichungen sind aber nicht gemeint, wenn vom flexiblen Verhalten der Zustandsgleichung die Rede ist).

Obgleich sich dies wie eine unmaßgebliche und an sich kaum erwähnenswerte Modifikation anhört, hat man mit diesem Schritt den gesicherten Boden unserer Bewegungsgleichung der Allgemeinen Relativitätstheorie deutlich verlassen.

Denn bei diesem Vorgehen fließt eine empirische Denkweise ein, gemäß der das Verhältnis von Druck und Energie auch hinsichtlich der energetischen Größen der Dunklen Energie nicht mehr als nahezu konstant betrachtet wird, sondern sich dieses generell als eine mit der Zeit und dem Raum veränderliche Größe darstellt.

[4] Das Sprichwort kommt aus dem Lateinischen und bedeutet „Wer den Frieden will, bereite sich auf den Krieg vor".

[5] Das Sprichwort kommt aus dem Französischen und bedeutet „Beschämt sei, wer schlecht darüber denkt".

Um diesem Verhalten auch in konsistenter Weise gerecht zu werden, muss in einem weiterführenden Schritt somit eine überdachte, über den geschilderten Stand der Allgemeinen Relativitätstheorie hinausgehende Bewegungsgleichung gefunden werden, die diesen damit angesetzten dynamischen Effekt der Dunklen Energie auch beschreiben kann.

In jedem Falle bedarf es nun aber einer Theorie, die diesem neuen Parameter auch ein physikalisches Fundament gibt. Und da ist man auf der Suche nach einer weiterreichenderen als der bisherigen Interpretation der Dunklen Energie auf das Modell der Quintessenz gestoßen.

Der Grundidee entsprechend soll die Quintessenz, im Gegensatz zur kosmologischen Konstanten, dabei dynamisch sein und sich im Verlauf der Zeit entwickeln können. Sie soll ferner ein Quantenfeld beinhalten, das sowohl kinetische als auch potenzielle Energie vorzuweisen hat.

Damit verfügt die Quintessenz über zwei Energiekomponenten, die, dem Ansatz entsprechend, unterschiedliche Vorzeichen aufweisen können, wobei ein negatives Vorzeichen hinsichtlich der angesetzten potenziellen Energie als vollkommen normal anzusehen ist.

Nachdem wir bereits gesehen haben, dass es naheliegt, den negativen Druck als Pendant zu einer negativen potenziellen Energie anzusehen, beinhaltet dieser Ansatz auch eine Beschreibung für das bereits diskutierte Zwitterverhalten der Dunklen Energie.

All das hat durchaus plausiblen Charakter, aber welche Zutat versucht man, auf diesem Weg de facto in unser Universum zu mischen?

Oder anders gefragt, was um Himmelswillen soll die Quintessenz nun eigentlich sein, und wie erklärt sich aus ihr die Dunkle Energie?

Genau weiß das natürlich niemand!

Nach den gegenwärtigen Vorstellungen geht man jedenfalls davon aus, dass die Dunkle Energie durch ein skalares **Kosmonfeld** vermittelt wird, dessen Eigenschaften zum Teil dem **Higgs-Feld** und damit auch dem Vakuum entsprechen, wobei das Kosmonfeld erheblich schwächer ausgeprägt ist.

Wie durch ein Wunder stellt seine Massendichte den fehlenden Beitrag zur kritischen Massendichte von $\sigma_{krit} = 10^{-29}$ g/cm^3 dar, und damit kann es als Schmalspurversion des Higgs-Feldes interpretiert werden.

Das Kosmonfeld beseelt dann die neue Wechselwirkung Quintessenz mit Leben, und mit deren Hilfe kann, bislang rein spekulativ, die Dunkle Energie als eine dynamisch veränderliche Substanz beschrieben werden, wobei deren Wirken eben durch das skalare Kosmonfeld vermittelt wird.

„Hocus Pocus"!

Auf der Grundlage dieser Idee sind die Quintessenz und ihr Kosmonfeld klassische No-Name-Produkte!

Damit ist gemeint, dass man ohne detaillierte Vorstellung der tatsächlichen physikalischen Inhalte einfach auf bewährte quantenfeldtheoretische Ansätze zurückgreift, und gemäß diesen stellt man die erforderlichen Gleichungen im empirisch heuristischen Sinne[6] so auf, dass sie den bekannten Fakten entsprechen.

In einem ersten Schritt ist das natürlich nicht verwerflich, denn was sollte man auch sonst tun?

Man muss dabei nur aufpassen, dass man mit einer solchen „Herumspielerei" nicht den Boden unter den Füßen verliert, indem man die Sache zum Selbstzweck erklärt und auf dieser Grundlage uferlos weiter betreibt und dabei am Ende sogar vergisst zu hinterfragen, was physikalisch gesehen hinter all dem wirklich steckt.

Das wollen wir in unserem nächsten Schritt nun tun!

Wir wollen versuchen herauszufinden, welche physikalischen Vorgänge die Dunkle Energie hervorbringen können, und diesen Vorgängen kann man dann, so sie denn erst einmal aufgedeckt sind, durchaus auch den Namen Quintessenz oder auch einen anderen Namen geben.

Zu klären ist nun noch, welchem Ansatz wir zur Erreichung unseres letzten Ziels folgen sollen.

Und da fällt uns etwas ein, das wir nicht vergessen wollten, und das betraf die Vakuumenergie.

Nachdem die Existenz der Vakuumenergie nicht zuletzt durch den **Casimireffekt** zweifelsfrei nachgewiesen wurde, muss sie in irgendeiner Form Bestandteil der Dunklen Energie sein und dementsprechend auch berücksichtigt werden.

Im einfachsten Fall kann die Dunkle Energie sogar gänzlich durch die Vakuumenergie beschrieben werden, obgleich die Abschätzung zu ihrer Größe in dieser Hinsicht kein ermutigendes Resultat lieferte, wie wir gesehen haben.

Aber möglicherweise ist man ja mit der falschen Denkweise an die Sache herangegangen, als man versuchte, einen Zusammenhang zwischen der Vakuumenergie und der Dunklen Energie herzustellen. Und möglicherweise besteht die richtige Denkweise darin, einen Zusammenhang zwischen der Vakuumenergie, der Dunklen Energie und der Dunklen Materie herzustellen, weil einiges dafür spricht, dass die beiden Dunklen Größen nur gemeinsam im Hinblick auf ihren physikalischen Inhalt erklärt werden können.

[6] Der Begriff Heuristik kommt aus dem Griechischen („heuriskein" – „entdecken") und weist darauf hin, wie mit eingeschränktem Wissen umzugehen ist.
Ein heuristisches Prinzip stellt in der Physik eine vorläufige Annahme dar, auf deren Grundlage man sich neue Erkenntnisse erhofft, mit denen letztendlich das heuristische Prinzip umgangen werden kann – dieses sich also erübrigt.
Auch der Begriff Empirie kommt aus dem Griechischen („empeiria" – „Erfahrung"), und er vermittelt, dass Erfahrungswissen unabhängig von dessen Erklärbarkeit Gültigkeit hat.
Bei einem empirischen Vorgehen werden die aus Beobachtungen resultierenden Informationen, Daten oder Größen als Erfahrungstatsache in ein Konzept auch mit dem Risiko eingebracht, dass dieses theoretisch dann nicht mehr erklärbar ist.

13 Da kommt etwas Großes auf uns zu!

Das Universum im Schatten des Wettstreits der wahren Mächte!

Es ist eigentlich offensichtlich, dass es einen Zusammenhang zwischen der Dunklen Materie und der Dunklen Energie geben muss. Denn uns fiel von Anfang auf, dass es sehr ungewöhnlich ist, dass diese beiden maßgeblichen Komponenten in unserem Universum von nahezu gleicher Größe sind.

Dass dies ungewöhnlich ist, erkennen wir zum Beispiel bei einem Blick auf die unterschiedlichen **Kopplungskonstanten** der Wechselwirkungen, denn die unterscheiden sich nicht um unmaßgebliche Faktoren, die unterscheiden sich um viele Größenordnungen, und zwar so, als würde man ein Staubkorn mit einem Berg vergleichen.

Und so ist es grundsätzlich: Die physikalischen Gesetzmäßigkeiten haben uns stets darauf hingewiesen, dass ein Zusammenhang zwischen grundlegenden Kräften besteht, wenn sie von nahezu gleicher Größe sind.

So war zum Beispiel bereits im 19. Jahrhundert klar, dass zwischen der magnetischen und der elektrischen Kraft ein Zusammenhang bestehen muss, da sie ebenfalls von vergleichbarer Größe sind. Und diese Erkenntnis mündete dann auch alsbald in der gemeinsamen elektromagnetischen Wechselwirkung.

Dieser ungewöhnliche Sachverhalt, auf den wir hier durch einen einfachen Vergleich gestoßen sind, ist sogar noch steigerungsfähig, denn auch die gewöhnliche Materie ist von gleicher Größe wie die Dunkle Materie und die Dunkle Energie.

Und damit ist offensichtlich, dass es einen grundlegenden physikalischen Zusammenhang zwischen diesen drei unser Universum steuernden energetischen Bestandteilen geben muss.

Nimmt man zu diesen Fakten noch die Erkenntnis hinzu, dass der Anteil der Dunklen Energie genau in dem Maße steigt, wie der Anteil der Dunklen Materie sinkt, und zwar in einer Weise, dass der Anteil der einen Größe sich gegen den Anteil der anderen auch noch klar abgrenzen lässt, dann haben wir das sogenannte Konkordanzproblem in vollem Umfang erfasst.

A. W. A. Pauldrach, *Das Dunkle Universum,* DOI 10.1007/978-3-642-55373-8_13

Aber auch das zeitliche Verhalten, das sich maßgeblich am Expansionsverlauf des Universums orientiert, weist auf einen solchen großen Zusammenhang hin.

Denn der Führungswechsel in der Rangliste der „Großen Zwei", der die globale Bedeutung der Dunklen Materie gegenüber der Dunklen Energie auf den zweiten Rang verwies, reiht sich in das gemächliche zeitliche Geschehen der Strukturbildung und der Entstehung von Sternen und Galaxien ein. Er fand also nicht etwa nach wenigen Bruchteilen einer Sekunde, wie dies bei der Inflation der Fall war, oder aus der Zukunft rückblickend gesehen, nach Hunderten von Milliarden Jahren statt.

Dieses in hohem Maße merkwürdige und verglichen mit anderen markanten Ereignissen ungewöhnliche Verhalten stellt das sogenannte Koinzidenzproblem dar.

Was den Führungswechsel der „Großen Zwei" betrifft, scheint es aber nicht nur so zu sein, dass sich das diesbezügliche Verhalten einfach am Expansionsverlauf des Universums orientiert, es wird vielmehr der Eindruck erweckt, dass dieser Wechsel nach einem bestimmten Expansionsschritt des Universums zwangsläufig zum Tragen kommen musste (siehe Abb. 13.1 „*Der Wettstreit der Dunklen Mächte*").

Es drängt sich damit der Verdacht auf, dass die Dunkle Materie ab einem bestimmten Entwicklungsschritt mit der immer weiter voranschreitenden Expansion und der damit verbundenen Verwässerung des Universums mit Vakuum ein Problem bekam, so, als ob die Luft für sie immer dünner würde und sie Schwierigkeiten damit bekäme, problemlos atmen zu können.

Die voranschreitende Expansion scheint es also zu sein, die die Dunkle Materie in die Knie zwingt, wobei deren angeschlagener Zustand der Dunklen Energie ganz offensichtlich zugute kommt. Denn die steigt wie Phönix aus der Asche[1] und übernimmt sogleich das Steuerruder (zur Illustration siehe Abb. 13.2 „*Bin wieder da!*").

Obwohl diese Analyse einen ungehobelten Charakter hat, ergeben sich dennoch einige Fragen aus ihr, die nicht nur nicht einfach zu beantworten sind, sondern uns auch noch merklich beschäftigen werden.

Die Fragen lauten: Welchen Zusammenhang kann es zwischen der Dunklen Materie und der Dunklen Energie geben, der ab einem bestimmten Entwicklungsschritt des Universums den Führungswechsel bei den „Großen Zweien" in erstaunlich kleinen Schritten bewirkt?

Wie kann sich ein solcher Zusammenhang, falls es ihn gibt, darstellen, und auf welche Weise kann er sich ins Spiel bringen?

Was ist damit gemeint, dass die Dunkle Energie wie Phönix aus der Asche stieg?

---

[1] Der Begriff Phönix leitet sich aus dem altgriechischen Wort „phoínix" ab und bedeutet so viel wie „der Wiedergeborene" oder „der neugeborene Sohn".

Die Redewendung bringt zum Ausdruck, dass etwas schon verloren Geglaubtes in neuem Glanz wieder erscheint.

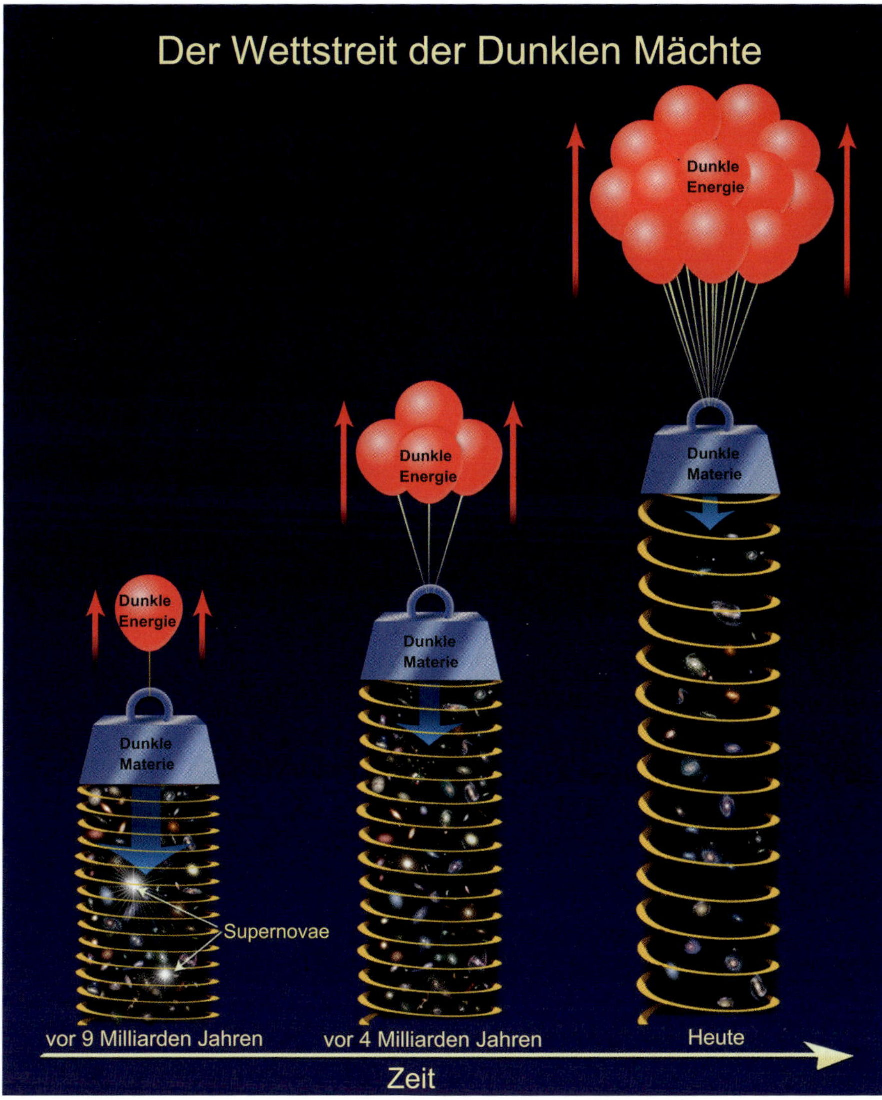

Abb. 13.1 *Der Wettstreit der Dunklen Mächte*. (Die Illustration weist auf den ebenbürtigen Charakter der Dunklen Materie und der Dunklen Energie hin. Sie macht ferner deutlich, dass im Zuge der Expansion des Universums der Einfluss der Dunklen Materie nachlässt und der der Dunklen Energie, speziell in den zuletzt vergangenen Milliarden Jahren, beträchtlich zunimmt. © NASA, ESA, and A. Feild (STScI).)

Das Bild verdeutlicht, dass beim Widerstreit zwischen der gravitativ anziehenden Natur der Dunklen Materie und der nettomäßig gravitativ abstoßenden Wirkung der Dunklen Energie die fortschreitende Expansion des Universums das Zünglein an der Waage ist.

Je länger die Expansion andauert, desto größer wird die Dominanz der Dunklen Energie.

Im Zusammenhang mit dem Konkordanz- und dem Koinzidenzproblem weist dieses Verhalten darauf hin, dass die räumliche Verdünnung der Dunklen Materie und die massive Zunahme an Vakuum – beides eine zwangsläufige Konsequenz der fortschreitenden Expansion – Schlüsselrollen bei diesem Widerstreit spielen.

Abb. 13.2 Die Dunkle Energie meldet sich mit einem deutlichen und unmissverständlichen „*Bin wieder da!*" zu Wort. (Illustration des Phönix. © GNU-Lizenz für freie Dokumentation.)

Die letzte Frage ist in der Tat etwas verwirrend, denn wir hatten uns doch bereits davon überzeugt, dass das heutige Universum mit einer anderen Form von negativem Druck ringt, als es die war, mit der es in der frühesten Anfangsphase anlässlich der Inflation konfrontiert wurde.

Andererseits ist damit die Frage, ob wir uns wirklich sicher sein können, dass diese beiden Exekutivorgane von Dunklen Energien tatsächlich von grundlegend verschiedener Art sind, noch nicht beantwortet.

Es könnte also dennoch so sein, dass es im Sinne einer Spätfolge eben doch einen Zusammenhang zwischen ihnen gibt, und zwar darauf basierend, dass sie gleichen Ursprungs sind, obgleich es offensichtlich ist, dass der jetzige negative Druck mit dem früheren auf Details bezogen nichts gemein hat.

Und daraus ergibt sich unsere vorläufig letzte konkrete Frage: Ist der heute sich zeigende, vergleichsweise schwache, negative Druck eventuell eine Randerscheinung des uns wohlbekannten gewaltigen negativen Drucks, der das Universum in der Inflationsphase so maßgeblich mitgestaltete?

Um mögliche Antworten auf diese Fragen zu finden, müssen wir uns vorab mit etwas scheinbar völlig anderem beschäftigen.

Und dieses scheinbar völlig andere hat mit der gebrochenen Symmetrie zwischen Teilchen und **Antiteilchen** zu tun, die in einer sehr frühen Phase der Entstehung des Universums etwas so Bedeutungsvolles bewirkte, das davon selbst unser heutiges Wohl noch in entscheidendem Maße beeinflusst wird. Und als Hauptakteure in diesem neuen Spiel werden wir sogleich zwei gute alte Freunde wiedertreffen: das Higgs-Feld und sein Higgs-Boson.

13.1 Die „Higgsogenesis" und die gebrochene Symmetrie

Die Natur weiß, dass Symmetrie die Kunst der Phantasielosen ist.

Und sie weiß, dass sie sich in diese Gruppe nicht einreihen kann. Denn diese Blöße darf sich jemand, dessen Vorname Universum ist, natürlich nicht geben.

Die Inflation ist längst Geschichte, als ungefähr eine millionstel Sekunde nach dem Urknall, bei einer Temperatur von circa 10 Tera K, die bis dahin von harmonischer Ausgewogenheit beseelten Teilchen und **Antiteilchen** sich gegenseitig systematisch zu vernichten beginnen.

Nur ein verschwindend kleiner Überschuss von Teilchen überlebte, und dieser Überschuss blieb stets erhalten.

Und aus diesem Überschuss besteht die gesamte Materie im Universum.

Und dieser winzige Überschuss setzte sich nach Ablauf der ersten millionstel Sekunde durch.

Und das bedeutet, dass es eine winzige Asymmetrie zwischen Materie und Antimaterie gab.

Wie es zu dieser Asymmetrie kommen konnte und weshalb sich die Materie gegen die Antimaterie mit einem hauchdünnen Vorsprung durchsetzte und nicht umgekehrt, wird uns im Weiteren etwas beschäftigen.

Teilchen und Antiteilchen haben sich also in großem Stil gegenseitig vernichtet.

Sie haben sich annihiliert, wobei man unter **Annihilation**[2] den Prozess der Paarvernichtung versteht, bei dem ein **Elementarteilchen** und sein Antiteilchen sich gemeinsam in andere Teilchen umwandeln.

Das klassische Beispiel für diesen Prozess ist die Positron-Elektron-Umwandlung in ein Photon, das keine Ruhemasse besitzt, was dem Ausdruck „Vernichtung" eine unmissverständliche Bedeutung verleiht.

Aus Symmetriegründen gibt es nun zu jedem Elementarteilchen auch ein Antiteilchen, wobei die Teilchen, abgesehen von ihren **Ladungen**, vollständig identisch sind.

Die identischen Größen der Teilchen sind dabei ihre Lebensdauer, ihre Masse und ihr **Spin**, wohingegen ihre Ladungen bei ebenfalls gleicher Größe entgegengesetzte Vorzeichen aufweisen.

So unterscheidet sich beispielsweise ein Elektron von seinem Antiteilchen, dem Positron, nur durch seine elektrische Ladung, die entgegengesetzt gleich groß ist.

[2] „Annihilieren" leitet sich vom lateinischen Begriff „annihilare" ab, was „zunichtemachen" bedeutet.

Dies hat zur Folge, dass die Stärke der **Wechselwirkung**, der sowohl ein Teilchen als auch ein Antiteilchen unterliegt, gleich, aber die Art der Wechselwirkung verschieden ist; wenn sie bei einem Teilchen anziehend ist, wird sie bei einem Antiteilchen abstoßend sein und umgekehrt.

Dies wiederum hat zur Folge, dass sich Teilchen und Antiteilchen nicht nur unter Energiefreisetzung in einem Annihilationsprozess zusammen vernichten, sondern sie tun dies auch noch in einem hohen Maße bestrebt, da sie sich ja, aufgrund ihrer verschiedenen Ladungen, gegenseitig auch noch anziehen.

Damit kann der Auftritt von Teilchen und Antiteilchen in unserem Universum eigentlich nur von kurzer Dauer gewesen sein. Und in Anbetracht dessen macht es Sinn, mit einer gewissen Spannung einhergehend auf das sehr frühe Universum zu blicken.

Bei einer Temperatur von circa 10^{13} K, die bei fortlaufender Expansion und damit verbundener Verdünnung und Abkühlung des Inhalts des Universums nach circa einer millionstel Sekunde des Weltalters durchlaufen wurde, vernichteten sich Teilchen und Antiteilchen, die aus Symmetriegründen exakt im gleichen Verhältnis entstehen mussten, gegenseitig.

Bei diesem Prozess wäre nichts als Strahlung übrig geblieben, wenn die Natur sich nicht vorher einen Trick überlegt hätte.

Einen ersten Hinweis, der dafür spricht, dass ein solcher Trick tatsächlich zum Einsatz kam, erhalten wir durch uns selbst. Denn wenn wir in den Spiegel schauen, stellen wir fest, dass wir nicht aus Strahlung bestehen.

Ein weiterer Hinweis, der dafür spricht, dass zum Erhalt einiger weniger Teilchen eine besondere Maßnahme ergriffen wurde, wird vom Universum persönlich geliefert. Und dieser Hinweis betrifft das im Universum enthaltene Verhältnis von Photonen zu Materieteilchen. Und dieses Verhältnis besagt, dass es insgesamt eine Milliarde Mal mehr Strahlungsteilchen als Elementarteilchen gibt, wobei die Majorität der Strahlungsteilchen sich bis heute in der **Mikrowellenhintergrundstrahlung** wiederfindet, und das bedeutet, dass nahezu alle Strahlungsteilchen zu einem sehr frühen Zeitpunkt entstanden sind.

Da nach Abschluss der Annihilationsprozessketten der Paarvernichtung letztendlich nur Photonen übrig bleiben, besagt diese Erkenntnis, dass von einer Milliarde Teilchen, die das frühe Universum hervorgebracht hat, nur eines nicht in ein Photon umgewandelt wurde!

Die Symmetrie zwischen Teilchen und Antiteilchen wurde damit im Verhältnis
1 000 000 001: 1 000 000 000 verletzt!

Die Natur hat also mit dem Trick einer gebrochenen Symmetrie agiert, und auf diesem Weg hat sie dafür gesorgt, dass ein Teilchen aus einer Heerschar von einer Milliarde Teilchen das Gemetzel überleben konnte.

Aus diesem verschwindend kleinen Überschuss an Teilchen, der sich als Konsequenz aus einer marginalen Asymmetrie zwischen Materie und Antimaterie ergab, besteht die gesamte Materie in unserem Universum.

Und dabei handelt es sich grundsätzlich um Materie und nicht um Antimaterie!

Sowohl die Ursache als auch der Grund für diese Asymmetrie zwischen Materie und Antimaterie ist allerdings nicht ohne Weiteres einsehbar.

Genau genommen wurde beides noch von niemandem eingesehen.

Es ist vielmehr so, dass es sich hierbei um eines der großen Rätsel nicht nur der Elementarteilchenphysik, sondern auch der Astrophysik, handelt.

Hinsichtlich der Entwicklung dieser Asymmetrie, könnte nun aber das Higgs-Boson, einer Idee der beiden Physiker Sean Tulin und Géraldine Servant zufolge, erneut eine Schlüsselrolle im sehr frühen Universum gespielt haben.

Gemäß dieser Idee würde sich ein Ungleichgewicht zwischen Higgs-Bosonen und Anti-Higgs-Bosonen, das laut der Vorstellung dieser beiden Physiker sich kurz nach dem Urknall aus einem asymmetrischen Verhalten dieser beiden Teilchensorten aus noch zu klärenden Gründen ergeben haben könnte, wegen der Wechselwirkung des Higgs-Feldes mit der Materie, nicht nur auf die gewöhnliche Materie, sondern auch auf die Dunkle Materie übertragen und umgekehrt.

Das heißt, es genügt ein Ungleichgewicht zwischen einer Teilchensorte und dessen Antiteilchensorte, das die gewöhnliche Materie, die Dunkle Materie oder das Higgs-Feld betreffen kann, um die Asymmetrie zwischen Materie und Antimaterie generell zu erklären.

Analog zur Baryogenesis, einem Prozess, mit dem man bislang erfolglos zu erklären versucht, auf welchem Weg im frühen Universum mehr Baryonen als Antibaryonen entstehen konnten,[3] bezeichnen die beiden Physiker ihre Vorstellung als „Higgsogenesis".

Nachdem die Higgsogenesis gegenüber der Baryogenesis einen übergeordneten Charakter vorzuweisen hat und das Higgs-Boson zudem mit den Teilchen der Dunklen Materie wechselwirken kann, wird durch sie die weit bessere Möglichkeit

[3] Gemäß der gegenwärtigen Vorstellung zur Entstehung der Baryonenasymmetrie favorisiert man die sogenannte Leptogenesis als ursächlichen Mechanismus.

Hier entsteht die Asymmetrie zunächst zwischen Leptonen und Antileptonen durch Symmetriebrechung in Form der allerdings nur sehr schwachen, aber bekannten CP-Verletzung.

Diese wird dann durch den sogenannten Sphaleron-Prozess auf die Baryonenasymmetrie übertragen (Sphaleronen sind instabile Lösungen der Quantenfeldgleichungen, die sich aus der Betrachtung verschiedener Vakuumszustände ergeben, wobei die sich auf unterschiedliche Potenzialbarrieren beziehen; durch den Sphaleron-Prozess selbst können letztlich Leptonen in Baryonen überführt werden).

Es hat sich jedoch gezeigt, dass die bekannten Mechanismen der Symmetriebrechung nicht stark genug sind, um die Asymmetrie, die sich zwischen Teilchen und Antiteilchen ergeben hat, auch nur annähernd zu erklären.

als durch die Baryogenesis geboten, die Asymmetrie zwischen Materie und Antimaterie endlich zu verstehen.

Die Sichtweise der Higgsogenesis beinhaltet aber noch eine weitere wichtige Schlussfolgerung, die aus dem Standardmodell der Elementarteilchenphysik so nicht hervorgeht, und zwar, dass das Higgs-Boson mit seinem Antiteilchen, dem Anti-Higgs-Boson, nicht identisch ist.

Und das ist eine Schlussfolgerung von großer Tragweite, denn aufgrund ihr wird uns, vollkommen unverhofft, ein weiteres Teilchen, das, wie wir sehen werden, durchaus dazu in der Lage ist, so manche skurrile Tat zu vollbringen, dargeboten.

Um uns auf dieses neue Teilchen einzustimmen, sollten wir an dieser Stelle zunächst den Bezug zu einer anderen entscheidende Phase, in der das Higgs-Feld sich ebenso als unverzichtbarer Dirigent erwiesen hat, herstellen.

Auch diese Phase hatte ihre Wurzeln im sehr frühen Universum und führte in ihrem weiteren Verlauf zu den Dichtefluktuationen, die wir in der Hintergrundstrahlung beobachten und die für die Strukturbildung maßgeblich waren, wie wir bereits einsehen konnten.

Einsehen konnten wir ebenfalls, dass sich diese Fluktuationen ohne das Higgs-Feld und sein Higgs-Boson während unserer betrachteten Phase nicht in der erforderlichen Stärke ausbilden hätten können. Dies war nur möglich, weil das Higgs-Boson gegenüber herkömmlichen Quantenfluktuationen auf einen entscheidenden Vorteil verweisen kann, der darin besteht, dass dieses Teilchen bereits aus einer stärkeren Dichtefluktuation des Higgs-Feldes entsteht, wobei es energiereich und daran gemessen sogar recht langlebig ist.[4]

Aus diesen Gründen drückte das Higgs-Feld dem Dichtekontrast einen Stempel auf, der zur Keimbildung für die erforderlichen Schwankungen im Materieteilchengeflecht führte.

Nur war dieser Prozess sehr vergänglich, denn er wirkte sich maßgeblich lediglich über die Dauer der Inflation aus.

Über dessen Zeitraum wurden die großen Fluktuationen des Higgs-Feldes eingefroren und bildeten danach die Grundlage für die spätere Strukturbildung.

Wie wir gesehen haben, reichte das für die Ausbildung eines Dichtekontrasts, der zur Sternentstehung führen kann, aber nicht aus, denn die Higgs-Bosonen, die sich stellenweise zusammengerottet hatten und damit Anlaufstellen für die baryonische Materie produzierten, haben sich nach Ablauf ihrer Lebensdauer verabschiedet.

Und die baryonische Materie, nunmehr auf sich selbst gestellt, reagierte prompt auf diesen Befreiungsschlag, indem sie sich aufmachte, einer Gleichgewichtsverteilung entgegenzustreben.

Wäre die Dunkle Materie nicht herbeigeeilt, um die Keimbildung zu stützen, hätte das Universum seine Epoche der Sternentstehung und Galaxienbildung nie erlebt.

[4] Die Masse des Higgs-Bosons liegt bei 125 GeV/c^2 und seine Lebensdauer bei circa 10^{-22} s. (Die Masseneinheit wird im Anhang C „*Zahlenwerte*" erläutert.)

Es hätte, den drohenden Gleichgewichtszustand vor Augen, noch nicht einmal seine ihm zustehende Zeitspanne erhalten.

Das Universum hätte sich vorzeitig und viel zu früh verabschieden müssen, so, als wäre nichts gewesen. Die Dunkle Materie kam aber der baryonischen Materie zu Hilfe und verhinderte damit ein solches, für alle Beteiligten unbefriedigendes Szenario.

Der entscheidende Punkt bei dieser Sachlage ist nun aber, dass die Dunkle Materie nicht in die Bresche hätte springen müssen, wenn die Higgs-Bosonen sich nicht nach kürzester Zeit verabschiedet hätten.

Alles war bestens geregelt und auf einen guten Weg gebracht. Wir müssten noch nicht einmal über das verquere Wesen der Dunklen Materie nachgrübeln, da diese gar nicht erforderlich gewesen wäre, wenn das Higgs-Boson zum Beispiel die Lebenserwartung einer **Hubble-Zeit** hätte.

Die hat es jedoch nicht!

Aber wie sieht es in dieser Hinsicht bei seinem Counterpart, dem Anti-Higgs-Boson, aus?

13.2 „Anti-Higgs" – der Schlüssel zum Verständnis der Dunklen Elemente(!)

Wir haben einen großen Aufwand betrieben, um die Zusammenhänge zu erkennen, die die Welt so werden ließen, wie sie ist. An manchen Stellen kam uns dabei eventuell der Gedanke, dass wir es mit dem Wunsch, auch die letzten Details noch verstehen zu wollen, etwas übertreiben, aber es wird sich genau jetzt zeigen, dass all das erforderlich war, um nun entscheidende Punkte zu verstehen, die uns eine plausible Erklärung für die Existenz der Dunklen Materie und der Dunklen Energie liefern können.

Allerdings werden wir uns dabei selbst ein bisschen anstrengen müssen, denn dieses Verständnis wurde von der Astrophysik bis jetzt noch nicht auf einem silbernen Tablett serviert.

Alles, was halbwegs brauchbar erschien – WIMPs, Quintessenz und Kosmonfeld –, wurde bislang eher auf einem hölzernen Brett herumgereicht, von dem sich so recht niemand bedienen will.

Auch nach unserem verwöhnten Geschmack ist ein hölzernes Brett sicher nicht.

Denn auch wir bevorzugen definitiv ein silbernes, auf dem das zu Verzehrende adrett angerichtet ist und auch an der Dekoration nicht gespart wird.

Das Dumme ist nur, die Physik hat uns, auf ihrem derzeitigen Kenntnisstand beruhend, nichts mehr zu bieten. Um alles Weitere müssen wir uns ab jetzt also selbst kümmern.

Und das heißt, dass wir es am Ende sein werden, die das silberne Tablett adrett anzurichten haben, um es daraufhin bei der Elementarteilchenphysik und der Astrophysik kostprobenweise herumzureichen.

Aber das ist natürlich nebensächlich. Worum es wirklich geht, ist, dass wir unseren Weg jetzt zu Ende gehen, und zu Not tun wir dies eben auch aus eigener Kraft.

13.2.1 „Anti-Higgs" liefert Asymmetrie und Dunkle Materie Hand in Hand

Der Ansatz, mit dem wir die erhofften Erklärungsversuche umsetzen wollen, liegt indes bereits auf der Hand, denn das Higgs-Feld hat uns in dieser Hinsicht noch einiges versprochen, und das wollen wir jetzt einlösen.

Nachdem wir uns mit den Eigenschaften der Grundkräfte und deren Wechselwirkungsmechanismen vertraut gemacht hatten, war für uns klar zu erkennen, dass die Austauschprozesse ausschließlich auf Vektorbosonen, die einen inneren **Spin** aufweisen, beruhen.

Dies konnten wir zum Beispiel besonders deutlich bei der elektromagnetischen Kraft und den mit ihr im Zusammenhang stehenden, bereits im klassischen Fall auftretenden, Vektorfeldern einsehen.

Das **Higgs-Feld** und sein Higgs-Boson haben hingegen skalaren Charakter, und deshalb muss die auf ihnen beruhende Wechselwirkung, mit der die Elementarteilchen an das Higgs-Feld koppeln, eine neue und eigenständige Wechselwirkung sein.[5]

Damit stellt rein prinzipiell der Higgs-Mechanismus unser gesuchtes „fünftes Element", die „fünfte Kraft" dar!

Und diese Sicht hat Konsequenzen, denn damit gibt es nicht nur die mit den Elementarteilchen und dem Higgs-Feld verbundenen Kopplungskonstanten, auf denen der **Higgs-Mechanismus** beruht, sondern auch eine Higgs-Ladung, die zur Farbladung der starken Wechselwirkung und zur elektrischen Ladung der elektromagnetischen Wechselwirkung sowie zur schwachen Ladung der schwachen Wechselwirkung analog ist.

Für uns noch entscheidender ist dabei aber, dass es zu einer Ladung auch eine Antiladung mit umgekehrtem Vorzeichen gibt, denn damit ist das Higgs-Boson genauso wenig identisch mit dem Anti-Higgs-Boson wie das Elektron mit dem Positron.

Die Funktionsweise des Higgs-Bosons ist dabei klar: Es verhilft mit seiner positiven Higgs-Ladung den Elementarteilchen zu ihrer Masse und ist über die Kopplung zu diesen Teilchen auch an sie gebunden!

Wegen der Bindung an die Elementarteilchen steht dieser durch den Anteil an baryonischer Materie festgelegte Bruchteil an Higgs-Bosonen, der vom Higgs-Feld-Vakuum fortlaufend produziert wird und der sich von jeher – seit der Inflation

[5] Im Bereich der Teilchenphysik wird eine so klare Aussage vermieden.

Dort wird der Higgs-Mechanismus „in der Regel" nicht als separate Wechselwirkung gezählt, sondern als ein Aspekt der elektroschwachen Wechselwirkung betrachtet, für deren Konstruktion er ursprünglich eingeführt wurde – mit „in der Regel" ist gemeint, dass es keine einheitliche Meinung zu diesem Thema gibt.

– am Anteil der baryonischen Materie zur Gesamtenergie orientieren musste, damit aber nicht mehr für die **Annihilation** mit den kurz nach der Inflation entstandenen Anti-Higgs-Bosonen, die damals in gleicher Menge wie die damaligen Higgs-Bosonen aus dem Higgs-Feld-Vakuum entstanden sind, zur Verfügung.

Und das bedeutet, dass einem Bruchteil der Anti-Higgs-Bosonen, der exakt gleich dem Bruchteil der gebundenen Higgs-Bosonen ist, bereits nach der Inflation die Möglichkeit genommen wurde, durch die Annihilation mit Higgs-Bosonen ins Higgs-Feld-Vakuum zurückzukehren.

Andererseits konnten diese Anti-Higgs-Bosonen auch von den Materieteilchen nicht vernichtet werden, da sie mit ihrer negativen Higgs-Ladung die falsche Ladung tragen, an die die Materieteilchen nicht koppeln können.

Obgleich diese Aussagen einen einfach nachzuvollziehenden Sinn ergeben, haben wir dabei dennoch zwei Postulate einfließen lassen.

Der Inhalt unseres ersten Postulats ist, dass Materieteilchen nur an positive, nicht aber an negative Higgs-Ladungen koppeln können.

Und der Inhalt unseres zweiten Postulats ist, dass das Anti-Higgs-Boson wegen dieser fehlenden Kopplung an die Materieteilchen nicht vernichtet werden kann, es sei denn, es annihiliert mit einem Higgs-Boson.

Interessanterweise stellt unser erstes Postulat eine Quelle für eine Asymmetrie dar, denn das Higgs-Boson und sein **Antiteilchen** sind auf der Grundlage dieser Aussage nun nicht mehr gleichberechtigt!

Das Higgs-Boson verfügt jetzt alleinig über eine Fähigkeit, die sein Antiteilchen nicht vorzuweisen hat: Es kann im Gegensatz zum Anti-Higgs-Boson an Materieteilchen koppeln.

Und eben aus diesem Grund steht es dem Anti-Higgs-Boson für dessen Bedürfnisse, wieder in das Higgs-Feld-Vakuum abzutauchen, auch nicht mehr zur Verfügung.

Der Inhalt unseres zweiten Postulats ist aber nicht minder interessant, denn es impliziert, dass die geringe Lebensdauer des Higgs-Bosons für das Anti-Higgs-Boson aufgehoben ist.

Dessen Verweildauer in unserem Universum kann nun lediglich durch ungebundene und damit frei verfügbare Higgs-Bosonen, die also annihilationsbereit sind, begrenzt werden.

Diese Aussage hatte natürlich auch Konsequenzen für die kurz nach der Inflation entstandenen Anti-Higgs-Bosonen, die damals in gleicher Menge wie die Higgs-Bosonen vom Higgs-Feld-Vakuum produziert wurden. Denn zum Teil mussten sie als leblose Mumien in unserem Universum verweilen und darauf warten, bis entweder ein ungebundenes und damit frei verfügbares Higgs-Boson aus dem Higgs-Feld-Vakuum entsteht, mit dem eines von ihnen annihilieren kann, oder ein nicht mehr gebundenes Higgs-Boson annihilationsbereit zur Verfügung steht.

Letzteres kann zum Beispiel durch die Zerstrahlung oder den Zerfall von baryonischen oder leptonischen Teilchen in Photonen geschehen, wodurch die stete Bindung eines Higgs-Bosons[6] aufgehoben werden sollte – da dieses Verhalten auf sehr spezielle Prozesse abzielt, sollten sie in nennenswertem Umfang jedoch nicht von Belang sein.

Auf der Grundlage des Verständnisses, das wir, die Zustimmung der Elementarteilchenphysik voraussetzend, soeben erworben haben, können wir nun zwei wichtige Punkte erklären: die Asymmetrie zwischen Materie und Antimaterie und den Ursprung der Dunklen Materie.

Die Asymmetrie zwischen Materie und Antimaterie ergab sich in diesem Bild aus der Bindung der Higgs-Bosonen an die gewöhnliche Materie.

Um dieser Masse zu verleihen, ist stets eine bestimmte Anzahl von Higgs-Bosonen wie mit Handschellen an die gewöhnliche Materie gekoppelt,[7] wohingegen die entsprechend gleiche Anzahl der nach der Inflation entstandenen und dann zurückgebliebenen Anti-Higgs-Bosonen nutzlos, und nur durch die Annihilation mit frei verfügbaren Higgs-Bosonen vernichtbar, im Universum herumgeistert (siehe Abb. 13.3 „*Asymmetrie zwischen Materie und Antimaterie*“).

Damit ist die Symmetrie klar erkennbar gebrochen. Denn die positive Higgs-Ladung erfüllt eine Funktion, wohingegen für die negative Higgs-Ladung, deren Träger die Anti-Higgs-Bosonen sind, keine Funktion in unserem Universum vorgesehen ist!

Die Higgs-Bosonen werden von den Elementarteilchen über die Wechselwirkung mit ihrer Higgs-Ladung wahrgenommen, die Anti-Higgs-Bosonen wegen ihrer falschen Ladung hingegen nicht. Diese sind für die Elementarteilchen trotz deren großer Anzahl, von Gravitationseffekten abgesehen, in keinster Weise existent.

Gebrochener kann eine Symmetrie also gar nicht sein!

Den Rest erledigt die „Higgsogenesis“!

Denn wie von Tulin und Servant gezeigt, kann die über die Wechselwirkung wahrgenommene Anzahl an gebundenen Higgs-Bosonen, die von allen Elementarteilchen als überzählig und damit unsymmetrisch betrachtet wird – die Anti-Higgs-Bosonen werden wegen der fehlenden Wechselwirkung ja nicht wahrgenommen –, als Maß, asymmetrisch auch auf die gewöhnliche Materie hinsichtlich deren jeweiliger Teilchen und Antiteilchen Zahlen übertragen werden.

[6] Dies betrifft natürlich, wie bei allen Quantenfluktuationen, nur den Mittelwert an Higgs-Bosonen, da die einzelnen individuellen Teilchen, ihrer Lebensdauer entsprechend, kommen und gehen.

[7] Wie bereits erwähnt, sind diesbezüglich natürlich nur die im Mittel vorhandenen Higgs-Bosonen gemeint.

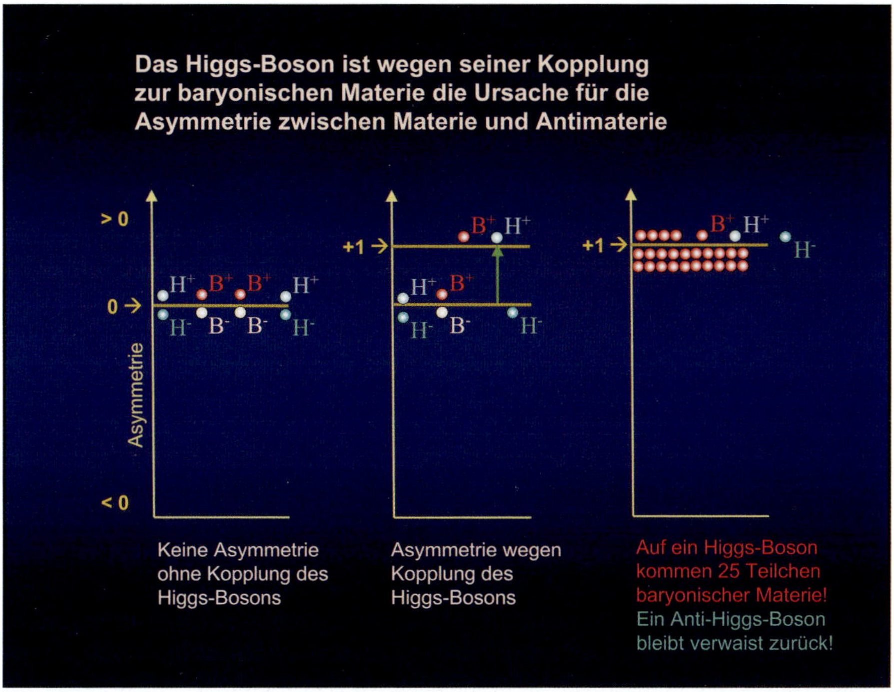

Abb. 13.3 Die Bindung der Higgs-Bosonen und die Nicht-Bindung der Anti-Higgs-Bosonen an die gewöhnliche Materie führt im Higgs-Feld zu einer *Asymmetrie zwischen Materie und Antimaterie*, die sich gemäß der „Higgsogenesis" auf die gewöhnliche Materie überträgt, wobei verwaiste Anti-Higgs-Bosonen, die wegen ihrer negativen Higgs-Ladung auf eine lange mittlere Lebensdauer verweisen können, zurückbleiben! (Das Bild verdeutlicht die Entstehung der Asymmetrie zwischen Materie und Antimaterie, die sich eine millionstel Sekunde nach dem Urknall einstellte.)

Im Bild auf der linken Seite wird illustriert, dass ohne die Kopplung des Higgs-Bosons (H^+) an die gewöhnliche Materie sich noch keine Asymmetrie zwischen Materie (B^+) und Antimaterie (B^-) einstellt (eine solche Kopplung fehlte zum Beispiel vor Beendigung der Inflationsphase).

Erst das asymmetrische Verhalten, das durch die Kopplung der Higgs-Bosonen und die Nicht-Kopplung der Anti-Higgs-Bosonen (H^-) an die baryonische Materie zum Tragen kommt, bewirkt als Ursache die Asymmetrie zwischen Materie und Antimaterie, wie in der Mitte des Bildes illustriert wird.

Die Darstellung auf der rechten Seite illustriert darüber hinaus, dass, wegen der Kopplungseigenschaft der Higgs-Bosonen an die baryonische Materie sowie auf der Grundlage des Massenverhältnisses der Dunklen Materie zur baryonischen Materie, ein Higgs-Boson an der Massengenerierung von 25 Teilchen baryonischer Materie beteiligt ist.

Als Randerscheinung bleibt dabei ein verwaistes Anti-Higgs-Boson zurück, das, aufgrund seiner Eigenschaften, das Teilchen darstellt, das die Dunkle Materie charakterisiert.

Damit wissen wir nun auch, woraus sich dieser „Dunkle" Anteil der Materie hinsichtlich seines elementaren Teilchencharakters zusammensetzt: Die Dunkle Materie besteht aus Anti-Higgs-Bosonen, diese Teilchen sind die gesuchten „**WIMPs**"!

Die Higgsogenesis schließt also die globale Asymmetrie zwischen Materie und Antimaterie für alle Teilchen, die an das Higgs-Boson koppeln können, ab.

Eine Frage ist dabei jedoch noch nicht geklärt, sie lautet: Wie groß ist die „bestimmte Anzahl" an Higgs-Bosonen, die an die gewöhnliche Materie gebundenen ist?

Die Antwort auf diese Frage ist denkbar einfach: Die Anzahl der gebundenen Higgs-Bosonen ist hinsichtlich der energetischen Verhältnisse circa 5-mal so groß wie die Anzahl der Teilchen der baryonischen Materie. Das heißt, auf ein Higgs-Boson kommen 25 Teilchen baryonischer Materie, da das Massenverhältnis ungefähr 1/125 ist (das Higgs-Boson ist circa 125-mal so schwer wie ein Nukleon).

Es erübrigt sich, die Frage zu stellen, woher wir das wissen können, denn wir haben sehr bald herausgefunden, dass es 5-mal so viel Dunkle Materie wie baryonische Materie gibt.

Und jetzt wissen wir, dass es genauso viele Anti-Higgs-Bosonen wie gebundene Higgs-Bosonen gibt.

Und damit wissen wir, dass die Dunkle Materie nicht mehr Dunkel ist.

Die Dunkle Materie ist nicht mehr Dunkel, weil sie aus Anti-Higgs-Boson-Mumien besteht!

Diese Teilchen konnten am Anfang, nach der Inflation, als die gewöhnliche Materie entstand, nicht annihilieren, da ihre vermeintlichen Annihilationspartner an die baryonische Materie gebunden waren und damit für diesen Prozess nicht mehr zur Verfügung standen.

Danach konnten sie wegen ihrer falschen Ladung, von einzelnen Prozessen abgesehen, nicht vernichtet werden, und somit muss ihnen eine mittlere Lebenserwartung von der Größenordnung einer Hubble-Zeit zugestanden werden (siehe Abb. 13.3 „*Asymmetrie zwischen Materie und Antimaterie*" sowie Abb. 13.4 „*Anti-Higgs-Bosonen als Repräsentanten der Dunkle Materie!*").

Obgleich diese Teilchen ein hohes Alter vorzuweisen haben, stellen sie dennoch sehr agile Mumien dar, denn sie haben dafür gesorgt, dass Sterne entstehen und Galaxien sich bilden konnten.

Nachdem wir zwei wichtige Fragen, die sowohl die Elementarteilchenphysik als auch die Astrophysik seit geraumer Weile nachhaltig beschäftigen, nun zumindest für uns abhaken konnten, sollten wir uns, ob des ganz offensichtlich guten Laufs, den wir gerade haben, auch sogleich einer Antwort auf die dritte Frage zuwenden: Woraus besteht die Dunkle Energie, oder was ist die Ursache für die mit ihr verbundenen Eigenschaften?

Abb. 13.4 *Anti-Higgs-Bosonen als Repräsentanten der Dunklen Materie!* (Das Bild zeigt Sterne, die nur auf der Grundlage der Ansammlungen von Dunkler Materie (bläulich eingefärbt) entstehen konnten. Das Bild illustriert zudem den Zusammenhang zwischen Anti-Higgs-Bosonen und Dunkler Materie. © (für Hintergrundbild): NASA/WMAP Science Team.)

Während die Strukturen der Dunklen Materie anhand von **Gravitationslinseneffekten** rekonstruiert wurden, weist die Struktur der grünlich dargestellten Anti-Higgs-Bosonen (H^-) daraufhin, dass ihr Name in unserem Bild nur ein Synonym für Dunkle Materie ist.

13.2.2 Ein erlöschender Kompensationseffekt entflammt die Dunkle Energie

Genau genommen müssen wir uns die Frage, woraus die Dunkle Energie entsprungen ist, eigentlich gar nicht mehr stellen, denn wir haben ja bereits gesehen, wo sie zu finden ist. So, wie wir gesehen haben, dass unser Universum sogar viel zu viel von dieser fragwürdigen Ingredienz vorzuweisen hat. Und beides haben wir erkannt, indem wir einen flüchtigen Blick auf das Vakuum geworfen haben.

Repräsentiert durch die stets vorhandenen Quantenfluktuationen enthält das Vakuum Energie, und im Gegenzug weist das Vakuumfeld einen negativen Druck auf.

Rein prinzipiell würde also nichts dagegensprechen, dass die Dunkle Energie gänzlich durch die Vakuumenergie beschrieben wird. Aber, wie wir gesehen haben, passt da eben doch nicht alles zusammen.

Denn die Expansion würde auf der Grundlage der berechneten Werte so lustig voranschreiten, dass man das Gefühl hätte, die Inflationsphase wäre nie beendet worden.

Und nachdem alle Versuche, dieses Problem zu lösen, bislang gescheitert sind, bedeutet dies, dass das Vakuum de facto mehr an Dunkler Energie zu bieten hat, als das Universum verkraften kann!

Das könnte natürlich zum Teil daran liegen, dass wir gegenwärtig noch nicht auf eine **Quantengravitationstheorie** zurückgreifen können, mit der der Wert der Vakuumenergie und der damit korrespondierende negative Druck korrekter bestimmt werden könnten. Aber auch dann, und da ist man sich unstrittigerweise einig, wird sich der Wert als erheblich zu groß erweisen.

Die entscheidenden konkreten Fragen, die wir in diesem Zusammenhang beantworten müssen, lauten damit: Wie hat es das Universum geschafft, ein Übermaß an Dunkler Energie circa 10 Mrd. Jahre lang unter Kontrolle zu halten?

Und: Weshalb gelingt dies dem Universum in den letzten paar Milliarden Jahren nur noch bedingt?

Vom Grundsatz her sind beide Fragen einfach und sogar im Zusammenhang sofort zu beantworten: Es gibt einen Kompensationseffekt, der die Vakuumenergie und den darauf beruhenden negativen Druck in die Schranken verwiesen hat, und dem geht in letzter Zeit die Kraft aus!

Die beobachtete Dunkle Energie stellt demgemäß also lediglich einen nachlassenden Kompensationseffekt des negativen Drucks der Vakuumenergie dar.

Und das Universum hat folglich dafür gesorgt, dass ein Kompensationseffekt den negativen Druck der Vakuumenergie über den langen Zeitraum von circa 10 Mrd. Jahren in Schach hielt.

Erst als die räumliche Verdünnung der Dunklen Materie als Konsequenz der fortschreitenden Expansion und die damit ebenfalls verbundene massive Zunahme an Higgs-Feld dominiertem Vakuum einen kritischen Wert passierte, kam er ins Straucheln, dieser unser Dasein ermöglichende Kompensationseffekt.

Die im heutigen Universum mangelnde Kompensation des negativen Vakuumdrucks ist nach unserer Analyse also das Problem, das die Dunkle Energie in Erscheinung treten lässt.

Worauf beruht nun aber dieser Kompensationseffekt?

Das werden wir uns jetzt schrittweise klarmachen.

Grundsätzlich könnte die Dunkle Energie natürlich noch erheblich deutlicher in Erscheinung treten, als es heute der Fall ist, und dass dies so sein könnte, liegt maßgeblich am Higgs-Feld-Vakuum, das ja in fortwährender Manier kurzlebige **Higgs-Bosonen** mit positiver Energie generiert.

Diese Energie muss durch eine betragsmäßig gleich große negative potenzielle Energie des Higgs-Feld-Vakuums, die **negativen Druck** repräsentiert, abgeglichen werden. Und wegen der hohen Energie der einzelnen Higgs-Bosonen ist dieser Prozess dominant im Vakuum.

Dieser Abgleich der positiven Higgs-Bosonen-Energie durch den negativen Druck des Vakuums war zu früheren Zeiten, als das Universum wegen des Expansionsverlaufs noch nicht so viel Vakuum enthielt und damit die Materie noch nicht so stark verdünnt war und noch kein lokaler Mangel an Dunkler Materie beziehungsweise Anti-Higgs-Boson-Mumien vorherrschte, in dieser Form nicht erforderlich. Denn zu diesen Zeiten konnten die im Vakuum stetig frisch entstehenden Higgs-Bosonen noch problemlos mit den aus der Frühphase des Universums zurückgebliebenen verwaisten Anti-Higgs-Boson, die in unserem Bild ja gerade die Trägerteilchen der Dunklen Materie repräsentieren, in der Weise **annihilieren**, dass das, was ursprünglich aus dem Vakuum kam, auch komplett an das Vakuum wieder zurückgegeben wurde (siehe Abb. 13.5 „*Higgs-Feld-Vakuum*").

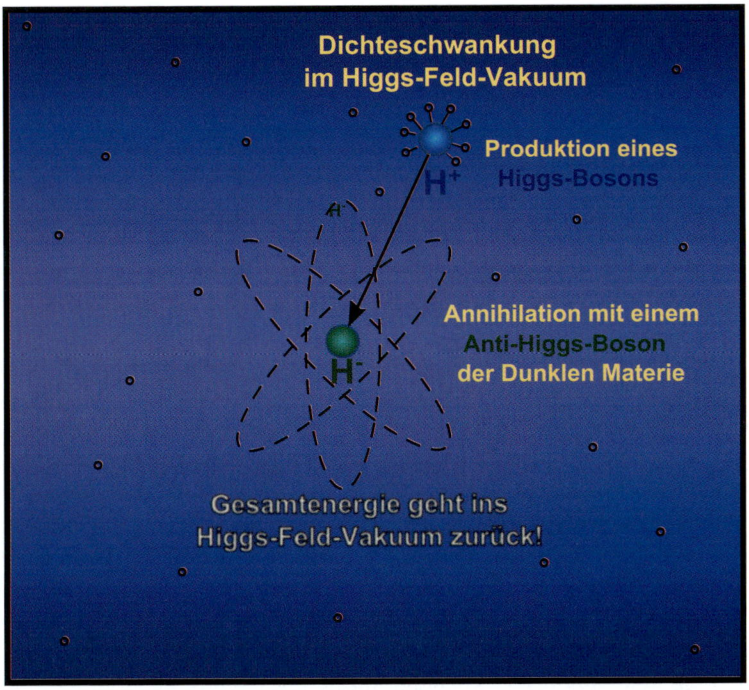

Abb. 13.5 Wegen der Dezimierung des negativen Drucks des *Higgs-Feld-Vakuums* durch die Annihilation der im Vakuum fluktuationsbedingt entstehenden Higgs-Bosonen mit verwaisten Anti-Higgs-Bosonen hat das Universum die wahre Dunkle Energie unter Kontrolle – noch hat sie diese zumindest leidlich unter Kontrolle! (Die Illustration bietet eine Erklärung dafür an, weshalb die Dunkle Energie in den ersten 10 Mrd. Jahren des zeitlichen Verlaufs des Universums keinen maßgeblichen Einfluss hatte.)

Das Bild illustriert im oberen Bereich, wie aus Dichteschwankungen im Higgs-Feld stetig Higgs-Bosonen (H^+) generiert werden.

Nachdem diese auch im Mittel eine enorme positive Energie besitzen, hat das Higgs-Feld-Vakuum einen gleich großen ebenfalls im Mittel stets vorhandenen enormen negativen Druck vorzuweisen.

Wie im zentralen Bereich des Bildes illustriert wird, kann sich dieser aber wegen der Annihilation der entstandenen Higgs-Bosonen mit verwaisten Anti-Higgs-Bosonen (H^-) bis auf die Größe null dezimieren, da in diesem Fall die gesamte Energie – also die der Higgs-Bosonen und die der verwaisten Anti-Higgs-Bosonen – an das Vakuum zurückgegeben wird, sodass nicht nur der auf den entstehenden Higgs-Bosonen beruhende negative Druck, sondern auch der negative Druck, der sich aufgrund weiterer Quantenfluktuationen eingestellt hat, abgeglichen werden kann.

(Bei diesem Annihilationsprozess ist nicht auszuschließen, dass über das Higgs-Boson, das ja im Gegensatz zu den verwaisten Anti-Higgs-Bosonen an die Materieteilchen koppelt, auch herkömmliche reale und damit nachweisbare Elementarteilchen zu einem minimalen Bruchteil entstehen. Nachdem die Anti-Higgs-Bosonen über diese Eigenschaft der Kopplung nicht verfügen, geht ihre gesamte Energie hingegen komplett an das Higgs-Feld-Vakuum, das sie erzeugt hat, zurück.)

Das heißt, statt negativen Druck für den Abgleich der positiven Higgs-Bosonen-Energie aufbauen zu müssen, *erhält das Vakuum die gesamte positive Energie aus dem Annihilationsprozess* zurück und kann damit seinen Pegel hinsichtlich des gesamten negativen Drucks des Vakuums erheblich dezimieren (siehe Abb. 13.6 „*Kompensationseffekt*").

Dieser Prozess stellt den von uns erkannten Kompensationseffekt dar!

Der Kompensationseffekt, der den negativen Druck des Higgs-Feld-Vakuums dezimiert, beruht also auf der Annihilation von im Vakuum stetig entstehenden Higgs-Bosonen mit verwaisten Anti-Higgs-Bosonen, die in unserem Bild die Trägerteilchen der Dunklen Materie sind und deren Entstehung auf den Zeitraum kurz nach der Inflation zurückreicht.

Nach der Vorstellung, die wir hier entwickelt haben, spielt dieser Kompensationsprozess auch im heutigen Universum eine entscheidende Rolle. Er führt aber im Gegensatz zu früheren Zeiten nicht mehr zu einer nahezu vollständigen Kompensation der negativen potenziellen Energie des Higgs-Feld-Vakuums, da wegen der fortschreitenden Expansion lokal immer weniger verwaiste Anti-Higgs-Bosonen für den die Kompensation auslösenden Annihilationsprozess zur Verfügung stehen.

Das heißt, es zeigt sich als Residuum ein geringer negativer Druck, den wir auf komplizierten Wegen letztendlich als Dunkle Energie auch wahrgenommen haben.

In der Zukunft wird es allerdings leichter sein, diesen negativen Druck zu registrieren, da er, nach unserer Vorstellung, eine deutlich steigende Tendenz aufweist und dabei ist, sich so gut zu entwickeln, dass die Hubble-Sphären bald nur noch gähnende Leere enthalten werden (siehe Abb. 13.6 „*Kompensationseffekt*").

Die fortschreitende Expansion des Universums ist also, wie bereits vermutet, beim Widerstreit zwischen der gravitativ anziehenden Wirkung der Dunklen Materie und der nettomäßig gravitativ abstoßenden Wirkung der Dunklen Energie das Zünglein an der Waage.

Je länger die Expansion andauert, desto größer wird die Dominanz der Dunklen Energie, da die Expansion die Dunkle Materie schwächt, wobei deren Schwächung die Dunkle Energie und somit die beschleunigte Expansion weiter verstärkt.

In diesem Bild gibt es also gar keine eigenständige Dunkle Energie.

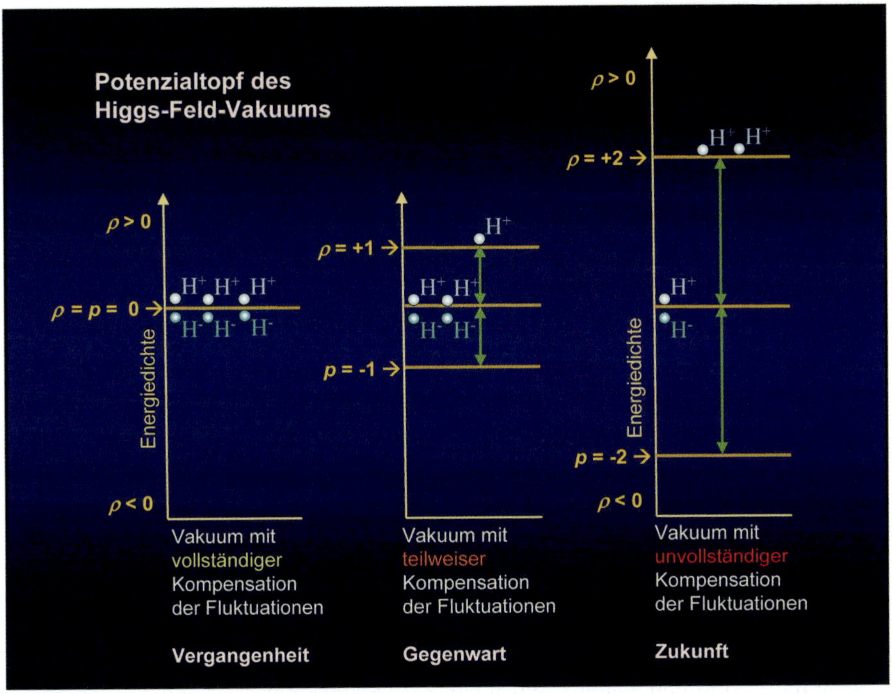

Abb. 13.6 Das Higgs-Feld-Vakuum wurde hinsichtlich seines negativen Drucks in der Vergangenheit durch einen *Kompensationseffekt* – die Annihilation von den im Vakuum entstandenen Higgs-Bosonen mit verwaisten Anti-Higgs-Bosonen – ruhig gestellt; nun wehrt es sich aber mit stärkerem negativem Druck gegen den Energieverlust, den die Higgs-Bosonen, die keine Annihilationspartner mehr finden, verursachen. Was die Zukunft betrifft, sollte das gegenwärtige Verhalten aber nur die Spitze des Eisbergs sein! (Das Bild veranschaulicht den Potenzialtopf des Higgs-Feld-Vakuums für den vergangenen Fall eines wirklichen Null-Feldes, den gegenwärtigen Fall eines von Higgs-Bosonen infiltrierten Feldes, das bereits von null verschiedene Werte für die Energie und den negativen Druck vorzuweisen hat, und den zukünftigen Fall eines von Higgs-Bosonen dominierten Feldes, das zu hohen Werten der Energie und des negativen Drucks führt.)

Das maßgeblich auf dem Higgs-Feld beruhende Vakuum stellt ein Energiereservoir dar, wobei ein bestimmter Pegelstand der Energieauffüllung, repräsentiert durch den Mittelwert der Vakuumfluktuationen ρ, in Summation mit dem negativen Druck p des Vakuums stets eine Null ergeben muss.

Wegen der starken Dezimierung beider Größen – des negativen Drucks und der Vakuumenergiedichte – aufgrund der Annihilation der im Vakuum entstehenden Higgs-Bosonen mit verwaisten Anti-Higgs-Bosonen ergaben beide Werte in der Vergangenheit nicht nur in der Summe eine Null, sondern sie lagen auch individuell gesehen sehr nahe bei null.

Im Bild wird dies auf der linken Seite durch drei entstandene Higgs-Bosonen (H^+), die allesamt mit vorhandenen verwaisten Anti-Higgs-Bosonen (H^-) annihilieren, illustriert.

Darauf, dass dies in der Gegenwart nicht mehr so perfekt funktioniert, da wegen der fortschreitenden Expansion lokal immer weniger verwaiste Anti-Higgs-Bosonen zur Verfügung stehen, weist im Bild die mittlere Darstellung hin.

Nur noch zwei der drei entstandenen Higgs-Bosonen können mit vorhandenen verwaisten Anti-Higgs-Bosonen annihilieren, wobei das dritte Higgs-Boson die normierte Vakuumenergiedichte auf $+1$ anhebt und damit für einen negativen Druck von -1 sorgt.

Dieses Verhalten wird in der Zukunft weiter eskalieren, wobei dann, wie auf der rechten Seite illustriert, nur noch eins der drei entstandenen Higgs-Bosonen mit vorhandenen verwaisten Anti-Higgs-Bosonen annihilieren wird können.

Diese zeigt sich vielmehr als weitere Facette des Higgs-Feldes, und das tut sie, weil dem Raum aufgrund der expansionsbedingten Verdünnung vor allem in seinen Void-Bereichen[8] die Trägerteilchen der Dunklen Materie ausgehen.

Die mangelnde Dezimierung des stets vorhandenen negativen Drucks des Vakuums, wobei die Dezimierung auf der Annihilation von den negativen Druck verursachenden Higgs-Bosonen mit verwaisten Anti-Higgs-Bosonen beruht, erscheint uns also nur als Dunkle Energie!

Was wir nun, nachdem die Bremsbeläge dieses Kompensationseffekts deutlich abgefahren sind, wahrnehmen, ist der Beginn der Entfesselung des negativen Drucks des Higgs-Feld-Vakuums und seiner Auswirkung: die beschleunigte Expansion des Universums.

Was passieren wird, wenn die voll entfesselte Wucht des negativen Drucks des Higgs-Feld-Vakuums zuschlägt, ist leicht einzusehen: Das Universum wird auf kurzer Zeitskala, die sich nicht deutlich von der der Inflation unterscheiden wird, vollkommen zerrissen werden!

Und wir starren bereits jetzt dieser sich wappnenden Apokalypse wie gebannt ins Auge.

Dunkle Materie und Dunkle Energie sind, unserer Analyse zufolge, also über das Higgs-Feld-Vakuum miteinander verbunden. Und das ist letztlich auch der Grund, weshalb sie von gleicher Größenordnung sind.

Und das erklärt den ersten Teil des Konkordanzproblems!

Über ihren gemeinsamen Ursprung der Symmetriebrechung sind aber auch baryonische Materie, Dunkle Materie und Dunkle Energie miteinander verbunden, und deshalb sind sie alle drei als maßgebliche Bestandteile des Universums von gleicher Größenordnung.

Und das erklärt das Konkordanzproblem in vollem Umfang!

Die Aufklärung des Koinzidenzproblems obliegt hingegen der ebenfalls vom Higgs-Feld-Vakuum gesteuerten Expansion des Universums: Sterne und Galaxien konnten unbeeinflusst von der Dunklen Energie entstehen, weil nach einigen 100 Mio. Jahren die Expansion weit genug vorangeschritten war, um der Dunklen Materie in Form ihrer verwaisten Anti-Higgs-Bosonen die Möglichkeit zu geben, den Dichtekontrast auf Sternentstehungsniveau hochzufahren, aber noch nicht weit genug vorangeschritten war, um den Kompensationseffekt ins Wanken zu bringen.

Abb. 13.6 (Fortsetzung) Damit wird die normierte Vakuumenergiedichte auf +2 angehoben werden, was für einen negativen Druck von −2 sorgen wird.

Auf der Grundlage dieser Überlegungen wird damit *ein gewaltiger negativer Druck auf uns zukommen*!

[8] Als Voids bezeichnet man die gewaltigen, nur mit intergalaktischer Materie gefüllten, Bereiche, die die Hohlräume in der netzwerkartigen Struktur, die die Dunkle Materie ausgebildet hat, darstellen.

Letzteres geschah erst deutlich später, und zwar bei einem z-Wert von ungefähr 0.4, was einer Rückblickzeit vor einigen Milliarden Jahren entspricht.

Damit ergibt sich die Lösung des Koinzidenzproblem nicht, wie vielfach vermutet oder befürchtet, aus dem anthropischen Prinzip, sondern schlichterweise aus dem Expansionsverlauf des Universums, dessen Wurzeln ja im falschen Vakuumzustand des Higgs-Feldes zu finden sind.

Die letzte Aussage gibt uns schließlich einen Hinweis darauf, was wir mit unserer Feststellung, dass die Dunkle Energie wie Phönix aus der Asche stieg, gemeint haben.

Gemeint haben wir damit, dass der heute sich zeigende, eher schwache negative Druck sehr wohl als Randerscheinung des gewaltigen negativen Drucks, der sich in der Inflationsphase bemerkbar machte, angesehen werden kann, da beide Phänomene gleichen Ursprungs sind; denn beide Druckformen sind im Higgs-Feld-Vakuum verankert.

Der einzige Unterschied ergibt sich aus der jeweiligen Zustandsform des Higgs-Feld-Vakuums.

Während der negative Inflationsdruck sich auf den falschen Vakuumzustand des Higgs-Feldes bezog, bezieht sich der heutige negative Druck auf den Grundzustand des Higgs-Feldes.

Letztlich haben wir durch unsere Analyse auch einen Einblick in die Homogenität und das zeitliche Verhalten der Dunklen Energie gewonnen.

So konnten wir bereits feststellen, dass die Void-Bereiche erheblich stärker vom negativen Druck betroffen sind, da die Strukturbildung dort ordentlich aufgeräumt hat, sodass erheblich weniger Anti-Higgs-Bosonen in diesen Bereichen verblieben sind.

Damit kann die Dunkle Energie zwar noch nicht als inhomogen angesehen werden, aber vollkommen homogen ist sie auf dieser Grundlage auch nicht mehr.

Nachdem der Kompensationseffekt nicht schlagartig, und gleichmäßig, sondern sukzessive und örtlich verschieden nachlässt (siehe Abb. 13.6 „*Kompensationseffekt*"), ist die Dunkle Energie in unserem Bild auch keine konstante Größe, wie dies von der kosmologischen Konstante eingefordert wird.

Und das bedeutet, dass speziell der in naher Zukunft zu erwartenden starken zeitlichen und räumlichen Abhängigkeit des negativen Drucks dadurch Rechnung getragen werden muss, dass für die theoretische Beschreibung des Expansionsverlaufs eine weitreichendere, über den Zusatz der kosmologischen Konstante in der Allgemeinen Relativitätstheorie hinausgehende, Bewegungsgleichung angewendet werden muss, wie wir dies im Zusammenhang mit der Quintessenz bereits festgestellt hatten.

Bestrebungen in dieser Richtung, die sich vor allem auf die uneingeschränkte Einbindung von Skalarfeldern in die Bewegungsgleichung der Allgemeinen Relativitätstheorie beziehen, sind allerdings in vollem Gange.

14 Epilog

14.1 Wir sehen dem Universum beim Sterben zu!

Eine der wesentlichen Erkenntnisse, die wir gewonnen haben, betrifft den zeitlichen Verlauf des Universums, und gemäß dieser Erkenntnis wird sein zukünftig zu erwartendes Siechtum genau dann zum Abschluss kommen, wenn es den Zustand größter Unordnung erreicht hat. Oder anders ausgedrückt, wenn die gewonnene Ordnung, die die Expansion im Zusammenschluss mit dem Prozess der Quantenfluktuationen, der Gravitation und der auf einem immensen Wasserstoffbrennvorrat beruhenden Energieproduktion ermöglicht hat, durch die Entwicklung des Universums selbst wieder verloren gegangen ist.

In diesem sich bereits anbahnenden Zustand, dessen schleichendes Finale sich allerdings über circa 10 000 Hubble-Zeiten[1] hinziehen wird, wird es im Universum dunkel und kalt.

Denn in ungefähr 10^{14} Jahren wird auch bei den allerletzten unmaßgeblichen Sternen wegen Brennstoffmangels das Licht ausgehen.

Was dann übrig bleibt, ist Asche.

Asche, die aus den üblichen Verdächtigen wie Schwarzen Löchern, kalten Neutronensternen, Schwarzen Zwergen und verwaisten in sich erstarrten Planeten bestehen wird.

In diesem Zustand stirbt das Universum seinen ganz persönlichen Entropietod, was gleichbedeutend damit ist, dass die Makrozeit zum Stillstand kommen wird.

Der Ordnungsgewinn, den uns maßgeblich der geniale Trick der inflationären Expansion im Zusammenspiel mit den Quantenfluktuationen geschenkt hat und der auf den Schalter gedrückt hat, der die Makrozeit starten ließ, führte also auch nur zu etwas Vorübergehendem, etwas Vergänglichem.

[1] Die Hubble-Zeit liegt bei circa 14 Mrd. Jahren und ergibt sich aus dem Kehrwert der Hubble-Konstante $1/H_0$.

A. W. A. Pauldrach, *Das Dunkle Universum,* DOI 10.1007/978-3-642-55373-8_14

Jedem System, das auf der Grundlage einer gezielt geschaffenen Anfangsordnung eine Entwicklung durchleben darf, steht folglich nur der beschränkte Zeitraum zur Verfügung, der erforderlich ist, um die anfängliche Ordnung in eine systemzersetzende Unordnung zu überführen.

Und dieser Übergang definiert die Zeit oder präziser die Makrozeit.

Die Zeit, mit der wir eine Entwicklung beschreiben, wird folgerichtig durch diese Entwicklung selbst festgelegt und von dieser auch aufgebraucht!

Das kann aber noch nicht alles sein!

Denn wenn da nichts hinzukäme, könnte der Übergang vom geordneten zum ungeordneten System auch spontan erfolgen, zum Beispiel unter dem Gesichtspunkt eines „Zeitsprungs" oder nie, weil der Übergang durch eine Blockade ausgebremst wird.

Was also legt die Skala fest, auf der dieser Übergang schrittweise erfolgen muss?

Natürlich sind es die Wechselwirkungen, die den Verlauf dieses Übergangs steuern. Und da gibt es für verschiedene Szenarien auch verschiedene Zeitskalen!

In der Entstehungsphase des Universums war die Planck-Zeit mit ihren 10^{-43} s das Maß der Dinge.

Sie gab den Takt vor, mit dem die ersten Entwicklungsschritte, zu denen auch die Inflation noch zu rechnen ist, vorangeschritten sind.

10^{-43} s das ist ihr Maß, und das ist verdammt kurz, und deshalb lief aus unserer heutigen Sicht damals auch alles sehr schnell ab!

Aber liefen die Entwicklungsschritte damals objektiv betrachtet wirklich schnell ab, oder kommt es uns nur so vor?

10^{-43} s, das war die taktvorgebende Zeitspanne, an der sich der Ablauf des Geschehens, solange sie Gültigkeit hatte, orientieren musste, und sie gab in ihrem Gültigkeitsbereich mehr als 10^{20} Taktschläge an.

Und das ist viel!

Wie wir gleich sehen werden, ist das sogar sehr viel.

Es ist so viel, dass in dieser Phase eigentlich alles in Zeitlupe ablief und die Langeweile keine Grenzen kannte!

Klarmachen können wir uns das anhand eines Beispiels, auf das uns die fast grenzenlos erscheinende Rechengeschwindigkeit unserer modernsten Supercomputer hinweist.

Diese Rechner agieren im Tera-Flop-Bereich.[2]

Das heißt, sie können mehr als 10^{12} Rechenoperationen pro Sekunde durchführen.

Das ist eine beeindruckende Menge an Rechenschritten, die sich allerdings dadurch relativiert, dass mit vielen Prozessoren gleichzeitig gearbeitet wird. Pro Prozessor liegt die Zahl der Rechenschritte „nur noch" im Giga-Bereich. Immer noch

[2] FLOP kommt aus dem Englischen, bedeutet „floating-point operation" und bezeichnet eine numerisch durchgeführte Gleitkommazahlen-Operation.

beeindruckend viel, aber auch diese Größe relativiert sich, wenn man die Taktfrequenz des Prozessors betrachtet. Die liegt bei circa 3 GHz, also bei 3 Mrd. Takten pro Sekunde; und die ist das Maß der Dinge für den Rechner.

Das ist sein Zeitmaß, so, wie das unsrige, bei der Durchführung von Rechnungen, eine Tasse Kaffee pro Stunde wäre.

Verglichen mit dem, was der Rechner leistet, müssten wir also nur eine Rechenoperation pro Tasse Kaffee durchführen.

Und das ist gemächlich.

Gemessen an seinen Taktschlägen, die auf seinem Kaffee-Zeitmaß beruhen, agiert der Rechner also sehr behäbig!

Bei dem Wenigen, das in der Entstehungsphase des Universums passiert ist, sind, wie uns gerade klar geworden ist, 10^{20} Taktschläge unglaublich viel!

Was könnten wir, im direkten Vergleich, in der Zeit, in der wir 100 Exa (10^{20}) Tassen Kaffee trinken müssten, alles tun?

Oder aber, wie unendlich langweilig würde sich diese Zeit für uns gestalten, wenn wir sie mit so gut wie nichts – außer unser Volumen zu vergrößern – ausfüllen müssten?

Nach der Entstehungsphase war es die Lebensdauer des Higgs-Bosons, die mit ihren 10^{-22} s festlegte, wie es mit der Teilchenentstehung weiterging.

Auch ihre Dominanz hielt für 10^{19} Taktschläge an, und galt bis etwa eine tausendstel Sekunde nach dem Big Bang.

Zu diesem Zeitpunkt war das Universum so weit abgekühlt, dass Protonen und Neutronen aus Quarks und Gluonen entstanden, und damit stand der Bildung von Atomkernen nichts mehr im Weg.

Für das Zwischenstadium, in dem die entstandenen Atomkerne dicht gepackt waren – was bis heute auch auf stellare Objekte zutrifft –, war die Lebensdauer angeregter Kernzustände mit mittleren 10^{-15} s die entscheidende Bezugsgröße.

Auch hier gab es eine langfristige Herrschaft, die sich auf 10^{28} Taktschläge belief und bis zur Rekombinationsepoche, in der sich nach 380 000 Jahren erste Wasserstoffatome bildeten, anhielt.

Obwohl für Sterne und ihre Energieproduktion nach wie vor die Lebensdauer angeregter Kernzustände das regelkonforme zeitliche Maß ist, das für sonnenähnliche Sterne zu insgesamt 10^{32} Taktschlägen führt, gibt es da einen schwachen, aber wichtigen Zusatz. Und der betrifft den Wasserstoffvorrat der Sonne, der schlagartig zu Helium verbrennen würde, wenn dieser Takt alleinig zuständig wäre und Protonen problemlos in Neutronen umgewandelt werden könnten.

Dass dem nicht so ist, wissen wir!

Und der Grund dafür, dass es nicht so ist, fußt auf der Wirkungsweise der schwachen Wechselwirkung, die für die Umwandlung von Protonen in Neutronen zuständig ist, und gemäß dieser Wirkungsweise tut sie das gemächlich.

Die schwache Wechselwirkung bremst also den Prozess der Wasserstoff-zu-Helium-Verbrennung sanft aus, und das tut sie, indem sie die dafür notwendige Umwandlung der Protonen in Neutronen nur extrem selten zulässt.

Sie ist damit also der wahre Taktgeber dafür, dass unserer Sonne eine Zeitspanne von 10 Mrd. Jahren und nicht die eines Bruchteils einer Sekunde zugestanden wird. Die schwache Wechselwirkung sorgt damit nicht nur für das Überleben der Sonne, sondern stellt auch eine Absicherung für unsere Existenz dar.

Nur auf dieser Grundlage ist die Lebensdauer von angeregten atomaren Zuständen mit ihren mittleren 10^{-8} s die wesentliche Größe, die die Zeitskala der „Neuzeit" – also die Zeit nach der Rekombinationsepoche – festlegt, an der sich die Übergänge von einzelnen Entwicklungsschritten außerhalb des Zentralbereichs von Sternen orientieren.

Bis heute erfolgten auf dieser Bezugsgröße basierend 10^{25} Taktschläge.

Es erfolgten also um den Faktor 1000 weniger Schläge, als sich solche in der Herrschaftsepoche der angeregter Kernzustände ereigneten.

Und es erfolgten auch nur um den Faktor 100 000 mehr Schläge, als sich Taktschläge in der Entstehungsphase des Universums ergaben – dies relativiert erneut die scheinbare Kürze dieser Anfangsepoche.

Nachdem die Lebensdauer von energetisch angeregten atomaren Zuständen unsere jetzige Zeitskala festlegt, ist es offensichtlich kein Zufall, dass wir bei der Eichung unserer Zeitmessung auf Atomuhren, deren Funktionsweise mit dieser Zeitskala direkt verknüpft ist, zurückgreifen.

Unsere Messung eines zeitlichen Verlaufs basiert damit auf den Regeln der Quantenmechanik und deren Mikrozeitskala![3]

Noch wesentlicher aber ist, dass diese Zeitskala den Ablauf der chemischen Prozesse festlegt und dass es dieser Ablauf ist, der die Veränderungen herbeiführt, die wir direkt zur Kenntnis nehmen.

Getragen werden diese Veränderungen durch das Zusammentreffen und den energetischen Austausch einzelner chemischer Komponenten; für diese Vorgänge sind die Taktschläge, die auf der Lebensdauer angeregter atomarer Zustände beruhen, somit der Herzschlag.

Geleitet von diesem Herzschlag, kühlen riesige Molekülwolken in den Galaxien, um Sterne und in deren Schatten Planeten auszubilden.

Geleitet von diesem Herzschlag, läuft die Photosynthese in den Pflanzen, die uns als Nahrungsmittel dienen, ab.

[3] Unabhängig von allen anderen Überlegungen verdeutlicht uns diese Erkenntnis erneut, dass die Eigenzeit in jedem Bezugssystem eine absolute Größe darstellt, denn die quantenmechanischen Regeln legen in jedem System auf gleiche Weise den Takt fest, demgemäß ein energetisch angeregter atomarer Zustand in den Grundzustand überzugehen hat.

Geleitet von diesem Herzschlag, reichen die Nervenzellen in unserem Körper die hier dargelegten Informationen, die sich auch gemäß dieses Herzschlags in Form von Licht und Schall verbreiten, an unser Gehirn weiter, wo sie ebenso, diesem Herzschlag entsprechend, weiterverarbeitet werden.

Aber warum bekommen wir von diesem Takt nichts mit?

Warum registrieren wir diese Taktschläge nicht und haben nicht das geringste zeitliche „Gefühl" für diese alles steuernden 10^{-8} s?

Weil wir Schlaftabletten sind!

Unser Körper besteht aus 10^{14} oder 100 Billionen einzelnen Zellen, wobei, man höre und staune, auch im Gehirn welche vorhanden sein sollen, und zwar rund 500 Mrd. Nervenzellen, die es auf eine Größe von $4 \cdot 10^{-3}$ cm oder 40 tausendstel mm bringen.[4]

Ein Signal, das über einen Teil dieser Zellenkolonne weitergeleitet und von einer anderen verarbeitet werden soll, benötigt somit mehr als einige Taktschläge.

Die schnellste Reaktion, derer wir fähig sind, liegt bei circa einer zehntel Sekunde, und das entspricht einer Anzahl von 10^7, oder 10 Mio. Taktschlägen.

Unter der groben Annahme, dass im Mittel 10 Taktschläge hinreichend sein könnten, um eine einfache Information von einer Zelle zur nächsten zu reichen, wären in eine solche Aktion gerade einmal eine Million Nervenzellen, was einem Fünfhunderttausendstel unseres Gehirnbudgets entspricht, verwickelt.

Das klingt plausibel, bedeutet aber, dass 10^7 Taktschläge die kleinste Einheit darstellen, die wir als Makrotaktschlag zur Kenntnis nehmen können.

Darauf basierend und auf unserer jetzigen Zeitskala beruhend, existiert das Universum für uns also nicht seit 10^{25} Taktschlägen, sondern erst seit 10^{18} Makrotaktschlägen, was 10^{17} s oder grob gerundeten 10 Mrd. Jahren entspricht.

10^{18} Makrotaktschläge konnte die Entstehungsphase des Universums mit ihrem minimalen Bruchteil von dem, was wir heute als eine Sekunde wahrnehmen, nicht vorweisen.

Aber auf 10^{13} Makrotaktschläge hat sie es dann doch gebracht.

Wenn wir diese Anzahl von Makrotaktschlägen auf unsere heutige Skala übertragen, also für einen Moment so tun, als könnten wir – die personifizierten Schlaftabletten – uns auch an die damalige, etwas flottere Taktvorgabe anpassen, dann hätte die Entstehungsphase des Universums immerhin 10^{12} s gedauert, was 100 000 Jahren entspricht.

Was wir also heute als unvorstellbar kleinen Bruchteil einer Sekunde empfinden, war damals, objektiv betrachtet, eine kleine Ewigkeit!

---

[4] Der menschliche Körper besteht damit aus ziemlich genau 1000-mal mehr Zellen, als unsere Galaxie aus Sternen besteht.

Diese Zahl ist so gewaltig, dass es uns auch nicht überraschen sollte, dass man die Sonne umrunden könnte, wenn man diese Ansammlung von Zellen aneinanderreiht – und das, trotz ihrer geringen Größe!

Die unterschiedlichen Taktvorgaben in verschiedenen Phasen der Entwicklung des Universums heben diesen scheinbaren Widerspruch natürlich auf. Sie entscheiden darüber, ob eine Sekunde kaum registriert wird oder aber, ob sie eine nicht enden wollende, sich über Generationen dahinziehende, zeitliche Bürde darstellt.

Die 100 000 Jahre, die der Big Bang mit unserem auf die Taktschläge übertragenen zeitlichen Rahmen brauchte, um in die Gänge zu kommen, relativieren die scheinbare Kürze dieser Epoche auf jeden Fall am nachhaltigsten. Denn niemand von uns würde die Geduld aufbringen, sich mit einem solch langwierigen Debakel, wie es sich damals abspielte, über so einen langen Zeitraum hinweg auseinanderzusetzen.

Zu der Einsicht, dass die der Taktvorgabe unterliegenden Vorgänge mit Veränderungen verbunden sind und dass diese in ihrer Gesamtheit für die Entwicklung sorgen, sind wir bereits gekommen. Daran anknüpfend ist die Taktvorgabe aber auch entscheidend dafür, ob der anfängliche Ordnungsgewinn, von dem das Universum bis heute zehrt, rasch oder zögerlich verbraucht wird.

Ob 10^{-8} s, als Zeitgeber in dieser Hinsicht, als rasch oder zögerlich zu betrachten sind, wissen wir allerdings nicht.

Denn für uns stellen diese Taktschläge, auf denen vor allem die Eigenzeit beruht, eine Absolutgröße dar, anhand der wir unsere Zeitintervalle messtechnisch festlegen und die in gleicher Weise auch den Ablauf des Messvorgangs steuert, die wir ansonsten aber nicht einordnen können.[5]

Was wir hingegen wissen ist, dass die Entwicklung, zum Entsetzen aller Beteiligten, letztendlich ins Chaos der größtmöglichen Unordnung führen wird. Und nicht nur das: Im Zustand der größtmöglichen Unordnung versiegen im Universum auch noch die Energiequellen.

Die sind aber erforderlich, um atomare Zustände energetisch anzuregen.

Und das heißt, dass in diesem Zustand nicht nur die Makrozeit stehen bleibt, sondern das Universum auch noch seinen Taktgeber verliert, und damit wird auch der Mikrozeit jeglicher in diesem Stadium ohnehin auf purer Verzweiflung beruhender Handlungsspielraum entzogen.

Beim Ordnen unserer Gedanken stellen wir zusammenfassend also fest, dass die Grundlage von dem, was wir Zeit nennen, ein quantenmechanischer Takt ist, den wir völlig sinnentfremdet und belanglos gemäß „Fermis Goldener Regel" für spontane Übergänge angeregter atomarer Zustände störungstheoretisch berechnen.[6]

Für die Anregung dieses Takts muss jedoch auch Energie bereitgestellt werden, die allerdings ohnehin erforderlich ist, um einen, auf diesem Takt beruhenden,

[5] An dieser Stelle sollte nicht unerwähnt bleiben, dass die durch spontanen Zerfall beschränkte Lebensdauer von angeregten atomaren Zuständen von Albert Einstein, als Erstem, vorhergesagt wurde und dass man ihm für diese Fingerübung (letzt-)endlich, aber alibiweise dann doch den Nobelpreis verliehen hat.

[6] Näheres dazu findet sich im Kap. 5.5 *„Die Spektraldiagnostik als bewährter Primus inter Pares"* und im Anhang B *„Der Aufbau gewöhnlicher Materie"*.

möglichst schleichenden Übergang von der erkämpften Ordnung zur vollständigen Unordnung zu gewährleisten, wobei sich durch diesen von der Energieproduktion abhängigem Übergang erst ein zeitlicher Rahmen, der für das Universum zur frei verfügbaren Makrozeit führt, ergibt.

14.2 Das rigoros Schwarze All

Dass das Universum bereits nahe am Abgrund steht, haben wir eingesehen.

Aber wird es seinen unausweichlichen Weg auch zu Ende gehen, indem es diesen elendig tiefen Abgrund langsam und bedächtig hinuntersteigt?

Wird das Universum die Geduld aufbringen, so lange zu warten, bis die größtmögliche Unordnung mit dem Untergang der letzten unmaßgeblichen Sterne, die nahezu im Zeitlupentempo ihren Wasserstoffvorrat verbrennen, um möglichst spät zu erlöschen, erreicht wird?

Könnte es dem Universum nicht beim bloßen Gedanken daran bereits langweiliger werden als uns, wenn wir einem Felsen beim Verwittern zuschauen?

Das Universum hat aktuell bereits weit mehr als die Hälfte seines Brennstoffvorrats, der in Form von Wasserstoff im Interstellaren Medium der Galaxien herumgeistert, verbraucht beziehungsweise unwiederbringlich in letztendlich zur Asche werdenden massearmen Sternen gebunden.

Die Sternentstehungsrate ist jetzt schon von ihrem mittleren Maximalwert von 10 Sonnenmassen pro Jahr und pro ansehnlicher Galaxie auf gerade einmal eine Sonnenmasse in gleichen Einheiten abgerutscht.

Das Universum hat also nach gerade einmal 13.8 Mrd. Jahren seine beste Zeit bereits hinter sich gelassen und strebt einem von diversen Gebrechlichkeiten begleitetem Endstadium entgegen.

Was danach kommt, wird von gähnender Langeweile geprägt sein, und der will sich das Universum, wie es aussieht, nicht aussetzen.

Es will offensichtlich keinen schleichenden Entropietod erleiden und siechend zusehen, wie die Makrozeit langsam dahinkriechend zum Stillstand kommt. Denn es hat, um ein solches Szenario zu verhindern, sich einen guten alten Freund zur Seite geholt.

Und der will es deutlich vor Eintritt dieser Phase mit großem Schwung noch einmal so richtig krachen lassen.

Wer aber ist dieser Freund, den das Universum zur Erreichung dieses vorgegebenen Ziels zum richtigen Zeitpunkt wie einen Trumpf aus dem Ärmel zieht?

„Bin wieder da!", das war das Motto, mit dem sich der negative Druck mit der Dunklen Energie im Schlepptau zurückgemeldet hat.

Und er will uns nunmehr das Gute, das seine Enthaltsamkeit hervorgebracht hat, offenbaren.

Das hat er schon einmal getan, sich offenbart, und daher wissen wir um die erschreckend anmutenden Auswirkungen seines Tuns. Denn es gab schon einmal eine Phase, in der der negative Druck von sich reden machte, und die hat gezeigt, welch unglaubliche Macht hinter ihm steckt.

Dass allerdings ein ganzes Universum nicht nur vernichtet werden, sondern auch entstehen kann, wenn man den negativen Druck mit der Gravitationsenergie zusammenwirken lässt, war auch für uns eine überraschende Erkenntnis.

Aber die Analyse der Inflationsphase, die als Bang des Big Bang der maßgebliche Teil des Entstehungsprozesses des Universums war, hat gezeigt, dass der heute beobachtbare Teil des Universums aus einem extrem geringen Energieäquivalent – einer Startmasse von lediglich 10 kg[7] – entstehen konnte.

Das Universum entstand damit zwar nicht aus einem Nichts, aber für den Großteil seines Inhalts scheint dies dennoch zuzutreffen. Denn ein Großteil der 10^{90} Teilchen, die wir heute im beobachtbaren Teil des Universums registrieren, entstand primär aus der Energiedichte des Higgs-Feldes, das zu diesem frühen Zeitpunkt ein falsches Vakuum war, und ein solches Vakuum kann beim Übergang in den Grundzustand eine enorme Menge an Energie freisetzen.

Vergleichen können wir ein solches Verhalten, wenn wir das „falsche Higgs-Feld" als Ozean betrachten, der beim Übergang in den Grundzustand des Vakuums instantan verdampft.

Und dieser Ozean ist gewachsen wegen seines negativen Drucks, den er als Vakuumeigenschaft mitbrachte, nahezu unbegrenzt gewachsen, in der durch diesen Vorgang definierten inflationären Phase.

Dabei hat der negative Druck des „falschen Higgs-Feldes" sowohl die Funktion der treibenden Kraft, des Gaspedals der Inflation, erfüllt als auch das negative Äquivalent zum sich gewaltig mehrenden Energiebetrag des Higgs-Feldes dargestellt.

Speziell der letzte Punkt war in diesem Spiel von entscheidender Bedeutung, denn die große Energiedichte des „falschen Higgs-Feldes" musste exakt durch den gleich großen negativen Druck, der ebenfalls eine Energiedichte darstellt, kompensiert werden, um dieses durchdacht wachsende Universum nicht aus trivialen Gründen, wie der Verletzung der Energieerhaltung, wieder im Nichts verschwinden zu lassen.

Als alles komplett aus dem Ruder zu laufen drohte, das heißt die Expansion im Überschwang der trunkenen negativen Energie kurz davor stand, so viel Fahrt aufzunehmen, dass die Gravitation nie und nimmer eine Chance gehabt hätte, die Dinge hinterher wieder zu richten, das heißt Strukturen auszubilden, vollzog das „falsche Higgs-Feld" punktgenau seinen Phasenübergang und positionierte sich im Grundzustand des echten Higgs-Feld-Vakuums.

Damit war es noch einmal gut gegangen, denn durch diesen Phasenübergang brach der negative Druck zusammen, zog sich zurück und beendete damit das grausige Spiel der Inflation.

[7] Das Startmassenäquivalent entspricht einer Größe, die mit gegenwärtigen Simulationen verträglich ist.
Diese könnte sich in Zukunft aber auch als etwas größer oder kleiner erweisen.

Der negative Druck zog sich dabei zurück, weil das echte Higgs-Feld-Vakuum eine erheblich geringere positive Vakuumenergie als das „falsche Higgs-Feld-Vakuum" vorzuweisen hat und dementsprechend auch ein erheblich geringerer negativer Druck erforderlich ist, um diese abzugleichen.

Durch diesen Umschwung im Verhalten, das zur deutlichen Dezimierung des negativen Drucks führte, wurde ein existenzielles Problem gelöst, aber dadurch ergab sich auch ein neues, ebenfalls existenzielles Problem.

Was sollte mit der frei gewordenen Energie, die gerade der Differenz zwischen der Vakuumenergie des „falschen Higgs-Feldes" und der des echten Higgs-Feld-Vakuums entsprach, geschehen?

Das Schweigen war spürbar, denn dazu wollte sich zunächst niemand äußern!

Aber das war dringlichst erforderlich, denn eine Idee war vonnöten, da ansonsten der gesamte energetische Inhalt, den das Universums bis zu diesem Zeitpunkt unter Zuhilfenahme des „falschen Higgs-Feld-Vakuums" so mühevoll hervorgebracht hatte und der ja gerade die erforderlichen Teilchen im Universum produzieren sollte, die durch das wahre Higgs-Feld nunmehr auch ihre Masse erhalten konnten, nun doch, aus Gründen der Energieerhaltung, wieder ins Nirwana, das ihn ja letztlich auch produziert hatte, abgeschoben werden sollte.

Der Einspruch, der dieses einfordernd erhoben wurde, kam von der Unschärferelation, denn die hatte messerscharf erkannt, dass in dieser Phase etwas Widerrechtliches vor sich ging: Durch den Rückzug des negativen Drucks des „falschen Higgs-Feld-Vakuums" fehlte der negative energetische Abgleich zum positiven energetischen Inhalt des Universums, der ja noch der Vakuumenergie des „falschen Higgs-Feldes" entsprach.

Wegen dieser fehlenden Abgleichsmöglichkeit wurden nun schlagartig alle aus dem positiven energetischen Inhalt des Universums entstehenden Teilchen zu virtuellen Teilchen.

Aber um solche kümmert sich die Unschärferelation, indem sie diese Teilchen wieder dem Vakuum zuführt und damit dessen Energiepegel mit dem des gegenwärtig zulässigen negativen Drucks ohne Nachfrage abgleicht.

Nichts wurde es also aus der Entstehung eines Universums auf dieser Grundlage, denn dieses war jetzt leer!

Und in dieser Stunde der Krise gab es dann doch eine Wortmeldung, und die führte dazu, dass eine Idee aufgegriffen wurde, die George Gamow in einem anderen Zusammenhang hatte.

George Gamow hatte die Idee, dass ein Stern auch aus dem Nichts entstehen könnte.

Darauf kam er, indem er die einem Stern insgesamt zur Verfügung stehende Ruheenergie hinsichtlich dessen Teilchen mit der negativen Gravitationsenergie des Sterns verglich.

Als Ergebnis dieses Vergleichs stellte er fest, dass diese beiden Größen betragsmäßig exakt gleich groß sein können. Das heißt, addiert man die positive Ruheenergie mit der negativen Gravitationsenergie eines Sterns, so ergibt sich für diesen Stern exakt die Zahl Null.

Wenn nun für einen Stern gilt, dass er auf dieser Grundlage auch aus dem Nichts entstehen kann, dann sollte das doch auch für ein Universum Gültigkeit haben.

Und dies ist in der Tat der Fall, da ein Teil von den aus dem positiven energetischen Inhalt des „falschen Higgs-Feldes“ entstandenen Teilchen, die wegen des Rückzugs des negativen Drucks des „falschen Higgs-Feld-Vakuums“ und damit des fehlenden negativen energetischen Abgleichs zur positiven Energie dieser Teilchen zu virtuellen Teilchen werden mussten, aufgrund der gesamten negativen Gravitationsenergie der Teilchen nicht zu virtuellen Teilchen werden muss.

Das heißt, dass das negative Äquivalent zu den entstandenen Teilchen, das wegen des nun fehlenden hohen negativen Drucks noch bereitgestellt werden muss, die negative Gravitationsenergie der soeben erzeugten Teilchen darstellt.

Die negative Gravitationsenergie löste also die negative Energie des negativen Drucks in deren Funktion ab, schlüpfte somit in deren Rolle, und damit stellte nunmehr sie das negative Äquivalent zu den entstandenen und weiterhin bestehenden, nunmehr masseorientierten Teilchen dar.

Nur auf diesem Weg konnte die weitere Existenz der entstandenen Teilchen gewährleistet und abgesichert werden, das entstandene Universum war nicht mehr leer, sondern mit Materie und Energie gefüllt!

So sah das Wirken des negativen Drucks in der Frühphase des Universums aus.

Im Zusammenspiel mit der ebenfalls negativen Gravitationsenergie kann er nahezu ein komplettes Universum aus dem Nichts entstehen lassen!

Und jetzt droht er damit erneut zuzuschlagen, wobei das Universum sein Tun nicht nur hinnimmt, sondern diesem ganz offensichtlich auch noch wohlwollend entgegensieht.

Er hat uns wachgerüttelt!

Im Erscheinungsbild der Dunklen Energie hat uns der derzeitig aktive negative Druck wachgerüttelt und unsere Aufmerksamkeit in seine Richtung gelenkt, wobei er uns klar darauf hinweist, dass er nur die harmlose Variante von etwas wirklich Großem ist.

Etwas Großem, das, wenn es erst einmal entfesselt ist, unserem Universum wieder eine andere, aber diesem dennoch wohlbekannte Taktvorgabe geben wird.

Und der Taktgeber wird das Higgs-Boson sein, wobei der dazugehörige Taktschlag sich an dessen Lebensdauer, die bei circa 10^{-22} s liegt, orientieren wird.

Wie kommen wir darauf?

In einem ersten Schritt haben wir dies durch unwetterartige Sternfeuerwerke in Erfahrung gebracht, die man „Supernovae Typ Ia“ nennt.

Dabei handelt es sich um keine Festveranstaltungen, sondern um sich selbstentzündende Feuerwerkskracher.

Wie so oft war die Natur auch in diesem Fall nicht wirklich bescheiden und präsentiert uns damit etwas, das in jeder Hinsicht nur schwer zu überbieten ist.

Für die Astrophysik, die Superlative zu schätzen weiß, haben sich diese thermonuklearen Bomben von gewaltigem Ausmaß als großer Segen erwiesen. Denn sie haben nach eingehender Analyse ihres Erscheinungsbildes zur aufregendsten und vielleicht spektakulärsten Entdeckung der letzten Jahrzehnte geführt, der Entdeckung der Dunklen Energie.

Von dieser wissen wir, dass sie wie eine Art Materie mit verschwommenem Teilchencharakter wirkt und dass sie, diesen Eindruck von virtueller Realität unterstützend, einen negativen Druck aufweist.

Zudem haben uns Beobachtungen ihren Anteil an der Gesamtenergie des Universums aufgezeigt, und der ist zum einen im heutigen Universum dominierend und zum anderen grundsätzlich von kritischer Größe.

So hat sich zum Beispiel gezeigt, dass ein Bruchteil von dem, was wir heute als Dunkle Energie wahrnehmen, im früheren Universum zu Zeiten der „Dark Ages" hinreichend gewesen wäre, um die Ausbildung von Sternen und Galaxien zu verhindern und damit dafür zu sorgen, dass die „Dark Ages" bis heute auch „Dark" geblieben wären.

Denn das Universum wäre in der entscheidenden Phase der zögerlichen Strukturbildung auf einer solchen Grundlage viel zu schnell expandiert, sodass der auf der Dunklen Materie beruhende Dichtekontrast, der letztlich auf hierarchischem Wege zu den heutigen Superhaufen von Galaxien führte, bis zur Unkenntlichkeit auseinandergezogen worden wäre, und zwar bevor er seine Aufgabe auch nur ansatzweise erfüllen hätte können.

Dies geschah nur deshalb nicht, weil die Dunkle Energie zu jener Zeit noch bedeutungslos war und stattdessen die Dunkle Materie die Geschicke des Universums lenkte.

Obwohl die Dunkle Energie heute dominiert, hat sie sich bislang dennoch zurückgehalten, denn schwerwiegenden Schaden hat sie noch nicht angerichtet.

Gleichwohl befinden wir uns in einer Phase, in der die Dunkle Energie mit ihrem negativen Druck die energetische Kontrolle im Universum übernommen hat, auch wenn sie dabei, soweit bislang erkennbar, ausgesprochen dezent vorgeht.

Das ist es, was wir aus unseren Beobachtungen erkannt haben.

Auch erkannt haben wir aus unseren Beobachtungen, dass der Energiehaushalt grundsätzlich von großer Bedeutung ist und dass eine dominierende energetische Größe letztendlich eine wichtige Rolle im Universum spielen muss.

Was wir in diesem Zusammenhang keinesfalls infrage stellen dürfen, sind die Beobachtungsfakten, denn die haben Bestand und sind unverrückbar.

Selbst die Beobachtungsfakten von Newton und Galilei haben für uns auch heute noch den gleichen Wert, den sie damals hatten.

Wenn wir in diesem Sinne noch einmal auf unsere Entdeckungen zurückblicken, so erkennen wir, dass unter den zahlreichen Voraussetzungen, die die Entwicklung des Universums hatte, einige in besonderem Maße herausragen. Und drei dieser Voraussetzungen sollten wir, wegen ihres besonderen Stellenwerts, in diesem Rahmen hervorheben.

Dabei handelt es sich an erster Stelle um das Phänomen der Quantenfluktuationen, mit denen das Universum bereits geboren wurde, die also von Beginn an Präsenz zeigten.

Obwohl diese Strukturen das darstellen, was eigentlich nicht da sein sollte, sind sie dennoch allgegenwärtig und beeinflussten dadurch das Geschehen.

Im frühen Universum war diese Beeinflussung, und sogar Steuerung, sehr vielschichtig. So hätte es zum Beispiel ohne die Quantenfluktuationen keinen negativen Druck des falschen Vakuums und damit keine inflationäre Expansion gegeben, und ohne die gäbe es gar kein Universum.

Letztlich hätte es auch keine Strukturbildung, die die Grundlage für Galaxien- und Sternentstehung war, gegeben, denn diese ist ursächlich ebenso aus den Quantenfluktuationen, deren Strukturprofil während der Inflationsphase um einen gewaltigen Faktor auseinandergezerrt wurde, entstanden.

Interessanterweise haben die Quantenfluktuationen auf diesem Weg ihr Profil eigentlich selbst verstärkt, denn sie waren ja auch maßgeblich am Inflationsprozess beteiligt.

An zweiter Stelle kommt die inflationäre Expansionsphase des Raums, die als Bang des Big Bang zwar nicht über ein Weltalter von 10^{-32} s hinauskam, währenddessen hat sich das Universum aber um den gewaltigen Faktor 10^{50} aufgebläht und dadurch erst den Grundstein für die Makrozeit gelegt.

An dritter Stelle kommt schließlich die Dunkle Materie, ohne die der Versuch, aus den Dichtefluktuationen, die aus den Quantenfluktuationen folgten, Sterne und Galaxien entstehen zu lassen, gescheitert wäre.

Nachdem die Entdeckung der Dunklen Materie über Jahrzehnte hinweg gar nicht richtig wahrgenommen wurde, hat die Erkenntnis, dass sie eine so wichtige Rolle bei der Entwicklung des Universums gespielt hat, ja, dass die Entwicklung des Universums ohne sie gar nicht stattgefunden hätte, zu unglaubwürdigem Staunen geführt.

Darüber hinaus hat sie, zumindest aus unserer Sicht, über ihre Teilchen – die sich für uns als verwaiste Anti-Higgs-Bosonen darstellen – und einem auf diesen beruhendem Kompensationseffekt den gewaltigen negativen Druck des Vakuums, der sich uns in jüngster Zeit, nachdem expansionsbedingt dem Kompensationseffekt etwas die Kraft ausgeht, in Form der Dunklen Energie offenbart, in Schach gehalten.

Die Dunkle Energie, deren Existenz wir mit bedächtiger Freude zur Kenntnis genommen haben, spielt aus unserer Sicht damit gar keine eigenständige Rolle im Gesamtgeschehen, demgemäß ist es auch müßig zu hinterfragen, worin ihre Bedeutung liegt.

Sie ist auf der Grundlage unserer Überlegungen einfach eine unvermeidbare Begleiterscheinung des Wirkens des Higgs-Feldes, wobei dieses bei allen entscheidenden und grundlegenden physikalischen Abläufen seine Finger im Spiel hat.

So bewirkt es zum Beispiel sowohl, dass die aus seinem ursprünglichen negativen Druck heraus entstandene, vom Fortschritt geprägte Expansion die Dunkle Energie in Erscheinung treten lässt, als auch, dass der Kompensationseffekt, der aus unserer Sicht auf den von ihm hervorgebrachten verwaisten Anti-Higgs-Bosonen beruht, den von ihm selbst produzierten negativen Druck, zumindest über einen langen Zeitraum hinweg, in Schach hält.

Nachdem es so aussieht, dass das Universum bei weiter nachlassendem Kompensationseffekt auf eine zweite Inflationsphase zusteuert, wobei der dahinführende zeitliche Rahmen vom Bestand der Anti-Higgs-Boson-Mumien – der Dunklen Materie – oder präziser ausgedrückt von der sich stetig verringernden räumlichen Dichte dieser Teilchen abhängig ist, wird uns das Higgs-Feld sein zweites Gesicht allerdings erst noch zeigen.

Und all das bedeutet, dass das Higgs-Feld das produzierte, was nötig war – Expansion und Dunkle Materie –, um dann mit dem, was es produziert hat – Dunkle Materie –, gegen die Begleiterscheinung des Nötigen – beschleunigte Expansion – anzukämpfen, wobei es am Ende gegen sich selbst verliert, da die Expansion, vom nachlassendem Kompensationseffekt getrieben, im gleichen Maße stärker wird, wie sie die Dunkle Materie schwächt.

Und am Ende des Wettstreits des stetig schwächer werdenden linken Arms des Higgs-Feldes – repräsentiert durch die Dunkle Materie – gegen den stetig stärker werdenden rechten Arm des Higgs-Feldes – repräsentiert durch die Dunkle Energie beziehungsweise den nachlassendem Kompensationseffekt – wird das Universum auf die gleiche Art gehen, wie es kam.

Es wird sich aus unserer Sicht durch einen Bang, eine inflationäre Expansionsphase verabschieden!

Nachdem das Higgs-Feld nicht nur für die Initiierung der Expansion, die Entstehung der baryonischen Materie, die Ausprägung der winzigen Asymmetrie zwischen Materie und Antimaterie, den Verbleib der Dunklen Materie und die Bremsbeläge des Kompensationseffekts gesorgt hat, sondern auch für die Ausbildung der wesentlichen Quantenfluktuationen, die letztlich zur Strukturbildung führten, erkennen wir, dass es nur eine Voraussetzung gab, die hinsichtlich der Entwicklung des Universums in besonderem Maße herausragt.

Und diese Voraussetzung betrifft „Danaos“.

Denn das Higgs-Feld ist genau genommen auf verlorenem Posten maßgeblich damit beschäftigt, die Scharten, die es selbst verursacht hat, wieder auszubügeln – „timeo ‚Danaos' et dona ferentes".[8]

Und das bedeutet, dass dieser Meister der Verwirrung zwar als gut getarnte, sich nicht offen zu erkennen geben wollende, „Higgs-Feld-Quintessenz" die Geschicke des Universums lenkt und leitet, sich dadurch letztendlich aber auch nur als „Danaum fatale munus"[9] offenbart.

[8] Das Sprichwort kommt aus dem Lateinischen und bedeutet „Fürchte die Danaer, auch wenn sie Geschenke bringen." – Warnung Laokoons vor dem Trojanischen Pferd, wobei die Griechen oder Hellenen als „Danaer" bezeichnet wurden.

[9] Die Redewendung kommt aus dem Lateinischen und bedeutet „Ein verhängnisvolles Danaergeschenk" – bekannter Ausspruch aus der Tragödie „Agamemnon" von Lucius Annaeus Seneca, der als römischer Philosoph, Naturwissenschaftler, Staatsmann und Bestsellerautor im Jahr 65 starb.

Anhang A
Fundamente der Astrophysik im Streiflicht eines Glossariums

A:

Annihilation Unter Annihilation versteht man den Prozess der Paarvernichtung, wobei ein **Elementarteilchen** und sein **Antiteilchen** sich gemeinsam in andere Teilchen umwandeln.

Das klassische Beispiel für diesen Prozess ist die Positron-Elektron-Umwandlung in ein Photon, das keine Ruhemasse besitzt, was die Bezeichnung „Vernichtung" verdeutlicht. Nicht vernichtet wird auf jeden Fall die Energie des ursprünglichen Teilchenpaares, bestehend aus Ruhe- und Bewegungsenergie. Diese Energie tritt stets in anderer Form wieder auf.

Es gibt auch den der Annihilation entgegengesetzten Prozess, die Paarerzeugung, bei dem ein Teilchen-Antiteilchen-Paar gebildet wird. So kann zum Beispiel in einem Feld aus der Energie eines Photons ein Elektron und ein Positron entstehen.

Antiteilchen Charakteristische Größen eines **Elementarteilchens** sind seine Lebensdauer, seine Masse, sein **Spin** und seine **Ladung**.

Aus Symmetriegründen gibt es nun zu jedem Elementarteilchen auch ein Antiteilchen, wobei die Teilchen, abgesehen von ihren Ladungen, komplett identisch sind. Diese weisen allerdings bei gleicher Größe entgegengesetzte Vorzeichen auf.[1] So unterscheidet sich beispielsweise das Elektron von seinem Antiteilchen, dem Positron, nicht durch seine Masse und seinen Spin, sehr wohl aber durch seine elektrische Ladung, die entgegengesetzt gleich groß ist – die elektrische Ladung des

[1] Präziser ausgedrückt sind gemäß dem CPT-Theorem alle additiven Quantenzahlen von dieser Ladungsumkehrung betroffen.
Rein sprachlich steht das CPT-Theorem für Ladung („charge"), Parität („parity") und Zeit („time"). Physikalisch besagt dieses von Wolfgang Pauli 1955 aufgestellte Gesetz, dass Teilchen, die aus einer Umkehr der Ladung, Spiegelung des Raumes und Umkehr der Zeitrichtung hervorgehen, mit den Gesetzen der Physik in Einklang stehen. Damit ist die Existenz von Antimaterie möglich und auf diese Weise auch definiert.
Die Gültigkeit des CPT-Theorems folgt aus den Quantenfeldtheorien und ist für diese von grundlegender Bedeutung.

A. W. A. Pauldrach, *Das Dunkle Universum,* DOI 10.1007/978-3-642-55373-8

Elektrons ist e^- und die des Positrons ist e^+. Dies hat zur Folge, dass die Stärke der **Wechselwirkung** bezüglich eines Teilchens sowie eines Antiteilchens gleich ist, aber die Art verschieden ist – aus Anziehung wird Abstoßung und umgekehrt. Dies wiederum hat zur Folge, dass sich Teilchen und Antiteilchen anziehen und sich letztlich unter Energiefreisetzung in einem **Annihilation**sprozess gegenseitig vernichten. Im Falle der Dominanz der Teilchen – wie es sich in unserem Universum ergeben hat –, ist der Auftritt von Antiteilchen somit nur von kurzer Dauer.

Dies galt auch für das sehr frühe Universum.

Bei einer Temperatur von 10 Teragrad, die circa eine millionstel Sekunde nach dem Big Bang durchlaufen wurde (wegen der fortlaufenden Expansion und der damit verbundenen Verdünnung des Inhalts des Universums kühlt sich dieses bis heute stetig ab), vernichteten sich die Teilchen und die Antiteilchen, die aus Symmetriegründen exakt im gleichen Verhältnis entstehen mussten (siehe zum Beispiel **Paarerzeugung** im **Vakuum**), auch hier gegenseitig. Bei diesem Prozess wäre nichts als Strahlung übrig geblieben, wenn die Natur keine Vorsorge für den Erhalt der Teilchen getroffen hätte.

Einen Hinweis darauf, dass diese Vorsorge tatsächlich stattfand, gibt uns zum einen unsere eigene Existenz, und zwar im Sinne eines einfachen Arguments, das sich am anthropischen Prinzip[2] orientiert und besagt, dass wir aus Materie und nicht aus Strahlung bestehen. Der andere Hinweis wird vom Universum geliefert und betrifft das in ihm enthaltene Verhältnis von **Photonen** zu Materieteilchen, und da hat sich herausgestellt, dass es eine Milliarde Mal so viele Strahlungsteilchen wie Elementarteilchen gibt. Nachdem die Majorität der Strahlungsteilchen sich in der **Mikrowellenhintergrundstrahlung** wiederfindet, ist diese Strahlung zudem bereits sehr früh entstanden. Und dies bedeutet, dass von einer Milliarde Teilchen, die das frühe Universum hervorgebracht hat, nur eines nicht zerstrahlt ist. Die Symmetrie zwischen Teilchen und Antiteilchen wurde damit im Verhältnis 1 000 000 001: 1 000 000 000 verletzt.

Die Natur hat ihre Vorsorge also mit einer Form von gebrochener Symmetrie getroffen und dafür gesorgt, dass ein Teilchen aus einer Heerschar von einer Milliarde Teilchen dem Gemetzel auskam.

---

[2] Der Begriff leitet sich vom griechischen Wort „anthropos“, das „Mensch“ bedeutet, ab.

Gemäß dem anthropischen Prinzip ist das Universum nur deshalb beobachtbar, weil es alle Eigenschaften hat, die es einem Beobachter ermöglichen, es auch zu beobachten. Oder anders ausgedrückt: Wäre das Universum nicht für die Entwicklung intelligenten Lebens geeignet, dann wäre auch niemand da, der es ergründen könnte.

Das anthropische Prinzip verknüpft also die Eigenschaften des Universums, beobachtbar zu sein, mit der Notwendigkeit der Existenz eines wahrnehmenden Beobachters.

Auf dieses Prinzip wird immer dann zurückgegriffen, wenn man nicht weiter weiß; wenn sich also keine einfachen Erklärungsmöglichkeiten für Sachverhalte, die das Universum entscheidend prägen, anbieten oder aber die Sachverhalte nicht durch Zufall erklärbar erscheinen oder einen zweckgerichteten Eindruck vermitteln.

Aus diesem verschwindend kleinen Überschuss an Teilchen, der sich als Konsequenz aus einer marginalen Asymmetrie zwischen Materie und Antimaterie ergab, besteht die gesamte Materie im Universum.

Und dabei handelt es sich grundsätzlich um Materie und nicht um Antimaterie!

Dass dem wirklich so ist, wurde natürlich auch überprüft.

Ein erster Ansatz bestand in der naturgemäßen Vermutung, dass die Teilchen im Universum in getrennten Bereichen aus Materie und Antimaterie bestehen. Aber es wurde bislang keine Annihilationsstrahlung, die in den Grenzgebieten in großem Umfang produziert werden müsste, gemessen oder beobachtet.

Darüber hinaus wurde mit zwei Alpha-Magnet-Spektrometern (Teilchendetektoren für Heliumkerne und Antiheliumkerne) – eines an Bord einer Space Shuttle Mission (AMS-01) und das andere langfristig auf der Internationalen Raumstation positioniert (AMS-02) – direkt nach Antiheliumkernen, als möglicher Bestandteil der kosmischen Höhenstrahlung, gesucht. Die Auswertung von mehreren Milliarden Teilchen ergab dabei keine Hinweise auf Antiheliumkerne, obgleich mehrere Millionen Heliumkerne detektiert wurden. Damit steht mit großer Sicherheit fest, dass die angesetzte Form einer Symmetriebrechung einen grundlegenden physikalischen Hintergrund haben muss.

Der Grund für die Asymmetrie zwischen Materie und Antimaterie ist allerdings nicht unmittelbar einsichtig, er ist vielmehr eines der großen Rätsel der Elementarteilchenphysik und der Astrophysik.

Nicht zuletzt deshalb wird gerade in diesem Zusammenhang vereinzelt das anthropische Prinzip bemüht, denn eine zufriedenstellende Erklärung für den Trick zu finden, der dieses Ungleichgewicht ermöglicht hat, scheint schwierig. (Im Kap. 13.1 „*Die Higgsogenesis und die gebrochene Symmetrie*“ sowie im Kap. 13.2 „*Anti-Higgs – der Schlüssel zum Verständnis der Dunklen Elemente*“ werden wir unter Einbeziehung eigener Überlegungen den Versuch unternehmen, eine Erklärung für diesen großen Trick darzulegen.)

B, C:

Baryonen Materieteilchen, die sich aus **Elementarteilchen** zusammensetzen, bezeichnet man als Baryonen, wenn sie aus genau drei **Quarks** bestehen und demgemäß einen halbzahligen Spin besitzen – Hauptbestandteil der Baryonen sind die Protonen und Neutronen.

Den Baryonen übergeordnet ist die Gruppe der **Hadronen**, zu denen alle Teilchen gehören, die der **starken Wechselwirkung** unterliegen.

Bosonen siehe **Spin** sowie **Kopplungskonstanten**

Big Bang Der Anfang der **Expansion** des Universums wird als Big Bang bezeichnet. Wobei es keinen bestimmten Ort gibt, an dem der Big Bang sich ereignete, denn er fand überall statt – der Big Bang, der immer noch andauert, ist das Universum!

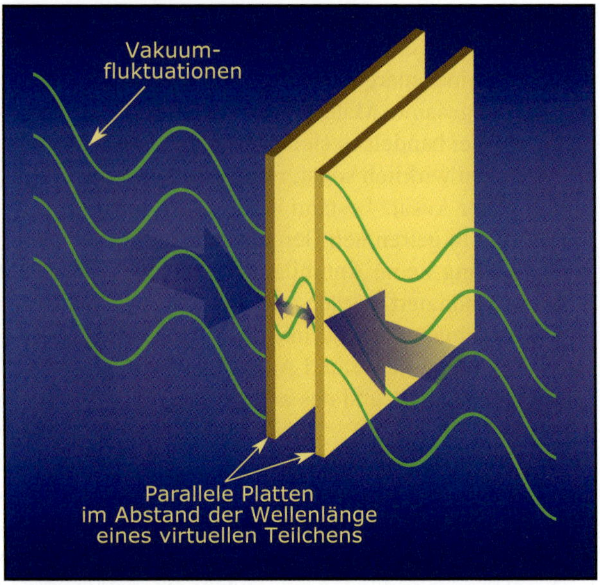

Abb. A.1 Skizze: Illustration des *Casimireffekts*. Auf zwei parallele Platten, die im Abstand der Compton-Wellenlänge eines virtuellen Teilchens aufgestellt sind, wird ein messbarer Druck ausgeübt, da im Gegensatz zum Außenbereich nur diese Teilchensorte sich zwischen den Platten befinden kann und somit ein stärkerer Impuls von außen kommt.

Ideengeber und „Vater des Big Bangs" war George Gamow, wohingegen Fred Hoyle, der große Gegner jedweder Theorie, die sich mit der Entstehung des Universums befasste, den Begriff prägte. Er tat dies allerdings auf sarkastische Weise, denn er wollte damit den aus seiner Sicht absurden Charakter der Vorstellung, dass das Universum aus einem winzigen Etwas entstanden sein sollte, ins Lächerliche ziehen.

Casimireffekt Der Casimireffekt stellt einen messbaren Druck dar, der auf zwei parallele Platten, die im Abstand der Compton-Wellenlänge[3] eines virtuellen Teilchens aufgestellt sind, ausgeübt wird.

Die Ursache für diesen Druck sind fehlende Teilchen zwischen den Platten.

Im Gegensatz zum äußeren Bereich können sich im Inneren nur Teilchensorten aufhalten, deren Wellenlänge mit dem Abstand der Platten zusammenpasst. Aus dieser Ausgangsbasis ergibt sich ein stärkerer Impuls auf die Außenseiten der Platten, da dort alle aus **Vakuumfluktuationen** entstandenen virtuellen Teilchen kurzfristig existieren können (vergleiche Abb. A.1 „*Casimireffekt*").

Dieser von Hendrik Casimir 1948 vorhergesagte Effekt wurde 1997 von Steve Lamoreaux durch quantitative Messungen bestätigt, wodurch die Existenz der Vakuumenergie nachgewiesen wurde und diese damit keine rein theoretische Größe mehr ist.

[3] Allen durch die Quantenmechanik beschriebenen Teilchen kann, so, wie dem Photon, eine Frequenz und damit eine Wellenlänge zugewiesen werden. Dies ist die sogenannte Compton- oder auch De-Broglie-Wellenlänge. Diese legt die räumliche Größenordnung fest, in deren Bereich die Regeln der Quantenmechanik zwingend angewendet werden müssen.

(Neben der Herstellung des Vakuumzustands besteht das Problem bei diesen Messungen in der Positionierung des Abstands der Platten, der sehr gering sein muss, damit ein nennenswerter Druck aufgebaut wird. Bei einem Abstand von 190 nm ergibt sich ein Druck von einem Pascal, und bei einem Abstand von 11 nm wird ein Druck von 1000 hPa erreicht.)

Chandrasekharmasse Im Falle des Übergangs zur vollständig relativistischen **Entartung** des Fermidrucks gibt es eine kritische Masse, oberhalb der ein **Weißer Zwerg** oder ein **Neutronenstern** dem Gravitationsdruck nicht mehr standhalten kann – diese Masse nennt man nach ihrem Entdecker, Subrahmanyan Chandrasekhar, „Chandrasekharmasse“.

Bei der theoretischen Untersuchung der Stabilität von Weißen Zwergen fiel Chandrasekhar im Hinblick auf den Fermidruck der Elektronen, der auf Beobachtungsbefunden und dem theoretischen Verständnis des **Pauli-Prinzips** basiert, auf, dass die hohen Dichten im Innern der Weißen Zwerge eine relativistische Behandlung der Elektronen erfordern. Dabei zeigten die durchgeführten Rechnungen, dass es eine kritische Masse gibt, oberhalb der ein Weißer Zwerg gegenüber dem Gravitationsdruck instabil wird. Bei einem aus Kohlenstoff und Sauerstoff bestehenden Weißen Zwerg hat diese Masse einen Wert von $M_{Ch} = 1.457 M_{\odot}$.

Da der theoretisch berechnete Radius der Verteilung dieser Masse, die sich als nicht viel größer als die der Sonne darstellt, gleich null ist, muss ein solcher Stern kollabieren und dabei entweder von den Kernkräften abgefangen oder zum **Schwarzen Loch** werden.

Die Naturgesetze können damit ein scheinbar absurdes Verhalten von Sternen nicht nur nicht verhindern, sondern sie kitzeln es, als entscheidenden Punkt für die Entwicklung des Universums, aus diesen Objekten heraus. (Ohne dieses Verhalten gäbe es keine **Supernovae**, die als einzige Spender das Interstellare Medium mit schwereren Elementen als Wasserstoff und Helium anreichern; dafür gäbe es ein Universum, das ausschließlich mit der Verwaltung von Wasserstoff und Helium beschäftigt wäre. Für erdähnliche Planeten gäbe es in einem solchen Universum keinen Platz, und Leistungskurse in Chemie und Biologie würden sich damit ebenfalls erübrigen, da die im Rahmen dieser wissenschaftlichen Bereiche beschriebenen Vorgänge eine Grundlage benötigen, wie man sie nur auf der Oberfläche erdähnlicher Planeten vorfinden kann.)

Für seine Theorie zum Verständnis der Weißen Zwerge wurde Subrahmanyan Chandrasekhar 1983 der Nobelpreis verliehen.

D:

Dopplereffekt siehe **Rotverschiebung**

Druck Kraft pro Fläche ist Druck, und demzufolge ist Druck mal Volumen gleich Kraft mal Weg. Kraft mal Weg ist aber eine Form der Energie, und nachdem Energie wie Masse stets anziehend wirkt, gilt dies auch für den Druck, denn der entspricht hinsichtlich seiner Einheiten einer Energiedichte.

Dunkle Energie Trotz Einbeziehung der sich unserem Verständnis gemächlich offenbarenden **Dunklen Materie** fehlte dem Universum viel Masse beziehungsweise Energie, um den flachen Zustand des Kosmos, auf den beobachtungsorientierte Erkenntnisse hinweisen, zu erklären. Bei genauerem Hinsehen fehlten circa 70 %!

Durch die Entdeckung der Dunklen Energie wurde diese Lücke zwar geschlossen, aber dafür hat diese Form von Energie für ein anderes Problem gesorgt, das sich in der beschleunigten Expansion des Universums manifestiert.

Es ist also auch in diesem Fall so, wie es sich zumeist darstellt: Es gibt nichts umsonst.

Die Dunkle Energie lieferte, was bestellt wurde – den fehlenden Energieanteil –, aber das war ihr nicht genug, denn sie lieferte gleich noch etwas mit, womit gegenwärtig niemand so recht etwas anzufangen weiß, und zwar negativen Druck!

Und der will es lustig haben und sorgt ungefragt für ein beschwingtes Expandieren des Raums, und zwar beschleunigt.

Wir stehen im Angesicht dessen etwas ratlos dar, denn wir verstehen derzeit weder die Natur der Dunklen Energie noch, weshalb sie einen **negativen Druck** als Eigenschaft vorzuweisen hat, so tief, dass wir eine umfassende Erklärung für diesen neuen Sachverhalt anbieten könnten.

Aber einiges verstehen wir doch!

Wir verstehen, dass ein Skalarfeld, wie das **Higgs-Feld**, seine Finger im Spiel haben muss, denn nur ein solches Feld kann, zumindest auf der Grundlage unseres gegenwärtigen Wissens, analog zum Vakuum einen negativen Druck – oder präziser einen Sog – aufbauen.

Mit dieser Aussage landen wir aber auch schon bei zwei weiteren Problemen.

Das erste bezieht sich auf das **Vakuum**, und zwar in der Hinsicht, dass wir immer noch nicht genau wissen, was wir uns darunter eigentlich genau vorzustellen haben.

Das zweite Problem bezieht sich auf die Rechengenauigkeit, hinsichtlich der wir den negativen Druck des Vakuums theoretisch nachzuvollziehen versuchen.

Diesbezüglich hat sich gezeigt, dass wir gegenwärtig große Schwierigkeiten damit haben, den negativen Druck des Vakuums selbst bezüglich der richtigen Größenordnung korrekt wiederzugeben. (Der derzeit berechnete Wert des negativen Drucks der Vakuumenergie würde zu einer derart dramatisch beschleunigten Expansion des Universums führen, dass es nur 10^{-41} s statt der auf Beobachtungen beruhenden 14 Mrd. Jahre dauern würde, die Temperatur der **Mikrowellenhintergrundstrahlung** um den Faktor 1000, also von den ursprünglichen 3000 K auf den heute beobachteten Wert von circa 3 K, abzukühlen.)

Was wir über das Vakuum wissen, ist, dass es mit dem Raum entsteht, virtuelle Teilchenpaarbildung in ihm stattfindet, die ihm eine positive mittlere Energie verleiht, wogegen es sich wiederum mit negativem Druck wehrt.

Seine bekannten Eigenschaften können damit prinzipiell durch ein Skalarfeld, wie das Higgs-Feld, beschrieben werden, und nachdem dieses allgegenwärtig und dominierender Teil des Vakuums ist, kann man das Vakuum auch als „Higgs-Feld-Vakuum", dem einige Kleinigkeiten überlagert werden, ansehen.

Nach den gegenwärtigen Vorstellungen geht man davon aus, dass die Dunkle Energie durch ein skalares **Kosmonfeld** vermittelt wird, dessen Eigenschaften zum Teil dem **Higgs-Feld** und damit auch dem Vakuum gleichen, wobei das Kosmonfeld erheblich schwächer ausgeprägt sein sollte und damit eine Schmalspurversion des Higgs-Feldes darstellen würde (seine Massendichte sollte im Bereich der kritischen Massendichte von $\sigma_{krit} = 10^{-29}$ g/cm^3 liegen, demgemäß würde es zum Beispiel die Mikrowellenhintergrundstrahlung gemächlicher abkühlen, als dies im Sinne des Vakuums liegt).

Mit diesem Kosmonfeld wird, bislang rein spekulativ, eine weitere, neue **Wechselwirkung,** die man **Quintessenz** nennt, angesetzt.

Diese soll die Dunkle Energie als eine dynamisch veränderliche Substanz beschreiben, wobei die als schwach betrachtete Wechselwirkung auf die anderen bekannten Energieformen mittels des skalaren Kosmonfeldes einwirken soll. (Im Kap. 13.2 „*Anti-Higgs – der Schlüssel zum Verständnis der Dunklen Elemente*“ werden wir unter Einbeziehung eigener Überlegungen den Versuch unternehmen, eine andere und, nachdem das nicht schwer zu sein scheint, auch plausiblere Erklärung für die Dunkle Energie und ihren negativen Druck zu geben.)

Dunkle Materie Die Gesamtmasse aller Sterne, Gaswolken, freier **Baryonen** und Neutrinos reicht bei Weitem nicht aus, um große Sternansammlungen und insbesondere Galaxienhaufen zusammenzuhalten. Sie wären am unablässigen Auseinanderfliegen nicht zu hindern und hätten sich unter diesen Voraussetzungen gar nicht erst bilden können.

Um die Entstehung von Sternen und **Galaxien** in großem Stil zu ermöglichen, wird erheblich mehr Masse benötigt, als auf direktem Weg beobachtet und entdeckt wurde.

Es wird nahezu 5-mal mehr Masse benötigt, als die leuchtende Materie in die Waagschale wirft.

Die Dunkle Materie, die mit etwas mehr als 80 % zur Gesamtmasse im Universum beiträgt, schließt diese bedenkliche Lücke – die gesamte Masse der baryonischen Materie liegt also unter 20 %.

Obwohl die Ansammlungen an Dunkler Materie gegenüber der leuchtenden Materie circa das Fünffache zur Gesamtmasse beitragen, wird selbst dieses gewaltige energetische Äquivalent von der allgegenwärtigen **Dunklen Energie** vollkommen in den Schatten gestellt (der energetische Beitrag der gesamten Materie zur Gesamtenergie liegt nach den Ergebnissen von PLANCK bei lediglich 31.7 %).

Woraus die Dunkle Materie besteht, hat sie uns bislang zwar nicht offenbart, aber die Eigenschaften, die die zugrunde gelegten noch hypothetischen Teilchen aufweisen müssen, konnten weitgehend eingekreist werden: Die Teilchen müssen im Vergleich zu **Neutrinos** schwer sein und dürfen sich nicht mit deren sehr hoher Geschwindigkeit bewegen (die Geschwindigkeit der Neutrinos liegt im relativistischen Bereich). Diese Bedingung schließt das lange diskutierte „Hot Dark Matter“-Modell aus („Hot“ steht in diesem Fall für relativistische Geschwindigkeiten der Teilchen) und favorisiert stattdessen ein „Cold Dark Matter“-Modell, wobei ein sogenanntes „Warm Dark Matter"-Modell, das einige strukturelle Feinheiten in der Verteilung der Dunklen Materie noch besser erklären kann, ebenfalls diskutiert wird.

Von ihren physikalischen Eigenschaften her dürfen die Teilchen, als weiteres Kriterium und analog zu den Neutrinos, nur der Gravitation und der **schwachen Wechselwirkung** unterliegen.

Als bislang noch hypothetisches Gespinst soll ein Teilchen, das auf den Namen **WIMP** hört, die Grundlage der Dunklen Materie sein. (Im Kap. 13.2 „*Anti-Higgs – der Schlüssel zum Verständnis der Dunklen Elemente*" werden wir unter Einbeziehung eigener Überlegungen den Versuch unternehmen, eine andere und etwas konkretere Erklärung für die Dunkle Materie zu geben.)

E, F:

Elektromagnetische Wechselwirkung siehe **Kopplungskonstanten** sowie **Quantenfeldtheorien**, **Photon** und **Elementarteilchen**.

Elektronenvolt Ein Elektronenvolt stellt die Energie dar, die ein Teilchen mit der Ladung eines Elektrons e^- beim Durchlaufen einer Spannung von einem Volt erreicht: $1\ eV = 1.6022\ 10^{-19}\ J$. Ein Kiloelektronenvolt oder keV ist 1000 und ein Megaelektronenvolt oder MeV eine Mio. Elektronenvolt.

Elektroschwache Wechselwirkung siehe **Kopplungskonstanten**

Elementarteilchen Dass Atome nicht die kleinsten Bausteine sind, aus denen unsere Welt aufgebaut ist, wissen wir schon länger. Dass auch Protonen und Neutronen, die ja die Bestandteile der Atomkerne sind, nicht dazugehören, ist hingegen auch heute noch für manche überraschend. Was also sind derzeit die kleinsten Bausteine im Bereich der Elementarteilchenphysik?

Im Rahmen des Standardmodells der Elementarteilchenphysik gliedern sich die uns derzeit bekannten elementaren Bausteine in Materieteilchen und Austauschteilchen, die auf grundlegende Art die **Wechselwirkungen** vermitteln.

Die Materieteilchen sind dabei grundsätzlich **Fermionen**. Das heißt, sie unterliegen als Teilchen mit halbzahligem **Spin**, der einer Art innerem Drehimpuls entspricht, einer auf dem **Pauli-Prinzip** beruhenden quantenmechanischen Besonderheit, gemäß der sie alle verschiedene physikalische Zustände einnehmen müssen – es dürfen also noch nicht einmal zwei dieser Teilchen am gleichen Ort den gleichen Impuls bei gleicher Spineinstellung aufweisen.

Die Materieteilchen haben ferner alle Masse, unterliegen somit dem Einfluss der Gravitation, zeigen aber bei den anderen Wechselwirkungen Unterschiede, sodass weitere Unterteilungen erforderlich sind.

Hinsichtlich der Wahrnehmung der starken Wechselwirkung ergibt sich eine erste markante Unterteilung, und zwar in Leptonen und **Quarks**, wobei nur die Quarks der starken Wechselwirkung fähig sind.

Sie sind damit die einzigen Teilchen, die alle Kräfte spüren, können allerdings – quasi als Strafe dafür – nicht frei existieren, sondern sind im Käfig der **Hadronen** gefangen.

Für die Leptonen steht damit nur noch die elektromagnetische und die schwache Wechselwirkung als Austauschmechanismus zur Verfügung, wobei mit Ausnahme der **Neutrinos**, die nur auf die schwache Wechselwirkung eingestellt wurden, beide dieser Kräfte von diesen auch wahrgenommen werden (siehe Abb. A.2 „*Elementarteilchen*“).

Bei den bosonischen Austauschteilchen (**Bosonen** haben grundsätzlich einen ganzzahligen Spin und unterliegen damit nicht dem Pauli-Verbot), handelt es sich um die Vermittler der drei vom Standardmodell der Elementarteilchenphysik erfassten Wechselwirkungen zwischen den Materieteilchen, wobei die **Photonen** für die elektromagnetische, die W- und Z-Bosonen für die schwache und die **Gluonen** für die starke Wechselwirkung zuständig sind.

Nachdem damit die Zuständigkeiten der einzelnen Wechselwirkungen geklärt sind, steht in einem weiteren Schritt vor allem die Art der Beschreibung der auf diesen Kräften beruhenden Phänomene im Vordergrund.

Hierbei haben sich sogenannte lokal eichinvariante **Quantenfeldtheorien**, denen auch das **Higgs-Feld** unterliegt, als besonders tragfähig erwiesen.

Auf der Grundlage dieser Theorien koppeln alle Teilchen, bis auf das Photon und das Gluon, auch an das Higgs-Feld, das das eigentliche **Vakuum** darstellt, und erhalten dadurch, als einen der grundlegendsten Punkte, ihre Masse.

Speziell die W- und Z-Bosonen, die die schwache Wechselwirkung vermitteln, schneiden bei dieser Massevergabe besonders gut ab, wodurch nicht zuletzt die Reichweite dieser Kraft stark eingeschränkt wird, was sie dann auch schwach wirken lässt.

Ähnliches gilt auch für die **Higgs-Bosonen**, die zwar nur für kurze Zeiten, dafür aber permanent als Anregungszustände des Higgs-Feldes generiert werden.

Diese Teilchen verleihen dem massegebenden **Kopplung**scharakter des Higgs-Feldes eine ganz spezielle Note, sodass man zur Klärung grundlegender Fragen der Astrophysik in diesem Punkt an vielen Stellen nachhaken muss.

Als wesentliche Eigenschaft der Wechselwirkungen können alle Elementarteilchen erzeugt und vernichtet werden, wobei die Art und Weise, wie dies geschieht, von den Ausgangszuständen und dem jeweiligen Charakter der einbezogenen Wechselwirkungen geregelt wird.

Abgesehen von diesen drastischen Eingriffen bewegen sich die Elementarteilchen geradlinig durch den kräftefreien Raum, sind dabei völlig unveränderlich in ihren inneren Eigenschaften, sind insbesondere nicht teilbar und besitzen keine angeregten Zustände.

Im Falle der Krafteinwirkung werden hingegen die Wechselwirkungsmechanismen zwischen den Elementarteilchen aktiv; das bedeutet, dass Austauschteilchen, die nur von den betroffenen Elementarteilchen wahrgenommen werden und die damit virtuelle Teilchen darstellen, vermittelt werden. Dabei übertragen die Austauschbosonen Impuls und Energie von einem Elementarteilchen auf das andere;

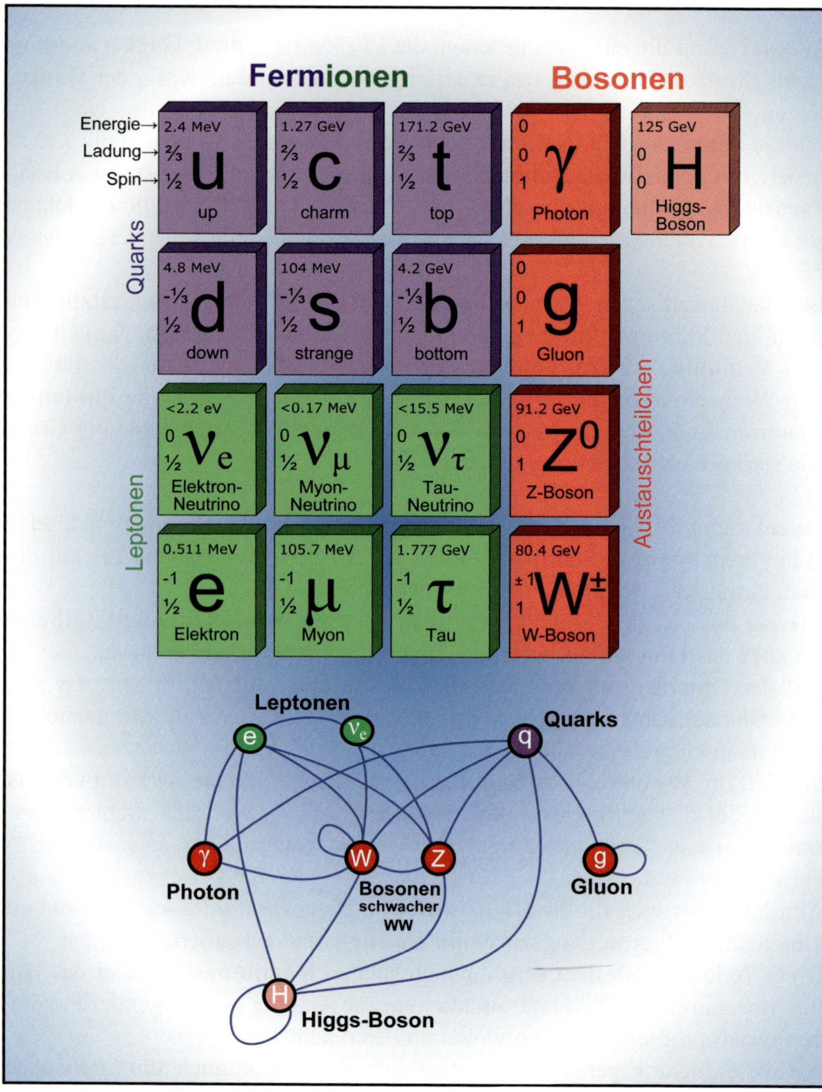

Abb. A.2 Skizze: Ist das alles, was existiert? (Die *Elementarteilchen* und ihre Wechselwirkungsmechanismen werden gemäß dem Standardmodel der Teilchenphysik im Bild illustriert.)
Die linke Seite der Skizze zeigt die fermionischen Teilchen, die sich in Quarks, die allen bekannten Wechselwirkungsmechanismen unterliegen, und Leptonen, die mit Ausnahme der Neutrinos, die lediglich auf die Gravitation und die schwache Wechselwirkung reagieren, nur der starken Wechselwirkung nicht fähig sind, unterteilen. Auf der rechten Seite der Skizze werden die uns bekannten Bosonen gezeigt, die die Austauschteilchen der elektromagnetischen Wechselwirkung (Photonen), der starken Wechselwirkung (Gluonen) und der schwachen Wechselwirkung (W- und Z-Bosonen) darstellen. Bis auf das Photon und das Gluon koppeln alle diese Teilchen auch an das Higgs-Feld, das das eigentliche Vakuum darstellt und für kurze Zeiten ebenfalls kopplungsfähige Higgs-Bosonen manifestieren kann; dadurch erhalten diese Teilchen ihre Masse (siehe Skizze im unteren Bereich).

dies bewirkt zum Beispiel die Änderung der Flugrichtungen der Teilchen oder leitet deren Vernichtung und die Erzeugung anderer Teilchen ein.

Dieser Vorgang stellt letztendlich die beobachtbare Wirkung, die in der klassischen Physik als Kraft bezeichnet wird, dar.

Die hier nur am Rande erwähnte Gravitationswechselwirkung kann im Rahmen dieser Theorien leider noch nicht beschrieben werden und wird demzufolge von dem Standardmodell der Elementarteilchenphysik nicht erfasst.

Entartungsdruck Gemäß der **Unschärferelation** muss jedes Teilchen, dem aufgrund einer sehr hohen Dichte nur ein geringer Raum zur Verfügung steht, einen großen Impuls aufweisen $\Delta p \Delta x \geq h / 4\pi$. Dieser Effekt wird durch das **Pauli-Prinzip**, das der quantenmechanischen Besonderheit, dass alle **Fermionen** (zum Beispiel Elektronen, Protonen oder Neutronen) verschiedene Zustände einnehmen müssen, Rechnung trägt, auch noch verstärkt, da die Fermionen auf zum Teil sehr hohe Impulsniveaus ausweichen müssen.

Hohe Impulswerte führen auch zu einem hohen Druck (Fermidruck), der von der Temperatur unabhängig ist und dennoch den thermischen Druck deutlich übersteigen kann.

Bei extrem hoher Packungsdichte der Fermionen müssen die Geschwindigkeiten derart hoch werden, dass gemäß der Speziellen Relativitätstheorie der relativistische Impuls berücksichtigt werden muss. In diesem Fall spricht man von einem vollständig relativistischen Entartungsdruck.

Entropie Ein System kann sich nur dann zeitlich entwickeln – beobachtbar verändern – wenn eine Entropieerhöhung möglich ist.

Die Entropie ist dabei das Maß für die Unordnung des Systems.

Je größer die Entropie wird, desto größer wird auch die Unordnung im System.

Der Motor jedweder Entwicklung ist damit das Bestreben, die Unordnung zu vergrößern: Dieses Verhalten wird durch die Entropie beschrieben.

Die Entropie ist damit eine der wichtigsten Größen, an der sich die physikalischen Abläufe in der Natur orientieren.

Hat die Entropie ihren größtmöglichen Wert erreicht, das heißt, ist die Unordnung im System nicht mehr steigerungsfähig, dann findet auch keine weitere zeitliche Entwicklung mehr statt, es wird kein Zeitablauf und damit keine **Makrozeit** mehr wahrgenommen.

In der Regel ist das System dann im Gleichgewicht, und aus makroskopischer Sicht vergeht bei Erreichen dieses Zustands keine Zeit mehr.

Es gibt in diesem Fall keine Reihenfolge von Augenblicken mehr, und auch ein **Zeitpfeil** ist nicht mehr feststellbar.

Expansion Die Expansion stellt im großen Maßstab den kumulativen Effekt des sich an jedem Ort ausdehnenden Raums dar. Die Materie verhält sich dabei, von lokalen Gravitationseffekten abgesehen, vollkommen passiv und ruht in ihrem jeweiligen lokalen Raumbereich.

Die Expansion des Universums beschreibt also die Zunahme des Raums im Universum, die sich in der Zunahme der relativen Entfernungen der Objekte im Raum ausdrückt.

Die Expansionsrate hatte während der nach unserem zeitlichen Maß kurzzeitigen Inflation, die gleich nach der Entstehung des Universums einsetzte, ihren größten Wert.

Danach hat sie sich in den ersten Milliarden Jahren der Entwicklung des Universums verlangsamt und nimmt seitdem in den letzten 3 bis 5 Mrd. Jahren wieder zu.

Die Erklärung für diese beobachtete beschleunigte Expansion hat zum Phänomen der **Dunklen Energie** geführt.

Experiment Das Experiment stellt eine Frage an die Natur, wobei dieser Frage zumeist eine bestimmte Annahme oder Hypothese zugrunde liegt. Durch das Experiment will man diese überprüfen, indem in der Regel Zählungen, Messungen oder visuelle beziehungsweise akustische Wahrnehmungen des Verhaltens des Untersuchungsobjekts vorgenommen werden. Ein Experiment stellt damit eine methodisch angelegte Untersuchung zur systematischen Gewinnung von Information und Daten dar, die Grundlage für alle weitergehenden Überlegungen ist. Diese umfassen zumeist Schlussfolgerungen aus den experimentell gewonnenen Resultaten, die im Zusammenspiel mit einer Modellvorstellung Bestandteil oder Grundlage einer Theorie werden.

Explosion Das grundlegende Verhalten einer Explosion ist von einer plötzlich frei werdenden großen Energiemenge geprägt, die eine zerstörerische Kraft auf ihr Umfeld ausübt, die die darin befindliche Materie strukturell verändert und die die nicht mehr weiter veränderbaren Teile in alle Richtungen wegschleudert.

Die Explosion selbst breitet sich dabei mit einer bestimmten Geschwindigkeit aus, die naturgemäß zur frei werdenden Energiemenge proportional ist. Sie ist aber auch indirekt proportional zur Dichte des die Explosion umgebenden Mediums.

Falsches Vakuum siehe **Inflation**

Fermidruck siehe **Entartungsdruck**

Fermionen siehe **Spin**

G:

Galaxie Als Galaxie[4] bezeichnet man eine große Materieansammlung von 10^9 bis 10^{13} Sonnenmassen, die gravitativ gebunden ist, einen Durchmesser von einigen

[4] Der Begriff Galaxie leitet sich aus dem altgriechischen Wort „galáxias", das Milchstraße bedeutet, ab („galá" ist die Milch).

100 000 Lichtjahren haben kann und sich aus Sternen, Planeten, Gasnebeln und Staubwolken zusammensetzt.

Galaxien treten oft in Gruppen oder Clustern auf, wobei im Falle von sogenannten Superclustern auch einige Tausend Galaxien gebunden sein können. (Der Zusammenhalt derart zahlreicher Objekte wäre ohne eine starke Konzentration an **Dunkler Materie**, die für die Bindung des Clusters als ursächlich zu betrachten ist, nicht möglich.)

Der Durchmesser großer Galaxiencluster liegt bei einigen 10^6 Lichtjahren, und ihr Abstand zu anderen Superclustern kann sich auf einige 10^9 Lichtjahre belaufen.

Eine Hochrechnung zeigt, dass mehr als $5 \cdot 10^{10}$, also über 50 Mrd. Galaxien von der Erde aus beobachtbar sind.

Bei der Entstehung und Entwicklung von Galaxien spielt das Muster der Struktur der Dunklen Materie die alles entscheidende Rolle.

Als Ausgangsbasis dazu folgt das baryonische Gas zunächst der Verteilung der dunklen Materie und fällt in dessen Halos regelrecht hinein, wobei es sich so stark verdichtet, dass erste Sterne entstehen.

Die Galaxien beginnen sich daraufhin zu formieren und mit der Zeit zu entwickeln, wobei die Beeinflussung des weiterhin einfallenden, strömenden Gases durch die bereits erzeugten Sterne und deren Vergehen von entscheidender Bedeutung für den weiteren Werdegang ist (siehe Abb. A.3 „*Messier 104*").

Gemäß dem hierarchischen Modell der Galaxienentwicklung entstehen zunächst Sterne und danach erst kleinere Galaxien, die sich daraufhin durch Verschmelzungsprozesse mit Nachbargalaxien zum Teil dezimieren und zum Teil vergrößern.

Im frühen Kosmos wurden demnach fast ausschließlich masseärmere und somit kleinere Objekte, sogenannte Protogalaxien, gebildet, die sich, bedingt durch Kollisionen, im Zuge der Zeit zu richtigen ausgewachsenen Galaxien wie unsere Milchstraße hochgearbeitet haben – noch größere, durch weitere Verschmelzungsprozesse zusammengefügte Galaxien stellen sich in der Regel als Halbleichen, die mit dem Begriff „elliptische Riesengalaxie" belegt werden und sich einschläfernd wenig bewegen, dar.

Als weiterer wichtiger Aspekt im Hinblick auf die Galaxienentwicklung ist die Erkenntnis zu werten, dass vermutlich jede größere Galaxie in ihrem Zentrum ein **Supermassives Schwarzes Loch** beherbergt, wobei die massebezogene Größe dieser Löcher und die der Galaxien in direktem Zusammenhang zu stehen scheinen – je größer eine Galaxie ist, desto größer ist auch das Supermassive Schwarze Loch in deren Zentrum (Supermassive Schwarze Löcher weisen Massen von 10^6 bis 10^{10} Sonnenmassen auf).

Es liegt auf der Hand, dass diese von der Natur hervorgebrachten Holde des Schreckens auch die Entwicklung der Galaxien, die sie beherbergen, auf signifikante und perfide Weise beeinflussen (siehe Abb. A.4 „*Supermassives Schwarzes Loch*").

Fraglos besser umschrieben wird der Begriff allerdings durch das spanische Wort „gala", das einen großen festlichen Empfang von offiziellem Charakter umfasst.

Abb. A.3 Das Bild zeigt die vom Hubble Space-Teleskop im optischen beobachtete Sombrero-Galaxie (*Messier 104*). (© NASA/ESA and The Hubble Heritage Team STScI/AURA).)
Die 28 Mio. Lichtjahre entfernte Galaxie zeigt bei einem Durchmesser von 50 000 Lichtjahren mit ihrem schmalen Rand und dem daraufsitzenden mexikanischen Hut, woher ihr Name kommt.

Das wirklich Spektakuläre an dieser Galaxie ist aber das Supermassive Schwarze Loch in ihrem Zentrum, das mit 1 Mrd. Sonnenmassen das größte ist, das in einer herkömmlichen Galaxie indirekt beobachtet wurde.

Obwohl die Entstehung solch gewaltiger zentraler Objekte noch nicht vollständig geklärt ist, können wir davon ausgehen, dass sie sich aus den Relikten der ersten Sterngenerationen, die zum Teil Hypersonnen mit Massen von einigen 1000 Sonnenmassen und als deren Überbleibsel Schwarze Hyperlöcher mit 1000 Sonnenmassen hervorbrachten, durch Verschmelzungsprozesse gebildet haben.

Das Supermassive Schwarze Loch beeinflusst durch seine Gravitationsanziehung natürlich auch die Entwicklung der Galaxie. So wird das anströmende Gas im Zentralbereich so stark aufgeheizt und verdichtet, dass zeitweise regelrechte Sternentstehungsausbrüche erfolgen

Obwohl die genaue Entstehung dieser Objekte noch der Klärung bedarf, ist bekannt, dass sie das im Zentralbereich befindliche Gas so weit aufheizen und verdichten können, dass regelrechte Sternentstehungsausbrüche (sogenannte Starbursts) erfolgen.

Gemäß dieser Starbursts wird das einer Galaxie zur Verfügung stehende Gas somit sehr schnell verbraucht, was nicht nur ihren weiteren Handlungsspielraum einschränkt, sondern sie auch in extremem Maße altern lässt – eine Galaxie ohne Gas stellt eine Halbleiche dar, da sie keine neuen Sternpopulationen mehr generieren kann und dementsprechend auf den makrozeitlosen Zustand größter Unordnung zusteuert.

Gammastrahlenblitze Bei Gammastrahlenblitzen handelt es sich um Energieausbrüche sehr hoher Leistung, wobei die Energie in Form von elektromagnetischer Strahlung kurzzeitig in das Universum emittiert wird (wegen dieser Eigenschaften greift man auch oft auf die Begriffe Gammastrahlenausbrüche oder Gammastrahlenexplosionen zurück).

Abb. A.4 Das Bild illustriert ein *Supermassives Schwarzes Loch*, das die Materie in seiner Nähe ansaugt und damit für viel Wirbel im Zentralbereich seiner Muttergalaxie sorgt. Ein solches Verhalten ist, zumindest in bestimmten Phasen, auch in der Sombrero-Galaxie mit ihrem Supermassiven Schwarzen Loch von 10^9 Sonnenmassen zu erwarten und beeinflusst auch nachhaltig die Entwicklung der Muttergalaxie. (© NASA/JPL-Caltech.)

Zeitlich sind Gammastrahlenblitze, bis auf wenige Ausnahmen, auf einige Sekunden bis zu einigen Minuten begrenzt, wobei sie in nur 10 s mehr Energie freisetzen können als die Sonne in einigen Milliarden Jahren.

Den Namen „Blitz" verdanken diese Erscheinungen der Tatsache, dass sie für die Dauer ihres Leuchtens „heller" als alle anderen Energiequellen im All sind (siehe Abb. A.5 „*Gammastrahlenblitz*").

Der bislang hellste Gammastrahlenblitz wurde vom NASA-Forschungssatellit Swift am 19. März 2008 beobachtet und erhielt die Bezeichnung GRB 080319B.

Das für diesen Ausbruch verantwortliche Objekt befindet sich in einer Entfernung von circa 7.5 Mrd. Lichtjahren und emittierte Strahlung, die 2.5 Mio. Mal heller war als die der **leuchtkraft**stärksten **Supernovae** (gemeint ist die Strahlungsleistung, also die pro Sekunde abgestrahlte Energie).

Der Strahlungsverlauf von Gammastrahlenblitzen ist im Wesentlichen kontinuierlich, erstreckt sich in signifikanter Form über den Bereich von einem Kiloe**lektronenvolt** (keV) bis zu mehreren Megaelektronenvolt (MeV) und zeigt bei beidseitigem, zum Teil starkem Abfall ein mittleres Maximum bei einer Energie von circa 250 keV, was einer Temperatur von einigen Milliarden Kelvin (K) entspricht (siehe Anhang C „*Zahlenwerte*").

Bei so einer gewaltigen Temperatur, liegt die Kernfrage auf der Hand: Woher kommt diese enorme, im extremen Hochfrequenzbereich angesiedelte Strahlung?

Man ist sich ziemlich sicher, dass spezielle Supernovaexplosionen, die man Hypernovae nennt, die Ursache für die Gammastrahlenblitze sind.

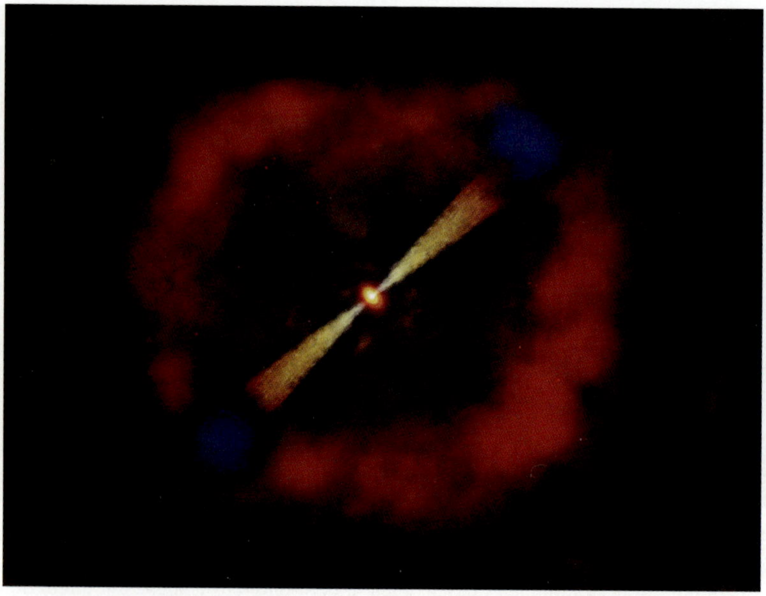

Abb. A.5 Die Illustration zeigt einen nur Sekunden andauernden *Gammastrahlenblitz*, der seine enorme Energie in zwei schmalen – hier *gelb* dargestellten – Gasjets in entgegengesetzte Richtungen abstrahlt. (© NASA/CXC/ M. Weiss.)

Diese Sicherheit kommt nicht zuletzt daher, dass es 1997 gelungen ist, einen Gammastrahlenblitz mit einer Hypernova direkt in Verbindung zu bringen. Hilfreich dabei war der Satellit HETE (High Energy Transient Explorer), der einen Gammastrahlenblitz exakt dort beobachtete, wo man auch das Resultat einer heftigen Kernkollaps-Supernova eines massereichen Sterns zur Kenntnis nahm, wobei dieses Spektakel durchaus mit der eine Supernovasteigerung zum Ausdruck bringenden Bezeichnung Hypernova versehen werden konnte.

Mittlerweile wurden weitere solche übereinstimmenden Befunde eingesammelt, und man hat festgestellt, dass sogenannte Kernkollaps-Supernovae vom Typ Ic-b1 die Täter sind.

Die Vorläufersterne stellen dabei stets **massereiche Sterne** mit mehr als 20 Sonnenmassen dar, die einen Eisenkern, aber keine Wasserstoffhülle vorzuweisen haben, denn diese wurde durch einen Sternwind (siehe **Megasonnen**) vorher abgetragen.

Dieses fast nur aus schweren Elementen bestehende Vorläuferstern-Gemisch generiert nun bevorzugt Hypernovae und Gammastrahlenblitze!

Die Vorstellung dabei ist, dass der Eisenkern im zentralen Kernbereich des Sterns, nachdem er die **Chandrasekharmasse** erreicht hat, kollabierenderweise über einen **Neutronenstern** zu einem schnell rotierenden **Schwarzen Loch** wird, wobei ein Teil des restlichen Sternmaterials, das von der parallel ablaufenden Sternexplosion nicht erfasst wird, in einer Akkretionsscheibe das Schwarze Loch mit

Abb. A.6 Die Illustration verdeutlicht den *Werdegang eines massereichen Sterns* in fortgeschrittener Entwicklung zur Hypernova und zum Gammastrahlenblitz. (© Nicolle Rager Fuller/NSF.) Die Stationen der rasanten Entwicklung sind: Ausbildung eines Eisenkerns von Chandrasekhar'scher Größe; Kollaps über einen Neutronenstern (Hypernova) zu einem schnell rotierenden Schwarzen Loch (Gammastrahlenblitz).

enormer Geschwindigkeit so schnell umkreist, dass es nicht sofort in das Schwarze Loch fällt. Da sich dieses Material dabei extrem stark aufheizt und somit nach kürzester Zeit eine enorm hohe und sich immer weiter steigernde Energiedichte besitzt, werden Gasjets, letztlich als Konsequenz dieses Vorgangs, senkrecht zur Scheibenebene von Stoßwellen begleitet mit nahezu Lichtgeschwindigkeit ausgestoßen; diese erzeugen als Begleiteffekt den Gammastrahlenblitz.

Entweichen kann der Blitz allerdings nur, weil die Hülle des Sterns bereits im Vorfeld durch einen Sternwind größtenteils abgetragen wurde und diese damit der Strahlung des Blitzes nicht mehr im Weg steht. Und das ist auch der Grund, weshalb die Sternexplosion sich nicht als Supernova, sondern als deftigere Hypernova darstellt (siehe dazu Abb. A.6 „*Werdegang eines massereichen Sterns*").

Im vollständigen Szenario ergibt sich die eigentliche, parallel ablaufende Explosion aus dem Rückprall des mit rasender Geschwindigkeit auf den kurzzeitig bestehenden Neutronenstern einfallenden Sternmaterials und der Ausbildung einer damit verbundenen Stoßwelle.

Dieses Verhalten ist vergleichbar mit einer Kanonade von Hartgummibällen, die mit rasender Geschwindigkeit auf einen Hartmetallblock treffen.

Die Energie für die Explosion kommt also aus der Gravitationsenergie, die sich aus dem freien Fall des verbliebenen Sternmaterials auf den bereits winzigen Neutronenstern ergibt.

Zur Explosion kommt es dabei, weil nicht die gesamte auf den Neutronenstern einfallende Materie wieder zurückgeschleudert wird, sondern nur ein Teil davon, der jedoch über die sich ebenfalls ausbildende Stoßwelle einen Großteil der insgesamt frei gewordenen Energie mit sich führt.

Zudem gibt es eine energetische Nachversorgung für den zurückgeschleuderten Teil, und zwar in Form von Neutrinostrahlung, die in gewaltigem Ausmaß durch die kurzfristige Ausbildung des Neutronensterns produziert wird. (Da ein Neutronenstern nur aus Neutronen besteht, werden bei dessen Entstehung die vorhandenen und insgesamt neutralen Protonen und Elektronen in Neutronen umgewandelt, wobei bei jedem dieser Prozesse ein **Neutrino** entsteht.)

Dieses Verhalten stellt den tragenden Mechanismus einer **Kernkollaps-Supernova** dar!

Zur energetisch erheblich ausgeprägteren **Hypernova** wird dieser Vorgang, weil das nach außen beschleunigte Material in keine Sternhülle laufen muss, die einen Großteil der Energie aufnehmen und verbrauchen würde.

Dies ist zum Beispiel bei einer herkömmlichen Kernkollaps-Supernova der Fall.

Darüber hinaus wird der von der Explosion erfasste Sternanteil aber nicht nur nicht abgebremst, sondern es gibt für ihn sogar noch eine weitere kräftige Nachbeschleunigung durch den auf das bereits beschleunigte Material gnadenlos einwirkenden Gammastrahlenblitz.

Geodäte siehe **Gravitationslinseneffekt**

Gleichgewicht siehe **Entropie**

Gluonen siehe Quark sowie **Elementarteilchen**

Gravitationslinseneffekt Die Ablenkung von Licht durch Objekte, die Masse oder allgemeiner lokal konzentrierte Energie aufweisen, wird als Gravitationslinseneffekt bezeichnet.

Der Grund für die Ablenkung liegt in der lokalen Raumkrümmung, die gemäß der Allgemeinen Relativitätstheorie durch die massebehafteten Objekte (zum Beispiel Galaxien) erzeugt wird und die die **Geodäten** verbiegen.

(Geodäten beschreiben den kürzesten Weg, den Teilchen aller Art durch die Raumzeit nehmen, wobei für Teichen mit Ruhemasse zeitartige Geodäten und für Teichen ohne Ruhemasse wie Photonen, Nullgeodäten vorgesehen sind.)

Der Name des Gravitationslinseneffekts ergab sich aus der Analogie zu optischen Linsen und der ursächlichen Wirkung, der Gravitation.

Eine Gravitationslinse konzentriert das Licht, das an dem ablenkenden Objekt vorbeiläuft, auf die Achse zwischen Objekt und Beobachter, wobei die Lichtstrahlen umso stärker abgelenkt werden, je näher sie an dem Objekt beziehungsweise den Objekten vorbeilaufen (siehe Abb. A.7 „*Gravitationslinseneffekt*“).

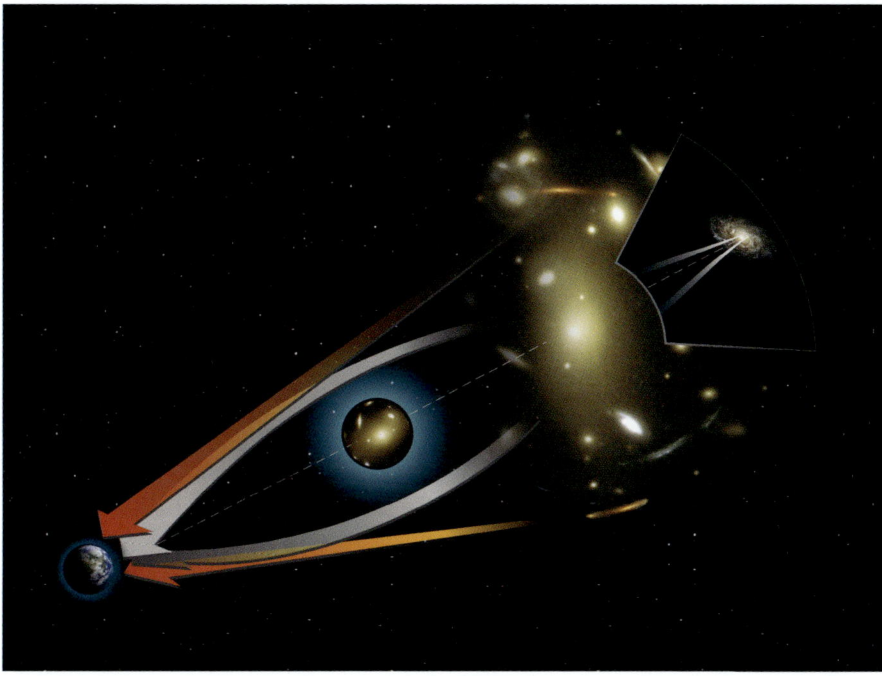

Abb. A.7 Das Bild illustriert den *Gravitationslinseneffekt*. Die golden leuchtende Galaxie in der *Mitte* ist für diesen Effekt verantwortlich, denn sie verzerrt das Licht einer viel weiter entfernten Galaxie (siehe Einschub im oberen Bereich), sodass sich mehrere Abbildungen ergeben. (© NASA, ESA, Andrew Fruchter (STScI), and the ERO team (STScI+ST-ECF).)

Allerdings schneiden die in unterschiedlichen Abständen am Objekt vorbeilaufenden Lichtstrahlen die Achse in verschiedenen Entfernungen, sodass eine Gravitationslinse kein reelles Bild im optischen Sinne erzeugen kann, vielmehr produziert die Lichtverteilung eine sogenannte Kaustik.

Eine derartiges Schauspiel ist zum Beispiel beim Regenbogen zu beobachten, indem jeder Wassertropfen die Grundlage dafür schafft: Das Licht wird beim Eintritt in die Tropfen durch Brechung und an der Rückseite der Tropfen durch Reflexion in einer ausgedehnten, aber begrenzten Fläche gebündelt, die man Kaustik nennt – das Licht wird also nicht in einem Brennpunkt, sondern in einem räumlichen Bereich mit einer bestimmten vom Objekt abhängigen Struktur fokussiert.

Das wesentliche Merkmal einer Kaustik ist demnach ein scharf begrenzter strukturierter Anstieg der Lichtkonzentration, die bei einem Regenbogen an den Grenzflächen als helle Erscheinung am Himmel wahrgenommen wird (die unterschiedlichen Farben der hellen Bögen entstehen dabei durch die zwangsläufige Farbzerlegung des Lichts beim Brechungsvorgang an den Wassertropfen analog zu einem Prisma) und die Rückschlüsse auf ihre Entstehung und die dafür ursächlich verantwortlichen Objekte zulässt (zumeist erfordern diese Rückschlüsse allerdings die Zusammensetzung eines sehr komplizierten Puzzles).

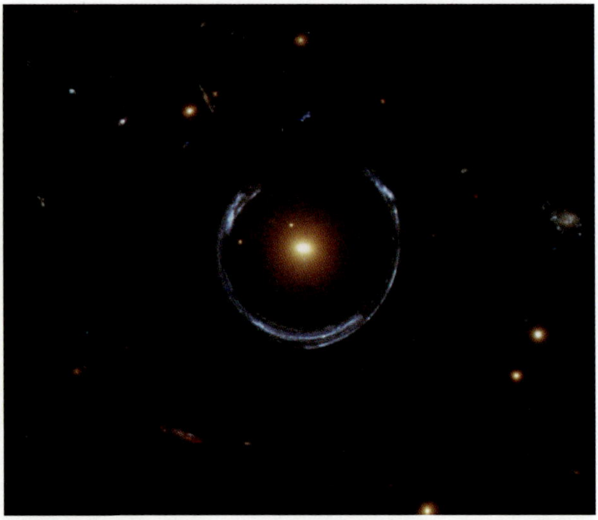

Abb. A.8 Das Bild zeigt, wie sich ein *Einsteinring* um eine ganze Galaxie wickeln kann. Die *rot* leuchtende Galaxie in der *Mitte* (LRG 3-757) verzerrt das Licht einer viel weiter entfernten blauen Galaxie durch den Gravitationslinseneffekt in diesem Fall zu einem eigentümlichen Gebilde, das aus vielen Abbildungen besteht. (© ESA/Hubble & NASA.)

Das Licht einer weit entfernten Quelle (eines Sterns oder einer **Galaxie**) wird also durch ein weniger weit entferntes Objekt, das vor dem Beobachter liegt und die Gravitationslinse darstellt, so beeinflusst, dass sich seine Ausbreitungsrichtung ändert, wobei die Position der Quelle astronomisch verschoben erscheint.

Das Bild kann dabei verstärkt, verzerrt und in der Regel sogar vervielfältigt werden – zum Beispiel in Form eines sogenannten Einsteinkreuzes.

Im Extremfall kann man sogar unendlich viele Abbildungen einer punktförmigen Lichtquelle beobachten – diese erscheinen dann als geschlossene linienförmige Gebilde, sogenannte Einsteinringe (siehe Abb. A.8 „*Einsteinring*").

Obwohl die gravitative Lichtablenkung bereits 1916 von Albert Einstein korrekt beschrieben wurde, gelang der Methode erst 1979 der Durchbruch.

Einstein war der Entwicklung geeigneter Beobachtungstechniken zur Nutzung von Gravitationslinsen also mehr als 60 Jahre voraus.

Seitdem haben sich die Analysen von Beobachtungen anhand des Gravitationslinseneffekts zu einem unverzichtbaren Werkzeug der Astrophysik entwickelt.

Durch solche Analysen kann, wie zum Beispiel auf dem Umschlagbild gezeigt wird, die Dunkle Materie sichtbar gemacht und in speziellen Fällen sogar die Struktur der Dunklen Energie untersucht werden.

H:

Hadronen siehe **Baryonen**

Higgs-Boson siehe **Higgs-Feld**

Higgs-Feld Das **Photon** bewegt sich als einziges freies Teilchen grundsätzlich mit der Grenzgeschwindigkeit *c* durch den Raum.

Wäre das bei allen Teilchen der Fall, könnten keine gebundenen Systeme entstehen, die uns selbst und unsere Lebensgrundlage darstellen.

Das Photon kann sich mit Lichtgeschwindigkeit bewegen, weil es ein masseloses Teilchen ist. Alle anderen Teilchen können dies nicht, weil sie über die Eigenschaft Masse verfügen.

Als Voraussetzung für ein strukturiertes Umfeld müssen sich die Teilchen also um Masse bemühen, denn die macht sie träge, und träge Teilchen sind behäbiger; das ist die Grundlage dafür, dass sie Bindungen eingehen können.

Masse erweist sich also als Bremse für die Teilchen, und der Vermittler für diese Bremswirkung ist das Higgs-Feld, das den Raum mit seinem Quantenfeld füllt und die Teilchen wie eine Substanz, die verschiedene Zähigkeiten aufweisen kann, umgibt.

Es ist das Waten durch diese Higgs-Feld-Substanz, das die Teilchen träge macht, und dadurch offenbart sich ihnen die Eigenschaft Masse. (Das Higgs-Feld ist überall mit gleicher Stärke vorhanden und wechselwirkt mit allen **Elementarteilchen** – nur nicht mit den Photonen und Gluonen, da diese keine Kopplung zum Higgs-Feld besitzen –, sodass sich diese so verhalten, als hätten sie eine bestimmte Masse.)

Dabei stellt sich das Higgs-Feld im Rahmen der **Quantenfeldtheorie** als ein mit sich selbst wechselwirkendes Skalarfeld dar.

Es ist leicht einsehbar, dass dies die richtige Beschreibungsform für das Higgs-Feld sein muss, da die Masse der Teilchen, die vom Higgs-Feld vermittelt wird, sich in noch keinem Experiment als richtungsabhängig erwiesen hat.

Es ist dennoch sehr ungewöhnlich, bei der Beschreibung der Wechselwirkungsprozesse auf ein Skalarfeld zu stoßen, da die Eigenschaften aller anderen Wechselwirkungen, zum Beispiel der elektromagnetischen Kraft, durch Vektorfelder repräsentiert werden (siehe Abb. A.9 „*Skalarfeld*").

Die Massewerte zusammengesetzter, also nicht elementarer, Teilchen beruhen jedoch nicht nur auf der Wechselwirkung mit dem Higgs-Feld, sondern, da Masse äquivalent zur Energie ist, auch auf allen anderen **Wechselwirkungen**, denen die möglichen Bestandteile der Teilchen unterliegen können.

So resultiert die Masse eines Atomkerns zum überwiegenden Teil aus der starken Bindung zwischen den **Quarks** in seinen Nukleonen, das heißt der aus der **starken Wechselwirkung** resultierenden Bewegungsenergie des Quark-Gluonen-Gemisches.

Die durch das Higgs-Feld erzeugte Masse der Quarks selbst trägt zum gesamten Massenwert hingegen weniger stark bei – siehe Anhang C „*Zahlenwerte*".

Und dennoch ist die vom Higgs-Feld erzeugte Masse der Quarks nicht unbedeutend für diesen Prozess, denn ohne sie und das permanente Einwirken des Higgs-Feldes würde die Dynamik des Quark-Gluonen-Gemisches sich zwangsläufig anders darstellen.

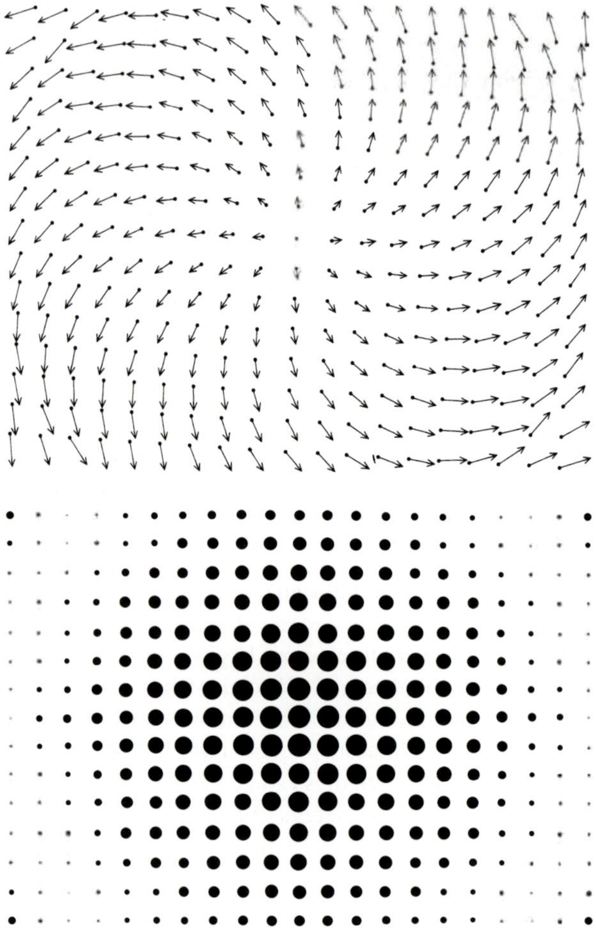

Abb. A.9 Skizze: In der oberen Darstellung wird ein Vektorfeld illustriert und in der unteren ein *Skalarfeld*. Während die Eigenschaften zum Beispiel des elektromagnetischen Feldes durch ein Vektorfeld beschrieben werden, stellt ein Skalarfeld die richtige Beschreibungsform für das Higgs-Feld dar, da die Masse der Teilchen, die vom Higgs-Feld als wichtigster Punkt seines Tuns vermittelt wird, sich in unserer Welt keineswegs als richtungsabhängig erwiesen hat.

Die unterschiedlichen Massen der echten Elementarteilchen – zum Beispiel der Elektronen, der **Neutrinos** oder der **Quarks** – sowie der Austauschteilchen der schwachen Wechselwirkung – der W- und Z-Bosonen – ergeben sich hingegen ausschließlich aus der jeweilig verschieden stark ausgeprägten Wechselwirkung mit dem Higgs-Feld, und dabei legen die unterschiedlichen **Kopplungskonstanten** fest, wie groß die einzelnen Massen sein müssen (siehe Abb. A.10 „*W-Boson*").

Die Masse m eines Teilchens erklärt sich also aus der Stärke der Kopplung des Teilchens λ an eine das Higgs-Feld repräsentierende Feldgröße V_{Higgs}:

$$m = \lambda \cdot V_{Higgs}$$

Dieser den Elementarteilchen masseverleihende **Higgs-Mechanismus** beruht dabei ausschließlich auf virtuellen Anregungen des Higgs-Feldes aus dessen lokalem Grundzustand.

Nachdem dies alles nicht so leicht zu verdauen ist, stellt sich für uns die grübelnde Frage, wie dieser Ansatz zustande kam.

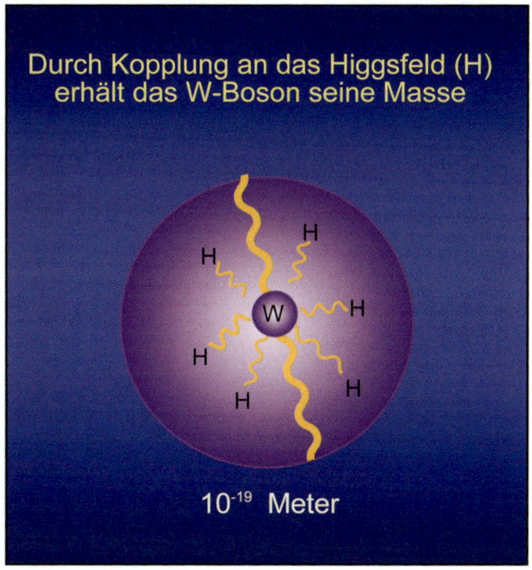

Abb. A.10 Skizze: Ein *W-Boson* (eines der Austauschteilchen der schwachen Wechselwirkung) koppelt an das Higgs-Feld-Vakuum (H), wodurch ihm seine Masse verliehen wird.

Ausgangspunkt dafür war der Versuch, eine vereinheitlichte Beschreibung der Wechselwirkung, die zwischen elektrisch geladenen Körpern wirkt, und der im Innern der Atomkerne wirkenden schwachen Wechselwirkung zu finden. Dabei zeigte sich, dass die Kräfte durch vier Austauschteilchen übertragen werden müssen, wobei die Photonen nach wie vor für die elektromagnetische Kraft zuständig sind, während drei Austauschteilchen (zwei elektrisch geladene W-Bosonen – W^+ und W^- – und ein neutrales Z-Boson) für die Vermittlung der schwachen Wechselwirkung sorgen. Von den vier Kraftteilchen konnte aber nur das Photon masselos sein, denn Experimente legten klar dar, dass die Überträger der schwachen Kraft eine Masse besitzen müssen.

Diese Erkenntnis war die Grundlage für die Entwicklung des Higgs-Mechanismus, gemäß dem nicht nur die Elementarteilchen, sondern auch die Austauschteilchen der schwachen Wechselwirkung verschiedene Massen erhalten.[5]

Das Higgs-Feld hat neben seiner masseverleihenden Wirkungsweise allerdings noch weitere Reize zu bieten.

[5] Der Higgs-Mechanismus war speziell für die Beschreibung der elektroschwachen Wechselwirkung erforderlich, da die Einführung von Massentermen für die Materieteilchen und die Austauschbosonen in diese Theorie ihre **Renormierbarkeit** zerstört hätte und damit theoretische Vorhersagen nicht möglich gewesen wären.

Die Theorie wäre also unbrauchbar geworden und durfte sich deshalb nur auf masselose Teilchen beziehen.

Nachdem aber sowohl die Materieteilchen als auch das W^+– und W^- sowie das Z-Boson Masse haben, wurde ein theoretisches Konzept benötigt, mit dessen Hilfe Massenterme für die Materieteilchen sowie die genannten Bosonen so eingeführt werden konnten, dass die Renormierbarkeit der Theorie gewährleistet wurde.

Dieses theoretische Konzept stellt die geniale Idee des Higgs-Mechanismus dar.

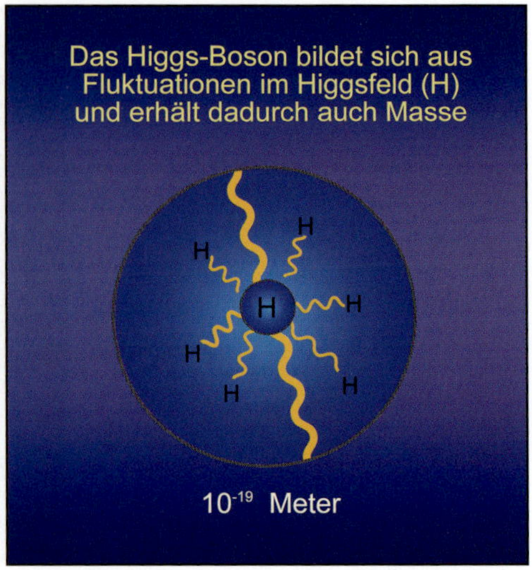

Abb. A.11 Skizze: Ein Higgs-Boson, das im zentralen Bereich des Bildes illustriert ist, hat sich aus einer *Fluktuation des Higgs-Feldes* gebildet und erhält dabei auf die gleiche Weise Masse wie die anderen Elementarteilchen, die mit dem Higgs-Feld wechselwirken („H" stellt die Basisteilchen des Higgs-Feldes dar).

So unterscheidet es sich von anderen Feldern, beispielsweise dem elektromagnetischen Feld, auch dadurch, dass es selbst ohne Partner oder äußere Einwirkung eine Feldstärke besitzt, die grundsätzlich, auch im Vakuum, von null verschieden ist.

Das Higgs-Feld ist damit untrennbar mit dem Vakuum verbunden und repräsentiert mit seinem skalaren Quantenfeld vielmehr das Vakuum (siehe Abb. A.9 „*Skalarfeld*"), sodass man es korrekterweise mit einem Higgs-Feld-Vakuum zu tun hat, indem sich dann alles Weitere abspielt.

Die Quanten des Higgs-Feldes sind also allgegenwärtig, wobei Quanten grundsätzlich die Wechselwirkungseigenschaften der Felder vermitteln, und gehören zum Higgs-Feld, wie die Photonen zum elektromagnetischen Feld, die **Gluonen** zur starken Wechselwirkung und die **Kosmonen** zur **Quintessenz** gehören.

In dieser Hinsicht hat das Higgs-Feld-Vakuum allerdings noch etwas Besonderes zu bieten, und zwar sein **Higgs-Boson**.

Dieses verhältnismäßig langlebige Teilchen (seine Masse liegt bei 125 GeV/c^2 und seine Lebensdauer bei circa 10^{-22} s) bildet sich primär aus Fluktuationen der Quanten des Higgs-Feldes und erhält auf diesem Weg in gleicher Weise Masse wie die anderen Elementarteilchen, die mit dem Higgs-Feld wechselwirken (siehe Abb. A.11 „*Fluktuation des Higgs-Feldes*").

Grundsätzlich kann es aber auch von allen Teilchen, die selbst über Masse verfügen, erzeugt und vernichtet werden, da jedes dieser Teilchen für das Higgs-Feld-Vakuum eine Fluktuation darstellt (siehe Abb. A.12 „*Kopplung*").

Das Higgs-Boson stellt damit also eine lokal reelle Anregung des Grundzustands des Higgs-Feldes dar, wobei der den Elementarteilchen masseverleihende Higgs-Mechanismus nur auf virtuellen Anregungen beruht (siehe Abb. A.10 „*W-Boson*").

Für den Nachweis dieses speziellen Teilchens muss das Higgs-Feld also angeregt werden, sodass die Erzeugung und Vernichtung des Higgs-Bosons durch

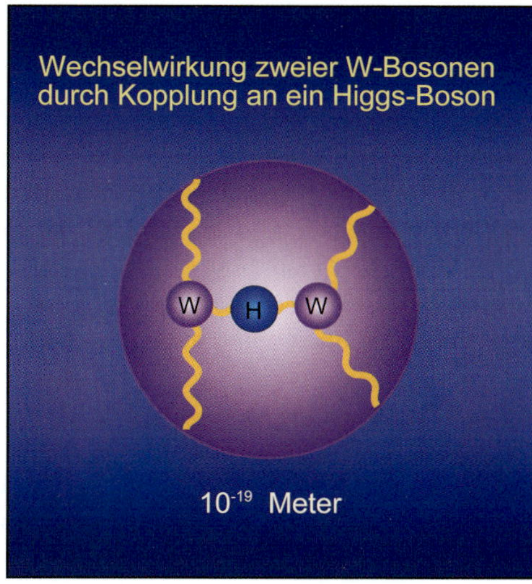

Abb. A.12 Skizze: W-Bosonen können als Austauschteilchen der schwachen Wechselwirkung auch durch *Kopplung* an ein Higgs-Boson miteinander wechselwirken. Dies stellt einen der möglichen Wege dar, auf denen die Masse des Higgs-Bosons eingegrenzt werden kann. Die erfolgreiche Suche nach dem Higgs-Boson, für die unter anderem Peter Higgs 2013 den Nobelpreis erhielt, ergab eine Masse von 125 GeV/c^2 für dieses spezielle Boson.

Ohne eine vorangegangene Eingrenzung der Masse dieses Teilchens wäre die Suche nach dem Higgs-Boson allerdings niemals im Sinne der Glaubwürdigkeit erfolgreich gewesen.

die Präsenz anderer Teilchen, wie zum Beispiel W-Bosonen, möglich wird (siehe Abb. A.12 „*Kopplung*").

Dazu muss das Feld, wegen der hohen Energie des Higgs-Bosons, allerdings sehr hart angeschlagen werden, zum Beispiel indem man Teilchen mit extrem hoher Energie und damit hoher Geschwindigkeit aufeinanderschießt, sodass sie in einem Energieblitz explodieren.

Auf diesem Weg kann dieses spezielle Feldquant des allgegenwärtigen Higgs-Feldes also grundsätzlich nachgewiesen werden – das ist der Weg, dem man am Large Hadron Collider (LHC), dem derzeit größten verfügbaren Erkenntnisbeschleunigerring, gefolgt ist, und das mit Erfolg.

Im Frühjahr 2013 konnte das Higgs-Boson, das von Peter Higgs im Jahr 1964 vorausgesagt wurde und das nicht weniger als den letzten fehlenden Stein im gegenwärtig akzeptierten Baukasten der Elementarteilchen darstellt, nach Auswertung aller durch das ATLAS-Experiment gewonnenen Daten der ersten Betriebsperiode des LHC, definitiv nachgewiesen werden.

Das Beiwort „definitiv" bedeutete in diesem Fall, dass Peter Higgs und François Englert für die Entdeckung des Mechanismus, der Elementarteilchen ihre Masse verleiht, noch im selben Jahr der Nobelpreis verliehen wurde.

Zu den Besonderheiten des Higgs-Feldes zählt aber nicht nur, dass es die Entstehung der Masse der anderen Teilchen erklärt und dass es ein reales Boson hervorbringt, das aufgrund der Wechselwirkung mit seinem eigenen Feld auch eine Masse besitzt, sondern auch, dass es den Zustand eines **falschen Vakuums** einnehmen kann.

Nach unserem Verständnis würde unser Universum ohne diese Eigenschaft nicht existieren, denn diese Besonderheit war nicht zuletzt nach dem Start des **Big Bang** und während der **Inflationsphase** der alles entscheidende Punkt. (Im Kap. 13.1 „*Die Higgsogenesis und die gebrochene Symmetrie*" sowie im Kap. 13.2 „*Anti-Higgs – der Schlüssel zum Verständnis der Dunklen Elemente*" werden wir unter Einbeziehung eigener Überlegungen versuchen aufzuzeigen, dass das Higgs-Feld sogar noch erheblich mehr zu bieten haben könnte.)

Higgs-Mechanismus siehe **Higgs-Feld**

Hubble-Gesetz Edwin Hubble konnte mit einem Diagramm zeigen, dass die **Galaxien** sich in alle Richtungen von uns und voneinander entfernen und dass dies umso schneller geschieht, je weiter sie von uns und voneinander entfernt sind – je größer der Abstand zwischen zwei Galaxien im Universum ist, umso weiter entfernen sie sich innerhalb eines bestimmten Zeitintervalls auch voneinander. Es gibt eine Galaxienflucht, bei der die Fluchtgeschwindigkeit mit zunehmendem Abstand wächst!

Konkret fand Edwin Hubble die Beziehung $Geschwindigkeit = H_0 \times Entfernung$. Sie besagt, dass der Raum selbst sich ausdehnt und dabei die Galaxien quasi ortsfest mitbewegt.

Die sich aus der kosmologischen **Rotverschiebung** ergebenden sogenannten „Fluchtgeschwindigkeiten der Galaxien" sind eine direkte Konsequenz der Ausdehnung des Raums beziehungsweise der Expansion des Universums.

Die „Flucht der Galaxien" ist also keine Bewegung in einem fixen Raum, die speziell von uns weg erfolgt.

Hubble-Konstante Die Beziehung $v = H_0 r$, die einen linearen Verlauf zwischen den Entfernungen r der Galaxien und den als Geschwindigkeiten v interpretierten **Rotverschiebungen** z zeigt ($v = zc$), legt die heutige Hubble-Konstante H_0 fest, wobei der aktuelle Wert dieser Größe bei 22 km/s/Megalichtjahr liegt – dieser Wert gilt allerdings nur für eine beschränkte zeitliche Epoche.

Da die Hubble-Konstante H_0 über größere Zeiten hinweg gesehen keine Konstante, sondern eine zeitabhängige Funktion *H(t) ist*, wird mit der Angabe des Index *0* lediglich der derzeitige Wert $H(t_0)$ gekennzeichnet.

Da Änderungen der Abstände r zwischen Galaxien (eine betrachtete Änderung soll hierbei von $r = r_0$ zu $r = Rr_0$ erfolgen, wobei R der Ausdehnungsfaktor ist) proportional zur Änderung $\dot{R}$ des Ausdehnungsfaktors sind (also $v = \dot{r} = \dot{R}r_0 = (\dot{R}/R)r$), stellen sich die Relativgeschwindigkeiten bezüglich des Hubble-Gesetzes in allgemeiner Form folgendermaßen dar: $v = (\dot{R}/R)r = H(t)r$.

Hubble-Zeit Die Hubble-Zeit liegt bei circa 14 Mrd. Jahren und ergibt sich aus dem Kehrwert der Hubble-Konstante $1/H_0$. Sie impliziert eine gleichförmige Expansion, die in ein leeres Universum hinein erfolgt.

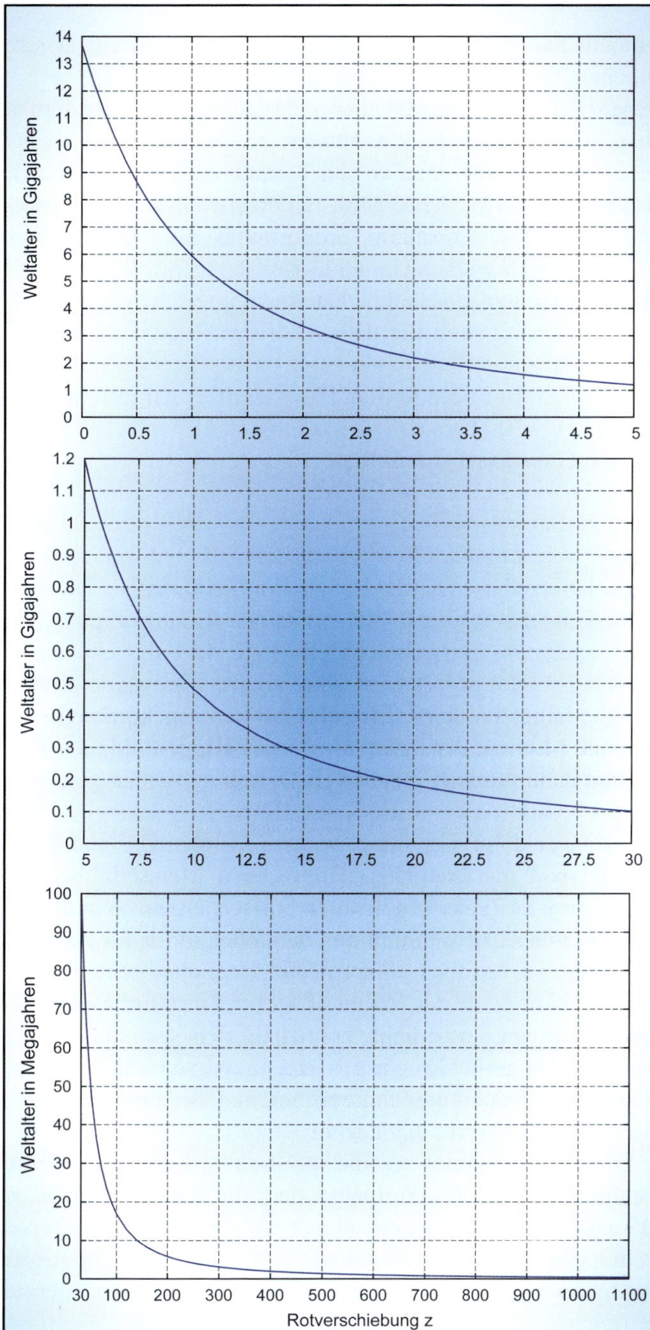

Abb. A.13 Die Grafik stellt das *Weltalter* in Abhängigkeit der Rotverschiebung z dar. (© J. Weber, LMU.)

In solch einem Fall entspräche sie dem Weltalter; das heißt der seit dem Big Bang vergangenen Zeit.

Da die Expansion in Wirklichkeit aber nicht gleichförmig, sondern aufgrund des Gehalts an baryonischer und Dunkler Materie sowie Dunkler Energie des Universums teilweise verzögert und dann wieder beschleunigt erfolgt, unterscheidet sich das Alter des Universums mit 13.82 Mrd. Jahren etwas von der Hubble-Zeit.

Nachdem die Hubble-Konstante proportional zur Rotverschiebung z ist ($zc = H_0 r$) und der Kehrwert der Hubble-Konstante proportional zum Weltalter ist, kann auf der Grundlage eines einfachen kosmologischen Modells das jeweilige Weltalter auch in Abhängigkeit der dazugehörigen Rotverschiebung z angegeben werden.

Diese Abhängigkeit ist in der Abb. A.13 „*Weltalter*" dargestellt.

Hypernova siehe **Gammastrahlenblitze**

I, J, K:

Inflation Die Inflationsphase war der Bang beim **Big Bang**, sie hat dem Universum in der Epoche von $0+10^{-35}$ s bis $0+10^{-32}$ s seinen Anfangsimpuls gegeben und es damit auf den Expansionsweg gebracht. Ohne sie wäre das Universum nach dem Start des Big Bang fraglos sofort wieder kollabiert; vorausgesetzt, das Universum wäre ohne sie überhaupt aus seiner **Singularität** herausgekommen.

Das auslösende Moment der Inflation war das **Higgs-Feld**, das als falsches Vakuum auftrat und dadurch einen **negativen Druck** und einen gewaltigen Energiedichteüberschuss besaß.

(Für ein Vakuumfeld kann es neben seinem stabilen Zustand der Nullenergiedichte auch sogenannte metastabile Zustände geben. Metastabil bedeutet in diesem Zusammenhang, dass das Vakuumfeld auch einen energetisch angeregten Zustand, der allerdings ein labiles Energieminimum darstellen muss, für eine bestimmte Zeit als stabilen Pegelstand betrachten kann. Man bezeichnet einen solchen Zustand auch als falsches Vakuum, da das Vakuumfeld zur Einstellung des wahren stabilen Vakuums eine gewaltige Energiedichte kurzfristig freisetzen muss. Es gehört zu den Besonderheiten des Higgs-Feldes, dass es unter gewissen Voraussetzungen den Zustand eines falschen Vakuums einnehmen kann, und das hat es in der Anfangsphase der Entstehung des Universums auch getan.)

Während der negative Druck für die inflationäre Expansion sorgte, durch die sich das Universum so gewaltig aufblähte, dass die Expansion nicht nur bis heute anhält, sondern es sich dabei, ausgehend von einer minimalen embryonalen Struktur, auch um den gewaltigen Faktor von 10^{50} vergrößerte, hat ein Teil der nach dem Phasenübergang des Higgs-Feldes kurzfristig frei gewordenen Energiedichteüberschusses die Teilchen erzeugt, die heute unser Universum bevölkern.

Es war die Inflation, die unter Einbeziehung des Gravitationspotenzials der Allgemeinen Relativitätstheorie aus einem dem Wirkungsbereich der Singularität zugeordnetem möglichen Startmassenäquivalent von gerade einmal 10 kg die 10^{90} Teilchen werden ließ, die wir im heute sichtbaren Teil des Universums beobachten.

Dabei spielte das Gravitationspotenzial der Teilchen eine wichtige Rolle.

Denn nachdem das falsche Vakuum des Higgs-Feldes seinen Phasenübergang vollzogen hatte und aus der frei gewordenen Energie seines metastabilen Niveaus den Großteil der Teilchen des Universums erzeugte, wodurch nicht nur die Inflationsphase beendet wurde, sondern auch die Wirkung des negativen Drucks des Higgs-Feld-Vakuums, dem das Universum bis dahin ausgesetzt war, aufgehoben wurde, musste die dem negativen Druck entsprechende negative Energie, die das negative Äquivalent zu den entstandenen Teilchen darstellte, noch ausgeglichen werden. Und das geschah, indem die ebenfalls negative Gravitationsenergie der soeben erzeugten Teilchen die negative Energie des negativen Drucks ablöste, also in deren Rolle schlüpfte; damit stellte nunmehr sie das negative Äquivalent zu den entstandenen Teilchen dar.

Nur auf diesem Weg konnte die weitere Existenz der entstandenen Teilchen gewährleistet und abgesichert werden, da andernfalls, wegen der starken Verletzung des Energieerhaltungsprinzips (die teilchenbezogene Gesamtenergie wäre ohne negatives Äquivalent größer null gewesen), das Vakuum die vorübergehend real gewordenen Teilchen zum Energieabgleich wieder zurückgefordert hätte.

(Das Startmassenäquivalent des Universums stellt hierbei keinen fest vorgegebenen Wert dar, sondern entspricht einer Größe, die mit gegenwärtigen Simulationen verträglich ist. Sie könnte sich zukünftig also auch, der jeweiligen Verständnislage entsprechend, als durchaus größer oder kleiner erweisen.)

Kernkollaps-Supernova siehe **Gammastrahlenblitze**

Kopplungskonstanten Die **Wechselwirkungen** werden bezüglich der Grundkräfte durch Austauschteilchen vermittelt, wobei die Stärke der Kräfte durch die Kopplungskonstanten festgelegt wird (siehe Anhang C „*Zahlenwerte*"). Sie bestimmen somit die Stärke der Kopplung der Austauschbosonen an die dazugehörigen Ladungen, und diese Festlegung der Stärke ist die Grundlage für die durch die moderne Physik beschriebenen Wechselwirkungsprozesse.

Als konkretes Beispiel stellt die Feinstrukturkonstante α die elektromagnetische Kopplungskonstante dar.

Sie gibt die Wahrscheinlichkeit an, mit der ein Photon als Austauschteilchen der elektromagnetischen Wechselwirkung an die elektrische Ladung eines Elektrons oder Protons koppelt.

Diese Wahrscheinlichkeit und damit auch die Kopplungskonstante selbst erfährt bei hohen Energien jedoch eine Änderung, da ein Photon mit größerer Energie die Wolke aus virtuellen Teilchen (überwiegend bestehend aus weiteren Photonen), die bei jedem Prozess allgegenwärtig ist und die Kopplung renormiert, eher durchdringen und damit leichter zum Elektron oder Proton vorstoßen kann.

Diese Abhängigkeit von der Energieskala bezeichnet man als laufende Kopplung oder gleitende Ladung.

Grundsätzlich kann ein **Elementarteilchen** verschiedenartige Ladungen besitzen (Farbladung für die starke Wechselwirkung, elektrische Ladung für die elektro-

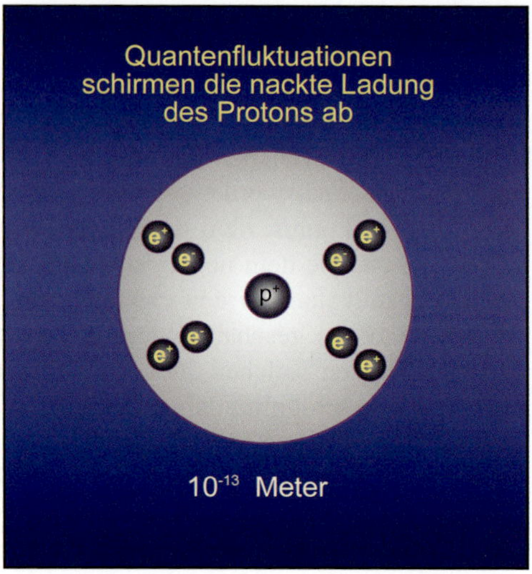

Abb. A.14 Skizze: Die nach außen gerichtete Abschirmung der „wahren Ladungen", zum Beispiel der „*nackten Ladung*" des Protons durch Quantenfluktuationen, die auf Elektronen und Positronen beruhen, ist für die erforderlichen Renormierungsverfahren der Quantenfeldtheorien von grundlegender Bedeutung. Dieser Punkt stellt bei dem Versuch, eine Quantengravitationstheorie aufzubauen, ein großes Problem dar, da diese Theorie sich als „nicht renormierbar" erwiesen hat; und aus genau diesem Grund liegt eine solche Theorie in ausgereifter Form noch nicht vor.

magnetische Wechselwirkung, schwache Ladung für die schwache Wechselwirkung und Masse für die Gravitation) und somit auch an verschiedene Austauschbosonen koppeln (Gluonen, Photonen, W- und Z-Bosonen und Gravitonen). So verfügt zum Beispiel ein **Quark** über eine Farbladung und eine elektrische Ladung – über die erste Ladung halten die Quarks den Kern zusammen und bilden ihn aus, und über die zweite Ladung wird das Atom aufgebaut.

Bei der Festlegung der Kopplungskonstanten, die das grundlegende Maß für die Wahrscheinlichkeiten darstellen, mit denen Bosonen an Teilchen, die Träger einer Ladung sind, koppeln, muss allerdings auch die Wechselwirkung der Teilchen mit virtuellen Bosonen und die Wechselwirkung der Bosonen mit virtuell erzeugten Teilchen-**Antiteilchen**-Paaren aus dem Vakuum berücksichtigt werden.

Dies geschieht anhand eines **Renormierung**sverfahrens, bei dem „nackte" Ladungen und Kopplungskonstanten eingeführt werden, die erheblich unterschiedlich zu den real anzunehmenden Werten sind und die bei Berücksichtigung der Wechselwirkungen mit den Vakuumstermen sich zu den Werten ergeben, die tatsächlich beobachtet werden, vergleiche auch Abb. A.14 *„Nackte Ladung"*. (Nackt bedeutet in diesem Zusammenhang, dass die Wolke aus virtuellen Teilchen als gegenstandslos betrachtet wird.)

Gemäß dieser Sichtweise werden also Gegenterme zu den Vakuumstermen aufgebaut, die gerade die Differenz der nackten Ladungen und Kopplungskonstanten zu den beobachteten Größen widerspiegeln und auf der Grundlage der beobachteten Größen die Vakuumsterme aufheben.

Dieses Vorgehen führt in der **Quantenelektrodynamik**, die die elektromagnetische Wechselwirkung durch den Austausch von Photonen beschreibt, und in der **Quantenchromodynamik**, die die starke Wechselwirkung auf der Grundlage der Gluonen als Austauschteilchen beschreibt, sowie mit der schwachen Wechselwirkung, der W- und Z-Bosonen als Austauschteilchen zur Verfügung stehen und die sich nach großer Anstrengung als elektroschwache, mit der Theorie der Quantenelektrodynamik vereinheitlichte Wechselwirkung darstellt, zum Ziel.

Im Sinne einer zu etablierenden **Quantengravitationstheorie**, die Gravitonen als Austauschteilchen ins Feld führt, landet dieser Ansatz hingegen im Nirwana. Denn in einer solchen, zu den anderen Feldtheorien analog aufgebauten Theorie müssten bei der erforderlichen Renormierung unendlich viele Gegenterme berücksichtigt werden. Eine analog zur Quantenelektrodynamik und Quantenchromodynamik aufgebaute Quantengravitationstheorie erweist sich damit als „nicht renormierbar"; und dieses Verhalten stellt das Hauptproblem dar, weshalb es eine solche Theorie in ausgereifter Form noch nicht gibt!

Wissenschaftler, die diesem Namen Ehre machen, können mit einer derart frustrierenden Erkenntnis natürlich nicht leben.

Demgemäß haben sie damit begonnen, neue, über die Quantenfeldtheorien hinausgehende Konzepte, die den Raumzeit-Hintergrund selbst als dynamische Größe betrachten, was von einer Quantisierung der Gravitation offensichtlich eingefordert wird, zu entwickeln.

Die aktuellen Produkte dieser Entwicklungen stellen die String-Theorie und die M-Theorie sowie die **Loop-Quantengravitation** dar.

(Alternativ zum Standardmodell der Teilchenphysik, das sich auf Quantenfeldtheorien begründet, werden in der String- und M-Theorie die Elementarteilchen nicht als Punktquellen der Dimension null, sondern als vibrierende eindimensionale Objekte – Strings – oder auch höherdimensionale Objekte – Branes –, die sich als zwei- bis fünfdimensionale Gebilde darstellen, beschrieben. Man stellt sich in diesen Theorien die Elementarteilchen also als Schwingungsanregungen dieser Basissubjekte vor, wobei nach den Regeln der Quantenmechanik die auftretenden Frequenzen der Schwingungen Energien entsprechen. In der Loop-Quantengravitation ist die Auffassung vom Raum das Entscheidende. Hier wird der Raum als dynamisches quantenmechanisches Spin-Netzwerk interpretiert, das aus Linien und Knoten besteht. Aus Sicht dieser Theorie stellt der Raum somit keinen Hintergrund für den Ablauf von Ereignissen dar, sondern das Netz soll der Raum selbst sein, wobei zwischen den Knoten und Verbindungslinien ein Nichts ist. Der Raum hat also eine körnige Struktur wie Sand, bei dem die Körner mit Bindfäden verbunden sind, und ein solches Konstrukt stellt dann einen Quantenzustand des Raums dar. Den Knoten werden dabei die Eigenschaften von Elementarteilchen zugeordnet, die zum Beispiel, als wichtige Größe, auch den **Spin** umfassen. Bewegungen von Teilchen werden ferner durch die Verschiebung bestimmter Knotentypen im Netz beschrieben, wobei diese Veränderungen den Zeitfluss repräsentieren. Dies bedeutet, dass den Bewegungen der Knoten keine Zeitdauer zugeordnet wird, sondern das nacheinander ablaufende Geschehen zum Zeitbegriff führt. Die sich daraus ergebende Quantisierung von Raum und Zeit wird dabei auf die Planck-Länge und die Planck-Zeit gestützt. Erst in diesen Größenordnungen geht also die gewohnte Kontinuität von Raum und Zeit verloren.)

Im Sinnieren über die fein gewebten Zusammenhänge von quantisierter Raumzeit und Gravitonen als Austauschteilchen für die Ladung „Masse", die bedingt vom Higgs-Feld vermittelt wird und zudem generell äquivalent zur Energie ist, hat sich bei den ruhelos Betroffenen, die sich mit der Entwicklung dieser Produkte befassen, fraglos so manche schlaflose Nacht ergeben.

Der gegenwärtige theoretische Entwicklungsstand verrät uns aber, dass es noch andauern wird, bis das Gute ihrer Schlaflosigkeit sich uns offenbart. Denn die bisher entwickelten Vorstellungen weisen, der Komplexität des Problems entsprechend, noch eine Reihe von Unstimmigkeiten auf, die rein konzeptionell durch Hinzunahme von weiteren, derzeit nicht überprüfbaren Annahmen behoben werden. Damit werden wir auf Mängel aufmerksam, die deutlich machen, dass der angestrebte Geltungsbereich dieser physikalischen Theorien vom Ansatz her noch nicht alle wesentlichen Aspekte konsistent berücksichtigt. Und dies bedeutet, dass die bestehenden Formalismen noch Schönheitsfehler aufweisen, die auf Grenzen der Anwendbarkeit hindeuten.

Für den letztendlich zu entwickelnden Formalismus sind also zumindest auf weniger Annahmen beruhende Erweiterungen, wenn nicht gar vollkommen neue Ansätze erforderlich, sodass dieser von solchen Slchönheitsfehlern nicht geprägt ist und mit der notwendigen Abgeschlossenheit als Grundlage zur Beschreibung der Phänomene, die eine quantisierte Gravitationstheorie erfordern, dienen kann. Die Zuversicht, dass die enormen Anstrengungen, die derzeit im Hinblick auf diesen erforderlichen Schritt unternommen werden, letztendlich von Erfolg gekrönt sein werden, sollten wir jedoch allemal haben.

Kosmische Leuchttürme siehe **Supernovae Typ Ia**

Kosmologisches Prinzip siehe **Weltpostulat**

Kosmonfeld Durch die bislang spekulativ angesetzte **Quintessenz** würde die **Dunkle Energie** als eine dynamisch veränderliche Substanz beschrieben werden, wobei die als schwach anzusetzende Wechselwirkung mit den anderen bekannten Energieformen durch ein skalares Kosmonfeld vermittelt wird – ein ähnliches Skalarfeld von großer Bedeutung stellt das **Higgs-Feld** dar, wobei das Kosmonfeld erheblich schwächer ausgeprägte Eigenschaften haben sollte.

Das Kosmonfeld kann man sich wie ein elektrisches Feld vorstellen, nur, dass in diesem Fall keine Richtung ausgezeichnet ist.

Gemäß den noch näher zu spezifizierenden Eigenschaften des Kosmonfeldes könnte es die ihm zugehörigen Feldgrößen im Zuge der Entwicklung des Universums verändern. Das Kosmon selbst würde in diesem Zusammenhang sowohl potenzielle als auch kinetische Energie aufweisen, und beide Größen könnten zur Energiedichte des Universums beitragen. Hierbei wäre die potenzielle Energie für den **negativen Druck**, der auf unser Universum ausgeübt wird, verantwortlich, und die kinetische Energie würde die für das Erreichen der **kritischen Massendichte** erforderlichen, aber ohne Dunkle Energie fehlenden, 70 % an positiver Energiedichte beisteuern – siehe auch **Quintessenz**.

Kreislauf der Materie siehe **Megasonnen**

Kritische Massendichte siehe Ω_m (kosmologische Parameter)

L, M:

Ladungen siehe **Kopplungskonstanten**

Leuchtkraft Die Leuchtkraft stellt die gesamte Strahlungsleistung eines Sterns dar – also die pro Sekunde insgesamt abgestrahlte Energie. Sie wird zumeist in Einheiten von Sonnenleuchtkräften ($L_\odot = 3.826 \cdot 10^{33}$ erg/s) angegeben (siehe auch Anhang C „*Zahlenwerte*“).

Lichtkurven der Supernovae vom Typ Ia siehe **Supernova Typ Ia**

Loop-Quantengravitation siehe **Kopplungskonstanten**

Makrozeit Der Ablauf von Prozessen definiert die Makrozeit, wobei dies die Zeit ist, die wir wahrnehmen, und die wird erst dann zur beobachtbaren und damit bestimmbaren Größe, wenn eine erkennbare Veränderung eines Ausgangszustands stattgefunden hat.

Die Veränderung eines solchen Zustands ist aber nur dann möglich, wenn der Spielraum für eine fortschreitende Unordnung hinsichtlich eines ursprünglich geordneten Systems besteht.

Dieser Spielraum kann durch die Zuführung von Energie in einem gewissen Rahmen verlängert werden, allerdings nur auf die Art, dass die mit dem zeitlichen Verlauf einhergehende Unordnung nur teilweise wieder geordnet werden kann und zum Ausgleich an anderer Stelle mehr Unordnung entsteht.

Physikalisch besteht dieser Spielraum, solange die **Entropie** noch nicht ihren größtmöglichen Wert erreicht hat.

Eine wichtige Erkenntnis ist in diesem Zusammenhang, dass nur Vorgänge, die zu erkennbaren Veränderungen führen, auch einen zeitlichen Verlauf aufweisen und damit einen **Zeitpfeil** haben.

Jedem System, das eine Entwicklung durchlebt, steht damit nur die beschränkte Zeit zur Verfügung, die den Übergang von der anfänglichen Ordnung zur maximalen Unordnung fixiert, wobei dieser Übergang durch die Entwicklung selbst erzwungen wird.

Massereiche Sterne siehe **Megasonne** sowie **Gammastrahlenblitze**

Megasonne Megasonnen sind Sterne der Superlative. Sie sind die heißesten, die hellsten, die massereichsten und die kurzlebigsten Sterne. Ihre Oberflächentemperaturen liegen zwischen 25 000 und 60 000 K, sie weisen Massen von 20 bis 150 Sonnenmassen auf, ihre Helligkeit liegt bei mehreren Millionen **Sonnenleuchtkräften,** und ihre Lebensspanne reicht nicht über wenige Millionen Jahre hinaus.

Abb. A.15 Das Bild zeigt den *Nebel N90* in der Kleinen Magellan'schen Wolke, der von Megasonnen vollständig kontrolliert wird. (© NASA, ESA and the Hubble Heritage Team STScI/AURA)-ESA/Hubble Collaboration.)
Der Nebel N90 wird von der Strahlung der im Zentrum liegenden Megasonnen (zu erkennen an den zentralen bläulich hellen Bereichen) nicht nur zum Leuchten angeregt, sondern durch deren Strahlungsdruck auch ausgehöhlt wie ein Kokon.

Der Nebel selbst ist ein übrig gebliebener Teil der Wolke, aus der die Megasonnen vor nicht einmal einer Million Jahren entstanden sind.

Das legionsmäßige Auftreten dieser Objekte in Form von „Starbursts" hat in einer sehr frühen Phase der Entwicklung des Universums den kosmischen Materiekreislauf, von dem vor allem die Entstehung sonnenähnlicher Sterne und die Planetenentstehung abhängig ist, in entscheidender Weise in Schwung gebracht.

In dieser Hinsicht sind Megasonnen vor allem wegen ihrer extrem kurzen Lebensspanne von großer Bedeutung, denn damit können sie auf kurzer Zeitskala große Mengen an synthetisierten Elementen, die schwerer als Wasserstoff und Helium sind und die sie in ihrem Inneren produziert haben, mittels ihrer stellaren Winde und ihr Lebensende kennzeichnenden Supernovae vom Typ II, Ib und Ic (**Kernkollaps-Supernovae**) an das Interstellare Medium (ISM) abgeben. Ihre Winde und Supernovaexplosionen sind aber nicht nur für die Elementversorgung des ISM zuständig, sondern sie rühren mit diesen extrem dynamischen Vorgängen das ISM auch so kräftig um, dass dieses neue Starbursts generiert oder bestehende am Leben erhält (siehe auch Abb. A.15 „*Nebel N90*").

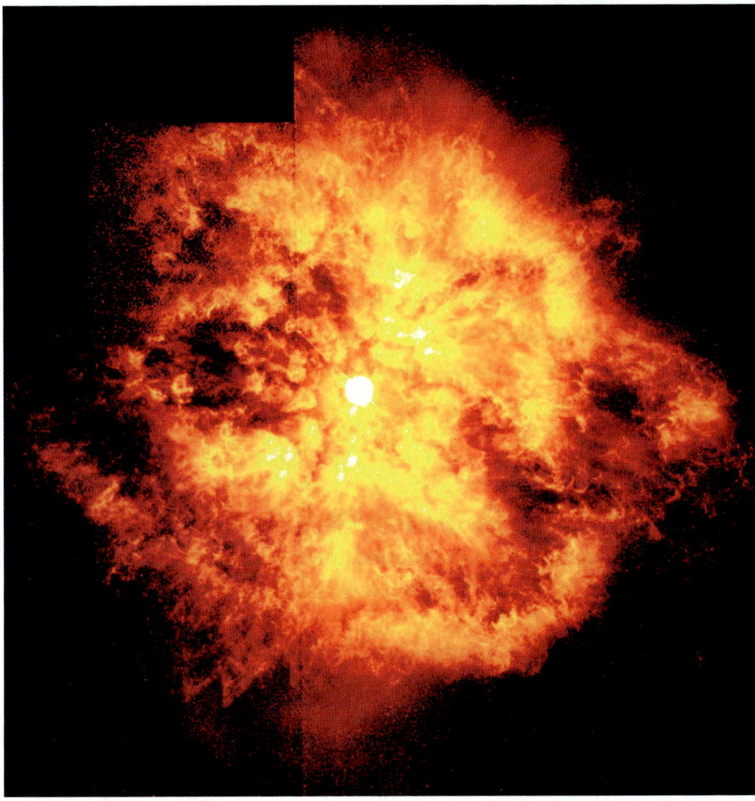

Abb. A.16 Erscheinungsbild einer *Megasonne* (WR124) kurz vor ihrem Ableben. (©: Yves Grosdidier (University of Montreal and Observatoire de Strasbourg), Anthony Moffat (Universitie de Montreal), Gilles Joncas (Universite Laval), Agnes Acker (Observatoire de Strasbourg), and NASA/ESA.) Während das Gesamtobjekt (Stern und vom Sternwind aufgebaute Hülle) einen Durchmesser von circa 6 Lichtjahren hat, liegt der Durchmesser der ausgedehnten expandierenden Atmosphäre dieser Megasonne (heller Bereich in der *Mitte*) nur bei circa 150 Erdbahnradien, also einem knappen Lichttag.

Megasonnen sind damit eines der wichtigsten Standbeine der galaktischen Ökologie.

Sie sind der Motor des kosmischen Materiekreislaufs!

Die stellaren Winde der Megasonnen ergeben sich aus deren expandierenden Atmosphären, und zwar in gleicher Weise, wie dies bei den **Zentralsternen Planetarischer Nebel** der Fall ist. Ursache dafür ist die Absorption der stellaren Photonen durch einige Millionen Spektrallinien in den äußeren Hüllenbereichen.

Da dabei auch ein Impulsübertrag vom Strahlungsfeld auf die Materie stattfindet, werden die atmosphärischen Schichten auf enorme Geschwindigkeiten beschleunigt, was dazu führt, dass die äußersten Bereiche dieser Schichten permanent ins All geschossen werden.

Die dabei auftretenden Geschwindigkeiten liegen bei 1500 bis 4000 km/s und die mit diesem Prozess verbundenen Massenverlustraten bei bis zu 100 Erdmassen pro Jahr (siehe Abb. A.16 „*Megasonne*“).

Mikrowellenhintergrundstrahlung Arno Penzias und Robert Wilson lieferten 1965 den entscheidenden Beobachtungsbefund, der den Zug, mit dem die Theorie des Big Bang sich vorwärts bewegt, erst so richtig ins Rollen brachte.

Sie entdeckten die mittlerweile berühmte und von vielen Fernsehzuschauern[6] hoch geschätzte 3-Kelvin-Hintergrundstrahlung, was frostigen −270 °C entspricht.

Entscheidend dabei war, dass George Gamow diese Strahlung im Rahmen seiner Theorie (er war der Ideengeber und „Vater des **Big Bangs**") präzise vorhergesagt hatte – konkret sagte er vorher, dass Spuren von der Strahlung, die vom Anfangszustand des Universums geprägt wurde, auch heute noch vorhanden sein müssten.

Bei dieser Strahlung handelt es sich um Wärmestrahlung, die mit dem viele 1000 Grad heißen Plasma – daraus bestand das Universum wegen der expansionsbedingten Abkühlung nach den ersten 3 min seiner Entstehung – sich im Gleichgewicht befand, wobei als maßgeblicher Prozess die Photonen an den frei beweglichen Elektronen permanent gestreut wurden, sodass sie kaum vorankamen und damit gefangen waren.

Erst nach circa 380 000 Jahren war das Universum so stark expandiert und abgekühlt, dass die Elektronen von den hauptsächlich vorhandenen Wasserstoffkernen eingefangen werden konnten; es entstanden in dieser sogenannten Rekombinationsphase die ersten neutralen Atome.

Nun konnten die Photonen von freien Elektronen nicht mehr behindert werden, und sie hatten freie Bahn, bis ins Hier und Jetzt.

Dieser Befreiungsprozess fand bei einer Temperatur von circa 3000 K und einer **Rotverschiebung** von $z = 1100$ statt; und nachdem sich Temperaturen wie Photonenfrequenzen mit der Rotverschiebung skalieren (die Frequenz eines Photons erhält man, indem die Lichtgeschwindigkeit durch die Wellenlänge geteilt wird), entspricht dies einer heutigen Temperatur von nicht ganz 3 K (siehe Abb. A.17 „*Mikrowellenhintergrundstrahlung*").

Diese Wärmestrahlung kann mit Wärmebildkameras gemessen werden, und auf diesem Weg wurde die Mikrowellenhintergrundstrahlung in jüngster Zeit neu entdeckt.

Denn man hat festgestellt, dass diese Strahlung nicht mit gleicher Intensität aus allen Himmelsrichtungen kommt. Sie differiert in Abhängigkeit der Richtung um einige hunderttausendstel Kelvin von ihrem Mittelwert, der exakt bei 2.725 K liegt!

Die Ursache dafür sind Dichtefluktuationen, die aus den **Quantenfluktuationen** entstanden sind – diese kann man auf diesem Weg also fast direkt beobachten!

Die Satelliten COBE, WMAP und PLANCK haben die feinen Unterschiede in der Hintergrundstrahlung gemessen. Und da solche Messungen eine Zeitreise in die frühestmögliche Vergangenheit des Universums sind, lieferten sie überzeugende

[6] Wie wir jetzt wissen, kommt der Big Bang auch jeden Tag im Fernsehen. Denn das erfreuliche Rauschen, das wir bei einem falsch eingestellten Sender am Bildschirm verfolgen können, basiert maßgeblich auf der kosmischen Mikrowellenhintergrundstrahlung; und damit können wir die Strukturbildung, die letztlich zu „uns" geführt hat, täglich ausgiebig beobachten.

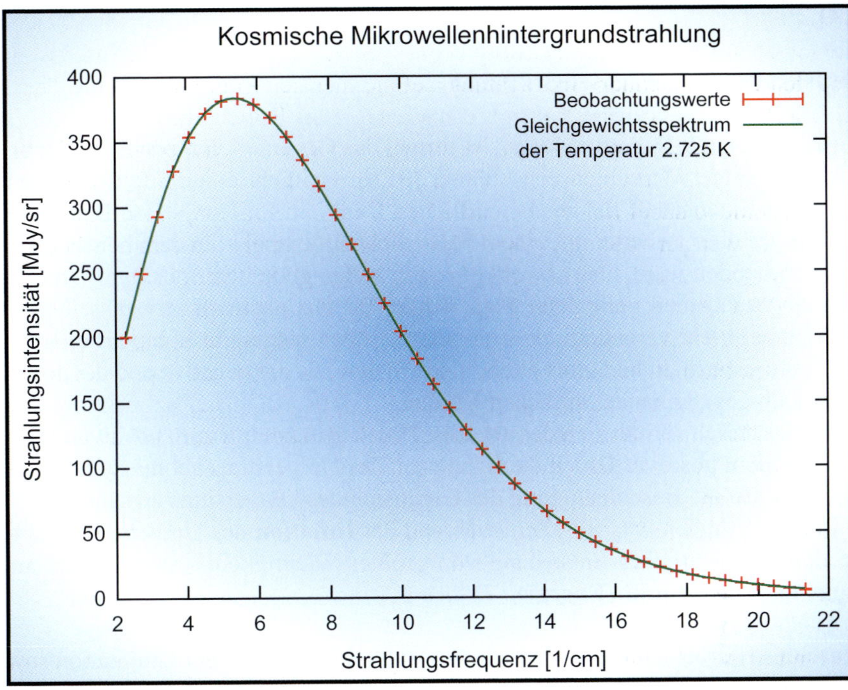

Abb. A.17 Die Grafik zeigt den beobachteten spektralen Verlauf der kosmischen *Mikrowellenhintergrundstrahlung* (in roter Farbe) zusammen mit dem perfekt übereinstimmenden charakteristischen Verlauf eines berechneten Gleichgewichtsspektrums.
Aus diesem Vergleich konnte die Temperatur der Hintergrundstrahlung mit 2.725 Kelvin sehr präzise bestimmt werden.

Die Temperaturschwankungen, die im Bereich von 10^{-5} Kelvin liegen, sind jedoch viel zu gering, um in diesem Diagramm überhaupt erkannt zu werden.

Argumente dafür, dass unser Universum zu diesem Zeitpunkt – 380 000 Jahre nach seiner Entstehung – auf ein viel kleineres Raumgebiet komprimiert war und zumindest aus diesem heraus expandierte und vor allem, dass unser Universum mit einer Genauigkeit von 2 % extrem flach ist!

Im Zusammenschluss mit den Beobachtungswerten von **Supernovae Typ Ia** konnte von den Messdaten des im Mai 2009 von der Europäischen Weltraumbehörde ESA gestarteten PLANCK-Satelliten, der die kosmische Hintergrundstrahlung mit extrem hoher Genauigkeit analysiert hat, auf die wichtigsten kosmologischen Parameter geschlossen werden.

Es zeigte sich, dass das Alter des Universums bei 13.82 Mrd. Jahren liegt, die **Hubble-Konstante** eine Größe von 67.11 km s^{-1} Mpc^{-1} hat, gewöhnliche Materie bei 4.9 %, **Dunkle Materie** bei 26.8 % und **Dunkle Energie** bei 68.3 % der Gesamtenergie im Universum liegt.

M-Theorie siehe **Kopplungskonstanten**

N, O, P:

Naturkräfte siehe **Wechselwirkungen**

Negativer Druck Negativer Druck ist formal das Gegenteil von positivem **Druck**. Gemäß seiner Wirkungsweise stellt er jedoch vielmehr einen Sog dar und wird mit dieser Eigenschaft für uns begreiflicher. Denn ein System – zum Beispiel ein mit Gas gefüllter Behälter mit einem beweglichen Stempel –, in dem beides gleichzeitig vorhanden wäre, also sowohl ein nach außen gerichteter positiver Druck als auch ein nach innen gerichteter Sog, würde, für uns nachvollziehbar, seinen Zustand global nicht verändern, da sich beide Größen insgesamt kompensieren würden. Der diesbezügliche Status bliebe also erhalten, da der negative und der positive Druck sich gegeneinander aufheben würden.

Grundsätzlich verhält sich der negative Druck also konträr zum positiven Druck. Und nachdem positiver Druck die Expansion des Universums abbremst, ist negativer Druck für die Beschleunigung der Expansion des Universums zuständig.

Dieses Verhalten war vor allem während der **Inflation** des Universums und damit dessen eigentlicher Entstehung von größter Wichtigkeit – siehe hierzu auch **Higgs-Feld** und **Dunkle Energie**.

Neutrinos Hierbei handelt es sich um fast masselose und nur der Gravitation sowie der schwachen **Wechselwirkung** unterworfene **fermion**ische **Elementarteilchen** (das Neutrino ist ziemlich genau 500 000-mal leichter als das $9.11 \cdot 10^{-28}$ g schwere Elektron), die zum Beispiel bei der Bildung eines **Neutronensterns** über den Prozess $e^- + p \rightarrow n + \nu_e$ (Elektron plus Proton ergibt Neutron plus Neutrino) in gewaltiger Zahl erzeugt werden.

Neutronenstern Neutronensterne stellen extrem dichte, kompakte Objekte dar, die sich als Endstadium der Sternentwicklung ergeben können.

Wenn die Kernfusion in Sternen, deren metallreiche Kernmasse zwischen 1.45 und 3 Sonnenmassen liegt, beendet wird, bricht der Kern in Bruchteilen von Sekunden in sich zusammen. Die Atome werden dabei so stark komprimiert, dass Elektronen und Protonen zu elektrisch neutralen Neutronen verschmelzen, wobei **Neutrinos** in gewaltiger Anzahl entstehen. Auch nach diesem Prozess schrumpft der Kern noch weiter, bis die Neutronen einen **Entartungsdruck** aufbauen, der die weitere Kontraktion dann schlagartig stoppt. Die Materie wird dabei so stark verdichtet (im Zentrum liegt die Dichte bei bis zu $2 \cdot 10^{12}$ kg/cm^3, was der Dichte der Atomkerne entspricht), dass die Sternmasse in einer Kugel von 20 km Durchmesser Platz findet.

Der Neutronenstern steht damit am Ende seiner Sternentwicklung und stellt das Endstadium eines Sterns seiner Massenklasse dar – siehe auch **Schwarze Löcher und Endstadien der Sternentwicklung**.

Nukleonen Die grundlegenden Kernbausteine, die durch Protonen und Neutronen beschrieben werden, nennt man Nukleonen. Ihr Durchmesser liegt bei circa

10^{-15} m und ihre Masse bei $1.67 \cdot 10^{-24}$ g. Sie bestehen in ihrem Inneren aus jeweils 3 **Quarks** und einem Meer aus **Gluonen**.

Nukleosynthese In einem Zustand extrem hoher Energie- und Materiedichte (im Inneren von Sternen, bei **Supernovaexplosionen**) können die sehr hohen Aktivierungsenergien, die nötig sind, um Fusionsprozesse zu ermöglichen, aufgebracht werden. Dies führt dazu, dass die Elemente – in Abhängigkeit der ursächlichen Größen – auf nahezu allen erdenklichen Wegen ineinanderumgewandelt werden: Diese Prozesse bezeichnet man als Nukleosynthese. Es entstehen dabei auch seltene Elemente und solche, die nur eine beschränkte Lebensdauer haben wie zum Beispiel radioaktive Isotope.

Ω_m (kosmologischer Parameter) Diese Größe stellt das Verhältnis der im Universum vorhandenen Massendichte zur kritischen Massendichte $\sigma_{krit} = 10^{-29}$ g/cm^3 dar.

Dieses Verhältnis müsste exakt 1 sein, um das beobachtete flache Universum zu ermöglichen (durch diese Einsicht definiert sich die **kritische Massendichte**). Es zeigt sich aber, dass der tatsächliche Wert bei 0.3 liegt und dass die verbleibenden 70 %, wegen der Gleichheit von Masse und Energie, von der analogen Größe Ω_Λ der **Dunklen Energie** aufgefüllt werden.

Paarerzeugung siehe **Annihilation**

Pauli-Prinzip siehe **Spin**

Photon Energiequant der elektromagnetischen Strahlung. Photonen repräsentieren das, was wir Licht nennen sowie Radiowellen, Mikrowellen, Infrarotstrahlen, Lichtstrahlen, Röntgenstrahlen und Gammastrahlen, sortiert nach der wachsenden Energie der Photonen.

Photonen werden durch die **Quantenelektrodynamik** beschrieben, und durch ihren Austausch wird die elektromagnetische Wechselwirkung, eine der vier Naturkräfte, vermittelt.

Photonen sind rastlose energetische Teilchen, die sich grundsätzlich mit der Grenzgeschwindigkeit c durch den Raum bewegen. Ihre Energie ist gleich ihrer Frequenz (ν – die Frequenz spiegelt die Farbe des Lichts wider, die wir zum Beispiel in einem Regenbogen als rot (energiearm) bis blau (energiereich) wahrnehmen) multipliziert mit einer Konstanten (dem Planck'schen Wirkungsquantum $h = 6.6262 \cdot 10^{-34}\, Js$): $E = h\nu$.

Planck-Größen Der **Schwarzschild-Radius** $R_S = (2G \cdot M)/c^2$ ($G = 6.673 \cdot 10^{-8}$ $(cm/s^2)cm^2/g$ stellt die Gravitationskonstante dar und M die Masse des Objekts) legt eine Größenordnung fest, in deren Bereich die Anwendung der Allgemeinen Relativitätstheorie zwingend erforderlich ist.

Andererseits haben im Rahmen der Quantenmechanik alle **Elementarteilchen** auch eine charakteristische Wellenlänge, die sogenannte Compton-Wellenlänge

$\lambda_C = h / mc$ (h – Planck'sches Wirkungsquantum, m – Masse des Elementarteilchen).

Hat man nun eine physikalische Situation, in der diese beiden Bedingungen gleichzeitig erfüllt sind, also der Schwarzschild-Radius gleich der Compton-Wellenlänge ist, dann erhält man als kritische Größe die sogenannte Planck-Masse $m_P = \sqrt{hc / 2G} = 3.9 \cdot 10^{-5}\, g$.

Setzt man die Planck-Masse in die Formel für den Schwarzschild-Radius ein, so erhält man die Planck-Länge l_P, und teilt man diese durch die Grenzgeschwindigkeit c, ergibt sich die Planck-Zeit t_P:

$$l_P = \sqrt{\frac{2Gh}{c^3}} = 5.7 \cdot 10^{-33}\, cm,\ t_P = \frac{l_P}{c} \Rightarrow t_P = \sqrt{\frac{2Gh}{c^5}} = 1.9 \cdot 10^{-43}\, s.$$

Planck-Länge siehe **Planck-Größen**

Planck-Zeit siehe **Planck-Größen**

Q:

Quantenchromodynamik siehe **Kopplungskonstanten** sowie **Quark** und **Quantenfeldtheorien**

Quantenelektrodynamik siehe **Kopplungskonstanten** sowie **Photon** und **Quantenfeldtheorien**

Quantenfeldtheorien Durch den Austausch von **Photonen** wird die elektromagnetische **Wechselwirkung**, eine der vier Naturkräfte, vermittelt, wobei die Quantenelektrodynamik die physikalische Grundlage für die Beschreibung solcher Vorgänge darstellt.

Gluonen stellen andererseits den Klebstoff dar, der ein Proton oder Neutron zusammenschweißt. Dabei sind die **Gluonen** die Kraftteilchen der starken Wechselwirkung, die die **Quarks** zusammenhalten und dabei die **Nukleonen** ausbilden. Dieses Verhalten wird durch die Theorie der Quantenchromodynamik beschrieben.

All diese Vorgehensweisen beruhen auf den Konzepten der Quantenfeldtheorien!

Die Quantenfeldtheorien gehen dabei über die Prinzipien der Quantenmechanik deutlich hinaus, indem sie die Teilchen und ihre Felder in der Form zusammenhängend beschreiben, dass auch die Felder quantisiert werden.

Das heißt, im Rahmen einer Quantenfeldtheorie wird zum Beispiel aus dem klassischen elektromagnetischen Feld eine Ansammlung von Photonen, die auch ohne Materieteilchen im leeren Raum in ihrem Grundzustand vorhanden sind, der von Fluktuationen abgesehen prinzipiell auch auf dem Nullniveau liegen kann.

Durch die Anwesenheit von Materieteilchen kann dieser Grundzustand jedoch angeregt werden, wodurch einzelne Photonen real werden. Diese können aber aufgrund von Wechselwirkungen zwischen einzelnen Teilchen auch nur virtuell, also nur für die wechselwirkenden Teilchen selbst erkennbar, vorliegen.

Auf diese Weise werden also nicht nur Größen wie Energie oder Impuls quantisiert, sondern auch die Teilchen und die für die Wechselwirkung zur Verfügung stehenden Felder selbst.

Bei dieser Quantisierung wird vor allem auch die Entstehung und Vernichtung von Elementarteilchen (zum Beispiel die **Annihilation** von Teilchen) auf der Grundlage der Wechselwirkungen explizit berücksichtigt, wobei man auch eine Begründungen für das **Pauli-Prinzip** erhält.

Grundsätzlich können physikalische Systeme, für die ein weitgehend vollständiges theoretisches Konzept vorliegt, im Rahmen einer Quantenfeldtheorie beschrieben werden, indem die Prinzipien der Quantenmechanik auf die klassische Feldtheorie, wie zum Beispiel die klassische Elektrodynamik, übertragen werden.

Falls eine klassische Feldtheorie, wie im Falle der starken Wechselwirkung, nicht vorliegt, wird der Versuch unternommen, die Gesetzmäßigkeiten bereits bestehender Quantenfeldtheorien mit entsprechenden Erweiterungen und Modifikationen auf das zu beschreibende System zu übertragen.

Diese Vorgehensweisen führten im Rahmen von relativistischen Quantenfeldtheorien, die die Gesetzmäßigkeiten der spezielle Relativitätstheorie berücksichtigen, zur Quantenelektrodynamik, zur Quantenchromodynamik und zur elektroschwachen Wechselwirkung, die eine vereinheitlichte Theorie, bestehend aus Quantenelektrodynamik und schwacher Wechselwirkung, darstellt.

Quantenfluktuationen Masse ist gleich Energie – aus der **Unschärferelation** folgt daraus, dass Teilchen innerhalb eines sehr kurzen Zeitintervalls quasi aus dem Nichts auftauchen müssen, wobei das Nichts das **Vakuum** darstellt.

Das Vakuum kann also grundsätzlich nicht leer werden!

Um der Unschärferelation gerecht zu werden, müssen im Vakuum permanent Teilchen erzeugt und nach kurzer Zeit wieder vernichtet werden.

Im Vakuum muss es also sogenannte Fluktuationen geben.

Diese Fluktuationen treten immer als Paare von Materie- und Antimaterieteilchen auf (zum Beispiel Elektron und Positron), und somit können sie sich gegenseitig auch wieder vernichten (**annihilieren**) und dabei die in ihnen gebundene Energie wieder an das Vakuum zurückgeben.

Zu jedem Zeitpunkt ist das Vakuum von einer derartigen virtuellen **Paarerzeugung** erfüllt. Die Quantenfluktuationen produzieren damit im Vakuum ein permanentes Brodeln aller erdenklichen Teilchensorten.

Für theoretisch denkbare freie Quantenfelder, die von ihrem Umfeld abgekoppelt wären, würde der Vakuumerwartungswert für die Fluktuationen in scheinbarem Widerspruch zu obiger Aussage verschwinden. Da real existierende Felder jedoch die Eigenschaft von Wechselwirkungen haben – primär mit dem überall präsenten konstanten **Higgs-Feld**, das als skalares Hintergrundfeld einen deutlich von null abweichenden Vakuumerwartungswert aufweist –, ist dies nicht möglich.

In der **Quantenfeldtheorie** erhält das Vakuum mit den Vakuumfluktuationen also eine Struktur und nimmt damit Eigenschaften an, die weder die Quantenmechanik noch die Relativitätstheorie vorhergesagt hätten.

Die Grundlagen schaffende Quantenfeldtheorie stellt damit nicht einfach nur eine Vereinigung der Quantenmechanik und der speziellen Relativitätstheorie dar, sie muss vielmehr als eigenständige Theorie betrachtet werden, die unabhängige Vorhersagen ermöglicht.

Quantengravitationstheorie siehe **Kopplungskonstanten**

Quark Nukleonen, die Bestandteile der Atomkerne, sind aus noch kleineren Teilchen aufgebaut, die man Quarks nennt. Ihr Durchmesser liegt bei höchstens 10^{-19} m und ist damit um das 10 000-Fache kleiner als der Durchmesser der **Nukleonen** ist.

Der Zusammenhalt der Quarks in den Teilchen, die der starken Wechselwirkung unterliegen, wird durch „*Gluonen*“ gewährleistet.

Gluonen stellen damit den Klebstoff dar, der ein Proton oder Neutron, oder allgemeiner **Baryonen** und **Hadronen**, zusammenschweißt.

Dabei sind die Gluonen die Kraftteilchen der starken Wechselwirkung, so, wie die Photonen Austauschteilchen der elektromagnetischen Wechselwirkung sind.

Auf welche Weise die Quarks zusammengehalten werden und dabei die Hadronen ausbilden, wird durch die Theorie der **Quantenchromodynamik** beschrieben und beruht auf dem nicht konstanten Verhalten der zur starken Kraft gehörigen „**Kopplungskonstanten**“. Die darauf basierende Vorstellung legt nahe, dass in den Baryonen jeweils drei Quarks, die zum Beispiel ein Proton oder Neutron bilden, von einem „Gluonen-Meer“ umspült werden, wobei die Gluonen in permanenter Bewegung ständig herumwirbeln und dadurch die Quarks an ein kleines Raumgebiet binden.

Bezüglich der energetischen Verhältnisse hat sich gezeigt, dass über 90 % der Masse der Nukleonen aus der starken Wechselwirkung und damit der Bewegungsenergie des Quark-Gluonen-Gemisches resultiert. Wohingegen die Ruhemasse der Quarks selbst nur zu einem geringen Teil zur Gesamtmasse der Nukleonen beiträgt (Gluonen haben keine Ruhemasse, da sie nicht an das Higgs-Feld koppeln), siehe auch Abb. A.18 „*Proton*“.

Im Falle der zusammengesetzten Teilchen ist die „dynamische Massengenerierung“ über die Bewegungsenergie der Bestandteile der Teilchen also der entscheidende Punkt, der die Gesamtmasse prägt, während die durch das **Higgs-Feld** erzeugte Masse der Quarks nicht so stark ins Gewicht fällt (siehe Anhang C „*Zahlenwerte*“).

Quintessenz Die Quintessenz stellt eine theoretische Beschreibung der **Dunklen Energie** dar.

Um die Entwicklung dieser Theorie wird derzeit hart gerungen, wobei tragfähige Ansätze jenseits aller uns bekannten Formen der Energie – Strahlung, sichtbare Materie, Dunkle Materie – liegen, da diese einen positiven **Druck** ausüben und damit gravitativ anziehend wirken, wohingegen die Quintessenz, ihrem Konzept entsprechend, einen **negativen Druck** auf unser Universum ausüben soll.

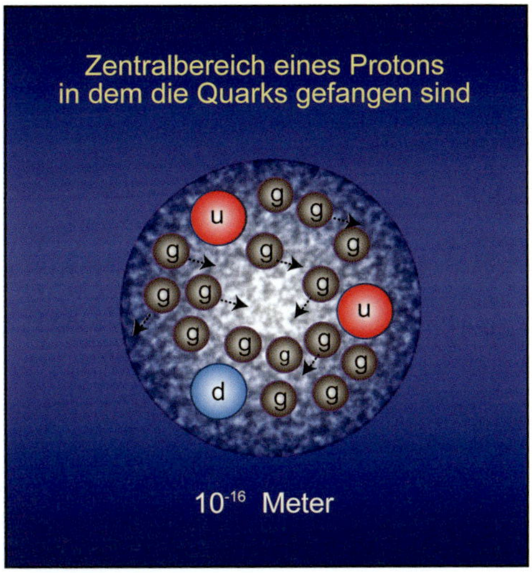

Abb. A.18 Skizze: Schema des Zentralbereichs eines von der starken Wechselwirkung zusammengehaltenen *Protons*, das aus 2 Up- und 1 Down-Quark besteht, deren Größe nur einem Zehntausendstel des Durchmessers des Protons entspricht. Für den Zusammenhalt des Protons sorgen Gluonen, die an die Farbladungen der Quarks koppeln.

Dabei trägt die Ruhemasse der Quarks nur ein Hundertstel zur Gesamtmasse des Protons bei. Der Rest der Masse entspricht dem Äquivalent der Bewegungsenergie der Gluonen.

Die Quintessenz ist, im Gegensatz zur kosmologischen Konstanten (von Einstein 1917 eingeführte konstante Größe, die das grundlegende Konzept der Allgemeinen Relativitätstheorie nicht verändert) ihrer Grundidee entsprechend dynamisch.

Das heißt, sie entwickelt sich im Lauf der Zeit vergleichbar zu den anderen Energieformen, wie zum Beispiel der Massenverteilung.

Die Quintessenz stellt ein Quantenfeld dar, das sowohl aus homogen verteilter kinetischer als auch potenzieller Energie besteht. Damit besitzt die Quintessenz zwei Energiekomponenten, die ein unterschiedliches Vorzeichen aufweisen können; dies ist eine wichtige Eigenschaft, da sie das Verhalten der Dunklen Energie erklären kann.

Ihrem Ansatz entsprechend basiert die Quintessenz auf der **Quantenfeldtheorie** und stellt ein skalares **Kosmonfeld** dar.

Durch den Austausch von Kosmonquanten wird dabei eine Kraft vermittelt, die beispielsweise mit der elektromagnetischen Kraft, die durch den Austausch von Photonen zustande kommt, vergleichbar ist – es könnte aber auch sein, dass das Kosmonfeld einiges mit dem skalaren **Higgs-Feld** und seinem **Higgs-Boson** gemein hat (bei einem skalaren Feld ist keine räumliche Richtung ausgezeichnet; damit unterscheidet sich ein Skalarfeld deutlich von einem Vektorfeld, das beispielsweise durch das elektrische Feld repräsentiert wird).

Im Gegensatz zur kosmologischen Konstanten impliziert die Quintessenz eine neue fundamentale mikroskopische Wechselwirkung, und diese beschreibt das „fünfte Element" beziehungsweise eine neue „fünfte Kraft", die zu den vier bestehenden Naturkräften, die auf der **starken** und **schwachen Wechselwirkung** sowie der **elektromagnetischen** und der gravitativen Wechselwirkung beruhen, hinzugefügt werden müsste.

Gemäß der Quintessenz würde die Dunkle Energie also eine dynamisch veränderliche Substanz darstellen, deren Wirken eben durch das skalare Kosmonfeld vermittelt würde.

R:

Renormierung siehe **Kopplungskonstanten**

Rote Riesen Rote Riesen sind Sterne mittlerer Masse, die ein Spätstadium ihrer Entwicklung durchlaufen. Sie weisen dabei, ihrem Namen entsprechend, eine Größe von mehreren 100 Sonnenradien auf und sind rot, was kühl bedeutet.

Ihre Oberflächentemperatur liegt bei lediglich 2000 bis 3000 K.

Wegen ihrer gewaltigen Ausdehnung ist die abgestrahlte Helligkeit dennoch extrem hoch, sodass Rote Riesen mit einer Leuchtkraft von bis zu 10^4 Sonnenleuchtkräften zu den hellsten Sternen zu zählen sind.

Die meisten Sterne erreichen am Ende ihrer Entwicklung das Rote-Riesen-Stadium (auf der Grundlage von Simulationsmodellen geht man davon aus, dass alle Sterne, deren Ausgangsmasse kleiner als 8 Sonnenmassen ist, sich mit diesem Entwicklungsszenario auseinandersetzen müssen).

Der Weg zu diesem Stadium beginnt nach dem Wasserstoffbrennen im Kern, wobei der Stern nach Beendigung dieser Brennphase zunächst kurz in sich zusammensackt, um dann das Heliumbrennen und kurz darauf, in einer über dem Kern liegenden äußeren Schale, erneut den Wasserstoffbrennvorgang zu starten.

Dabei erhöht sich seine innere Temperatur, und zusammen mit dem Dichtesprung, der zwischen dem durch das Heliumbrennen neu entstandenen Kohlenstoffkern und der äußeren Wasserstoff-Helium-Hülle vorliegt, führt dies zu einer raschen Ausdehnung des äußeren Hüllenbereichs auf die bereits erwähnten mehreren 100 Sonnenradien (der Stern versucht, diesen Dichtesprung in seinem Inneren auszugleichen und muss dazu seine Hülle so gewaltig ausdehnen).

Die Hülle kühlt sich dabei ab; der Stern erscheint rot, und die Ausdehnung des Sterns hat eine so geringe Dichte im äußeren Bereich zur Folge, dass der hier aufliegende Mantel nur noch schwach durch die Gravitation des Sterns gebunden ist.

Der Ort des Geschehens ist jetzt der sogenannte asymptotische Riesenast.

Hier hat der Stern die ihm zugestandene kühlstmögliche Oberflächentemperatur bei einer dennoch gewaltigen Leuchtkraft von bis zu 10^4 Sonnenleuchtkräften.

In dieser Phase setzt nun ein kritisches Verhalten ein, das vom sporadischen Zünden des Heliumschalenbrennens geprägt ist.

Sporadisch heißt, dass es explosiv zündet, wobei sich der Stern durch Expansion sofort entspannt, etwas abkühlt und wegen der sich ebenfalls einstellenden geringeren Dichte die Flamme wieder erlischt. Nach dem Erlöschen der Flamme kontrahiert der innere Bereich jedoch wieder, und das Spiel beginnt von vorne. Dieses Verhalten hat thermische Pulse zur Folge, die durch die Hülle zur Oberfläche jagen und dort den Mantel expandieren und kontrahieren lassen.

Nun hat der Strahlungsdruck, der auf der gewaltigen Leuchtkraft beruht, ein leichtes Spiel, denn er kann wegen des nur noch locker aufliegenden Mantels einen

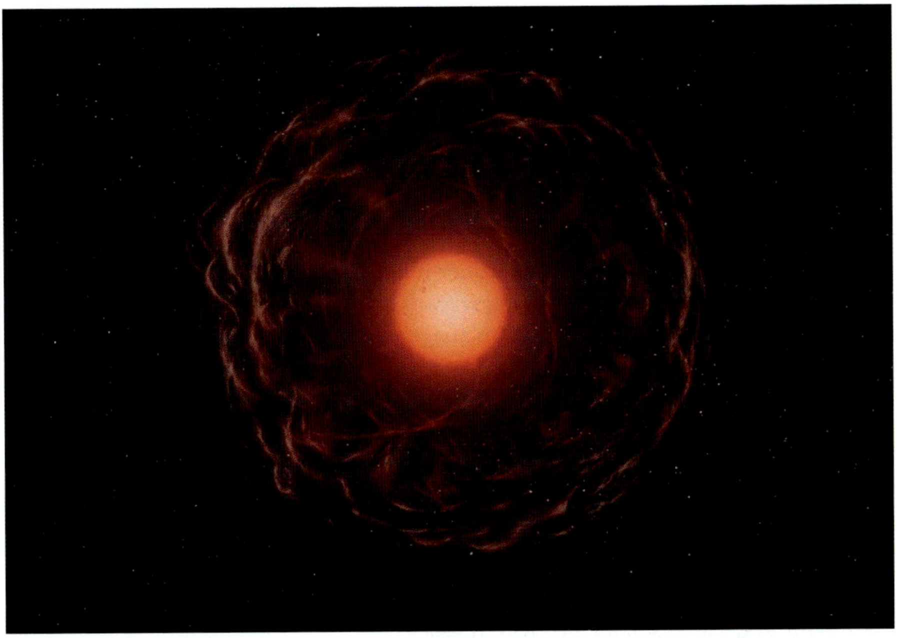

Abb. A.19 Illustration des *Erscheinungsbildes eines Roten Riesen*. (© A. Schaller (STScI).) Obwohl die Masse dieses roten Riesensterns nicht größer als die unserer Sonne ist, hat sich sein Radius auf die Größe der Umlaufbahn der Erde erweitert.

Dabei produziert der Stern einen sanften Sternwind, der aus Gas und Staub besteht und mit nicht mehr als 25 km/s abströmt (im Bild dargestellt durch die blasenartigen Strukturen, die den Stern umgeben). Dieses Gemisch aus Gas und Staub expandiert als Planetarischer Nebel in den Weltraum und erreicht Ausdehnungen, die im Bereich eines Lichtjahres liegen.

starken Sternwind aufbauen, der die äußeren Schichten vollständig abschält und auf Geschwindigkeiten von 10 bis 25 km/s beschleunigt (siehe Abb. A.19 „*Erscheinungsbild eines Roten Riesen*“).

Diese Schichten sind die Vorhut des Planetarischen Nebels, mit dem sich der kümmerliche Reststern schmücken wird, und der bis zu einer Sonnenmasse Materie vorzuzeigen haben wird.

Der Stern selbst verlässt nach einem Zeitraum von ungefähr einer Million Jahren den asymptotischen Riesenast, und zwar dann, wenn der Massenverlust den Mantel auf einen Wert von lediglich einigen hundertstel Sonnenmassen zusammengeschrumpft hat (der stärkste Massenverlust tritt zum Ende dieser Phase auf und erreicht Werte von bis zu 10^{-4} Sonnenmassen pro Jahr).

Nachdem dem Stern jetzt sein kühlender Mantel fehlt, lässt sich sein heißes Inneres nicht mehr verbergen, und der Stern zeigt eine höhere Oberflächentemperatur.

Das bedeutet, dass er sich im sogenannten Hertzsprung-Russell-Diagramm nach links in den Bereich höherer Temperaturen bewegt, wobei der Radius dieses Restobjekts nun stetig schrumpft. (Als Hertzsprung-Russell-Diagramm bezeichnet man eine Grafik, in der für Sterne verschiedener Ausgangsmassen die stellare Oberflächentemperatur der stellaren Gesamthelligkeit gegenübergestellt wird, wobei sich diese Größen im Zuge der zeitlichen Entwicklung des Sterns verändern.)

Der Planetarische Nebel hingegen umgibt dieses bizarre Objekt für circa 10^5 Jahre in prächtiger Form und ist in diesem Zeitraum weithin sichtbar.

Der Reststern nähert sich stattdessen dem unauffälligen Weißen-Zwerg-Stadium und stellt in seiner Überbrückungsphase einen **Zentralstern Planetarischer Nebel** dar.

Auf diesem Weg verbrennt er in seiner nur aus Bruchteilen einer Sonnenmasse bestehenden Hülle stetig zunächst Wasserstoff und dann Helium in Schalen, die sich über dem Kohlenstoff-Sauerstoff-Kern ausgebildet haben.

Der Stern entwickelt sich dabei bei nahezu konstanter Helligkeit kontrahierend und demgemäß seine Oberflächentemperatur erhöhend weiter, wobei der Anstieg dieser Temperatur dafür verantwortlich ist, dass der Planetarische Nebel bei circa 30 000 K Oberflächentemperatur des Zentralsterns zu leuchten beginnt.

Der Reststern ist in seinem Kern allerdings bereits zu diesem Zeitpunkt ein voll ausgebildeter **Weißer Zwerg**, der bei entsprechend großer Masse – der **Chandrasekharmasse** – auch explosiven Charakter vorweisen kann.

Rotverschiebung z Die relative Wellenlängenveränderung gegenüber der ursprünglich emittierten Strahlung aufgrund positiver Relativgeschwindigkeiten bezeichnet man als Rotverschiebung.

Wichtig ist hierbei die Beziehung zwischen der relativen Wellenlängenverschiebung $z=(\lambda_v-\lambda_{em})/\lambda_{em}$ und der Relativgeschwindigkeit v zwischen Sender (λ_{em}) und Empfänger (λ_v), die auf dem physikalischen Effekt des Dopplereffekts beruht.

Nachdem die Rotverschiebung z durch eine einfache Analyse der Spektrallinien gemessen werden kann, ergibt sich durch Multiplikation der Lichtgeschwindigkeit c mit ihrem Wert auf direktem Weg die Relativgeschwindigkeit $v=zc=(\lambda_v-\lambda_{em}/\lambda_{em})c$.

S, T:

Schwache Wechselwirkung siehe **Kopplungskonstanten** sowie **Quantenfeldtheorien** und **Elementarteilchen**

Schwarze Löcher und Endstadien der Sternentwicklung Ein Stern verliert Energie, und die fehlt ihm, um den Gegendruck zur Gravitationskraft aufzubauen. Als Konsequenz muss der Stern nachgeben und kontrahieren.

Dieses grundsätzliche Verhalten führt dazu, dass der Stern immer kompakter wird und sich extreme hohe Dichten in seinem Inneren aufbauen.

Nur im Bereich der Quantenphysik kann dem Vorgang der immer weiter fortschreitenden Kontraktion zumeist Einhalt geboten werden, und zwar genau dann, wenn die innere Struktur der Teilchen von diesem Prozess bedroht wird.

Das Schicksal der Sterne hängt dabei von ihrer Masse ab, und in Abhängigkeit von diesem Wert wurden für die Sterne drei mögliche Endstadien vorgesehen: Weiße Zwerge, Neutronensterne und Schwarze Löcher.

Weiße Zwerge, deren Masse unter 1.45 Sonnenmassen liegt, stabilisieren sich durch den **Entartungsdruck** der Elektronen, und **Neutronensterne**, deren Masse unter circa 3 Sonnenmassen liegt, stabilisieren sich durch den Entartungsdruck der Neutronen.

Der Entartungsdruck der Neutronen ist bis jetzt nachweislich die letzte Gegenwehr eines Sterns.

Sterne, die in diesem Stadium landen und eine größere Masse als 3 Sonnenmassen besitzen, kontrahieren demnach weiter. Solche Sterne werden dann schlagartig zu Schwarzen Löchern. Selbst die Kernkräfte sind als Gegenkraft bei diesen Objekten nicht stark genug, um den Vorgang der weiteren Kontraktion aufzuhalten.

Kräfte haben etwas mit positiver Energie zu tun, und die hat die gleiche Wirkung wie Masse, sie wirkt anziehend. Egal, wie klein die Abstände der **Elementarteilchen** auch werden, die im Zusammenhang mit diesen Kräften stehende positive Energie versucht wie Masse, die Abstände durch deren Gravitationswirkung weiter zu verkleinern. Die Gravitation ist in diesem Fall auch im kleinsten Maßstab unschlagbar. Selbst der **Druck**, der den Stern eigentlich gegen die Gravitationskraft stabilisieren sollte, schließt sich dem an.

Wenn der Druck mit der Gravitationskraft zusammen entsprechend groß geworden ist, überwiegt der gravitativ anziehende Charakter der „Druckenergie" über das Stabilisierungsverhalten des Drucks. Der Druck ändert damit seine Richtung, und es gibt für den Stern kein Halten mehr. Er kollabiert und wird zur **Singularität**.

Von Weitem registriert man dabei ineinanderübergehende Zeitzonen, wobei die dortigen Uhren aus entfernter Sicht umso langsamer gehen, je näher die Zeitzonen am Zentrum liegen.

Man registriert damit die gravitative Zeitdilatation.

Wenn die einer räumlichen Position zugeordnete Fallgeschwindigkeit die Grenzgeschwindigkeit c erreicht, bleibt von Weitem aus betrachtet sogar die Zeit stehen. Und den verbleibenden Abstand – von einer solchen Position bis zum Zentrum der jeweiligen Gravitationsquelle – nennt man **Schwarzschild-Radius**, dieser stellt damit den Horizont zur Raumzeit-Singularität dar – die Krümmung der Raumzeit wird für die Singularität dabei unendlich groß.

Schwarzschild-Radius An diesem Radius erreicht die Fallgeschwindigkeit die Grenzgeschwindigkeit c, und dementsprechend müsste die Fluchtgeschwindigkeit eines Teilchens ebenfalls gleich der Lichtgeschwindigkeit c werden, um aus dem Gravitationsgebiet entweichen zu können. Die Grenzgeschwindigkeit c kann jedoch von keinem Teilchen erreicht werden, und demgemäß kann aus dem inneren Bereich dieses Gebiets auch nichts entweichen, noch nicht einmal Licht.

Der Schwarzschild-Radius stellt damit sowohl eine Zeitgrenze als auch einen Ereignishorizont dar (die Zeit bleibt für einen außenstehenden Betrachter an diesem Radius stehen, die Raumkrümmung wird bei Erreichen dieses Radius unendlich groß) und beinhaltet in seinem Inneren eine so definierte „**Singularität**".

Der Schwarzschild-Radius ist darüber hinaus für die Bestimmung der **Planck-Größen** eine essenzielle Größe.

Singularität siehe **Schwarzschild-Radius**

Skalarfeld siehe **Higgs-Feld**

Sonnenleuchtkräfte siehe **Leuchtkraft**

Spin (Eigendrehimpuls von Teilchen) Die Unterteilung der **Elementarteilchen** in Fermionen und Bosonen ist eines der grundlegendsten Prinzipien der Teilchenphysik.

Dabei sind die Materieteilchen grundsätzlich von fermionischer und die Austauschteilchen, die die **Wechselwirkungen** zwischen den Materieteilchen vermitteln, grundsätzlich von bosonischer Art.

Grundsätze sollte man zwar immer mit gebührendem Respekt behandeln und sie auch möglichst früh in das zu erstellende Konzept mit einbeziehen, aber diese Aussage klärt mitnichten, worin der Unterschied zwischen Fermionen und Bosonen besteht!

Wir brauchen also ein tiefer gehendes Merkmal, und da hilft uns die folgende Aussage weiter:

Bosonen weisen grundsätzlich einen ganzzahligen Spin auf und unterliegen damit nicht dem Pauli-Verbot, wohingegen Fermionen Teilchen mit halbzahligem Spin sind, die auf den quantenmechanischen Besonderheiten beruhen, die durch das **Pauli-Prinzip** festgelegt werden.

Was ist nun aber ein Spin?

Weshalb legt dieser Grundsätzliches fest, und was hat dieser Pauli zu verbieten?

Das sind die Fragen, die wir hier im Weiteren klären müssen, und wie wir sehen werden, ist keine davon einfach zu beantworten.

Obwohl die **Elementarteilchen** im Standardmodell der Teilchenphysik als punktförmige und damit strukturlose Erscheinungen betrachtet werden, verfügen sie über innere Eigenschaften, zu denen ihre Masse, ihre **Ladung(en)** und ihr **Spin** (vergleiche Abb. A.20 „*Spin eines Teilchens*“) zu zählen sind.

Der Spin stellt in dieser Riege eine quantenmechanische Besonderheit dar, die man als Eigendrehimpuls des Teilchens ansehen kann, wobei dieser allerdings einen unveränderlichen, festzementierten Betrag vorzuweisen hat. (Für den Spin gibt es kein Analogon in der klassischen Physik, man stößt auf ihn erst bei der Untersuchung von quantenmechanischen Phänomen.)

Mit den Spins ist nun eine wichtige Größe verbunden, die durch die Spinquantenzahl in Erscheinung tritt.

Diese kann grundsätzlich nur ganzzahlige oder halbzahlige Werte annehmen, wobei alle Fermionen, wie die Elektronen, die **Neutrinos** oder die **Quarks**, über eine halbzahlige Spinquantenzahl verfügen ($s=1/2$), und Bosonen, wie **Photonen**, W- und Z-Bosonen oder **Gluonen**, eine ganzzahlige Spinquantenzahl aufweisen ($s=1$) – dies gilt auch für das **Higgs-Boson**, nur, dass dieses eine Spinquantenzahl von der Größe 0 hat.

Abb. A.20 Skizze: Illustration des *Spins eines Teilchens*.

Wir haben es also mit einem Faktor 2 zu tun, der den Unterschied zwischen Spin-1/2-Teilchen und Spin-1-Teilchen fixiert.

Dieser Faktor 2 hat in diesem Fall aber eine unglaublich große Durchschlagskraft, denn er trennt zwei Welten voneinander.

Die Welt der Bosonen ist von Einfachheit geprägt, denn sie müssen, einmal losgelassen, kaum wirklich harte Regeln befolgen. Insbesondere ist es ihnen gestattet, sich auch am gleichen Platz aufzuhalten.

Das heißt, beliebig viele von ihnen dürfen denselben physikalischen Zustand einnehmen; sie dürfen sich also bei gleichem Impuls und gleicher Spineinstellung an ein und dem gleichen Ort befinden.

Geregelt wird dies von den Grundgleichungen der **Quantenfeldtheorien**, die das physikalische Verhalten von quantenmechanischen Vielteilchensystemen im relativistischen Fall adäquat beschreiben.

Anhand dieser Gleichungen werden nicht nur Größen wie Energie oder Impuls quantisiert, wie dies bereits in der Quantenmechanik üblich ist, sondern auch die Teilchen selbst und alle für die Wechselwirkungen wesentlichen Feldgrößen.

Insbesondere wird auf dieser Grundlage auch die Entstehung und Vernichtung von Teilchen explizit berücksichtigt. Und dabei zeigt sich, dass im Falle der Bosonen der energetische Basisterm, mit dem die Vernichtung von Teilchen beschrieben wird (Hamilton-Operator), stets eine positive Energie aufweist, auch wenn viele Teilchen im gleichen Zustand vernichtet werden. Und das bedeutet, dass sich Bosonen grundsätzlich im gleichen Zustand aufhalten können.

Dies sieht nun grundlegend anders aus, wenn man Fermionen betrachtet.

Denn in diesem Fall weist der für die Vernichtung der Teilchen zuständige Hamilton-Operator nur dann eine positive Energie auf, wenn nur jeder Zustand einfach besetzt ist.

Versucht man, diesen Operator dennoch 2-mal auf einen Zustand anzuwenden, dann landet man unterhalb der Nullenergie; und das bedeutet, dass der Vakuumzustand nicht mehr definiert wäre. Und damit würde unsere Welt schlagartig zusammenbrechen.

Um dies, im Sinne eines obersten Prinzips, zu vermeiden, dürfen im gesamten Universum noch nicht einmal zwei Fermionen sich im gleichen Zustand befinden.

Diese Betrachtung stellt derzeit die tiefste Ebene dar, auf der man eine Begründung für das **Pauli-Prinzip** erhält.

Dieses Ausschließungsprinzip, das einen Grundbaustein der Physik darstellt, wurde von Wolfgang Pauli bereits im Jahr 1925 aufgestellt und besagt, dass die Zustandsgrößen von Teilchen mit halbzahligem Spin, also Fermionen, nicht in allen Quantenzahlen übereinstimmen dürfen.

Die theoretische Begründung wurde 1928 in der hier dargelegten Art aus der relativistischen Quantenfeldtheorie abgeleitet, und dafür bekam das Genie Wolfgang Pauli auch den Nobelpreis.

Der Unterschied von Spin-1/2-Teilchen zu Spin-1-Teilchen beschränkt sich also nicht lediglich auf den Faktor 2, sondern er trennt in der Tat zwei Welten!

Die Welt der beliebig komprimierbaren Eintönigkeit, die die Welt der Bosonen darstellt.

Und die Welt des halbzahligen Spins, in der die Fermionen dafür sorgen, dass Materie nicht beliebig kondensierbar und komprimierbar ist.

Das heißt, der halbzahlige Spin sorgt dafür, dass Materieansammlungen, wie die Erde, die Sonne oder unsere Galaxie sich nicht als strukturlose Punktquellen darstellen.

Er sorgt also für den „Aufbau normaler Materie“, der das chemische Verhalten der Elemente und damit biologische Vorgänge überhaupt erst ermöglicht.

Der drastische Unterschied zwischen diesen zwei Welten ist nicht zuletzt der Grund, weshalb Physiker in einem Teilbereich über ein umfassenderes Konzept, durch das Bosonen und Fermionen beschrieben werden sollten, nachdenken.

Diese neuen Überlegungen scheinen gegenwärtig in der String-Theorie zu münden.

Starke Wechselwirkung siehe **Kopplungskonstanten** sowie **Quantenfeldtheorien**, **Quark** und **Elementarteilchen**

String-Theorie siehe **Kopplungskonstanten**

Supermassives Schwarzes Loch siehe **Galaxie**

Supernovaexplosion siehe **Supernova Typ Ia** sowie **Chandrasekharmasse** und **Gammastrahlenblitze**

Supernova Typ Ia Eine thermonukleare **Explosion** eines aus Kohlenstoff und Sauerstoff bestehenden **Weißen Zwergs** setzt eine Sternmasse, die gleich der **Chandrasekharmasse** ist, voraus.

Bei dieser Masse steigt die Dichte und Temperatur im Zentrum des Sterns so hoch an, dass die Fusion von Kohlenstoff und Sauerstoff zu schwereren Elementen schlagartig zündet.

Abb. A.21 Das Bild veranschaulicht die Explosionsphase einer *Supernova Typ Ia*. (© NASA/CXC/SAO, and M. Weiss.)
Der Durchmesser des Objekts liegt in dieser frühen Phase bei circa 1000 Erdbahnradien.

Die weißen Bereiche kennzeichnen heißes, verbranntes Material, das sich mit Geschwindigkeiten von ungefähr 20 000 km/s ausbreitet.

Die rötlichen Bereiche stellen unverbranntes Material dar, das wegen seiner hohen, vom Fluchtgedanken geprägten Geschwindigkeit nicht mehr verbrannt werden kann.

Dabei läuft die Reaktionskette in einem extrem kleinen Raumgebiet ab, das als Anfangsflamme des Explosionsprozesses zu interpretieren ist. Der gesamte Explosionsprozess hängt dabei in entscheidendem Maße von der Entwicklung und Ausbreitung der Flammenfront ab, die, durch Wärmeleitungsprozesse bedingt, sich anfänglich mit Geschwindigkeiten unterhalb der Schallgeschwindigkeit nach außen durcharbeitet. (Diese Art der Flammenausbreitung bezeichnet man als Deflagration.)

Ab einem gewissen Zeitpunkt wird die Flammenausbreitung jedoch durch Schockwellen vorangetrieben, und es bildet sich eine Detonationswelle aus, die von der Schallgeschwindigkeit im Brennbereich getragen wird.

Beim Brennvorgang selbst bleibt heißes, verbranntes Material zurück, wobei vor der Brennfront kaltes und dichtes Material liegt. Diese Dichteschichtung ist dem Gravitationsfeld des Sterns entgegengerichtet, und aus diesem Grund ist sie instabil. (Ein Stern ist in der Regel stabil, da seine Dichteschichtung zum Zentrum hin anwächst.)

Infolge dieser Instabilität steigen Blasen im brennenden Material auf, an deren Grenzflächen sich Scherströmungen ausbilden, die zu extrem starker Verwirbelung führen. Diese Turbulenz deformiert die Flamme und vergrößert ihre Oberfläche, wodurch der Brennstoffumsatz stark ansteigt und demzufolge der Stern unter Freisetzung einer enormen Energiemenge explodiert.

Der maßgebliche Teil des Sterns verbrennt in der Explosion zu Eisen und Nickel, den mit hoher Geschwindigkeit expandierenden Überrest (die Geschwindigkeiten liegen in der Regel bei circa 20 000 km/s) nennt man Supernova Typ Ia, siehe auch Abb. A.21 „*Supernova Typ Ia*“.

Was die Helligkeit von Supernovae Typ Ia betrifft, vermittelt uns die Beobachtung in guter Übereinstimmung mit dem theoretischen Verständnis folgendes Bild: Für einen Zeitraum von circa 10 Tagen leuchtet eine Durchschnittssupernova vom Typ Ia mit einer Helligkeit von 10^{10} **Sonnenleuchtkräften**, was der Helligkeit einer ganzen **Galaxie** und damit vielen Milliarden von Sternen entspricht. Danach klingt die Helligkeit nach und nach um circa 4 Dekaden langsam ab, wobei sich dieser Prozess über knapp 40 Tage hinzieht.

Die Energie für die abklingende Phase bezieht die Supernova dabei aus den radioaktiven Zerfallen von Nickel-56 zu Kobalt-56 und von Kobalt-56 zu Eisen-56, die mit Halbwertszeiten von 6 beziehungsweise 77 Tagen die Strahlung der Supernova maßgeblich durch freigesetzte Gammaphotonen, die durch den Strahlungstransport in optische Photonen umgewandelt werden, speisen.

Die insgesamt in dieser Form zunächst gespeicherte und dann emittierte Energie liegt bei circa 10% der durch das Kohlenstoffbrennen ursprünglich produzierten Energie.

Im Wesentlichen wird diese Energie über zwei Zeiträume, die durch die Halbwertszeiten der Zerfallsprozesse charakterisiert sind, freigesetzt.

Ein Drittel davon wird recht schnell über einen Zeitraum von 12 Tagen emittiert, wohingegen der verbleibende Teil über einen längeren Zeitraum von circa 100 Tagen abgestrahlt wird.

Über diesen Verlauf weist der Helligkeitsabfall der Supernovae eine unverkennbare Form auf, der gegen die Zeit aufgetragen zu den sogenannten Lichtkurven der Supernovae vom Typ Ia führt (siehe Abb. A.22 „*Lichtkurve*“).

Analysen dieser Lichtkurven stellen ein wichtiges Werkzeug der Astrophysik dar, und diese haben letztendlich zur Entdeckung der **Dunklen Energie** geführt.

Supernova Typ II (Kernkollaps-Supernova) siehe **Gammastrahlenblitze**

U – Z:

Unschärferelation Mikroskopische Teilchen zeigen im Rahmen der Quantenphysik ein unpräzises Verhalten, das einer grundlegenden Aussage von Werner Heisenberg zufolge durch die Unschärferelation beschrieben wird.

Demnach werden die Energie eines Teilchens und das Zeitintervall, in dem diese Energie auftritt, nicht gleichzeitig präzise festgelegt – innerhalb eines sehr kurzen Zeitintervalls kann ein Teilchen sogar eine extrem hohe Energie besitzen, wobei die Ungenauigkeit in den beiden Größen sich aus dem Planck'schen Wirkungsquantum h ergibt: $\Delta E \Delta t \geq h/4\pi$.

Die Unschärferelation besagt damit, dass an jedem Ort und zu jeder Zeit für das Auftreten eines Teilchens, selbst in einem perfekten Vakuum, eine Unbestimmtheit in der Energie ΔE und eine Unbestimmtheit in der Zeit Δt vorhanden ist.

Diese beiden komplementären Unbestimmtheiten können nicht gleichzeitig null werden; je kleiner eine der beiden Größen wird, umso größer muss die andere werden.

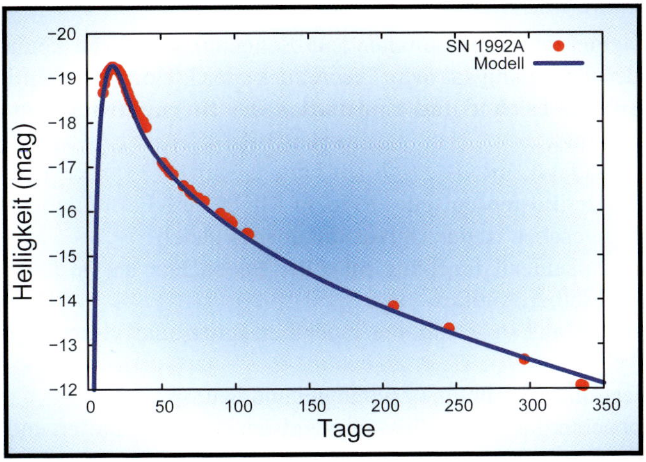

Abb. A.22 Die Grafik zeigt den charakteristischen Verlauf der *Lichtkurve* einer Supernova Typ Ia im Vergleich mit einer Modellrechnung.
Das Helligkeitsmaximum, das nach 20 Tagen erreicht wird, zeigt, dass auch eine gewaltige Energiemenge etwas Zeit braucht, um in sichtbare Strahlung umgewandelt zu werden.

Der steile Abfall danach kennzeichnet den Zerfall von Nickel und der darauffolgende flachere Abfall den von Kobalt.

Im mikroskopisch Kleinen sind also alle Größen von null verschieden, und dies betrifft auch die Null selbst.

Die Null wird also durch das Planck'sche Wirkungsquantum ersetzt, und mit diesem Wirkungsquantum wird eine nicht unterschreitbare Mindestanforderung, die einem Mindestlohn gleicht, festgelegt.

Vakuum hinsichtlich der virtuellen Teilchenpaarbildung siehe **Quantenfluktuationen,** hinsichtlich des **negativen Drucks** und der Skalarfeldeigenschaften siehe **Dunkle Energie** und **Higgs-Feld**

Vakuumfluktuationen siehe **Quantenfluktuationen**

Wechselwirkungen siehe **Kopplungskonstanten** sowie **Quantenfeldtheorien**, **Quark**, **Photon** und **Elementarteilchen**

Weiße Zwerge Weiße Zwerge stellen Sterne dar, deren maßgeblich aus Kohlenstoff bestehende Kernmasse aufgrund des gewaltigen Drucks im Sterninneren sich kristallisiert und Diamanten ausbilden kann.

Weiße Zwerge sind in etwa so groß wie die Erde, haben dabei aber eine Masse von der Größe der Sonne, wobei die mittlere Dichte dieser Sterne extrem groß ist und circa 3 t/cm^3 erreichen kann.

Weiße Zwerge, deren Masse unter 1.45 Sonnenmassen liegt, können sich dennoch durch den **Entartungsdruck** (Fermidruck) der Elektronen stabilisieren – siehe auch **Schwarze Löcher und Endstadien der Sternentwicklung** sowie **Rote Riesen**.

Weltpostulat oder **kosmologisches Prinzip** Allgemeine Formulierung:

Großräumig gesehen ist das Universum überall gleich.

Ein relativ zu seiner Umgebung ruhender Beobachter hat an jedem Punkt des Universums denselben Anblick.

Von jedem Ort aus stellt sich die Fluchtbewegung und Verteilung der Materie gleich dar.

Das Universum ist großräumig homogen und isotrop.

Jeder Beobachter stellt dieselben physikalischen Eigenschaften und Abläufe im Universum fest.

WIMP Ein Weakly Interacting Massive Particle – schwach wechselwirkendes schweres Teilchen – stellt ein hypothetisches Teilchen dar, mit dem der gewaltige Massenanteil an **Dunkler Materie** im Universum erklärt werden soll.

Zeitpfeil Physikalische Prozesse laufen nicht einfach in der Zeit ab; ihnen ist vielmehr ein Zeitpfeil zugeordnet, vorausgesetzt, sie können eine gerichtete Entwicklung durchlaufen. Dabei muss es allerdings grundsätzlich auch möglich sein, dass das System noch unordentlicher gestaltet werden kann.

Der Name Zeitpfeil wurde in diesem Zusammenhang gewählt, weil das wesentliche Merkmal eines Pfeils darin besteht, dass seine Spitze in eine bestimmte Richtung weist, und diese ausgezeichnete Richtung wird von der sich stetig vergrößernden **Entropie** vorgegeben.

Der Zeitpfeil ist auf makroskopischer Ebene also nur dann vorhanden, wenn das System seine maximale Entropie noch nicht erreicht hat – die maximale Entropie wird von einem System zum Beispiel bei der Einstellung eines Gleichgewichtszustands erreicht.

Die Zeit kann auf der Grundlage dieser Erkenntnis weder rückwärts laufen noch sich umkehren oder gar springen.

***z*-Wert** siehe **Rotverschiebung**

Zentralsterne Planetarischer Nebel siehe **Rote Riesen** und **Megasonnen**

Anhang B
Der Aufbau gewöhnlicher Materie

Elektronen sind **Fermionen,** und für die gilt das **Pauli-Prinzip**!

Ohne diese Aussage würde nichts, was wir kennen, existieren, denn ohne diese Aussage gäbe es keine Atome.

In Atomen und Ionen können die Elektronen nur deshalb eine Atomhülle ausbilden (siehe Abb. B.1 „*Wasserstoffatom*"), weil die **Elementarteilchen** nicht nur über die Eigenschaft Masse und **Ladung**, sondern auch über die Eigenschaft **Spin** verfügen, der einem quantenmechanischen Eigendrehimpuls des Teilchens entspricht, einen unveränderlichen Betrag aufweist – selbst wenn das Teilchen als punktförmig zu betrachten ist – und für den es kein Analogon in der klassischen, nicht auf der Quantenmechanik beruhenden Physik gibt.

Eine wichtige Größe des Spins stellt die Spinquantenzahl s dar, die nur ganzzahlige oder halbzahlige Werte annehmen kann, wobei Fermionen, wie die Elektronen oder **Quarks**, über eine halbzahlige Spinquantenzahl ($s = 1/2$) verfügen.

Der halbzahlige Spin der Fermionen sorgt nun dafür, dass Materie nicht beliebig kondensierbar und komprimierbar ist; er sorgt dafür, dass Materieansammlungen, wie die Erde, die Sonne oder unsere Galaxie sich nicht als strukturlose Punktquellen darstellen.

Er sorgt also für den Aufbau der gewöhnlichen Materie, der das chemische Verhalten der Elemente und damit biologische Vorgänge überhaupt erst ermöglicht.

Der halbzahlige Spin der Fermionen spielt damit eine alles entscheidende Rolle bei der Festlegung der für uns erkennbaren makroskopischen Eigenschaften der Materie.

Er tut dies, weil für ihn, den halbzahlige Spin, ein Verbot von Wolfgang Pauli aus dem Jahr 1925 gilt.

Dies spiegelt unseren Erkenntnisstand wider, wobei das Ausschließungsprinzip, das besagt, dass die Zustandsgrößen von Vielteilchensystemen mit halbzahligem Spin, die aus einer Art von Fermionen bestehen, zum Beispiel Elektronen, hinsichtlich der allen Teilchen zuzuordnenden Quantenzahlen nicht völlig übereinstimmen dürfen, für Fermionen natürlich von jeher gilt und nicht erst seit dem Jahr 1925

A. W. A. Pauldrach, *Das Dunkle Universum,* DOI 10.1007/978-3-642-55373-8

Abb. B.1 Skizze: Die elektromagnetische Wechselwirkung wird auch im *Wasserstoffatom*, wie hier gezeigt, sowie in allen anderen atomaren Elementen durch den Austausch von Photonen zwischen dem Proton und dem Elektron vermittelt.

Als einfachstes atomares Element besteht das Wasserstoffatom aus einem negativ geladenen Elektron, das für den Aufbau der Hülle des Atoms zuständig ist und einem positiv geladenen Proton, das mit nahezu der Gesamtmasse des Atoms den Atomkern darstellt.

Der Zusammenhalt des Gebildes wird durch die elektromagnetische Wechselwirkung abgesichert, wobei diese, wie hier dargestellt, sich durch den Austausch von virtuellen Photonen, die an die Ladung des Elektrons und des Protons koppeln, definiert.

(konkret ist dabei auszuschließen, dass zwei Elektronen sich am gleichen Ort mit demselben Impuls und der gleichen Spineinstellung befinden).

Als wichtige Konsequenz dieses Ausschließungsprinzips können sich immer nur jeweils 2 Elektronen, die unterschiedliche Spineinstellungen zueinander haben müssen, in jedem quantenmechanisch definiertem Energieniveau (Orbital) eines Atoms befinden (siehe Abb. B.2 „*Orbital*").

Und damit sehen wir sofort, weshalb die Welt, wie wir sie kennen, ansonsten im wahrsten Sinne des Wortes in sich zusammenbrechen würde. Denn dann wäre ein systematischer Aufbau der atomaren Elemente, gemäß dem sich die Elektronenhüllen bei Hinzunahme eines Elektrons aufgrund der steigenden Ordnungszahl des Atomkerns (diese spiegelt die Zahl der positiv geladenen Protonen wider) nach quantenmechanischen Prinzipien verändern müssen, nicht möglich.

Stattdessen würde sich der überwiegende Teil der Elektronen zumeist im niedrigsten Energieniveau tummeln, und ausgedehnte Hüllen schwererer Elemente, die die maßgebliche Grundlage des chemischen Verhaltens sind, wären nicht existent.

Auf der Grundlage dieses Prinzips kann hingegen der Zustand jedes in einem Atom gebundenen Elektrons eindeutig durch vier Quantenzahlen beschrieben werden, die

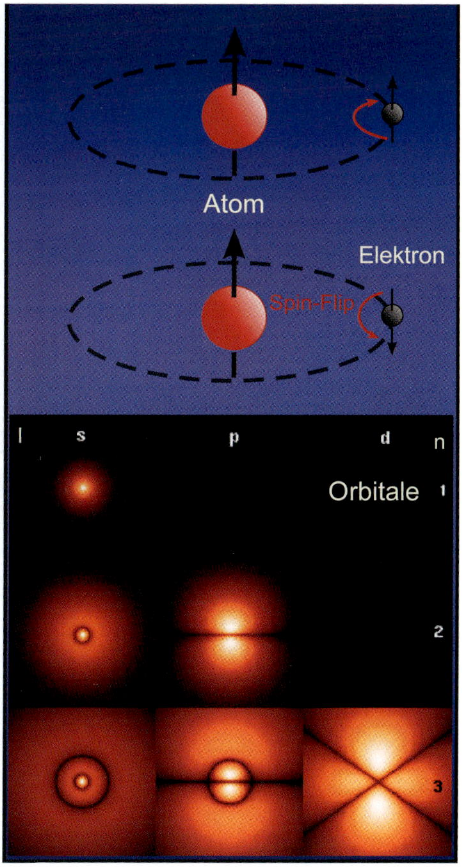

Abb. B.2 Skizze: Illustriert werden die beiden möglichen Spineinstellungen eines Elektrons (oberes Bild), die in jedem quantenmechanisch definiertem *Orbital* der Energieniveaus eines Atoms (unteres Bild) belegt werden können (die quantenmechanischen Orbitale ersetzen dabei die *oben* gezeigten Kreisbahnen, die die klassische Physik empfehlen würde).

Die hier für das Wasserstoffatom dargestellten Orbitale, die für einen bestimmten Energiewert den möglichen Aufenthaltsbereich eines Elektrons kennzeichnen, beziehen sich auf die Hauptquantenzahl n (1, 2, 3) und die Nebenquantenzahl l (s, p, d).

durch die Hauptquantenzahl n (die übliche Zählweise ist 1, 2, 3, 4, wobei die mit den Zahlen verbundenen Energiewerte mit ihnen zunehmen), die Nebenquantenzahl l (hier ist die übliche Zählweise s, p, d, f), die magnetische Quantenzahl des Drehimpulses m (mit der üblichen Zählweise x, y, z) und die Spinquantenzahl s (+ 1/2 ↑ oder − 1/2 ↓) gegeben sind.

Nachdem ein von der Quantenmechanik vorgegebenes Orbital (siehe Abb. B.2 „*Orbital*"), das für einen bestimmten Energiewert den Aufenthaltsbereich eines Elektrons im Atomverband wiedergibt, der Spinquantenzahl entsprechend mit maximal zwei Elektronen belegt werden kann, erhält man den Grundzustand eines Atoms nach dem Energieprinzip, das dann die Elektronenkonfiguration der Atome widerspiegelt (siehe Abb. B.3 „*Elektronenkonfiguration*").

Bei der Elektronenkonfiguration, durch die gemäß der jeweilig vorhandenen Anzahl an Elektronen, die der Ordnungszahl, also der Protonenzahl eines bestimmten Atomkerns, entspricht, verschiedene atomare Elemente repräsentiert werden, sind wiederkehrende Strukturen hinsichtlich der jeweilig energetisch höchstgelegenen Elektronen erkennbar.

Abb. B.3 Skizze: Die *Elektronenkonfiguration* der Atome ergibt sich aus der Auffüllung der möglichen Energiezustände, wobei beim kleinstmöglichen Wert begonnen wird.

Wiederkehrende Strukturen der jeweilig energetisch höchstgelegenen Elektronen weisen dabei auf ein periodisches Verhalten hin, sodass man von Schalen spricht, die mit einer bestimmten Anzahl von Elektronen gefüllt werden können (siehe untenstehende Tabelle).

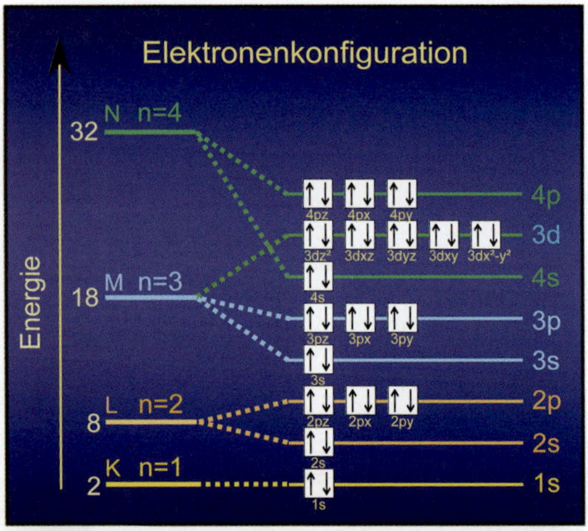

Elektronenkonfiguration			
Periode	Unterschalen	Maximale Elektronenzahl	Anzahl der Elemente
N	4s 3d 4p	2 · (1+5+3)	8+10
M	3s 3p	2 · (1+3)	8
L	2s 2p	2 · (1+3)	8
K	1s	2 · 1	2

Diese weisen damit auf ein periodisches Verhalten der Elemente hin, wenn die Elektronen in Schalen, die in der Tabelle mit den Buchstaben K, L, M und N gekennzeichnet sind, aufgereiht werden und man diese untereinander anordnet.

Das heißt, ordnet man die Elemente nach steigender Ordnungszahl und damit Atommasse an, dann ergeben sich in periodischer Weise Ähnlichkeiten im chemischen Verhalten.

Durch Untereinanderstellen der ähnlichen Elemente in senkrechte Spalten, Gruppen (diese werden üblicherweise durch römische Zahlen I, II usw. gekennzeichnet) ergibt sich dabei das Periodensystem der Elemente, wobei die in waagerechten Reihen nebeneinanderstehenden Elemente die jeweiligen Perioden bilden.

Die Stellung eines Elements im Periodensystem ist somit auf seine Elektronenanordnung zurückzuführen, wobei die Elektronen der jeweilig äußersten Schale als Valenzelektronen bezeichnet werden, da sie für die chemischen Bindungen verantwortlich sind.

Die Auffüllung der s- und p-Unterschalen führt ferner zu Hauptgruppen und die Auffüllung der d- und f-Unterschalen zu Nebengruppen.

Die Elektronenkonfiguration ist für die ersten 36 atomaren Elemente, die an verschiedenen Stellen Bezug zu unseren Überlegungen haben, im unten stehenden Periodensystem für die Hauptgruppen angegeben, wobei die erste Nebengruppe ausgegliedert wurde und darunter gezeigt wird.

n	Hauptgruppen							
	I	II	III	IV	V	VI	VII	VIII
1 K	1 1.008 H Wasserstoff $1s^1$	Relative Atommasse Elementsymbol Element					Ordnungszahl Elektronenkonfiguration	2 4.003 He Helium $1s^2$
2 L	3 6.94 Li Lithium $[He]2s^1$	4 9.01 Be Beryllium $[He]2s^2$	5 10.81 B Bor $[He]2s^22p^1$	6 12.01 C Kohlenstoff $[He]2s^22p^2$	7 14.01 N Stickstoff $[He]2s^22p^3$	8 16.00 O Sauerstoff $[He]2s^22p^4$	9 19.00 F Fluor $[He]2s^22p^5$	10 20.18 Ne Neon $[He]2s^22p^6$
3 M	11 22.99 Na Natrium $[Ne]3s^1$	12 24.31 Mg Magnesium $[Ne]3s^2$	13 26.98 Al Aluminium $[Ne]3s^23p^1$	14 28.09 Si Silizium $[Ne]3s^23p^2$	15 30.97 P Phosphor $[Ne]3s^23p^3$	16 32.06 S Schwefel $[Ne]3s^23p^4$	17 35.45 Cl Chlor $[Ne]3s^23p^5$	18 39.95 Ar Argon $[Ne]3s^23p^6$
4 N	19 39.10 K Kalium $[Ar]4s^1$	20 40.08 Ca Calcium $[Ar]4s^2$	31 69.72 Ga Gallium $[Ar]3d^{10}4s^24p^1$	32 72.59 Ge Germanium $[Ar]3d^{10}4s^24p^2$	33 74.92 As Arsen $[Ar]3d^{10}4s^24p^3$	34 78.96 Se Selen $[Ar]3d^{10}4s^24p^4$	35 79.90 Br Brom $[Ar]3d^{10}4s^24p^5$	36 83.80 Kr Krypton $[Ar]3d^{10}4s^24p^6$

n	Nebengruppe									
	III	IV	V	VI	VII	VIII			I	II
4 N	21 44.96 Sc Scandium $[Ar]3d^14s^2$	22 47.90 Ti Titan $[Ar]3d^24s^2$	23 50.94 V Vanadium $[Ar]3d^34s^2$	24 52.00 Cr Chrom $[Ar]3d^54s^1$	25 54.94 Mn Mangan $[Ar]3d^54s^2$	26 55.85 Fe Eisen $[Ar]3d^64s^2$	27 58.93 Co Kobalt $[Ar]3d^74s^2$	28 58.71 Ni Nickel $[Ar]3d^84s^2$	29 63.55 Cu Kupfer $[Ar]3d^{10}4s^1$	30 65.38 Zn Zink $[Ar]3d^{10}4s^2$

Anhang C
Maßgebliche Zahlenwerte und Einheiten

Grundlegende Einheiten und Größen

Zeit:	1 Stunde	$=3600$ s
	1 Tag	$=86400$ s
	1 Siderisches Jahr[1]	$=3.1558149504 \cdot 10^7$ s
		$=365.25636$ Tage
	Alter der Sonne	$=4.57 \cdot 10^9$ Jahre
	Alter des Universums	$=13.82 \cdot 10^9$ Jahre
		$=13.82$ GJahre
	Lebensdauer angeregter atomarer Zustände	$=10^{-8}$ s
	Kernzustände	$=10^{-15}$ s
	Lebensdauer des Higgs-Bosons	$=10^{-22}$ s
	Planck-Zeit	$=1.9 \cdot 10^{-43}$ s

[1] Das siderische Jahr ergibt sich aus der Zeit, die die Erde für einen vollständigen Orbit um die Sonne bezüglich einer festen Richtung im Raum, die sich aus der Himmelsposition der Sonne bestimmen lässt, benötigt.

Länge:	1 Kilometer km	$=10^5$ cm
	1 Meile	$=1.609 \cdot 10^5$ cm
	Äquatorialer Erdradius	$=6.378 \cdot 10^8$ cm
	Sonnenradius $R_\odot$	$=6.960 \cdot 10^{10}$ cm
	Halbachse der Erdbahn (AE)	$=1.496 \cdot 10^{13}$ cm
	1 Lichtjahr	$=9.463 \cdot 10^{17}$ cm $=63271.5$ AE
	1 Parsec pc (1" für AE)	$=3.085 \cdot 10^{18}$ cm $=206265$ AE
		$=3.26$ Lichtjahre $=4.43 \cdot 10^7$ $R_\odot$
	Galaxiendurchmesser	$=1 \cdot 10^5$ Lichtjahre $=30$ kpc
	Durchmesser großer Galaxiencluster	$=3 \cdot 10^6$ Lichtjahre $=1$ Mpc
	Abstand großer Galaxiencluster	$=3 \cdot 10^9$ Lichtjahre $=1$ Gpc
	Sichtbares Universum Ø	$=3 \cdot 10^{10}$ Lichtjahre
		$=10$ Gpc $=3 \cdot 10^{28}$ cm
	1 Fuß	$=30.48$ cm
	1 Zoll	$=2.54$ cm

A. W. A. Pauldrach, *Das Dunkle Universum,* DOI 10.1007/978-3-642-55373-8

	Staub	$=10^{-4}$ cm
	Virus	$=10^{-6}$ cm
	1 Ångström Å	$=10^{-8}$ cm
	Bohrscher Atomradius für Wasserstoff	$=0.5292\cdot10^{-8}$ cm $=0.5292$ Å
	Compton-Wellenlänge für Elektronen	$=h/m_e c=2.426\cdot10^{-10}$ cm $=0.02426$ Å
	Klassischer Elektronenradius	$=e^2/m_e c^2=2.818\cdot10^{-13}$ cm
	Protonenradius	$=10^{-13}$ cm
	Quarkradius	$=10^{-17}$ cm
	Planck-Länge	$=5.7\cdot10^{-33}$ cm

Geschwindigkeit:	Fluchtgeschwindigkeit	
	der Erde v_{esc}	$=1.120\cdot10^{6}$ cm s^{-1}
	der Sonne	$=6.173\cdot10^{7}$ cm s^{-1}
	der Weißen Zwerge	$=5.0\cdot10^{8}$ cm s^{-1}
	der Neutronensterne	$=1.0\cdot10^{10}$ cm s^{-1}
	Lichtgeschwindigkeit c	$=2.99792458\cdot10^{10}$ cm s^{-1}

Beschleunigung:	Oberflächengravitation	
	der Erde g	$=9.810\cdot10^{2}$ cm s^{-2}
	der Sonne $g_\odot$	$=2.736\cdot10^{4}$ cm s^{-2}
	der Weißen Zwerge	$=1.0\cdot10^{8}$ cm s^{-2}
	der Neutronensterne	$=2.0\cdot10^{14}$ cm s^{-2}

Masse:	1 Kilogramm kg	$=10^{3}$ g
	1 Tonne	$=10^{6}$ g
	Erdmasse	$=5.9734\cdot10^{27}$ g
	Sonnenmasse $M_\odot$	$=1.9890\cdot10^{33}$ g
	Chandrasekharmasse Weißer Zwerge	$=1.457\ M_\odot$
	Megasonnen	$=100\ M_\odot$
	Schwarze Hyperlöcher	$=1000\ M_\odot$
	Hypersonnen	$=3000\ M_\odot$
	Supermassive Schwarze Löcher	$=10^{6}$–$10^{10}\ M_\odot$
	Galaxien	$=10^{11}$–$10^{13}\ M_\odot$
	Gewöhnliche Masse des sichtbaren Universums	$=10^{66}$ g $=10^{33}\ M_\odot \hat{=} 10^{90}$ Teilchen $\hat{=}$ 4.9 % der Gesamtenergie
	Dunkle Materie	$\hat{=}$ 26.8 % der Gesamtenergie
	Dunkle Energie	$\hat{=}$ 68.3 % der Gesamtenergie
	Atomare Masseneinheit	
	u $=1/12\ m_C$ [^{12}C]	$=1.6605402\cdot10^{-24}$ g
	Protonenmasse m_P	$=1.6726231\cdot10^{-24}$ g
	Neutronenmasse m_N	$=1.6749389\cdot10^{-24}$ g
	Elektronenmasse m_e	$=9.1093897\cdot10^{-28}$ g
	Planck-Masse	$=3.9\cdot10^{-5}$ g

Dichte:	Neutronenstern	$= 10^{12}$ g cm^{-3}
	Weißer Zwerg	$= 10^{6}$ g cm^{-3}
	Sonne	$= 1.4$ g cm^{-3}
	Erde	$= 5.5$ g cm^{-3}
	Erdatmosphäre	$= 10^{-3}$ g cm^{-3}
	Hochvakuum	$= 10^{-18}$ g cm^{-3}
	Interstellare Materie	$= 10^{-24}$ g cm^{-3}
		$= 1$ Teilchen pro cm^{3}
	Intergalaktische Materie	$= 10^{-30}$ g cm^{-3}
		$= 1$ Teilchen pro m^{3}
	Kritische Massendichte	$= 10^{-29}$ g cm^{-3}
		$= 10$ Teilchen pro m^{3}

Elektrische Ladung:	Elementarladung e	$= 1.6022 \cdot 10^{-19}$ As oder Coulomb (Cb)
		$= 4.8032 \cdot 10^{-10}$ elst. Einh. (CGS-System)

Kraft	1 Newton (MKS-System) N	$= 1$ kg m/s$^2 = 10^5$ g cm/s$^2 = 10^5$ dyn

Energie:	1 Joule (MKS-System) J	$= 1$ N m $= 1$ kg m^2/s^2
		$= 10^7$ g cm^2/s$^2 = 10^7$ dyn cm $= 10^7$ erg
	1 Elektronenvolt eV	$= 1.6022 \cdot 10^{-19}$ AsV $= 1.6022 \cdot 10^{-19}$ J
		$= 1.6022 \cdot 10^{-12}$ erg
	entspricht einer Wellenzahl λ^{-1}	$= 8065.5$ cm^{-1} oder Kayser (ky)
	oder einer Wellenlänge λ	$= 12398.0$ Å
	1 Atomare Masseneinheit u	$= 931.4943$ MeV/$c^2 = 1.49244 \cdot 10^{-3}$ erg/c^2
	1 Elektron-Neutrinomasse ν_e	$= 2.2$ eV/c^2
	1 Elektronenmasse m_e	$= 0.511$ MeV/c^2
	1 Up-Quarkmasse[a] m_U	$= 2.3$ MeV/c^2
	1 Down-Quarkmasse m_D	$= 4.8$ MeV/c^2
	1 Protonenmasse m_P	$= 938.272$ MeV/$c^2 = 1836.149\ m_e$
	1 Neutronenmasse m_N	$= 939.573$ MeV/$c^2 = 1838.695\ m_e$
	1 Bottom-Quarkmasse	$= 4.66$ GeV/c^2
	1 Higgs-Bosonenmasse	$= 125.0$ GeV/c^2
	1 Top-Quarkmasse	$= 173.0$ GeV/c^2
	Gesamtbindungsenergie [^{2}H]	$= 2.225$ MeV
	Gesamtbindungsenergie [^{4}He]	$= 28.296$ MeV
	Gesamtbindungsenergie [^{16}O]	$= 127.620$ MeV
	Gesamtbindungsenergie [^{57}Fe]	$= 499.900$ MeV
	Gesamtbindungsenergie [^{107}Ag]	$= 915.387$ MeV
	Gesamtbindungsenergie [^{208}Pb]	$= 1636.455$ MeV

[a] Die hier angegebenen Quarkmassen beziehen sich auf die „nackten“ Quarks, die auch als Stromquarks bezeichnet werden. Die Massen der stets in einem Verband – den **Hadronen** – befindlichen „nackten“ Quarks lässt sich nur aus der Gesamtmasse des Verbands ermitteln, wobei die Quarks in diesem Fall als freie Teilchen betrachtet werden. Das heißt, die im Verband stets präsente Wechselwirkung über den Austausch von Gluonen wird hier außen vor gelassen. Dem gegenüber stehen die „effektiven“ Quarks (sogenannte Konstituentenquarks), bei denen die auf der Wechselwirkung beruhende dominierende dynamische Energie mit einbezogen wird (für das Proton (2 Up- und 1 Down-Quark) ergibt sich damit eine wesentlich höhere Konstituentenquarkmasse von jeweils circa 300 MeV/c^2).

Leistung:	1 Watt (MKS-System) W	$=1$ VA$=1$ J/s$=10^7$ erg/s
	Leuchtkraft	
	von der Sonne $L_\odot$	$=3.826\cdot10^{33}$ erg/s
	jungen Weißen Zwergen	$=10^1\,L_\odot$
	Zentralsternen Planetar. Nebel	$=10^4\,L_\odot$
	Megasonnen	$=10^6\,L_\odot$
	Hypersonnen	$=10^8\,L_\odot$
	Supernovae vom Typ Ia	$=10^{10}\,L_\odot$

Druck:	1 Atmosphäre Atm	$=1.01325\cdot10^6$ dyn cm^{-2} oder erg/cm^3
		$=1.01325\cdot10^5$ N m^{-2} oder Pascal (Pa)
		$=760$ Torr

Temperatur:	Absolute Temperatur T	
	in Kelvin K	$=273.15+$Temperatur in °C
	Thermische Energie kT	$=2.585$ ceV entspricht T$=300$ K
		$=1$ eV entspricht T$=11604.5$ K
		$=1$ GeV entspricht T$=1.16\cdot10^{13}$ K
	Oberflächentemperatur	
	(Effektivtemperatur)	
	von Roten Riesen	$=2500$ K
	der Sonne	$=5780$ K
	von Megasonnen	$=40\,000$ K
	von Hypersonnen	$=65\,000$ K
	von jungen Weißen Zwergen	$=100\,000$ K
	Temperatur im inneren von	
	heutigem Universum	$=2.725$ K entspricht 0.235 meV
	Planeten (erdähnlich)	$=10^4$ K entspricht 0.862 eV
	Sonnen (Wasserstoffbrennen)	$=10^7$ K entspricht 0.862 keV
	Supernovae Ia bei Zündung des	
	Kohlenstoffbrennens	$=10^{10}$ K entspricht 0.862 MeV
	sichtbarem Universum bei einer	
	Größe von 10^{-33} cm	$=10^{32}$ K entspricht 8617.0 YeV

Wichtige physikalische Konstanten	
Lichtgeschwindigkeit	$c = 2.99792458 \cdot 10^{10}$ cm s^{-1}
Gravitationskonstante	$G = 6.67259 \cdot 10^{-8}$ dyn cm^2 g^{-2}
Planck'sche Konstante	$h = 6.6260755 \cdot 10^{-27}$ erg s
Reziproke Feinstrukturkonstante	$\alpha^{-1} = hc/2\pi e^2 = 137.035990694620$
Boltzmannkonstante	$k = 1.380658 \cdot 10^{-16}$ erg grad^{-1}
Avogadro'sche Zahl[a]	$N = 6.0221 \cdot 10^{23}$ Teilchen pro Mol
Gaskonstante	$R = 8.314 \cdot 10^{7}$ erg grad^{-1} mol^{-1}
Atomgewicht Wasserstoff (H)	$\mu_H = 1.007684$ u
Masse für H	$m_H = 1.6733 \cdot 10^{-24}$ g
Bohrscher Radius für H	$a_H = 0.5292 \cdot 10^{-8}$ cm oder 0.5292 Å
Ionisationsenergie für H	$\chi_H = 13.60$ eV
Rydberg-Konstante für H	$R_H = 109678.8$ cm^{-1} = 1/911.75 Å
Strahlungskonstante	$\sigma_B = 5.67051 \cdot 10^{-5}$ erg cm^{-2} s^{-1} grad^{-4}
Hubble-Konstante	$H_0 = 67.11$ km s^{-1} Mpc^{-1}

[a] Die Avogadro'sche Zahl gibt die Teilchenzahl pro Mol Stoffmenge an und definiert damit die Größe des Mols. Ein Mol eines Stoffes enthält somit etwas mehr als 602 Zetta Teilchen (602 Trilliarden Teilchen) dieses Stoffes.

Relative Stärke der vier fundamentalen Wechselwirkungen	
Die relativen Stärken ergeben sich aus den Größen der **Kopplungskonstanten**[a] α	
Starke Wechselwirkung	$\alpha_S = 1$
Elektromagnetische Wechselwirkung	$\alpha = 7 \cdot 10^{-3}$ (Feinstrukturkonstante)
Schwache Wechselwirkung	$\alpha_W = 5 \cdot 10^{-7}$
Gravitation (analog zur Feinstrukturk.)[b]	$\alpha_G = 5 \cdot 10^{-40}$ $(= 2\pi G[1/3\ m_P]^2/hc)$

[a] Die Wechselwirkungen werden hinsichtlich der vier fundamentalen Grundkräfte durch Austauschteilchen vermittelt, wobei die Stärke der Kräfte durch die Kopplungskonstanten festgelegt wird. Diese legen somit die Stärke der Kopplung der Austauschteilchen (Gluonen, Photonen, W- und Z-Bosonen und Gravitonen) an die dazugehörigen Ladungen (Farbladung für die starke Wechselwirkung, elektrische Ladung für die Elektromagnetische Wechselwirkung, schwache Ladung für die schwache Wechselwirkung und Masse für die Gravitation) fest

[b] Für die Bildung einer zur Feinstrukturkonstanten analogen Kopplungskonstante der Gravitation, die mit den anderen Kopplungskonstanten verglichen werden kann, wurde die sogenannte Konstituentenquarkmasse verwendet. Diese beschreibt eine effektive Masse, in der die Anteile der Wechselwirkung zwischen den Quarks bereits enthalten sind.

Nachdem Protonen und Neutronen (allgemeiner **Hadronen**) nicht nur aus nackten Quarks (sogenannten Stromquarks, deren Massen weiter oben für Up- und Down-Quarks mit den Bezeichnungen m_U und m_D angegeben wurden), sondern vor allem auch aus Gluonen und virtuellen Quark-Antiquark-Paaren, die Anregungen des quantenfeldtheoretischen Vakuums repräsentieren, aufgebaut sind, ergibt sich aus der Wechselwirkung eine dominierende dynamische Energie, die die Masse der Konstituentenquarks sehr viel höher als die Stromquarkmassen werden lässt.

Letztlich sind es die Konstituentenquarkmassen, die die beobachteten Massen von Protonen und Neutronen erklären und die hinsichtlich der Up- und Down-Quarks ziemlich genau bei einem Drittel der Protonenmasse liegen.

Wichtige mathematische Konstanten

$\pi = 3.1416$	$4\pi/3 = 4.1888$
$e = 2.7183$	$\log e = 0.4343$
$\ln 10 = 2.3026$	
$1\ \text{rad} = 57.296°$	$1° = 0.017453\ \text{rad}$

Präfixe für Zehnerpotenzen

10^{1}	Deca	da	10^{-1}	Deci	d
10^{2}	Hecto	h	10^{-2}	Centi	c
10^{3}	Kilo	k	10^{-3}	Milli	m
10^{6}	Mega	M	10^{-6}	Mikro	µ
10^{9}	Giga	G	10^{-9}	Nano	n
10^{12}	Tera	T	10^{-12}	Pico	p
10^{15}	Peta	P	10^{-15}	Femto	f
10^{18}	Exa	E	10^{-18}	Atto	a
10^{21}	Zetta	Z	10^{-21}	Zepto	z
10^{24}	Yotta	Y	10^{-24}	Yocto	y

Abbildungsverzeichnis

A. W. A. Pauldrach, *Das Dunkle Universum,* DOI 10.1007/978-3-642-55373-8

Sachverzeichnis

A. W. A. Pauldrach, *Das Dunkle Universum,* DOI 10.1007/978-3-642-55373-8

H

L

M

Printing: Ten Brink, Meppel, The Netherlands
Binding: PHOENIX PRINT, Würzburg, Germany